ASP.NET Core 6 框架揭秘（下册）

蒋金楠 ◎著

電子工業出版社
Publishing House of Electronics Industry
北京•BEIJING

内 容 简 介

本书主要介绍 ASP.NET Core 框架最核心的部分，即由一个服务器和若干中间件构建的管道。本书共分为 5 篇："第 1 篇 初识编程（第 1 章）"列举一系列极简的实例为读者提供基本的编程体验，"第 2 篇 基础框架（第 2～13 章）"主要介绍了一系列支撑 ASP.NET Core 的基础框架，"第 3 篇 承载系统（第 14～17 章）"主要介绍了 ASP.NET Core 应用的承载流程，"第 4 篇 服务器概述（第 18 章）"列举一系列常见的服务器类型并对它们进行了比较，"第 5 篇 中间件（第 19～30 章）"系统地介绍了一系列预定义的中间件。

图书在版编目（CIP）数据

ASP.NET Core 6 框架揭秘：上下册 / 蒋金楠著．—北京：电子工业出版社，2022.7

ISBN 978-7-121-43566-9

Ⅰ．①A… Ⅱ．①蒋… Ⅲ．①网页制作工具—程序设计 Ⅳ．①TP393.092.2

中国版本图书馆 CIP 数据核字（2022）第 090026 号

责任编辑：张春雨　　　　特约编辑：田学清
印　　刷：三河市良远印务有限公司
装　　订：三河市良远印务有限公司
出版发行：电子工业出版社
　　　　　北京市海淀区万寿路 173 信箱　　　邮编：100036
开　　本：787×980　1/16　印张：64.75　字数：1529 千字
版　　次：2022 年 7 月第 1 版
印　　次：2022 年 10 月第 3 次印刷
定　　价：300.00 元（上下册）

凡所购买电子工业出版社图书有缺损问题，请向购买书店调换。若书店售缺，请与本社发行部联系，联系及邮购电话：（010）88254888，88258888。

质量投诉请发邮件至 zlts@phei.com.cn，盗版侵权举报请发邮件至 dbqq@phei.com.cn。

本书咨询联系方式：010-51260888-819，faq@phei.com.cn。

前言

写作源起

.NET Core 的发展印证了那句老话 “合久必分，分久必合”。 .NET 的诞生可以追溯到 1999 年，那年微软正式启动 .NET 项目。大约六七年前，当 .NET 似乎快要走到尽头时，.NET Core 作为一个分支被独立出来。经过了 3 个主要版本的迭代，.NET Core 俨然已经长成一棵参天大树。随着 .NET 5 的推出，.NET Framework 和 .NET Core 又重新被整合到一起。与其说 .NET Core 重新回到了 .NET 的怀抱，还不如说 .NET Core “收编”了原来的“残余势力”，自己成为“正统”。一统江湖的 .NET 5 的根基在下一个版本（ .NET 6）中得到了进一步巩固，今后的 .NET Core 将以每年更新一个版本的节奏稳步向前推进。

目前，还没有哪个技术平台像 .NET Core 这样提供了如此完备的技术栈，桌面、Web、云、移动、游戏、IoT 和 AI 相关开发都可以在这个平台上完成。在列出的这七大领域中，面向应用的 Web 开发依然占据了市场的半壁江山，为其提供支撑的 ASP.NET Core 的重要性就毋庸置疑了。Web 应用可以采用不同的开发模式，如 MVC、gRPC、Actor Model、GraphQL、Pub/Sub 等，它们都有对应的开发框架予以支持。虽然编程模式千差万别，开发框架也琳琅满目，但是底层都需要解决一个核心问题，那就是请求的接收、处理和响应，而这个基础功能就是在 ASP.NET Core 中实现的。从这个角度来讲，ASP.NET Core 是介于 .NET 基础框架和各种 Web 开发框架之间的中间框架。

在前 .NET 时代（ .NET Core 诞生之前），计算机图书市场存在一系列介绍 ASP.NET Web Forms、ASP.NET MVC、ASP.NET Web API 的图书。但是找不到一本专门介绍 ASP.NET 自身框架的图书。作为一名拥有近 20 年工作经验的 .NET 开发者，我对此感到十分困惑。上述这些 Web 开发框架都是建立在 ASP.NET 框架之上的，底层的 ASP.NET 框架才是根基所在。过去我接触过很多资深的 ASP.NET 开发人员，发现他们对 ASP.NET 框架都没有进行更深入的了解。2014 年，出版《ASP.NET MVC 5 框架揭秘》之后，我原本打算撰写《ASP.NET 框架揭秘》。后来.NET Core 横空出世，我的研究方向也随之转移，于是就有了在 2019 年出版的《ASP.NET Core 3 框架揭秘》。

在 .NET 5 发布之前，我准备将这本书进行相应的升级。按照微软公布的版本差异，我觉得升级到《ASP.NET 5 框架揭秘》应该不会花费太多时间和精力，但后来的事实证明我的想法太天真了。由于这本书主要介绍的是 ASP.NET 框架的内部设计和实现，版本之间涉及的很多变化并未“记录在案”，只能通过阅读源代码的方式去发掘。本着宁缺毋滥的原则，我放弃了撰写《ASP.NET 5 框架揭秘》。现在看来这是一个明智的决定，因为 ASP.NET Core 6 是稳定的长期支持版本。另外，我也有了相对充裕的时间逐个确认书中涉及的每个特性在新版本中是否发生了变化，并进行了相应的修改，删除陈旧的内容，添加新的特性。

对于升级后的《ASP.NET Core 6 框架揭秘》，一个全局的改动就是全面切换到基于 Minimal API 的编程模式上。升级后的版本添加了一系列新的章节，如“第 10 章　对象池”“第 12 章　HTTP 调用”“第 13 章　数据保护”“第 18 章　服务器”“第 24 章　HTTPS 策略”“第 25 章　重定向”“第 26 章　限流”等。由于篇幅的限制，不得不删除一些“不那么重要”的章节。

本书内容

《ASP.NET Core 6 框架揭秘》只关注 ASP.NET Core 框架最核心的部分，即由一个服务器和若干中间件构建的管道，除了“第 1 章　编程体验”，其他章节基本上都不会涉及上层的编程框架。本书共分为以下 5 篇内容。

- **初始编程**

第 1 章提供了 20 个极简的 Hello World 应用程序，带领读者感受一下 ASP.NET Core 的编程体验。这些演示实例涉及基于命令行的应用创建和 Minimal API 的编程模式，还涉及多种中间件的定义及配置选项和诊断日志的应用。第 1 章还演示了如何利用路由、MVC 和 gRPC 开发 Web 应用和 API，4 种针对 Dapr 的应用开发模型也包含在这 20 个演示实例中。

- **基础框架**

ASP.NET Core 建立在一系列基础框架之上，这些独立的框架在日常的应用开发中同样被广泛地使用。第 2 篇提供的若干章节对这些基础框架进行了系统而详细的介绍，其中包括“第 2～3 章　依赖注入”“第 4 章　文件系统”“第 5～6 章　配置选项”“第 7～9 章　诊断日志”“第 10 章　对象池”“第 11 章　缓存”“第 12 章　HTTP 调用”“第 13 章　数据保护”。

- **承载系统**

ASP.NET Core 应用作为一个后台服务寄宿于服务承载系统中，“第 14 章　服务承载”主要对该承载系统进行了详细介绍。ASP.NET Core 应用的承载是本书最核心的部分，“第 15～17 章　应用承载（上、中、下）”不仅对 ASP.NET Core 请求处理管道的构建和应用承载的内部流程进行了详细介绍，还对 Minimal API 的编程模型和底层的实现原理进行了详细介绍。

- **服务器概述**

本书所有内容都围绕着 ASP.NET Core 请求处理管道，该管道由一个服务器和若干中间件构建。第 18 章主要对服务器的系统进行了介绍，不仅会详细介绍 Kestrel 服务器的使用和实现原理，还会介绍基于 IIS 的两种部署模式和 HTTP.SYS 的使用，以及如何自定义服务器类型。

- **中间件**

服务器接收的请求会分发给中间件管道进行处理。本篇对大部分中间件的使用和实现原理进行了介绍，其中包括“第 19 章　静态文件”“第 20 章　路由”“第 21 章　异常处理”“第 22 章　响应缓存”“第 23 章　会话”“第 24 章　HTTPS 策略”“第 25 章　重定向”“第 26 章　限流”“第 27 章　认证”“第 28 章　授权”“第 29 章　跨域资源共享”“第 30 章　健康检查”。

写作特点

《ASP.NET Core 6 框架揭秘》是揭秘系列的第 6 本书。在这之前，我得到了很多热心读者的反馈，这些反馈对书中的内容基本上都持正面评价，但对写作技巧和表达方式的评价则不尽相同。每个作者都有属于自己的写作风格，而每个读者的学习思维方式也不尽相同，两者很难出现百分之百的契合，但我还是决定在《ASP.NET Core 3 框架揭秘》的基础上对后续作品进行修改。从收到的反馈意见来看，这一改变得到了读者的认可，所以《ASP.NET Core 6 框架揭秘》沿用了这样的写作方式。

本书的写作风格可以概括为“体验先行、设计贯通、应用扩展”12 个字。大部分章节开头都会提供一些简单的演示实例，旨在让读者对 ASP.NET Core 的基本功能特性和编程模式有一个大致的了解。在此之后，我会提供背后的故事，即编程模型的设计和原理。将开头实例和架构设计融会贯通之后，读者基本上能够将学到的知识正确地应用到事件中，对应章节对此会提供一些最佳实践。秉承“对扩展开放，对改变关闭”的“开闭原则”，每个功能模块都提供了相应的扩展点，能够精准地找到并运用适合的扩展来解决真实项目开发中的问题才是终极的目标，对应章节会介绍可用的扩展点，并提供一些解决方案和演示实例。

本书综合运用“文字”“图表”“编程”这 3 种不同的“语言”来介绍每个技术主题。一图胜千言，每章都精心设计了很多图表，这些具象的图表能够帮助读者理解技术模块的总体设计、执行流程和交互方式。除了利用编程语言描述应用编程接口（API），本书还提供了 200 多个实例，这些实例具有不同的作用，有的是为了演示某个实用的编程技巧或者最佳实践，有的是为了强调一些容易忽视但很重要的技术细节，有的是为了探测和证明所述的论点。

本书在很多地方展示了一些类型的代码，但是绝大部分代码和真正的源代码是有差异的，两者的差异有以下几个原因：第一，源代码在版本更替中一直在发生改变；第二，由于篇幅的限制，删除了一些细枝末节的代码，如针对参数的验证、诊断日志的输出和异常处理等；第三，很多源代码其实都具有优化的空间。本书提供的代码片段旨在揭示设计原理和实现逻辑，不是为了向读者展示源代码。

目标读者

虽然本书关注的是 ASP.NET Core 自身框架提供的请求处理管道，而不是具体某个应用编程框架，但是本书适合大多数 .NET 技术从业人员阅读。任何好的设计都应该是简单的，唯有简单的设计才能应对后续版本更替中出现的复杂问题。ASP.NET Core 框架就是好的设计，因为自正式推出的那一刻起，该框架的总体设计基本上没有发生改变。既然设计是简单的，对大部分从业人员来说，对框架的学习也就没有什么门槛。本书采用渐进式的写作方式，对于完全没有接触过 ASP.NET Core 的开发人员也可以通过学习本书内容深入、系统地掌握这门技术。由于本书提供的大部分内容都是独一无二的，即使是资深的 .NET 开发人员，也能在书中找到很多不甚了解的盲点。

关于作者

蒋金楠既是同程旅行架构师，又是知名 IT 博主，过去十多年一直排名博客园第一位，拥有个人微信公众号“大内老 A”，2007 年至今连续十多次被评为微软 MVP（最有价值专家）。他作为畅销 IT 图书作者，先后出版了《WCF 全面解析》《ASP.NET MVC 4 框架揭秘》《ASP.NET MVC 5 框架揭秘》《ASP.NET Web API 2 框架揭秘》《ASP.NET Core 3 框架揭秘》等著作。

致谢

本书能够得以顺利出版离不开博文视点张春雨团队的辛勤努力，他们的专业水准和责任心为本书提供了质量保证。此外，徐妍妍在本书写作过程中做了大量的校对工作，在此表示衷心感谢。

本书支持

由于本书是随着 ASP.NET Core 5/6 一起成长起来的，并且随着 ASP.NET Core 的版本更替进行了多次“迭代”，所以书中某些内容最初是根据旧版本编写的，新版本对应的内容发生改变后相应内容可能没有及时更新。对于 ASP.NET Core 的每次版本升级，作者基本上会尽可能将书中的内容进行相应的更改，但其中难免有所疏漏。由于作者的能力和时间有限，书中难免存在不足之处，恳请广大读者批评指正。

作者博客：http://www.cnblogs.com/artech。

作者微博：http://www.weibo.com/artech。

作者电子邮箱：jinnan@outlook.com。

作者微信公众号：大内老 A。

读者服务

微信扫码回复：43566

- 获取本书配套源码
- 加入本书读者交流群，与作者互动
- 获取【百场业界大咖直播合集】（持续更新），仅需 1 元

目录

第3篇　承载系统

第 4 篇 服务器概述

第 5 篇 中间件

第 3 篇　承载系统

第14章

服务承载

借助 .NET 提供的服务承载（Hosting）系统，我们可以将一个或者多个长时间运行的后台服务寄宿或者承载在创建的应用中。任何需要在后台长时间运行的操作都可以定义成标准化的服务并利用该系统来承载，ASP.NET 应用最终也体现为这样一个承载服务。本章主要介绍“泛化”的服务承载系统，不会涉及任何关于 ASP.NET 的内容。

14.1 服务承载

一个 ASP.NET 应用本质上是一个需要长时间在后台运行的服务，除了这种典型的承载服务，还有很多其他的服务承载需求。接下来就通过一个简单的实例来演示如何承载一个服务来收集当前执行环境的性能指标。

14.1.1 性能指标收集服务

承载服务的项目一般会采用“Microsoft.NET.Sdk.Worker”这个 SDK。服务承载模型涉及的接口和类型基本上定义在“Microsoft.Extensions.Hosting.Abstractions”这个 NuGet 包，而具体实现由“Microsoft.Extensions.Hosting”这个 NuGet 包来提供。下面演示的承载服务会定时采集当前进程的性能指标并将其分发出去。我们只关注处理器使用率、内存使用量和网络吞吐量这 3 种典型的指标，为此定义了如下 PerformanceMetrics 类型。我们并不会实现真正的性能指标收集，定义的 Create 静态方法会利用随机生成的指标来创建 PerformanceMetrics 对象。

```
public class PerformanceMetrics
{
    private static readonly Random _random = new();

    public int          Processor { get; set; }
    public long         Memory { get; set; }
    public long         Network { get; set; }

    public override string ToString()
```

```
        => @$"CPU: {Processor * 100}%; Memory: {Memory / (1024* 1024)}M;
        Network: {Network / (1024 * 1024)}M/s";

    public static PerformanceMetrics Create() => new()
    {
        Processor      = _random.Next(1, 8),
        Memory         = _random.Next(10, 100) * 1024 * 1024,
        Network        = _random.Next(10, 100) * 1024 * 1024
    };
}
```

承载服务通过 IHostedService 接口表示，该接口定义的 StartAsync 方法和 StopAsync 方法可以启动与关闭服务。我们将性能指标采集服务定义成如下 PerformanceMetricsCollector 类型。在实现的 StartAsync 方法中，一个定时器每隔 5 秒调用 Create 静态方法创建一个 PerformanceMetrics 对象，并将它承载的性能指标输出到控制台上。作为定时器的 Timer 对象会在 StopAsync 方法中被释放。

```
public sealed class PerformanceMetricsCollector : IHostedService
{
    private IDisposable? _scheduler;
    public Task StartAsync(CancellationToken cancellationToken)
    {
        _scheduler = new Timer(Callback, null, TimeSpan.FromSeconds(5),
            TimeSpan.FromSeconds(5));
        return Task.CompletedTask;

        static void Callback(object? state)=>
          Console.WriteLine($"[{DateTimeOffset.Now}]{PerformanceMetrics.Create()}");
    }

    public Task StopAsync(CancellationToken cancellationToken)
    {
        _scheduler?.Dispose();
        return Task.CompletedTask;
    }
}
```

服务承载系统通过 IHost 接口表示承载服务的宿主，IHost 对象在应用启动过程中采用 Builder 模式由对应的 IHostBuilder 对象来构建。HostBuilder 类型是对 IHostBuilder 接口的默认实现，所以采用如下方式创建一个 HostBuilder 对象，并调用其 Build 方法来提供作为宿主的 IHost 对象。在调用 Build 方法构建 IHost 对象之前，先调用 ConfigureServices 方法将 PerformanceMetricsCollector 注册成针对 IHostedService 接口的服务，并将生命周期模式设置成 Singleton。

```
using App;
new HostBuilder()
    .ConfigureServices(svcs => svcs
        .AddSingleton<IHostedService, PerformanceMetricsCollector>())
    .Build()
```

```
    .Run();
```

再调用 Run 方法启动通过 IHost 对象表示的承载服务宿主，进而启动由它承载的 PerformanceMetricsCollector 服务，该服务每隔 5 秒在控制台上输出“采集”的性能指标，如图 14-1 所示。（S1401）①

```
C:\Windows\System32\cmd.exe - dotnet run

C:\App>dotnet run
Building...
[10/27/2021 9:32:26 PM +08:00]CPU: 100%; Memory: 44M; Network: 56M/s
[10/27/2021 9:32:31 PM +08:00]CPU: 500%; Memory: 81M; Network: 66M/s
[10/27/2021 9:32:36 PM +08:00]CPU: 500%; Memory: 21M; Network: 13M/s
[10/27/2021 9:32:41 PM +08:00]CPU: 500%; Memory: 80M; Network: 58M/s
[10/27/2021 9:32:46 PM +08:00]CPU: 300%; Memory: 51M; Network: 23M/s
```

图 14-1　承载指标采集服务

除了采用一般的服务注册方式，我们还可以按照如下方式调用 IServiceCollection 接口的 AddHostedService<THostedService>扩展方法来对承载服务 PerformanceMetricsCollector 进行注册。我们一般也不会通过调用构造函数的方式创建 IHostBuilder 对象，而是使用定义在 Host 类型中的 CreateDefaultBuilder 工厂方法创建 IHostBuilder 对象。

```
using App;
Host.CreateDefaultBuilder(args)
    .ConfigureServices(svcs => svcs.AddHostedService<PerformanceMetricsCollector>())
    .Build()
    .Run();
```

14.1.2　依赖注入

服务承载系统整合依赖注入框架，针对承载服务的注册实际上就是将它注册到依赖注入框架中。既然承载服务实例最终是通过依赖注入容器提供的，那么它自身所依赖的服务当然也可以进行注册。接下来将 PerformanceMetricsCollector 提供的性能指标收集功能分解到由 4 个接口表示的服务中，IProcessorMetricsCollector 接口、IMemoryMetricsCollector 接口和 INetworkMetricsCollector 接口表示的服务分别用于收集 3 种对应的性能指标，而 IMetricsDeliverer 接口表示的服务则用于将收集的性能指标发送出去。

```
public interface IProcessorMetricsCollector
{
    int GetUsage();
}
public interface IMemoryMetricsCollector
{
    long GetUsage();
}
public interface INetworkMetricsCollector
{
    long GetThroughput();
```

① 解释见附录 B

```
}

public interface IMetricsDeliverer
{
    Task DeliverAsync(PerformanceMetrics counter);
}
```

所定义的 MetricsCollector 类型实现了 3 个性能指标采集接口，采集的性能指标直接来源于通过 Create 静态方法创建的 PerformanceMetrics 对象。MetricsDeliverer 类型实现了 IMetricsDeliverer 接口，实现的 DeliverAsync 方法直接将 PerformanceMetrics 对象承载的性能指标输出到控制台上。

```
public class MetricsCollector :
    IProcessorMetricsCollector,
    IMemoryMetricsCollector,
    INetworkMetricsCollector
{
    long INetworkMetricsCollector.GetThroughput()
    => PerformanceMetrics.Create().Network;

    int IProcessorMetricsCollector.GetUsage()
    => PerformanceMetrics.Create().Processor;

    long IMemoryMetricsCollector.GetUsage()
    => PerformanceMetrics.Create().Memory;
}

public class MetricsDeliverer : IMetricsDeliverer
{
    public Task DeliverAsync(PerformanceMetrics counter)
    {
        Console.WriteLine($"[{DateTimeOffset.UtcNow}]{counter}");
        return Task.CompletedTask;
    }
}
```

由于整个性能指标的采集工作被分解到 4 个接口表示的服务中，所以可以采用如下所示的方式重新定义承载服务类型 PerformanceMetricsCollector。在构造函数中注入 4 个依赖服务，StartAsync 方法利用注入的 IProcessorMetricsCollector 对象、IMemoryMetricsCollector 对象和 INetworkMetricsCollector 对象采集对应的性能指标，并利用 IMetricsDeliverer 对象将其发送出去。

```
public sealed class PerformanceMetricsCollector : IHostedService
{
    private readonly IProcessorMetricsCollector          _processorMetricsCollector;
    private readonly IMemoryMetricsCollector             _memoryMetricsCollector;
    private readonly INetworkMetricsCollector            _networkMetricsCollector;
    private readonly IMetricsDeliverer                   _MetricsDeliverer;
    private IDisposable?                                 _scheduler;
```

```
    public PerformanceMetricsCollector(
        IProcessorMetricsCollector processorMetricsCollector,
        IMemoryMetricsCollector memoryMetricsCollector,
        INetworkMetricsCollector networkMetricsCollector,
        IMetricsDeliverer MetricsDeliverer)
    {
        _processorMetricsCollector    = processorMetricsCollector;
        _memoryMetricsCollector       = memoryMetricsCollector;
        _networkMetricsCollector      = networkMetricsCollector;
        _MetricsDeliverer             = MetricsDeliverer;
    }

    public Task StartAsync(CancellationToken cancellationToken)
    {
       _scheduler = new Timer(Callback, null, TimeSpan.FromSeconds(5),
           TimeSpan.FromSeconds(5));
       return Task.CompletedTask;

        async void Callback(object? state)
        {
            var counter = new PerformanceMetrics
            {
                Processor     = _processorMetricsCollector.GetUsage(),
                Memory        = _memoryMetricsCollector.GetUsage(),
                Network       = _networkMetricsCollector.GetThroughput()
            };
            await _MetricsDeliverer.DeliverAsync(counter);
        }
    }

    public Task StopAsync(CancellationToken cancellationToken)
    {
        _scheduler?.Dispose();
        return Task.CompletedTask;
    }
}
```

在调用 IHostBuilder 接口的 Build 方法将 IHost 对象创建出来之前，包括承载服务在内的所有服务都可以通过它的 ConfigureServices 方法进行注册。修改后的程序启动之后同样会在控制台上输出图 14-1 所示的结果。（S1402）

```
using App;
var collector = new MetricsCollector();
Host.CreateDefaultBuilder(args)
    .ConfigureServices(svcs => svcs
        .AddHostedService<PerformanceMetricsCollector>()
        .AddSingleton<IProcessorMetricsCollector>(collector)
        .AddSingleton<IMemoryMetricsCollector>(collector)
        .AddSingleton<INetworkMetricsCollector>(collector)
        .AddSingleton<IMetricsDeliverer, MetricsDeliverer>())
    .Build()
```

```
    .Run();
```

14.1.3　配置选项

真正的应用开发基本都会使用配置选项，如演示程序中性能指标采集的时间间隔就应该采用配置选项来指定。由于涉及对性能指标数据的发送，所以最好将发送的目标地址定义在配置选项中。如果有多种传输协议可供选择，就可以定义相应的配置选项。.NET 应用推荐采用 Options 模式来使用配置选项，所以可以定义如下 MetricsCollectionOptions 类型来承载 3 种配置选项。

```
public class MetricsCollectionOptions
{
    public TimeSpan             CaptureInterval { get; set; }
    public TransportType        Transport { get; set; }
    public Endpoint             DeliverTo { get; set; }
}

public enum TransportType
{
    Tcp,
    Http,
    Udp
}

public class Endpoint
{
    public string      Host { get; set; }
    public int         Port { get; set; }
    public override string ToString() => $"{Host}:{Port}";
}
```

传输协议和目标地址被使用在 MetricsDeliverer 服务中，所以对它进行了相应的修改。如下面的代码片段所示，在构造函数中利用注入的 IOptions<MetricsCollectionOptions>服务来提供上面的两个配置选项。在实现的 DeliverAsync 方法中，将采用的传输协议和目标地址输出到控制台上。

```
public class MetricsDeliverer : IMetricsDeliverer
{
    private readonly TransportType    _transport;
    private readonly Endpoint         _deliverTo;

    public MetricsDeliverer(IOptions<MetricsCollectionOptions> optionsAccessor)
    {
        var options    = optionsAccessor.Value;
        _transport     = options.Transport;
        _deliverTo     = options.DeliverTo;
    }

    public Task DeliverAsync(PerformanceMetrics counter)
```

```
    {
        Console.WriteLine($"[{DateTimeOffset.Now}]Deliver performance counter {counter}
to
            {_deliverTo} via {_transport}");
        return Task.CompletedTask;
    }
}
```

承载服务类型 PerformanceMetricsCollector 同样应该采用这种方式来提取表示性能指标采集频率的配置选项。如下所示的代码片段为 PerformanceMetricsCollector 采用配置选项后的完整定义。

```
public sealed class PerformanceMetricsCollector : IHostedService
{
    private readonly IProcessorMetricsCollector          _processorMetricsCollector;
    private readonly IMemoryMetricsCollector             _memoryMetricsCollector;
    private readonly INetworkMetricsCollector            _networkMetricsCollector;
    private readonly IMetricsDeliverer                   _metricsDeliverer;
    private readonly TimeSpan                            _captureInterval;
    private IDisposable?                                 _scheduler;

    public PerformanceMetricsCollector(
        IProcessorMetricsCollector processorMetricsCollector,
        IMemoryMetricsCollector memoryMetricsCollector,
        INetworkMetricsCollector networkMetricsCollector,
        IMetricsDeliverer metricsDeliverer,
        IOptions<MetricsCollectionOptions> optionsAccessor)
    {
        _processorMetricsCollector   = processorMetricsCollector;
        _memoryMetricsCollector      = memoryMetricsCollector;
        _networkMetricsCollector     = networkMetricsCollector;
        _metricsDeliverer            = metricsDeliverer;
        _captureInterval             = optionsAccessor.Value.CaptureInterval;
    }

    public Task StartAsync(CancellationToken cancellationToken)
    {
       _scheduler = new Timer(Callback, null, TimeSpan.FromSeconds(5),
           _captureInterval);
       return Task.CompletedTask;

        async void Callback(object? state)
        {
            var counter = new PerformanceMetrics
            {
                Processor    = _processorMetricsCollector.GetUsage(),
                Memory       = _memoryMetricsCollector.GetUsage(),
                Network      = _networkMetricsCollector.GetThroughput()
            };
            await _metricsDeliverer.DeliverAsync(counter);
        }
```

```
    }

    public Task StopAsync(CancellationToken cancellationToken)
    {
        _scheduler?.Dispose();
        return Task.CompletedTask;
    }
}
```

由于配置文件是配置选项的常用来源，所以在根目录下添加了一个名为 appsettings.json 的配置文件，并在其中定义如下内容来提供上述 3 个配置选项。由 Host 类型的 CreateDefaultBuilder 工厂方法创建的 IHostBuilder 对象会自动加载这个配置文件。

```
{
  "MetricsCollection": {
    "CaptureInterval": "00:00:05",
    "Transport": "Udp",
    "DeliverTo": {
      "Host": "192.168.0.1",
      "Port": 3721
    }
  }
}
```

接下来对演示程序进行相应的修改。之前针对依赖服务的注册是通过调用 IHostBuilder 对象的 ConfigureServices 方法利用作为参数的 Action<IServiceCollection>对象完成的，IHostBuilder 接口还有一个 ConfigureServices 重载方法，它的参数类型为 Action<HostBuilderContext, IServiceCollection>，作为输入的 HostBuilderContext 上下文可以提供表示应用配置的 IConfiguration 对象。

```
using App;
var collector = new MetricsCollector();
Host.CreateDefaultBuilder(args)
    .ConfigureServices((context, svcs) => svcs
        .AddHostedService<PerformanceMetricsCollector>()
        .AddSingleton<IProcessorMetricsCollector>(collector)
        .AddSingleton<IMemoryMetricsCollector>(collector)
        .AddSingleton<INetworkMetricsCollector>(collector)
        .AddSingleton<IMetricsDeliverer, MetricsDeliverer>()
        .Configure<MetricsCollectionOptions>(context.Configuration
            .GetSection("MetricsCollection")))
    .Build()
    .Run();
```

我们利用提供的 Action<HostBuilderContext, IServiceCollection>委托对象通过调用 IServiceCollection 接口的 Configure<TOptions>扩展方法从提供的 HostBuilderContext 对象中提取配置，并对 MetricsCollectionOptions 配置选项进行了绑定。修改后的程序运行之后，控制台上的输出结果如图 14-2 所示。（S1403）

```
C:\Windows\System32\cmd.exe - dotnet run

C:\App>dotnet run
Building...
info: Microsoft.Hosting.Lifetime[0]
      Application started. Press Ctrl+C to shut down.
info: Microsoft.Hosting.Lifetime[0]
      Hosting environment: Production
info: Microsoft.Hosting.Lifetime[0]
      Content root path: C:\App
[10/27/2021 9:03:42 PM +08:00]Deliver performance counter CPU: 700%; Memory: 68M; Network: 34M/s to 192.168.0.1:3721 via Udp
[10/27/2021 9:03:47 PM +08:00]Deliver performance counter CPU: 500%; Memory: 65M; Network: 94M/s to 192.168.0.1:3721 via Udp
[10/27/2021 9:03:52 PM +08:00]Deliver performance counter CPU: 200%; Memory: 49M; Network: 63M/s to 192.168.0.1:3721 via Udp
[10/27/2021 9:03:57 PM +08:00]Deliver performance counter CPU: 100%; Memory: 14M; Network: 94M/s to 192.168.0.1:3721 via Udp
[10/27/2021 9:04:02 PM +08:00]Deliver performance counter CPU: 100%; Memory: 30M; Network: 68M/s to 192.168.0.1:3721 via Udp
```

图 14-2　引入配置选项

14.1.4　承载环境

应用程序总是针对某个具体环境进行部署的，开发（Development）、预发（Staging）和产品（Production）是 3 种典型的部署环境，这里的部署环境在服务承载系统中统称为“承载环境”（Hosting Environment）。一般来说，不同的承载环境往往具有不同的配置选项。下面将演示如何为不同的承载环境提供相应的配置选项。“第 5 章　配置选项（上）”已经演示了如何提供针对具体环境的配置文件，具体的做法很简单：将共享或者默认的配置定义在基础配置文件（如 appsettings.json）中，将差异化的部分定义在具体环境的配置文件（如 appsettings.staging. json 和 appsettings.production.json）中。对于演示的实例来说，我们可以采用图 14-3 所示的方式添加额外的两个配置文件来提供针对预发环境和产品环境的差异化配置。

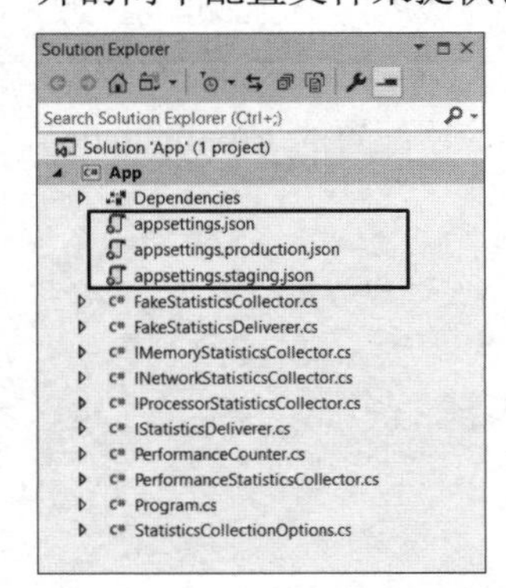

图 14-3　针对承载环境的配置文件

对于演示实例提供的 3 个配置选项来说，假设针对承载环境的差异化配置仅限于发送的目标终节点（IP 地址和端口），就可以采用如下方式将它们定义在针对预发环境的 appsettings. staging.json 和针对产品环境的 appsettings.production.json 中。

appsettings.staging.json：

```
{
  "MetricsCollection": {
    "DeliverTo": {
      "Host": "192.168.0.2",
      "Port": 3721
```

```
    }
  }
}
```

appsettings.production.json：

```
{
  "MetricsCollection": {
    "DeliverTo": {
      "Host": "192.168.0.3",
      "Port": 3721
    }
  }
}
```

由于在调用 Host 的 CreateDefaultBuilder 方法时传入了命令行参数（args），所以默认创建的 IHostBuilder 会将其作为配置源。也正因为如此，可以采用命令行参数的形式设置当前的承载环境（对应配置名称为“environment”）。如图 14-4 所示，分别指定不同的承载环境先后 4 次运行应用程序，从输出的 IP 地址可以看出，应用程序确实是根据当前承载环境加载对应的配置文件的。输出结果还体现了另一个细节，那就是默认采用的是产品环境。（S1404）

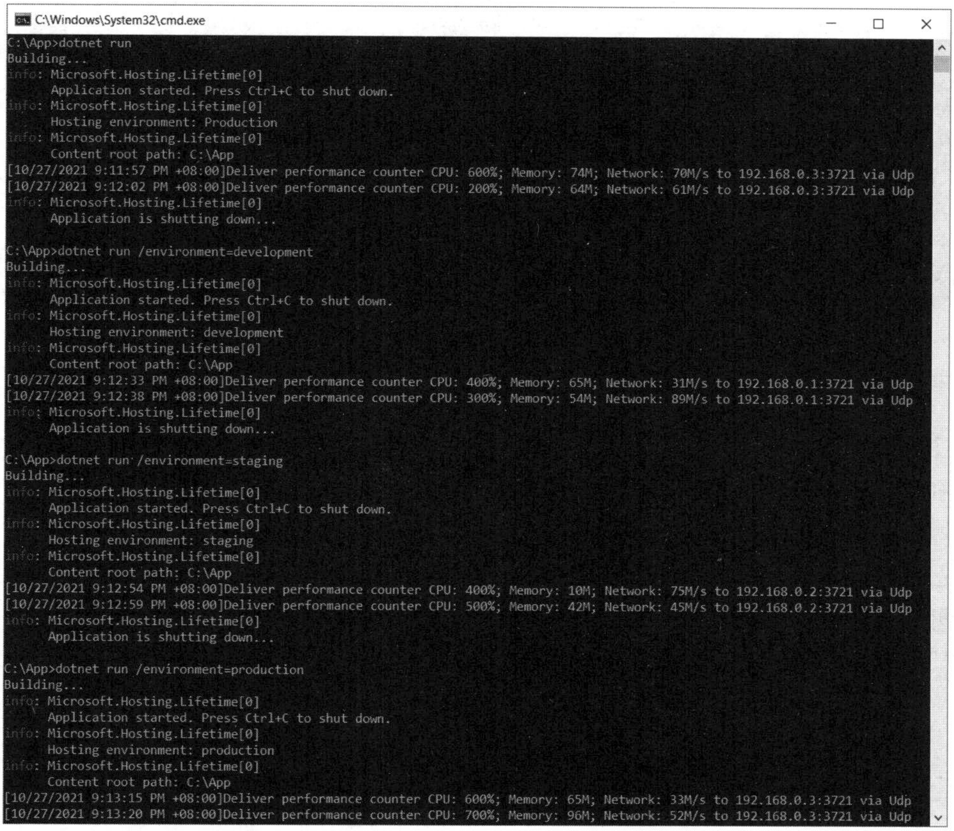

```
C:\Windows\System32\cmd.exe
C:\App>dotnet run
Building...
info: Microsoft.Hosting.Lifetime[0]
      Application started. Press Ctrl+C to shut down.
info: Microsoft.Hosting.Lifetime[0]
      Hosting environment: Production
info: Microsoft.Hosting.Lifetime[0]
      Content root path: C:\App
[10/27/2021 9:11:57 PM +08:00]Deliver performance counter CPU: 600%; Memory: 74M; Network: 70M/s to 192.168.0.3:3721 via Udp
[10/27/2021 9:12:02 PM +08:00]Deliver performance counter CPU: 200%; Memory: 64M; Network: 61M/s to 192.168.0.3:3721 via Udp
info: Microsoft.Hosting.Lifetime[0]
      Application is shutting down...

C:\App>dotnet run /environment=development
Building...
info: Microsoft.Hosting.Lifetime[0]
      Application started. Press Ctrl+C to shut down.
info: Microsoft.Hosting.Lifetime[0]
      Hosting environment: development
info: Microsoft.Hosting.Lifetime[0]
      Content root path: C:\App
[10/27/2021 9:12:33 PM +08:00]Deliver performance counter CPU: 400%; Memory: 65M; Network: 31M/s to 192.168.0.1:3721 via Udp
[10/27/2021 9:12:38 PM +08:00]Deliver performance counter CPU: 300%; Memory: 54M; Network: 89M/s to 192.168.0.1:3721 via Udp
info: Microsoft.Hosting.Lifetime[0]
      Application is shutting down...

C:\App>dotnet run /environment=staging
Building...
info: Microsoft.Hosting.Lifetime[0]
      Application started. Press Ctrl+C to shut down.
info: Microsoft.Hosting.Lifetime[0]
      Hosting environment: staging
info: Microsoft.Hosting.Lifetime[0]
      Content root path: C:\App
[10/27/2021 9:12:54 PM +08:00]Deliver performance counter CPU: 400%; Memory: 10M; Network: 75M/s to 192.168.0.2:3721 via Udp
[10/27/2021 9:12:59 PM +08:00]Deliver performance counter CPU: 500%; Memory: 42M; Network: 45M/s to 192.168.0.2:3721 via Udp
info: Microsoft.Hosting.Lifetime[0]
      Application is shutting down...

C:\App>dotnet run /environment=production
Building...
info: Microsoft.Hosting.Lifetime[0]
      Application started. Press Ctrl+C to shut down.
info: Microsoft.Hosting.Lifetime[0]
      Hosting environment: production
info: Microsoft.Hosting.Lifetime[0]
      Content root path: C:\App
[10/27/2021 9:13:15 PM +08:00]Deliver performance counter CPU: 600%; Memory: 65M; Network: 33M/s to 192.168.0.3:3721 via Udp
[10/27/2021 9:13:20 PM +08:00]Deliver performance counter CPU: 700%; Memory: 96M; Network: 52M/s to 192.168.0.3:3721 via Udp
```

图 14-4　针对承载环境加载配置文件

14.1.5 日志

应用开发中不可避免地会涉及很多针对“诊断日志”的应用，第 7～9 章对这个主题进行了系统而详细的介绍。接下来演示承载服务如何记录日志。对于演示实例来说，用于发送性能指标的 MetricsDeliverer 对象会将收集的指标数据输出到控制台上。下面将这段文字以日志的形式输出，为此我们将这个类型进行了如下修改。

```
public class MetricsDeliverer : IMetricsDeliverer
{
    private readonly TransportType    _transport;
    private readonly Endpoint         _deliverTo;
    private readonly ILogger          _logger;
    private readonly Action<ILogger, DateTimeOffset, PerformanceMetrics, Endpoint,
        TransportType, Exception?> _logForDelivery;

    public MetricsDeliverer(
        IOptions<MetricsCollectionOptions>          optionsAccessor,
        ILogger<MetricsDeliverer>            logger)
    {
        var options            = optionsAccessor.Value;
        _transport             = options.Transport;
        _deliverTo             = options.DeliverTo;
        _logger                = logger;
        _logForDelivery        = LoggerMessage.Define<DateTimeOffset, PerformanceMetrics,
            Endpoint, TransportType>(LogLevel.Information, 0,
            "[{0}]Deliver performance counter {1} to {2} via {3}");
    }

    public Task DeliverAsync(PerformanceMetrics counter)
    {
        _logForDelivery(_logger, DateTimeOffset.Now, counter, _deliverTo, _transport,
            null);
        return Task.CompletedTask;
    }
}
```

如上面的代码片段所示，我们利用构造函数中注入的 ILogger<MetricsDeliverer>对象来记录日志。“第 8 章　诊断日志（中）”已经提到，为了避免对同一个消息模板的重复解析，我们可以使用 LoggerMessage 类型定义的委托对象来输出日志，这也是 MetricsDeliverer 采用的编程模式。运行修改后的程序会在控制台上输出图 14-5 所示的结果。由输出结果可以看出，这些文字是由注册的 ConsoleLoggerProvider 提供的 ConsoleLogger 对象输出到控制台上的。由于承载系统自身在进行服务承载过程中也会输出一些日志，所以它们也会输出到控制台上。（S1405）

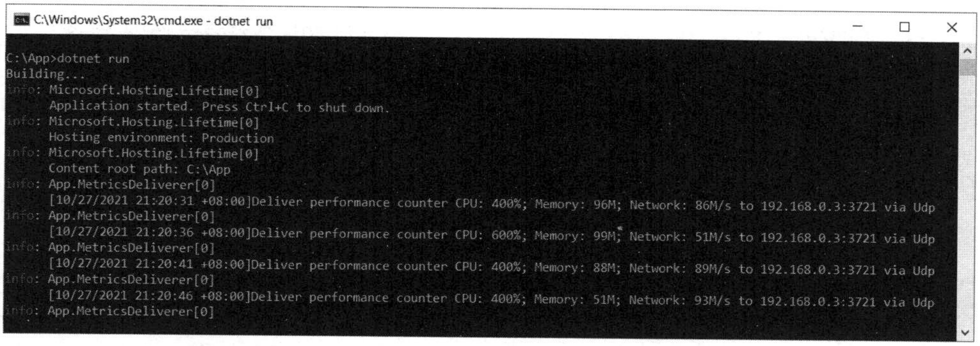

```
C:\Windows\System32\cmd.exe - dotnet run
C:\App>dotnet run
Building...
info: Microsoft.Hosting.Lifetime[0]
      Application started. Press Ctrl+C to shut down.
info: Microsoft.Hosting.Lifetime[0]
      Hosting environment: Production
info: Microsoft.Hosting.Lifetime[0]
      Content root path: C:\App
info: App.MetricsDeliverer[0]
      [10/27/2021 21:20:31 +08:00]Deliver performance counter CPU: 400%; Memory: 96M; Network: 86M/s to 192.168.0.3:3721 via Udp
info: App.MetricsDeliverer[0]
      [10/27/2021 21:20:36 +08:00]Deliver performance counter CPU: 600%; Memory: 99M; Network: 51M/s to 192.168.0.3:3721 via Udp
info: App.MetricsDeliverer[0]
      [10/27/2021 21:20:41 +08:00]Deliver performance counter CPU: 400%; Memory: 88M; Network: 89M/s to 192.168.0.3:3721 via Udp
info: App.MetricsDeliverer[0]
      [10/27/2021 21:20:46 +08:00]Deliver performance counter CPU: 400%; Memory: 51M; Network: 93M/s to 192.168.0.3:3721 via Udp
info: App.MetricsDeliverer[0]
```

图 14-5　将日志输出到控制台上

如果需要对输出的日志进行过滤，则可以将过滤规则定义在配置文件中。为了避免在产品环境中因输出过多的日志影响性能，可以在 appsettings.production.json 配置文件中以如下形式将类型前缀为“Microsoft.”的日志（最低）等级设置为 Warning。

```
{
  "MetricsCollection": {
    "DeliverTo": {
      "Host": "192.168.0.3",
      "Port": 3721
    }
  },
  "Logging": {
    "LogLevel": {
      "Microsoft": "Warning"
    }
  }
}
```

如果此时分别针对开发环境和产品环境以命令行的形式运行修改后的程序，则可以发现针对开发环境控制台输出类型前缀为“Microsoft.”的日志，但是在针对产品环境的控制台上却找不到它们的踪影，如图 14-6 所示。（S1406）

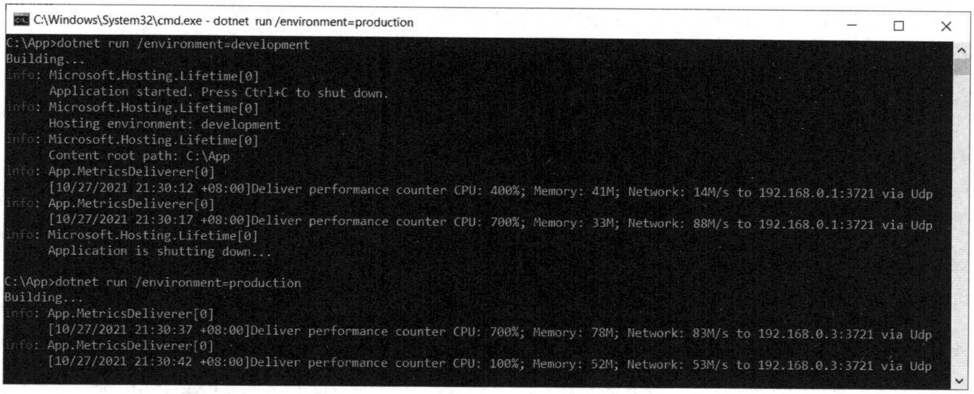

```
C:\Windows\System32\cmd.exe - dotnet run /environment=production
C:\App>dotnet run /environment=development
Building...
info: Microsoft.Hosting.Lifetime[0]
      Application started. Press Ctrl+C to shut down.
info: Microsoft.Hosting.Lifetime[0]
      Hosting environment: development
info: Microsoft.Hosting.Lifetime[0]
      Content root path: C:\App
info: App.MetricsDeliverer[0]
      [10/27/2021 21:30:12 +08:00]Deliver performance counter CPU: 400%; Memory: 41M; Network: 14M/s to 192.168.0.1:3721 via Udp
info: App.MetricsDeliverer[0]
      [10/27/2021 21:30:17 +08:00]Deliver performance counter CPU: 700%; Memory: 33M; Network: 88M/s to 192.168.0.1:3721 via Udp
info: Microsoft.Hosting.Lifetime[0]
      Application is shutting down...

C:\App>dotnet run /environment=production
Building...
info: App.MetricsDeliverer[0]
      [10/27/2021 21:30:37 +08:00]Deliver performance counter CPU: 700%; Memory: 78M; Network: 83M/s to 192.168.0.3:3721 via Udp
info: App.MetricsDeliverer[0]
      [10/27/2021 21:30:42 +08:00]Deliver performance counter CPU: 100%; Memory: 52M; Network: 53M/s to 192.168.0.3:3721 via Udp
```

图 14-6　根据承载环境过滤日志

14.2 服务承载模型

服务承载模型主要由 3 个核心对象组成，如图 14-7 所示。多个通过 IHostedService 接口表示的服务被承载（或者寄宿、托管）于通过 IHost 接口表示的宿主上，IHostBuilder 接口表示 IHost 对象的构建者。

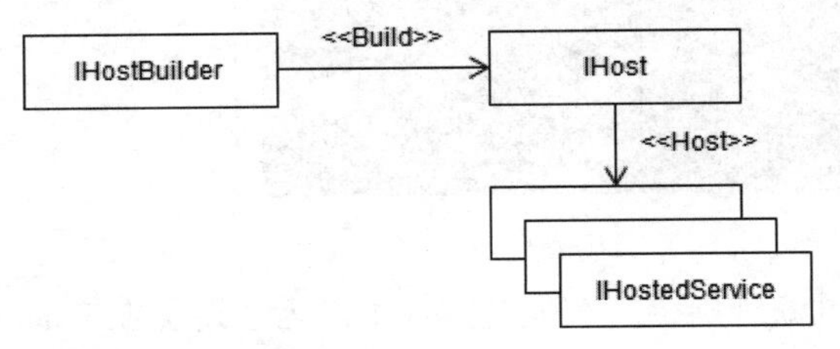

图 14-7 服务承载模型

14.2.1 IHostedService

承载的服务总是会被定义成 IHostedService 接口的实现类型。如下面的代码片段所示，该接口仅定义了两个用来启动和关闭自身服务的方法。当作为宿主的 IHost 对象被启动时，它会激活每个注册的 IHostedService 服务实例，并调用 StartAsync 方法来启动它们。当服务承载应用程序关闭之前，作为服务宿主的 IHost 对象会被关闭，承载的每个 IHostedService 服务对象的 StopAsync 方法也会被调用。

```
public interface IHostedService
{
    Task StartAsync(CancellationToken cancellationToken);
    Task StopAsync(CancellationToken cancellationToken);
}
```

承载系统无缝集成了依赖注入框架，服务承载所需的依赖服务，包括承载服务和它所依赖的服务均由此依赖注入容器提供，承载服务注册的本质就是注册 IHostedService 服务的过程。由于承载服务大多需要长时间运行直到应用被关闭，对应服务注册一般会采用 Singleton 生命周期模式。如下所示的 AddHostedService<THostedService>扩展方法通过调用 TryAddEnumerable 扩展方法来对承载服务进行注册，所以不会出现服务重复注册的问题。

```
public static class ServiceCollectionHostedServiceExtensions
{
    public static IServiceCollection AddHostedService<THostedService>(
        this IServiceCollection services) where THostedService: class, IHostedService
    {
        services.TryAddEnumerable(
            ServiceDescriptor.Singleton<IHostedService, THostedService>());
        return services;
    }
}
```

自定义的承载服务除了直接实现 IHostedService 接口，也可以派生于 BackgroundService 抽象类型。如下面的代码片段所示，BackgroundService 实现了 IHostedService 接口，实现的 StartAsync 方法会调用自身定义的 ExecuteAsync 抽象方法，所以 BackgroundService 的派生类只需要将具体的承载操作定义在重写的 ExecuteAsync 方法中。

```
public abstract class BackgroundService : IHostedService, IDisposable
{
    private Task                       _executeTask;
    private CancellationTokenSource   _stoppingCts;

    public virtual Task ExecuteTask => _executeTask;

    protected abstract Task ExecuteAsync(CancellationToken stoppingToken);

    public virtual Task StartAsync(CancellationToken cancellationToken)
    {
        _stoppingCts = CancellationTokenSource
          .CreateLinkedTokenSource(cancellationToken);
        _executeTask = ExecuteAsync(_stoppingCts.Token);
        if (_executeTask.IsCompleted)
        {
            return _executeTask;
        }
        return Task.CompletedTask;
    }

    public virtual async Task StopAsync(CancellationToken cancellationToken)
    {
        if (_executeTask == null)
        {
            return;
        }

        try
        {
            _stoppingCts.Cancel();
        }
        finally
        {
            await Task.WhenAny(_executeTask,
                Task.Delay(Timeout.Infinite, cancellationToken)).ConfigureAwait(false);
        }
    }

    public virtual void Dispose() => _stoppingCts?.Cancel();
}
```

14.2.2 IHost

通过 IHostedService 接口表示的服务最终被承载于 IHost 接口表示的宿主上。一般来说，一个服务承载应用在整个生命周期内只会创建一个 IHost 对象，启动和关闭应用程序本质上就是启动和关闭作为宿主的 IHost 对象。如下面的代码片段所示，IHost 派生于 IDisposable 接口，当它被关闭之后，应用程序还会调用其 Dispose 方法做一些额外的资源释放工作。

```
public interface IHost : IDisposable
{
    IServiceProvider Services { get; }
    Task StartAsync(CancellationToken cancellationToken = default);
    Task StopAsync(CancellationToken cancellationToken = default);
}
```

IHost 接口的 Services 属性返回作为依赖注入容器的 IServiceProvider 对象，该对象提供了服务承载过程中所需的服务实例，其中就包括需要承载的 IHostedService 服务。定义在 IHost 接口中的 StartAsync 方法和 StopAsync 方法完成了针对服务宿主的启动与关闭。

1. IHostApplicationLifetime

前面演示的实例在利用 HostBuilder 对象构建出 IHost 对象之后，并没有调用其 StartAsync 方法启动它，而是调用另一个名为 Run 的扩展方法，该扩展方法涉及服务承载应用程序的生命周期管理。如果要充分理解该扩展方法的本质，就需要先来了解表示承载应用程序生命周期的 IHostApplicationLifetime 对象。如下面的代码片段所示，IHostApplicationLifetime 接口提供了 3 个 CancellationToken 类型的属性，它们都被用来接收应用程序开启与关闭的通知。该接口还提供了一个 StopApplication 方法来关闭应用程序。

```
public interface IHostApplicationLifetime
{
    CancellationToken ApplicationStarted { get; }
    CancellationToken ApplicationStopping { get; }
    CancellationToken ApplicationStopped { get; }

    void StopApplication();
}
```

如下所示的 ApplicationLifetime 类型是对 IHostApplicationLifetime 接口的默认实现。我们可以看到 3 个属性返回的 CancellationToken 对象来源于 3 个对应的 CancellationTokenSource 对象，后者的 Cancle 方法分别在 NotifyStarted 方法、StopApplication 方法和 NotifyStopped 方法中被调用。也就是说，当这 3 个方法将应用程序启动和关闭的通知发送出去后，该通知就能通过 3 个对应的 CancellationToken 对象接收。

```
public class ApplicationLifetime : IHostApplicationLifetime
{
    private readonly ILogger<ApplicationLifetime>            _logger;
    private readonly CancellationTokenSource                 _startedSource;
    private readonly CancellationTokenSource                 _stoppedSource;
    private readonly CancellationTokenSource                 _stoppingSource;

    public ApplicationLifetime(ILogger<ApplicationLifetime> logger)
    {
        _startedSource        = new CancellationTokenSource();
```

```
    _stoppedSource          = new CancellationTokenSource();
    _stoppingSource         = new CancellationTokenSource();
    _logger                 = logger;
}

private void ExecuteHandlers(CancellationTokenSource cancel)
{
    if (!cancel.IsCancellationRequested)
    {
        cancel.Cancel(false);
    }
}

public void NotifyStarted()
{
    try
    {
        ExecuteHandlers(_startedSource);
    }
    catch (Exception exception)
    {
        _logger.ApplicationError(6, "An error occurred starting the application",
            exception);
    }
}

public void NotifyStopped()
{
    try
    {
        ExecuteHandlers(_stoppedSource);
    }
    catch (Exception exception)
    {
        _logger.ApplicationError(8, "An error occurred stopping the application",
            exception);
    }
}

public void StopApplication()
{
    lock (_stoppingSource)
    {
        try
        {
            ExecuteHandlers(_stoppingSource);
        }
        catch (Exception exception)
        {
            _logger.ApplicationError(7,
```

```
                    "An error occurred stopping the application", exception);
            }
        }
    }

    public CancellationToken ApplicationStarted     => _startedSource.Token;
    public CancellationToken ApplicationStopped     => _stoppedSource.Token;
    public CancellationToken ApplicationStopping    => _stoppingSource.Token;
}
```

接下来通过一个简单的实例演示如何利用 IHostApplicationLifetime 服务来关闭整个承载应用程序。我们在一个控制台应用程序中定义了如下承载服务类型 FakeHostedService，并在其构造函数中注入了 IHostApplicationLifetime 服务。在得到其 3 个属性返回的 CancellationToken 对象之后，分别在它们上面注册了一个回调并在控制台输出相应的文字。

```
public sealed class FakeHostedService : IHostedService
{
    private readonly IHostApplicationLifetime       _lifetime;
    private IDisposable?                            _tokenSource;

    public FakeHostedService(IHostApplicationLifetime lifetime)
    {
        _lifetime = lifetime;
        _lifetime.ApplicationStarted.Register(() => Console.WriteLine(
            "[{0}]Application started", DateTimeOffset.Now));
        _lifetime.ApplicationStopping.Register(() => Console.WriteLine(
            "[{0}]Application is stopping.", DateTimeOffset.Now));
        _lifetime.ApplicationStopped.Register(() => Console.WriteLine(
            "[{0}]Application stopped.", DateTimeOffset.Now));
    }

    public Task StartAsync(CancellationToken cancellationToken)
    {
        _tokenSource = new CancellationTokenSource(TimeSpan.FromSeconds(5))
            .Token.Register(_lifetime.StopApplication);
        return Task.CompletedTask;
    }

    public Task StopAsync(CancellationToken cancellationToken)
    {
        _tokenSource?.Dispose();
        return Task.CompletedTask;
    }
}
```

在实现的 StartAsync 方法中，我们采用如上方式在等待 5 秒之后调用 IHostApplicationLifetime 对象的 StopApplication 方法关闭应用程序。FakeHostedService 服务最后采用如下方式承载于当前应用程序中。

```
using App;
Host.CreateDefaultBuilder(args)
```

```
    .ConfigureServices(svcs => svcs.AddHostedService<FakeHostedService>())
    .Build()
    .Run();
```

该程序运行之后，控制台上输出的结果如图 14-8 所示，从 3 条消息输出的时间间隔可以确定当前应用程序正是承载 FakeHostedService 通过调用 IHostApplicationLifetime 服务的 StopApplication 方法关闭的。（S1407）

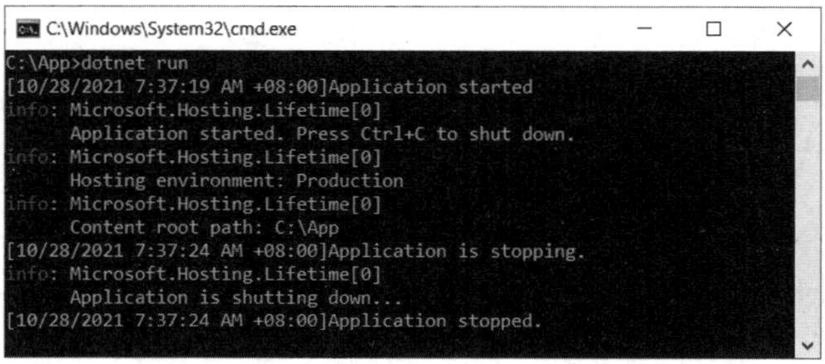

```
C:\Windows\System32\cmd.exe
C:\App>dotnet run
[10/28/2021 7:37:19 AM +08:00]Application started
info: Microsoft.Hosting.Lifetime[0]
      Application started. Press Ctrl+C to shut down.
info: Microsoft.Hosting.Lifetime[0]
      Hosting environment: Production
info: Microsoft.Hosting.Lifetime[0]
      Content root path: C:\App
[10/28/2021 7:37:24 AM +08:00]Application is stopping.
info: Microsoft.Hosting.Lifetime[0]
      Application is shutting down...
[10/28/2021 7:37:24 AM +08:00]Application stopped.
```

图 14-8　调用 IHostApplicationLifetime 服务关闭应用程序

2．Run 方法

IHost 接口的 Run 方法会在内部调用 IHost 对象的 StartAsync 方法并持续等待。直到接收到来自 IHostApplicationLifetime 服务发出的关闭应用程序通知后，IHost 对象才会调用自身的 StopAsync 方法，此时才会返回 Run 方法的调用。启动 IHost 对象直到应用程序关闭体现在如下 WaitForShutdownAsync 方法上。

```
public static class HostingAbstractionsHostExtensions
{
    public static async Task WaitForShutdownAsync(this IHost host,
        CancellationToken token = default)
    {
        var applicationLifetime = host.Services.GetService<IHostApplicationLifetime>();
        token.Register(state =>((IHostApplicationLifetime)state).StopApplication(),
            applicationLifetime);

        var waitForStop = new TaskCompletionSource<object>(
            TaskCreationOptions.RunContinuationsAsynchronously);
        applicationLifetime.ApplicationStopping.Register(state =>
        {
            var tcs = (TaskCompletionSource<object>)state;
            tcs.TrySetResult(null);
        }, waitForStop);

        await waitForStop.Task;
        await host.StopAsync();
    }
}
```

如下所示的 WaitForShutdown 方法是上面 WaitForShutdownAsync 方法的同步版本。同步的 Run 方法和异步的 RunAsync 方法的实现也体现在下面的代码片段中。下面的代码片段还提供了

Start 方法和 StopAsync 方法的定义，前者可以作为 StartAsync 方法的同步版本，后者可以在关闭 IHost 对象时指定一个超时时限。

```
public static class HostingAbstractionsHostExtensions
{
    public static void WaitForShutdown(this IHost host)
        => host.WaitForShutdownAsync().GetAwaiter().GetResult();

    public static void Run(this IHost host)
        => host.RunAsync().GetAwaiter().GetResult();

    public static async Task RunAsync(this IHost host, CancellationToken token = default)
    {
        try
        {
            await host.StartAsync(token);
            await host.WaitForShutdownAsync(token);
        }
        finally
        {
            host.Dispose();
        }
    }

    public static void Start(this IHost host)
        => host.StartAsync().GetAwaiter().GetResult();

    public static Task StopAsync(this IHost host, TimeSpan timeout)
        => host.StopAsync(new CancellationTokenSource(timeout).Token);
}
```

14.2.3 IHostBuilder

在了解了作为服务宿主的 IHost 对象之后，下面介绍作为构建者的 IHostBuilder 对象。如下面的代码片段所示，IHostBuilder 接口的核心方法 Build 用来提供由它构建的 IHost 对象。它还有一个字典类型的只读属性 Properties，该属性被作为一个共享的数据字典。

```
public interface IHostBuilder
{
    IDictionary<object, object> Properties { get; }
    IHost Build();
    ...
}
```

作为一个典型的设计模式，Builder 模式在最终提供给由它构建的对象之前，一般允许进行相应的前期设置，所以 IHostBuilder 接口提供了一系列的方法为最终构建的 IHost 对象进行相应的设置。具体的设置主要涵盖两个方面：针对配置的设置和针对依赖注入框架的设置。

1. 配置

IHostBuilder 接口对配置的设置体现在 ConfigureHostConfiguration 方法和 ConfigureAppConfiguration 方法上，前者涉及的配置主要在服务承载过程中使用，所以是针对服务“宿主（Host）”的配置；后者涉及的配置主要供承载的 IHostedService 服务使用，所以是针对“应用（App）”的配置。针对宿主的配置会被针对应用的配置“继承”下来，应用程序最终得到的配置实际上是两者合并的结果。

```
public interface IHostBuilder
{
    IHostBuilder ConfigureHostConfiguration(
        Action<IConfigurationBuilder> configureDelegate);
    IHostBuilder ConfigureAppConfiguration(
        Action<HostBuilderContext, IConfigurationBuilder> configureDelegate);
    ...
}
```

ConfigureHostConfiguration 方法提供了一个 Action<IConfigurationBuilder>委托对象作为参数。我们可以利用它注册不同的配置源或者实施其他相关的设置（如设置配置文件所在目录的基础路径）。ConfigureAppConfiguration 方法的参数则是 Action<HostBuilderContext, IConfigurationBuilder>，作为第一个参数的 HostBuilderContext 对象携带了与服务承载相关的上下文信息。我们可以利用该上下文信息对配置系统进行针对性设置。

HostBuilderContext 携带的上下文信息主要包含两部分：一是通过 Configuration 属性表示的针对宿主的配置；二是通过 HostingEnvironment 属性表示的承载环境。HostBuilderContext 类型同样具有一个作为共享数据字典的 Properties 属性。

```
public class HostBuilderContext
{
    public IConfiguration                       Configuration { get; set; }
    public IHostEnvironment                     HostingEnvironment { get; set; }
    public IDictionary<object, object>          Properties { get; }

    public HostBuilderContext(IDictionary<object, object> properties);
}
```

ConfigureAppConfiguration 方法使我们可以就当前承载上下文对应用配置进行针对性设置，如针对前期提供承载配置，或者之前添加到 Properties 字典中的某个属性，以及最常见的针对当前的承载环境。如果针对配置系统的设置与当前承载上下文无关，则可以调用如下这个同名的扩展方法，该扩展方法提供的参数依旧是一个 Action<IConfigurationBuilder>对象。

```
public static class HostingHostBuilderExtensions
{
    public static IHostBuilder ConfigureAppConfiguration(this IHostBuilder hostBuilder,
        Action<IConfigurationBuilder> configureDelegate)
    => hostBuilder.ConfigureAppConfiguration((context, builder) =>
        configureDelegate(builder));
}
```

2. 承载环境

承载环境通过 IHostEnvironment 接口表示，HostBuilderContext 类型的 HostingEnvironment 属性返回的就是一个 IHostEnvironment 对象。如下面的代码片段所示，除了表示环境名称的 EnvironmentName 属性，IHostEnvironment 接口还定义了一个表示当前应用名称的 ApplicationName 属性。

```
public interface IHostEnvironment
{
    string              EnvironmentName { get; set; }
    string              ApplicationName { get; set; }
    string              ContentRootPath { get; set; }
    IFileProvider       ContentRootFileProvider { get; set; }
}
```

很多的应用程序会涉及一些静态文件，比较典型的就是 Web 应用的 JavaScript、CSS 和图片，这些静态文件被称为“内容文件”（Content File）。IHostEnvironment 接口的 ContentRootPath 属性表示存放这些内容文件的根目录所在的路径。ContentRootFileProvider 属性对应的是指向该路径的 IFileProvider 对象。我们可以利用它获取目录的层次结构，也可以直接利用它来读取文件的内容。

开发、预发和产品是 3 种典型的承载环境，如果严格采用“Development”“Staging”“Production”来对环境进行命名，针对这 3 种承载环境的判断就可以利用 IsDevelopment、IsStaging 和 IsProduction 这 3 个扩展方法来完成。如果需要判断指定的 IHostEnvironment 对象是否属于某个指定的环境，则可以直接调用 IsEnvironment 扩展方法。针对环境名称的比较是不区分字母大小写的。

```
public static class HostEnvironmentEnvExtensions
{
    public static bool IsDevelopment(this IHostEnvironment hostEnvironment)
        =>hostEnvironment.IsEnvironment(Environments.Development);
    public static bool IsStaging(this IHostEnvironment hostEnvironment)
        =>hostEnvironment.IsEnvironment(Environments.Staging);
    public static bool IsProduction(this IHostEnvironment hostEnvironment)
        =>hostEnvironment.IsEnvironment(Environments.Production);

    public static bool IsEnvironment(this IHostEnvironment hostEnvironment,
        string environmentName)
        =>string.Equals(hostEnvironment.EnvironmentName, environmentName,
        StringComparison.OrdinalIgnoreCase);
}

public static class Environments
{
    public static readonly string Development       = "Development";
    public static readonly string Production        = "Production";
    public static readonly string Staging           = "Staging";
}
```

IHostEnvironment 对象承载的 3 个属性都是通过配置的形式提供的，对应的配置项名称为“environment”“contentRoot”“applicationName”，它们对应 HostDefaults 类型中的 3 个静态只读字段。我们可以调用 IHostBuilder 接口的 UseEnvironment 方法和 UseContentRoot 方法来设置环境名称与内容文件的根目录的路径。从下面的代码片段可以看出，UseEnvironment 方法调用的依旧是 ConfigureHostConfiguration 方法。如果没有对应用名称做显式设置，入口程序集的名称就会作为当前应用名称。由于一些组件或者框架会假定当前应用名称就是应用所在项目编译后的程序集名称，所以我们一般不会对应用名称进行设置。

```
public static class HostDefaults
{
    public static readonly string EnvironmentKey = "environment";
    public static readonly string ContentRootKey = "contentRoot";
    public static readonly string ApplicationKey = "applicationName";
}

public static class HostingHostBuilderExtensions
{
    public static IHostBuilder UseEnvironment(this IHostBuilder hostBuilder,
        string environment)
    {
        return hostBuilder.ConfigureHostConfiguration(configBuilder =>
        {
            configBuilder.AddInMemoryCollection(new[]
            {
                new KeyValuePair<string, string>(HostDefaults.EnvironmentKey,environment)
            });
        });
    }
     public static IHostBuilder UseContentRoot(this IHostBuilder hostBuilder,
        string contentRoot)
    {
        return hostBuilder.ConfigureHostConfiguration(configBuilder =>
        {
            configBuilder.AddInMemoryCollection(new[]
            {
                new KeyValuePair<string, string>(HostDefaults.ContentRootKey,
                    contentRoot)
            });
        });
    }
}
```

3. 依赖注入

由于包括承载服务（IHostedService）在内的所有依赖服务都由依赖注入框架提供，所以 IHostBuilder 接口提供了更多的方法来注册依赖服务。绝大部分用来注册服务的方法最终都会调用 IHostBuilder 接口的 ConfigureServices 方法，由于该方法提供的参数是一个

Action<HostBuilderContext, IServiceCollection>委托对象，这就意味着服务可以就当前的承载上下文进行针对性注册。如果注册的服务与当前承载上下文无关，就可以调用如下这个同名的扩展方法，该扩展方法提供的参数是一个 Action<IServiceCollection>委托对象。

```
public interface IHostBuilder
{
    IHostBuilder ConfigureServices(
        Action<HostBuilderContext, IServiceCollection> configureDelegate);
    ...
}

public static class HostingHostBuilderExtensions
{
    public static IHostBuilder ConfigureServices(this IHostBuilder hostBuilder,
        Action<IServiceCollection> configureDelegate)
        => hostBuilder.ConfigureServices((context, collection) =>
            configureDelegate(collection));
}
```

IHostBuilder 接口提供了如下两个 UseServiceProviderFactory<TContainerBuilder>重载方法。我们可以利用第一个重载方法注册的 IServiceProviderFactory<TContainerBuilder>对象实现对第三方依赖注入框架的整合。IHostBuilder 接口还定义了 ConfigureContainer<TContainerBuilder>方法来对提供的依赖注入容器进行进一步设置。

```
public interface IHostBuilder
{
    IHostBuilder UseServiceProviderFactory<TContainerBuilder>(
        IServiceProviderFactory<TContainerBuilder> factory);
    IHostBuilder UseServiceProviderFactory<TContainerBuilder>(
        Func<HostBuilderContext, IServiceProviderFactory<TContainerBuilder>> factory);
    IHostBuilder ConfigureContainer<TContainerBuilder>(
        Action<HostBuilderContext, TContainerBuilder> configureDelegate);
}
```

我们认为原生依赖注入框架已经能够满足绝大部分项目的需求，与第三方依赖注入框架的整合其实并没有太大的必要。原生的依赖注入框架利用 DefaultServiceProviderFactory 来提供作为依赖注入容器的 IServiceProvider 对象，针对它的注册由如下两个 UseDefaultServiceProvider 扩展方法来完成。

```
public static class HostingHostBuilderExtensions
{
    public static IHostBuilder UseDefaultServiceProvider(this IHostBuilder hostBuilder,
        Action<ServiceProviderOptions> configure)
        => hostBuilder.UseDefaultServiceProvider((context, options) => configure(options));

    public static IHostBuilder UseDefaultServiceProvider(this IHostBuilder hostBuilder,
        Action<HostBuilderContext, ServiceProviderOptions> configure)
    {
        return hostBuilder.UseServiceProviderFactory(context =>
        {
```

```
            var options = new ServiceProviderOptions();
            configure(context, options);
            return new DefaultServiceProviderFactory(options);
        });
    }
}
```

定义在 IHostBuilder 接口的 ConfigureContainer<TContainerBuilder>方法提供的参数是一个 Action<HostBuilderContext, TContainerBuilder>委托对象。如果针对 TContainerBuilder 的设置与当前承载上下文无关，则可以调用如下简化的 ConfigureContainer<TContainerBuilder>扩展方法，它提供一个 Action<TContainerBuilder>委托对象作为参数。

```
public static class HostingHostBuilderExtensions
{
    public static IHostBuilder ConfigureContainer<TContainerBuilder>(
        this IHostBuilder hostBuilder, Action<TContainerBuilder> configureDelegate)
    {
        return hostBuilder.ConfigureContainer<TContainerBuilder>((context, builder) =>
            configureDelegate(builder));
    }
}
```

4．创建并启动宿主

IHostBuilder 接口还定义了如下 StartAsync 扩展方法，该扩展方法同时完成了 IHost 对象的创建和启动工作，IHostBuilder 接口的另一个 Start 方法是 StartAsync 方法的同步版本。

```
public static class HostingAbstractionsHostBuilderExtensions
{
    public static async Task<IHost> StartAsync(this IHostBuilder hostBuilder,
        CancellationToken cancellationToken = default)
    {
        var host = hostBuilder.Build();
        await host.StartAsync(cancellationToken);
        return host;
    }

    public static IHost Start(this IHostBuilder hostBuilder)
        => hostBuilder.StartAsync().GetAwaiter().GetResult();
}
```

14.3 服务承载流程

上一节着重介绍了组成服务承载模型的 3 个核心对象，接下来从抽象转向具体，介绍服务承载系统模型是如何实现的。要想了解服务承载模型的默认实现，只需要了解 IHost 接口和 IHostBuilder 接口的默认实现类型。由图 14-9 可以看出，IHost 接口和 IHostBuilder 接口的默认实现类型分别是 Host 与 HostBuilder，这两个类型是本节介绍的重点。

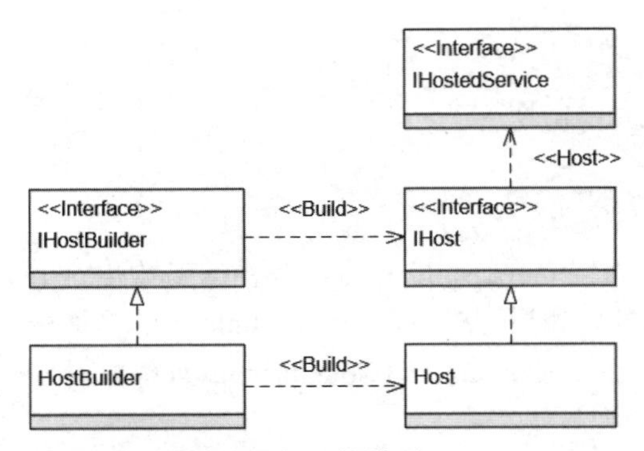

图 14-9 完整的服务承载模型

14.3.1 服务宿主

Host 是对 IHost 接口的默认实现，它仅仅是定义在“Microsoft.Extensions.Hosting”这个 NuGet 包中的一个内部类型。由于承载系统还提供了另一个同名的公共静态类型，在容易出现混淆的地方，我们会将它称为“实例类型 Host”以示区别。在正式介绍 Host 类型的具体实现之前，我们先来认识两个与之相关的类型，其中一个是与承载相关的配置选项 HostOptions，另一个是 IHostLifetime 接口。

如下所示的 HostOptions 类型仅包含 ShutdownTimeout 和 BackgroundServiceExceptionBehavior 两个属性。ShutdownTimeout 属性表示关闭 Host 对象的超时时限，该属性可以通过配置来提供，对应配置节名称为“shutdownTimeoutSeconds”。BackgroundServiceExceptionBehavior 属性表示返回一个同名的枚举，当某个承载服务执行过程中抛出未被处理的异常时，这个属性将用来决定当前承载应用是忽略此异常并继续运行（Ignore）还是立即终止运行。

```
public class HostOptions
{
    public TimeSpan                              ShutdownTimeout { get; set; }
    public BackgroundServiceExceptionBehavior    BackgroundServiceExceptionBehavior
        { get; set; }

    internal void Initialize(IConfiguration configuration)
    {
        var str = configuration["shutdownTimeoutSeconds"];
        if (!string.IsNullOrEmpty(str) && int.TryParse(
           str, NumberStyles.None, CultureInfo.InvariantCulture, out int num))
        {
            ShutdownTimeout = TimeSpan.FromSeconds(num);
        }
    }
}

public enum BackgroundServiceExceptionBehavior
{
    StopHost,
```

```
    Ignore
}
```

前文已经介绍了一个与承载应用生命周期相关的 IHostApplicationLifetime 接口，Host 类型还涉及另一个与生命周期相关的 IHostLifetime 接口。调用 StartAsync 方法将 Host 对象启动之后，该方法会先调用 IHostLifetime 服务的 WaitForStartAsync 方法。Host 对象的 StopAsync 方法在执行过程中，如果它成功关闭了所有承载的服务，则注册 IHostLifetime 服务的 StopAsync 方法也会被调用。

```
public interface IHostLifetime
{
    Task WaitForStartAsync(CancellationToken cancellationToken);
    Task StopAsync(CancellationToken cancellationToken);
}
```

在前面演示的日志实例中，程序运行后控制台上会输出 3 条级别为 Information 的日志，其中第 1 条日志的内容为“Application started. Press Ctrl+C to shut down.”，后面两条日志内容则是当前承载环境的信息和存放内容文件的根目录路径。当应用程序关闭之前，控制台上还会出现一条内容为“Application is shutting down...”的日志。上述这 4 条日志在控制台上的输出结果如图 14-10 所示。

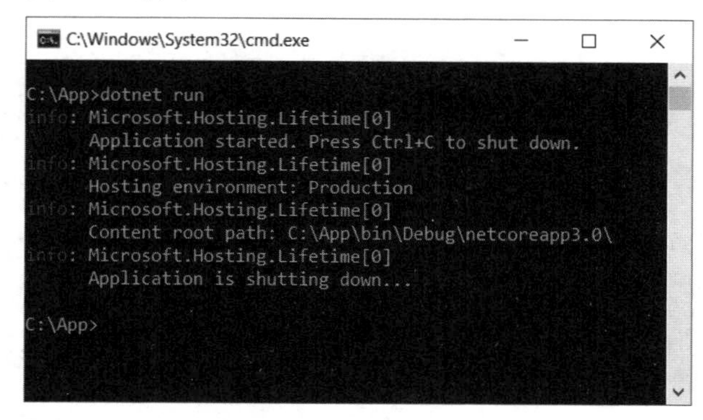

图 14-10 由 ConsoleLifetime 对象输出的日志

图 14-10 所示的 4 条日志都是通过如下 ConsoleLifetime 对象输出的，ConsoleLifetime 类型是对 IHostLifetime 接口的实现。除了以日志的形式输出与当前承载应用程序相关的状态信息，针对 Cancel 按键（Ctrl+C 组合键）的捕捉及随后关闭当前应用程序的功能也在 ConsoleLifetime 类型中实现。ConsoleLifetime 采用的配置选项定义在 ConsoleLifetimeOptions 类型中，该类型唯一的属性 SuppressStatusMessages 用来决定上述 4 条日志是否需要输出，如果不在控制台上输出这些日志，则可以显式将此属性设置为 True。

```
public class ConsoleLifetime : IHostLifetime, IDisposable
{
    public ConsoleLifetime(IOptions<ConsoleLifetimeOptions> options,
        IHostEnvironment environment, IHostApplicationLifetime applicationLifetime);
    public ConsoleLifetime(IOptions<ConsoleLifetimeOptions> options,
        IHostEnvironment environment, IHostApplicationLifetime applicationLifetime,
```

```
        ILoggerFactory loggerFactory);

    public Task StopAsync(CancellationToken cancellationToken);
    public Task WaitForStartAsync(CancellationToken cancellationToken);
    public void Dispose();
}

public class ConsoleLifetimeOptions
{
    public bool SuppressStatusMessages { get; set; }
}
```

下面的代码片段展示的是经过简化的 Host 类型的定义（如忽略了针对承载服务的异常处理）。Host 类型的构造函数中注入了一系列依赖服务，包括作为依赖注入容器的 IServiceProvider 对象、用来记录日志的 ILogger<Host>对象、提供配置选项的 IOptions<HostOptions>对象，以及两个与生命周期相关的 IHostApplicationLifetime 对象和 IHostLifetime 对象。这里提供的 IHostApplicationLifetime 对象的类型必须是 ApplicationLifetime，因为它需要调用 NotifyStarted 方法和 NotifyStopped 方法在应用程序启动与关闭之后向订阅者发送通知，这两个方法并没有定义在 IHostApplicationLifetime 接口中。

```
internal class Host : IHost
{
    private readonly ILogger<Host>              _logger;
    private readonly IHostLifetime              _hostLifetime;
    private readonly ApplicationLifetime        _applicationLifetime;
    private readonly HostOptions                _options;
    private IEnumerable<IHostedService>         _hostedServices;

    public IServiceProvider Services { get; }

    public Host(IServiceProvider services, IHostApplicationLifetime applicationLifetime,
        ILogger<Host> logger, IHostLifetime hostLifetime, IOptions<HostOptions> options)
    {
        Services                        = services;
        _applicationLifetime            = (ApplicationLifetime)applicationLifetime;
        _logger                         = logger;
        _hostLifetime                   = hostLifetime;
        _options                        = options.Value);
    }

    public async Task StartAsync(CancellationToken cancellationToken = default)
    {
        await _hostLifetime.WaitForStartAsync(cancellationToken);
        cancellationToken.ThrowIfCancellationRequested();
        _hostedServices = Services.GetService<IEnumerable<IHostedService>>();
        foreach (var hostedService in _hostedServices)
        {
            await hostedService.StartAsync(cancellationToken).ConfigureAwait(false);
        }
```

```
        _applicationLifetime?.NotifyStarted();
    }

    public async Task StopAsync(CancellationToken cancellationToken = default)
    {
        using (var cts = new CancellationTokenSource(_options.ShutdownTimeout))
        using (var linkedCts = CancellationTokenSource.CreateLinkedTokenSource(
            cts.Token, cancellationToken))
        {
            var token = linkedCts.Token;
            _applicationLifetime?.StopApplication();
            foreach (var hostedService in _hostedServices.Reverse())
            {
                await hostedService.StopAsync(token).ConfigureAwait(false);
            }

            token.ThrowIfCancellationRequested();
            await _hostLifetime.StopAsync(token);
            _applicationLifetime?.NotifyStopped();
        }
    }

    public void Dispose()=>(Services as IDisposable)?.Dispose();
}
```

实现的 StartAsync 方法先调用了 IHostLifetime 对象的 WaitForStartAsync 方法。如果注册的服务类型为 ConsoleLifetime，则输出前面提及的 3 条日志。与此同时，ConsoleLifetime 对象还会注册控制台的按键事件，其目的在于确保在用户按下 Ctrl+C 组合键后应用程序能够被正常关闭。

Host 对象会利用作为依赖注入容器的 IServiceProvider 对象提取表示承载服务的所有 IHostedService 对象，并通过调用其 StartAsync 方法来启动它们。当所有承载的服务正常启动之后，ApplicationLifetime 对象的 NotifyStarted 方法会被调用，此时订阅者会接收到应用程序启动的通知。需要着重指出的是，表示承载服务的 IHostedService 对象是“逐个”（不是并发）被启动的，而且只有等待所有承载服务全部被启动之后，应用程序才算是启动成功。在整个启动过程中，如果利用作为参数的 CancellationToken 接收到取消请求，则启动操作中止。

当 Host 对象的 StopAsync 方法被调用时，它会调用 ApplicationLifetime 对象的 StopApplication 方法对外发出应用程序即将被关闭的通知，此后它会调用每个 IHostedService 对象的 StopAsync 方法。当所有承载服务被成功关闭之后，该方法先后调用 IHostLifetime 对象的 StopAsync 方法和 ApplicationLifetime 对象的 NotifyStopped 方法。在关闭 Host 过程中，如果超出了通过 HostOptions 配置选项设定的超时时限，或者利用作为参数的 CancellationToken 对象接收到取消请求，则整个过程立即中止。

14.3.2 服务承载设置

HostBuilder 类型是对 IHostBuilder 接口的默认实现，上述的 Host 对象就是由它构建的。在实现时旨在对配置进行设置的 ConfigureHostConfiguration 方法和 ConfigureAppConfiguration 方法中，HostBuilder 将提供的委托对象暂存在_configureHostConfigActions 字段和_configureAppConfigActions 字段表示的集合中，它们都将在 Build 方法中被启用。

```
public class HostBuilder : IHostBuilder
{
    private List<Action<IConfigurationBuilder>> _configureHostConfigActions
        = new List<Action<IConfigurationBuilder>>();
    private List<Action<HostBuilderContext, IConfigurationBuilder>>
        _configureAppConfigActions = new
        List<Action<HostBuilderContext, IConfigurationBuilder>>();

    public IDictionary<object, object> Properties { get; }
        = new Dictionary<object, object>();

    public IHostBuilder ConfigureHostConfiguration(
        Action<IConfigurationBuilder> configureDelegate)
    {
        _configureHostConfigActions.Add(configureDelegate);
        return this;
    }

    public IHostBuilder ConfigureAppConfiguration(
        Action<HostBuilderContext, IConfigurationBuilder> configureDelegate)
    {
        _configureAppConfigActions.Add(configureDelegate);
        return this;
    }
    ...
}
```

与针对配置的设置一样，在 HostBuilder 类型实现的 ConfigureServices 方法中，用来注册依赖服务的 Action<HostBuilderContext, IServiceCollection>委托对象暂存在_configureServicesActions 字段表示的集合中。

```
public class HostBuilder : IHostBuilder
{
    private List<Action<HostBuilderContext, IServiceCollection>> _configureServicesActions
        = new List<Action<HostBuilderContext, IServiceCollection>>();

    public IHostBuilder ConfigureServices(
        Action<HostBuilderContext, IServiceCollection> configureDelegate)
    {
        _configureServicesActions.Add(configureDelegate);
        return this;
    }
```

```
    ...
}
```

除了直接调用 IHostBuilder 接口的 ConfigureServices 方法进行服务注册，还可以调用如下扩展方法完成某些特殊服务的注册。两个 ConfigureLogging 重载扩展方法用于注册与日志框架相关的服务，两个 UseConsoleLifetime 重载扩展方法添加的是针对 ConsoleLifetime 服务的注册，两个 RunConsoleAsync 重载扩展方法在此基础上进一步构建并启动作为宿主的 IHost 对象。两个 ConfigureHostOptions 重载扩展方法完成针对 HostOptions 配置选项的设置。

```
public static class HostingHostBuilderExtensions
{
    public static IHostBuilder ConfigureLogging(this IHostBuilder hostBuilder,
        Action<HostBuilderContext, ILoggingBuilder> configureLogging)
    {
        return hostBuilder.ConfigureServices((context, collection) =>
            collection.AddLogging(builder => configureLogging(context, builder)));
    }

    public static IHostBuilder ConfigureLogging(this IHostBuilder hostBuilder,
        Action<ILoggingBuilder> configureLogging)
    {
        return hostBuilder.ConfigureServices((context, collection) =>
            collection.AddLogging(builder => configureLogging(builder)));
    }

    public static IHostBuilder UseConsoleLifetime(this IHostBuilder hostBuilder)
    {
        return hostBuilder.ConfigureServices((context, collection) =>
            collection.AddSingleton<IHostLifetime, ConsoleLifetime>());
    }

    public static IHostBuilder UseConsoleLifetime(this IHostBuilder hostBuilder,
        Action<ConsoleLifetimeOptions> configureOptions)
    {
        return hostBuilder.ConfigureServices((context, collection) =>
        {
            collection.AddSingleton<IHostLifetime, ConsoleLifetime>();
            collection.Configure(configureOptions);
        });
    }

    public static Task RunConsoleAsync(this IHostBuilder hostBuilder,
        CancellationToken cancellationToken = default)
    {
        return hostBuilder.UseConsoleLifetime().Build().RunAsync(cancellationToken);
    }

    public static Task RunConsoleAsync(this IHostBuilder hostBuilder,
        Action<ConsoleLifetimeOptions> configureOptions,
        CancellationToken cancellationToken = default)
```

```
    {
        return hostBuilder.UseConsoleLifetime(configureOptions).Build()
           .RunAsync(cancellationToken);
    }

    public static IHostBuilder ConfigureHostOptions(this IHostBuilder hostBuilder,
        Action<HostBuilderContext, HostOptions> configureOptions) => hostBuilder
        .ConfigureServices((context, collection) => collection.Configure<HostOptions>(
        options => configureOptions(context, options)));

    public static IHostBuilder ConfigureHostOptions(this IHostBuilder hostBuilder,
        Action<HostBuilderContext, HostOptions> configureOptions)
        => hostBuilder.ConfigureServices((context, collection)=> collection
            .Configure<HostOptions>(options => configureOptions(context, options)));
}
```

作为依赖注入容器的 IServiceProvider 对象总是由 IServiceProviderFactory <TContainerBuilder> 工厂创建。由于这是一个泛型对象，所以 HostBuilder 会将它转换成 IServiceFactoryAdapter 接口作为适配。从该接口的定义可以看出，TContainerBuilder 对象仅仅被转换成了 Object 类型。ServiceFactoryAdapter<TContainerBuilder>类型是对 IServiceFactoryAdapter 接口的默认实现。

```
internal interface IServiceFactoryAdapter
{
    object CreateBuilder(IServiceCollection services);
    IServiceProvider CreateServiceProvider(object containerBuilder);
}

internal class ServiceFactoryAdapter<TContainerBuilder> : IServiceFactoryAdapter
{
    private IServiceProviderFactory<TContainerBuilder>      _serviceProviderFactory;
    private readonly Func<HostBuilderContext>               _contextResolver;
    private Func<HostBuilderContext, IServiceProviderFactory<TContainerBuilder>>
        _factoryResolver;

    public ServiceFactoryAdapter(
        IServiceProviderFactory<TContainerBuilder> serviceProviderFactory)
        =>_serviceProviderFactory = serviceProviderFactory;

    public ServiceFactoryAdapter(Func<HostBuilderContext> contextResolver,
        Func<HostBuilderContext, IServiceProviderFactory<TContainerBuilder>>
        factoryResolver)
    {
        _contextResolver = contextResolver;
        _factoryResolver = factoryResolver;
    }

    public object CreateBuilder(IServiceCollection services)
        => _serviceProviderFactory?? _factoryResolver(_contextResolver())
          .CreateBuilder(services);
```

```
    public IServiceProvider CreateServiceProvider(object containerBuilder)
        => _serviceProviderFactory
        .CreateServiceProvider((TContainerBuilder)containerBuilder);
}
```

如下所示的是 HostBuilder 实现的用来注册 IServiceProviderFactory<TContainerBuilder>的两个 UseServiceProviderFactory<TContainerBuilder>方法，它们提供的 IServiceProviderFactory <TContainerBuilder>委托对象和 Func<HostBuilderContext, IServiceProviderFactory <TContainerBuilder>> 委托对象被转换成上面定义的 ServiceFactoryAdapter<TContainerBuilder>类型后通过_serviceProviderFactory 字段暂存起来。如果这两个方法并没有被调用，那么 _serviceProviderFactory 字段返回的将是根据 DefaultServiceProviderFactory 对象创建的 ServiceFactoryAdapter <IServiceCollection>对象，服务承载系统默认使用原生的依赖注入框架就体现在这里。

```
public class HostBuilder : IHostBuilder
{
    private List<IConfigureContainerAdapter> _configureContainerActions =
        new List<IConfigureContainerAdapter>();
    private IServiceFactoryAdapter _serviceProviderFactory =
       new ServiceFactoryAdapter<IServiceCollection>(new DefaultServiceProviderFactory());

    public IHostBuilder UseServiceProviderFactory<TContainerBuilder>(
        IServiceProviderFactory<TContainerBuilder> factory)
    {
        _serviceProviderFactory = new ServiceFactoryAdapter<TContainerBuilder>(factory);
        return this;
    }

    public IHostBuilder UseServiceProviderFactory<TContainerBuilder>(
        Func<HostBuilderContext, IServiceProviderFactory<TContainerBuilder>> factory)
    {
        _serviceProviderFactory = new ServiceFactoryAdapter<TContainerBuilder>(
          () => _hostBuilderContext, factory );
        return this;
    }
}
```

注册的 IServiceProviderFactory<TContainerBuilder>工厂提供的 TContainerBuilder 对象可以通过 ConfigureContainer<TContainerBuilder>方法由提供的 Action<HostBuilderContext, TContainerBuilder>委托对象进行进一步设置。这个泛型的委托对象采用类似的方式转换成 IConfigureContainerAdapter 对象进行适配，如下所示的 ConfigureContainerAdapter <TContainerBuilder>类型是对这个接口的实现。

```
internal interface IConfigureContainerAdapter
{
    void ConfigureContainer(HostBuilderContext hostContext, object containerBuilder);
}
```

```
internal class ConfigureContainerAdapter<TContainerBuilder> : IConfigureContainerAdapter
{
    private Action<HostBuilderContext, TContainerBuilder> _action;

    public ConfigureContainerAdapter(Action<HostBuilderContext, TContainerBuilder> action)
        => _action = action;
    public void ConfigureContainer(HostBuilderContext hostContext, object containerBuilder)
        => _action(hostContext, (TContainerBuilder)containerBuilder);
}
```

如下所示的代码片段为 ConfigureContainer<TContainerBuilder>方法的实现，该方法会将提供的 Action<HostBuilderContext, TContainerBuilder>对象转换成 ConfigureContainerAdapter<TContainerBuilder>对象，并添加到_configureContainerActions 字段表示的集合中暂存起来。

```
public class HostBuilder : IHostBuilder
{
    private List<IConfigureContainerAdapter> _configureContainerActions =
        new List<IConfigureContainerAdapter>();

    public IHostBuilder ConfigureContainer<TContainerBuilder>(
        Action<HostBuilderContext, TContainerBuilder> configureDelegate)
    {
        _configureContainerActions.Add(
            new ConfigureContainerAdapter<TContainerBuilder>(configureDelegate));
        return this;
    }
    ...
}
```

我们在“第 2 章　依赖注入（上）”中创建了一个名为 Cat 的简易版依赖注入框架，并在“第 3 章　依赖注入（下）”中为其创建了一个 IServiceProviderFactory<TContainerBuilder>实现类型，具体类型为 CatServiceProvider。接下来演示一下如何通过注册 CatServiceProvider 实现与 Cat 这个第三方依赖注入框架的整合。在创建的演示程序中，我们定义了 3 个服务（Foo、Bar 和 Baz）和对应的接口（IFoo、IBar 和 IBaz），并在服务类型上标注 MapToAttribute 特性来定义服务注册信息。

```
public interface IFoo { }
public interface IBar { }
public interface IBaz { }

[MapTo(typeof(IFoo), Lifetime.Root)]
public class Foo :  IFoo { }

[MapTo(typeof(IBar), Lifetime.Root)]
public class Bar :  IBar { }

[MapTo(typeof(IBaz), Lifetime.Root)]
public class Baz :  IBaz { }
```

如下所示的 FakeHostedService 类型表示承载的服务。在构造函数中注入 IFoo 对象、IBar 对象和 IBaz 对象，构造函数提供的调试断言用于验证上述 3 个服务是否被成功注册。

```
public sealed class FakeHostedService: IHostedService
{
    public FakeHostedService(IFoo foo, IBar bar, IBaz baz)
    {
        Debug.Assert(foo != null);
        Debug.Assert(bar != null);
        Debug.Assert(baz != null);
    }
    public Task StartAsync(CancellationToken cancellationToken) => Task.CompletedTask;
    public Task StopAsync(CancellationToken cancellationToken) => Task.CompletedTask;
}
```

在如下演示程序中创建了一个 IHostBuilder 对象，先调用其 ConfigureServices 方法注册了需要承载的 FakeHostedService 服务后，再调用它的 UseServiceProviderFactory 方法完成了对 CatServiceProvider 的注册。随后调用 CatBuilder 的 Register 方法完成了入口程序集的批量服务注册。调用 IHostBuilder 的 Build 方法构建出作为宿主的 IHost 对象并启动它之后，承载的 FakeHostedService 服务将被自动创建并启动。（S1408）

```
using App;
using System.Reflection;

Host.CreateDefaultBuilder()
    .ConfigureServices(svcs => svcs.AddHostedService<FakeHostedService>())
    .UseServiceProviderFactory(new CatServiceProviderFactory())
    .ConfigureContainer<CatBuilder>(
        builder => builder.Register(Assembly.GetEntryAssembly()!))
    .Build()
    .Run();
```

14.3.3　创建宿主

HostBuilder 对象并没有在实现的 Build 方法中调用构造函数来创建 Host 对象，Host 对象是利用作为依赖注入容器的 IServiceProvider 对象创建的。为了可以采用依赖注入容器来提供构建的 Host 对象，HostBuilder 对象必须完成前期的服务注册工作。HostBuilder 对象针对 Host 对象的创建大体可以划分为如下 4 个步骤。

- 创建 HostBuilderContext 上下文对象：首先创建宿主配置的 IConfiguration 对象和表示承载环境的 IHostEnvironment 对象，然后利用两者创建表示承载上下文的 HostBuilderContext 对象。
- 创建应用的配置：创建表示应用配置的 IConfiguration 对象，并用它替换 HostBuilderContext 上下文对象的配置。
- 注册依赖服务：注册依赖服务包括应用程序通过调用 ConfigureServices 方法提供的服务注册和其他一些确保服务承载正常执行的默认服务注册。
- 构建 IServiceProvider 对象，并利用它提供 Host 对象：利用注册的 IServiceProviderFactory

<TContainerBuilder>工厂创建作为依赖注入容器的 IServiceProvider 对象，并利用此对象提供作为宿主的 Host 对象。

1. 创建 HostBuilderContext 上下文对象

一个 HostBuilderContext 上下文对象由承载宿主配置的 IConfiguration 对象和描述当前承载环境的 IHostEnvironment 对象组成，后者提供的环境名称、应用名称和内容文件根目录路径可以通过前者来指定，具体的配置项名称定义在如下 HostDefaults 静态类型中。

```
public static class HostDefaults
{
    public static readonly string EnvironmentKey = "environment";
    public static readonly string ContentRootKey = "contentRoot";
    public static readonly string ApplicationKey = "applicationName";
}
```

下面通过一个简单的实例演示如何利用配置的方式来指定上述 3 个与承载环境相关的属性。我们定义了一个名为 FakeHostedService 的承载服务，并在构造函数中注入 IHostEnvironment 对象。FakeHostedService 派生于抽象类 BackgroundService，在 ExecuteAsync 方法中将与承载环境相关的环境名称、应用名称和内容文件根目录路径输出到控制台上。

```
public class FakeHostedService : BackgroundService
{
    private readonly IHostEnvironment _environment;
    public FakeHostedService(IHostEnvironment environment)
        => _environment = environment;
    protected override Task ExecuteAsync(CancellationToken stoppingToken)
    {
        Console.WriteLine("{0,-15}:{1}", nameof(_environment.EnvironmentName),
            _environment.EnvironmentName);
        Console.WriteLine("{0,-15}:{1}", nameof(_environment.ApplicationName),
            _environment.ApplicationName);
        Console.WriteLine("{0,-15}:{1}", nameof(_environment.ContentRootPath),
            _environment.ContentRootPath);
        return Task.CompletedTask;
    }
}
```

FakeHostedService 采用如下形式进行承载。为了避免输出日志的“干扰”，调用 IHostBuilder 接口的 ConfigureLogging 扩展方法将注册的 ILoggerProvider 对象全部清除。如果调用 Host 静态类型的 CreateDefaultBuilder 方法时传入当前的命令行参数，则创建的 IHostBuilder 对象会将其作为配置源，以命令行参数的形式来指定承载上下文对象的 3 个属性。

```
using App;
Host.CreateDefaultBuilder(args)
    .ConfigureLogging(logging=>logging.ClearProviders())
    .ConfigureServices(svcs => svcs.AddHostedService<FakeHostedService>())
    .Build()
    .Run();
```

我们采用命令行的方式启动应用程序，并利用传入的命令行参数指定环境名称、应用名称和内容文件根目录路径（确保路径确实存在）。图 14-11 所示的输出结果表明，应用程序当前的承载环境与基于宿主的配置是一致的。（S1409）

```
C:\Windows\System32\cmd.exe - dotnet run /environment=Development /applicationname=De...
C:\App>dotnet run /environment=Development /applicationname=Demo /contentroot=c:/app/assets
EnvironmentName:Development
ApplicationName:Demo
ContentRootPath:c:/app/assets
```

图 14-11　利用配置来初始化承载环境

HostBuilder 针对 HostBuilderContext 上下文对象的创建体现在如下 CreateBuilderContext 方法中。如下面的代码片段所示，该方法创建了一个 ConfigurationBuilder 对象并调用 AddInMemoryCollection 扩展方法注册了内存变量的配置源。接下来它会将这个 ConfigurationBuilder 对象作为参数调用 ConfigureHostConfiguration 方法提供的所有 Action<IConfigurationBuilder>委托对象。ConfigurationBuilder 对象生成的 IConfiguration 对象将作为 HostBuilderContext 上下文对象的配置。

```
public class HostBuilder: IHostBuilder
{
    private List<Action<IConfigurationBuilder>> _configureHostConfigActions ;
    private IConfiguration                      _hostConfiguration;

    public IHost Build()
    {
        var buildContext = CreateBuilderContext();
        ...
    }

    private HostBuilderContext CreateBuilderContext()
    {
        //Create Configuration
        var configBuilder = new ConfigurationBuilder().AddInMemoryCollection();
        foreach (var buildAction in _configureHostConfigActions)
        {
            buildAction(configBuilder);
        }
        _hostConfiguration = configBuilder.Build();

        //Create HostingEnvironment
        var contentRoot =  hostConfig [HostDefaults.ContentRootKey];
        var contentRootPath = string.IsNullOrEmpty(contentRoot)
            ? AppContext.BaseDirectory
            : Path.IsPathRooted(contentRoot)
            ? contentRoot
```

```
            : Path.Combine(Path.GetFullPath(AppContext.BaseDirectory), contentRoot);
        var hostingEnvironment = new HostingEnvironment()
        {
            ApplicationName = hostConfig [HostDefaults.ApplicationKey],
            EnvironmentName = hostConfig [HostDefaults.EnvironmentKey]
                ?? Environments.Production,
            ContentRootPath = contentRootPath,
        };
        if (string.IsNullOrEmpty(hostingEnvironment.ApplicationName))
        {
            hostingEnvironment.ApplicationName =
                Assembly.GetEntryAssembly()?.GetName().Name;
        }
        hostingEnvironment.ContentRootFileProvider =
            new PhysicalFileProvider(hostingEnvironment.ContentRootPath);

        //Create HostBuilderContext
        return new HostBuilderContext(Properties)
        {
            HostingEnvironment       = hostingEnvironment,
            Configuration            = _hostConfiguration
        };
    }
    ...
}
```

在 HostBuilderContext 上下文对象的配置创建出来后，CreateBuilderContext 方法会根据该配置创建表示承载环境的 HostingEnvironment 对象。如果应用名称的配置不存在，则入口程序集名称将被设置为应用名称。如果内容文件根目录路径对应的配置不存在，当前应用的基础路径就会作为内容文件根目录路径。如果指定的是一个相对路径，HostBuilder 就会根据基础路径生成一个绝对路径作为内容文件根目录路径。CreateBuilderContext 方法最终会根据创建的 HostingEnvironment 对象和之前创建的 IConfiguration 对象将 Host BuilderContext 上下文对象构建出来。

2. 构建应用的配置

到目前为止，作为承载上下文的 Host BuilderContext 对象携带的是通过调用 ConfigureHostConfiguration 方法初始化的配置。接下来调用 ConfigureAppConfiguration 方法初始化的配置将与之合并，具体的逻辑体现在 BuildAppConfiguration 方法上。

如下面的代码片段所示，BuildAppConfiguration 方法会创建一个 ConfigurationBuilder 对象，并调用其 AddConfiguration 方法合并现有的配置。与此同时，内容文件根目录的路径被设置为配置文件所在目录的基础路径。BuildAppConfiguration 方法最后会将之前创建的 HostBuilderContext 对象和 ConfigurationBuilder 对象作为参数调用在 ConfigureAppConfiguration 方法提供的每一个 Action<HostBuilderContext, IConfigurationBuilder>委托对象，它们共同完成应用配置的初始化工作。利用 ConfigurationBuilder 对象最终创建的 IConfiguration 对象成为 HostBuilderContext 上下文对象的新配置。

```
public class HostBuilder: IHostBuilder
{
    private List<Action<HostBuilderContext, IConfigurationBuilder>>
        _configureAppConfigActions;

    public IHost Build()
    {
        var buildContext = CreateBuilderContext();
         buildContext.Configuration = BuildAppConfiguration(buildContext);
        ...
    }

    private IConfiguration BuildAppConfiguration(HostBuilderContext buildContext)
    {
        var configBuilder = new ConfigurationBuilder()
            .SetBasePath(buildContext.HostingEnvironment.ContentRootPath)
            .AddConfiguration(buildContext.Configuration,true);
        foreach (var action in _configureAppConfigActions)
        {
            action(_hostBuilderContext, configBuilder);
        }
        return configBuilder.Build();
    }
}
```

3. 注册依赖服务

当 HostBuilderContext 上下文对象被创建并初始化后，HostBuilder 需要完成服务注册，其实该服务注册现体现在 ConfigureAllServices 方法中。如下面的代码片段所示，ConfigureAllServices 方法在将 HostBuilderContext 上下文对象和 ServiceCollection 对象作为参数调用 ConfigureServices 方法提供的每一个 Action<HostBuilderContext, IServiceCollection>委托对象之前，它还会注册一些额外的系统服务。ConfigureAllServices 方法最终返回包含所有服务注册的 IServiceCollection 对象。

```
public class HostBuilder: IHostBuilder
{
    private List<Action<HostBuilderContext,IServiceCollection>> _configureServicesActions;
    private IConfiguration                                      _hostConfiguration;

    public IHost Build()
    {
        var buildContext = CreateBuilderContext();
        buildContext.Configuration = BuildAppConfiguration(buildContext);
        var services = ConfigureAllServices (buildContext);
        ...
    }

    private IServiceCollection ConfigureAllServices(HostBuilderContext buildContext)
    {
```

```
        var services = new ServiceCollection();
        services.AddSingleton(buildContext);
        services.AddSingleton(buildContext.HostingEnvironment);
        services.AddSingleton(_ => buildContext.Configuration);
        services.AddSingleton<IHostApplicationLifetime, ApplicationLifetime>();
        services.AddSingleton<IHostLifetime, ConsoleLifetime>();
        services.AddSingleton<IHost,Host>();
        services.AddOptions();
        services.Configure<HostOptions>(
            options => options.Initialize(_hostConfiguration);
        services.AddLogging();

        foreach (var configureServicesAction in _configureServicesActions)
        {
            configureServicesAction(_hostBuilderContext, services);
        }
        return services;
    }
}
```

对于 ConfigureAllServices 方法默认注册的这些服务，可以直接注入承载服务进行消费。由于其中包含了 IHost/Host 的服务注册，所以最终构建的 IServiceProvider 对象可以提供作为服务宿主的 Host 对象。

4．创建 IServiceProvider 对象，并利用它提供 Host 对象

目前，我们已经拥有了所有的服务注册，接下来的任务就是利用它们创建作为依赖注入容器的 IServiceProvider 对象，并由该对象提供构建的 Host 对象。IServiceProvider 对象的创建体现在如下所示的 CreateServiceProvider 方法中。

如下面的代码片段所示，使用 CreateServiceProvider 方法会先得到_serviceProviderFactory 字段表示的 IServiceFactoryAdapter 对象，该对象是根据 UseServiceProviderFactory<TContainerBuilder>方法提供的 IServiceProviderFactory<TContainerBuilder>工厂创建的，调用它的 CreateBuilder 方法可以得到由注册的 IServiceProviderFactory<TContainerBuilder>工厂创建的 TContainerBuilder 对象。

```
public class HostBuilder: IHostBuilder
{
    private List<IConfigureContainerAdapter> _configureContainerActions;
    private IServiceFactoryAdapter _serviceProviderFactory

    public IHost Build()
    {
        var buildContext                = CreateBuilderContext();
        buildContext.Configuration      = BuildAppConfiguration(buildContext);
        var services                    = ConfigureServices(buildContext);
        var serviceProvider             = CreateServiceProvider(buildContext, services);
         return serviceProvider.GetRequiredService<IHost>();
    }

    private IServiceProvider CreateServiceProvider(
```

```
        HostBuilderContext builderContext,IServiceCollection services)
    {
        var containerBuilder = _serviceProviderFactory.CreateBuilder(services);
        foreach (var containerAction in _configureContainerActions)
        {
            containerAction.ConfigureContainer(builderContext, containerBuilder);
        }
        return _serviceProviderFactory.CreateServiceProvider(containerBuilder);
    }
}
```

使用 CreateServiceProvider 方法将 _configureContainerActions 字段集合中每个 IConfigureContainerAdapter 对象提取出来，这里的 IConfigureContainerAdapter 对象是根据 ConfigureContainer<TContainerBuilder>方法提供的 Action<HostBuilderContext, TContainerBuilder> 对象创建的。该方法先将这个 TContainerBuilder 对象作为参数调用它的 ConfigureContainer 方法进行初始化之后，再将它作为参数调用 IServiceFactoryAdapter 对象的 CreateServiceProvider 方法将表示依赖注入容器的 IServiceProvider 对象创建出来。Build 方法最后利用 IServiceProvider 来提供作为宿主的 Host 对象。

14.3.4 静态类型 Host

如果直接利用 Visual Studio 的项目模板来创建一个 ASP.NET Core 应用，就会发现生成的程序采用如下所示的服务承载方式。用来创建宿主的 IHostBuilder 对象是间接地调用静态类型 Host 的 CreateDefaultBuilder 方法创建的，那么这个方法究竟会提供一个什么样的 IHostBuilder 对象呢？

```
public class Program
{
    public static void Main(string[] args)
    {
        CreateHostBuilder(args).Build().Run();
    }

    public static IHostBuilder CreateHostBuilder(string[] args) =>
        Host.CreateDefaultBuilder(args)
            .ConfigureWebHostDefaults(webBuilder =>
            {
                webBuilder.UseStartup<Startup>();
            });
}
```

如下所示的代码片段是定义在静态类型 Host 中的两个 CreateDefaultBuilder 重载方法的定义，它们最终提供的仍然是一个 HostBuilder 对象，但是在返回该对象之前，调用 ConfigureDefaults 扩展方法完成一些默认初始化工作。

```
public static class Host
{
    // Methods
```

```
    public static IHostBuilder CreateDefaultBuilder() =>
        CreateDefaultBuilder(null);

    public static IHostBuilder CreateDefaultBuilder(string[] args) =>
        new HostBuilder().ConfigureDefaults(args);
}
```

静态类型 Host 调用的 ConfigureDefaults 扩展方法定义如下，该扩展方法会自动将当前目录作为内容文件根目录。它还会调用 HostBuilder 对象的 ConfigureHostConfiguration 方法注册环境变量的配置源，对应环境变量名称的前缀被设置为“DOTNET_”。如果提供了命令行参数，则 ConfigureDefaults 方法还会注册命令行参数的配置源。

```
public static class HostingHostBuilderExtensions
{
    public static IHostBuilder ConfigureDefaults(this IHostBuilder builder,
      string[] args)
    {
        builder.UseContentRoot(Directory.GetCurrentDirectory());

        // 宿主配置
        builder.ConfigureHostConfiguration(config =>
        {
            config.AddEnvironmentVariables(prefix: "DOTNET_");
            if (args is { Length: > 0 })
            {
                config.AddCommandLine(args);
            }
        });

        // 应用配置
        builder.ConfigureAppConfiguration((hostingContext, config) =>
        {
            IHostEnvironment env = hostingContext.HostingEnvironment;
            bool reloadOnChange = GetReloadConfigOnChangeValue(hostingContext);

            config
                .AddJsonFile("appsettings.json", optional: true,
                    reloadOnChange: reloadOnChange)
                .AddJsonFile($"appsettings.{env.EnvironmentName}.json", optional: true,
                    reloadOnChange: reloadOnChange);

            if (env.IsDevelopment() && env.ApplicationName is { Length: > 0 })
            {
                var appAssembly = Assembly.Load(new AssemblyName(env.ApplicationName));
                if (appAssembly is not null)
                {
                    config.AddUserSecrets(appAssembly, optional: true,
                        reloadOnChange: reloadOnChange);
                }
            }
```

```
    config.AddEnvironmentVariables();

    if (args is { Length: > 0 })
    {
        config.AddCommandLine(args);
    }
});

// 日志
builder.ConfigureLogging((hostingContext, logging) =>
{
    bool isWindows = OperatingSystem.IsWindows();
    if (isWindows)
    {
        logging.AddFilter<EventLogLoggerProvider>(
            level => level >= LogLevel.Warning);
    }

    logging.AddConfiguration(hostingContext.Configuration
      .GetSection("Logging"));
    if (!OperatingSystem.IsBrowser())
    {
        logging.AddConsole();
    }
    logging.AddDebug();
    logging.AddEventSourceLogger();

    if (isWindows)
    {
        logging.AddEventLog();
    }

    logging.Configure(options =>
    {
        options.ActivityTrackingOptions =
            ActivityTrackingOptions.SpanId |
            ActivityTrackingOptions.TraceId |
            ActivityTrackingOptions.ParentId;
    });

});

// 依赖注入
builder.UseDefaultServiceProvider((context, options) =>
{
    bool isDevelopment = context.HostingEnvironment.IsDevelopment();
    options.ValidateScopes = isDevelopment;
    options.ValidateOnBuild = isDevelopment;
});
```

```
        return builder;

        static bool GetReloadConfigOnChangeValue(HostBuilderContext hostingContext)
            => hostingContext.Configuration.GetValue(
               "hostBuilder:reloadConfigOnChange", defaultValue: true);
    }
}
```

设置“宿主”配置后，ConfigureDefaults 方法调用 HostBuilder 对象的 ConfigureAppConfiguration 方法设置“应用”配置，配置源包括 JSON 配置文件（appsettings.json 和 appsettings.{environment}.json）、环境变量（没有前缀限制）和命令行参数（如果提供了表示命令行参数的字符串数组）。在注册 JSON 配置文件时，ConfigureDefaults 方法会利用宿主配置“hostBuilder:reloadConfigOnChange”决定是否在文件发生变化之后自动加载新的配置。如果没有提供此项配置，则此项特性是自动开启的。

在完成了配置设置后，ConfigureDefaults 方法还会调用 HostBuilder 对象的 ConfigureLogging 扩展方法进行一些与日志相关的设置，其中包括与应用日志相关的配置（对应配置节名称为“Logging”），以及注册针对控制台（如果不是以“Web Assemby”方式运行）、调试器和 EventSource 与 EventLog（针对 Windows）的日志输出渠道。ConfigureDefaults 方法还通过设置 ActivityTrackingOptions 配置选项对基于活动跟踪的日志范围进行相应设置，作为日志范围被捕捉的内容包括 Activity 的 SpanId、TraceId 和 ParentId。

ConfigureDefaults 方法最后调用 HostBuilder 对象的 UseDefaultServiceProvider 扩展方法对 DefaultServiceProviderFactory 进行了注册。如果当前为开发环境，则 ServiceProviderOptions 配置选项的 ValidateScopes 属性和 ValidateOnBuild 属性均被开启。所以在开发环境中，当作为依赖注入容器的 IServiceProvider 对象被创建之后，系统不仅会进行服务范围的验证，还会验证提供的服务注册最终能否有效地提供具体的实例。由于这两项验证是以牺牲性能为代价的，所以仅限于开发环境。

第 15 章

应用承载（上）

ASP.NET Core 是一个 Web 开发平台，而不是一个单纯的开发框架。这是因为 ASP.NET Core 旨在提供极具扩展功能的请求处理管道。我们可以利用管道的定制在它上面构建采用不同编程模式的开发框架。由于这部分内容是本书的核心，所以分为 3 章（第 15～17 章）对请求处理管道进行全方面介绍。

15.1 管道式的请求处理

HTTP 协议自身的特性决定了任何一个 Web 应用的工作模式都是监听、接收并处理 HTTP 请求，并且最终对请求予以响应。HTTP 请求处理是管道式设计典型的应用场景：根据具体的需求构建一个管道，接收的 HTTP 请求像水一样流入这个管道，组成这个管道的各个环节依次对其进行相应的处理。虽然 ASP.NET Core 的请求处理管道从设计上来讲是非常简单的，但是具体的实现则涉及很多细节。为了使读者对此有深刻的理解，我们先从编程的角度了解 ASP.NET Core 管道式的请求处理方式。

15.1.1 承载方式的变迁

ASP.NET Core 应用本质上就是一个由中间件构成的管道，承载系统将应用承载于一个托管进程中运行，其核心任务就是构建这个管道。从设计模式的角度来讲，“管道”是构建者（Builder）模式最典型的应用场景，所以 ASP.NET Core 先后采用的 3 种承载方式都是应用这种模式。

1. IWebHostBuilder/IWebHost

ASP.NET Core 1.X/2.X 采用的承载模型以 IWebHostBuilder 和 IWebHost 为核心，如图 15-1 所示。IWebHost 对象表示承载 Web 应用的宿主（Host），管道随着 IWebHost 对象的启动被构建。IWebHostBuilder 对象作为宿主对象的构建者，针对管道构建的设置都应用在该对象上面。

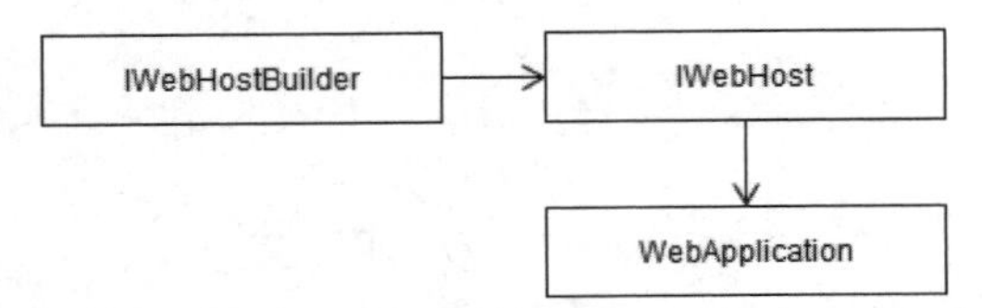

图 15-1　基于 IWebHostBuilder 和 IWebHost 的承载方式

这种“原始”的应用承载方式依然被保留了下来，如下 Hello World 应用程序就是采用的这种承载方式。先创建一个实现了 IWebHostBuilder 接口的 WebHostBuilder 对象，再调用其 UseKestrel 扩展方法注册了一个 Kestrel 服务器。接下来调用它的 Configure 方法利用提供的 Action<IApplicationBuilder>委托对象注册了一个中间件，该中间件将指定的“Hello World”文本作为响应内容。调用 IWebHostBuilder 对象的 Build 方法将作为宿主的 IWebHost 对象构建后，调用其 Run 方法将它启动。此时注册的服务器和中间件组成的管道被构建，服务器开始监听、接收请求，在将请求交给后续的中间件进行处理后，它会将响应回复给客户端。（S1501）

```
new WebHostBuilder()
    .UseKestrel()
    .Configure(app => app.Run(context => context.Response.WriteAsync("Hello World!")))
    .Build()
    .Run();
```

按照“面向接口编程”的原则，其实不应该调用构造函数创建一个“空”的 WebHostBuilder 对象并自行完成针对该对象的所有设置，而是选择按照如下方式调用定义在静态类型 WebHost 中的 CreateDefaultBuilder 工厂方法创建一个具有默认设置的 IWebHostBuilder 对象。由于 Kestrel 服务器的配置就属于“默认设置”的一部分，所以不需要调用 UseKestrel 扩展方法。

```
using Microsoft.AspNetCore;

WebHost.CreateDefaultBuilder()
    .Configure(app => app.Run(context => context.Response.WriteAsync("Hello World!")))
    .Build()
    .Run();
```

如果管道涉及过多的中间件需要注册，则还可以将“中间件注册”这部分工作实现在一个按照约定定义的 Startup 类型中。由于 ASP.NET Core 建立在依赖注入框架之上，所以应用程序往往需要涉及很多服务注册，一般也会将“服务注册”的工作放在这个 Startup 类型中。最终只需要按照如下方式将 Startup 注册到创建的 IWebHostBuilder 对象上。（S1502）

```
using Microsoft.AspNetCore;

WebHost.CreateDefaultBuilder()
    .UseStartup<Startup>()
    .Build()
    .Run();

public class Startup
{
```

```
    public void ConfigureServices(IServiceCollection services)
        => services.AddSingleton<IGreeter, Greeter>();
    public void Configure(IApplicationBuilder app, IGreeter greeter)
        => app.Run(context => context.Response.WriteAsync(greeter.Greet()));
}

public interface IGreeter
{
    string Greet();
}

public class Greeter : IGreeter
{
    public string Greet() => "Hello World!";
}
```

2. IHostBuilder/IHost

除了承载 Web 应用，我们还有很多针对后台服务（比如很多批处理任务）的承载需求，为此微软推出了以 IHostBuilder/IHost 为核心的服务承载系统，“第 14 章　服务承载”已经对该系统进行了详细的介绍。Web 应用本身实际上就是一个长时间运行的后台服务，我们完全可以将应用定义成一个 IHostedService 服务，该类型就是图 15-2 中的 GenericWebHostService。如果将上面介绍的称为第一代应用承载方式，此处介绍的就是第二代应用承载方式。

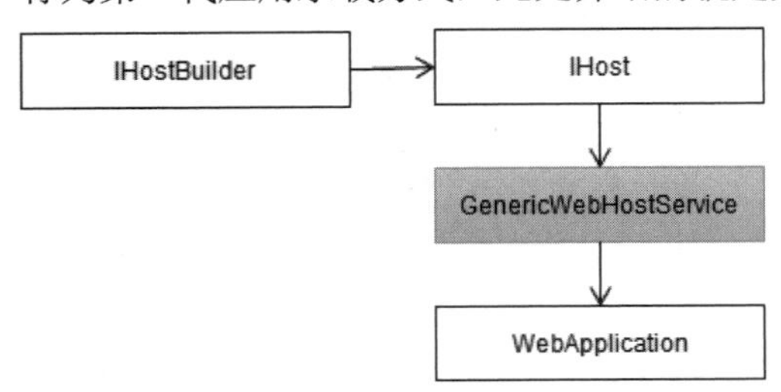

图 15-2　基于 IHostBuilder/IHost 的承载方式

IHostBuilder 接口定义的很多方法（其中很多是扩展方法）旨在完成两个方面的设置：第一，为创建的 IHost 对象及承载的 IHostedService 服务注册依赖服务；第二，为服务承载和应用提供相应的配置。如果采用基于 IWebHostBuilder/IWebHost 的承载方式，则上述这两个方面的设置由 IWebHostBuilder 对象来完成，后者在此基础上还提供了针对中间件的注册。

虽然 IWebHostBuilder 接口提供的除了中间件注册的其他设置基本可以调用 IHostBuilder 接口相应的方法来完成，但是由于 IWebHostBuilder 承载的很多配置都是以扩展方法的形式提供的，所以有必要提供 IWebHostBuilder 接口的兼容。基于 IHostBuilder/IHost 的承载系统中提供对 IWebHostBuilder 接口的兼容是通过如下所示的 ConfigureWebHost 扩展方法完成的，GenericWebHostService 承载服务也是在这个方法中被注册的。ConfigureWebHostDefaults 扩展方法则会在此基础上进行一些默认设置（如 KestrelServer）。

```
public static class GenericHostWebHostBuilderExtensions
{
```

```
    public static IHostBuilder ConfigureWebHost(this IHostBuilder builder,
        Action<IWebHostBuilder> configure);
    public static IHostBuilder ConfigureWebHost(this IHostBuilder builder,
        Action<IWebHostBuilder> configure,
        Action<WebHostBuilderOptions> configureWebHostBuilder);
    public static IHostBuilder ConfigureWebHostDefaults(this IHostBuilder builder,
        Action<IWebHostBuilder> configure)
}
```

如果采用基于 IHostBuilder/IHost 的承载方式，则上面演示的“Hello World”应用程序可以被修改成如下形式。在调用 Host 的 CreateDefaultBuilder 工厂方法创建出具有默认设置的 IHostBuilder 对象之后，调用它的 ConfigureWebHostDefaults 扩展方法针对承载 ASP.NET Core 应用的 GenericWebHostService 进行进一步设置。该扩展方法提供的 Action<IApplicationBuilder>委托对象完成了 Startup 类型的注册。（S1503）

```
Host.CreateDefaultBuilder()
    .ConfigureWebHostDefaults(webHostBuilder => webHostBuilder.UseStartup<Startup>())
    .Build()
    .Run();

public class Startup
{
    public void ConfigureServices(IServiceCollection services)
        => services.AddSingleton<IGreeter, Greeter>();
    public void Configure(IApplicationBuilder app, IGreeter greeter)
        => app.Run(context => context.Response.WriteAsync(greeter.Greet()));
}

public interface IGreeter
{
    string Greet();
}

public class Greeter : IGreeter
{
    public string Greet() => "Hello World!";
}
```

3. Minimal API

ASP.NET Core 应用通过 GenericWebHostService 这个承载服务被整合到基于 IHostBuilder/IHost 的服务承载系统中之后，也许微软意识到 Web 应用和后台服务的承载方式还是应该加以区分，而且它们采用的 SDK 都不一样（ASP.NET Core 应用采用的 SDK 为“Microsoft.NET.Sdk.Web”，后台服务采用的 SDK 一般为“Microsoft.NET.Sdk.Worker”），于是推出了基于 WebApplicationBuilder/WebApplication 的承载方式。但这一次并非又回到了起点，因为底层的承载方式其实没有改变，它只是在上面再封装了一层。

新的应用承载方式依然采用“构建者（Builder）”模式，核心的两个对象分别为 WebApplication 和 WebApplicationBuilder，表示承载应用的 WebApplication 对象由

WebApplicationBuilder 对象构建。我们可以将其称为“第三代应用承载方式”或“Minimal API”。第二代应用承载方式需要提供 IWebHostBuilder 接口的兼容，作为第三代应用承载方式的 Minimal API 则需要同时提供 IWebHostBuilder 接口和 IHostBuilder 接口的兼容，此兼容性是通过这两个接口的实现类型 ConfigureWebHostBuilder 和 ConfigureHostBuilder 完成的。

WebApplicationBuilder 类型的 WebHost 属性和 Host 属性返回了 ConfigureWebHostBuilder 和 ConfigureHostBuilder 这两个对象，之前定义在 IWebHostBuilder 接口和 IHostBuilder 接口上的绝大部分 API（并非所有 API）借助它们得以复用。也正是因为如此，我们会发现相同的功能具有两到三种不同的编程方式。例如，IWebHostBuilder 接口和 IHostBuilder 接口都提供了注册服务的方法，而 WebApplicationBuilder 类型利用 Services 属性直接将存储服务注册的 IServiceCollection 对象暴露，所以任何的服务注册都可以利用这个属性来完成。

```
public sealed class WebApplicationBuilder
{
    public ConfigureWebHostBuilder   WebHost { get; }
    public ConfigureHostBuilder      Host { get; }

    public IServiceCollection        Services { get; }
    public ConfigurationManager      Configuration { get; }
    public ILoggingBuilder           Logging { get; }

    public IWebHostEnvironment       Environment { get; }

    public WebApplication Build();
}

public sealed class ConfigureWebHostBuilder : IWebHostBuilder, ISupportsStartup
public sealed class ConfigureHostBuilder : IHostBuilder, ISupportsConfigureWebHost
```

IWebHostBuilder 接口和 IHostBuilder 接口都提供了设置配置和日志的方法，这两个方面的设置都可以利用 WebApplicationBuilder 的 Configuration 和 Logging 暴露出来的 ConfigurationManager 和 ILoggingBuilder 对象来实现。既然我们采用了 Minimal API，那么应该尽可能使用 WebApplicationBuilder 类型提供的 API。

如果采用这种全新的承载方式，则前面演示的 Hello World 应用程序可以被修改成如下形式。调用定义在 WebApplication 类型中的 CreateBuilder 静态工厂方法根据指定的命令行参数（args）创建一个 WebApplicationBuilder 对象，并调用其 Build 方法构建表示承载 Web 应用的 WebApplication 对象。（S1504）

```
var builder = WebApplication.CreateBuilder(args);
var app = builder.Build();
app.Run(context => context.Response.WriteAsync("Hello World! "));
app.Run();
```

接下来调用它的两个 Run 方法，调用第一个 Run 方法是 IApplicationBuilder 接口（WebApplication 类型实现了该接口）的扩展方法，其目的是注册中间件，调用第二个 Run 方法才是启动 WebApplication 对象表示的应用。由于并没有在 WebApplicationBuilder 对象上进行任何设置，所以可以按照如下方式调用 WebApplication 的 Create 静态方法将 WebApplication 对象创建出来。

```
var app = WebApplication.Create(args);
app.Run(context => context.Response.WriteAsync("Hello World! "));
app.Run();
```

值得一提的是，之前的两种承载方式都倾向于将初始化操作定义在注册的 Startup 类型中，这种编程在 Mininal API 中不再被支持，所以如下应用程序虽然可以被成功编译，但是在运行时会抛出异常。由于 Minima API 是本书推荐的编程方式，所以后续将不再介绍 Startup 类型的编程模式。

```
var builder = WebApplication.CreateBuilder(args);
builder.WebHost.UseStartup<Startup>();
var app = builder.Build();
app.Run();
```

15.1.2 中间件

ASP.NET Core 的请求处理管道由一个服务器和一组中间件组成，其中位于 “龙头” 的服务器负责请求的监听、接收、分发和最终的响应，中间件用来完成针对请求的处理。如果读者希望对请求处理管道有一个深刻的认识，就需要对中间件有一定程度的了解。

1. RequestDelegate

从概念上可以将请求处理管道理解为“请求消息”和“响应消息”流通的“双工”管道。服务器将接收的请求消息注入管道并由相应的中间件进行处理，生成的响应消息反向流入管道，经过相应中间件处理后由服务器分发给请求者。但从实现的角度来讲，管道中流通的并不是什么请求与响应消息，而是一个通过 HttpContext 表示的上下文对象，我们利用这个上下文对象不仅可以获取当前请求的所有信息，还可以直接完成当前请求的所有响应工作。

```
public abstract class HttpContext
{
    public abstract HttpRequest       Request { get; set; }
    public abstract HttpResponse      Response { get; }
    ...
}
```

既然流入管道的只有一个共享的 HttpContext 上下文对象，那么一个 Func<HttpContext,Task>委托对象可以表示处理 HttpContext 的操作，或者用于处理 HTTP 请求的处理器（Handler）。由于这个委托对象非常重要，所以 ASP.NET Core 专门定义了如下一个名为 RequestDelegate 的委托类型。既然有这样一个专门的委托对象来表示“针对请求的处理”，那么中间件能否通过该委托对象来表示呢？

```
public delegate Task RequestDelegate(HttpContext context);
```

2. Func<RequestDelegate, RequestDelegate>

实际上组成请求处理管道的中间件体现为一个 Func<RequestDelegate, RequestDelegate>委托对象，但初学者很难理解这一点，所以下面对此进行简单的解释。由于 RequestDelegate 可以表示一个请求处理器，所以由一个或者多个中间件组成的管道最终也可以表示为一个 RequestDelegate 委托对象。对于图 15-3 所示的中间件 Foo 来说，后续中间件（Bar 和 Baz）组成的管道体现为一个 RequestDelegate 委托对象，该委托对象会作为中间件 Foo 输入，中间件 Foo 借助这个委托对象将当前 HttpContext 分发给后续管道进行进一步处理。中间件的输出依然是一个 RequestDelegate 委托对象，它表示将当前中间件与后续管道进行“对接”之后构成的新管道。对于表示中间件 Foo 的委托对象来说，返回的 RequestDelegate 委托对象体现的就是由 Foo、Bar 和 Baz 组成的请求处理管道。

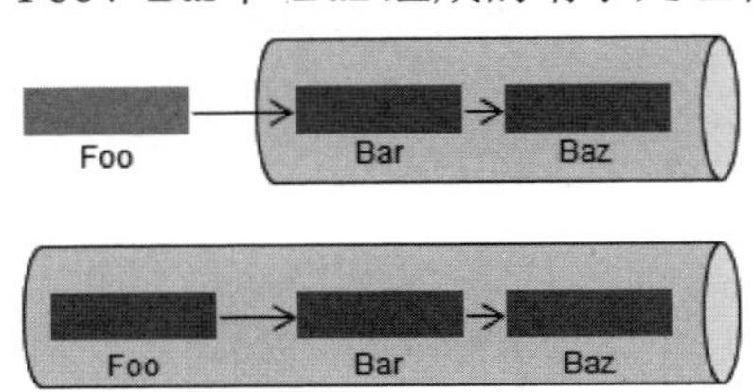

图 15-3　中间件

既然原始的中间件是通过一个 Func<RequestDelegate, RequestDelegate>委托对象来表示的，我们就可以直接注册这样一个委托对象作为中间件。将如下 IApplicationBuilder 接口定义的 Use 方法提供的 Func<RequestDelegate, RequestDelegate>委托对象注册为中间件。表示承载应用的 WebApplication 类型实现了一系列的接口中就有 IApplicationBuilder 接口，这就意味着我们可以将中间件直接注册到 WebApplication 对象上。

```
public interface IApplicationBuilder
{
    IApplicationBuilder Use(Func<RequestDelegate, RequestDelegate> middleware);
    ...
}

public sealed class WebApplication :
    IHost,
    IDisposable,
    IApplicationBuilder,
    IEndpointRouteBuilder,
    IAsyncDisposable
{
    IApplicationBuilder IApplicationBuilder.Use(
        Func<RequestDelegate, RequestDelegate> middleware);
    ...
}
```

IApplicationBuilder 接口还定了如下两个 Use 方法，在这里注册的中间件被表示成类型为 Func<HttpContext, Func<Task>, Task>和 Func<HttpContext, RequestDelegate, Task>的委托对象。从两

个 Use 方法的实现来看，传入的委托对象最终还是转换成 Func<RequestDelegate, RequestDelegate>对象。

```
public static class UseExtensions
{
    public static IApplicationBuilder Use(this IApplicationBuilder app,
        Func<HttpContext, Func<Task>, Task> middleware)
    {
        return app.Use(next =>
        {
            return context =>
            {
                Func<Task> simpleNext = () => next(context);
                return middleware(context, simpleNext);
            };
        });
    }

    public static IApplicationBuilder Use(this IApplicationBuilder app,
        Func<HttpContext, RequestDelegate, Task> middleware)
    {
        return app.Use(next => context => middleware(context, next));
    }
}
```

如下所示的演示程序，先创建了两个 Func<RequestDelegate, RequestDelegate>委托对象，它们会在响应中写入两个字符串（“Hello”和“World!”）。在创建了表示承载应用的 WebApplication 对象，并将其转换成 IApplicationBuilder 接口后（IApplicationBuilder 接口的 Use 方法在 WebApplication 类型中是显式实现的，所以不得不做这样的类型转换），调用其 Use 方法将这两个委托对象注册为中间件。

```
var app = WebApplication.Create(args);
IApplicationBuilder applicationBuilder = app;
applicationBuilder
    .Use(Middleware1)
    .Use(Middleware2);
app.Run();

static RequestDelegate Middleware1(RequestDelegate next)
    => async context =>
    {
        await context.Response.WriteAsync("Hello");
        await next(context);
    };
static RequestDelegate Middleware2(RequestDelegate next)
    => context => context.Response.WriteAsync(" World!");
```

运行该程序后，我们利用浏览器对应用监听地址（http://localhost:5000）发送请求，两个中间件写入的字符串会以图 15-4 所示的形式呈现出来。（S1505）

图 15-4　利用注册的中间件处理请求

对于前两代应用承载方式来说，针对中间件的注册可以调用 IWebHostBuilder 接口的 Configure 扩展方法来完成。但是这种方式在 Minimal API 中不再被支持，如果将上面演示的程序修改为如下形式，则针对 Configure 扩展方法的调用将会抛出异常。

```
var builder = WebApplication.CreateBuilder();
builder.WebHost.Configure(app => app
    .Use(Middleware1)
    .Use(Middleware2));
builder.Build().Run();
```

虽然我们可以直接采用原始的 Func<RequestDelegate, RequestDelegate>委托对象来定义中间件，但是在大部分情况下，依然倾向于将自定义的中间件定义成一个具体的类型。至于中间件类型的定义，ASP.NET Core 提供了如下两种不同的形式。

- 强类型定义：自定义的中间件类型显式实现 IMiddleware 接口，并在实现的 InvokeAsync 方法中完成针对请求的处理。
- 基于约定的定义：不需要实现任何接口或者继承某个基类，只需要按照预定义的约定来定义中间件类型。

3. Run 方法的本质

在演示的 Hello World 应用程序中，调用 IApplicationBuilder 接口的 Run 方法注册了一个 RequestDelegate 对象来处理请求，该方法仅仅是按照如下方式注册了一个中间件。由于注册的中间件并不会将请求"向后传递"，如果调用 IApplicationBuilder 接口的 Run 方法后又注册了其他的中间件，则后续中间件的注册将毫无意义。

```
public static class RunExtensions
{
    public static void Run(this IApplicationBuilder app, RequestDelegate handler)
        => app.Use(_ => handler);
}
```

15.1.3　定义强类型中间件

如果采用强类型中间件类型定义方式，则只需要实现如下 IMiddleware 接口。该接口定义了唯一的 InvokeAsync 方法来处理请求。这个 InvokeAsync 方法定义了两个参数，前者表示当前 HttpContext 上下文对象，后者表示一个 RequestDelegate 委托对象，它也表示后续中间件组成的管道。如果当前中间件需要将请求分发给后续中间件进行处理，则只需要调用这个委托对象，否则会停止对请求的处理。

```
public interface IMiddleware
{
    Task InvokeAsync(HttpContext context, RequestDelegate next);
}
```

如下所示的演示程序定义了一个实现 IMiddleware 接口的 StringContentMiddleware 中间件类型，实现的 InvokeAsync 方法将构造函数中指定的字符串作为响应的内容。由于中间件最终是采用依赖注入的方式来提供的，所以需要预先对它注册为服务。用于存储服务注册的 IServiceCollection 对象可以通过 WebApplicationBuilder 的 Services 属性获得，演示程序利用它完成了 StringContentMiddleware 的服务注册。由于表示承载应用的 WebApplication 类型实现了 IApplicationBuilder 接口，所以直接调用它的 UseMiddleware<TMiddleware>方法来注册中间件类型。（S1506）

```
var builder = WebApplication.CreateBuilder();
builder.Services.AddSingleton<StringContentMiddleware>(
    new StringContentMiddleware("Hello World!"));
var app = builder.Build();
app.UseMiddleware<StringContentMiddleware>();
app.Run();

public sealed class StringContentMiddleware : IMiddleware
{
    private readonly string _contents;
    public StringContentMiddleware(string contents)
        => _contents = contents;
    public Task InvokeAsync(HttpContext context, RequestDelegate next)
        => context.Response.WriteAsync(_contents);
}
```

如下面的代码片段所示，在注册中间件类型时可以将中间件类型设置为泛型参数，也可以调用另一个非泛型的 UseMiddleware 方法将中间件类型作为参数。这两个方法均提供了一个 args 参数，但是该参数是为注册“基于约定的中间件”而设计的，当注册一个实现了 IMiddleware 接口的强类型中间件时是不能指定该参数的。运行该程序后，利用浏览器访问监听地址依然可以得到图 15-4 所示的输出结果。

```
public static class UseMiddlewareExtensions
{
    public static IApplicationBuilder UseMiddleware<TMiddleware>(
        this IApplicationBuilder app, params object[] args);
    public static IApplicationBuilder UseMiddleware(this IApplicationBuilder app,
        Type middleware, params object[] args);
}
```

15.1.4 按照约定定义中间件

可能我们已经习惯了通过实现某个接口或者继承某个抽象类的扩展方式，其实这种方式有时显得约束过重，不够灵活，基于约定来定义中间件类型更常用。这种定义方式比较自由，因为它并不需要实现某个预定义的接口或者继承某个基类，而只需要遵循如下这些约定。

- 中间件类型需要有一个有效的公共实例构造函数，该构造函数必须包含一个 RequestDelegate 类型的参数，当中间件实例被创建时，表示后续中间件管道的 RequestDelegate 对象将与这个参数进行绑定。构造函数可以包含任意其他参数，RequestDelegate 参数出现的位置也没有限制。
- 针对请求的处理实现在返回类型为 Task 的 InvokeAsync 方法或者 Invoke 方法中，它们的第一个参数为 HttpContext 上下文对象。约定并未对后续参数进行限制，但是由于这些参数最终由依赖注入框架提供，所以相应的服务注册必须存在。

利用这种方式定义的中间件依然通过前面介绍的 UseMiddleware 方法和 UseMiddleware <TMiddleware>方法进行注册。由于这两个方法会利用依赖注入框架来提供指定类型的中间件对象，所以它会利用注册的服务来提供传入构造函数的参数。如果构造函数的参数没有对应的服务注册，就必须在调用这个方法时显式指定。

演示实例定义了如下 StringContentMiddleware 类型，它的 InvokeAsync 方法会将预先指定的字符串作为响应内容。StringContentMiddleware 的构造函数定义了 contents 参数和 forewardToNext 参数，前者表示响应内容，后者表示是否需要将请求分发给后续中间件进行处理。在调用 UseMiddleware<TMiddleware>方法对这个中间件进行注册时，我们显式指定了响应的内容，至于参数 forewardToNext 之所以没有每次都显式指定，是因为默认值的存在。（S1507）

```
var app = WebApplication.CreateBuilder().Build();
app
    .UseMiddleware<StringContentMiddleware>("Hello")
    .UseMiddleware<StringContentMiddleware>(" World!", false);
app.Run();

public sealed class StringContentMiddleware
{
    private readonly RequestDelegate _next;
    private readonly string _contents;
    private readonly bool _forewardToNext;

    public StringContentMiddleware(RequestDelegate next, string contents,
        bool forewardToNext = true)
    {
        _next                   = next;
        _forewardToNext         = forewardToNext;
        _contents               = contents;
    }

    public async Task Invoke(HttpContext context)
    {
        await context.Response.WriteAsync(_contents);
        if (_forewardToNext)
        {
            await _next(context);
```

```
        }
    }
}
```

运行该程序后，利用浏览器访问监听地址依然可以得到图 15-4 所示的输出结果。对于前面介绍的定义中间件的方式，它们的不同之处除了体现在定义和注册方式上，还体现在自身生命周期上。强类型方式定义的中间件采用的生命周期取决于对应的服务注册，但是按照约定定义的中间件则总是一个单例对象。

15.2 依赖注入

基于 IHostBuilder/IHost 的服务承载系统建立在依赖注入框架之上，它在服务承载过程中依赖的服务（包括作为宿主的 IHost 对象）都由表示依赖注入容器的 IServiceProvider 对象提供。在定义承载服务时，我们也可以采用依赖注入方式来消费它所依赖的服务。依赖注入容器能否提供我们需要的服务实例取决于必要的服务注册是否存在。

15.2.1 服务注册

服务注册有 3 种方式。WebApplicationBuilder 的 Host 属性和 WebHost 属性分别用于返回 IHostBuilder 对象和 IWebHostBuilder 对象，可以调用它们的 ConfigureServices 方法进行服务注册。IHostBuilder 接口和 IWebHostBuilder 接口还定义了很多用于服务注册的扩展方法，它们对于 Minimal API 来说绝大部分都是可用的。针对 IHostBuilder 接口的服务注册已经在“第 14 章 服务承载”进行了详细介绍，如下所示为 ConfigureServices 方法在 IWebHostBuilder 接口中的定义。但是既然我们推荐采用 Minimal API，为什么不直接利用 WebApplicationBuilder 的 Services 属性来进行服务注册呢？

```
public interface IWebHostBuilder
{
    IWebHostBuilder ConfigureServices(Action<IServiceCollection> configureServices);
    IWebHostBuilder ConfigureServices(Action<WebHostBuilderContext, IServiceCollection>
        configureServices);
    ...
}

public class WebHostBuilderContext
{
    public IConfiguration               Configuration { get;  set; }
    public IWebHostEnvironment          HostingEnvironment { get; set; }
}
```

除了可以采用上述 3 种方式为应用程序注册所需的服务，ASP.NET Core 框架本身在构建请求处理管道之前也会注册一些必要的服务，这些公共服务除了供框架使用，也可以供应用程序使用。那么应用程序运行后究竟预先注册了哪些服务？我们编写了如下简单的程序来回答这个问题。

```
using System.Text;

var builder = WebApplication.CreateBuilder();
var app = builder.Build();
app.Run(InvokeAsync);
app.Run();

Task InvokeAsync(HttpContext httpContext)
{
    var sb = new StringBuilder();
    foreach (var service in builder.Services)
    {
        var serviceTypeName = GetName(service.ServiceType);
        var implementationType = service.ImplementationType
            ?? service.ImplementationInstance?.GetType()
            ?? service.ImplementationFactory
            ?.Invoke(httpContext.RequestServices)?.GetType();
        if (implementationType != null)
        {
           sb.AppendLine(@$"{service.Lifetime,-15}{GetName(service.ServiceType),-60}
              { GetName(implementationType)}");
        }
    }
    return httpContext.Response.WriteAsync(sb.ToString());
}

static string GetName(Type type)
{
    if (!type.IsGenericType)
    {
        return type.Name;
    }
    var name = type.Name.Split('`')[0];
    var args = type.GetGenericArguments().Select(it => it.Name);
    return @$"{name}<{string.Join(",", args)}>";
}
```

演示程序调用 WebApplication 对象的 Run 方法注册了一个中间件，它会将每个服务对应的声明类型、实现类型和生命周期作为响应内容进行输出。运行这段程序后，系统注册的所有公共服务会以图 15-5 所示的方式输出请求。（S1508）

图 15-5　ASP.NET Core 框架注册的公共服务

15.2.2　服务注入

在构造函数或者约定的方法中注入依赖服务对象是主要的服务消费方式。对于以处理管道为核心的 ASP.NET Core 框架来说，依赖注入主要体现在中间件的定义上。由于 ASP.NET Core 框架在创建中间件对象并利用它们构建整个管道时，所有的服务都已经注册完毕，所以注册的任何一个服务都可以采用如下方式注入构造函数中。（S1509）

```
using System.Diagnostics;

var builder = WebApplication.CreateBuilder(args);
builder.Services
    .AddSingleton<FoobarMiddleware>()
    .AddSingleton<Foo>()
    .AddSingleton<Bar>();
var app = builder.Build();
app.UseMiddleware<FoobarMiddleware>();
app.Run();

public class FoobarMiddleware : IMiddleware
{
    public FoobarMiddleware(Foo foo, Bar bar)
    {
        Debug.Assert(foo != null);
        Debug.Assert(bar != null);
```

```
    }

    public Task InvokeAsync(HttpContext context, RequestDelegate next)
    {
        Debug.Assert(next != null);
        return Task.CompletedTask;
    }
}

public class Foo {}
public class Bar {}
```

上面演示的是强类型中间件的定义方式，如果采用约定方式来定义中间件类型，则依赖服务还可以采用如下方式注入用于处理请求的 InvokeAsync 方法或者 Invoke 方法中。（S1510）

```
using System.Diagnostics;

var builder = WebApplication.CreateBuilder(args);
builder.Services
    .AddSingleton<Foo>()
    .AddSingleton<Bar>();
var app = builder.Build();
app.UseMiddleware<FoobarMiddleware>();
app.Run();

public class FoobarMiddleware
{
    private readonly RequestDelegate _next;
    public FoobarMiddleware(RequestDelegate next) => _next = next;
    public Task InvokeAsync(HttpContext context, Foo foo, Bar bar)
    {
        Debug.Assert(context != null);
        Debug.Assert(foo != null);
        Debug.Assert(bar != null);
        return _next(context);
    }
}

public class Foo {}
public class Bar {}
```

中间件类型的 InvokeAsync 方法或者 Invoke 方法还具有一个约定，那就是 HttpContext 上下文对象必须作为方法的第一个参数，所以如下中间件类型 FoobarMiddleware 的定义是错误的。与其说是一个约定，还不如说是一个限制，这限制在我们看来毫无意义。对于基于约定的中间件来说，构造函数注入与方法注入在生命周期上存在巨大的差异。由于中间件是一个单例对象，所以我们不应该在它的构造函数中注入 Scoped 服务。Scoped 服务只能注入中间件类型的 InvokeAsync 方法或者 Invoke 方法中，因为依赖服务是在针对当前请求的服务范围中提供的，所以能够确保 Scoped 服务在当前请求处理结束之后被释放。

```
public class FoobarMiddleware
```

```
{
    public FoobarMiddleware(RequestDelegate next);
    public Task InvokeAsync(IFoo foo, IBar bar, HttpContext context);
}

public class Startup
{
    public void Configure(IFoo foo, IBar bar, IApplicationBuilder app);
}
```

15.2.3 生命周期

当调用 IServiceCollection 相关方法注册服务时，总是会指定一种生命周期。由“第 3 章 依赖注入（下）”的介绍可知，作为依赖注入容器的多个 IServiceProvider 对象通过 IServiceScope 对象表示的服务范围构成一种层次化结构。Singleton 服务实例保存在作为根容器的 IServiceProvider 对象上，而 Scoped 服务实例与需要回收释放的 Transient 服务实例则保存在当前 IServiceProvider 对象中，只有不需要回收的 Transient 服务才会用完后就被丢弃。

至于服务实例是否需要回收释放，取决于服务实例的类型是否实现 IDisposable 接口，服务实例的回收释放由保存它的 IServiceProvider 对象负责。当 IServiceProvider 对象自身的 Dispose 方法被调用时，它会调用自身维护的所有待释放实例的 Dispose 方法。对于一个非根容器的 IServiceProvider 对象来说，其生命周期决定于当前的服务范围对象，表示服务范围的 IServiceScope 对象的 Dispose 方法完成对当前范围内的 IServiceProvider 对象的释放。

1．两个 IServiceProvider 对象

在一个具体的 ASP.NET Core 应用中讨论服务生命周期会更加易于理解。Singleton 采用针对应用程序的生命周期，而 Scoped 采用针对请求的生命周期。Singleton 服务的生命周期会一直延续到应用程序被关闭的那一刻，而 Scoped 服务的生命周期仅仅与当前请求绑定在一起，那么这样的生命周期模式是如何实现的呢？

在应用程序正常运行后会创建一个作为根容器的 IServiceProvider 对象，它被称为 ApplicationServices。如果应用程序在处理请求的过程中需要采用依赖注入的方式激活某个服务实例，那么它会利用这个 IServiceProvider 对象创建一个表示服务范围的 IServiceScope 对象，后者会创建一个 IServiceProvider 对象作为子容器。请求处理过程中所需的服务实例均由子容器来提供，它被称为 RequestServices。

针对当前请求的 IServiceScope 对象的 Dispose 方法会在完成请求处理之后被调用，与当前请求绑定的 RequestServices 得以释放。此时由它保存的 Scoped 服务实例和实现了 IDisposable 接口的 Transient 服务实例将变得“无所依托”。在它们变成垃圾对象供 GC 回收之前，实现了 IDisposable 接口的 Scoped 和 Transient 服务实例的 Dispose 方法在 RequestServices 被释放时调用。如下面的代码片段所示，HttpContext 上下文对象的 RequestServices 属性返回的就是这个针对当前请求的 IServiceProvider 对象。

```
public abstract class HttpContext
```

```
{
    public abstract IServiceProvider RequestServices { get; set; }
    ...
}
```

下面的实例使读者对注入服务的生命周期具有更加深刻的认识。首先，定义 Foo、Bar 和 Baz 这 3 个服务类，它们的基类 Base 实现了 IDisposable 接口。然后，分别在 Base 的构造函数和实现的 Dispose 方法中输出相应的文字，以确定服务实例被创建和释放的时机。

```
var builder = WebApplication.CreateBuilder(args);
builder.Logging.ClearProviders();
builder.Services
    .AddSingleton<Foo>()
    .AddScoped<Bar>()
    .AddTransient<Baz>();

var app = builder.Build();
app.Run(InvokeAsync);
app.Run();

static Task InvokeAsync(HttpContext httpContext)
{
    var path = httpContext.Request.Path;
    var requestServices = httpContext.RequestServices;
    Console.WriteLine($"Receive request to {path}");

    requestServices.GetRequiredService<Foo>();
    requestServices.GetRequiredService<Bar>();
    requestServices.GetRequiredService<Baz>();

    requestServices.GetRequiredService<Foo>();
    requestServices.GetRequiredService<Bar>();
    requestServices.GetRequiredService<Baz>();

    if (path == "/stop")
    {
        requestServices.GetRequiredService<IHostApplicationLifetime>()
            .StopApplication();
    }
    return httpContext.Response.WriteAsync("OK");
}

public class Base : IDisposable
{
    public Base() => Console.WriteLine($"{GetType().Name} is created.");
    public void Dispose() => Console.WriteLine($"{GetType().Name} is disposed.");
}
public class Foo : Base {}
public class Bar : Base {}
public class Baz : Base {}
```

我们采用不同的生命周期对这 3 个服务进行了注册，并将请求处理实现在 InvokeAsync 这个本地方法中。该方法会从 HttpContext 上下文对象中提取 RequestServices，并利用它“两次”提取 3 个服务对应的实例。如果请求路径为“/stop”，则它会采用相同的方式提取 IHostApplicationLifetime 对象，并通过调用其 StopApplication 方法将应用程序关闭。

我们首先采用命令行的形式运行该应用程序，然后利用浏览器依次向该应用程序发送两个请求，采用的路径分别为“/index”和“ /stop”，控制台上的输出结果如图 15-6 所示。由于 Foo 服务采用的生命周期模式为 Singleton，所以在整个应用程序的生命周期内 Foo 对象只会被创建一次。对于每个接收的请求，虽然 Bar 和 Baz 都被使用了两次，但是采用 Scoped 模式的 Bar 对象只会被创建一次，而采用 Transient 模式的 Baz 对象则被创建了两次。再来看释放服务相关的输出，采用 Singleton 模式的 Foo 对象会在应用程序关闭时被释放，而生命周期模式分别为 Scoped 和 Transient 的 Bar 对象与 Baz 对象都会在应用程序处理完当前请求之后被释放。（S1511）

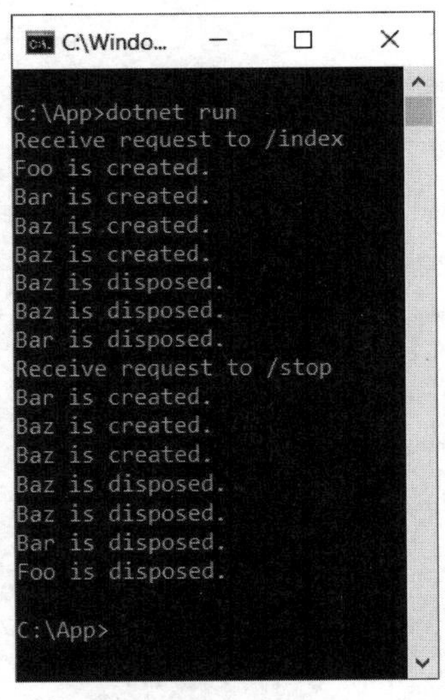

图 15-6　服务实例的生命周期

2．基于服务范围的验证

由“第 3 章 依赖注入（下）”的介绍可知，Scoped 服务既不应该由 ApplicationServices 来提供，也不能注入一个 Singleton 服务中，否则它将无法在请求结束之后被及时释放。如果忽视了这个问题，就容易造成内存泄漏。下面是一个典型的实例。

下面的演示程序使用的 FoobarMiddleware 中间件需要从数据库中加载由 Foobar 类型表示的数据。这里采用 Entity Framework Core 从 SQL Server 中提取数据，所以我们为实体类型 Foobar 定义了 DbContext（FoobarDbContext），调用 IServiceCollection 接口的 AddDbContext<TDbContext>扩展方法对它以 Scoped 生命周期模式进行了注册。

```
using Microsoft.EntityFrameworkCore;
using System.ComponentModel.DataAnnotations;
```

```
var builder = WebApplication.CreateBuilder(args);
builder.Host.UseDefaultServiceProvider(options => options.ValidateScopes = false);
builder.Services.AddDbContext<FoobarDbContext>(
    options => options.UseSqlServer("{your connection string}"));
var app = builder.Build();
app.UseMiddleware<FoobarMiddleware>();
app.Run();

public class FoobarMiddleware
{
    private readonly RequestDelegate _next;
    private readonly Foobar?         _foobar;
    public FoobarMiddleware(RequestDelegate next, FoobarDbContext dbContext)
    {
        _next = next;
        _foobar = dbContext.Foobar.SingleOrDefault();
    }

    public Task InvokeAsync(HttpContext context)
    {
        return _next(context);
    }
}

public class Foobar
{
    [Key]
    public string Foo { get; set; }
    public string Bar { get; set; }
}

public class FoobarDbContext : DbContext
{
    public DbSet<Foobar> Foobar { get; set; }
    public FoobarDbContext(DbContextOptions options) : base(options) { }
}
```

采用约定方式定义的中间件实际上是一个单例对象，而且它是在应用程序运行时由 ApplicationServices 创建的。由于 FoobarMiddleware 的构造函数中注入了 FoobarDbContext 对象，所以该对象自然也成为一个单例对象，这就意味着 FoobarDbContext 对象的生命周期会延续到当前应用程序被关闭的那一刻，造成的后果就是数据库连接不能及时地被释放。

```
using Microsoft.EntityFrameworkCore;
using System.ComponentModel.DataAnnotations;

var builder = WebApplication.CreateBuilder(args);
builder.Host.UseDefaultServiceProvider(options => options.ValidateScopes = true);
builder.Services.AddDbContext<FoobarDbContext>(
    options => options.UseSqlServer("{your connection string}"));
```

```
var app = builder.Build();
app.UseMiddleware<FoobarMiddleware>();
app.Run();
...
```

在一个 ASP.NET Core 应用中，如果将服务的生命周期注册为 Scoped 模式，则希望服务实例真正采用基于请求的生命周期模式。我们可以通过启用针对服务范围的验证来避免采用作为根容器的 IServiceProvider 对象来提供 Scoped 服务实例。由“第 14 章　服务承载”的介绍可知，针对服务范围的检验开关可以调用 IHostBuilder 接口的 UseDefaultServiceProvider 扩展方法进行设置。如果采用上面的方式开启针对服务范围的验证，则运行该程序之后会出现图 15-7 所示的异常。由于此验证会影响性能，所以在默认情况下此开关只有在开发环境下才会被开启。（S1512）

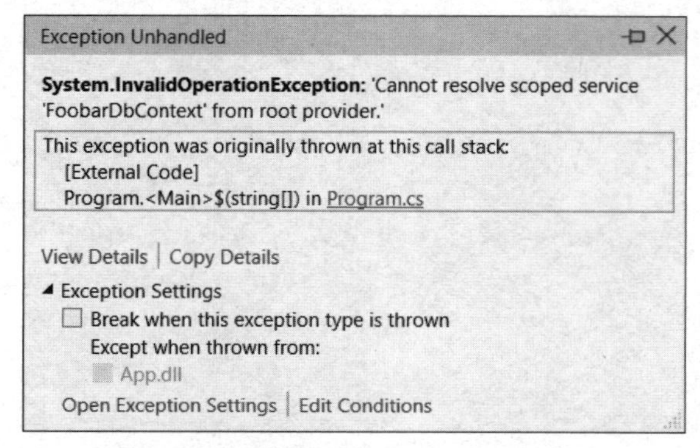

图 15-7　针对 Scoped 服务的验证

如果确实需要在中间件中注入 Scoped 服务，则可以采用强类型定义方式，并对中间件类型以 Scoped 模式进行注册。如果采用基于约定的中间件定义方式，则有两种方案来解决这个问题。第一种解决方案就是按照如下方式在 InvokeAsync 方法中利用 RequestServices 来提供依赖服务。

```
public class FoobarMiddleware
{
    private readonly RequestDelegate _next;
    public FoobarMiddleware(RequestDelegate next)=> _next = next;
    public Task InvokeAsync(HttpContext context)
    {
        var dbContext = context.RequestServices.GetRequiredService<FoobarDbContext>();
        Debug.Assert(dbContext != null);
        return _next(context);
    }
}
```

第二种解决方案是按照如下方式直接在 InvokeAsync 方法中注入依赖的服务。我们在上面介绍两种中间件定义方式时已经提到，使用 InvokeAsync 方法注入的服务就是由基于当前请求的 RequestServices 提供的，所以这两种解决方案其实是等效的。

```
public class FoobarMiddleware
{
    private readonly RequestDelegate _next;
    public FoobarMiddleware(RequestDelegate next) => _next = next;
```

```
    public Task InvokeAsync(HttpContext context, FoobarDbContext dbContext)
    {
        Debug.Assert(dbContext != null);
        return _next(context);
    }
}
```

15.3 配置

与前面介绍的服务注册一样，针对配置的设置同样可以采用 3 种不同的编程模式。第一种是利用 WebApplicationBuilder 的 Host 属性返回的 IHostBuilder 对象，它可以设置面向宿主和应用的配置，“第 14 章 服务承载”已经对此进行了详细介绍。IWebHostBuilder 接口上面同样提供了一系列用来对配置进行设置的方法，我们可以将这些方法应用到 WebApplicationBuilder 的 WebHost 属性返回的 IWebHostBuilder 对象上。需要注意的是，既然推荐使用 Mininal API，最好还是采用最新的编程方式。

```
public sealed class WebApplicationBuilder
{
    public ConfigurationManager Configuration { get; }
    ...
}

public sealed class WebApplication :
    IHost, IDisposable, IApplicationBuilder, IEndpointRouteBuilder, IAsyncDisposable
{
    public IConfiguration Configuration { get; }
    ...
}
```

WebApplicationBuilder 的 Configuration 属性用于返回一个 ConfigurationManager 对象。通过“第 5 章 配置选项（上）”中针对配置系统的介绍，我们知道 ConfigurationManager 类型同时实现了 IConfigurationBuilder 接口和 IConfiguration 接口。作为一个 IConfigurationBuilder 对象，它可以被用来注册配置源。作为一个 IConfiguration 对象，它也反映了当前实时的配置状态。WebApplication 对象被 WebApplicationBuilder 构建出来后，将完整的配置固定下来并转移到它的 Configuration 属性上。

15.3.1 初始化配置

当应用程序运行时会将当前的环境变量作为配置源来创建承载最初配置数据的 IConfiguration 对象，但它只会选择以“ASPNETCORE_”为前缀的环境变量（通过 Host 静态类型的 CreateDefaultBuilder 方法创建的 HostBuilder 默认选择的是以“DOTNET_”为前缀的环境变量）。在演示环境变量的初始化配置之前，需要先解决配置的使用问题，即如何获取配置数据。

如下面的代码片段所示，我们设置两个环境变量，它们的名称分别为“ASPNETCORE_

FOO”和“ASPNETCORE_BAR”。在调用 WebApplication 的 CreateBuilder 方法创建 WebApplicationBuilder 对象后，提取它的 Configuration 属性。经过调试断言后我们可以看出这两个环境变量被成功转移到配置中。表示承载应用的 WebApplication 构建出来后，其 Configuration 属性返回的 IConfiguration 对象上同样包含相同的配置。（S1513）

```
using System.Diagnostics;

Environment.SetEnvironmentVariable("ASPNETCORE_FOO", "123");
Environment.SetEnvironmentVariable("ASPNETCORE_BAR", "456");

var builder = WebApplication.CreateBuilder(args);
IConfiguration configuration = builder.Configuration;
Debug.Assert(configuration["foo"] == "123");
Debug.Assert(configuration["bar"] == "456");

var app = builder.Build();
configuration = app.Configuration;
Debug.Assert(configuration["foo"] == "123");
Debug.Assert(configuration["bar"] == "456");
```

15.3.2 以“键-值”对形式读取和修改配置

“第 5 章 配置选项（上）”已经对配置模型进行了深入介绍。我们知道 IConfiguration 对象是以字典的结构来存储配置数据的，可以利用该对象提供的索引以“键-值”对的形式读取和修改配置。在 ASP.NET Core 应用中，我们可以通过调用定义在 IWebHostBuilder 接口的 GetSetting 方法和 UseSetting 方法达到相同的目的。

```
public interface IWebHostBuilder
{
    string GetSetting(string key);
    IWebHostBuilder UseSetting(string key, string value);
    ...
}
```

如下面的代码片段所示，我们可以利用 WebApplicationBuilder 的 WebHost 属性将对应的 IWebHostBuilder 对象提取出来，先通过调用其 GetSetting 方法将以环境变量设置的配置提取出来，再通过调用其 UseSetting 方法将提供的“键-值”对保存到应用的配置中。配置最终的状态被固定下来后转移到构建的 WebApplication 对象上。（S1514）

```
using System.Diagnostics;

var builder = WebApplication.CreateBuilder(args);
builder.WebHost.UseSetting("foo", "abc");
builder.WebHost.UseSetting("bar", "xyz");

Debug.Assert(builder.WebHost.GetSetting("foo") == "abc");
Debug.Assert(builder.WebHost.GetSetting("bar") == "xyz");

IConfiguration configuration = builder.Configuration;
```

```
Debug.Assert(configuration["foo"] == "abc");
Debug.Assert(configuration["bar"] == "xyz");

var app = builder.Build();
configuration = app.Configuration;
Debug.Assert(configuration["foo"] == "abc");
Debug.Assert(configuration["bar"] == "xyz");
```

15.3.3　注册配置源

配置系统最大的特点是可以注册不同的配置源。针对配置源的注册同样可以利用不同的编程方式来实现，其中一种就是利用 WebApplicationBuilder 的 Host 属性返回的 IHostBuilder 对象，并调用其 ConfigureHostConfiguration 方法和 ConfigureAppConfiguration 方法完成宿主和应用的配置，其中包含配置源的注册。IWebHostBuilder 接口也提供如下等效的 ConfigureAppConfiguration 方法。该方法提供的参数是一个 Action<WebHostBuilderContext, IConfigurationBuilder>委托对象，这就意味着我们可以承载上下文对象并对配置进行针对性设置。如果提供的设置与当前承载上下文对象无关，则可以调用另一个参数类型为 Action <IConfigurationBuilder>的 ConfigureAppConfiguration 重载方法。

```
public interface IWebHostBuilder
{
    IWebHostBuilder ConfigureAppConfiguration(Action<WebHostBuilderContext,
        IConfigurationBuilder> configureDelegate);
}

public static class WebHostBuilderExtensions
{
    public static IWebHostBuilder ConfigureAppConfiguration(
       this IWebHostBuilder hostBuilder, Action<IConfigurationBuilder> configureDelegate);
}
```

我们可以利用 WebApplicationBuilder 的 WebHost 属性返回对应的 IWebHostBuilder 对象，并采用如下方式利用 IWebHostBuilder 对象注册配置源。（S1515）

```
using System.Diagnostics;

var builder = WebApplication.CreateBuilder(args);
builder.WebHost.ConfigureAppConfiguration(config
    => config.AddInMemoryCollection(new Dictionary<string, string>
    {
        ["foo"] = "123",
        ["bar"] = "456"
    }));
var app = builder.Build();
Debug.Assert(app.Configuration["foo"] == "123");
Debug.Assert(app.Configuration["bar"] == "456");
```

由于 WebApplicationBuilder 的 Configuration 属性返回的 ConfigurationManager 自身就是一个 IConfigurationBuilder 对象，所以直接按照如下方式将配置源注册到它上面，这也是我们推荐的编程方式。值得一提的是，如果调用 WebApplication 类型的 CreateBuilder 方法或者 Create 方法时传入了命令行参数，则会自动添加命令行参数的配置源。（S1516）

```
using System.Diagnostics;

var builder = WebApplication.CreateBuilder(args);
builder.Configuration.AddInMemoryCollection(new Dictionary<string, string>
{
    ["foo"] = "123",
    ["bar"] = "456"
});
var app = builder.Build();
Debug.Assert(app.Configuration["foo"] == "123");
Debug.Assert(app.Configuration["bar"] == "456");
```

15.4 承载环境

基于 IHostBuilder/IHost 的服务承载系统采用 IHostEnvironment 接口表示承载环境。我们利用它不仅可以得到当前部署环境的名称，还可以获知当前应用的名称和存储内容文件的根目录路径。Web 应用需要更多的承载环境信息，额外的信息被定义在 IWebHostEnvironment 接口中。

15.4.1 IWebHostEnvironment

如下面的代码片段所示，派生于 IHostEnvironment 接口的 IWebHostEnvironment 接口定义了 WebRootPath 属性和 WebRootFileProvider 属性，前者表示存储 Web 资源文件根目录的路径，后者表示返回该路径对应的 IFileProvider 对象。如果我们希望外部可以采用 HTTP 请求的方式直接访问某个静态文件（如 JavaScript、CSS 和图片文件等），则只需要将它存储在 WebRootPath 属性表示的目录下。当前承载环境反映在 WebApplicationBuilder 类型的 Environment 属性中。表示承载应用的 WebApplication 类型同样具有这样一个属性。

```
public interface IWebHostEnvironment : IHostEnvironment
{
    string              WebRootPath { get; set; }
    IFileProvider       WebRootFileProvider { get; set; }
}

public sealed class WebApplicationBuilder
{
    public IWebHostEnvironment Environment { get; }
    ...
}

public sealed class WebApplication
{
    public IWebHostEnvironment Environment { get; }
    ...
```

```
}
```

我们简单介绍与承载环境相关的 6 个属性（包含定义在 IHostEnvironment 接口中的 4 个属性）是如何设置的。IHostEnvironment 接口的 ApplicationName 属性表示当前应用的名称，它的默认值为入口程序集的名称。EnvironmentName 属性表示当前应用所处部署环境的名称，其中开发（Development）、预发（Staging）和产品（Production）是 3 种典型的部署环境。根据不同的目的可以将同一个应用部署到不同的环境中，在不同环境中部署的应用往往具有不同的设置。在默认情况下，环境的名称为“Production”。ASP.NET Core 应用会将所有的内容文件都存储在同一个目录下，这个目录的绝对路径通过 IWebHostEnvironment 接口的 ContentRootPath 属性来表示，而 ContentRootFileProvider 属性则返回针对这个目录的 PhysicalFileProvider 对象。部分内容文件可以直接作为 Web 资源（如 JavaScript、CSS 和图片等）供客户端以 HTTP 请求的方式获取，存储此类型内容文件的绝对路径通过 IWebHostEnvironment 接口的 WebRootPath 属性来表示，而针对该目录的 PhysicalFileProvider 自然可以通过对应的 WebRootFileProvider 属性来获取。

在默认情况下，由 ContentRootPath 属性表示的内容文件的根目录就是当前的工作目录。如果该目录下存在一个名为“wwwroot”的子目录，那么它将用来存储 Web 资源，WebRootPath 属性将返回这个目录。如果这样的子目录不存在，那么 WebRootPath 属性将返回 Null。针对这两个目录的默认设置体现在如下所示的代码片段中。（S1517）

```
using System.Diagnostics;
using System.Reflection;

var builder = WebApplication.CreateBuilder();
var environment = builder.Environment;

Debug.Assert(Assembly.GetEntryAssembly()?.GetName().Name ==
  environment.ApplicationName);
var currentDirectory = Directory.GetCurrentDirectory();

Debug.Assert(Equals( environment.ContentRootPath,  currentDirectory));
Debug.Assert(Equals(environment.ContentRootPath, currentDirectory));

var wwwRoot = Path.Combine(currentDirectory, "wwwroot");
if (Directory.Exists(wwwRoot))
{
    Debug.Assert(Equals(environment.WebRootPath, wwwRoot));
}
else
{
    Debug.Assert(environment.WebRootPath == null);
}

static bool Equals(string path1, string path2)
    =>string.Equals(path1.Trim(Path.DirectorySeparatorChar),
    path2.Trim(Path.DirectorySeparatorChar),StringComparison.OrdinalIgnoreCase);
```

15.4.2 通过配置定制承载环境

IWebHostEnvironment 对象承载的与承载环境相关的属性（ApplicationName、EnvironmentName、ContentRootPath 和 WebRootPath）可以通过配置的方式进行定制，对应配置项的名称分别为“applicationName”“environment”“contentRoot”“webroot”。静态类 WebHostDefaults 为它们定义了对应的属性。通过“第 14 章　服务承载”可知，前 3 个配置项的名称同样以静态只读字段的形式定义在 HostDefaults 类型中。

```
public static class WebHostDefaults
{
    public static readonly string EnvironmentKey     = "environment";
    public static readonly string ContentRootKey     = "contentRoot";
    public static readonly string ApplicationKey     = "applicationName";
    public static readonly string WebRootKey         = "webroot";;
}

public static class HostDefaults
{
    public static readonly string EnvironmentKey = "environment";
    public static readonly string ContentRootKey = "contentRoot";
    public static readonly string ApplicationKey = "applicationName";
}
```

由于应用初始化过程中的很多操作都与当前的承载环境有关，所以承载环境必须在应用运行之初就被确定下来，并在整个应用生命周期内都不能改变。如果我们希望采用配置的方式来控制当前应用的承载环境，则相应的设置必须在 WebApplicationBuilder 对象创建之前执行，在之后试图修改相关的配置都会抛出异常。按照这个原则，我们可以采用命令行参数的方式对承载环境进行设置。

```
var app = WebApplication.Create(args);
var environment = app.Environment;

Console.WriteLine($"ApplicationName:{environment.ApplicationName}");
Console.WriteLine($"ContentRootPath:{environment.ContentRootPath}");
Console.WriteLine($"WebRootPath:{environment.WebRootPath}");
Console.WriteLine($"EnvironmentName:{environment.EnvironmentName}");
```

上面的演示程序利用命令行参数的方式控制承载环境的 4 个属性。我们首先将命令行参数传入 WebApplication 类型的 Create 方法创建了一个 WebApplication 对象，然后从中提取表示承载环境的 IWebHostEnvironment 对象并将其携带信息输出到控制台上。利用命令行参数的方式运行该程序，并指定了与承载环境相关的 4 个参数，如图 15-8 所示。（S1518）

```
C:\Windows\System32\cmd.exe

C:\App>dotnet run applicationName=MyApp ^
More? contentRoot="c:\app\contents" ^
More? webroot="c:\app\contents\web" ^
More? environment=staging
Building...
ApplicationName:MyApp
ContentRootPath:c:\app\contents
WebRootPath:c:\app\contents\web
EnvironmentName:staging
```

图 15-8　利用命令行参数定义承载环境

除了命令行参数，使用环境变量同样能达到相同的目的，当时应用的名称无法通过对应的配置进行设置。对于上面创建的这个演示程序，现在换一种方式运行它。如图 15-9 所示，在执行“dotnet run”命令运行程序之前，我们为承载环境的 4 个属性设置了对应的环境变量。从输出的结果可以看出，除应用名称依然是入口程序集名称外，承载环境的其他 3 个属性与我们设置的环境变量是一致的。

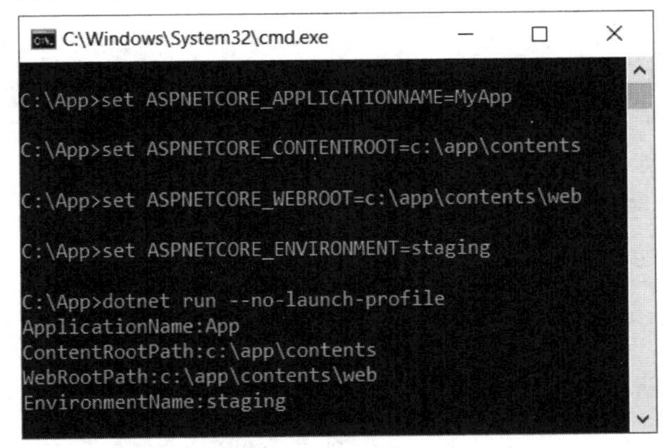

图 15-9　利用环境变量定义承载环境

承载环境除了可以采用利用上面演示的两种方式进行设置，我们也可以使用 WebApplicationOptions 配置选项。如下面的代码片段所示，WebApplicationOptions 定义了 4 个属性，分别表示命令行参数数组、环境名称、应用名称和内容根目录路径。WebApplicationBuilder 具有参数类型为 WebApplicationOptions 的 CreateBuilder 方法。

```
public class WebApplicationOptions
{
    public string[]    Args { get; set; }
    public string      EnvironmentName { get; set; }
    public string      ApplicationName { get; set; }
    public string      ContentRootPath { get; set; }
}

public sealed class WebApplication
```

```
{
    public static WebApplicationBuilder CreateBuilder(WebApplicationOptions options);
    ...
}
```

如果利用 WebApplicationOptions 来对应用所在的承载环境进行设置，则上面演示的程序可以修改成如下形式。由于 IWebHostEnvironment 服务提供的应用名称被视为一个程序集名称，针对它的设置会影响类型的加载，所以我们基本上不会设置应用的名称。（S1519）

```
var options = new WebApplicationOptions
{
    Args              = args,
    ApplicationName   = "MyApp",
    ContentRootPath = Path.Combine(Directory.GetCurrentDirectory(), "contents"),
    WebRootPath = Path.Combine(Directory.GetCurrentDirectory(), "contents","web"),
    EnvironmentName   = "staging"
};
var app = WebApplication.CreateBuilder(options).Build();
var environment = app.Environment;
Console.WriteLine($"ApplicationName:{environment.ApplicationName}");
Console.WriteLine($"ContentRootPath:{environment.ContentRootPath}");
Console.WriteLine($"WebRootPath:{environment.WebRootPath}");
Console.WriteLine($"EnvironmentName:{environment.EnvironmentName}");
```

IWebHostBuilder 接口中如下 3 个对应的扩展方法用来对承载环境的环境名称、内容文件根目录和 Web 资源根目录进行设置。通过“第 14 章 服务承载”的介绍可知，IHostBuilder 接口也有类似的扩展方法，但是这些扩展方法将无法在 Minima API 中使用。

```
public static class HostingAbstractionsWebHostBuilderExtensions
{
    public static IWebHostBuilder UseEnvironment(this IWebHostBuilder hostBuilder,
        string environment);
    public static IWebHostBuilder UseContentRoot(this IWebHostBuilder hostBuilder,
        string contentRoot);
    public static IWebHostBuilder UseWebRoot(this IWebHostBuilder hostBuilder,
        string webRoot);
}

public static class HostingHostBuilderExtensions
{
    public static IHostBuilder UseContentRoot(this IHostBuilder hostBuilder,
        string contentRoot);
    public static IHostBuilder UseEnvironment(this IHostBuilder hostBuilder,
        string environment);
}
```

需要注意的是，针对承载环境的设置必须在创建 WebApplicationBuilder 对象之前进行操作。由于 IWebHostBuilder 对象是通过 WebApplicationBuilder 对象的 WebHost 属性提供的，所以我们自然无法利用它改变已经固定下来的环境设置。如果我们试图这样做，则程序将会抛出一个类型为 NotSupportedException 的异常。图 15-10 所示为当试图再次修改环境名称时，Visual Studio 出现的异常。

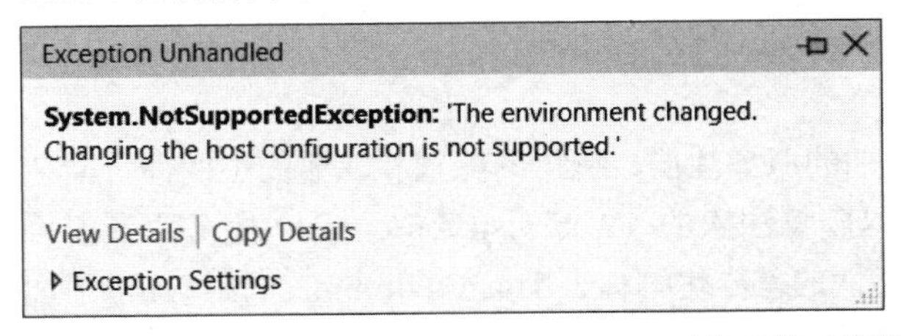

图 15-10　在创建 WebApplicationBuilder 对象后修改环境设置出现的异常

15.4.3　设置监听地址

上面介绍了 IWebHostBuilder 用于设置承载环境的 3 个扩展方法，下面介绍为服务器设置监听地址的 UseUrls 方法。和上面这些方法一样，使用 UseUrls 方法设置的 URL 列表会以“;”作为分隔符连接成一个字符串并写入配置，对应配置项的名称为“urls”，WebHostDefaults 类型同样定义了对应的静态只读 ServerUrlsKey 属性。应用最终采用的监听地址会保存在创建的 WebApplication 对象的 Urls 属性中。由于设置的监听地址被保存在配置中，所以可以利用命令行参数、环境变量或者直接修改对应配置项的方式来指定它们。

```
public static class HostingAbstractionsWebHostBuilderExtensions
{
    public static IWebHostBuilder UseUrls(this IWebHostBuilder hostBuilder,
        params string[] urls);
}

public static class WebHostDefaults
{
    public static readonly string ServerUrlsKey      = "urls";
}

public sealed class WebApplication
{
    public ICollection<string> Urls { get;}
}
```

Minimal API 提供了两种设置监听地址的方式，一种是将监听地址添加到 WebApplication 对象的 Urls 属性中，另一种是直接将监听地址作为参数传入 WebApplication 对象的 Run 方法或者 RunAsync 方法。下面的代码片段演示了这两种编程方式。如果通过这两种方式注册了监听地址，则上面通过配置形式执行的监听地址将会被忽略。由于监听终节点可以直接注册到服务器上，这里还涉及它们之间取舍问题，具体的策略将在“第 18 章　服务器”中进行详细介绍。

```
var app = WebApplication.Create();
app.Urls.Add("http://0.0.0.0:80/");
...
app.Run();
```

```
var app = WebApplication.Create();
...
app.Run("http://0.0.0.0:80/");
```

15.4.4 针对环境的编程

对于同一个 ASP.NET Core 应用来说，添加的服务注册、提供的配置和注册的中间件可能会因部署环境的不同而有所差异。有了这个可以随意注入的 IWebHostEnvironment 服务，我们可以很方便地知道当前的部署环境并进行有针对性的差异化编程。IHostEnvironment 接口提供了如下 IsEnvironment 扩展方法，用于确定当前是否为指定的部署环境。IHostEnvironment 接口还提供了额外的 3 个扩展方法并对 3 种典型部署环境（开发、预发和产品）进行判断，这 3 种环境采用的名称分别为 Development、Staging 和 Production，对应静态类型 EnvironmentName 的 3 个只读字段。

```
public static class HostEnvironmentEnvExtensions
{
    public static bool IsDevelopment( this IHostEnvironment hostEnvironment);
    public static bool IsProduction( this IHostEnvironment hostEnvironment);
    public static bool IsStaging(this IHostEnvironment hostEnvironment);
    public static bool IsEnvironment(this IHostEnvironment hostEnvironment,
        string environmentName);
}

public static class EnvironmentName
{
    public static readonly string Development       = "Development";
    public static readonly string Staging           = "Staging";
    public static readonly string Production        = "Production";
}
```

1. 注册服务

前文已经提到，ASP.NET Core 目前支持 3 种服务注册形式，它们都提供了承载环境的动态选择机制。由于可以直接通过 WebApplicationBuilder 的 Environment 属性得到当前的承载环境，所以采用如下方式在不同的环境下为同一个接口注册不同的实现类型，这也是最为简单直接的编程方式。

```
var builder = WebApplication.CreateBuilder(args);
if (builder.Environment.IsDevelopment())
{
    builder.Services.AddSingleton<IFoobar, Foo>();
}
else
{
    builder.Services.AddSingleton<IFoobar, Bar>();
}

var app = builder.Build();
...
```

```
app.Run();
```

如果调用 IHostBuilder 接口的 ConfigureServices 方法进行服务注册，则可以按照如下服务注册方式达到相同的目的。“14 章　服务承载”已经对这种承载环境的服务注册方式进行了详细的介绍。IWebHostBuilder 接口也有一个类似的 ConfigureServices 方法，所以将 WebApplicationBuilder 的 Host 属性替换成 WebHost 属性，最终的效果也是一样的。

```
var builder = WebApplication.CreateBuilder(args);
builder.Host.ConfigureServices((context, services) =>
{
    if (context.HostingEnvironment.IsDevelopment())
    {
        services.AddSingleton<IFoobar, Foo>();
    }
    else
    {
        services.AddSingleton<IFoobar, Bar>();
    }
});

var app = builder.Build();
...
app.Run();
```

```
var builder = WebApplication.CreateBuilder(args);
builder.WebHost.ConfigureServices((context, services) =>
{
    if (context.HostingEnvironment.IsDevelopment())
    {
        services.AddSingleton<IFoobar, Foo>();
    }
    else
    {
        services.AddSingleton<IFoobar, Bar>();
    }
});

var app = builder.Build();
...
app.Run();
```

2. 注册中间件

针对不同的环境注册对应的中间件也是一个常见的需求。如果采用之前的应用承载方式，则可以调用 IWebHostBuilder 接口的 Configure 方法或者利用注册的 Startup 类型来完成中间件的注册，它们均提供了基于承载环境进行针对性中间件注册的功能。由于这两种编程模式在 Minimal API 下均不再支持，所以本书不对这部分内容进行介绍。由于 WebApplicationBuilder 的 Environment 属性直接提供当前的承载环境，所以针对不同环境注册针对性的中间件变得简单而直接。

```
var app = WebApplication.Create(args);
```

```
if (app.Environment.IsDevelopment())
{
    app.UseMiddleware<FooMiddleware>();
}
else
{
    app
        .UseMiddleware<BarMiddleware>()
        .UseMiddleware<BazMiddleware>();
}
app.Run();
```

3. 配置

与前面介绍的服务注册一样，针对应用配置的设置同样具有 3 种不同的编程模式，而且它们都支持针对不同承载环境的针对性设置。JSON 文件是承载配置最常见的形式。我们可以将配置内容分配到多个文件中。如图 15-11 所示，我们可以将与承载环境无关的配置定义在 Appsettings.json 文件中，针对环境的差异化配置定义在以“Appsettings.{EnvironmentName}.json”形式命名（Appsettings.Development.json、Appsettings.Staging.json 和 Appsettings.Production.json）的文件中。

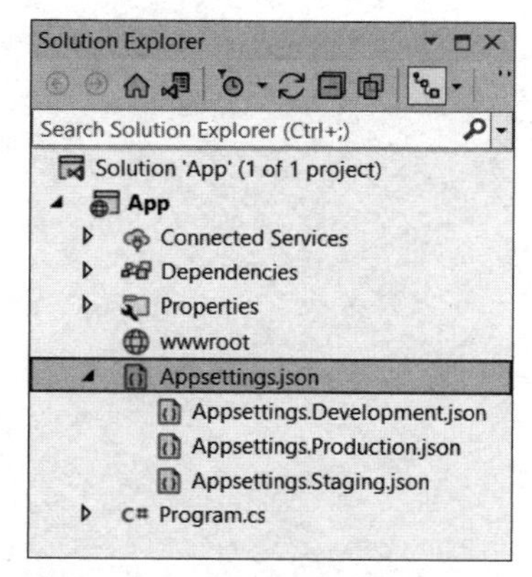

图 15-11 针对承载环境的配置文件

由于 WebApplicationBuilder 利用其 Configuration 属性和 Environment 属性直接提供了构建配置的 ConfigurationManager 对象和当前的承载环境，所以可以直接采用如下方式对这些配置文件进行注册。这也是我们推荐的编程方式。

```
var builder = WebApplication.CreateBuilder(args);
builder.Configuration
    .AddJsonFile(path: "AppSettings.json", optional: false)
    .AddJsonFile(path: $"AppSettings.{builder.Environment.EnvironmentName}.json",
        optional: true);
var app = builder.Build();
...
app.Run();
```

通过“14 章　服务承载”可知，IHostBuilder 接口的 ConfigureAppConfiguration 方法也实现了类似的功能，所以也可以按照如下方式利用 WebApplicationBuilder 的 Host 属性返回的 IHostBuilder 对象将这个方法“借用”过来。IWebHostBuilder 接口同样定义了类似的方式，所以将 Host 属性替换成 WebHost 属性，最终也会达到一样的效果。

```
var builder = WebApplication.CreateBuilder(args);
builder.Host.ConfigureAppConfiguration((context, configBuilder)=> configBuilder
    .AddJsonFile(path: "AppSettings.json", optional: false)
    .AddJsonFile(path:
$"AppSettings.{context.HostingEnvironment.EnvironmentName}.json",
        optional: true));
var app = builder.Build();
...
app.Run();
```

```
var builder = WebApplication.CreateBuilder(args);
builder.WebHost.ConfigureAppConfiguration((context, configBuilder)=> configBuilder
    .AddJsonFile(path: "AppSettings.json", optional: false)
    .AddJsonFile(path:
$"AppSettings.{context.HostingEnvironment.EnvironmentName}.json",
        optional: true));
var app = builder.Build();
...
app.Run();
```

第16章

应用承载（中）

“第 15 章 应用承载（上）”利用一系列实例演示了 ASP.NET Core 应用的编程模式，并借此来体验基于管道的请求处理流程。这个管道由一个服务器和多个有序排列的中间件构成，这看似简单，实际隐藏了很多细节。将管道对于 ASP.NET Core 框架的地位拔得多高都不过分，为了使读者对此有深刻的认识，在介绍真实管道的构建之前，我们先介绍一个 Mini 版的 ASP.NET Core 框架。

16.1 中间件委托链

“第 17 章 应用承载（下）”将会详细介绍 ASP.NET 请求处理管道的构建及它对请求的处理流程，作为对这一部分内容的铺垫，作者提取管道最核心的部分并构建一个 Mini 版的 ASP.NET Core 框架。与真正的框架相比，虽然模拟框架要简单很多，但是它们采用完全一致的设计，在定义接口或者类型时采用真实的名称，但是在 API 的定义和实现上进行了最大限度的简化。（S1601）

16.1.1 HttpContext

对于由一个服务器和多个中间件构成的管道来说，面向传输层的服务器负责请求的监听、接收和最终的响应，当它接收到客户端发送的请求后，需要将请求分发给后续中间件进行处理。对于某个中间件来说，完成自身的请求处理任务之后，在大部分情况下需要将请求分发给后续的中间件。请求在服务器与中间件之间，以及在中间件之间的分发是通过共享上下文对象的方式实现的。HttpContext 就是这个共享的上下文对象。

如图 16-1 所示，当服务器接收到请求之后，它会创建一个 HttpContext 上下文对象，所有中间件都在这个上下文对象中完成请求的处理工作。那么这个 HttpContext 上下文对象究竟会携带什么样的上下文信息呢？我们知道一个 HTTP 事务（Transaction）具有非常清晰的界定，如果从服务器的角度来说就是始于请求的接收，而终于响应的回复，所以请求和响应是两个基本的要素，也是 HttpContext 上下文对象承载的最核心的上下文信息。

图 16-1　中间件共享上下文对象

我们可以将请求和响应理解为一个 Web 应用的输入与输出，既然 HttpContext 上下文对象是针对请求和响应的封装，那么应用程序就可以利用它得到当前请求所有的输入信息，也可以借助它完成所需的所有输出工作。我们为 ASP.NET Core 模拟框架定义了如下极简版本的 HttpContext 类型。

```
public class HttpContext
{
    public HttpRequest                  Request { get; }
    public HttpResponse                 Response { get; }
}

public class HttpRequest
{
    public Uri                          Url { get;  }
    public NameValueCollection          Headers { get; }
    public Stream                       Body { get;  }
}

public class HttpResponse
{
    public int                          StatusCode { get; set; }
    public NameValueCollection          Headers { get; }
    public Stream                       Body { get; }
}
```

如上面的代码片段所示，我们可以利用 Request 属性返回的 HttpRequest 对象得到当前请求的地址、报头集合和主体内容。我们利用 Response 属性返回的 HttpResponse 对象，不仅可以设置响应的状态码，还可以添加任意的响应报头和写入任意的主体内容。

16.1.2　中间件

所有针对请求的处理是在当前 HttpContext 上下文对象中完成的，所以一个 Action<HttpContext>委托对象可以用来表示请求处理器（Handler）。但 Action<HttpContext>委托对象仅仅是请求处理器针对“同步”编程模式的表现形式，面向 Task 的异步编程模式的处理器应该表示为 Func<HttpContext,Task>委托对象。由于这个委托对象具有非常广泛的应用，所以专门定义了如下 RequestDelegate 类型，可以看出它就是对 Func<HttpContext,Task>委托对象的表达。由于管道（剔除服务器）本质上就是一个请求处理器，自然可以通过一个 RequestDelegate 委托对象来表示，那么组成管道的中间件又如何表示呢？

```
public delegate Task RequestDelegate(HttpContext context);
```

组成管道的中间件体现为一个 Func<RequestDelegate, RequestDelegate>委托对象，它的输入与输出都是一个 RequestDelegate 委托对象。我们可以这样来理解：对于管道中的某个中间件（图 16-2 中的第一个中间件），后续中间件组成的管道体现为一个 RequestDelegate 委托对象，当前中间件在完成了自身的请求处理任务之后，往往需要将请求分发给后续管道进行进一步处理，所以它需要将后续管道的 RequestDelegate 作为输入对象。

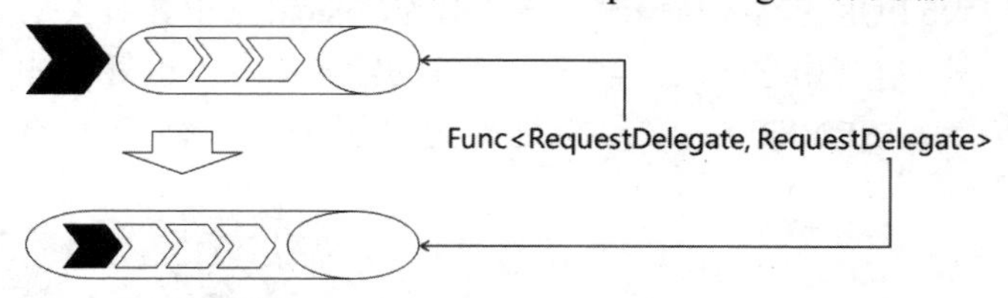

图 16-2　中间件

当表示当前中间件的委托对象执行之后，会将它自己“纳入”这个作为输入的管道，那么表示新管道的 RequestDelegate 就成为中间件委托的输出对象，所以中间件自然就表示成输入和输出类型均为 RequestDelegate 的 Func<RequestDelegate, RequestDelegate>委托对象。如果我们依次注册了多个中间件，则只需要按照它们在管道中的相反的顺序执行对应的委托对象，最终创建作为管道的 RequestDelegate 委托对象。

16.1.3　中间件管道的构建

从事软件行业近 20 年，作者对框架设计越来越具有这样的认识，好的设计一定是“简单”的。所以在设计某个开发框架时作者总是会不断地问自己一个问题“还能再简单点吗”。上面介绍的请求处理管道的设计就具有“简单”的特质：Pipeline = Server + Middlewares。但是“能否再简单点吗”，其实是可以的，因为中间件管道本质上就是一个通过 RequestDelegate 委托对象表示的请求处理器，所以图 16-3 所示的请求处理管道将具有更加简单的表达式“Pipeline = Server + Handler（RequestDelegate）”。

图 16-3　Pipeline = Server + Handler(RequestDelegate)

表示中间件的多个 Func<RequestDelegate, RequestDelegate>委托对象向 RequestDelegate 委托对象的转换是通过 IApplicationBuilder 对象来完成的。从接口命名可以看出，IApplicationBuilder 对象是用来构建“应用程序”（Application）的。由于 Web 应用的本质就是一个请求处理器，所以将中间件管道视为“应用”，使用 IApplicationBuilder 对象构建的“应用”就是由注册中间件构成的管道，最终体现为一个 RequestDelegate 委托对象。

```
public interface IApplicationBuilder
{
    RequestDelegate Build();
    IApplicationBuilder Use(Func<RequestDelegate, RequestDelegate> middleware);
}
```

如上所示的代码片段是模拟框架对 IApplicationBuilder 接口的简化定义。它的 Use 方法用来注册中间件，而 Build 方法则将所有的中间件按照注册的顺序组装成一个 RequestDelegate 委托对象。如下所示的 ApplicationBuilder 类型是对 IApplicationBuilder 接口的默认实现，它采用“逆序”执行中间件委托的方式将 RequestDelegate 委托对象构建出来。给出的代码片段还体现了这样一个细节：管道的尾端额外添加了一个返回 404 响应的处理器。这就意味着如果没有注册任何的中间件或者注册的所有中间件都将请求分发给后续管道，那么应用程序会回复一个状态码为 404 的响应。

```
public class ApplicationBuilder : IApplicationBuilder
{
    private readonly IList<Func<RequestDelegate, RequestDelegate>> _middlewares
        = new List<Func<RequestDelegate, RequestDelegate>>();

    public RequestDelegate Build()
    {
        RequestDelegate next = context =>
        {
            context.Response.StatusCode = 404;
            return Task.CompletedTask;
        };
        foreach (var middleware in _middlewares.Reverse())
        {
            next = middleware.Invoke(next);
        }
        return next;
    }

    public IApplicationBuilder Use(Func<RequestDelegate, RequestDelegate> middleware)
    {
        _middlewares.Add(middleware);
        return this;
    }
}
```

16.2　服务器

服务器在管道中的功能非常明确，那就是负责 HTTP 请求的监听、接收和最终的响应。启动后的服务器会绑定到指定的一个或者多个终节点监听请求。请求被服务器接收后用来创建 HttpContext 上下文对象，此上下文对象将作为参数调用表示中间件管道的 RequestDelegate 委托对象来完成对请求的处理，最后服务器将生成的响应回复给客户端。

16.2.1 IServer

在模拟的 ASP.NET Core 框架中，我们将服务器定义成极度简化的 IServer 接口。如下面的代码片段所示，该接口定义了唯一的 StartAsync 方法用来启动自身的服务器。服务器最终需要将接收的请求分发给表示中间件管道的 RequestDelegate 委托对象，该委托对象体现为 handler 参数。

```
public interface IServer
{
    Task StartAsync(RequestDelegate handler);
}
```

16.2.2 针对服务器的适配

面向应用层的 HttpContext 上下文对象是对请求和响应的封装与抽象，但是请求最初是由面向传输层的服务器接收的，最终的响应也会由服务器回复给客户端。所有 ASP.NET Core 应用使用的都是同一个抽象的 HttpContext 上下文对象，但是却可以注册不同类型的服务器，如何解决两者之间的适配问题呢？在计算机领域有这样一句话：任何问题都可以通过添加一个抽象层的方式来解决，如果解决不了，就再加一层。抽象的 HttpContext 上下文对象与不同服务器类型之间的适配问题自然也可以通过添加一个抽象层来解决。

HttpContext 上下文对象与服务器之间的这层抽象体现为定义的一系列"特性"（Feature）。如图 16-4 所示，HttpContext 上下文对象提供的状态和表现出来的能够以特性的方式抽象出来，具体的服务器为这些抽象的特性提供具体的实现。抽象的特性一般都对应一个接口，在系统提供的众多特性接口中，最重要的莫过于提供请求和完成响应的 IRequestFeature 接口和 IResponseFeature 接口。

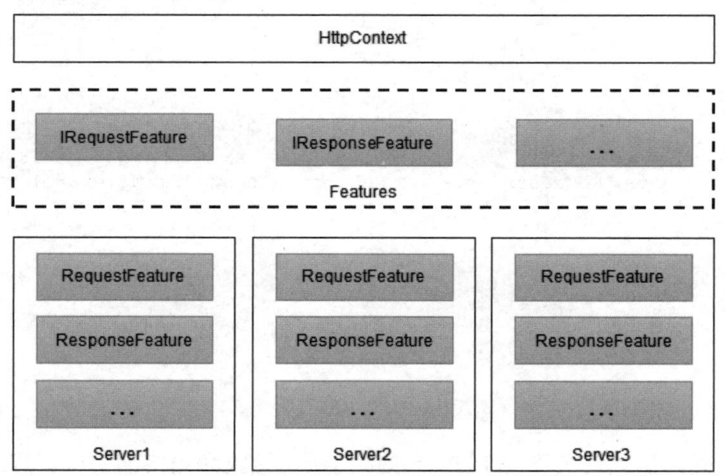

图 16-4 利用特性实现对不同服务器类型的适配

我们定义了如下 IFeatureCollection 接口用来表示存储特性的集合。这是一个将 Type 和 Object 作为 Key 与 Value 的字典，Key 表示注册 Feature 所采用的类型，而 Value 表示 Feature 对象本身，也就是说提供的特性最终是以对应类型（一般为接口类型）进行注册的。为了便于编程，我们定义了 Set<T>扩展方法和 Get<T>扩展方法用来设置与获取特性对象。

```
public interface IFeatureCollection : IDictionary<Type, object?> { }

public class FeatureCollection : Dictionary<Type, object?>, IFeatureCollection { }

public static partial class Extensions
{
    public static T? Get<T>(this IFeatureCollection features) where T : class
        => features.TryGetValue(typeof(T), out var value) ? (T?)value : default;

    public static IFeatureCollection Set<T>(this IFeatureCollection features,
      T? feature)
        where T : class
    {
        features[typeof(T)] = feature;
        return features;
    }
}
```

我们为提供请求和完成响应的特性定义了 IHttpRequestFeature 接口和 IHttpResponseFeature 接口。如下面的代码片段所示，这两个接口与前面定义的 HttpRequest 类型和 HttpResponse 类型具有一致的成员。

```
public interface IHttpRequestFeature
{
    Uri?                        Url { get; }
    NameValueCollection         Headers { get; }
    Stream                      Body { get; }
}

public interface IHttpResponseFeature
{
    int                         StatusCode { get; set; }
    NameValueCollection         Headers { get; }
    Stream                      Body { get; }
}
```

前面给出了 HttpContext 类型的成员定义，现在为其提供具体的实现。如下面的代码片段所示，表示请求和响应的 HttpRequest 对象与 HttpResponse 对象分别是由对应的特性（IHttpRequestFeature 对象和 IHttpResponseFeature 对象）创建的。HttpContext 上下文对象自身是通过一个表示特性集合的 IFeatureCollection 对象创建的，它会在初始化过程中从这个集合提取对应的特性来创建 HttpRequest 对象和 HttpResponse 对象。

```
public class HttpContext
{
    public HttpRequest          Request { get; }
    public HttpResponse         Response { get; }

    public HttpContext(IFeatureCollection features)
```

```
    {
        Request = new HttpRequest(features);
        Response = new HttpResponse(features);
    }
}

public class HttpRequest
{
    private readonly IHttpRequestFeature _feature;

    public Uri? Url => _feature.Url;
    public NameValueCollection Headers => _feature.Headers;
    public Stream Body => _feature.Body;

    public HttpRequest(IFeatureCollection features)
        => _feature = features.Get<IHttpRequestFeature>()
        ?? throw new InvalidOperationException("IHttpRequestFeature does not exist.");
}

public class HttpResponse
{
    private readonly IHttpResponseFeature _feature;

    public NameValueCollection Headers => _feature.Headers;
    public Stream Body => _feature.Body;
    public int StatusCode
    {
        get => _feature.StatusCode;
        set => _feature.StatusCode = value;
    }

    public HttpResponse(IFeatureCollection features)
        => _feature = features.Get<IHttpResponseFeature>()
        ?? throw new InvalidOperationException("IHttpResponseFeature does not exist.");

}
```

我们利用 HttpContext 上下文对象的 Request 属性提取的请求信息最初来源于 IHttpRequestFeature 特性，利用它的 Response 属性针对响应所做的任意操作最终都会落到 IHttpResponseFeature 特性上。这两个特性由注册的服务器提供，这正是同一个 ASP.NET Core 应用可以自由地选择不同服务器类型的根源所在。

16.2.3 HttpListenerServer

在对服务器的功能和它与 HttpContext 的适配原理有了清晰的认识之后，我们可以尝试定义一个服务器。将它命名为 HttpListenerServer，因为它对请求的监听、接收和响应是由一个 HttpListener 对象来完成的。由于服务器接收到请求之后需要借助“特性”的适配来构建统一的 HttpContext 上下文对象，所以提供针对性的特性实现是自定义服务类型的关键所在。

当 HttpListener 对象在接收到请求之后同样会创建一个 HttpListenerContext 对象表示请求上下文。如果使用 HttpListener 对象作为 ASP.NET Core 应用的监听器，就意味着所有的请求信息都来源于这个原始的 HttpListenerContext 上下文对象。该上下文对象用来完成请求的响应。HttpListenerServer 对应特性所起的作用实际上就是在 HttpListenerContext 和 HttpContext 这两个上下文对象之间搭建起一座桥梁，如图 16-5 所示。

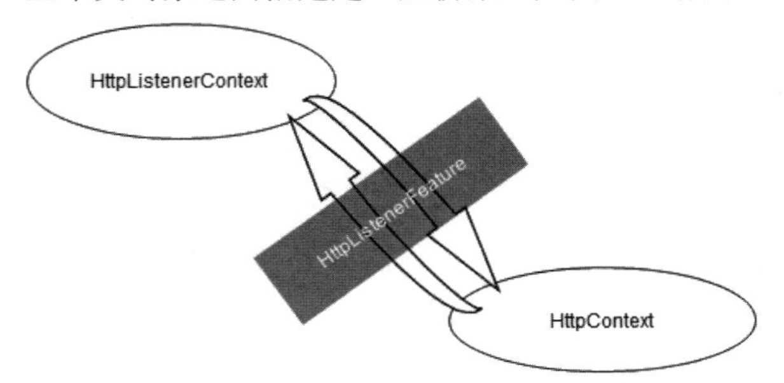

图 16-5　利用 HttpListenerFeature 适配 HttpListenerContext 和 HttpContext

图 16-5 中用来在 HttpListenerContext 和 HttpContext 这两个上下文对象之间完成适配的特性类型被命名为 HttpListenerFeature。如下面的代码片段所示，我们使 HttpListenerFeature 类型同时实现了 IHttpRequestFeature 接口和 IHttpResponseFeature 接口。在创建 HttpListenerFeature 特性时需要提供一个 HttpListenerContext 上下文对象，IHttpRequestFeature 接口的实现成员所提供的请求信息来源于这个上下文对象，IHttpResponseFeature 接口的实现成员针对响应的操作最终也转移到这个上下文对象。

```
public class HttpListenerFeature : IHttpRequestFeature, IHttpResponseFeature
{
    private readonly HttpListenerContext _context;
    public HttpListenerFeature(HttpListenerContext context)
        => _context = context;

    Uri? IHttpRequestFeature.Url
        => _context.Request.Url;
    NameValueCollection IHttpRequestFeature.Headers
        => _context.Request.Headers;
    NameValueCollection IHttpResponseFeature.Headers
        => _context.Response.Headers;
    Stream IHttpRequestFeature.Body
        => _context.Request.InputStream;
    Stream IHttpResponseFeature.Body
        => _context.Response.OutputStream;
    int IHttpResponseFeature.StatusCode
    {
        get => _context.Response.StatusCode;
        set => _context.Response.StatusCode = value;
    }
}
```

如下所示的代码片段提供了 HttpListenerServer 类型的完整定义。我们在创建 HttpListenerServer 对象时可以显式提供一组监听地址，如果没有提供，则监听地址被默认设置为“localhost:5000”。在实现的 StartAsync 方法中，启动了在构造函数中创建的 HttpListener 对象，并在一个无限循环中调用其 GetContextAsync 方法实现了请求的监听和接收。

```
public class HttpListenerServer : IServer
{
    private readonly HttpListener     _httpListener;
    private readonly string[]         _urls;

    public HttpListenerServer(params string[] urls)
    {
        _httpListener = new HttpListener();
        _urls = urls.Any() ? urls : new string[] { "http://localhost:5000/" };
    }

    public Task StartAsync(RequestDelegate handler)
    {
        Array.ForEach(_urls, url => _httpListener.Prefixes.Add(url));
        _httpListener.Start();
        while (true)
        {
            _ = ProcessAsync(handler);
        }

        async Task ProcessAsync(RequestDelegate handler)
        {
            var listenerContext = await _httpListener.GetContextAsync();
            var feature = new HttpListenerFeature(listenerContext);
            var features = new FeatureCollection()
                .Set<IHttpRequestFeature>(feature)
                .Set<IHttpResponseFeature>(feature);
            var httpContext = new HttpContext(features);
            await handler(httpContext);
            listenerContext.Response.Close();
        }
    }
}
```

当 HttpListener 监听到抵达的请求后，我们会得到一个 HttpListenerContext 上下文对象，此时只需要利用它创建一个 HttpListenerFeature 特性，并且分别以 IHttpRequestFeature 接口和 IHttpResponseFeature 接口的形式将其注册到创建的 FeatureCollection 集合上。最终利用 FeatureCollection 集合将 HttpContext 上下文对象创建出来，将它作为参数调用表示中间件管道的 RequestDelegate 委托对象，中间件管道将接管并处理该请求。

16.3　承载服务

由于 ASP.NET Core 应用最终是作为一个需要长时间运行的后台服务承载于“服务承载”系统中的，所以还需要为它定义一个 IHostedService 接口的实现类型，这就是接下来着重介绍的 WebHostedService 类型。

16.3.1　WebHostedService

服务器是整个请求处理管道的“龙头”，启动一个 ASP.NET Core 应用就是为了启动服务器，这项工作实现在作为承载服务的 WebHostedService 类型中。如下面的代码片段所示，我们在创建一个 WebHostedService 对象时需要提供表示服务器的 IServer 对象和表示中间件管道的 RequestDelegate 对象，服务器的启动由实现的 StartAsync 方法完成。简单来说，实现的 StopAsync 方法中什么都没做。

```
public class WebHostedService : IHostedService
{
    private readonly IServer          _server;
    private readonly RequestDelegate _handler;

    public WebHostedService(IServer server, RequestDelegate handler)
    {
        _server        = server;
        _handler       = handler;
    }

    public Task StartAsync(CancellationToken cancellationToken)
        => _server.StartAsync(_handler);
    public Task StopAsync(CancellationToken cancellationToken)
        => Task.CompletedTask;
}
```

我们基本上完成了所有的核心工作，如果能够将一个 WebHostedService 实例注册到服务承载系统中，它就能够启动一个 ASP.NET Core 应用。为了使这个过程在编程上变得更加“便利”和“优雅”，我们定义了一个辅助的 WebHostBuilder 类型。

16.3.2　WebHostBuilder

要创建一个 WebHostedService 对象，必须显式地提供一个表示服务器的 IServer 对象和表示中间件管道的 RequestDelegate 对象。WebHostBuilder 提供了更加“便利”和“优雅”的方法来完成 IServer 对象和 RequestDelegate 对象的注册。如下面的代码片段所示，WebHostBuilder 是对额外两个 Builder 对象的封装，一个是用来构建服务宿主的 IHostBuilder 对象，另一个是用来注册中间件并构建管道的 IApplicationBuilder 对象。

```
public class WebHostBuilder
{
```

```
    public WebHostBuilder(IHostBuilder hostBuilder, IApplicationBuilder applicationBuilder)
    {
        HostBuilder           = hostBuilder;
        ApplicationBuilder    = applicationBuilder;
    }

    public IHostBuilder               HostBuilder { get; }
    public IApplicationBuilder        ApplicationBuilder { get; }
}
```

我们为 WebHostBuilder 类型定义了 UseHttpListenerServer 和 Configure 两个扩展方法，前者用来注册 HttpListenerServer，后者利用提供的 Action<IApplicationBuilder>委托对象来注册任意中间件。

```
public static partial class Extensions
{
    public static WebHostBuilder UseHttpListenerServer(
        this WebHostBuilder builder, params string[] urls)
    {
        builder.HostBuilder.ConfigureServices(svcs => svcs
            .AddSingleton<IServer>(new HttpListenerServer(urls)));
        return builder;
    }

    public static WebHostBuilder Configure(this WebHostBuilder builder,
        Action<IApplicationBuilder> configure)
    {
        configure?.Invoke(builder.ApplicationBuilder);
        return builder;
    }
}
```

ASP.NET Core 应用是以 WebHostedService 这个承载服务的形式注册到服务承载系统中的，针对 WebHostedService 对象创建和注册实现在 ConfigureWebHost 扩展方法上。如下面的代码片段所示，该扩展方法定义了一个 Action<WebHostBuilder>类型的参数，利用它可以注册服务器、中间件及其他相关服务。

```
public static partial class Extensions
{
    public static IHostBuilder ConfigureWebHost(this IHostBuilder builder,
        Action<WebHostBuilder> configure)
    {
        var webHostBuilder = new WebHostBuilder(builder, new ApplicationBuilder());
        configure?.Invoke(webHostBuilder);
        builder.ConfigureServices(svcs => svcs.AddSingleton<IHostedService>(provider => {
            var server = provider.GetRequiredService<IServer>();
            var handler = webHostBuilder.ApplicationBuilder.Build();
            return new WebHostedService(server, handler);
        }));
        return builder;
    }
```

```
}
```

首先利用 ConfigureWebHost 扩展方法创建一个 ApplicationBuilder 对象，然后利用它和当前的 IHostBuilder 对象创建一个 WebHostBuilder 对象，将这个 WebHostBuilder 对象作为参数调用了指定的 Action<WebHostBuilder>委托对象。该扩展方法随后调用 IHostBuilder 接口的 ConfigureServices 方法注册了构建 WebHostedService 对象的工厂，对于由该工厂创建的 WebHostedService 对象来说，它的服务器来源于依赖注入容器，表示中间件管道的 RequestDelegate 对象则由 ApplicationBuilder 对象根据注册的中间件创建。

16.3.3　应用构建

到目前为止，这个用来模拟 ASP.NET Core 请求处理管道的 Mini 版框架已经构建，接下来尝试在它上面开发一个简单的应用。如下面的代码片段所示，我们首先调用静态类型 Host 的 CreateDefaultBuilder 方法创建一个 IHostBuilder 对象，然后调用 ConfigureWebHost 扩展方法并利用提供的 Action<WebHostBuilder>委托对象注册 HttpListenerServer 服务器和 3 个中间件。在调用 Build 方法创建了作为服务宿主的 IHost 对象之后，调用其 Run 方法启动所有承载的 IHostedSerivce 服务。

```
Host.CreateDefaultBuilder()
    .ConfigureWebHost(builder => builder
        .UseHttpListenerServer()
        .Configure(app => app
            .Use(FooMiddleware)
            .Use(BarMiddleware)
            .Use(BazMiddleware)))
    .Build()
    .Run();

public static RequestDelegate FooMiddleware(RequestDelegate next)
    => async context =>
    {
        await context.Response.WriteAsync("Foo=>");
        await next(context);
    };

public static RequestDelegate BarMiddleware(RequestDelegate next)
    => async context =>
    {
        await context.Response.WriteAsync("Bar=>");
        await next(context);
    };

public static RequestDelegate BazMiddleware(RequestDelegate next)
    => context => context.Response.WriteAsync("Baz");
```

由于中间件最终体现为一个 Func<RequestDelegate, RequestDelegate>委托对象，所以我们可以利用与之匹配的 FooMiddleware 方法、BarMiddleware 方法和 BazMiddleware 方法来定义对应

的中间件，它们调用如下 WriteAsync 扩展方法在响应中输出了一段文字。

```
public static partial class Extensions
{
    public static Task WriteAsync(this HttpResponse response, string contents)
    {
        var buffer = Encoding.UTF8.GetBytes(contents);
        return response.Body.WriteAsync(buffer, 0, buffer.Length);
    }
}
```

如果利用浏览器向应用程序采用的默认监听地址（http://localhost:5000）发送一个请求，则输出结果如图 16-6 所示。浏览器上呈现的文字正是由注册的 3 个中间件写入的。

图 16-6　在模拟框架上构建的 ASP.NET Core 应用

第17章

应用承载（下）

在“第16章　应用承载（中）”中，我们利用极少的代码模拟了ASP.NET Core框架的实现，这相当于搭建了一副“骨架”，现在我们将余下的“筋肉”补上，还原一个完整的框架体系。本章主要介绍真实管道的构建流程和应用承载的原理，以及Minimal API背后的“故事“。

17.1　共享上下文对象

ASP.NET Core请求处理管道由一个服务器和一组有序排列的中间件构成，所有中间件都在由服务器构建的HttpContext上下文对象中完成对请求的处理。如果说HttpContext是整个ASP.NET Core体系最重要的一个类型，那么相信没有人会有异议。

17.1.1　HttpContext

第16章创建的模拟框架定义了一个简易版的HttpContext类型，它只包含表示请求和响应的两个属性，实际上真正的HttpContext类型拥有更加丰富的成员。除了描述请求和响应的Request属性与Response属性，我们还可以从HttpContext上下文对象中获取与当前请求相关的很多信息，如用来表示当前请求用户的ClaimsPrincipal对象、描述当前HTTP连接的ConnectionInfo对象和用于控制Web Socket的WebSocketManager对象等。我们还可以通过Session属性获取并控制当前会话，也可以通过TraceIdentifier属性获取或者设置调试追踪的ID。

```
public abstract class HttpContext
{
    public abstract HttpRequest                     Request { get; }
    public abstract HttpResponse                    Response { get; }

    public abstract ClaimsPrincipal                 User { get; set; }
    public abstract ConnectionInfo                  Connection { get; }
    public abstract WebSocketManager                WebSockets { get; }
    public abstract ISession                        Session { get; set; }
    public abstract string                          TraceIdentifier { get; set; }
```

```
    public abstract IDictionary<object, object>      Items { get; set; }
    public abstract CancellationToken                RequestAborted { get; set; }
    public abstract IServiceProvider                 RequestServices { get; set; }
    ...
}
```

当客户端中止请求（如请求超时）时，我们可以通过 HttpContext 上下文对象的 RequestAborted 属性返回的 CancellationToken 对象接收通知。如果需要在请求范围内共享某些数据，则可以将它保存在 Items 属性中。HttpContext 上下文对象的 RequestServices 属性返回的是当前请求的 IServiceProvider 对象。表示请求和响应的 Request 属性与 Response 属性依然是 HttpContext 上下文对象两个重要的成员，前者由如下 HttpRequest 抽象类表示。

```
public abstract class HttpRequest
{
    public abstract HttpContext                      HttpContext { get; }
    public abstract string                           Method { get; set; }
    public abstract string                           Scheme { get; set; }
    public abstract bool                             IsHttps { get; set; }
    public abstract HostString                       Host { get; set; }
    public abstract PathString                       PathBase { get; set; }
    public abstract PathString                       Path { get; set; }
    public abstract QueryString                      QueryString { get; set; }
    public abstract IQueryCollection                 Query { get; set; }
    public abstract string                           Protocol { get; set; }
    public abstract IHeaderDictionary                Headers { get; }
    public abstract IRequestCookieCollection         Cookies { get; set; }
    public abstract string                           ContentType { get; set; }
    public abstract long?                            ContentLength { get; set; }
    public abstract Stream                           Body { get; set; }
    public virtual PipeReader                        BodyReader { get; set; }
    public abstract bool                             HasFormContentType { get; }
    public abstract IFormCollection                  Form { get; set; }
    public virtual RouteValueDictionary              RouteValues { get; }

    public abstract Task<IFormCollection> ReadFormAsync(
        CancellationToken cancellationToken);
}
```

如上面的代码片段所示，我们可以利用 HttpRequest 对象获取与当前请求相关的各种信息，如请求的协议（HTTP 或者 HTTPS）、HTTP 方法、地址等，也可以获取表示请求的 HTTP 消息的首部和主体。表 17-1 详细描述了定义在 HttpRequest 类型中的主要属性/方法的含义。

表 17-1　定义在 HttpRequest 类型中的主要属性/方法的含义

属性/方法	含　义
Body	读取请求主体内容的输入流对象
ContentLength	请求主体内容的字节数
ContentType	请求主体内容的媒体类型（如 text/xml、text/json 等）

续表

属性/方法	含　义
Cookies	请求携带的 Cookie 列表，对应 HTTP 请求消息的 Cookie 首部。该属性的返回类型为 IRequestCookieCollection 接口，它具有与字典类似的数据结构，其 Key 和 Value 分别表示 Cookie 的名称与值
Form	请求提交的表单。该属性的返回类型为 IFormCollection，它具有一个与字典类似的数据结构，其 Key 和 Value 分别表示表单元素的名称与携带值。由于同一个表单中可以包含多个同名元素，所以 Value 是一个字符串列表
HasFormContentType	请求主体是否具有一个针对表单的媒体类型，一般来说，表单内容采用的媒体类型为 application/x-www-form-urlencoded 或者 multipart/form-data
Headers	请求首部列表。该属性的返回类型为 IHeaderDictionary，它具有一个与字典类似的数据结构，其 Key 和 Value 分别表示首部的名称与携带值。由于同一个请求中可以包含多个同名首部，所以 Value 是一个字符串列表
Host	请求目标地址的主机名（含端口）。该属性返回的是一个 HostString 对象，它是对主机名称和端口的封装
IsHttps	是否是一个采用 TLS/SSL 的 HTTPS 请求
Method	请求采用的 HTTP 方法
PathBase	请求的基础路径，一般体现为应用站点所在路径
Path	请求相对于 PathBase 的路径。如果当前请求的 URL 为"http://www.artech.com/webapp/home/index"（PathBase 为"/webapp"），那么 Path 属性返回"/home/index"
Protocol	请求采用的协议及其版本，如 HTTP/1.1 表示针对 1.1 版本的 HTTP 协议
Query	请求携带的查询字符串。该属性的返回类型为 IQueryCollection，它具有一个与字典类似的数据结构，其 Key 和 Value 分别表示以查询字符串形式定义的变量名称与值。由于查询字符串中可以定义多个同名变量（如"?foobar=123&foobar=456"），所以 Value 是一个字符串列表
QueryString	请求携带的查询字符串。该属性返回一个 QueryString 对象，它的 Value 属性值表示整个查询字符串的原始表现形式，如"{?foo=123&bar=456}"
Scheme	请求采用的协议前缀（http 或者 https）
Body/BodyReader	用来读取请求主体内容的 Stream 和 PipeReader
RouteValues	用来存储路由参数的字典
ReadFormAsync	从请求的主体部分读取表单内容。该属性的返回类型为 IFormCollection，它具有一个与字典类似的数据结构，其 Key 和 Value 分别表示表单元素的名称与携带值。由于同一个表单可以包含多个同名元素，所以 Value 是一个字符串列表

在了解了表示请求的抽象类 HttpRequest 之后，接下来介绍另一个与之相对的用于描述响应的 HttpResponse 类型。如下面的代码片段所示，HttpResponse 依然是一个抽象类，我们可以通过它定义的属性和方法来控制对请求的响应。从原则上讲，任何形式的响应都可以利用它来实现。

```
public abstract class HttpResponse
{
    public abstract HttpContext                 HttpContext { get; }
    public abstract int                         StatusCode { get; set; }
    public abstract IHeaderDictionary           Headers { get; }
    public abstract Stream                      Body { get; set; }
    public virtual PipeWriter                   BodyWriter { get; }
```

```
    public abstract long?                      ContentLength { get; set; }
    public abstract IResponseCookies           Cookies { get; }
    public abstract bool                       HasStarted { get; }

    public abstract void OnStarting(Func<object, Task> callback, object state);
    public virtual void OnStarting(Func<Task> callback);
    public abstract void OnCompleted(Func<object, Task> callback, object state);
    public virtual void RegisterForDispose(IDisposable disposable);
    public virtual void RegisterForDisposeAsync(IAsyncDisposable disposable);
    public virtual void OnCompleted(Func<Task> callback);
    public virtual void Redirect(string location);
    public abstract void Redirect(string location, bool permanent);
}
```

在利用 HttpContext 上下文对象得到表示响应的 HttpResponse 对象之后，可以完成各种类型的响应工作，如设置响应状态码、添加响应报头和写入主体内容等。表 17-2 详细描述了定义在 HttpResponse 类型中的主要属性/方法的含义。

表 17-2　定义在 HttpResponse 类型中的主要属性/方法的含义

属性/方法	含　义
Body	响应主体输出流
BodyWriter	将主体内容写入输出流的 PipeWriter 对象
ContentLength	响应消息主体内容的长度（字节数）
ContentType	响应内容采用的媒体类型/MIME 类型
Cookies	返回一个用于设置（添加或者删除）响应 Cookie（对应响应消息的 Set-Cookie 首部）的 ResponseCookies 对象
HasStarted	表示响应是否已经开始发送。由于 HTTP 响应消息总是从首部开始发送的，所以这个属性表示响应首部是否开始发送
Headers	响应消息的首部集合。该属性的返回类型为 IHeaderDictionary，它具有一个与字典类似的数据结构，其 Key 和 Value 分别表示首部的名称与携带值。由于同一个响应消息中可以包含多个同名首部，所以 Value 是一个字符串列表
StatusCode	响应状态码
OnCompleted	注册一个回调操作，以便在响应消息发送结束时自动执行
OnStarting	注册一个回调操作，以便在响应消息开始发送时自动执行
Redirect	发送一个针对指定目标地址的重定向响应消息。permanent 参数表示重定向类型，即状态码为“302”表示暂时重定向或者状态码为“301”表示永久重定向
RegisterForDispose/RegisterForDisposeAsync	注册一个需要回收释放的对象，该对象对应的类型必须实现 IDisposable 接口或者 IAsyncDisposable 接口，所谓的释放体现在对其 Dispose/DisposeAsync 方法的调用

17.1.2　服务器适配

中间件管道总是借助抽象的 HttpContext 上下文对象提取请求和完成响应，但是请求的接收和响应的回复是由服务器完成的，所以必须解决统一抽象的 HttpContext 上下文对象和不同服务器类型之间的适配问题。通过“16 章　应用承载（中）”提供的模拟框架，我们知道这里的适配是借助 “特性”（Feature）完成的。如图 17-1 所示，我们不仅利用特性来提供相应的请求状态，也赋予特性对请求予以响应的功能。HttpContext 上下文对象被创建在一系列抽象的特性之上，服务器为特性提供了具体的实现。

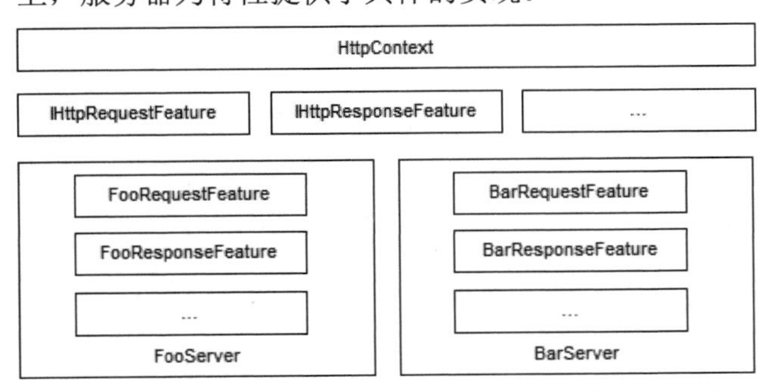

图 17-1　服务器与 HttpContext 上下文对象之间针对特性的适配

由服务器提供的特性集合通过 IFeatureCollection 接口表示。如下面的代码片段所示，一个 IFeatureCollection 对象本质是一个 KeyValuePair<Type, object>对象的集合，由于作为 Key 的类型基本上不会重复，所以它本质上就是一个字典。特性的读/写分别通过 Get<TFeature>方法和 Set<TFeature>方法或者索引来完成。如果 IsReadOnly 属性返回 True，就意味着集合被“冻结”，特性不能被覆盖或者修改。整数类型的只读属性 Revision 可以被视为 IFeatureCollection 对象的版本，针对特性的更改都将改变该属性的值。

```
public interface IFeatureCollection : IEnumerable<KeyValuePair<Type, object>>
{
    TFeature Get<TFeature>();
    void Set<TFeature>(TFeature instance);

    bool        IsReadOnly { get; }
    object      this[Type key] { get; set; }
    int         Revision { get; }
}
```

具有如下定义的 FeatureCollection 类型是对 IFeatureCollection 接口的默认实现。它具有两个重载构造函数，默认无参构造函数用于创建一个空的特性集合，另一个构造函数需要指定一个 IFeatureCollection 对象作为后备存储。FeatureCollection 类型的 IsReadOnly 属性总是返回 False，所以它永远是可读可写的。使用无参构造函数创建的 FeatureCollection 对象的 Revision 属性默认返回零，根据指定后备存储创建的 FeatureCollection 对象将提供的 IFeatureCollection 对象的版本作为初始版本。无论采用何种形式改变了注册的特性，此 Revision 属性都将自动递增。

```
public class FeatureCollection : IFeatureCollection
{
    //其他成员
    public FeatureCollection();
    public FeatureCollection(IFeatureCollection defaults);
}
```

服务器提供的 IFeatureCollection 对象体现在 HttpContext 类型的 Features 属性上。虽然特性最初是为了解决不同的服务器类型与抽象 HttpContext 上下文对象之间的适配而设计的，但是它的作用不限于此。由于注册的特性采用基于请求的生命周期，所以可以将任何基于请求的状态和功能以特性的方式“附着”在 HttpContext 上下文对象上，其实起到了与 Items 属性类似的作用。由于特性一般都被定义成接口，与相对“随意”的 Items 字段相比，特性更加“正式”一点。

```
public abstract class HttpContext
{
    public abstract IFeatureCollection       Features { get; }
    …
}

public class DefaultHttpContext : HttpContext
{
    public DefaultHttpContext(IFeatureCollection features);
    …
}
```

DefaultHttpContext 对象是 HttpContext 这个抽象类的默认实现。如上面的代码片段所示，该对象就是由指定的 IFeatureCollection 对象构建的。对于定义在 DefaultHttpContext 中的所有属性，它们几乎都具有一个对应的特性。表 17-3 列出了这些属性和对应特性接口之间的映射关系。

表 17-3　属性和对应特性接口之间的映射关系

Feature	属　性	含　义
IHttpRequestFeature	Request	获取描述请求的基本信息
IHttpResponseFeature	Response	控制对请求的响应
IHttpResponseBody	Response.Body/BodyWriter	响应主体内容输出流和对应的 PipeWriter
IHttpConnectionFeature	Connection	提供描述当前 HTTP 连接的基本信息
IItemsFeature	Items	提供用户存储针对当前请求的对象容器
IHttpRequestLifetimeFeature	RequestAborted	传递请求处理取消通知和中止当前请求处理
IServiceProvidersFeature	RequestServices	提供根据服务注册创建的 ServiceProvider
ISessionFeature	Session	提供描述当前会话的 Session 对象
IHttpRequestIdentifierFeature	TraceIdentifier	为追踪日志（Trace）提供当前请求的唯一标识
IHttpWebSocketFeature	WebSockets	管理 Web Socket

表 17-3 列举的众多特性接口在后续相关章节中都会涉及，目前我们只关心表示请求和响应的 IHttpRequestFeature 接口 IHttpResponseFeature 接口和 IHttpResponseBodyFeature 接口。从下面的代码片段可以看出，前两个接口具有与抽象类 HttpRequest 和 HttpResponse 一致的定义。DefaultHttpContext 的 Request 属性和 Response 属性返回的真实类型分别为 DefaultHttpRequest 与 DefaultHttpResponse，它们分别利用上述这两个特性完成对定义在基类（HttpRequest 和 HttpResponse）的所有抽象成员的实现，但是表示响应主体的输出流（Body 属性）和对应的 PipeWriter（BodyWriter）来源于 IHttpResponseBodyFeature 特性。

```
public interface IHttpRequestFeature
{
    IHeaderDictionary          Headers { get; set; }
    string                     Method { get; set; }
    string                     Path { get; set; }
```

```
    string                          PathBase { get; set; }
    string                          Protocol { get; set; }
    string                          QueryString { get; set; }
    string                          Scheme { get; set; }
}

public interface IHttpResponseFeature
{
    Stream                          Body { get; set; }
    bool                            HasStarted { get; }
    IHeaderDictionary               Headers { get; set; }
    string                          ReasonPhrase { get; set; }
    int                             StatusCode { get; set; }

    void OnCompleted(Func<object, Task> callback, object state);
    void OnStarting(Func<object, Task> callback, object state);
}

public interface IHttpResponseBodyFeature
{
    Stream                 Stream { get; }
    PipeWriter             Writer { get; }

    void DisableBuffering();
    Task StartAsync(CancellationToken cancellationToken = default(CancellationToken));
    Task SendFileAsync(string path, long offset, long? count,
        CancellationToken cancellationToken = default(CancellationToken));
    Task CompleteAsync();
}
```

17.1.3　获取上下文对象

当前请求的 HttpContext 上下文对象可以利用注入 IHttpContextAccessor 对象来获取。如下面的代码片段所示，这个上下文对象体现在 IHttpContextAccessor 接口的 HttpContext 属性上，并且这个属性是可读可写的。

```
public interface IHttpContextAccessor
{
    HttpContext HttpContext { get; set; }
}
```

HttpContextAccessor 类型是对 IHttpContextAccessor 接口的默认实现。从下面的代码片段可以看出，它将提供的 HttpContext 上下文对象存储在一个 AsyncLocal<HttpContext>对象上，所以在整个请求处理的异步处理流程中都可以利用它得到当前请求的 HttpContext 上下文对象。

```
public class HttpContextAccessor : IHttpContextAccessor
{
    private static AsyncLocal<HttpContext> _httpContextCurrent
        = new AsyncLocal<HttpContext>();
    public HttpContext HttpContext
```

```
    {
        get => _httpContextCurrent.Value;
        set => _httpContextCurrent.Value = value;
    }
}
```

IHttpContextAccessor/HttpContextAccessor 的服务注册由如下 AddHttpContextAccessor 扩展方法来完成。由于它通过调用 TryAddSingleton<TService, TImplementation>扩展方法的方式来注册服务，所以不用担心多次调用该扩展方法而出现服务的重复注册问题。

```
public static class HttpServiceCollectionExtensions
{
    public static IServiceCollection AddHttpContextAccessor(
        this IServiceCollection services)
    {
        services.TryAddSingleton<IHttpContextAccessor, HttpContextAccessor>();
        return services;
    }
}
```

17.1.4 上下文对象的创建与释放

ASP.NET Core 应用在开始处理请求前对 HttpContext 上下文对象的创建，以及请求处理完成后对它的回收释放都是通过 IHttpContextFactory 工厂完成的。IHttpContextFactory 接口定义了 Create 和 Dispose 两个方法，前者根据提供的特性集合来创建 HttpContext 上下文对象，后者负责释放回收提供的 HttpContext 上下文对象。

```
public interface IHttpContextFactory
{
    HttpContext Create(IFeatureCollection featureCollection);
    void Dispose(HttpContext httpContext);
}
```

DefaultHttpContextFactory 类型是对 IHttpContextFactory 接口的默认实现，DefaultHttpContext 对象就是由它创建的。如下面的代码片段所示，DefaultHttpContextFactory 利用注入的 IServiceProvider 对象得到了 IHttpContextAccessor 对象、用来创建服务范围的 IServiceScopeFactory 工厂和与表单相关的 FormOptions 配置选项。实现的 Create 方法根据提供的特性集合将 DefaultHttpContext 对象创建出来，并将其复制给 IHttpContextAccessor 对象的 HttpContext 属性，此后在当前请求的异步调用链中就可以利用 IHttpContextAccessor 对象得到 HttpContext 上下文对象。

```
public class DefaultHttpContextFactory : IHttpContextFactory
{
    private readonly IHttpContextAccessor    _httpContextAccessor;
    private readonly FormOptions             _formOptions;
    private readonly IServiceScopeFactory    _serviceScopeFactory;

    public DefaultHttpContextFactory(IServiceProvider serviceProvider)
    {
```

```
        _httpContextAccessor = serviceProvider.GetService<IHttpContextAccessor>();
        _formOptions = serviceProvider.GetRequiredService<IOptions<FormOptions>>().Value;
        _serviceScopeFactory = serviceProvider.GetRequiredService<IServiceScopeFactory>();
    }

    public HttpContext Create(IFeatureCollection featureCollection)
    {
        var httpContext = CreateHttpContext(featureCollection);
        if (_httpContextAccessor != null)
        {
            _httpContextAccessor.HttpContext = httpContext;
        }
        httpContext.FormOptions = _formOptions;
        httpContext.ServiceScopeFactory = _serviceScopeFactory;
        return httpContext;
    }

    private static DefaultHttpContext CreateHttpContext(
        IFeatureCollection featureCollection)
    {
        if (featureCollection is IDefaultHttpContextContainer container)
        {
            return container.HttpContext;
        }

        return new DefaultHttpContext(featureCollection);
    }

    public void Dispose(HttpContext httpContext)
    {
        if (_httpContextAccessor != null)
        {
            _httpContextAccessor.HttpContext = null;
        }
    }
}
```

如上面的代码片段所示，Create 方法在返回创建的 DefaultHttpContext 对象之前，它还会设置 DefaultHttpContext 对象的 FormOptions 属性和 ServiceScopeFactory 属性。当执行 Dispose 方法时，它会将 IHttpContextAccessor 对象的 HttpContext 属性设置为 Null。

17.1.5 RequestServices

ASP.NET Core 框架中存在两个用于提供所需服务的依赖注入容器，一个针对应用程序，另一个针对当前请求。绑定到 HttpContext 上下文对象 RequestServices 属性上的容器来源于 IServiceProvidersFeature 特性。如下面的代码片段所示，该特性接口定义了唯一的 RequestServices 属性。

```
public interface IServiceProvidersFeature
{
```

```
    IServiceProvider RequestServices { get; set; }
}
```

RequestServicesFeature 类型是对 IServiceProvidersFeature 接口的默认实现。如下面的代码片段所示，当创建一个 RequestServicesFeature 对象时需要提供当前的 HttpContext 上下文对象和创建服务范围的 IServiceScopeFactory 工厂。当第一次从 RequestServicesFeature 对象的 RequestServices 提取基于当前请求的依赖注入容器时，它会利用 IServiceScopeFactory 工厂创建一个服务范围，并返回该范围内的 IServiceProvider 对象。我们已经多次强调依赖注入的服务范围在 ASP.NET Core 应用下是指基于请求的“范围”，其本质就体现在这里。

```
public class RequestServicesFeature :
    IServiceProvidersFeature, IDisposable, IAsyncDisposable
{
    private readonly IServiceScopeFactory    _scopeFactory;
    private IServiceProvider                 _requestServices;
    private IServiceScope                    _scope;
    private bool                             _requestServicesSet;
    private readonly HttpContext             _context;

    public RequestServicesFeature(HttpContext context, IServiceScopeFactory scopeFactory)
    {
        _context                = context;
        _scopeFactory           = scopeFactory;
    }

    public IServiceProvider RequestServices
    {
        get
        {
            if (!_requestServicesSet && _scopeFactory != null)
            {
                _context.Response.RegisterForDisposeAsync(this);
                _scope                  = _scopeFactory.CreateScope();
                _requestServices        = _scope.ServiceProvider;
                _requestServicesSet     = true;
            }
            return _requestServices;
        }

        set
        {
            _requestServices            = value;
            _requestServicesSet         = true;
        }
    }

    public ValueTask DisposeAsync()
    {
        switch (_scope)
```

```
        {
            case IAsyncDisposable asyncDisposable:
                var vt = asyncDisposable.DisposeAsync();
                if (!vt.IsCompletedSuccessfully)
                {
                    return Awaited(this, vt);
                }
                vt.GetAwaiter().GetResult();
                break;
            case IDisposable disposable:
                disposable.Dispose();
                break;
        }

        _scope                  = null;
        _requestServices        = null;
        return default;

        static async ValueTask Awaited(RequestServicesFeature servicesFeature,
            ValueTask vt)
        {
            await vt;
            servicesFeature._scope = null;
            servicesFeature._requestServices = null;
        }
    }

    public void Dispose() => DisposeAsync().ConfigureAwait(false).GetAwaiter().GetResult();
}
```

为了在完成请求处理之后释放所有非 Singleton 服务实例，我们必须及时将创建的服务范围释放。针对服务范围的释放实现在 DisposeAsync 方法中，该方法是针对 IAsyncDisposable 接口的实现。在读取 RequestServices 属性时，如果涉及针对服务范围的创建，则 RequestServicesFeature 对象会调用表示当前响应的 HttpResponse 对象的 RegisterForDisposeAsync 将 DisposeAsync 方法注册为回调，此回调的注册确保了创建的服务范围在完成响应之后被终结。除了创建返回的 DefaultHttpContext 对象，DefaultHttpContextFactory 对象还会设置创建服务范围的工厂（对应 ServiceScopeFactory 属性）。用来提供基于当前请求依赖注入容器的 RequestServicesFeature 特性正是根据 IServiceScopeFactory 对象创建的。

17.2　IServer + IHttpApplication

ASP.NET Core 的请求处理管道由一个服务器和一组中间件构成，但对于面向传输层的服务器来说，它其实没有中间件的概念，它面对的是一个 IHttpApplication<TContext>对象。所以管道可以视为由 IServer 和 IHttpApplication<TContext>对象组成，如图 17-2 所示。

图 17-2 由 IServer 和 IHttpApplication<TContext>对象组成的管道

17.2.1 IServer

由 IServer 接口表示的服务器是整个请求处理管道的“龙头”，所以启动和关闭应用的最终目的是启动和关闭服务器。该接口具有如下 3 成员，其中由服务器提供的特性就保存在其 Features 属性返回的 IFeatureCollection 集合中，StartAsync<TContext>方法与 StopAsync 方法分别用来启动和关闭服务器。

```
public interface IServer : IDisposable
{
    IFeatureCollection Features { get; }

    Task StartAsync<TContext>(IHttpApplication<TContext> application,
        CancellationToken cancellationToken);
    Task StopAsync(CancellationToken cancellationToken);
}
```

服务器在开始监听请求之前总是绑定一个或者多个监听地址，这个地址是从外部指定的。具体来说，服务器采用的监听地址会被封装成一个 IServerAddressesFeature 特性，并在启动服务器之前被添加到它的特性集合中。如下面的代码片段所示，该特性接口除了定义一个表示地址列表的 Addresses 属性，还有一个布尔类型的 PreferHostingUrls 属性，该属性表示如果监听地址同时设置到承载系统配置和服务器上，那么是否优先考虑使用前者。

```
public interface IServerAddressesFeature
{
    ICollection<string>         Addresses { get; }
    bool                        PreferHostingUrls { get; set; }
}
```

对服务器而言，IHttpApplication<TContext>对象就是将要接管并处理请求的整个应用，从该接口命名也可以看出来。当调用 IServer 对象的 StartAsync<TContext>方法启动服务器时，我们需要提供这个 IHttpApplication<TContext>对象。IHttpApplication<TContext>接口的泛型参数 TContext 表示整个请求处理构建的上下文类型，这个上下文类型由 IHttpApplication<TContext>对象的 CreateContext 方法构建，在此上下文类型中针对请求的处理体现在 ProcessRequestAsync 方法中，上下文类型在请求处理结束后由 DisposeContext 方法释放。

```
public interface IHttpApplication<TContext>
{
    TContext CreateContext(IFeatureCollection contextFeatures);
    void DisposeContext(TContext context, Exception exception);
    Task ProcessRequestAsync(TContext context);
}
```

17.2.2 HostingApplication

如下 HostingApplication 类型是 IHttpApplication<TContext>接口的默认实现，它使用一个内嵌

的 Context 类型来表示处理请求的上下文。Context 是对一个 HttpContext 上下文对象的封装，它同时提供一些额外的“诊断”信息。

```
public class HostingApplication : IHttpApplication<HostingApplication.Context>
{
    ...
    public struct Context
    {
        public HttpContext    HttpContext { get;  set; }

        public IDisposable    Scope { get;  set; }
        public long           StartTimestamp { get;  set; }
        public bool           EventLogEnabled { get;  set; }
        public Activity       Activity { get;  set; }
        …
    }
}
```

HostingApplication 对象会在开始和完成请求处理，以及在请求过程中出现异常时以不同的形式（DiagnosticSource 诊断日志、EventSource 事件日志和 .NET 日志系统）输出一些诊断日志。Context 除 HttpContext 外的其他属性都与诊断日志有关。它的 Scope 属性返回为当前请求创建的日志范围，此范围会携带请求的唯一 ID，如果注册的 ILoggerProvider 对象支持日志范围，提供的 ILogger 对象就可以将这个请求 ID 记录下来，这就意味着可以根据此 ID 将同一个请求的多条日志提取出来构成一组完整的跟踪记录。

HostingApplication 对象会在请求结束之后记录当前请求处理的耗时，所以它在开始处理请求时就会记录当前的时间戳，该时间戳体现在 Context 的 StartTimestamp 属性上。它的 EventLogEnabled 属性表示是否开启 EventSource 事件日志，而 Activity 属性返回表示整个请求处理操作的 Activity 对象。

如下所示为 HostingApplication 类型的完整定义，我们在创建此对象时需要提供表示中间件管道的 RequestDelegate 对象和 IHttpContextFactory 工厂，提供的 ILogger 对象、DiagnosticListener 对象和 ActivitySource 对象被用来创建输出诊断信息的 HostingApplicationDiagnostics 对象。

```
public class HostingApplication : IHttpApplication<HostingApplication.Context>
{
    private readonly RequestDelegate          _application;
    private HostingApplicationDiagnostics    _diagnostics;
    private readonly IHttpContextFactory     _httpContextFactory;

    public HostingApplication(RequestDelegate application, ILogger logger,
        DiagnosticListener diagnosticSource,
        ActivitySource activitySource,IHttpContextFactory httpContextFactory)
    {
        _application = application;
        _diagnostics = new HostingApplicationDiagnostics(logger, diagnosticSource,
            activitySource);
        _httpContextFactory = httpContextFactory;
    }
```

```
    public Context CreateContext(IFeatureCollection contextFeatures)
    {
        var context = new Context();
        var httpContext = _httpContextFactory.Create(contextFeatures);
        _diagnostics.BeginRequest(httpContext, ref context);
        context.HttpContext = httpContext;
        return context;
    }

    public Task ProcessRequestAsync(Context context)
        => _application(context.HttpContext);

    public void DisposeContext(Context context, Exception exception)
    {
        var httpContext = context.HttpContext;
        _diagnostics.RequestEnd(httpContext, exception, context);
        _httpContextFactory.Dispose(httpContext);
        _diagnostics.ContextDisposed(context);
    }
}
```

HostingApplication 的 CreateContext 方法利用 IHttpContextFactory 工厂创建当前 HttpContext 上下文对象并将它封装成 Context 对象。在返回这个对象之前，它会调用 HostingApplicationDiagnostics 对象的 BeginRequest 方法输出“开始处理请求”事件的日志。ProcessRequestAsync 方法仅仅调用了表示中间件管道的 RequestDelegate 对象便可以完成请求的处理。用于释放上下文的 DisposeContext 方法直接调用 IHttpContextFactory 工厂的 Dispose 方法来释放 HttpContext 上下文对象。可以看出 HttpContext 上下文对象的生命周期是由 HostingApplication 控制的。完成 HttpContext 上下文对象的释放之后，HostingApplication 利用 HostingApplicationDiagnostics 对象输出“完成请求处理”时间的日志。Context 对象的 Scope 属性表示的日志范围就是在调用 HostingApplicationDiagnostics 对象的 ContextDisposed 方法时释放的。如果将 HostingApplication 对象引入 ASP.NET Core 的请求处理管道，则完整的管道体现为图 17-3 所示的结构。

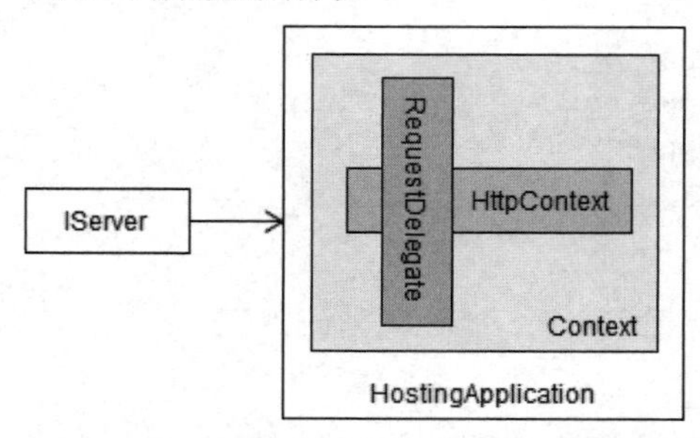

图 17-3　由 IServer 和 HostingApplication 组成的管道

17.2.3 诊断日志

很多人可能对 ASP.NET Core 框架记录的诊断日志并不关心，其实这些日志对纠错、排错和性能监控提供了很有用的信息。如果需要创建一个 APM（Application Performance Management）系统来监控 ASP.NET Core 应用处理请求的性能及出现的异常，则完全可以将 HostingApplication 对象记录的日志作为收集的原始数据。实际上，目前很多 APM 系统（如 OpenTelemetry.NET 、Elastic APM 和 SkyWalking APM 等）都是利用这种方式收集分布式跟踪日志的。

1. 日志系统

为了确定什么样的信息会被作为诊断日志记录下来，我们通过一个简单的实例演示将 HostingApplication 对象写入的诊断日志输出到控制台上。HostingApplication 对象会将相同的诊断信息以 3 种不同的方式进行记录，其中包含“第 8 章 诊断日志（中）”介绍的日志系统。如下演示程序利用 WebApplicationBuilder 的 Logging 属性得到返回的 ILoggingBuilder 对象，并调用它的 AddSimpleConsole 扩展方法为默认注册的 ConsoleLoggerProvider 开启了针对日志范围的支持。最后调用 IApplicationBuilder 接口的 Run 方法注册一个中间件，该中间件在处理请求时会利用依赖注入容器提取用于发送日志事件的 ILogger<Program>对象，并利用它写入一条 Information 等级的日志。如果请求路径为“/error”，那么该中间件会抛出一个 InvalidOperationException 类型的异常。

```
var builder = WebApplication.CreateBuilder(args);
builder.Logging.AddSimpleConsole(options => options.IncludeScopes = true);
var app = builder.Build();
app.Run(HandleAsync);
app.Run();

static Task HandleAsync(HttpContext httpContext)
{
    var logger = httpContext.RequestServices.GetRequiredService<ILogger<Program>>();
    logger.LogInformation($"Log for event Foobar");
    if (httpContext.Request.Path == new PathString("/error"))
    {
        throw new InvalidOperationException("Manually throw exception.");
    }
    return Task.CompletedTask;
}
```

在运行程序之后，我们利用浏览器采用不同的路径（/foobar 和/error）向应用发送了两次请求，控制台上会输出 7 条日志，如图 17-4 所示。由于开启了日志范围的支持，所以输出的日志都会携带日志范围的信息，日志范围提供了很多有用的分布式跟踪信息，如 Trace ID、Span ID、Parent Span ID，以及请求的 ID 和路径等。请求 ID（Request ID）由当前的连接 ID 和一个序列号组成。从图 17-4 可以看出，两次请求的 ID 分别是“0HMDS8HHE6GD2:00000002”和“0HMDS8HHE6GD2:00000003”。由于采用的是长连接，并且两次请求共享同一个连接，所以它们具有相同的连接 ID（0HMCT012M2D9E）。同一个连接的多次请求将一个自增的序列号（00000002 和 00000003）作为唯一标识。（S1701）

```
C:\Windows\System32\cmd.exe - dotnet run
      Now listening on: http://localhost:5000
info: Microsoft.Hosting.Lifetime[14]
      Now listening on: https://localhost:5001
info: Microsoft.Hosting.Lifetime[0]
      Application started. Press Ctrl+C to shut down.
info: Microsoft.Hosting.Lifetime[0]
      Hosting environment: Production
info: Microsoft.Hosting.Lifetime[0]
      Content root path: C:\App\
info: Microsoft.AspNetCore.Hosting.Diagnostics[1]
      => SpanId:fd457f38c887e95c, TraceId:40dd7e3ebcbca7a2905e45117e77eab8, ParentId:0000000000000000 => ConnectionId:0HMDS8HHE6GD2 => RequestPath:/foobar RequestId:0HMDS8HHE6GD2:00000002
      Request starting HTTP/1.1 GET http://localhost:5000/foobar - -
info: Program[0]
      => SpanId:fd457f38c887e95c, TraceId:40dd7e3ebcbca7a2905e45117e77eab8, ParentId:0000000000000000 => ConnectionId:0HMDS8HHE6GD2 => RequestPath:/foobar RequestId:0HMDS8HHE6GD2:00000002
      Log for event Foobar
info: Microsoft.AspNetCore.Hosting.Diagnostics[2]
      => SpanId:fd457f38c887e95c, TraceId:40dd7e3ebcbca7a2905e45117e77eab8, ParentId:0000000000000000 => ConnectionId:0HMDS8HHE6GD2 => RequestPath:/foobar RequestId:0HMDS8HHE6GD2:00000002
      Request finished HTTP/1.1 GET http://localhost:5000/foobar - - - 200 0 - 9.9482ms
info: Microsoft.AspNetCore.Hosting.Diagnostics[1]
      => SpanId:9ea576e7d7c50676, TraceId:c7231563eb7ad4eeeefabc45ebd4395b, ParentId:0000000000000000 => ConnectionId:0HMDS8HHE6GD2 => RequestPath:/error RequestId:0HMDS8HHE6GD2:00000003
      Request starting HTTP/1.1 GET http://localhost:5000/error - -
info: Program[0]
      => SpanId:9ea576e7d7c50676, TraceId:c7231563eb7ad4eeeefabc45ebd4395b, ParentId:0000000000000000 => ConnectionId:0HMDS8HHE6GD2 => RequestPath:/error RequestId:0HMDS8HHE6GD2:00000003
      Log for event Foobar
fail: Microsoft.AspNetCore.Server.Kestrel[13]
      => SpanId:9ea576e7d7c50676, TraceId:c7231563eb7ad4eeeefabc45ebd4395b, ParentId:0000000000000000 => ConnectionId:0HMDS8HHE6GD2 => RequestPath:/error RequestId:0HMDS8HHE6GD2:00000003
      Connection id "0HMDS8HHE6GD2", Request id "0HMDS8HHE6GD2:00000003": An unhandled exception was thrown by the application.
      System.InvalidOperationException: Manually throw exception.
         at Program.<<Main>$>g__HandleAsync|0_1(HttpContext httpContext) in C:\App\Program.cs:line 14
         at Microsoft.AspNetCore.HostFiltering.HostFilteringMiddleware.Invoke(HttpContext context)
         at Microsoft.AspNetCore.Hosting.HostingApplication.ProcessRequestAsync(Context context)
         at Microsoft.AspNetCore.Server.Kestrel.Core.Internal.Http.HttpProtocol.ProcessRequests[TContext](IHttpApplication`1 application)
info: Microsoft.AspNetCore.Hosting.Diagnostics[2]
      => SpanId:9ea576e7d7c50676, TraceId:c7231563eb7ad4eeeefabc45ebd4395b, ParentId:0000000000000000 => ConnectionId:0HMDS8HHE6GD2 => RequestPath:/error RequestId:0HMDS8HHE6GD2:00000003
      Request finished HTTP/1.1 GET http://localhost:5000/error - - - 500 0 - 67.1351ms
```

图 17-4　捕捉 HostingApplication 记录的诊断日志

对于两次请求输出的 7 条日志，类别为“Program”的日志是应用程序自行写入的，HostingApplication 写入日志的类别为“Microsoft.AspNetCore.Hosting.Diagnostics”。对于第一次请求的 3 条日志消息，第 1 条是在开始处理请求时写入的，利用这条日志获取请求的 HTTP 版本（HTTP/1.1）、HTTP 方法（GET）和请求 URL。对于包含主体内容的请求，请求主体内容的媒体类型（Content-Type）和大小（Content-Length）也会一并记录下来。当请求处理结束后输出第 3 条日志，日志承载的信息包括请求处理耗时（9.9482 毫秒）和响应状态码（200）。如果响应具有主体内容，则对应的媒体类型同样被记录下来。

对于第二次请求，由于人为抛出了异常，所以异常的信息被写入日志。如果我们足够仔细，就会发现这条等级为 Error 的日志并不是由 HostingApplication 对象写入的，而是作为服务器的 KestrelServer 写入的，因为该日志采用的类别为“Microsoft.AspNetCore.Server.Kestrel”。

2．DiagnosticSource 诊断日志

HostingApplication 采用的 3 种日志形式还包括基于 DiagnosticSource 对象的诊断日志，所以可以通过注册诊断监听器来收集诊断信息。如果通过这种方式获取诊断信息，就需要预先知道诊断日志事件的名称和内容载荷的数据结构。我们通过查看 HostingApplication 类型的源代码，就会发现它针对“开始请求”“结束请求”“未处理异常”这 3 类诊断日志事件采用如下命名方式。

- 开始请求：Microsoft.AspNetCore.Hosting.BeginRequest。
- 结束请求：Microsoft.AspNetCore.Hosting.EndRequest。
- 未处理异常：Microsoft.AspNetCore.Hosting.UnhandledException。

至于诊断日志消息的内容载荷（Payload）的结构，上述 3 类诊断事件具有两个相同的成

员，分别是表示当前请求上下文对象的 HttpContext 和通过一个 Int64 整数表示的当前时间戳，对应的数据成员的名称分别为“httpContext”和“timestamp”。对于未处理异常诊断事件，它承载的内容载荷还包括抛出异常，对应的成员名称为“exception”。下面的演示程序定义了 DiagnosticCollector 类型作为诊断监听器，再利用它定义上述 3 类诊断事件的监听方法。

```
public class DiagnosticCollector
{
    [DiagnosticName("Microsoft.AspNetCore.Hosting.BeginRequest")]
    public void OnRequestStart(HttpContext httpContext, long timestamp)
    {
        var request = httpContext.Request;
        Console.WriteLine($"\nRequest starting {request.Protocol} {request.Method}
            {request.Scheme}://{request.Host}{request.PathBase}{request.Path}");
        httpContext.Items["StartTimestamp"] = timestamp;
    }

    [DiagnosticName("Microsoft.AspNetCore.Hosting.EndRequest")]
    public void OnRequestEnd(HttpContext httpContext, long timestamp)
    {
        var startTimestamp = long.Parse(httpContext.Items["StartTimestamp"]!.ToString());
        var timestampToTicks = TimeSpan.TicksPerSecond / (double)Stopwatch.Frequency;
        var elapsed = new TimeSpan((long)(timestampToTicks *
            (timestamp - startTimestamp)));
        Console.WriteLine($"Request finished in {elapsed.TotalMilliseconds}ms
            {httpContext.Response.StatusCode}");
    }
    [DiagnosticName("Microsoft.AspNetCore.Hosting.UnhandledException")]
    public void OnException(HttpContext httpContext, long timestamp, Exception exception)
    {
        OnRequestEnd(httpContext, timestamp);
        Console.WriteLine(
          $"{exception.Message}\nType:{exception.GetType()}\nStacktrace:
          {exception.StackTrace}");
    }
}
```

“开始请求”事件的 OnRequestStart 方法输出了当前请求的 HTTP 版本、HTTP 方法和 URL。为了能够计算整个请求处理的耗时，它将当前时间戳保存在 HttpContext 上下文对象的 Items 集合中。“结束请求”事件的 OnRequestEnd 方法将这个时间戳从 HttpContext 上下文对象中提取出来，结合当前时间戳计算请求处理耗时，该耗时和响应的状态码最终会被写入控制台。“未处理异常”诊断事件的 OnException 方法在调用 OnRequestEnd 方法之后将异常的消息、类型和跟踪堆栈输出到控制台上。如下所示的演示程序中利用 WebApplication 的 Services 提供的依赖注入容器提取注册的 DiagnosticListener 对象，并调用它的 SubscribeWithAdapter 扩展方法将 DiagnosticCollector 对象注册为订阅者。调用 Run 方法注册了一个中间件，该中间件会在请求路径为“/error”的情况下抛出异常。

```
using App;
using System.Diagnostics;
```

```
var builder = WebApplication.CreateBuilder(args);
builder.Logging.ClearProviders();
var app = builder.Build();
var listener = app.Services.GetRequiredService<DiagnosticListener>();
listener.SubscribeWithAdapter(new DiagnosticCollector());
app.Run(HandleAsync);
app.Run();

static Task HandleAsync(HttpContext httpContext)
{
    var listener =
      httpContext.RequestServices.GetRequiredService<DiagnosticListener>();
    if (httpContext.Request.Path == new PathString("/error"))
    {
        throw new InvalidOperationException("Manually throw exception.");
    }
    return Task.CompletedTask;
}
```

演示实例正常启动后，可以采用不同的路径（/foobar 和/error）对应用程序发送两个请求，控制台会输出 DiagnosticCollector 对象收集的诊断信息，如图 17-5 所示。（S1702）

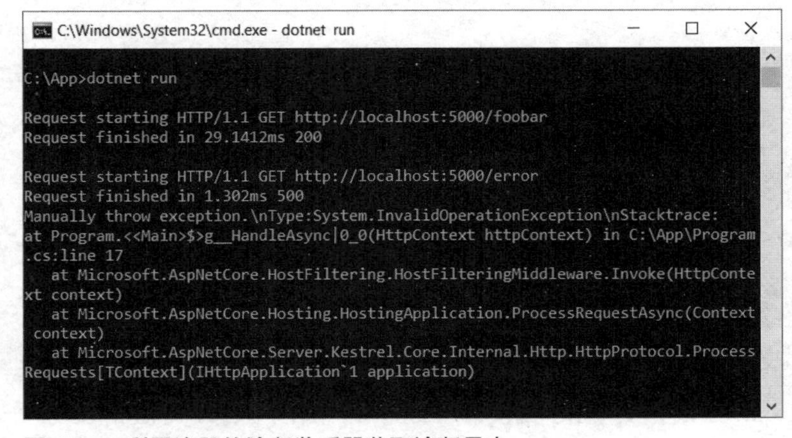

图 17-5　利用注册的诊断监听器获取诊断日志

3．EventSource 事件日志

HostingApplication 在处理每个请求的过程中还会利用名称为“Microsoft.AspNetCore.Hosting”的 EventSource 对象发出相应的日志事件。这个 EventSource 对象来回在启动和关闭应用程序时发出相应的事件，该对象涉及的 5 个日志事件对应的名称如下。

- 启动应用程序：HostStart。
- 开始处理请求：RequestStart。
- 请求处理结束：RequestStop。
- 未处理异常：UnhandledException。

- 关闭应用程序：HostStop。

演示程序利用创建的 EventListener 对象来监听上述 5 个日志事件。如下面的代码片段所示，我们定义了派生于抽象类 EventListener 的 DiagnosticCollector 类型，并在启动应用程序前创建了 EventListener 对象，通过注册该对象的 EventSourceCreated 事件来开启针对上述 EventSource 的监听。注册的 EventWritten 事件会将监听到的事件名称的负载内容输出到控制台上。

```
using System.Diagnostics.Tracing;

var listener = new DiagnosticCollector();
listener.EventSourceCreated += (sender, args) =>
{
    if (args.EventSource?.Name == "Microsoft.AspNetCore.Hosting")
    {
        listener.EnableEvents(args.EventSource, EventLevel.LogAlways);
    }
};
listener.EventWritten += (sender, args) =>
{
    Console.WriteLine(args.EventName);
    for (int index = 0; index < args.PayloadNames?.Count; index++)
    {
        Console.WriteLine($"\t{args.PayloadNames[index]} = {args.Payload?[index]}");
    }
};


var builder = WebApplication.CreateBuilder(args);
builder.Logging.ClearProviders();
var app = builder.Build();
app.Run(HandleAsync);
app.Run();

static Task HandleAsync(HttpContext httpContext)
{
    if (httpContext.Request.Path == new PathString("/error"))
    {
        throw new InvalidOperationException("Manually throw exception.");
    }
    return Task.CompletedTask;
}

public class DiagnosticCollector : EventListener { }
```

首先以命令行的形式启动这个演示程序后，从图 17-6 所示的输出结果可以看到，名为 HostStart 的事件被发送。然后采用目标地址“http://localhost:5000/foobar”和“http://localhost:5000/error”对应用程序发送两个请求。从输出结果可以看出，应用程序针对前者的处理过程会发送 RequestStart 事件和 RequestStop 事件，而针对后者的处理则会因为抛出的异常发送额外的事件 UnhandledException。按 Ctrl+C 组合键关闭应用程序后，名称为 HostStop 的事件被发送。对于通过 EventSource 发送的 5 个事件，只有 RequestStart 事件会将请求的 HTTP 方法（GET）和路径（/foobar 和/error）作为负载内容，其他事件都不会携带任何负载内容。（S1703）

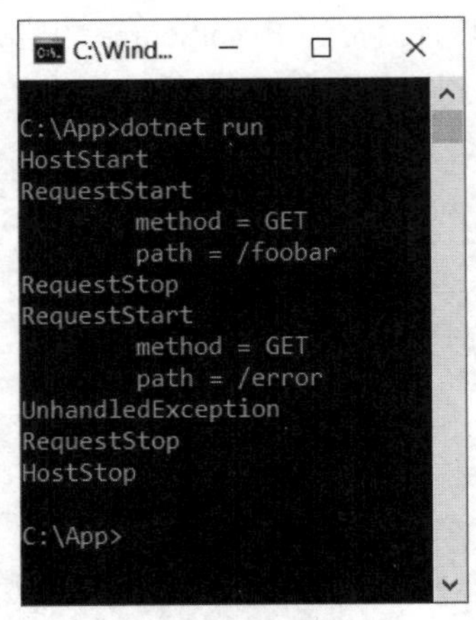

图 17-6　利用注册 EventListener 监听器获取诊断日志

17.3　中间件委托链

ASP.NET Core 应用默认的请求处理管道是由注册的 IServer 对象和 HostingApplication 对象组成的，后者利用一个 RequestDelegate 委托对象来处理 IServer 对象分发给它的请求。这个 RequestDelegate 委托对象由所有的中间件按照注册顺序构建，它是对中间件委托链的体现。如果将这个 RequestDelegate 委托对象替换成原始的中间件，则 ASP.NET Core 应用的请求处理管道体现为图 17-7 所示的结构。

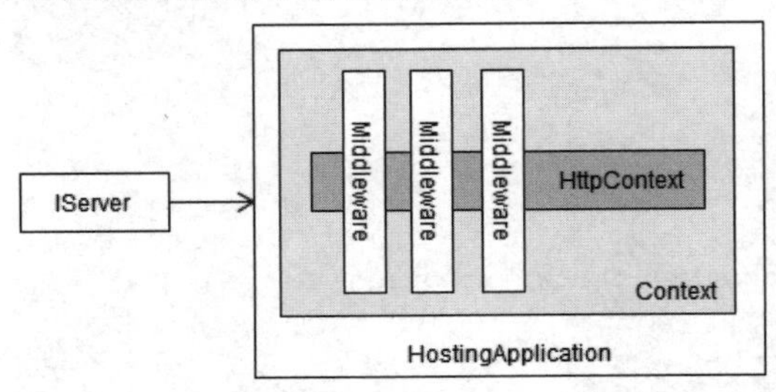

图 17-7　完整的请求处理管道

17.3.1　IApplicationBuilder

ASP.NET Core 应用对请求的处理完全体现在注册的中间件上，所以“应用”从某种意义上是指由注册中间件构建的 RequestDelegate 委托对象。正因为如此，构建 RequestDelegate 委托对象的接口才被命名为“IApplicationBuilder”。IApplicationBuilder 是 ASP.NET Core 框架中的一个核心对象，可以将中间件注册在它上面，并且利用它来创建表示中间件委托链的

RequestDelegate 委托对象。IApplicationBuilder 接口定义了如下 3 个属性，ApplicationServices 属性表示针对当前应用程序的依赖注入容器，ServerFeatures 属性表示返回服务器提供的特性集合，Properties 属性表示提供一个可以用来存储任意属性的字典。

```
public interface IApplicationBuilder
{
    IServiceProvider                  ApplicationServices { get; set; }
    IFeatureCollection                ServerFeatures { get; }
    IDictionary<string, object>       Properties { get; }

    IApplicationBuilder Use(Func<RequestDelegate, RequestDelegate> middleware);
    RequestDelegate Build();
    IApplicationBuilder New();
}
```

Func<RequestDelegate, RequestDelegate>委托对象的中间件通过调用 IApplicationBuilder 接口的 Use 方法进行注册。RequestDelegate 委托对象的构建体现在 Build 方法上，它的另一个 New 方法用于创建一个新的 IApplicationBuilder 对象。如下这个作为 IApplicationBuilder 接口默认实现的 ApplicationBuilder 类型利用一个 List<Func<RequestDelegate, RequestDelegate>>对象来保存注册的中间件，所以 Use 方法只需要将指定的中间件添加到这个列表中，Build 方法采用逆序调用这些 Func<RequestDelegate, RequestDelegate>委托对象便将 RequestDelegate 委托对象构建出来。值得注意的是，Build 方法会在委托链的尾部添加一个额外的中间件，该中间件会将响应状态码设置为 404。

```
public class ApplicationBuilder : IApplicationBuilder
{
    private readonly IList<Func<RequestDelegate, RequestDelegate>> middlewares
        = new List<Func<RequestDelegate, RequestDelegate>>();

    public IDictionary<string, object>      Properties { get; }
    public IServiceProvider                 ApplicationServices
    {
        get { return GetProperty<IServiceProvider>("application.Services"); }
        set { SetProperty<IServiceProvider>("application.Services", value); }
    }

    public IFeatureCollection               ServerFeatures
    {
        get { return GetProperty<IFeatureCollection>("server.Features"); }
    }

    public ApplicationBuilder(IServiceProvider serviceProvider)
    {
        Properties = new Dictionary<string, object>();
        ApplicationServices = serviceProvider;
    }

    public ApplicationBuilder(IServiceProvider serviceProvider, object server)
```

```
        : this(serviceProvider)
        => SetProperty("server.Features", server);

    public IApplicationBuilder Use(Func<RequestDelegate, RequestDelegate> middleware)
    {
        middlewares.Add(middleware);
        return this;
    }

    public IApplicationBuilder New()
        => new ApplicationBuilder(this);

    public RequestDelegate Build()
    {
        RequestDelegate app = context =>
        {
            context.Response.StatusCode = 404;
            return Task.FromResult(0);
        };
        foreach (var component in middlewares.Reverse())
        {
            app = component(app);
        }
        return app;
    }

    private ApplicationBuilder(ApplicationBuilder builder)
    {
        Properties = new CopyOnWriteDictionary<string, object>(
            builder.Properties, StringComparer.Ordinal);
    }

    private T GetProperty<T>(string key)
    {
        object value;
        return Properties.TryGetValue(key, out value) ? (T)value : default(T);
    }

    private void SetProperty<T>(string key, T value)
    {
        Properties[key] = value;
    }
}
```

从上面的代码片段可以看出，无论是通过 ApplicationServices 属性返回的 IServiceProvider 对象，还是通过 ServerFeatures 属性返回的 IFeatureCollection 对象，它们实际上都保存在通过 Properties 属性返回的字典中。ApplicationBuilder 具有两个重载公共构造函数，其中一个构造函数定义了一个名为“server”的参数（Object 类型），但这个参数并不是表示服务器，而是表示服务器提供的特性集合。New 方法直接调用私有构造函数创建一个新的 ApplicationBuilder 对象，属性字典的所有元素被复制到该对象中。

ASP.NET Core 框架使用的 IApplicationBuilder 对象是由 IApplicationBuilderFactory 工厂创建的。如下面的代码片段所示，IApplicationBuilderFactory 接口定义了唯一的 CreateBuilder 方法，它会根据提供的特性集合创建相应的 IApplicationBuilder 对象。定义的 ApplicationBuilderFactory 类型是对该接口的默认实现，前面介绍的 ApplicationBuilder 对象正是由它创建的。

```
public interface IApplicationBuilderFactory
{
    IApplicationBuilder CreateBuilder(IFeatureCollection serverFeatures);
}

public class ApplicationBuilderFactory : IApplicationBuilderFactory
{
    private readonly IServiceProvider _serviceProvider;

    public ApplicationBuilderFactory(IServiceProvider serviceProvider)
        =>_serviceProvider = serviceProvider;

    public IApplicationBuilder CreateBuilder(IFeatureCollection serverFeatures)
        => new ApplicationBuilder(this._serviceProvider, serverFeatures);
}
```

17.3.2　弱类型中间件

虽然中间件最终体现为一个 Func<RequestDelegate, RequestDelegate>委托对象，但是在大部分情况下我们总是倾向于将中间件定义成一个具体的类型。中间件类型的定义具有两种形式：一种是按照预定义的约定规则来定义中间件类型，它被称为“弱类型中间件”；另一种是直接实现 IMiddleware 接口，它被称为“强类型中间件”。弱类型中间件会按照如下约定定义。

- 中间件类型需要有一个有效的公共实例构造函数，该构造函数必须包含一个 RequestDelegate 类型的参数，ASP.NET Core 框架在创建中间件对象时会将表示后续中间件管道的 RequestDelegate 委托对象绑定为这个参数。构造函数不仅可以包含任意其他参数，而且对参数 RequestDelegate 出现的位置不会进行任何约束。
- 请求的处理实现在返回类型为 Task 的 Invoke 方法或者 InvokeAsync 方法中。这两个方法的第一个参数类型必须是 HttpContext，将自动绑定为当前 HttpContext 上下文对象。对于后续的参数，虽然约定并未对此进行限制，但是由于这些参数最终是由依赖注入容器提供的，所以相应的服务注册必须存在。

如下 FoobarMiddleware 类型就是采用约定定义的弱类型中间件。我们在构造函数中注入了后续中间件管道的 RequestDelegate 对象和 IFoo 对象。用于请求处理的 InvokeAsync 方法除了定义与当前 HttpContext 上下文对象绑定的参数，还注入了一个 IBar 对象，该方法在完成自身请求处理操作之后，通过在构造函数中注入的 RequestDelegate 委托对象将请求分发给后续的中间件。

```
public class FoobarMiddleware
{
    private readonly RequestDelegate        _next;
    private readonly IFoo                   _foo;

    public FoobarMiddleware(RequestDelegate next, IFoo foo)
    {
        _next  = next;
        _foo   = foo;
    }

    public async Task InvokeAsync(HttpContext context, IBar bar)
    {
        ...
        await _next(context);
    }
}
```

中间件类型通过调用如下 IApplicationBuilder 接口的两个扩展方法进行注册。当调用这两个扩展方法时，除了指定具体的中间件类型，还可以传入一些必要的参数，它们都将作为调用构造函数的输入参数。由于中间件实例是由依赖注入容器构建的，容器会尽可能地利用注册的服务来提供所需的参数，所以指定的参数列表用来提供无法由容器提供或者需要显式指定的参数。

```
public static class UseMiddlewareExtensions
{
    public static IApplicationBuilder UseMiddleware<TMiddleware>(
        this IApplicationBuilder app, params object[] args);
    public static IApplicationBuilder UseMiddleware(this IApplicationBuilder app,
        Type middleware, params object[] args);
}
```

由于 ASP.NET Core 应用的请求处理管道总是采用 Func<RequestDelegate, RequestDelegate> 委托对象来表示中间件，所以无论采用什么样的中间件定义方式，注册的中间件总是会转换成这样一个委托对象。如下 UseMiddleware 方法模拟了中间件类型向 Func<RequestDelegate, RequestDelegate>类型转换的逻辑。

```
public static class UseMiddlewareExtensions
{
    private static readonly MethodInfo GetServiceMethod = typeof(IServiceProvider)
        .GetMethod("GetService", BindingFlags.Public | BindingFlags.Instance);

    public static IApplicationBuilder UseMiddleware(this IApplicationBuilder app,
        Type middlewareType, params object[] args)
    {
        ...
        var invokeMethod = middlewareType
            .GetMethods(BindingFlags.Instance | BindingFlags.Public)
            .Where(it => it.Name == "InvokeAsync" || it.Name == "Invoke")
            .Single();
        Func<RequestDelegate, RequestDelegate> middleware = next =>
```

```
        {
            var arguments = (object[])Array.CreateInstance(typeof(object),
                args.Length + 1);
            arguments[0] = next;
            if (args.Length > 0)
            {
                Array.Copy(args, 0, arguments, 1, args.Length);
            }
            var instance = ActivatorUtilities.CreateInstance(app.ApplicationServices,
                middlewareType, arguments);
            var factory = CreateFactory(invokeMethod);
            return context => factory(instance, context, app.ApplicationServices);
        };

        return app.Use(middleware);
    }

    private static Func<object, HttpContext, IServiceProvider, Task>
        CreateFactory(MethodInfo invokeMethod)
    {
        var middleware = Expression.Parameter(typeof(object), "middleware");
        var httpContext = Expression.Parameter(typeof(HttpContext), "httpContext");
        var serviceProvider = Expression.Parameter(typeof(IServiceProvider),
            "serviceProvider");

        var parameters = invokeMethod.GetParameters();
        var arguments = new Expression[parameters.Length];
        arguments[0] = httpContext;
        for (int index = 1; index < parameters.Length; index++)
        {
            var parameterType = parameters[index].ParameterType;
            var type = Expression.Constant(parameterType, typeof(Type));
            var getService = Expression.Call(serviceProvider, GetServiceMethod, type);
            arguments[index] = Expression.Convert(getService, parameterType);
        }
        var converted = Expression.Convert(middleware, invokeMethod.DeclaringType);
        var body = Expression.Call(converted, invokeMethod, arguments);
        var lambda = Expression.Lambda<
            Func<object, HttpContext, IServiceProvider, Task>>(
            body, middleware, httpContext, serviceProvider);

        return lambda.Compile();
    }
}
```

由于请求处理实现在中间件类型的 Invoke 方法或者 InvokeAsync 方法上，所以注册这样一个中间件需要解决两个核心问题：其一，创建对应的中间件实例；其二，将中间件实例的 Invoke 方法或者 InvokeAsync 方法调用转换成 Func<RequestDelegate, RequestDelegate>委托对象。借助于依赖注入框架，第一个问题很好解决，上面的 UseMiddleware 方法是调用

ActivatorUtilities 类型的 CreateInstance 方法将中间件实例创建出来的。

由于中间件类型的 Invoke 方法和 InvokeAsync 方法要求其返回类型和第一个参数类型分别 Task 和 HttpContext，所以针对这两个方法的调用比较烦琐。要调用某个方法，需要先传入匹配的参数列表，有了依赖注入容器的帮助，初始化输入参数就显得非常容易。我们只需要从表示方法的 MethodInfo 对象中解析出对应的参数类型，就能够根据该类型从容器中得到对应的参数实例。

如果有表示目标方法的 MethodInfo 对象和与之匹配的输入参数列表，就可以采用反射的方式来调用对应的方法。但是反射并不是一种高效的手段，所以 ASP.NET Core 框架采用表达式树的方式来实现 Invoke 方法或者 InvokeAsync 方法的调用。基于表达式树针对中间件实例的 Invoke 方法或者 InvokeAsync 方法的调用，实现在前面提供的 CreateFactory 方法中。

17.3.3 强类型中间件

弱类型中间件对象在应用初始化时就被创建，所以它是一个与当前应用程序具有相同生命周期的 Singleton 对象。但有时我们希望中间件对象采用 Scoped 模式的生命周期，即要求中间件对象在开始处理请求时被创建，在完成请求处理后被回收释放，在这种情况下只能定义强类型中间件。强类型中间件需要实现如下 IMiddleware 接口，该接口定义了唯一的 InvokeAsync 方法用来处理请求。中间件可以利用该方法的输入参数得到当前的 HttpContext 上下文对象和表示后续中间件管道的 RequestDelegate 委托对象。

```
public interface IMiddleware
{
    Task InvokeAsync(HttpContext context, RequestDelegate next);
}
```

由于强类型中间件是在处理请求时由当前请求对应的依赖注入容器（RequestServices）提供的，所以必须将中间件类型注册为服务，当进行服务注册时指定希望采用的生命周期模式。我们一般只会在需要使用 Scoped 生命周期模式时才会采用这种方式来定义中间件，当然设置成 Singleton 生命周期模式也未尝不可。读者可能会问：能否采用 Transient 生命周期模式呢？实际上这与 Scoped 生命周期模式是没有区别的，因为中间件针对同一个请求只会使用一次。强类型中间件对象的创建与释放是通过 IMiddlewareFactory 工厂来完成的。如下面的代码片段所示，IMiddlewareFactory 接口提供了 Create 和 Release 两个方法，前者根据指定的中间件类型创建对应的实例，后者负责释放指定的中间件对象。

```
public interface IMiddlewareFactory
{
    IMiddleware Create(Type middlewareType);
    void Release(IMiddleware middleware);
}
```

MiddlewareFactory 是 IMiddlewareFactory 接口的默认实现。如下面的代码片段所示，它直接利用指定的 IServiceProvider 对象根据指定的中间件类型来提供对应的实例。由于依赖注入框架具有针对提供服务实例的生命周期管理策略，所以实现的 Release 方法不需要执行任何操作。

```
public class MiddlewareFactory : IMiddlewareFactory
{
    private readonly IServiceProvider _serviceProvider;

    public MiddlewareFactory(IServiceProvider serviceProvider)
        => _serviceProvider = serviceProvider;
    public IMiddleware Create(Type middlewareType)
        => _serviceProvider.GetRequiredService(this._serviceProvider, middlewareType)
        as IMiddleware;
    public void Release(IMiddleware middleware) {}
}
```

UseMiddleware 方法模拟了强/弱类型中间件的注册。如下面的代码片段所示，如果注册的中间件类型实现了 IMiddleware 接口，则 UseMiddleware 方法会直接创建一个 Func<RequestDelegate, RequestDelegate>委托对象作为注册的中间件。当该委托对象被执行时，它会从当前 HttpContext 上下文对象的 RequestServices 属性中获取当前请求的依赖注入容器，并由它来提供 IMiddlewareFactory 工厂。在利用它根据中间件类型将对应实例创建出来后，直接调用其 InvokeAsync 方法来处理请求。在请求处理结束后，IMiddlewareFactory 工厂的 Release 方法被用来释放此中间件。

```
public static class UseMiddlewareExtensions
{
    public static IApplicationBuilder UseMiddleware(this IApplicationBuilder app,
        Type middlewareType, params object[] args)
    {
        if (typeof(IMiddleware).IsAssignableFrom(middlewareType))
        {
            if (args.Length > 0)
            {
                throw new NotSupportedException(
                  "Types that implement IMiddleware do not support explicit arguments.");
            }
            app.Use(next =>
            {
                return async context =>
                {
                    var middlewareFactory = context.RequestServices
                        .GetRequiredService<IMiddlewareFactory>();
                    var middleware = middlewareFactory.Create(middlewareType);
                    try
                    {
                        await middleware.InvokeAsync(context, next);
                    }
                    finally
                    {
                        middlewareFactory.Release(middleware);
                    }
                };
            });
```

```
            }
        }
        ...
}
```

UseMiddleware 方法之所以从当前 HttpContext 的 RequestServices 属性而不是 IApplicationBuilder 的 ApplicationServices 属性来获取依赖注入容器，是因为生命周期方面的考虑。由于后者是与应用具有相同生命周期的根容器，无论中间件服务注册的生命周期模式是 Singleton 还是 Scoped，提供的中间件实例都是一个 Singleton 对象，所以无法满足针对请求创建和释放中间件对象的初衷。如果注册的是实现了 IMiddleware 接口的中间件类型，则不允许指定任何参数。

17.3.4 注册中间件

中间件总是注册到 IApplicationBuilder 对象上。对于我们推荐的 Minimal API 应用承载方式来说，表示承载应用的 WebApplication 类型实现了 IApplicationBuilder 接口，所以只需要直接将中间件注册到这个对象上。中间件还可以采用 IStartupFilter 对象的方式注册。如下面的代码片段所示，IStartupFilter 接口定义了唯一的 Configure 方法，它返回的 Action<IApplicationBuilder> 对象将用来注册所需的中间件。作为该方法唯一输入参数的 Action<IApplicationBuilder>对象，用来完成后续的中间件注册工作。当我们希望将某个中间件置于管道首尾两端时，往往会采用这种方式。

```
public interface IStartupFilter
{
    Action<IApplicationBuilder> Configure(Action<IApplicationBuilder> next);
}
```

17.4 应用的承载

ASP.NET Core 应用最终会作为一个长时间运行的后台服务托管在服务承载系统中，采用的承载服务类型为 GenericWebHostService，将它与上面介绍的这一切整合在一起。在介绍这个承载服务类型之前，我们先来认识一下对应的 GenericWebHostServiceOptions 配置选项。

17.4.1 GenericWebHostServiceOptions

如下 GenericWebHostServiceOptions 配置选项类型定义了 3 个属性，其核心配置选项集中在 WebHostOptions 属性上。它的 ConfigureApplication 属性返回一个 Action<IApplicationBuilder>委托对象，应用初始化过程中针对中间件的注册最终都会转移到这个委托对象上。我们可以采用“Hosting Startup”的形式注册一个外部程序集来完成一些初始化的工作。它的 HostingStartupExceptions 属性返回的 AggregateException 就是对这些初始化任务执行过程中抛出异常的封装。

```
internal class GenericWebHostServiceOptions
{
    public WebHostOptions                    WebHostOptions { get; set; }
    public Action<IApplicationBuilder>       ConfigureApplication { get; set; }
```

```
    public AggregateException            HostingStartupExceptions { get; set; }
}
```

一个 WebHostOptions 对象承载了与 IWebHost 相关的配置选项，在“第 15 章　应用承载（上）”介绍的“三代”承载方式中，IWebHost 对象在初代承载方式中表示承载 Web 应用的“宿主”（Host）。虽然在基于 IHost/IHostBuilder 的承载系统中，IWebHost 接口已经没有任何意义，但是 WebHostOptions 配置选项依然被保留下来。

```
public class WebHostOptions
{
    public string                  ApplicationName { get; set; }
    public string                  Environment { get; set; }
    public string                  ContentRootPath { get; set; }
    public string                  WebRoot { get; set; }
    public string                  StartupAssembly { get; set; }
    public bool                    PreventHostingStartup { get; set; }
    public IReadOnlyList<string>   HostingStartupAssemblies { get; set; }
    public IReadOnlyList<string>   HostingStartupExcludeAssemblies { get; set; }
    public bool                    CaptureStartupErrors { get; set; }
    public bool                    DetailedErrors { get; set; }
    public TimeSpan                ShutdownTimeout { get; set; }

    public WebHostOptions() => ShutdownTimeout = TimeSpan.FromSeconds(5.0);
    public WebHostOptions(IConfiguration configuration);
    public WebHostOptions(IConfiguration configuration, string applicationNameFallback);
}
```

一个 WebHostOptions 对象可以根据一个 IConfiguration 对象来创建，当调用 WebHostOptions 这个构造函数时，会根据预定义的配置键从该 IConfiguration 对象中提取相应的值来初始化对应的属性。这些预定义的配置键作为静态只读字段被定义在 WebHostDefaults 静态类中，其中大部分在第 16 章已有相关介绍，本节只对此进行总结。

```
public static class WebHostDefaults
{
    public static readonly string ApplicationKey              = "applicationName";
    public static readonly string StartupAssemblyKey          = "startupAssembly";
    public static readonly string DetailedErrorsKey           = "detailedErrors";
    public static readonly string EnvironmentKey              = "environment";
    public static readonly string WebRootKey                  = "webroot";
    public static readonly string CaptureStartupErrorsKey     = "captureStartupErrors";
    public static readonly string ServerUrlsKey               = "urls";
    public static readonly string ContentRootKey              = "contentRoot";
    public static readonly string PreferHostingUrlsKey        = "preferHostingUrls";
    public static readonly string PreventHostingStartupKey    = "preventHostingStartup";
    public static readonly string ShutdownTimeoutKey          = "shutdownTimeoutSeconds";

    public static readonly string HostingStartupAssembliesKey
        = "hostingStartupAssemblies";
    public static readonly string HostingStartupExcludeAssembliesKey
        = "hostingStartupExcludeAssemblies";
```

```
}
```

表 17-4 列出了定义在 WebHostOptions 配置选项中的属性。值得一提的是，对于布尔类型的属性值（如 PreventHostingStartup 和 CaptureStartupErrors），配置项的值“True”（不区分字母大小写）和“1”都将转换为 True，其他的值将转换成 False。这个将配置项的值转换成布尔值的逻辑实现在 WebHostUtilities 的 ParseBool 静态方法中，如果有类似的需求则可以直接调用这个静态方法。

表 17-4　定义在 WebHostOptions 配置选项中的属性

属　　性	配 置 键	说　　明
ApplicationName	applicationName	应用名称。如果调用 IWebHostBuilder 接口的 Configure 方法注册中间件，则提供的 Action<IApplicationBuilder>对象指向的目标方法所在的程序集名称将作为应用名称。如果调用 IWebHostBuilder 接口的 UseStartup 扩展方法，则指定的 Startup 类型所在的程序集名称将作为应用名称
Environment	environment	应用当前的部署环境。如果没有显示指定，则默认的环境名称为 Production
ContentRootPath	contentRoot	存储静态内容文件的根目录。如果未做显式设置，则默认为当前工作目录
WebRoot	webroot	存储静态 Web 资源文件的根目录。如果未做显式设置，并且 ContentRootPath 目录下存在一个名为 wwwroot 的子目录，则该目录将作为 Web 资源文件的根目录
StartupAssembly	startupAssembly	注册的 Startup 类型所在的程序集名称。如果调用 IWebHostBuilder 接口的 UseStartup 扩展方法，则指定的 Startup 类型所在的程序集名称将作为该属性的值
PreventHostingStartup	preventHostingStartup	是否允许执行其他程序集中的初始化程序。如果这个开关并没有显式关闭，则可以在一个单独的程序集中利用 HostingStartupAttribute 特性注册一个实现了 IHostingStartup 接口的类型，它可以在应用启动时执行一些初始化操作
HostingStartupAssemblies	hostingStartupAssemblies	承载初始化程序的程序集列表，配置中的程序集名称之间采用分号分隔。ApplicationName 属性表示的程序集名称默认被添加到这个列表中
HostingStartupExclude Assemblies	hostingStartupExclude Assemblies	HostingStartupAssemblies 属性表示初始化程序的程序集列表中需要被排除的程序集
CaptureStartupErrors	captureStartupErrors	是否需要捕捉应用启动过程中出现的未处理异常。如果这个属性被显式设置为 True，则出现的未处理异常并不会阻止应用的正常启动，但是这样的应用在接收到请求之后会返回一个状态码为 500 的响应
DetailedErrors	detailedErrors	如果 CaptureStartupErrors 属性被显式设置为 True，则该属性表示是否需要在响应消息中输出详细的错误信息
ShutdownTimeout	shutdownTimeoutSeconds	应用关闭时的超时时限，默认时限为 5 秒

17.4.2 GenericWebHostService

如下面的代码片段所示，在 GenericWebHostService 类型的构造函数中注入一系列的依赖服务或者对象，其中包括用来提供配置选项的 IOptions<GenericWebHostServiceOptions>对象、作为管道“龙头”的服务器、用来创建 ILogger 对象的 ILoggerFactory 工厂、用来触发诊断事件的 DiagnosticListener 对象、用来创建 Activity 的 ActivitySource 对象，用来创建 HttpContext 上下文对象的 IHttpContextFactory 工厂、用来创建 IApplicationBuilder 对象的 IApplicationBuilderFactory 工厂、注册的所有 IStartupFilter 对象、承载当前应用配置的 IConfiguration 对象和表示当前承载环境的 IWebHostEnvironment 对象。

```
internal class GenericWebHostService : IHostedService
{
    public GenericWebHostServiceOptions      Options { get; }
    public IServer                           Server { get; }
    public ILogger                           Logger { get; }
    public ILogger                           LifetimeLogger { get; }
    public DiagnosticListener                DiagnosticListener { get; }
    public IHttpContextFactory               HttpContextFactory { get; }
    public IApplicationBuilderFactory        ApplicationBuilderFactory { get; }
    public IEnumerable<IStartupFilter>       StartupFilters { get; }
    public IConfiguration                    Configuration { get; }
    public IWebHostEnvironment               HostingEnvironment { get; }
    public ActivitySource                    ActivitySource { get; }

    public GenericWebHostService(IOptions<GenericWebHostServiceOptions> options,
        IServer server, ILoggerFactory loggerFactory,
        DiagnosticListener diagnosticListener, ActivitySource activitySource,
        IHttpContextFactory httpContextFactory,
        IApplicationBuilderFactory applicationBuilderFactory,
        IEnumerable<IStartupFilter> startupFilters, IConfiguration configuration,
        IWebHostEnvironment hostingEnvironment);

    public Task StartAsync(CancellationToken cancellationToken);
    public Task StopAsync(CancellationToken cancellationToken);
}
```

由于 ASP.NET Core 应用是作为一个后台服务由 GenericWebHostService 承载的，所以启动应用程序本质上就是启动这个承载服务。承载 GenericWebHostService 在启动过程中的处理流程基本上体现在如下所示的 StartAsync 方法中，该方法中刻意省略了一些细枝末节的实现，如输入验证、异常处理和日志输出等。作为服务器的 IServer 对象被 StartAsync 方法开启之后，又被 StopAsync 方法关闭。

```
internal class GenericWebHostService : IHostedService
{
    public Task StartAsync(CancellationToken cancellationToken)
    {
        //1. 设置监听地址
```

```
        var serverAddressesFeature = Server.Features?.Get<IServerAddressesFeature>();
        var addresses = serverAddressesFeature?.Addresses;
        if (addresses != null && !addresses.IsReadOnly && addresses.Count == 0)
        {
            var urls = Configuration[WebHostDefaults.ServerUrlsKey];
            if (!string.IsNullOrEmpty(urls))
            {
                serverAddressesFeature.PreferHostingUrls = WebHostUtilities.ParseBool(
                    Configuration, WebHostDefaults.PreferHostingUrlsKey);

                foreach (var value in urls.Split(new[] { ';' },
                    StringSplitOptions.RemoveEmptyEntries))
                {
                    addresses.Add(value);
                }
            }
        }

        //2. 构建中间件管道
        var builder = ApplicationBuilderFactory.CreateBuilder(Server.Features);
        Action<IApplicationBuilder> configure = Options.ConfigureApplication;
        foreach (var filter in StartupFilters.Reverse())
        {
            configure = filter.Configure(configure);
        }
        configure(builder);
        var handler = builder.Build();

        //3. 创建 HostingApplication 对象
        var application = new HostingApplication(handler, Logger, DiagnosticListener,
            HttpContextFactory);

        //4. 启动服务器
        return Server.StartAsync(application, cancellationToken);
    }
    public async Task StopAsync(CancellationToken cancellationToken)
        => Server.StopAsync(cancellationToken);
}
```

我们将实现在 GenericWebHostService 类型中的 StartAsync 方法用来启动应用程序的流程划分为如下 4 个步骤。

- 设置监听地址：服务器的监听地址是通过 IServerAddressesFeature 特性来提供的，所以需要将配置提供的监听地址列表和相关的 PreferHostingUrls 选项（表示是否优先使用承载系统提供地址）转移到该特性中。
- 构建中间件管道：两种针对中间件的注册（调用 IWebHostBuilder 对象的 Configure 方法和注册的 Startup 类型的 Configure 方法）会转换成一个 Action<IApplicationBuilder>委托对象，并将其作为 GenericWebHostServiceOptions 配置选项的 ConfigureApplication 属性。

GenericWebHostService 会利用注册的 IApplicationBuilderFactory 工厂创建对应的 IApplicationBuilder 对象，并将该对象作为参数调用这个 Action<IApplicationBuilder>委托对象，就能将注册的中间件转移到 IApplicationBuilder 对象上。在此之前，注册 IStartupFilter 对象的 Configure 方法会被优先调用。表示注册中间件管道的 RequestDelegate 委托对象最终通过调用 IApplicationBuilder 对象的 Build 方法构建。

- 创建 HostingApplication 对象：在得到表示中间件管道的 RequestDelegate 之后，GenericWebHostService 进一步利用它将 HostingApplication 对象创建出来。
- 启动服务器：将 HostingApplication 对象作为参数调用作为服务器的 IServer 对象的 StartAsync 方法后，服务器随之被启动。

17.4.3 GenericWebHostBuilder

GenericWebHostService 服务具有针对其他一系列服务的依赖，所以在注册该承载服务之前需要先完成对这些依赖服务的注册。GenericWebHostService 及其依赖服务的注册是借助 GenericWebHostBuilder 对象来完成的。在第一代基于 IWebHost/IWebHostBuilder 的承载系统中，IWebHost 对象表示承载 Web 应用的宿主，它由对应的 IWebHostBuilder 对象通过 Build 方法构建。IWebHostBuilder 接口定义了两个 ConfigureServices 重载方法来注册服务。

```
public interface IWebHostBuilder
{
    IWebHost Build();

    string GetSetting(string key);
    IWebHostBuilder UseSetting(string key, string value);
    IWebHostBuilder ConfigureAppConfiguration(Action<WebHostBuilderContext,
        IConfigurationBuilder> configureDelegate);

    IWebHostBuilder ConfigureServices(Action<IServiceCollection> configureServices);
    IWebHostBuilder ConfigureServices(
        Action<WebHostBuilderContext, IServiceCollection> configureServices);
}
```

GenericWebHostBuilder 同时实现了 IWebHostBuilder 接口和 ISupportsUseDefaultServiceProvider 接口。后者定义了一个唯一的 UseDefaultServiceProvider 方法，我们可以利用作为参数的 Action<WebHostBuilderContext, ServiceProviderOptions>委托对象对默认使用的依赖注入容器进行设置。

```
internal interface ISupportsUseDefaultServiceProvider
{
    IWebHostBuilder UseDefaultServiceProvider(
        Action<WebHostBuilderContext, ServiceProviderOptions> configure);
}
```

1. 服务注册

接下来利用简单的代码来模拟 GenericWebHostBuilder 针对 IWebHostBuilder 接口的实现。

我们先来看一看用来注册依赖服务的 ConfigureServices 方法是如何实现的。如下面的代码片段所示，GenericWebHostBuilder 实际上是对一个 IHostBuilder 对象的封装，针对依赖服务的注册是通过调用 IHostBuilder 接口的 ConfigureServices 方法实现的。IHostBuilder 接口的 ConfigureServices 方法提供了当前承载上下文的服务注册，承载上下文由承载上下文类型来表示，ASP.NET Core 应用的承载上下文则体现为一个 WebHostBuilderContext 对象。两者的不同之处体现在承载环境的描述上，对应的接口分别为 IHostEnvironment 和 IWebHostEnvironment。ConfigureServices 方法需要调用 GetWebHostBuilderContext 方法将提供的 WebHostBuilderContext 上下文对象转换成 HostBuilderContext 类型。

```
internal class GenericWebHostBuilder :
    IWebHostBuilder,
    ISupportsUseDefaultServiceProvider
    ...
{
    private readonly IHostBuilder _builder;

    public GenericWebHostBuilder(IHostBuilder builder)
    {
        _builder = builder;
        ...
    }

    public IWebHostBuilder ConfigureServices(Action<IServiceCollection> configureServices)
        => ConfigureServices((_, services) => configureServices(services));

    public IWebHostBuilder ConfigureServices(
        Action<WebHostBuilderContext, IServiceCollection> configureServices)
    {
        _builder.ConfigureServices((context, services)
            => configureServices(GetWebHostBuilderContext(context), services));
        return this;
    }

    private WebHostBuilderContext GetWebHostBuilderContext(HostBuilderContext context)
    {
        if (!context.Properties.TryGetValue(typeof(WebHostBuilderContext), out var value))
        {
            var options = new WebHostOptions(context.Configuration,
                Assembly.GetEntryAssembly()?.GetName().Name);
            var webHostBuilderContext = new WebHostBuilderContext
            {
                Configuration          = context.Configuration,
                HostingEnvironment     = new HostingEnvironment(),
            };
            webHostBuilderContext.HostingEnvironment
                .Initialize(context.HostingEnvironment.ContentRootPath, options);
            context.Properties[typeof(WebHostBuilderContext)] = webHostBuilderContext;
```

```
            context.Properties[typeof(WebHostOptions)] = options;
            return webHostBuilderContext;
        }

        var webHostContext = (WebHostBuilderContext)value;
        webHostContext.Configuration = context.Configuration;
        return webHostContext;
    }
}
```

在创建 GenericWebHostBuilder 对象时会以如下方式调用 ConfigureServices 方法注册一系列默认的服务，其中包括表示承载环境的 IWebHostEnvironment 服务、用来发送诊断日志事件的 DiagnosticSource 服务和 DiagnosticListener 服务（它们都返回同一个服务实例）、与分布式跟踪有关的 ActivitySource 服务和 DistributedContextPropagator 服务（前者用来创建表示跟踪操作的 Activity，后者用来在应用之间传递跟踪上下文），以及分别用来创建 HttpContext 上下文对象、IApplicationBuilder 对象和中间件对象的 IHttpContextFactory、IApplicationBuilderFactory 和 IMiddlewareFactory 工厂。它的构造函数中还完成了 GenericWebHostServiceOptions 配置选项的设置，承载 ASP.NET Coer 应用的 GenericWebHostService 服务也是在这里注册的。

```
internal class GenericWebHostBuilder :
    IWebHostBuilder,
    ISupportsUseDefaultServiceProvider
    ...
{
    private readonly IHostBuilder     _builder;
    private AggregateException        _hostingStartupErrors;

    public GenericWebHostBuilder(IHostBuilder builder)
    {
        _builder = builder;
        _builder.ConfigureServices((context,  services)=>
        {
            var webHostBuilderContext = GetWebHostBuilderContext(context);
            services.AddSingleton(webHostBuilderContext.HostingEnvironment);
            services.AddHostedService<GenericWebHostService>();

            services.TryAddSingleton(
              sp => new DiagnosticListener("Microsoft.AspNetCore"));
            services.TryAddSingleton<DiagnosticSource>(
                sp => sp.GetRequiredService<DiagnosticListener>());
            services.TryAddSingleton(sp => new ActivitySource("Microsoft.AspNetCore"));
            services.TryAddSingleton(DistributedContextPropagator.Current);
            services.TryAddSingleton<IHttpContextFactory, DefaultHttpContextFactory>();
            services.TryAddScoped<IMiddlewareFactory, MiddlewareFactory>();
            services.TryAddSingleton
               <IApplicationBuilderFactory, ApplicationBuilderFactory>();

            var webHostOptions = (WebHostOptions)context
```

```
                .Properties[typeof(WebHostOptions)];
            services.Configure<GenericWebHostServiceOptions>(options=>
            {
                options.WebHostOptions = webHostOptions;
                options.HostingStartupExceptions = _hostingStartupErrors;
            });
            ...
        });
        ...
    }
}
```

2. 配置的读/写

IWebHostBuilder 接口的其他方法均与配置有关。基于 IHost/IHostBuilder 的承载系统涉及两种类型的配置，一种是在服务承载过程中供作为宿主的 IHost 对象使用的配置，另一种是供承载的服务或者应用消费的配置。这两种类型的配置分别由 IHostBuilder 接口的 ConfigureHostConfiguration 方法和 ConfigureAppConfiguration 方法进行设置。GenericWebHostBuilder 针对配置的设置最终会利用这两个方法来完成。

GenericWebHostBuilder 提供的配置体现_config 字段返回的 IConfiguration 对象，以“键-值”对形式设置和读取配置的 UseSetting 方法与 GetSetting 方法的操作都是这个对象。由静态 Host 类型的 CreateDefaultBuilder 方法创建的 HostBuilder 对象默认将前缀为“DOTNET_”的环境变量作为配置源，ASP.NET Core 应用选择将前缀为“ASPNETCORE_”的环境变量作为配置源，这一点体现在如下所示的代码片段中。

```
internal class GenericWebHostBuilder :
    IWebHostBuilder,
    ISupportsStartup,
    ISupportsUseDefaultServiceProvider
{
    private readonly IHostBuilder             _builder;
    private readonly IConfiguration           _config;

    public GenericWebHostBuilder(IHostBuilder builder)
    {
        _builder = builder;
        _config = new ConfigurationBuilder()
            .AddEnvironmentVariables(prefix: "ASPNETCORE_")
            .Build();
        _builder.ConfigureHostConfiguration(config => config.AddConfiguration(_config));
        ...
    }
    public string GetSetting(string key) => _config[key];

    public IWebHostBuilder UseSetting(string key, string value)
    {
        _config[key] = value;
        return this;
```

```
    }
}
```

GenericWebHostBuilder 对象在构造过程中会创建一个 ConfigurationBuilder 对象，并将前缀为“ASPNETCORE_”的环境变量注册为配置源。在利用 ConfigurationBuilder 对象将 IConfiguration 对象构建后，调用 IHostBuilder 对象的 ConfigureHostConfiguration 方法将其合并到承载系统的配置中。GenericWebHostBuilder 类型的 ConfigureAppConfiguration 方法直接调用 IHostBuilder 的同名方法。

```
internal class GenericWebHostBuilder :
    IWebHostBuilder,
    ISupportsStartup,
    ISupportsUseDefaultServiceProvider
{
    private readonly IHostBuilder _builder;

    public IWebHostBuilder ConfigureAppConfiguration(
        Action<WebHostBuilderContext, IConfigurationBuilder> configureDelegate)
    {
        _builder.ConfigureAppConfiguration((context, builder)
            => configureDelegate(GetWebHostBuilderContext(context), builder));
        return this;
    }
}
```

3. 默认依赖注入框架配置

GenericWebHostBuilder 通过对 ISupportsUseDefaultServiceProvider 接口的实现将依赖注入框架整合到 ASP.NET Core 应用中。如下面的代码片段所示，实现的 UseDefaultServiceProvider 方法中会根据 ServiceProviderOptions 配置选项完成对 DefaultServiceProviderFactory 工厂的注册。

```
internal class GenericWebHostBuilder :
    IWebHostBuilder,
    ISupportsStartup,
    ISupportsUseDefaultServiceProvider
{
    public IWebHostBuilder UseDefaultServiceProvider(
        Action<WebHostBuilderContext, ServiceProviderOptions> configure)
    {
        _builder.UseServiceProviderFactory(context =>
        {
            var webHostBuilderContext = GetWebHostBuilderContext(context);
            var options = new ServiceProviderOptions();
            configure(webHostBuilderContext, options);
            return new DefaultServiceProviderFactory(options);
        });

        return this;
    }
}
```

4. Hosting Startup

Hosting Startup 是 ASP.NET Core 提供的一个很有用的功能，它使我们可以注册一个独立的程序集来完成一些初始化的工作。具体来说，注册的程序集提供了如下 IHostingStartup 接口的实现类型，并将初始化工作定义在实现的 Configure 方法。此程序集通过标注 HostingStartupAttribute 特性对该类型进行注册。

```
public interface IHostingStartup
{
    void Configure(IWebHostBuilder builder);
}

[AttributeUsage(AttributeTargets.Assembly, Inherited = false, AllowMultiple = true)]
public sealed class HostingStartupAttribute : Attribute
{
    public Type HostingStartupType { get; }
    public HostingStartupAttribute(Type hostingStartupType);
}
```

WebHostOptions 配置选项提供了如下 3 个与 Hosting Startup 相关的属性。第一个布尔类型的 PreventHostingStartup 属性是此功能的总开关，如果想关闭 Hosting Startup 功能，则只需要将此属性设置为 True。注册的程序集名称需要添加到 HostingStartupExcludeAssemblies 属性中，另一个 HostingStartupExcludeAssemblies 属性则提供了需要排除的程序集。

```
public class WebHostOptions
{
    public bool                          PreventHostingStartup { get; set; }
    public IReadOnlyList<string>         HostingStartupAssemblies { get; set; }
    public IReadOnlyList<string>         HostingStartupExcludeAssemblies { get; set; }
    ...
}
```

当调用 IHostingStartup 对象的 Configure 方法时需要传入一个 IWebHostBuilder 对象作为参数，这个对象的类型并非 GenericWebHostBuilder，而是如下 HostingStartupWebHostBuilder 类型。HostingStartupWebHostBuilder 对象实际上是对 GenericWebHostBuilder 对象的进一步封装，针对它的方法调用最终还是会转移到封装的 GenericWebHostBuilder 对象上。

```
internal class HostingStartupWebHostBuilder :
    IWebHostBuilder,
    ISupportsUseDefaultServiceProvider,
    ...
{
    private readonly GenericWebHostBuilder _builder;
    private Action<WebHostBuilderContext, IConfigurationBuilder> _configureConfiguration;
    private Action<WebHostBuilderContext, IServiceCollection> _configureServices;

    public HostingStartupWebHostBuilder(GenericWebHostBuilder builder)
        =>_builder = builder;

    public IWebHost Build()
```

```
        => throw new NotSupportedException();

    public IWebHostBuilder ConfigureAppConfiguration(
        Action<WebHostBuilderContext, IConfigurationBuilder> configureDelegate)
    {
        _configureConfiguration += configureDelegate;
        return this;
    }

    public IWebHostBuilder ConfigureServices(
        Action<IServiceCollection> configureServices)
        => ConfigureServices((context, services) => configureServices(services));

    public IWebHostBuilder ConfigureServices(
        Action<WebHostBuilderContext, IServiceCollection> configureServices)
    {
        _configureServices += configureServices;
        return this;
    }
    public string GetSetting(string key) => _builder.GetSetting(key);

    public IWebHostBuilder UseSetting(string key, string value)
    {
        _builder.UseSetting(key, value);
        return this;
    }

    public void ConfigureServices(WebHostBuilderContext context,
        IServiceCollection services) => _configureServices?.Invoke(context, services);

    public void ConfigureAppConfiguration(WebHostBuilderContext context,
       IConfigurationBuilder builder)=> _configureConfiguration?.Invoke(context, builder);

    public IWebHostBuilder UseDefaultServiceProvider(
        Action<WebHostBuilderContext, ServiceProviderOptions> configure)
        => _builder.UseDefaultServiceProvider(configure);

    public IWebHostBuilder Configure(
        Action<WebHostBuilderContext, IApplicationBuilder> configure)
        => _builder.Configure(configure);
    ...
}
```

Hosting Startup 的实现体现在如下所示的 ExecuteHostingStartups 方法中，该方法会根据当前的配置和作为应用名称的入口程序集名称创建一个新的 WebHostOptions 对象，如果这个配置选项的 PreventHostingStartup 属性返回 True，就意味着关闭了此特性。如果 Hosting Startup 特性未被关闭，则该方法会利用配置选项的 HostingStartupAssemblies 属性和 HostingStartupExcludeAssemblies 属性解析出启动程序集名称，并得到出注册的 IHostingStartup 实现类型。在通过反射的方式创建对应的 IHostingStartup 对象之后，上面介绍的 HostingStartupWebHostBuilder 对象会被创建并作为参数调用这些 IHostingStartup 对象的 Configure 方法。

```
internal class GenericWebHostBuilder :
    IWebHostBuilder,
    ISupportsStartup,
    ISupportsUseDefaultServiceProvider
{
    private readonly IHostBuilder            _builder;
    private readonly IConfiguration          _config;

    public GenericWebHostBuilder(IHostBuilder builder)
    {
        _builder       = builder;
        _config        = new ConfigurationBuilder()
            .AddEnvironmentVariables(prefix: "ASPNETCORE_")
            .Build();

        _builder.ConfigureHostConfiguration(config =>
        {
            config.AddConfiguration(_config);
            ExecuteHostingStartups();
        });
    }

    private void ExecuteHostingStartups()
    {
        var options = new WebHostOptions(
            _config, Assembly.GetEntryAssembly()?.GetName().Name);
        if (options.PreventHostingStartup)
        {
            return;
        }

        var exceptions = new List<Exception>();
        _hostingStartupWebHostBuilder = new HostingStartupWebHostBuilder(this);

        var assemblyNames = options.HostingStartupAssemblies
                .Except(options.HostingStartupExcludeAssemblies,
                    StringComparer.OrdinalIgnoreCase)
                .Distinct(StringComparer.OrdinalIgnoreCase);
        foreach (var assemblyName in assemblyNames)
        {
            try
            {
                var assembly = Assembly.Load(new AssemblyName(assemblyName));
                foreach (var attribute in
                    assembly.GetCustomAttributes<HostingStartupAttribute>())
                {
                    var hostingStartup = (IHostingStartup)Activator
```

```
                    .CreateInstance(attribute.HostingStartupType);
                hostingStartup.Configure(_hostingStartupWebHostBuilder);
            }
        }
        catch (Exception ex)
        {
            exceptions.Add(new InvalidOperationException(
                $"Startup assembly {assemblyName} failed to execute. See the inner
                exception for more details.", ex));
        }
    }
    if (exceptions.Count > 0)
    {
        _hostingStartupErrors = new AggregateException(exceptions);
    }
  }
}
```

由于调用 IHostingStartup 对象的 Configure 方法传入的 HostingStartupWebHostBuilder 对象是对当前 GenericWebHostBuilder 对象的封装，而这个 GenericWebHostBuilder 对象又是对 IHostBuilder 的封装，所以以 Hosting Startup 注册的初始化操作最终还是应用到了以 IHost/IHostBuilder 为核心的承载系统中。虽然 GenericWebHostBuilder 类型实现了 IWebHostBuilder 接口，但它仅仅是 IHostBuilder 对象的代理，其自身针对 IWebHost 对象的构建需求不复存在，所以它的 Build 方法会直接抛出异常。

```
internal class GenericWebHostBuilder :
    IWebHostBuilder,
    ISupportsStartup,
    ISupportsUseDefaultServiceProvider
{
    public IWebHost Build()=> throw new NotSupportedException(
        $"Building this implementation of {nameof(IWebHostBuilder)} is not supported.");
    ...
}
```

17.4.4　ConfigureWebHostDefaults

虽然 ASP.NET Core 6 推荐使用 Minimal API 的方式来承载 ASP.NET 应用，但是底层采用的依旧是基于 IHost/IHostBuilder 的承载系统。如果利用 Visual Studio 采用传统的模板来创建一个 ASP.NET Core 应用，则生成如下所示的代码。调用静态类型 Host 的 CreateDefaultBuilder 方法在具有默认配置的 IHostBuilder 对象之后，调用了后者的 ConfigureWebHostDefaults 扩展方法，那么这个扩展方法究竟做了些什么呢？

```
public class Program
{
    public static void Main(string[] args)
    {
        CreateHostBuilder(args).Build().Run();
    }
```

```
    public static IHostBuilder CreateHostBuilder(string[] args) =>
        Host.CreateDefaultBuilder(args)
            .ConfigureWebHostDefaults(webBuilder =>
            {
                webBuilder.UseStartup<Startup>();
            });
}
```

ConfigureWebHostDefaults 扩展方法内部会调用如下 ConfigureWebHost 扩展方法，该扩展方法针对承载的 ASP.NET Core 应用所做的设置全部由提供的 Action<IWebHostBuilder>来完成，执行该委托对象传入的参数就是上面介绍的 GenericWebHostBuilder 对象。该对象相当于 IHostBuilder 对象的代理，所以执行 Action<IWebHostBuilder>委托对象产生的结果全部都会转移到 IHostBuilder 对象上。

```
public static class GenericHostWebHostBuilderExtensions
{
    public static IHostBuilder ConfigureWebHost(
        this IHostBuilder builder, Action<IWebHostBuilder> configure)
    {
        var webhostBuilder = new GenericWebHostBuilder(builder);
        configure(webhostBuilder);
        return builder;
    }
}
```

顾名思义，ConfigureWebHostDefaults 扩展方法会帮助我们做默认设置，这些设置实现在静态类型 WebHost 的 ConfigureWebDefaults 扩展方法中。注册 KestrelServer、配置关于主机过滤（Host Filter）和 Http Overrides 相关选项、注册路由中间件，以及对用于集成 IIS 的 AspNetCoreModule 模块的配置都是在 ConfigureWebDefaults 扩展方法中完成的。

```
public static class GenericHostBuilderExtensions
{
    public static IHostBuilder ConfigureWebHostDefaults(this IHostBuilder builder,
        Action<IWebHostBuilder> configure)
        => builder.ConfigureWebHost(webHostBuilder =>
        {
            WebHost.ConfigureWebDefaults(webHostBuilder);
            configure(webHostBuilder);
        });
}

public static class WebHost
{
    internal static void ConfigureWebDefaults(IWebHostBuilder builder)
    {
        builder.ConfigureAppConfiguration((ctx, cb) =>
        {
            if (ctx.HostingEnvironment.IsDevelopment())
            {
```

```
                StaticWebAssetsLoader.UseStaticWebAssets(
                    ctx.HostingEnvironment, ctx.Configuration);
            }
        });
        builder.UseKestrel((builderContext, options) =>
        {
            options.Configure(builderContext.Configuration.GetSection("Kestrel"),
                reloadOnChange: true);
        })
        .ConfigureServices((hostingContext, services) =>
        {
            services.PostConfigure<HostFilteringOptions>(options =>
            {
                if (options.AllowedHosts == null || options.AllowedHosts.Count == 0)
                {
                        var hosts = hostingContext.Configuration["AllowedHosts"]
                         ?.Split(new[] { ';' }, StringSplitOptions.RemoveEmptyEntries);
                        options.AllowedHosts = (hosts?.Length > 0 ? hosts : new[]
                          { "*" });
                }
            });
         services.AddSingleton<IOptionsChangeTokenSource<HostFilteringOptions>>(
             new ConfigurationChangeTokenSource<HostFilteringOptions>(
             hostingContext.Configuration));

            services.AddTransient<IStartupFilter, HostFilteringStartupFilter>();
            services.AddTransient<IStartupFilter, ForwardedHeadersStartupFilter>();
            services.AddTransient<IConfigureOptions<ForwardedHeadersOptions>,
                ForwardedHeadersOptionsSetup>();

            services.AddRouting();
        })
        .UseIIS()
        .UseIISIntegration();
    }
}
```

17.5 Minimal API

Minimal API 只是在基于 IHost/IHostBuilder 的服务承载系统上进行了封装，它利用 WebApplication 和 WebApplicationBuilder 这两个类型提供了更加简洁的 Minimal API，同时提供了与现有 Minimal API 的兼容。对于由 WebApplication 和 WebApplicationBuilder 构建的承载模型，我们没有必要了解其实现的每一个细节，只需要知道其大致的设计和实现原理，所以本节会采用最简洁的代码模拟这两个类型的实现。

如图 17-8 所示，表示承载应用的 WebApplication 对象是对一个 IHost 对象的封装，而且该类型自身也实现了 IHost 接口，WebApplication 对象还是作为一个 IHost 对象被启动的。作为构建这个 WebApplicationBuilder 则是对一个 IHostBuilder 对象的封装，它对 WebApplication 对象的构建体现在利用封装的 IHostBuilder 对象构建一个对应的 IHost 对象，最终利用 IHost 对象创建 WebApplication 对象。

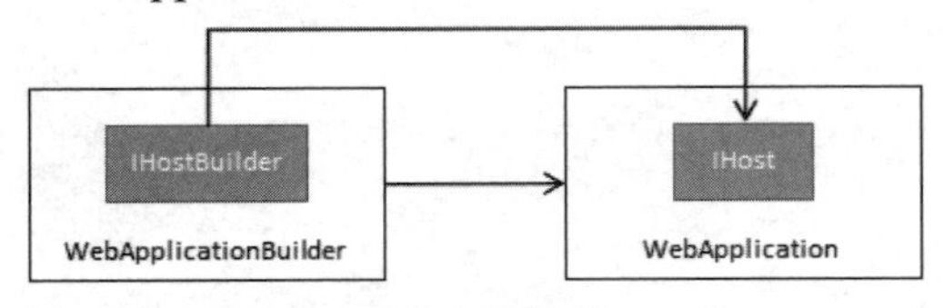

图 17-8　完整的请求处理管道

17.5.1　WebApplication

WebApplication 类型不仅实现了 IHost 接口，还实现 IApplicationBuilder 接口，所以中间件可以直接注册到这个对象上的。该类型还实现了 IEndpointRouteBuilder 接口，所以还能利用它进行路由注册，在第 20 章才会涉及路由，所以现在先忽略该接口的实现。下面的代码模拟了 WebApplication 类型的实现。WebApplication 的构造函中数定义了一个 IHost 类型的参数，并完成了对 IHost 接口所有成员的实现。IApplicationBuilder 接口成员的实现利用创建的 ApplicationBuilder 对象来完成。WebApplication 还提供了一个 BuildRequestDelegate 方法，该方法利用 ApplicationBuilder 对象完成了对中间件管道的构建。

```
public class WebApplication : IApplicationBuilder, IHost
{
    private readonly IHost                      _host;
    private readonly ApplicationBuilder         _app;

    public WebApplication(IHost host)
    {
        _host  = host;
        _app   = new ApplicationBuilder(host.Services);
    }

    IServiceProvider IHost.Services => _host.Services;
    Task IHost.StartAsync(CancellationToken cancellationToken)
        => _host.StartAsync(cancellationToken);
    Task IHost.StopAsync(CancellationToken cancellationToken)
        => _host.StopAsync(cancellationToken);

    IServiceProvider IApplicationBuilder.ApplicationServices
        { get => _app.ApplicationServices; set => _app.ApplicationServices = value; }
    IFeatureCollection IApplicationBuilder.ServerFeatures
        => _app.ServerFeatures;
    IDictionary<string, object?> IApplicationBuilder.Properties
        => _app.Properties;
    RequestDelegate IApplicationBuilder.Build()
        => _app.Build();
    IApplicationBuilder IApplicationBuilder.New()
```

```
        => _app.New();
    IApplicationBuilder IApplicationBuilder.Use(
        Func<RequestDelegate, RequestDelegate> middleware)
        => _app.Use(middleware);

    void IDisposable.Dispose() => _host.Dispose();
    public IServiceProvider Services => _host.Services;

    internal RequestDelegate BuildRequestDelegate() => _app.Build();
    ...
}
```

WebApplication 额外定义了如下 RunAsync 方法和 Run 方法，它们分别以异步和同步方式启动承载的应用。在调用这两个方法时可以指定监听地址，指定的地址被添加到 IServerAddressesFeature 特性中，而服务器正是利用这个特性来提供监听地址的。

```
public class WebApplication : IApplicationBuilder, IHost
{
    private readonly IHost _host;

    public ICollection<string> Urls
        => _host.Services.GetRequiredService<IServer>().Features
        .Get<IServerAddressesFeature>()?.Addresses ??
        throw new InvalidOperationException("IServerAddressesFeature is not found.");

    public Task RunAsync(string? url = null)
    {
        Listen(url);
        return HostingAbstractionsHostExtensions.RunAsync(this);
    }

    public void Run(string? url = null)
    {
        Listen(url);
        HostingAbstractionsHostExtensions.Run(this);
    }

    private void Listen(string? url)
    {
        if (url is not null)
        {
            var addresses = _host.Services.GetRequiredService<IServer>().Features
                .Get<IServerAddressesFeature>()?.Addresses
                ?? throw new InvalidOperationException(
                "IServerAddressesFeature is not found.");
            addresses.Clear();
            addresses.Add(url);
        }
    }
    ...
}
```

17.5.2　WebApplication 的创建

要创建一个 WebApplication 对象，只需要提供一个对应的 IHost 对象。IHost 对象是通过 IHostBuilder 对象构建的，所以 WebApplicationBuilder 需要一个 IHostBuilder 对象，具体来说是一个 HostBuilder 对象。我们针对 WebApplicationBuilder 对象所做的一切设置最终都需要转移到 HostBuilder 对象上才能生效。

为了提供更加简洁的 Minimal API，WebApplicationBuilder 类型提供了一系列的属性。例如，它利用 Services 属性提供了可以直接进行服务注册的 IServiceCollection 集合，利用 Environment 属性提供了表示当前承载环境的 IWebHostEnvironment 对象，利用 Configuration 属性提供的 ConfigurationManager 对象不仅可以作为 IConfigurationBuilder 对象完成对配置系统的一切设置，它自身也可以作为 IConfiguration 对象为我们提供配置。

WebApplicationBuitder 还定义了 Host 属性和 WebHost 属性，对应类型为 ConfigureHostBuilder 和 ConfigureWebHostBuilder，它们分别实现了 IHostBuilder 接口和 IWebHostBuilder 接口，其目的是复用 IHostBuilder 接口和 IWebHostBuilder 接口承载的 API（主要是扩展方法）。为了尽可能使用现有方法对 IHostBuilder 对象进行初始化设置，它还使用了一个实现 IHostBuilder 接口的 BootstrapHostBuilder 类型。由这些对象组成了 WebApplicationBuilder 针对 HostBuilder 的构建模型。

如图 17-9 所示，WebApplicationBuilder 的所有工作都是为了构建它封装的 HostBuilder 对象。当 WebApplicationBuilder 初始化时，它除了创建 HostBuilder 对象，还创建存储服务注册的 IServiceCollection 对象，以及用来对配置进行设置的 ConfigurationManager 对象。接下来创建一个 BootstrapHostBuilder 对象，将它参数调用相应的方法（如 ConfigureWebHostDefaults 方法）和初始化设置收集起来，并将收集的服务注册和配置系统的设置分别转移到创建的 IServiceCollection 对象和 ConfigurationManager 对象中，其他设置直接应用到封装的 HostBuilder 对象上。

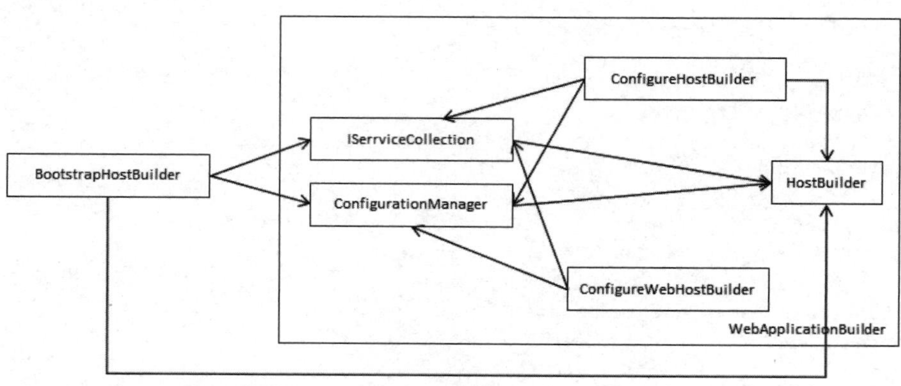

图 17-9　HostBuilder 构建模型

WebApplicationBuilder 在此之后会创建表示承载环境的 IWebHostEnvironment 对象，并对

Environment 属性进行初始化。在得到表示承载上下文的 WebHostBuilderContext 对象之后，上述的 ConfigureHostBuilder 对象和 ConfigureWebHostBuilder 对象被创建，并赋值给 Host 属性和 WebHost 属性。与 BootstrapHostBuilder 作用类似，我们利用这两个对象所做的设置最终都会转移到上述的 3 个对象中。

当利用 WebApplicationBuilder 进行 WebApplication 对象创建时，IServiceCollection 对象存储的服务注册和 ConfigurationManager 对象承载配置最终转移到 HostBuilder 对象上。此时再利用后者创建对应的 IHost 对象，表示承载应用的 WebApplication 对象最终由 IHost 对象创建。

1. BootstrapHostBuilder

如下所示为模拟 BootstrapHostBuilder 类型的定义。正如上面所说，BootStrapHostBuilder 的作用是收集初始化 IHostBuilder 对象提供的设置并将它们分别应用到指定的 IServiceCollection 对象、ConfigurationManager 对象和 IHostBuilder 对象上。这个使命体现在 BootstrapHostBuilder 的 Apply 方法上，该方法还通过一个输出参数返回创建的 HostBuilderContext 上下文对象。

```
public class BootstrapHostBuilder : IHostBuilder
{
    private readonly List<Action<IConfigurationBuilder>>
        _configureHostConfigurations = new();
    private readonly List<Action<HostBuilderContext, IConfigurationBuilder>>
        _configureAppConfigurations = new();
    private readonly List<Action<HostBuilderContext, IServiceCollection>>
        _configureServices = new();
    private readonly List<Action<IHostBuilder>> _others = new();

    public IDictionary<object, object> Properties { get; }
        = new Dictionary<object, object>();
    public IHost Build()=> throw new NotImplementedException();
    public IHostBuilder ConfigureHostConfiguration(
        Action<IConfigurationBuilder> configureDelegate)
    {
        _configureHostConfigurations.Add(configureDelegate);
        return this;
    }
    public IHostBuilder ConfigureAppConfiguration(
        Action<HostBuilderContext, IConfigurationBuilder> configureDelegate)
    {
        _configureAppConfigurations.Add(configureDelegate);
        return this;
    }
    public IHostBuilder ConfigureServices(
        Action<HostBuilderContext, IServiceCollection> configureDelegate)
    {
        _configureServices.Add(configureDelegate);
        return this;
    }
    public IHostBuilder UseServiceProviderFactory<TContainerBuilder>(
```

```
    IServiceProviderFactory<TContainerBuilder> factory)
{
    _others.Add(builder => builder.UseServiceProviderFactory(factory));
    return this;
}
public IHostBuilder UseServiceProviderFactory<TContainerBuilder>(
    Func<HostBuilderContext, IServiceProviderFactory<TContainerBuilder>> factory)
{
    _others.Add(builder => builder.UseServiceProviderFactory(factory));
    return this;
}
public IHostBuilder ConfigureContainer<TContainerBuilder>(
    Action<HostBuilderContext, TContainerBuilder> configureDelegate)
{
    _others.Add(builder => builder.ConfigureContainer(configureDelegate));
    return this;
}

internal void Apply(IHostBuilder hostBuilder,  ConfigurationManager configuration,
     IServiceCollection services, out HostBuilderContext builderContext)
{
    // 初始化宿主配置
    var hostConfiguration = new ConfigurationManager();
    _configureHostConfigurations.ForEach(it => it(hostConfiguration));

    // 创建承载环境
    var environment = new HostingEnvironment()
    {
        ApplicationName = hostConfiguration[HostDefaults.ApplicationKey],
        EnvironmentName = hostConfiguration[HostDefaults.EnvironmentKey]
            ?? Environments.Production,
        ContentRootPath = HostingPathResolver
            .ResolvePath(hostConfiguration[HostDefaults.ContentRootKey])
    };
    environment.ContentRootFileProvider
        = new PhysicalFileProvider(environment.ContentRootPath);

    // 创建 HostBuilderContext 上下文对象
    var hostContext = new HostBuilderContext(Properties)
    {
        Configuration = hostConfiguration,
        HostingEnvironment = environment,
    };

    // 将宿主配置添加到 ConfigurationManager 中
    configuration.AddConfiguration(hostConfiguration, true);

    // 初始化应用配置
    _configureAppConfigurations.ForEach(it => it(hostContext, configuration));
```

```
        // 收集服务注册
        _configureServices.ForEach(it => it(hostContext, services));

        // 将依赖注入容器设置应用到指定的 IHostBuilder 对象上
        _others.ForEach(it => it(hostBuilder));

        // 将自定义属性转移到指定的 IHostBuilder 对象上
        foreach (var kv in Properties)
        {
            hostBuilder.Properties[kv.Key] = kv.Value;
        }

        builderContext = hostContext;
    }
}
```

除了 Build 方法，IHostBuilder 接口中定义的所有方法的参数都是委托对象，所以实现的这些方法将提供的委托对象收集起来。在 Apply 方法中，我们通过执行这些委托对象，将初始化设置应用到指定的 IServiceCollection 对象、ConfigurationManager 对象和 IHostBuilder 对象上，并根据初始化宿主配置创建表示承载环境的 HostingEnvironment 对象。Apply 方法最后根据承载环境结合配置将 HostBuilderContext 上下文对象创建出来，并以输出参数的形式返回。

```
internal static class HostingPathResolver
{
    public static string ResolvePath(string? contentRootPath)
        => ResolvePath(contentRootPath, AppContext.BaseDirectory);
    public static string ResolvePath(string? contentRootPath, string basePath)
        => string.IsNullOrEmpty(contentRootPath)
        ? Path.GetFullPath(basePath)
        : Path.IsPathRooted(contentRootPath)
        ? Path.GetFullPath(contentRootPath)
        : Path.GetFullPath(Path.Combine(Path.GetFullPath(basePath), contentRootPath));
}
```

2. ConfigureHostBuilder

ConfigureHostBuilder 对象是在应用了 BootstrapHostBuilder 收集的初始化设置之后创建的，在创建该对象时提供了 HostBuilderContext 上下文对象、ConfigurationManager 对象和 IServiceCollection 对象。它将提供的服务注册直接添加到 IServiceCollection 对象中，针对配置的设置已经应用到 ConfigurationManager 对象，直接针对 IHostBuilder 对象的设置则利用 _configureActions 字段暂存起来。

```
public class ConfigureHostBuilder : IHostBuilder
{
    private readonly ConfigurationManager              _configuration;
    private readonly IServiceCollection                _services;
    private readonly HostBuilderContext                _context;
    private readonly List<Action<IHostBuilder>>        _configureActions = new();

    internal ConfigureHostBuilder(HostBuilderContext context,
```

```
        ConfigurationManager configuration, IServiceCollection services)
    {
        _configuration       = configuration;
        _services            = services;
        _context             = context;
    }

    public IDictionary<object, object> Properties => _context.Properties;
    public IHost Build() => throw new NotImplementedException();
    public IHostBuilder ConfigureAppConfiguration(
        Action<HostBuilderContext, IConfigurationBuilder> configureDelegate)
        => Configure(() => configureDelegate(_context, _configuration));

    public IHostBuilder ConfigureHostConfiguration(
        Action<IConfigurationBuilder> configureDelegate)
    {
        var applicationName   = _configuration[HostDefaults.ApplicationKey];
        var contentRoot       = _context.HostingEnvironment.ContentRootPath;
        var environment       = _configuration[HostDefaults.EnvironmentKey];

        configureDelegate(_configuration);

        // 与环境相关的 3 个配置不允许改变
        Validate(applicationName, HostDefaults.ApplicationKey,
            "Application name cannot be changed.");
        Validate(contentRoot, HostDefaults.ContentRootKey,
            "Content root cannot be changed.");
        Validate(environment, HostDefaults.EnvironmentKey,
            "Environment name cannot be changed.");

        return this;

        void Validate(string previousValue, string key, string message)
        {
            if (!string.Equals(previousValue, _configuration[key],
                StringComparison.OrdinalIgnoreCase))
            {
                throw new NotSupportedException(message);
            }
        }
    }

    public IHostBuilder ConfigureServices(
      Action<HostBuilderContext, IServiceCollection> configureDelegate)
      => Configure(() => configureDelegate(_context, _services));

    public IHostBuilder UseServiceProviderFactory<TContainerBuilder>(
      IServiceProviderFactory<TContainerBuilder> factory)
      => Configure(() => _configureActions.Add(
      b => b.UseServiceProviderFactory(factory)));
```

```
    public IHostBuilder UseServiceProviderFactory<TContainerBuilder>(
        Func<HostBuilderContext, IServiceProviderFactory<TContainerBuilder>> factory)
        => Configure(
           () => _configureActions.Add(b => b.UseServiceProviderFactory(factory)));

    public IHostBuilder ConfigureContainer<TContainerBuilder>(
        Action<HostBuilderContext, TContainerBuilder> configureDelegate)
        => Configure(
            () => _configureActions.Add(b => b.ConfigureContainer(configureDelegate)));

    private IHostBuilder Configure(Action configure)
    {
        configure();
        return this;
    }

    internal void Apply(IHostBuilder hostBuilder)
        => _configureActions.ForEach(op => op(hostBuilder));
}
```

WebApplicationBuilder 对象一旦被创建后，针对承载环境的配置是不能改变的，所以 ConfigureHostBuilder 的 ConfigureHostConfiguration 方法针对此添加了相应的验证。两个 UseServiceProviderFactory 方法和 ConfigureContainer 方法针对依赖注入容器的设置最终需要应用到 IHostBuilder 对象上，所以我们将方法中提供的委托对象利用_configureActions 字段暂存起来，并最终利用 Apply 方法应用到指定的 IHostBuilder 对象上。

3．ConfigureWebHostBuilder

ConfigureWebHostBuilder 对象同样是在应用了 BootstrapHostBuilder 提供的初始化设置后创建的，在创建该对象时能够提供 WebHostBuilderContext 上下文对象和承载配置与服务注册的 ConfigurationManager 对象及 IServiceCollection 对象。由于 IWebHostBuilder 接口定义的方法只涉及服务注册和配置的设置，所以由方法提供的委托对象可以直接应用到这两个对象上。

```
public class ConfigureWebHostBuilder : IWebHostBuilder, ISupportsStartup
{
    private readonly WebHostBuilderContext   _builderContext;
    private readonly IServiceCollection      _services;
    private readonly ConfigurationManager    _configuration;

    public ConfigureWebHostBuilder(WebHostBuilderContext builderContext,
         ConfigurationManager configuration, IServiceCollection services)
    {
        _builderContext        = builderContext;
        _services              = services;
        _configuration         = configuration;
    }

    public IWebHost Build()=> throw new NotImplementedException();
```

```
    public IWebHostBuilder ConfigureAppConfiguration(
        Action<WebHostBuilderContext, IConfigurationBuilder> configureDelegate)
        => Configure(() => configureDelegate(_builderContext, _configuration));
    public IWebHostBuilder ConfigureServices(
      Action<IServiceCollection> configureServices)
        => Configure(() => configureServices(_services));
    public IWebHostBuilder ConfigureServices(
        Action<WebHostBuilderContext, IServiceCollection> configureServices)
        => Configure(() => configureServices(_builderContext, _services));
    public string? GetSetting(string key) => _configuration[key];
    public IWebHostBuilder UseSetting(string key, string? value)
        => Configure(() => _configuration[key] = value);

    IWebHostBuilder ISupportsStartup.UseStartup(Type startupType)
        => throw new NotImplementedException();
    IWebHostBuilder ISupportsStartup.UseStartup<TStartup>(
        Func<WebHostBuilderContext, TStartup> startupFactory)
    => throw new NotImplementedException();
    IWebHostBuilder ISupportsStartup.Configure(Action<IApplicationBuilder> configure)
        => throw new NotImplementedException();
    IWebHostBuilder ISupportsStartup.Configure(
        Action<WebHostBuilderContext, IApplicationBuilder> configure)
        => throw new NotImplementedException();

    private IWebHostBuilder Configure(Action configure)
    {
        configure();
        return this;
    }
}
```

前文已经提到，传统承载方式将初始化操作定义在注册的 Startup 类型的编程方式已经不被 Minima API 支持，所以 WebApplicationBuilder 本不该实现 ISupportsStartup 接口，但是希望用户在采用这种编程方式时得到显式提醒，所以依然让它实现该接口，并在实现的方法中抛出 NotImplementedException 类型的异常。

4．WebApplicationBuilder

如下代码片段模拟了 WebApplicationBuilder 针对 WebApplication 的构建。利用它的构造函数创建一个 BootstrapHostBuilder 对象，调用它的 ConfigureDefaults 扩展方法和 ConfigureWebHostDefaults 扩展方法将初始化设置收集起来。ConfigureWebHostDefaults 扩展方法利用提供的 Action<IWebHostBuilder>委托对象进行中间件的注册，由于中间件的注册被转移到 WebApplication 对象上，并且它提供了一个 BuildRequestDelegate 方法返回由注册中间件组成的管道，所以在这里只需调用创建 WebApplication 对象（通过_application 字段表示，此时 WebApplication 对象尚未被创建，当中间件真正被注册时会被创建出来）的方法，并将返回的 RequestDelegate 对象作为参数调用 IApplicationBuilder 接口的 Run 方法将中间件管道注册为请求处理器。

```
public class WebApplicationBuilder
{
    private readonly HostBuilder        _hostBuilder = new HostBuilder();
    private WebApplication              _application;

    public ConfigurationManager         Configuration { get; } =
        new ConfigurationManager();
    public IServiceCollection           Services { get; } = new ServiceCollection();
    public IWebHostEnvironment          Environment { get; }
    public ConfigureHostBuilder         Host { get; }
    public ConfigureWebHostBuilder      WebHost { get; }
    public ILoggingBuilder              Logging { get; }

    public WebApplicationBuilder(WebApplicationOptions options)
    {
      //创建 BootstrapHostBuilder 并利用它收集初始化过程中设置的配置、服务和依赖注入容器的设置
        var args = options.Args;
        var bootstrap = new BootstrapHostBuilder();
        bootstrap
            .ConfigureDefaults(null)
            .ConfigureWebHostDefaults(webHostBuilder => webHostBuilder.Configure(
                app => app.Run(_application.BuildRequestDelegate())))
            .ConfigureHostConfiguration(config => {
                // 添加命令行配置源
                if (args?.Any() == true)
                {
                    config.AddCommandLine(args);
                }

                // 将 WebApplicationOptions 配置选项转移到配置中
                Dictionary<string, string>? settings = null;
                if (options.EnvironmentName is not null) (settings ??= new())
                    [HostDefaults.EnvironmentKey] = options.EnvironmentName;
                if (options.ApplicationName is not null) (settings ??= new())
                    [HostDefaults.ApplicationKey] = options.ApplicationName;
                if (options.ContentRootPath is not null) (settings ??= new())
                    [HostDefaults.ContentRootKey] = options.ContentRootPath;
                if (options.WebRootPath is not null) (settings ??= new())
                    [WebHostDefaults.WebRootKey] = options.EnvironmentName;
                if (settings != null)
                {
                    config.AddInMemoryCollection(settings);
                }
            });

        // 将 BootstrapHostBuilder 收集的配置和服务转移到 Configuration 和 Services 上
        // 将应用到 BootstrapHostBuilder 上针对依赖注入容器的设置转移到_hostBuilder 字段上
        // 得到 BuilderContext 上下文对象
```

```
        bootstrap.Apply(_hostBuilder, Configuration, Services, out var builderContext);

        // 如果提供了命令行参数，则在 Configuration 上添加对应的配置源
        if (options.Args?.Any() == true)
        {
            Configuration.AddCommandLine(options.Args);
        }

        // 创建 WebHostBuilderContext 上下文对象
        // 初始化 Host 属性、WebHost 属性和 Logging 属性
        var webHostContext = (WebHostBuilderContext)builderContext
            .Properties[typeof(WebHostBuilderContext)];
        Environment = webHostContext.HostingEnvironment;
        Host = new ConfigureHostBuilder(builderContext, Configuration, Services);
        WebHost = new ConfigureWebHostBuilder(webHostContext, Configuration, Services);
        Logging = new LogginigBuilder(Services);
    }

    public WebApplication Build()
    {
        // 将 ConfigurationManager 的配置转移到_hostBuilder 字段上
        _hostBuilder.ConfigureAppConfiguration(builder =>
        {
            builder.AddConfiguration(Configuration);
            foreach (var kv in ((IConfigurationBuilder)Configuration).Properties)
            {
                builder.Properties[kv.Key] = kv.Value;
            }
        });

        // 将添加的服务注册转移到_hostBuilder 字段上
        _hostBuilder.ConfigureServices((_, services) =>
        {
            foreach (var service in Services)
            {
                services.Add(service);
            }
        });

        // 将应用到 Host 属性上的设置转移到_hostBuilder 字段上
        Host.Apply(_hostBuilder);

        // 利用_hostBuilder 字段创建的 IHost 对象创建 WebApplication
        return _application = new WebApplication(_hostBuilder.Build());
    }
}
```

接下来 BootstrapHostBuilder 的 ConfigureHostConfiguration 方法被调用。我们利用它将提供的 WebApplicationOptions 配置选项转移到 BootstrapHostBuilder 针对宿主的配置上。将 IHostBuilder 初始化设置应用到 BootstrapHostBuilder 对象上之后，调用其 Apply 方法将这些设置

分别转移到承载服务注册和配置的 IServiceCollection 对象和 ConfigurationManager 对象，以及封装的 HostBuilder 对象上。

Apply 方法利用输出参数提供了 HostBuilderContext 上下文对象，并从中提取 WebHostBuilderContext 上下文对象（GenericWebHostBuilder 会将创建的 WebHostBuilderContext 上下文对象置于 HostBuilderContext 上下文对象的属性字典中）。我们利用这个上下文对象将 ConfigureHostBuilder 对象和 ConfigureWebHostBuilder 对象创建出来，并作为 Host 属性和 WebHost 属性。用于对日志进行进一步设置的 Logging 属性也在这里被初始化，返回的 LoggingBuilder 对象只是对 IServiceCollection 对象的简单封装。

构建 WebApplication 对象的 Build 方法分别调用 ConfigureAppConfiguration 方法和 ConfigureServices 方法将 ConfigurationManager 对象和 IServiceCollection 对象承载的配置与服务注册转移到 HostBuilder 对象上。接下来提取 Host 属性返回的 ConfigureHostBuilder 对象，并调用其 Apply 方法将应用在该对象上的依赖注入容器的设置转移到 HostBuilder 对象上。至此所有的设置全部转移到 HostBuilder 对象上，调用其 Build 方法创建对应的 IHost 对象后，利用 IHost 对象创建代码承载应用的 WebApplication 对象。我们将这个对象赋值到_application 字段上，前面调用 ConfigureWebHostDefaults 扩展方法提供的委托对象会将它的 BuildRequestDelegate 方法构建的中间件管道作为请求处理器。

17.5.3 工厂方法

表示承载应用的 WebApplication 对象是由 WebApplicationBuilder 创建的，但是我们一般不会通过调用构造函数的方式来创建 WebApplicationBuilder 对象而是使用 WebApplication 类型提供的静态工厂方法来创建它。WebApplication 除了提供了 3 个用于创建 WebApplicationBuilder 对象的 CreateBuilder 重载方法，还提供了一个直接创建 WebApplication 对象的 Create 方法。

```
public sealed class WebApplication
{
    public static WebApplicationBuilder CreateBuilder() =>
        new WebApplicationBuilder(new WebApplicationOptions());

    public static WebApplicationBuilder CreateBuilder(string[] args)
    {
        var options = new WebApplicationOptions();
        options.Args = args;
        return new WebApplicationBuilder(options);
    }

    public static WebApplicationBuilder CreateBuilder(WebApplicationOptions options) =>
        new WebApplicationBuilder(options, null);

    public static WebApplication Create(string[]? args = null)
    {
```

```
        var options = new WebApplicationOptions();
        options.Args = args;
        return new WebApplicationBuilder(options).Build();
    }
}
```

本节通过 WebApplication 和 WebApplicationBuilder 这两个类型的实现模拟来介绍 Minimal API 的实现原理。一方面为了让讲解更加清晰，另一方面也出于篇幅的限制，不得不省略很多细枝末节的内容，但是设计思想和实现原理别无二致。上面提供的源代码也不是伪代码，如下所示为“模拟的 Minimal API”构建的 ASP.NET Core 应用，它是可以正常运行的。如果读者对真实的 Minimal API 实现感兴趣，则可以将本节作为一个“向导”去探寻“真实的 Minimal API”。（S1704）

```
var app = App.WebApplication.Create();
app.Run(httpContext => httpContext.Response.WriteAsync("Hello World!"));
app.Run();
```

第 4 篇　服务器概述

第18章

服务器

作为 ASP.NET Core 请求处理管道的“龙头”服务器负责监听和接收请求并最终完成对请求的响应。它将原始的请求上下文描述为相应的特性（Feature），并以此将 HttpContext 上下文对象创建出来，中间件对 HttpContext 上下文对象的所有操作将借助于这些特性转移到原始的请求上下文上。除了常用的 Kestrel 服务器，ASP.NET Core 还提供了其他类型的服务器。

18.1 自定义服务器

学习 ASP.NET Core 框架最有效的方式就是按照它的原理“再造”一个框架，了解服务器本质的最好手段就是试着自定义一个服务器。“第 16 章 应用承载（中）”提供了一个模拟的 ASP.NET Core 框架，其中提供了一个基于 HttpListener 的服务器。现在我们自定义一个真正的服务器。在此之前，我们再来回顾一下表示服务器的 IServer 接口。

18.1.1 IServer

作为服务器的 IServer 对象利用如下 Features 属性提供了与自身相关的特性。除了利用 StartAsync<TContext>方法和 StopAsync 方法启动和关闭服务器，它还实现了 IDisposable 接口，资源的释放工作可以通过实现的 Dispose 方法来完成。StartAsync<TContext>方法将 IHttpApplication<TContext>类型的参数作为处理请求的“应用”，通过“第 17 章 应用承载（下）”的介绍，我们知道 IServer 对象是对中间件管道的封装。从这个意义上讲，服务器就是传输层和 IHttpApplication<TContext>对象之间的“中介”。

```
public interface IServer : IDisposable
{
    IFeatureCollection Features { get; }

    Task StartAsync<TContext>(IHttpApplication<TContext> application,
        CancellationToken cancellationToken) where TContext : notnull;
    Task StopAsync(CancellationToken cancellationToken);
}
```

由于具有如图 18-1 所示的定位，虽然不同服务器类型的定义方式千差万别，但是背后的模式基本上与下面这个以伪代码定义的服务器类型一致。这个 Server 利用 IListener 对象来监听和接收请求，该对象是利用构造函数中注入的 IListenerFactory 工厂根据指定的监听地址创建的。StartAsync<TContext>方法从 Features 特性集合中提取 IServerAddressesFeature 特性，并对它提供的每个监听地址创建一个 IListener 对象。StartAsync<TContext>方法为每个 IListener 对象开启一个"接收和处理请求"的循环，循环中的每次迭代都会调用 IListener 对象的 AcceptAsync 方法来接收请求，再利用 RequestContext 对象来表示请求上下文。

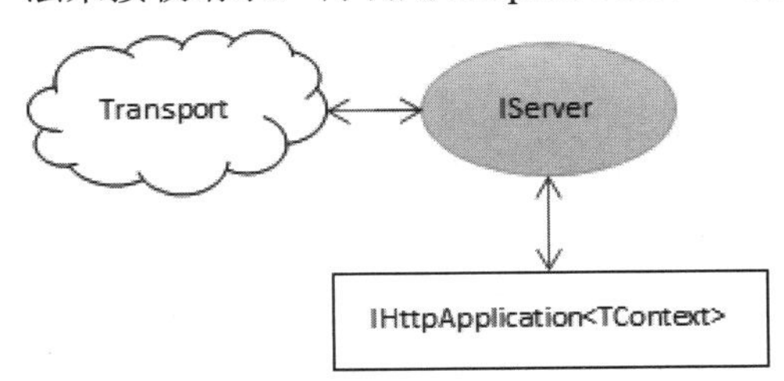

图 18-1　服务器的"角色"

```
public class Server : IServer
{
    private readonly IListenerFactory        _listenerFactory;
    private readonly List<IListener>         _listeners = new();

    public IFeatureCollection Features { get; } = new FeatureCollection();

    public Server(IListenerFactory listenerFactory)
        => _listenerFactory = listenerFactory;

    public async Task StartAsync<TContext>(IHttpApplication<TContext> application,
        CancellationToken cancellationToken) where TContext : notnull
    {
        var addressFeature = Features.Get<IServerAddressesFeature>()!;
        foreach (var address in addressFeature.Addresses)
        {
            var listener = await _listenerFactory.BindAsync(address);
            _listeners.Add(listener);
            _ = StartAcceptLoopAsync(listener);
        }

        async Task StartAcceptLoopAsync(IListener listener)
        {
            while (true)
            {
                var requestContext = await listener.AcceptAsync();
                _ = ProcessRequestAsync(requestContext);
            }
        }
```

```
        async Task ProcessRequestAsync(RequestContext requestContext)
        {
            var feature = new RequestContextFeature(requestContext);
            var contextFeatures = new FeatureCollection();
            contextFeatures.Set<IHttpRequestFeature>(feature);
            contextFeatures.Set<IHttpResponseFeature>(feature);
            contextFeatures.Set<IHttpResponseBodyFeature>(feature);

            var context = application.CreateContext(contextFeatures);
            Exception? exception = null;
            try
            {
                await application.ProcessRequestAsync(context);
            }
            catch (Exception ex)
            {
                exception = ex;
            }
            finally
            {
                application.DisposeContext(context, exception);
            }
        }
}
     public Task StopAsync(CancellationToken cancellationToken)
        => Task.WhenAll(_listeners.Select(listener => listener.StopAsync()));

    public void Dispose() => _listeners.ForEach(listener => listener.Dispose());
}

public interface IListenerFactory
{
    Task<IListener> BindAsync(string listenAddress);
}

public interface IListener: IDisposable
{

    Task<RequestContext> AcceptAsync();
    Task StopAsync();
}

public class RequestContext
{
     ...
}

public class RequestContextFeature : IHttpRequestFeature, IHttpResponseFeature,
    IHttpResponseBodyFeature
{
```

```
    public RequestContextFeature(RequestContext requestContext);
    ...
}
```

接下来 StartAsync<TContext>方法利用 RequestContext 上下文对象将 RequestContextFeature 特性创建出来。RequestContextFeature 特性类型同时实现了 IHttpRequestFeature、IHttpResponseFeature 和 IHttpResponseBodyFeature 这 3 个核心接口，然后该特性针对这 3 个接口将特性对象添加到创建的 FeatureCollection 集合中。特性集合随后作为参数调用 IHttpApplication <TContext>对象的 CreateContext 方法将 TContext 上下文对象创建出来，后者将进一步作为参数调用另一个 ProcessRequestAsync 方法将请求分发给中间件管道进行处理。待处理结束后，IHttpApplication<TContext>对象的 DisposeContext 方法被调用，创建的 TContext 上下文对象承载的资源得以释放。

18.1.2　请求和响应特性

接下来将采用类似的模式来定义一个基于 HttpListener 的服务器。“第 16 章　应用承载（中）”提供的 HttpListenerServer 的思路就是利用自定义特性来封装表示原始请求上下文的 HttpListenerContext 对象。这次我们换一种“解法”，使用 HttpRequestFeature 和 HttpResponseFeature 这两个特性。

```
public class HttpRequestFeature : IHttpRequestFeature
{
    public string               Protocol { get; set; }
    public string               Scheme { get; set; }
    public string               Method { get; set; }
    public string               PathBase { get; set; }
    public string               Path { get; set; }
    public string               QueryString { get; set; }

    public string               RawTarget { get; set; }
    public IHeaderDictionary Headers { get; set; }
    public Stream               Body { get; set; }
}

public class HttpResponseFeature : IHttpResponseFeature
{
    public int                  StatusCode { get; set; }
    public string?              ReasonPhrase { get; set; }
    public IHeaderDictionary Headers { get; set; }
    public Stream               Body { get; set; }
    public virtual bool         HasStarted => false;

    public HttpResponseFeature()
    {
        StatusCode = 200;
        Headers = new HeaderDictionary();
        Body = Stream.Null;
```

```
    }

    public virtual void OnStarting(Func<object, Task> callback, object state){}
    public virtual void OnCompleted(Func<object, Task> callback, object state){}
}
```

如果我们使用 HttpRequestFeature 来描述请求，就意味着 HttpListener 在接收到请求之后需要将请求信息从 HttpListenerContext 上下文对象转移到该特性上。如果使用 HttpResponseFeature 来描述响应，则中间件管道在完成请求处理后，还需要将该特性承载的响应数据应用到 HttpListenerContext 上下文对象上。

18.1.3 StreamBodyFeature

现在我们有了描述请求和响应的两个特性，还需要一个描述响应主体的特性，为此定义了如下 StreamBodyFeature 特性类型。StreamBodyFeature 直接使用构造函数提供的 Stream 对象作为响应主体的输出流，并根据该对象创建 Writer 属性返回的 PipeWriter 对象。本着“一切从简”的原则，我们并没有实现用来发送文件的 SendFileAsync 方法，其他成员也采用最简单的方式进行了实现。

```
public class StreamBodyFeature : IHttpResponseBodyFeature
{
    public Stream     Stream { get; }
    public PipeWriter Writer { get; }

    public StreamBodyFeature(Stream stream)
    {
        Stream = stream;
        Writer = PipeWriter.Create(Stream);
    }

    public Task CompleteAsync() => Task.CompletedTask;
    public void DisableBuffering() { }
    public Task SendFileAsync(string path, long offset, long? count,
      CancellationToken cancellationToken = default)
      => throw new NotImplementedException();
    public Task StartAsync(CancellationToken cancellationToken = default)
        => Task.CompletedTask;
}
```

18.1.4 HttpListenerServer

在如下自定义的 HttpListenerServer 服务器类型中，与传输层交互的 HttpListener 体现在 _listener 字段上。服务器在初始化过程中，它的 Features 属性返回的 IFeatureCollection 对象中添加了一个 ServerAddressesFeature 特性，因为需要用它来存储注册的监听地址。实现 StartAsync<TContext>方法将监听地址从这个特性中取出来应用到 HttpListener 对象上。

```
public class HttpListenerServer : IServer
{
    private readonly HttpListener _listener = new();
```

```
public IFeatureCollection Features { get; } = new FeatureCollection();

public HttpListenerServer()
    => Features.Set<IServerAddressesFeature>(new ServerAddressesFeature());
public Task StartAsync<TContext>(IHttpApplication<TContext> application,
    CancellationToken cancellationToken) where TContext : notnull
{
    var pathbases = new HashSet<string>(StringComparer.OrdinalIgnoreCase);
    var addressesFeature = Features.Get<IServerAddressesFeature>()!;
    foreach (string address in addressesFeature.Addresses)
    {
        _listener.Prefixes.Add(address.TrimEnd('/') + "/");
        pathbases.Add(new Uri(address).AbsolutePath.TrimEnd('/'));
    }
    _listener.Start();

    while (true)
    {
        var listenerContext = _listener.GetContext();
        _ = ProcessRequestAsync(listenerContext);
    }

    async Task ProcessRequestAsync( HttpListenerContext listenerContext)
    {
        FeatureCollection features = new();
        var requestFeature = CreateRequestFeature(pathbases, listenerContext);
        var responseFeature = new HttpResponseFeature();
        var body = new MemoryStream();
        var bodyFeature = new StreamBodyFeature(body);
        features.Set<IHttpRequestFeature>(requestFeature);
        features.Set<IHttpResponseFeature>(responseFeature);
        features.Set<IHttpResponseBodyFeature>(bodyFeature);

        var context = application.CreateContext(features);
        Exception? exception = null;
        try
        {
            await application.ProcessRequestAsync(context);

            var response = listenerContext.Response;
            response.StatusCode = responseFeature.StatusCode;
            if (responseFeature.ReasonPhrase is not null)
            {
                response.StatusDescription = responseFeature.ReasonPhrase;
            }
            foreach (var kv in responseFeature.Headers)
            {
                response.AddHeader(kv.Key, kv.Value);
            }
            body.Position = 0;
```

```
                await body.CopyToAsync(listenerContext.Response.OutputStream);
            }
            catch (Exception ex)
            {
                exception = ex;
            }
            finally
            {
                body.Dispose();
                application.DisposeContext(context, exception);
                listenerContext.Response.Close();
            }
        }
    }
    public void Dispose() => _listener.Stop();

    private static HttpRequestFeature CreateRequestFeature(HashSet<string> pathbases,
        HttpListenerContext listenerContext)
    {
        var request             = listenerContext.Request;
        var url                 = request.Url!;
        var absolutePath        = url.AbsolutePath;
        var protocolVersion     = request.ProtocolVersion;
        var requestHeaders      = new HeaderDictionary();
        foreach (string key in request.Headers)
        {
            requestHeaders.Add(key, request.Headers.GetValues(key));
        }

        var requestFeature = new HttpRequestFeature
        {
            Body                = request.InputStream,
            Headers             = requestHeaders,
            Method              = request.HttpMethod,
            QueryString         = url.Query,
            Scheme              = url.Scheme,
            Protocol            =
$"{url.Scheme.ToUpper()}/{protocolVersion.Major}.{protocolVersion.Minor}"
        };
        var pathBase = pathbases.First(it
            => absolutePath.StartsWith(it, StringComparison.OrdinalIgnoreCase));
        requestFeature.Path = absolutePath[pathBase.Length..];
        requestFeature.PathBase = pathBase;
        return requestFeature;
    }

    public Task StopAsync(CancellationToken cancellationToken)
    {
        _listener.Stop();
```

```
        return Task.CompletedTask;
    }
}
```

在调用 Start 方法将 HttpListener 启动后，StartAsync<TContext>方法开始“请求接收处理”循环。接收到的请求上下文被封装成 HttpListenerContext 上下文对象，其承载的请求信息利用 CreateRequestFeature 方法转移到创建的 HttpRequestFeature 特性上。StartAsync<TContext>方法创建的“空”HttpResponseFeature 对象来描述响应，另一个描述响应主体的 StreamBodyFeature 特性则根据创建的 MemoryStream 对象构建，这就意味着中间件管道写入的响应主体的内容将暂存到这个内存流中。我们将这几个特性注册到创建的 FeatureCollection 集合上，并将后者作为参数调用 IHttpApplication<TContext>对象的 CreateContext 方法将 TContext 上下文对象创建出来。此上下文对象进一步作为参数调用 IHttpApplication<TContext>对象的 ProcessRequestAsync 方法，中间件管道得以接管请求。

当中间件管道的处理工作完成后，响应的内容还暂存在 HttpResponseFeature 和 StreamBodyFeature 两个特性中，我们还需要将它们应用到表示原始 HttpListenerContext 上下文对象上。首先 StartAsync<TContext>方法从 HttpResponseFeature 特性中提取响应状态码和响应报头转移到 HttpListenerContext 上下文对象上，然后将 MemoryStream 对象“拷贝”到 HttpListenerContext 上下文对象承载的响应主体输出流中。

```
using App;
using Microsoft.AspNetCore.Hosting.Server;
using Microsoft.Extensions.DependencyInjection.Extensions;

var builder = WebApplication.CreateBuilder(args);
builder.Services.Replace(ServiceDescriptor.Singleton<IServer, HttpListenerServer>());
var app = builder.Build();
app.Run(context => context.Response.WriteAsync("Hello World!"));
app.Run("http://localhost:5000/foobar/");
```

我们采用上面的演示程序来检测 HttpListenerServer 能否正常工作。我们为 HttpListenerServer 类型创建了一个 ServiceDescriptor 对象将现有的服务器的服务注册替换。在调用 WebApplication 对象的 Run 方法时显式指定了具有 PathBase（/foobar）的监听地址“http://localhost:5000/foobar/”，如图 18-2 所示，浏览器以此地址访问应用，会得到我们希望的结果。（S1801）

图 18-2　HttpListenerServer 返回的结果

18.2 KestrelServer

具有跨平台功能的 KestrelServer 是最重要的服务器类型，也是本书默认使用的服务器。由篇幅所限，本章无法全面介绍 KestrelServer 针对请求的监听、接收、分发和响应的流程，所以将关注点放在服务器的使用上。

18.2.1 注册终节点

KestrelServer 的设置主要体现在 KestrelServerOptions 配置选项上，注册的终节点是它承载的最重要的配置选项。这里所谓的终节点（Endpoint）与“第 20 章　路由”介绍的终节点不是一回事，这里的终节点表示服务器在监听请求时绑定的网络地址，对应着一个 System.Net.Endpoint 对象。我们知道 ASP.NET Core 应用承载 API 也提供了注册监听地址的方法，其本质也是为了注册终节点，那么两种注册方式如何取舍呢？

1. UseKestrel 扩展方法

IWebHostBuilder 接口的如下 3 个 UseKestrel 重载扩展方法能够完成 KestrelServer 的注册并对 KestrelServerOptions 配置选项进行相应设置。我们先来看一看如何利用它们来注册终节点。

```
public static class WebHostBuilderKestrelExtensions
{
    public static IWebHostBuilder UseKestrel(this IWebHostBuilder hostBuilder);
    public static IWebHostBuilder UseKestrel(this IWebHostBuilder hostBuilder,
        Action<KestrelServerOptions> options);
    public static IWebHostBuilder UseKestrel(this IWebHostBuilder hostBuilder,
        Action<WebHostBuilderContext, KestrelServerOptions> configureOptions);
}
```

注册到 KestrelServer 上的终节点体现为如下 Endpoint 对象。Endpoint 是对网络地址的抽象，它们在大部分情况下体现为“IP 地址+端口”或者“域名+端口”，对应的类型分别为 IPEndPoint 和 DnsEndPoint。UnixDomainSocketEndPoint 表示基于 Unix Domain Socket/IPC Socket 的终节点，它旨在实现同一台计算机上多个进程之间的通信（IPC）。FileHandleEndPoint 表示指向某个文件句柄（如 TCP 或者 Pipe 类型的文件句柄）的终节点。

```
public abstract class EndPoint
{
    public virtual AddressFamily AddressFamily { get; }

    public virtual EndPoint Create(SocketAddress socketAddress);
    public virtual SocketAddress Serialize();
}

public class IPEndPoint : EndPoint
public class DnsEndPoint : EndPoint
public sealed class UnixDomainSocketEndPoint : EndPoint
public class FileHandleEndPoint : EndPoint
```

终节点的注册利用如下 ListenOptions 配置选项来描述。该类型实现的 IConnectionBuilder 接口和 IMultiplexedConnectionBuilder 接口涉及连接的构建。我们将在后面讨论这个话题。注册的终节点体现为 ListenOptions 配置选项的 EndPoint 属性，如果是一个 IPEndPoint 对象，则该对象也会体现在 IPEndPoint 属性上。如果终节点类型为 UnixDomainSocketEndPoint 和 FileHandleEndPoint，则可以利用 ListenOptions 配置选项的 SocketPath 和 FileHandle 得到对应的 Socket 路径和文件句柄。

```
public class ListenOptions : IConnectionBuilder, IMultiplexedConnectionBuilder
{
    public EndPoint                         EndPoint { get; }

    public IPEndPoint                       IPEndPoint {  get; }
    public string                           SocketPath {  get; }
    public ulong                            FileHandle { get; }

    public HttpProtocols                    Protocols { get; set; }
    public bool                             DisableAltSvcHeader { get; set; }

    public IServiceProvider                 ApplicationServices { get; }
    public KestrelServerOptions             KestrelServerOptions { get; }
    ...
}
```

同一个终节点可以同时支持 HTTP 1.x、HTTP 2 和 HTTP 3 共 3 种协议，具体设置体现在 Protocols 属性上，该属性返回如下 HttpProtocols 枚举。由于枚举项 Http3 和 Http1AndHttp2AndHttp3 上面标注了 RequiresPreviewFeatures 特性，如果需要采用 HTTP 3 协议，则项目文件中必须添加“<EnablePreviewFeatures>true</EnablePreviewFeatures>”属性。如果 HTTP 3 终节点同时支持 HTTP 1.x 和 HTTP 2 两种协议，则针对 HTTP 1.x 和 HTTP 2 请求的响应一般会添加一个 alt-svc （Alternative Service）报头指示可以升级到 HTTP 3 协议。我们可以设置 DisableAltSvcHeader 属性关闭此特性，该属性默认值为 Http1AndHttp2。

```
[Flags]
public enum HttpProtocols
{
    None = 0,
    Http1 = 1,
    Http2 = 2,
    Http1AndHttp2 = 3,
    [RequiresPreviewFeatures]
    Http3 = 4,
    [RequiresPreviewFeatures]
    Http1AndHttp2AndHttp3 = 7
}
```

KestrelServerOptions 的 ListenOptions 属性返回的 ListenOptions 列表表示所有注册的终节点，它由 CodeBackedListenOptions 属性和 ConfigurationBackedListenOptions 属性合并而成，这两个属性分别表示通过代码和配置注册的终节点。基于“代码”的终节点注册由如下一系列 Listen 和以“Listen”为前缀的方法来完成。除了这些注册单个终节点的方法， ConfigureEndpointDefaults 方法为注册的所有终节点提供基础设置。

```
public class KestrelServerOptions
{
    internal List<ListenOptions>              CodeBackedListenOptions { get; }
    internal List<ListenOptions>              ConfigurationBackedListenOptions { get; }
    internal IEnumerable<ListenOptions>       ListenOptions { get; }

    public void Listen(EndPoint endPoint);
    public void Listen(IPEndPoint endPoint);
    public void Listen(EndPoint endPoint, Action<ListenOptions> configure);
    public void Listen(IPAddress address, int port);
    public void Listen(IPEndPoint endPoint, Action<ListenOptions> configure);
    public void Listen(IPAddress address, int port, Action<ListenOptions> configure);
    public void ListenAnyIP(int port);
    public void ListenAnyIP(int port, Action<ListenOptions> configure);
    public void ListenHandle(ulong handle);
    public void ListenHandle(ulong handle, Action<ListenOptions> configure);
    public void ListenLocalhost(int port);
    public void ListenLocalhost(int port, Action<ListenOptions> configure);
    public void ListenUnixSocket(string socketPath);
    public void ListenUnixSocket(string socketPath, Action<ListenOptions> configure);

    public void ConfigureEndpointDefaults(Action<ListenOptions> configureOptions)
    ...
}
```

2. 两种终节点的取舍

我们知道监听地址不仅可以被添加到 WebApplication 对象的 Urls 属性中，WebApplication 类型用来启动应用的 RunAsync 方法和 Run 方法也提供了可缺省的参数来指定监听地址。从如下代码片段可以看出，这 3 种方式提供的监听地址都被添加到了 IServer 对象的 Features 属性中。

```
public sealed class WebApplication : IHost
{
    private readonly IHost _host;
    public ICollection<string> Urls
        => _host.Services.GetRequiredService<IServer>().Features
        .Get<IServerAddressesFeature>()?.Addresses ?? throw
        new InvalidOperationException("IServerAddressesFeature could not be found.");

    public Task RunAsync(string? url = null)
    {
        Listen(url);
        return ((IHost)this).RunAsync();
    }

    public void Run(string? url = null)
    {
        Listen(url);
```

```
        ((IHost)this).Run();
    }
    private void Listen(string? url)
    {
        if (url != null)
        {
            var addresses = ServerFeatures.Get<IServerAddressesFeature>()?.Addresses
                ?? throw new InvalidOperationException(
                "No valid IServerAddressesFeature is found");
            addresses.Clear();
            addresses.Add(url);
        }
    }
}
```

如果 KestrelServerOptions 配置选项不能提供注册的终节点，则 KestrelServer 使用这个特性提供的地址来创建对应的终节点，否则根据 IServerAddressesFeature 特性的 PreferHostingUrls 属性来进行取舍。如果 IServerAddressesFeature 特性的 PreferHostingUrls 属性返回 True，则它提供的地址会被选择，否则使用直接注册到 KestrelServerOptions 配置选项的终节点。

监听地址的注册和 PreferHostingUrls 的设置可以利用 IWebHostBuilder 接口的两个扩展方法来完成。从下面的代码片段可以看出，这两个扩展方法会将提供的设置存储在配置上，配置项名称分别为“urls”和“preferHostingUrls”，对应着 WebHostDefaults 定义的两个静态只读字段 ServerUrlsKey 和 PreferHostingUrlsKey。既然这两个设置来源于配置，我们自然可以利用命令行参数、环境变量或者直接修改对应配置项的方式来指定它们。

```
public static class HostingAbstractionsWebHostBuilderExtensions
{
    public static IWebHostBuilder UseUrls(this IWebHostBuilder hostBuilder,
      params string[] urls) =>
      hostBuilder.UseSetting(WebHostDefaults.ServerUrlsKey, string.Join(';', urls));
    public static IWebHostBuilder PreferHostingUrls(this IWebHostBuilder hostBuilder,
      bool preferHostingUrls)
      => hostBuilder.UseSetting(WebHostDefaults.PreferHostingUrlsKey,
      preferHostingUrls ? "true" : "false");
}
```

如果服务器的特性集合提供的 IServerAddressesFeature 特性包含监听地址，则以配置方式设置的监听地址和针对 PreferHostingUrls 的设置将被忽略，这一个特性体现在 GenericWebHostService 的 StartAsync 方法中。如下面的代码片段所示，该方法从服务器中提取 IServerAddressesFeature 特性，只有该特性在不能提供监听地址的情况下，利用配置注册的监听地址和针对 PreferHostingUrls 的设置才会应用到该特性中。

```
internal sealed class GenericWebHostService : IHostedService
{
    public async Task StartAsync(CancellationToken cancellationToken)
    {
        ...
        var serverAddressesFeature = Server.Features.Get<IServerAddressesFeature>();
```

```
            var addresses = serverAddressesFeature?.Addresses;
            if (addresses != null && !addresses.IsReadOnly && addresses.Count == 0)
            {
                var text = Configuration[WebHostDefaults.ServerUrlsKey];
                if (!string.IsNullOrEmpty(text))
                {
                    serverAddressesFeature.PreferHostingUrls = WebHostUtilities
                        .ParseBool(Configuration, WebHostDefaults.PreferHostingUrlsKey);
                    string[] array = text.Split(';',
                      StringSplitOptions.RemoveEmptyEntries);
                    foreach (string item in array)
                    {
                        addresses.Add(item);
                    }
                }
            }
        }
}
```

下面的演示程序先通过调用 IWebHostBuilder 接口的 UseKestrel 扩展方法注册了一个采用 8000 端口的本地终节点，再通过调用 UseUrls 扩展方法注册了一个采用 9000 端口的监听地址。

```
var builder = WebApplication.CreateBuilder(args);
builder.WebHost
    .UseKestrel(kestrel => kestrel.ListenLocalhost(8000))
    .UseUrls("http://localhost:9000");
var app = builder.Build();
app.Run();
```

我们以命令行的方式两次启动了该程序。在默认情况下应用会选择调用 UseKestrel 扩展方法注册的终节点。如果指定了命令行参数“preferHostingUrls=1”，则最终使用的将是调用 UseUrls 扩展方法注册的监听地址。由于两种情况都涉及放弃某种设置，所以输出了相应的日志，如图 18-3 所示。（S1802）

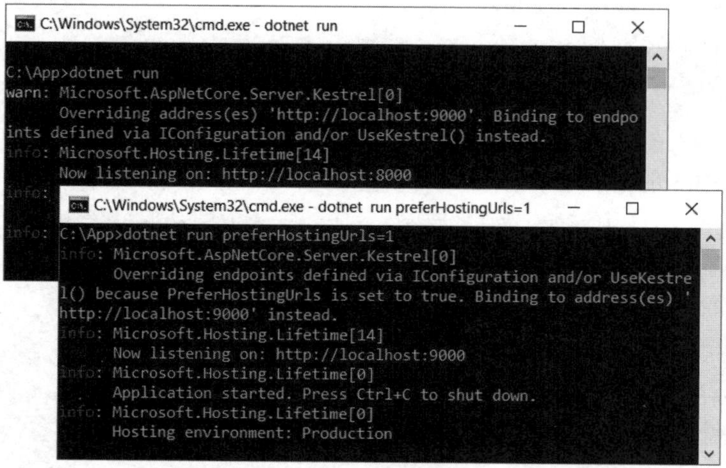

图 18-3　两种终节点的选择

3. 终节点配置

KestrelServerOptions 承载的很多设置都可以利用配置来提供。由于该配置选项类型的定义与配置的结构存在差异，KestrelServerOptions 配置选项无法直接使用对应的 IConfiguration 对象进行绑定，所以 KestrelServerOptions 配置选项类型定义了如下 3 个 Configure 方法。后面两个 Configure 方法提供了承载配置内容的 IConfiguration 对象，最后一个 Configure 方法还提供了 reloadOnChange 参数来决定是否自动加载更新后的配置。第一个 Configure 方法提供的其实是一个空的 IConfiguration 对象。

```
public class KestrelServerOptions
{
    public KestrelConfigurationLoader Configure();
    public KestrelConfigurationLoader Configure(IConfiguration config);
    public KestrelConfigurationLoader Configure(IConfiguration config,
    bool reloadOnChange)
}
```

3 个 Configure 方法都返回 KestrelConfigurationLoader 对象，后者是对当前 KestrelServerOptions 配置选项和指定 IConfiguration 对象的封装。KestrelConfigurationLoader 的 Load 方法会读取配置的内容并将其应用到 KestrelServerOptions 配置选项上，该配置选项类型还提供了一系列注册各类终节点的方法。

```
public class KestrelConfigurationLoader
{
    public KestrelServerOptions      Options { get; }
    public IConfiguration            Configuration { get; }

    public KestrelConfigurationLoader Endpoint(string name,
        Action<EndpointConfiguration> configureOptions);
    public KestrelConfigurationLoader Endpoint(IPAddress address, int port);
    public KestrelConfigurationLoader Endpoint(IPAddress address, int port,
        Action<ListenOptions> configure);
    public KestrelConfigurationLoader Endpoint(IPEndPoint endPoint);
    public KestrelConfigurationLoader Endpoint(IPEndPoint endPoint,
        Action<ListenOptions> configure);
    public KestrelConfigurationLoader LocalhostEndpoint(int port);
    public KestrelConfigurationLoader LocalhostEndpoint(int port,
        Action<ListenOptions> configure);
    public KestrelConfigurationLoader AnyIPEndpoint(int port);
    public KestrelConfigurationLoader AnyIPEndpoint(int port,
        Action<ListenOptions> configure);
    public KestrelConfigurationLoader UnixSocketEndpoint(string socketPath);
    public KestrelConfigurationLoader UnixSocketEndpoint(string socketPath,
         Action<ListenOptions> configure);
    public KestrelConfigurationLoader HandleEndpoint(ulong handle);
    public KestrelConfigurationLoader HandleEndpoint(ulong handle,
        Action<ListenOptions> configure);

    public void Load();
```

```
}
```

ASP.NET Core 应用在启动时会调用 IHostBuilder 接口的如下 ConfigureWebHostDefaults 扩展方法进行初始化设置，该扩展方法会从当前配置中提取出“Kestrel”配置节，并将其作为参数调用 Configure 方法将配置内容应用到 KestrelServerOptions 配置选项上。由于 reloadOnChange 参数被设置成 True，所以更新后的配置自动被重新加载。

```
public static class GenericHostBuilderExtensions
{
    public static IHostBuilder ConfigureWebHostDefaults(this IHostBuilder builder,
        Action<IWebHostBuilder> configure)
        => builder.ConfigureWebHost(webHostBuilder =>
        {
            WebHost.ConfigureWebDefaults(webHostBuilder);
            configure(webHostBuilder);
        });
}

public static class WebHost
{
    internal static void ConfigureWebDefaults(IWebHostBuilder builder)
    {
        ...
        builder.UseKestrel((builderContext, options) =>
        {
            options.Configure(builderContext.Configuration.GetSection("Kestrel"),
                reloadOnChange: true);
        })
        ...
    }
}
```

如下代码片段展现了终节点的配置。我们在“Kestrel:Endpoints”配置了两个分别命名为“endpoint1”和“endpoint2”的终节点，它们采用的监听地址分别为“http://localhost:9000”和“https://localhost:9001”。KestrelServerOptions 绝大部分配置选项都可以定义在配置文件中，具体的配置定义方法可以参阅官方文档。

```
{
  "Kestrel": {
    "Endpoints": {
      "endpoint1": {
        "Url": "http://localhost:9000"
      },
      "endpoint2": {
        "Url": "https://localhost:9001"
      }
    }
  }
}
```

4. HTTPS 的设置

与普通的终节点相比，HTTPS（SSL/TLS）终节点需要提供额外的设置，这些设置基本上都体现在如下 HttpsConnectionAdapterOptions 配置选项上。KestrelServerOptions 的 ConfigureHttpsDefaults 方法为所有 HTTPS 终节点提供了默认的设置。

```
public class HttpsConnectionAdapterOptions
{
    public X509Certificate2? ServerCertificate { get; set; }
    public Func<ConnectionContext?, string?, X509Certificate2?>?
      ServerCertificateSelector
       { get; set; }
    public TimeSpan HandshakeTimeout { get; set; }
    public SslProtocols SslProtocols { get; set; }
    public Action<ConnectionContext, SslServerAuthenticationOptions>? OnAuthenticate
       { get; set; }

    public ClientCertificateMode ClientCertificateMode { get; set; }
    public Func<X509Certificate2, X509Chain?, SslPolicyErrors, bool>?
        ClientCertificateValidation { get; set; }
    public bool CheckCertificateRevocation { get; set; }
    public void AllowAnyClientCertificate() { get; set; }
}

public static class KestrelServerOptions
{
    public void ConfigureHttpsDefaults(
        Action<HttpsConnectionAdapterOptions> configureOptions);
    ...
}
```

我们可以将表示服务端证书的 X509Certificate2 对象直接设置到 ServerCertificate 属性上，也可以在 ServerCertificateSelector 属性上设置一个根据当前连接动态选择证书的委托。SslProtocols 属性用来设置采用的协议（SSL 或者 TLS），对应的类型为如下 SslProtocols 枚举。HandshakeTimeout 属性用来设置 TLS/SSL“握手”的超时时间，默认为 10 秒。

```
[Flags]
public enum SslProtocols
{
    None = 0x0,
    [Obsolete("SslProtocols.Ssl2 has been deprecated and is not supported.")]
    Ssl2 = 0xC,
    [Obsolete("SslProtocols.Ssl3 has been deprecated and is not supported.")]
    Ssl3 = 0x30,
    Tls = 0xC0,
    [Obsolete("SslProtocols.Default has been deprecated and is not supported.")]
    Default = 0xF0,
    Tls11 = 0x300,
    Tls12 = 0xC00,
```

```
    Tls13 = 0x3000
}
```

HTTPS 主要解决的是服务端的认证和传输安全问题，所以服务端的认证信息需要在前期“协商”阶段利用建立的安全通道传递给客户端，具体的认证信息是如下 SslServerAuthenticationOptions 配置选项格式化后的结果。HttpsConnectionAdapterOptions 的 OnAuthenticate 属性提供的委托可以对这个配置选项进行设置，所以绝大部分 HTTPS 相关的设置都可以利用该属性来完成。

```
public class SslServerAuthenticationOptions
{
    public bool AllowRenegotiation { get; set; }
    public bool ClientCertificateRequired { get;set; }
    public List<SslApplicationProtocol>? ApplicationProtocols { get; set; }
    public RemoteCertificateValidationCallback? RemoteCertificateValidationCallback
        { get; set; }
    public ServerCertificateSelectionCallback? ServerCertificateSelectionCallback
        { get; set; }
    public X509Certificate? ServerCertificate { get; set; }
    public SslStreamCertificateContext? ServerCertificateContext { get; set; }
    public SslProtocols EnabledSslProtocols { get; set; }
    public X509RevocationMode CertificateRevocationCheckMode { get; set; }
    public EncryptionPolicy EncryptionPolicy { get; set; }
    public CipherSuitesPolicy?CipherSuitesPolicy { get; set; }
}
```

HTTPS 不仅能够帮助客户端来验证服务端的身份，还能帮助服务端来对客户端的身份进行验证。服务端验证利用服务端证书来完成，与之类似，服务端要识别客户端的身份，同样需要客户端提供证书。我们可以利用 HttpsConnectionAdapterOptions 的 ClientCertificateMode 属性来决定是否要求客户端提供证书（该属性的类型为如下 ClientCertificateMode 枚举），还可以利用 ClientCertificateValidation 属性设置的委托来验证客户端认证。

```
public enum ClientCertificateMode
{
    NoCertificate,
    AllowCertificate,
    RequireCertificate,
    DelayCertificate
}
```

由权威机构（Certificate Authority）颁发的证书可能会由于某种原因被撤销，我们有两种途径来确定某张证书是否处于被撤销的状态：证书颁发机构可以采用标准的 OCSP（Online Certificate Status Protocol）协议提供用于确定证书状态的 API，也可以直接提供一份撤销的证书清单（Certificate Revocation List，CRL）。HttpsConnectionAdapterOptions 的 CheckCertificateRevocation 属性用来决定是否需要对证书的撤销状态进行验证。如果不需要对客户端证书进行任何验证，则可以调用 HttpsConnectionAdapterOptions 的 AllowAnyClientCertificate 方法。

当某个终节点注册到 KestrelServer 上并生成对应 ListenOptions 配置选项后，可以调用后者的 UseHttps 扩展方法（注册终节点的很多方法都提供了一个 Action<ListenOptions>参数）完成对 HTTPS 的设置，有如下一系列 UseHttps 重载方法可供选择。对于证书的设置，我们可以直接指定一个 X509Certificate2 对象，也可以指定证书文件的路径（一般还需要提供读取证书的密码），还可以指定证书的存储（Certificate Store）。我们可以利用部分重载方法提供的委托对 HttpsConnectionAdapterOptions 配置选项进行设置。部分重载方法还提供了一个 ServerOptionsSelectionCallback 委托对象直接返回 SslServerAuthenticationOptions 配置选项。

```
public static class ListenOptionsHttpsExtensions
{
    public static ListenOptions UseHttps(this ListenOptions listenOptions);
    public static ListenOptions UseHttps(this ListenOptions listenOptions,
      string fileName);
    public static ListenOptions UseHttps(this ListenOptions listenOptions,
      string fileName,string? password);
    public static ListenOptions UseHttps(this ListenOptions listenOptions,
      string fileName,string? password,
      Action<HttpsConnectionAdapterOptions> configureOptions);
    public static ListenOptions UseHttps(this ListenOptions listenOptions,
       StoreName storeName, string subject);
    public static ListenOptions UseHttps(this ListenOptions listenOptions,
       StoreName storeName, string subject, bool allowInvalid);
    public static ListenOptions UseHttps(this ListenOptions listenOptions,
       StoreName storeName, string subject, bool allowInvalid, StoreLocation location);
    public static ListenOptions UseHttps(this ListenOptions listenOptions,
       StoreName storeName, string subject, bool allowInvalid, StoreLocation location,
       Action<HttpsConnectionAdapterOptions> configureOptions);
    public static ListenOptions UseHttps(this ListenOptions listenOptions,
       X509Certificate2 serverCertificate);
    public static ListenOptions UseHttps(this ListenOptions listenOptions,
       X509Certificate2 serverCertificate,
       Action<HttpsConnectionAdapterOptions> configureOptions);
    public static ListenOptions UseHttps(this ListenOptions listenOptions,
       Action<HttpsConnectionAdapterOptions> configureOptions);
    public static ListenOptions UseHttps(this ListenOptions listenOptions,
       HttpsConnectionAdapterOptions httpsOptions);
    public static ListenOptions UseHttps(this ListenOptions listenOptions,
       ServerOptionsSelectionCallback serverOptionsSelectionCallback, object state);
    public static ListenOptions UseHttps(this ListenOptions listenOptions,
       ServerOptionsSelectionCallback serverOptionsSelectionCallback, object state,
       TimeSpan handshakeTimeout);
    public static ListenOptions UseHttps(this ListenOptions listenOptions,
       TlsHandshakeCallbackOptions callbackOptions);
}

public delegate ValueTask<SslServerAuthenticationOptions>
  ServerOptionsSelectionCallback(
  SslStream stream, SslClientHelloInfo clientHelloInfo, object? state,
  CancellationToken cancellationToken);
```

除了调用上述这些方法来为注册的终节点提供 HTTPS 相关的设置，这些设置也可以按照如下方式放在终节点的配置中。“第 24 章 HTTPS 策略”提供了一系列 HTTPS 终节点注册实例，所以这里我们不再提供实例演示了。

```
{
  "Kestrel": {
    "Endpoints": {
      "MyHttpsEndpoint": {
        "Url": "https://localhost:5001",
        "ClientCertificateMode": "AllowCertificate",
        "Certificate": {
          "Path": "c:\\certificates\\foobar.pfx>",
          "Password": "password"
        }
      }
    }
  }
}
```

18.2.2 限制约束

为了确保 KestrelServer 稳定可靠地运行，根据需要为它设置相应的限制和约束，这些设置体现在 KestrelServerOptions 配置选项 Limits 属性返回的 KestrelServerLimits 对象上。

```
public class KestrelServerOptions
{
    public KestrelServerLimits Limits { get; } = new KestrelServerLimits();
}

public class KestrelServerLimits
{
    public long?              MaxConcurrentConnections { get; set; }
    public long?              MaxConcurrentUpgradedConnections { get; set; }
    public TimeSpan           KeepAliveTimeout { get; set; }

    public int                MaxRequestHeaderCount { get; set; }
    public long?              MaxRequestBufferSize { get; set; }
    public int                MaxRequestHeadersTotalSize { get; set; }
    public int                MaxRequestLineSize { get; set; }
    public long?              MaxRequestBodySize { get; set; }
    public TimeSpan           RequestHeadersTimeout { get; set; }
    public MinDataRate        MinRequestBodyDataRate { get; set; }

    public long?              MaxResponseBufferSize { get; set; }
    public MinDataRate        MinResponseDataRate { get; set; }

    public Http2Limits        Http2 { get; }
    public Http3Limits        Http3 { get; }
}
```

KestrelServerLimits 利用其丰富的属性对连接、请求和响应进行了相应的限制。KestrelServer 提供了 HTTP 2 和 HTTP 3 支持，针对性的限制设置体现在 KestrelServerLimits 类型的 Http2 属性和 Http3 属性上。表 18-1 对定义在 KestrelServerLimits 类型中的这些属性所体现的限制约束进行了简单说明。

表 18-1　KestrelServerLimits 属性列表

属　性	含　义
MaxConcurrentConnections	最大并发连接。如果设置为 Null（默认值），就意味着不进行限制
MaxConcurrentUpgradedConnections	可升级连接（如从 HTTP 升级到 WebSocket）的最大并发数。如果设置为 Null（默认值），就意味着不进行限制
KeepAliveTimeout	连接保持活动状态的超时时间，默认值为 130 秒
MaxRequestHeaderCount	请求携带的最大报头数量，默认值为 100
MaxRequestBufferSize	请求缓冲区最大容量，默认值为 1,048,576 字节（1MB）
MaxRequestHeadersTotalSize	请求携带报头总字节数，默认值为 32,768 字节（32KB）
MaxRequestLineSize	对于 HTTP 1.x 来说就是请求的首行（Request Line）最大字节数。对于 HTTP 2/3 来说就是“ :method, :scheme, :authority, and :path”这些报头的总字节数，默认值为 8,192 字节（8KB）
MaxRequestBodySize	请求主体最大字节数，默认值为 30,000,000 字节（28.6MB）。如果设置为 Null，就意味着不进行限制
RequestHeadersTimeout	接收请求报头的超时时间，默认为 30 秒
MinRequestBodyDataRate	请求主体内容最低传输率
MaxResponseBufferSize	响应缓冲区最大容量，默认值为 65,536（1MB）
MinResponseDataRate	响应最低传输率

KestrelServerLimits 的 MinRequestBodyDataRate 属性和 MinResponseDataRate 属性返回的最低传输率体现为如下 MinDataRate 对象。如果没有达到设定的传输率，当前连接就会被重置。MinDataRate 对象除了提供表示传输率的 BytesPerSecond 属性，还提供了一个表示“宽限时间”的 GracePeriod 属性。并非传输率下降到设定的阈值就重置连接，只要在指定的时段内传输率上升到阈值以上也没有问题。MinRequestBodyDataRate 属性和 MinResponseDataRate 属性的默认值均为“240 bytes/second（5 seconds）”。

```
public class MinDataRate
{
    public double       BytesPerSecond { get; }
    public TimeSpan     GracePeriod { get; }

    public MinDataRate(double bytesPerSecond, TimeSpan gracePeriod);
}
```

HTTP 1.x 建立在 TCP 协议之上，客户端和服务端之间的交互依赖预先创建的 TCP 连接。虽然 HTTP 1.1 引入的流水线技术允许客户端可以随时向服务端发送请求，而无须等待接收到上一个请求的响应，但是响应依然只能按照请求的接收顺序返回。真正意义上的“并发”请求只能利用多个连接来完成，但是针对同一个域名支持的 TCP 连接的数量又是有限的。这个问题在 HTTP 2 得到了一定程度的解决。

与采用文本编码的 HTTP 1.x 相比，HTTP 2 采用更加高效的二进制编码。帧（Frame）成为基本通信单元，单个请求和响应被分解成多个帧进行发送。客户端和服务端之间的消息交换在一个支持双向通信的信道（Channel）中完成，该信道被称为“流”（Stream）。每一个流具有一个唯一标识，同一个 TCP 连接可以承载成百上千的流。每个帧携带着所属流的标识，所以它可以随时被“乱序”发送，接收端可以利用流的标识进行重组，所以 HTTP 2 在同一个 TCP 连接上实现了“多路复用”。

使用同一个连接发送的请求和响应都存在很多重复的报头，为了减少报头内容载荷内容，HTTP 2 会采用一种名为 HPACK 的压缩算法对报头文本进行编码。HPACK 会在发送和接收端维护一个索引表来存储编码的文本，报头内容在发送前会被替换成在该表的索引，接收端利用此索引在本地压缩表中找到原始的内容。

```
public class Http2Limits
{
    public int          MaxStreamsPerConnection { get; set; }
    public int          HeaderTableSize { get; set; }
    public int          MaxFrameSize { get; set; }
    public int          MaxRequestHeaderFieldSize { get; set; }
    public int          InitialConnectionWindowSize { get; set; }
    public int          InitialStreamWindowSize { get; set; }
    public TimeSpan     KeepAlivePingDelay { get; set; }
    public TimeSpan     KeepAlivePingTimeout { get; set; }
}
```

与 HTTP 2 相关限制和约束的设置体现在 KestrelServerLimits 的 Http2 属性上，该属性返回如上所示的 Http2Limits 对象。表 18-2 对定义在 Http2Limits 类型中的这些属性所体现的限制约束进行了简单说明。

表 18-2　Http2Limits 属性列表

属　性	含　义
MaxStreamsPerConnection	连接能够承载的流数量，默认值为 100
HeaderTableSize	HPACK 报头压缩表的容量，默认值为 4096
MaxFrameSize	帧的最大字节数，有效值为[2^{14}～$2^{24}-1$]，默认值为 2^{14}（16384）
MaxRequestHeaderFieldSize	最大请求报头（含报头名称）的最大字节数，默认值为 2^{14}（16384）
InitialConnectionWindowSize	连接的初始化请求主体缓存区的大小，有效值为[65535～2^{31}]，默认为 131072
InitialStreamWindowSize	流的初始化请求主体缓存区的大小，有效值为[65535～2^{31}]，默认为 98304
KeepAlivePingDelay	如果服务端在该属性设定的时间跨度内没有接收到来自客户端的有效帧，则它会主动发送 Ping 请求确定客户端的是否保持活动状态，默认值为 1 秒
KeepAlivePingTimeout	发送 Ping 请求的超时时间，如果客户端在该时限内一直处于活动状态，则当前连接将被关闭，默认值为 20 秒

由于 HTTP 2 的多路复用是在同一个 TCP 连接上实现的，这样的实现并不“纯粹”，因为它不可能解决 TCP 的“拥塞控制”机制产生的“队头阻塞”（Header-Of-Line Blocking）问题。如果希望在得到并发支持的前提下还能在低延时上有更好的作为，就不得不抛弃 TCP。目前被正式确定为 HTTP 3 的 QUIC（Quick UDP Internet Connection）就将 TCP 替换成了 UDP。如果

KestrelServer 支持 HTTP 3，则可以利用 KestrelServerLimits 的 Http3 属性返回的 Http3Limits 对象限制约束进行针对性设置。Http3Limits 只包含如下表示最大请求报头字节数的 MaxRequestHeaderFieldSize 属性，它的默认值为 16384。

```
public class Http3Limits
{
    public int MaxRequestHeaderFieldSize { get; set;}
}
```

18.2.3 其他设置

除了注册的终节点和基于通信的限制约束，KestrelServerOptions 配置选项还利用如下属性承载着其他的设置。表 18-3 对定义在 KestrelServerOptions 类型中的上述这些属性进行了简单的说明。

```
public class KestrelServerOptions
{
    public bool AddServerHeader { get; set; }
    public bool AllowResponseHeaderCompression { get; set; }
    public bool AllowSynchronousIO { get; set; }
    public bool AllowAlternateSchemes { get; set; }
    public bool DisableStringReuse { get; set; }
    public Func<string, Encoding> RequestHeaderEncodingSelector { get; set; }
    public Func<string, Encoding> ResponseHeaderEncodingSelector { get; set; }
}
```

表 18-3 KestrelServerOptions 其他设置

属　性	含　义
AddServerHeader	是否会在回复的响应中自动添加“Server: Kestrel”报头，默认值为 True
AllowResponseHeaderCompression	是否允许对响应报头进行 HPACK 压缩，默认值为 True
AllowSynchronousIO	是否允许对请求和响应进行同步 I/O 操作，默认值为 False，这就意味着在默认情况下以同步方式读取请求和写入响应都会抛出异常
AllowAlternateSchemes	是否允许为“:scheme”字段（针对 HTTP 2 和 HTTP 3）提供一个与当前传输不匹配的值（http 或者 https），默认值为 False。如果将这个属性设置为 True，则 HttpRequest.Scheme 属性可能与采用的传输类型不匹配
DisableStringReuse	创建的字符串是否可以在多个请求中复用
RequestHeaderEncodingSelector	用于设置某个请求报头采用的编码方式，默认为 Utf8Encoding
ResponseHeaderEncodingSelector	用于设置某个响应报头采用的编码方式，默认为 ASCIIEncoding

18.2.4 设计与实现

我们已经了解了如何使用 KestrelServer，现在来简单了解这种处理器的总体设计和实现原理。当 KestrelServer 启动时，注册的每个终节点将转换成对应的“连接监听器”，后者在监听到初始请求时会创建“连接”，请求的接收和响应的回复都在这个连接中完成。

1. 连接监听器

监听器创建的连接是一个抽象的概念，我们可以将其视为客户端和服务端完成消息交换而构建的"上下文"，该上下文通过如下 ConnectionContext 类型表示。ConnectionContext 派生于抽象基类 BaseConnectionContext，后者实现了 IAsyncDisposable 接口。每个连接具有一个通过 ConnectionId 属性表示的 ID，利用它的 LocalEndPoint 属性和 RemoteEndPoint 属性返回本地（服务端）和远程（客户端）终节点。服务器提供的特性集合体现在它的 Features 属性上，另一个 Items 提供了一个存储任意属性的字典。ConnectionClosed 属性提供的 CancellationToken 可以用来接收连接关闭的通知。Abort 方法可以用于中断当前连接，该方法在 ConnectionContext 被重写。ConnectionContext 类型的 Transport 属性提供的 IDuplexPipe 对象是用来对请求和响应进行读/写的双向管道。

```
public abstract class ConnectionContext : BaseConnectionContext
{
    public abstract IDuplexPipe Transport { get; set; }
    public override void Abort(ConnectionAbortedException abortReason);
    public override void Abort();
}

public abstract class BaseConnectionContext : IAsyncDisposable
{
    public virtual EndPoint?                              LocalEndPoint { get; set; }
    public virtual EndPoint?                              RemoteEndPoint { get; set; }
    public abstract string                                ConnectionId { get; set; }
    public abstract IFeatureCollection                    Features { get; }
    public abstract IDictionary<object, object?>          Items { get; set; }
    public virtual CancellationToken                      ConnectionClosed { get; set; }

    public abstract void Abort();
    public abstract void Abort(ConnectionAbortedException abortReason);
    public virtual ValueTask DisposeAsync();
}
```

如果采用 HTTP 1.x 和 HTTP 2，则 KestrelServer 会采用 TCP 套接字（Socket）进行通信，对应的连接体现为一个 SocketConnection 对象。如果采用 HTTP 3，则 KestrelServer 会采用基于 UDP 协议的 QUIC 协议进行通信，对应的连接体现为一个 QuicStreamContext 对象。如下面的代码片段所示，这两个类型都派生于 TransportConnection，后者派生于 ConnectionContext。

```
internal abstract class TransportConnection : ConnectionContext
internal sealed class SocketConnection : TransportConnection
internal sealed class QuicStreamContext : TransportConnection
```

KestrelServer 同时支持 3 个版本的 HTTP 协议，HTTP 1.x 和 HTTP 2 建立在 TCP 协议上，针对这样的终节点会转换成通过如下 IConnectionListener 接口表示的监听器。它的 EndPoint 属性表示监听器绑定的终节点，当 AcceptAsync 方法被调用时，监听器就会进行网络监听工作。当来自某个客户端的初始请求抵达后，它将会创建表示连接的 ConnectionContext 上下文对象。另一个 UnbindAsync 方法用来解除终节点绑定，并停止监听。

```
public interface IConnectionListener : IAsyncDisposable
{
    EndPoint EndPoint { get; }
```

```
    ValueTask<ConnectionContext?> AcceptAsync(
        CancellationToken cancellationToken = default(CancellationToken));

    ValueTask UnbindAsync(
        CancellationToken cancellationToken = default(CancellationToken));
}
```

因为 QUIC 协议利用传输层的 UDP 协议实现了真正意义上的“多路复用”，所以它将对应的连接监听器接口命名为 IMultiplexedConnectionListener。它的 AcceptAsync 方法创建的是表示多路复用连接的 MultiplexedConnectionContext 对象，使用后者的 AcceptAsync 方法创建 ConnectionContext 上下文对象。QuicConnectionContext 类型是对 MultiplexedConnectionContext 的具体实现，使用它的 AcceptAsync 方法创建上述 QuicStreamContext 对象，该类型派生于抽象类 TransportMultiplexedConnection。

```
public interface IMultiplexedConnectionListener : IAsyncDisposable
{
    EndPoint EndPoint { get; }
    ValueTask<MultiplexedConnectionContext?> AcceptAsync(
        IFeatureCollection? features = null,
        CancellationToken cancellationToken = default(CancellationToken));
    ValueTask UnbindAsync(
        CancellationToken cancellationToken = default(CancellationToken));
}

public abstract class MultiplexedConnectionContext : BaseConnectionContext
{
    public abstract ValueTask<ConnectionContext?> AcceptAsync(
        CancellationToken cancellationToken = default(CancellationToken));
    public abstract ValueTask<ConnectionContext> ConnectAsync(
        IFeatureCollection? features = null,
        CancellationToken cancellationToken = default(CancellationToken));
}

internal abstract class TransportMultiplexedConnection : MultiplexedConnectionContext
internal sealed class QuicConnectionContext : TransportMultiplexedConnection
```

KestrelServer 使用的连接监听器均由对应的工厂来构建。如下所示的 IConnectionListenerFactory 接口表示用来构建 IConnectionListener 监听器的工厂，IMultiplexedConnectionListenerFactory 工厂用来构建 IMultiplexedConnectionListener 监听器。

```
public interface IConnectionListenerFactory
{
    ValueTask<IConnectionListener> BindAsync(EndPoint endpoint,
        CancellationToken cancellationToken = default(CancellationToken));
}

public interface IMultiplexedConnectionListenerFactory
{
    ValueTask<IMultiplexedConnectionListener> BindAsync(EndPoint endpoint,
```

```
        IFeatureCollection? features = null,
        CancellationToken cancellationToken = default(CancellationToken));
}
```

上面围绕着“连接”介绍了一系列接口和类型，它们之间的关系如图 18-4 所示。当 KestrelServer 启动时会根据每个终节点支持的 HTTP 协议，利用 IConnectionListenerFactory 工厂或者 IMultiplexedConnectionListenerFactory 工厂来创建表示连接监听器的 IConnectionListener 对象或者 IMultiplexedConnectionListener 对象。IConnectionListener 监听器会直接将表示连接的 ConnectionContext 上下文对象创建出来，IMultiplexedConnectionListener 监听器创建的则是一个 MultiplexedConnectionContext 上下文对象，表示具体连接的 ConnectionContext 上下文对象会进一步由该对象进行创建。

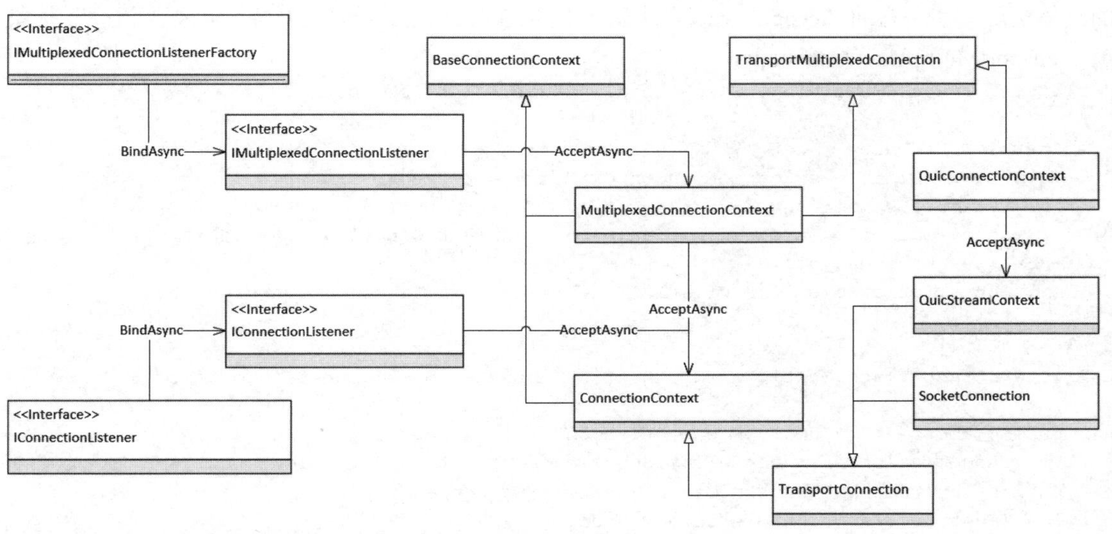

图 18-4 “连接”相关的接口和类型

如下所示的演示程序直接利用 IConnectionListenerFactory 工厂创建的 IConnectionListener 监听器来监听连接请求，并利用建立的连接来接收请求和回复响应。由于表示连接的 ConnectionContext 上下文对象直接面向传输层，接收的请求和回复的响应都体现为二进制流，解析二进制数据得到请求信息是一件烦琐的事情。这里我们借用了“HttpMachine”NuGet 包提供的 HttpParser 组件来完成这个任务，因此为它定义了 HttpParserHandler 类型。如果将 HttpParserHandler 对象传递给 HttpParser 对象，则后者在请求解析过程中会调用前者相应的方法，利用这些方法读取的内容将描述请求的 HttpRequestFeature 特性构建出来。

```
public class HttpParserHandler : IHttpParserHandler
{
    private string? headerName = null;
    public HttpRequestFeature Request { get; } = new HttpRequestFeature();

    public void OnBody(HttpParser parser, ArraySegment<byte> data)
        => Request.Body = new MemoryStream(data.Array!, data.Offset, data.Count);
```

```
    public void OnFragment(HttpParser parser, string fragment) { }
    public void OnHeaderName(HttpParser parser, string name)=> headerName = name;
    public void OnHeadersEnd(HttpParser parser) { }
    public void OnHeaderValue(HttpParser parser, string value)
        => Request.Headers[headerName!] = value;
    public void OnMessageBegin(HttpParser parser) { }
    public void OnMessageEnd(HttpParser parser) { }
    public void OnMethod(HttpParser parser, string method)=> Request.Method = method;
    public void OnQueryString(HttpParser parser, string queryString)
        => Request.QueryString = queryString;
    public void OnRequestUri(HttpParser parser, string requestUri)
        => Request.Path = requestUri;
}
```

如下所示的演示程序利用 WebApplication 对象的 Services 属性提供的 IServicePovider 对象来创建 IConnectionListenerFactory 工厂。调用该工厂的 BindAsync 方法创建了一个连接监听器并将其绑定到 5000 端口的本地终节点。在一个无限循环中，调用监听器的 AcceptAsync 方法开始监听连接请求，并最终将表示连接的 ConnectionContext 上下文对象创建出来。

```
using App;
using HttpMachine;
using Microsoft.AspNetCore.Connections;
using Microsoft.AspNetCore.Http.Features;
using System.Buffers;
using System.IO.Pipelines;
using System.Net;
using System.Text;

var factory = WebApplication.Create().Services
    .GetRequiredService<IConnectionListenerFactory>();
var listener = await factory.BindAsync(new IPEndPoint(IPAddress.Any, 5000));
while (true)
{
    var context = await listener.AcceptAsync();
    _ = HandleAsync(context!);

    static async Task HandleAsync(ConnectionContext connection)
    {
        var reader = connection!.Transport.Input;
        while (true)
        {
            var result = await reader.ReadAsync();
            var request = ParseRequest(result);
            reader.AdvanceTo(result.Buffer.End);
            Console.WriteLine("[{0}]Receive request: {1} {2} Connection:{3}",
                connection.ConnectionId, request.Method, request.Path,
                request.Headers?["Connection"] ?? "N/A");

            var response = @"HTTP/1.1 200 OK
Content-Type: text/plain; charset=utf-8
```

```
Content-Length: 12

Hello World!";
            await connection.Transport.Output
                .WriteAsync(Encoding.UTF8.GetBytes(response));
            if (request.Headers.TryGetValue("Connection", out var value)
                 && string.Compare(value, "close", true) == 0)
            {
                await connection.DisposeAsync();
                return;
            }
            if (result.IsCompleted)
            {
                break;
            }
        }
    }

    static  HttpRequestFeature ParseRequest(ReadResult result)
    {
        var handler = new HttpParserHandler();
        var parserHandler = new HttpParser(handler);
        parserHandler.Execute(new ArraySegment<byte>(result.Buffer.ToArray()));
        return handler.Request;
    }
}
```

连接处理实现在 HandleAsync 方法中。HTTP 1.1 默认会采用长连接，多个请求会使用同一个连接发送过来，所以单个请求的接收和处理会放在一个循环中，直到连接被关闭。请求的接收利用 ConnectionContext 对象的 Transport 属性返回的 IDuplexPipe 对象来完成。简单来说，假设每个请求的读取刚好能够一次完成，则每次读取的二进制内容刚好是一个完整的请求。读取的二进制内容被利用 ParseRequest 方法借助 HttpParser 对象转换成 HttpRequestFeature 对象后，直接生成一个表示响应报文的字符串并采用 UTF-8 对其编码，编码后的响应利用 IDuplexPipe 对象被发送出去。这种手动生成的“Hello World!”响应将以图 18-5 的形式呈现在浏览器上。（S1803）

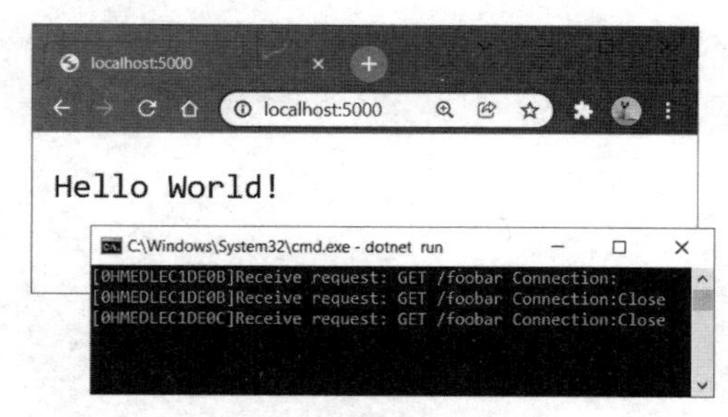

图 18-5　面向“连接”编程

按照 HTTP 1.1 规范的约定，如果客户端希望关闭默认开启的长连接，则可以在请求中添加

“Connection:Close”报头。HandleAsync 方法在处理每个请求时会确定是否携带了此报头，并在需要时调用 ConnectionContext 上下文对象的 DisposeAsync 方法关闭并释放当前连接。该方法在对请求进行处理时会将此报头和连接的 ID 输出到控制台上。如图 18-5 所示，控制台输出的是先后接收到 3 次请求的结果，后面两次显式添加了“Connection:Close”，可以看出前两次复用同一个连接。

2. 连接管道

ASP.NET Core 在“应用”层将请求的处理抽象成由中间件构建的管道，实际上 KestrelServer 面向“传输”层的连接也采用了这样的设计。当表示连接的 ConnectionContext 上下文对象创建出来之后，后续将交给由连接中间件构建的管道进行处理。我们可以根据需要注册任意的中间件来处理连接，如可以将并发连接的控制实现在专门的连接中间件中。ASP.NET Core 管道利用 RequestDelegate 委托对象来表示请求处理器，连接管道同样定义了如下 ConnectionDelegate 委托对象。

```
public delegate Task ConnectionDelegate(ConnectionContext connection);
```

ASP.NET Core 管道中的中间件体现为一个 Func<RequestDelegate, RequestDelegate>委托对象，连接管道的中间件同样可以利用 Func<ConnectionDelegate, ConnectionDelegate>委托对象来表示。ASP.NET Core 管道中的中间件注册到 IApplicationBuilder 对象上并利用它将管道构建出来。连接管道依然具有如下 IConnectionBuilder 接口，ConnectionBuilder 实现了该接口。

```
public interface IConnectionBuilder
{
    IServiceProvider ApplicationServices { get; }
    IConnectionBuilder Use(Func<ConnectionDelegate, ConnectionDelegate> middleware);
    ConnectionDelegate Build();
}

public class ConnectionBuilder : IConnectionBuilder
{
    public IServiceProvider ApplicationServices { get; }
    public ConnectionDelegate Build();
    public IConnectionBuilder Use(
        Func<ConnectionDelegate, ConnectionDelegate> middleware);
}
```

IConnectionBuilder 接口还定义了如下 3 个方法来注册连接中间件。第一个 Use 方法使用 Func<ConnectionContext, Func<Task>, Task>委托对象来表示中间件。其他两个方法用来注册管道末端的中间件，这样的中间件本质上就是一个 ConnectionDelegate 委托对象。我们可以将其定义成一个派生于 ConnectionHandler 的类型。

```
public static class ConnectionBuilderExtensions
{
    public static IConnectionBuilder Use(this IConnectionBuilder connectionBuilder,
        Func<ConnectionContext, Func<Task>, Task> middleware);
    public static IConnectionBuilder Run(this IConnectionBuilder connectionBuilder,
        Func<ConnectionContext, Task> middleware);
```

```
    public static IConnectionBuilder UseConnectionHandler<TConnectionHandler>(
        this IConnectionBuilder connectionBuilder)
        where TConnectionHandler : ConnectionHandler;
}

public abstract class ConnectionHandler
{
    public abstract Task OnConnectedAsync(ConnectionContext connection);
}
```

KestrelServer 对 HTTP 1.x、HTTP 2 和 HTTP 3 的设计与实现基本上独立的，这一点从监听器的定义就可以看出来。就连接管道来说，基于 HTTP 3 的多路复用连接通过 MultiplexedConnectionContext 表示，它也具有“配套”的 MultiplexedConnectionDelegate 委托对象和 IMultiplexedConnectionBuilder 接口。ListenOptions 类型同时实现了 IConnectionBuilder 接口和 IMultiplexedConnectionBuilder 接口，这就意味着在注册终节点时还可以注册任意中间件。

```
public delegate Task MultiplexedConnectionDelegate(
    MultiplexedConnectionContext connection);

public interface IMultiplexedConnectionBuilder
{
    IServiceProvider ApplicationServices { get; }

    IMultiplexedConnectionBuilder Use(
        Func<MultiplexedConnectionDelegate, MultiplexedConnectionDelegate> middleware);
    MultiplexedConnectionDelegate Build();
}

public class MultiplexedConnectionBuilder: IMultiplexedConnectionBuilder
{
    public IServiceProvider ApplicationServices { get; }

    public IMultiplexedConnectionBuilder Use(
        Func<MultiplexedConnectionDelegate, MultiplexedConnectionDelegate> middleware);
    public MultiplexedConnectionDelegate Build();
}

public class ListenOptions : IConnectionBuilder, IMultiplexedConnectionBuilder
```

3. 模拟实现

在了解了 KestrelServer 的连接管道后，下面简单模拟一下这种服务器类型的实现，为此定义了一个名为 MiniKestrelServer 的服务器类型。MiniKestrelServer 只提供了 HTTP 1.1 支持。对于任何一个服务来说，它需要将请求交给一个 IHttpApplication<TContext>对象进行处理，MiniKestrelServer 将这项工作实现在 HostedApplication<TContext>类型中。

```
public class HostedApplication<TContext> : ConnectionHandler where TContext : notnull
{
    private readonly IHttpApplication<TContext> _application;
    public HostedApplication(IHttpApplication<TContext> application)
```

```
    => _application = application;

public override async Task OnConnectedAsync(ConnectionContext connection)
{
    var reader = connection!.Transport.Input;
    while (true)
    {
        var result = await reader.ReadAsync();
        using (var body = new MemoryStream())
        {
            var (features, request, response) = CreateFeatures(result, body);
            var closeConnection = request.Headers
                .TryGetValue("Connection", out var vallue) && vallue == "Close";
            reader.AdvanceTo(result.Buffer.End);

            var context = _application.CreateContext(features);
            Exception? exception = null;
            try
            {
                await _application.ProcessRequestAsync(context);
                await ApplyResponseAsync(connection, response, body);
            }
            catch (Exception ex)
            {
                exception = ex;
            }
            finally
            {
                _application.DisposeContext(context, exception);
            }
            if (closeConnection)
            {
                await connection.DisposeAsync();
                return;
            }
        }
        if (result.IsCompleted)
        {
            break;
        }
    }

    static (IFeatureCollection, IHttpRequestFeature, IHttpResponseFeature)
        CreateFeatures(ReadResult result, Stream body)
    {
        var handler = new HttpParserHandler();
        var parserHandler = new HttpParser(handler);
        var length = (int)result.Buffer.Length;
        var array = ArrayPool<byte>.Shared.Rent(length);
        try
```

```
            {
                result.Buffer.CopyTo(array);
                parserHandler.Execute(new ArraySegment<byte>(array, 0, length));
            }
            finally
            {
                ArrayPool<byte>.Shared.Return(array);
            }
            var bodyFeature = new StreamBodyFeature(body);

            var features = new FeatureCollection();
            var responseFeature = new HttpResponseFeature();
            features.Set<IHttpRequestFeature>(handler.Request);
            features.Set<IHttpResponseFeature>(responseFeature);
            features.Set<IHttpResponseBodyFeature>(bodyFeature);

            return (features, handler.Request, responseFeature);
        }

        static async Task ApplyResponseAsync(ConnectionContext connection,
            IHttpResponseFeature response, Stream body)
        {
            var builder = new StringBuilder();
            builder.AppendLine(
                $"HTTP/1.1 {response.StatusCode} {response.ReasonPhrase}");
            foreach (var kv in response.Headers)
            {
                builder.AppendLine($"{kv.Key}: {kv.Value}");
            }
            builder.AppendLine($"Content-Length: {body.Length}");
            builder.AppendLine();
            var bytes = Encoding.UTF8.GetBytes(builder.ToString());

            var writer = connection.Transport.Output;
            await writer.WriteAsync(bytes);
            body.Position = 0;
            await body.CopyToAsync(writer);
        }
    }
}
```

HostedApplication<TContext>是对一个 IHttpApplication<TContext>对象的封装。它派生于抽象类 ConnectionHandler，OnConnectedAsync 重写方法将请求的读取和处理置于一个无限循环中。为了将读取的请求转交给 IHostedApplication<TContext>对象进行处理，它需要根据特性集合将 TContext 上下文对象创建出来。这里提供的特性集合只包含 3 个核心的特性：第一个是描述请求的 HttpRequestFeature 特性，它是利用 HttpParser 解析请求内容载荷得到的。第二个是描述响应的 HttpResponseFeature 特性。第三个是由 StreamBodyFeature 对象来表示的提供响应主体的特性。这 3 个特性的创建实现在 CreateFeatures 方法中。

包含三大特性的集合随后作为参数调用了 IHostedApplication<TContext>对象的 CreateContext 方法将 TContext 上下文对象创建出来，此上下文对象作为参数传入了同一对象的 ProcessRequestAsync 方法，此时中间件管道接管请求。在中间件管道完成处理后，ApplyResponseAsync 方法被调用以完成最终的响应工作。首先 ApplyResponseAsync 方法将响应状态从 HttpResponseFeature 特性中提取出来并生成首行响应内容（HTTP/1.1 {StatusCode} {ReasonPhrase}），然后从这个特性中将响应报头提取出来并生成相应的文本。响应报文的首行内容和报头文本被按照 UTF-8 编码生成二进制数组后，利用 ConnectionContext 上下文对象的 Transport 属性返回的 IDuplexPipe 对象会被发送出去，它再将 StreamBodyFeature 特性收集到的响应主体输出流“拷贝”到这个 IDuplexPipe 对象中，从而完成响应主体内容的输出。

如下所示为 MiniKestrelServer 类型的完整定义，该类型的构造函数被注入了提供配置选项的 IOptions<KestrelServerOptions>特性和 IConnectionListenerFactory 工厂。创建一个 ServerAddressesFeature 对象并注册到 Features 属性返回的特性集合中。

```
public class MiniKestrelServer : IServer
{
    private readonly KestrelServerOptions            _options;
    private readonly IConnectionListenerFactory      _factory;
    private readonly List<IConnectionListener>       _listeners = new();

    public IFeatureCollection Features { get; } = new FeatureCollection();

    public MiniKestrelServer(IOptions<KestrelServerOptions> optionsAccessor,
        IConnectionListenerFactory factory)
    {
        _factory = factory;
        _options = optionsAccessor.Value;
        Features.Set<IServerAddressesFeature>(new ServerAddressesFeature());
    }

    public void Dispose()=> StopAsync(CancellationToken.None).GetAwaiter().GetResult();
    public Task StartAsync<TContext>(IHttpApplication<TContext> application,
        CancellationToken cancellationToken) where TContext : notnull
    {
        var feature = Features.Get<IServerAddressesFeature>()!;
        IEnumerable<ListenOptions> listenOptions;
        if (feature.PreferHostingUrls)
        {
            listenOptions = BuildListenOptions(feature);
        }
        else
        {
            listenOptions = _options.GetListenOptions();
            if (!listenOptions.Any())
            {
                listenOptions = BuildListenOptions(feature);
            }
```

```
        }

        foreach (var options in listenOptions)
        {
            _ = StartAsync(options);
        }
        return Task.CompletedTask;

        async Task StartAsync(ListenOptions litenOptions)
        {
            var listener = await _factory.BindAsync(litenOptions.EndPoint,
                cancellationToken);
            _listeners.Add(listener!);
            var hostedApplication = new HostedApplication<TContext>(application);
            var pipeline = litenOptions.Use(next =>
                context => hostedApplication.OnConnectedAsync(context)).Build();
            while (true)
            {
                var connection = await listener.AcceptAsync();
                if (connection != null)
                {
                    _ =  pipeline(connection);
                }
            }
        }

        IEnumerable<ListenOptions> BuildListenOptions(IServerAddressesFeature feature)
        {
            var options = new KestrelServerOptions();
            foreach (var address in feature.Addresses)
            {
                var url = new Uri(address);
                if (string.Compare("localhost", url.Host, true) == 0)
                {
                    options.ListenLocalhost(url.Port);
                }
                else
                {
                    options.Listen(IPAddress.Parse(url.Host), url.Port);
                }

            }
            return options.GetListenOptions();
        }
    }
```

```
    public Task StopAsync(CancellationToken cancellationToken)
        => Task.WhenAll(_listeners.Select(it => it.DisposeAsync().AsTask()));
}
```

实现的 StartAsync<TContext>方法先将 IServerAddressesFeature 特性提取出来，并利用其 PreferHostingUrls 属性决定应该使用直接注册到 KestrelOptions 配置选项上的终节点还是使用注册在该特定上的监听地址。如果使用后者，则注册的监听地址会利用 BuildListenOptions 方法转换成对应的 ListenOptions 列表，否则直接从 KestrelOptions 对象的 ListenOptions 属性提取所有的 ListenOptions 列表，由于这是一个内部属性，不得不利用如下 GetListenOptions 扩展方法以反射的方式获取 ListenOptions 列表。

```
public static class KestrelServerOptionsExtensions
{
    public static IEnumerable<ListenOptions> GetListenOptions(
        this KestrelServerOptions options)
    {
        var property = typeof(KestrelServerOptions).GetProperty("ListenOptions",
            BindingFlags.NonPublic | BindingFlags.Instance);
        return (IEnumerable<ListenOptions>)property!.GetValue(options)!;
    }
}
```

对于每一个表示注册终节点的 ListenOptions 配置选项，StartAsync<TContext>方法利用 IConnectionListenerFactory 工厂将对应的 IConnectionListener 监听器创建出来，并绑定到指定的终节点上监听连接请求。表示连接的 ConnectionContext 上下文对象一旦被创建出来后，该方法便会利用构建的连接管道对它进行处理。在调用 ListenOptions 配置选项的 Build 方法构建连接管道前，由于 StartAsync<TContext>方法将 HostedApplication<TContext>对象创建出来并作为中间件进行了注册，所以针对连接的处理将被这个 HostedApplication<TContext>对象来接管。

```
using App;
using Microsoft.AspNetCore.Hosting.Server;
using Microsoft.Extensions.DependencyInjection.Extensions;

var builder = WebApplication.CreateBuilder();
builder.WebHost.UseKestrel(kestrel => kestrel.ListenLocalhost(5000));
builder.Services.Replace(ServiceDescriptor.Singleton<IServer, MiniKestrelServer>());
var app = builder.Build();
app.Run(context => context.Response.WriteAsync("Hello World!"));
app.Run();
```

如上所示的演示程序替换了针对 IServer 的服务注册，这就意味着默认的 KestrelServer 将被替换成自定义的 MiniKestrelServer。运行该程序后，由浏览器发送的 HTTP 请求（不支持 HTTPS）同样被正常处理，并得到响应内容，如图 18-6 所示。需要强调一下，MiniKestrelServer 仅仅用来模拟 KestrelServer 的实现原理，不要觉得真实的实现会如此简单。（S1804）

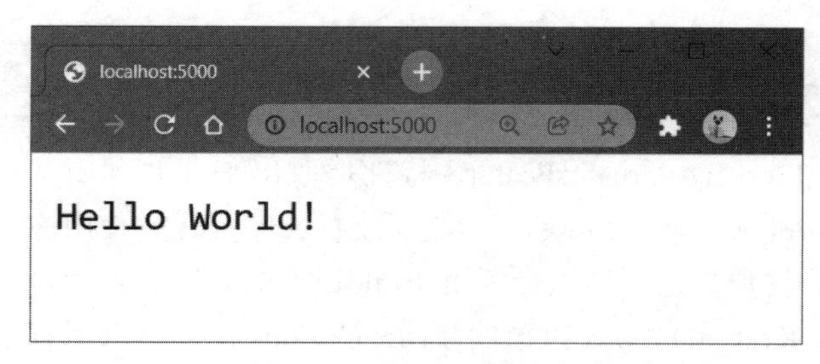

图 18-6　由 MiniKestrelServer 回复的响应内容

18.3　HTTP.SYS

如果我们只需要将 ASP.NET Core 应用部署到 Windows 环境下，并且希望获得更好的性能，那么选择的服务器类型应该是 HTTP.SYS。Windows 环境下任何针对 HTTP 的网络监听器/服务器在性能上都无法与 HTTP.SYS 比肩。

18.3.1　HTTP.SYS 简介

HTTP.SYS 本质上就是一个 HTTP/HTTPS 监听器，它是 Windows 网络子系统的一部分，是一个在内核模式下运行的网络驱动。HTTP.SYS 对应的驱动文件为“%WinDir\System32\drivers\http.sys”，不要小看这个只有 1MB 多的文件，Windows 针对 HTTP 的监听、接收、转发和响应几乎都依赖它。如图 18-7 所示，HTTP.SYS 建立在 Windows 网络子系统的 TCP/IP 协议栈的驱动（TCPIP.SYS）之上，并为用户态运行的 IIS 提供了基础的 HTTP 通信服务。前面使用的 HttpListener 也建立在 HTTP.SYS 上面。

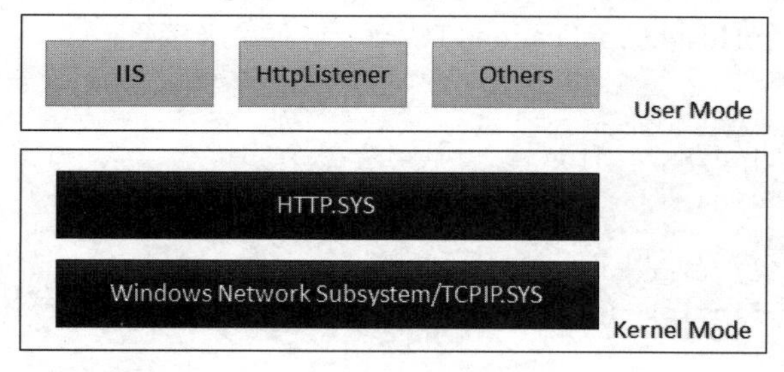

图 18-7　HTTP.SYS

由于 HTTP.SYS 是在操作系统内核态运行，所以它提供的性能优势是其他在用户态运行的同类产品无法比拟的。由于它自身提供响应缓存，所以在缓存命中的情况下根本不需要与用户态进程进行交互。它还提供了请求队列（Request Queue），如果请求的目标进程（如 IIS 的工作进程）处于活动状态，则可以直接将请求分给它，否则请求会暂存于队列中等待目标进程来提取，这样的工作模式既减少了内核态与用户态之间的上下文切换，也确保请求不会丢失。HTTP.SYS 还提供了连接管理、流量限制和诊断日志等功能，并对 Kerberos 的 Windows 实现认证。

由于 HTTP.SYS 是一个底层共享的网络驱动，它有效地解决了端口共享的问题。用户态进程会使用地址前缀（含端口）“接入”HTTP.SYS，HTTP.SYS 利用提供的地址前缀来转发请求，多个用户态进程只需要保证提供的地址前缀不同，所以它们可以使用相同的端口。端口共享使每个用户进程都可以使用标准的 80/443 端口。

18.3.2　UseHttpSys

基于 HTTP.SYS 的服务器体现为如下 MessagePump 类型，它内部使用一个 HttpSysListener 对象采用注册的监听地址接入 HTTP.SYS。MessagePump 提供了 HTTP 1.x、HTTP 2 及 HTTPS 支持。对于 Windows Server 2022 和 Windows 11 来说，还提供了 HTTP 3 支持。IWebHostBuilder 接口的两个 UseHttpSys 扩展方法用来完成 MessagePump 的注册。

```
internal class MessagePump : IServer, IDisposable
{
    internal HttpSysListener Listener { get; }
    public IFeatureCollection Features { get; }
    public MessagePump(IOptions<HttpSysOptions> options, ILoggerFactory loggerFactory,
        IAuthenticationSchemeProvider authentication);
    public Task StartAsync<TContext>(IHttpApplication<TContext> application,
        CancellationToken cancellationToken);
    public Task StopAsync(CancellationToken cancellationToken);
    public void Dispose();
}

public static class WebHostBuilderHttpSysExtensions
{
    [SupportedOSPlatform("windows")]
    public static IWebHostBuilder UseHttpSys(this IWebHostBuilder hostBuilder);

    [SupportedOSPlatform("windows")]
    public static IWebHostBuilder UseHttpSys(this IWebHostBuilder hostBuilder,
        Action<HttpSysOptions> options);
}
```

18.3.3　HttpSysOptions

在调用 UseHttpSys 扩展方法注册基于 HTTP.SYS 的 MessagePump 服务器时，我们可以利用提供的 Action<HttpSysOptions>委托对象对相关的配置选项进行设置。HttpSysOptions 的 UrlPrefixes 属性返回注册的监听地址前缀，但是最终是否是这种直接注册到服务器上的监听器地址，取决于 IServerAddressesFeature 特性的 PreferHostingUrls 属性，这一点与 KestrelServer 的作用是一致的。

```
public class HttpSysOptions
{
    public UrlPrefixCollection          UrlPrefixes { get; }
    public RequestQueueMode             RequestQueueMode { get; set; }
    public string?                      RequestQueueName { get; set; }
    public long                         RequestQueueLimit { get; set; }
```

```
    public AuthenticationManager      Authentication { get; }
    public ClientCertificateMethod    ClientCertificateMethod { get; set; }
    public long?                      MaxConnections { get; set; }
    public long?                      MaxRequestBodySize { get; set; }
    public int                        MaxAccepts { get; set; }
    public Http503VerbosityLevel      Http503Verbosity { get; set; }
    public TimeoutManager             Timeouts { get; }
    public bool                       AllowSynchronousIO { get; set; }
    public bool                       EnableResponseCaching { get; set; }
    public bool                       ThrowWriteExceptions { get; set; }
    public bool                       UnsafePreferInlineScheduling { get; set; }
    public bool                       UseLatin1RequestHeaders { get; set; }
}
```

HTTP.SYS 利用请求队列来存储待处理的请求。我们可以利用 RequestQueueMode 属性创建一个新的队列或者使用现有的队列。该属性类型为如下 RequestQueueMode 枚举，枚举项 Create 表示创建新的队列；枚举项 Attach 表示使用现有的以 RequestQueueName 属性命名的对象，如果该队列不存在则抛出异常；枚举项 CreateOrAttach 提供了一个折中方案，如果指定名称的队列不存在则创建一个以此命名的新队列。RequestQueueMode 属性的默认值为 Create，RequestQueueName 属性的默认值为 Null（表示匿名队列），RequestQueueLimit 属性表示队列的容量，默认值为 1000。HttpSysOptions 承载的很多配置选项只会应用到新创建的请求队列上。

```
public enum RequestQueueMode
{
    Create,
    Attach,
    CreateOrAttach
}
```

HttpSysOptions 的 Authentication 属性返回一个 AuthenticationManager 对象，该对象用于完成认证设置。我们可以利用 Schemes 属性设置认证方案，该属性默认为 None。如果不允许匿名访问，则可以将 AllowAnonymous 属性设置为 False。如果 AutomaticAuthentication 属性返回 True（默认值），则认证用户将自动赋值给 HttpContext 上下文对象的 User 属性。AuthenticationDisplayName 属性为认证方案提供一个显示名称。

```
public sealed class AuthenticationManager
{
    public AuthenticationSchemes      Schemes { get; set; }
    public bool                       AllowAnonymous {get; set; }
    public bool                       AutomaticAuthentication { get; set; }
    public string?                    AuthenticationDisplayName { get; set; }
}

[Flags]
public enum AuthenticationSchemes
{
    None                              = 0x0,
    Digest                            = 0x1,
    Negotiate                         = 0x2,
```

```
    Ntlm                             = 0x4,
    Basic                            = 0x8,
    Anonymous                        = 0x8000,
    IntegratedWindowsAuthentication  = 0x6
}
```

HTTPS 站点可以要求提供证书来对其实施认证，HttpSysOptions 的 ClientCertificateMethod 属性用于设置请求客户端证书的方式，该属性返回如下 ClientCertificateMethod 枚举。在 .NET 5 之前，客户端证书采用 Renegotation 的方式来提取，Renegotiation 是在已经建立的 SSL/TLS 连接上再次发起的一轮“协商握手”，这种方式对应 AllowRenegotation 枚举项。由于可能带来一些性能和死锁的问题，这种方式在 .NET 5 之后已经被禁止了，目前默认的方式是在创建 SSL/TLS 连接的初始阶段就提取该证书，这种方式对应 AllowRenegotation 枚举项，这也是 ClientCertificateMethod 属性的默认值。

```
public enum ClientCertificateMethod
{
    NoCertificate,
    AllowCertificate,
    AllowRenegotation
}
```

HttpSysOptions 的 MaxConnections 属性和 MaxRequestBodySize 属性分别表示最大连接数和请求主体内容的最大字节数，如果它们都被设置为 Null，就意味着忽略对应的限制。这两个属性的默认值分别为 Null 和 30,000,000。MaxAccepts 属性表示接收的最大并发请求，默认值为当前处理器数量的 5 倍。如果并发请求数量超过限流设置，则后续请求会拒绝处理，此时服务器直接回复一个状态码为 503 的响应，与此同时会根据 Http503Verbosity 属性设置的等级进行相应的处理。如果该属性值为 Basic（默认值），则当前 TCP 连接会重置，Full 选项和 Limitmed 选项会影响响应的状态描述，前者返回详细的 Reason Phrase，后者采用标准的“Service Unavailable”。

```
public enum Http503VerbosityLevel
{
    Basic,
    Limited,
    Full
}
```

HttpSysOptions 的 Timeouts 属性返回如下 TimeoutManager 对象。我们利用它完成各种超时设置，包括请求主体内容抵达时间（EntityBody）、读取请求主体内容时间（DrainEntityBody），请求在队列中存储的时间（RequestQueue）、连接闲置时间（IdleConnection）和解析请求报头时间（HeaderWait），这些超时时间默认都是 2 分钟。MinSendBytesPerSecond 属性表示响应数据的最小发送率，默认为每秒 150 字节。

```
public sealed class TimeoutManager
{
    public TimeSpan    EntityBody { get; set; }
    public TimeSpan    DrainEntityBody { get; set; }
    public TimeSpan    RequestQueue { get; set; }
    public TimeSpan    IdleConnection { get; set; }
```

```
    public TimeSpan    HeaderWait { get; set; }
    public long        MinSendBytesPerSecond { get; set; }
}
```

HttpSysOptions 还定义了其他一系列属性。AllowSynchronousIO 属性（默认值为 False）表示是否运行以同步 I/O 的方式完成请求和响应主体内容的读/写。EnableResponseCaching 属性（默认值为 True）表示允许响应缓存。ThrowWriteExceptions 属性（默认值为 False）表示断开连接导致写入响应主体内容失败是否需要抛出异常。如果将 UnsafePreferInlineScheduling（默认值为 False）设置为 True，就意味着会直接在读取请求的 I/O 线程中执行后续的应用代码，否则编写的应用代码会被分发到线程池中进行处理。这样可以通过避免线程切换减少单个请求的处理耗时，但是会对整体的吞吐量带来负面影响。UseLatin1RequestHeaders 属性（默认值为 False）表示是否采用 Latin1 字符集（ISO-8859-1）对请求报头进行编码。

18.4 IIS

KestrelServer 最大的优势体现在它的跨平台的功能上，如果 ASP.NET Core 应用只需要部署在 Windows 环境下，则 IIS 也是不错的选择。ASP.NET Core 应用针对 IIS 具有两种部署模式，它们都依赖于一个 IIS 针对 ASP.NET Core 的扩展模块。

18.4.1 ASP.NET Core Module

IIS 其实也是按照管道的方式来处理请求的，但是 IIS 管道和 ASP.NET Core 中间件管道有本质的不同。对于部署在 IIS 中的 Web 应用来说，从最初接收到请求到最终将响应发出去，这段处理流程被细分为一系列固定的步骤，每个步骤都具有一个或者两个（前置+后置）对应的事件或者回调。我们可以利用自定义的 Module 注册相应的事件或者回调，并在适当的时机接管请求，按照自己希望的方式对它进行处理。

IIS 提供了一系列原生（Native）的 Module。我们也可以使用任意 .NET 语言编写托管的 Module，整合 IIS 和 ASP.NET Core 的 ASP.NET Core Module 就是一个原生的 Module。它利用注册的事件将请求从 IIS 管道中拦截下来，并转发给 ASP.NET Core 管道进行处理。相应的安装包可以从官方网站下载。

18.4.2 In-Process 部署模式

ASP.NET Core 在 IIS 下有 In-Process 和 Out-of-Process 两种部署模式。In-Process 部署模式下的 ASP.NET Core 应用运行在 IIS 的工作进程 w3wp.exe 中（如果采用 IIS Express，则工作进程为 iisexpress.exe）。如图 18-8 所示，ASP.NET Core 应用在这种模式下使用的服务器类型是 IISHttpServer，上述的 ASP.NET Core Module 会将原始的请求转发给这个服务器，并将后者生成的响应转交给 IIS 服务器进行回复。

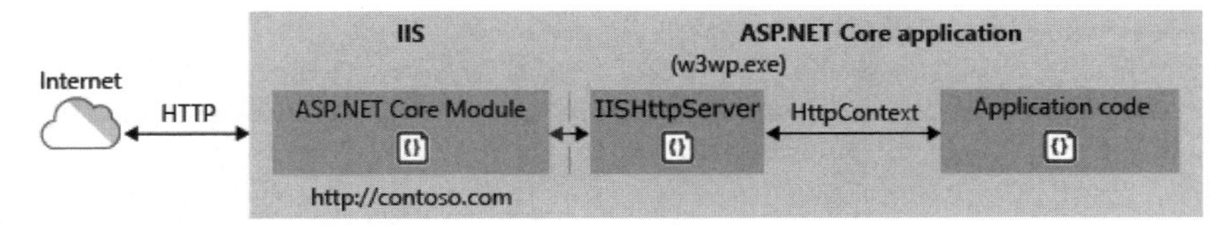

图 18-8 In-Process 部署模式

In-Process 是默认采用的部署模式，所以不需要为此进行任何设置。接下来演示一下具体的部署方式。我们首先在 IIS 的默认站点（Defaut Web Site）创建一个名为 WebApp 的应用，并将映射的物理路径设置为“C:\App”。然后创建一个空的 ASP.NET Core 程序，并编写如下这个将当前进程名称作为响应内容的演示程序。

```
using System.Diagnostics;
var app = WebApplication.Create(args);
app.Run(context                                                                    =>
context.Response.WriteAsync(Process.GetCurrentProcess().ProcessName));
app.Run();
```

首先在 Visual Studio 的解决方案视图上右击该项目，在弹出的快捷菜单中选择“发布”（Publish）命令，创建一个指向“C:\App”的 Publish Profile，然后执行 Profile 命令完成发布工作。应用发布也可以通过执行“dotnet public”命令来完成。在应用部署完成后，我们利用浏览器采用地址“http://localhost/webapp”访问部署的应用，从图 18-9 中的输出结果可以看出 ASP.NET Core 应用实际上就运行在 IIS 的工作进程中。（S1805）

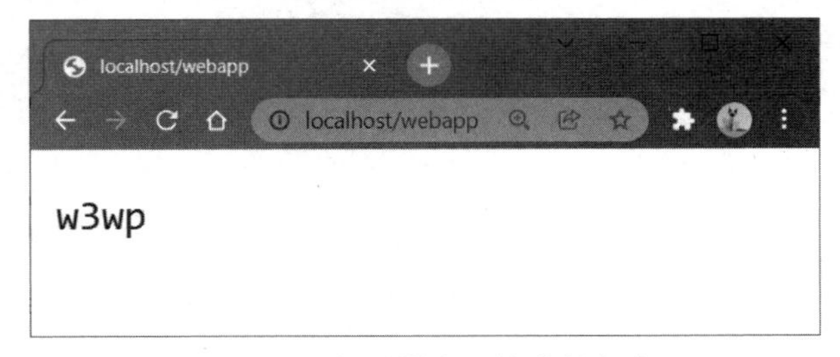

图 18-9 In-Process 部署模式下的进程名称

如果查看此时的部署目录（C:\App），则会发现生成的程序集和配置文件。应用既然部署在 IIS 中，那么具体的配置自然定义在 web.config 中，如下所示为这个文件的内容。我们会发现所有的请求（path="*" verb="*"）都被映射到“AspNetCoreModuleV2”这个 Module 上，这就是上面介绍的 ASP.NET Core Module。如果 Module 启动 ASP.NET Core 管道并与之交互，则由后面的<aspNetCore>配置节来控制。可以看到，它将表示部署模式的 hostingModel 属性设置为“inprocess”。

```
<?xml version="1.0" encoding="utf-8"?>
<configuration>
  <location path="." inheritInChildApplications="false">
    <system.webServer>
      <handlers>
        <add name="aspNetCore" path="*" verb="*" modules="AspNetCoreModuleV2"
```

```
            resourceType="Unspecified" />
      </handlers>
      <aspNetCore processPath="dotnet" arguments=".\App.dll" stdoutLogEnabled="false"
          stdoutLogFile=".\logs\stdout" hostingModel="inprocess" />
    </system.webServer>
  </location>
</configuration>
<!--ProjectGuid: 243DF55D-2E11-481F-AA7A-141C2A75792D-->
```

In-Process 部署模式会注册如下 IISHttpServer，对应的配置选项定义在 IISServerOptions 中。如果具有同步读写请求和响应主体内容的需要，将 AllowSynchronousIO 属性（默认值为 False）设置为 True。如果将 AutomaticAuthentication 属性返回 True（默认值），则认证用户将自动赋值给 HttpContext 上下文对象的 User 属性。我们可以利用 MaxRequestBodyBufferSize 属性（默认值为 1,048,576）和 MaxRequestBodySize 属性（默认值为 30,000,000）设置接收请求主体的缓冲区容量和最大请求主体的字节数。

```
internal class IISHttpServer : IServer, IDisposable
{
    public IFeatureCollection Features { get; }
    public IISHttpServer(
      IISNativeApplication nativeApplication,
      IHostApplicationLifetime applicationLifetime,
      IAuthenticationSchemeProvider authentication,
      IOptions<IISServerOptions> options,
      ILogger<IISHttpServer> logger);
    public unsafe Task StartAsync<TContext>(IHttpApplication<TContext> application,
           CancellationToken cancellationToken);
    public Task StopAsync(CancellationToken cancellationToken);
}

public class IISServerOptions
{
    public bool         AllowSynchronousIO { get; set; }
    public bool         AutomaticAuthentication { get; set; }
    public string?      AuthenticationDisplayName { get; set; }
    public int          MaxRequestBodyBufferSize { get; set; }
    public long?        MaxRequestBodySize { get; set; }
}
```

IISHttpServer 的注册实现在 IWebHostBuilder 接口的 UseIIS 扩展方法中。由于这个扩展方法并没有提供一个 Action<IISServerOptions>委托参数对 IISServerOptions 配置选项进行设置，所以不得不采用原始的方式对它进行设置。由于 IHostBuilder 接口的 ConfigureWebHostDefaults 扩展方法内部会调用这个方法，所以我们并不需要为此做额外的工作。

```
public static class WebHostBuilderIISExtensions
{
    public static IWebHostBuilder UseIIS(this IWebHostBuilder hostBuilder);
}
```

18.4.3 Out-of-Process 部署模式

ASP.NET Core 应用在 IIS 中还可以采用 Out-of -Process 模式进行部署。如图 18-10 所示，在这种部署模式下，采用 KestrelServer 的 ASP.NET Core 应用运行在独立的 dotnet.exe 进程中。当 IIS 接收到目标应用的请求时，如果目标应用所在的进程并未启动，则 ASP.NET Core Module 还负责执行“dotnet”命令激活此进程，相当于充当了 WAS（Windows Activation Service）的作用。

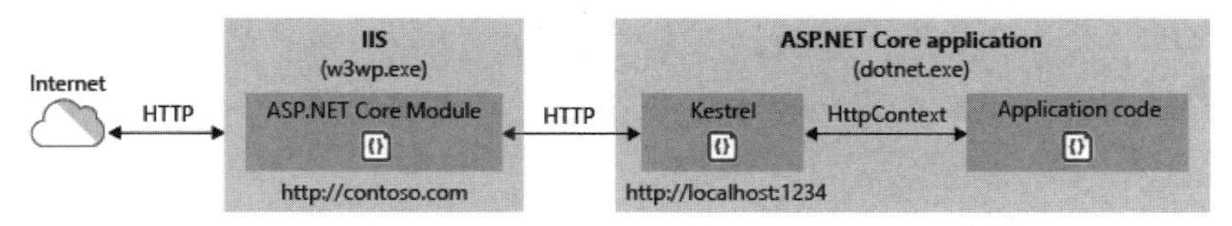

图 18-10 Out-of-Process 部署模式

在激活 ASP.NET Core 承载进程之前，ASP.NET Core Module 会选择一个可用的端口，该端口和当前应用的路径（该路径将作为 ASP.NET Core 应用的 PathBase）被写入环境变量，对应的环境变量名称分别为“ASPNETCORE_PORT”和“ASPNETCORE_APPL_PATH”。以 Out-of-Process 模式部署的 ASP.NET Core 应用只会接收 IIS 转发的请求，为了能够过滤其他来源的请求，ASP.NET Core Module 会生成一个 Token 并写入环境变量“ASPNETCORE_TOKEN”。后续转发的请求会利用一个报头“MS-ASPNETCORE-TOKEN”传递此 Token，ASP.NET Core 应用校验是否与之前生成的 Token 匹配。

ASP.NET Core Module 还会利用环境变量传递其他设置，如认证方案被写入环境变量“ASPNETCORE_IIS_HTTPAUTH”，另一个“ASPNETCORE_IIS_WEBSOCKETS_SUPPORTED”环境变量用来设置 Web Socket 的支持状态。由于这些环境变量名称的前缀都是“ASPNETCORE_”，所以它们都会作为默认配置源。KestrelServer 最终会绑定到基于该端口的本地终节点（localhost）进行监听。由于监听地址是由 ASP.NET Core Module 控制的，所以它只需要将请求转发到该地址，最终将接收到的响应交给 IIS 返回。由于这里涉及本地回环网络（Loopback）的访问，其性能自然不如 In-Process 部署模式。

```
<?xml version="1.0" encoding="utf-8"?>
<configuration>
  <location path="." inheritInChildApplications="false">
    <system.webServer>
      <handlers>
        <add name="aspNetCore" path="*" verb="*" modules="AspNetCoreModuleV2"
            resourceType="Unspecified" />
      </handlers>
      <aspNetCore processPath="dotnet" arguments=".\App.dll" stdoutLogEnabled="false"
          stdoutLogFile=".\logs\stdout" hostingModel="outofprocess" />
    </system.webServer>
  </location>
</configuration>
```

上一节演示了 In-Process 部署模式，现在可以直接修改 web.config 配置文件，按照上面的方式将<aspNetCore>配置节的 hostingModel 属性设置为“outofprocess”，部署的应用就自动切换到 Out-of-Process。此时再次以相同的方式访问部署的应用，我们就会发现浏览器上显示的进程名称变成了“dotnet”，如图 18-11 所示。

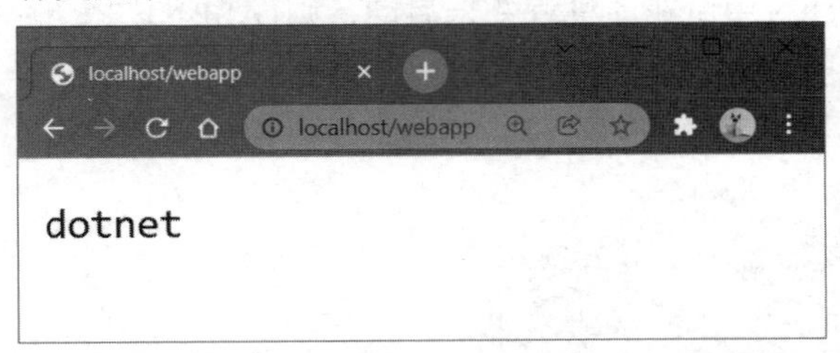

图 18-11　Out-of-Process 部署模式下的进程名称

部署模式可以直接定义在项目文件中，如果按照如下方式将 AspNetCoreHostingModel 属性设置为“OutOfProcess”，那么发布后生成的 web.config 配置文件中针对部署模式的设置将随之改变。该属性默认值为“InProcess”，它也可以被显式进行设置。

```
<Project Sdk="Microsoft.NET.Sdk.Web">
    <PropertyGroup>
        <TargetFramework>net6.0</TargetFramework>
        <Nullable>enable</Nullable>
        <ImplicitUsings>enable</ImplicitUsings>
        <NoDefaultLaunchSettingsFile>true</NoDefaultLaunchSettingsFile>
        <AspNetCoreHostingModel>OutOfProcess</AspNetCoreHostingModel>
   </PropertyGroup>
</Project>
```

为了进一步验证上述的这一系列环境变量是否存在，如下所示的演示程序会将以“ASPNETCORE_”为前缀的环境变量作为响应内容输出。除此之外，作为响应输出的还有进程名称、请求的 PathBase 和“MS-ASPNETCORE-TOKEN”报头。

```
using System.Diagnostics;
using System.Text;

var app = WebApplication.Create(args);
app.Run(HandleAsync);
app.Run();

Task HandleAsync(HttpContext httpContext)
{
    var request = httpContext.Request;
    var configuration =
      httpContext.RequestServices.GetRequiredService<IConfiguration>();
    var builder = new StringBuilder();
    builder.AppendLine($"Process: {Process.GetCurrentProcess().ProcessName}");
    builder.AppendLine(
      $"MS-ASPNETCORE-TOKEN: {request.Headers["MS-ASPNETCORE-TOKEN"]}");
    builder.AppendLine($"PathBase: {request.PathBase}");
```

```
    builder.AppendLine("Environment Variables");
    foreach (string key in Environment.GetEnvironmentVariables().Keys)
    {
        if (key.StartsWith("ASPNETCORE_"))
        {
            builder.AppendLine($"\t{key}={Environment.GetEnvironmentVariable(key)}");
        }
    }
    return httpContext.Response.WriteAsync(builder.ToString());
}
```

应用重新发布之后，再次利用浏览器访问后得到的运行结果如图 18-12 所示。我们可以从这里找到上述的环境变量，请求携带的“MS-ASPNETCORE-TOKEN”报头正好与对应环境变量的值一致，应用在 IIS 中的虚拟目录作为应用路径被写入环境变量并成为请求的 PathBase。如果站点提供了 HTTPS 终节点，则其端口还会写入“SPNETCORE_ANCM_HTTPS_PORT”这个环境变量，这是为实现 HTTPS 终节点的重定向而设计的，“第 24 章　HTTPS 策略”会使用这个环境变量。(S1806)

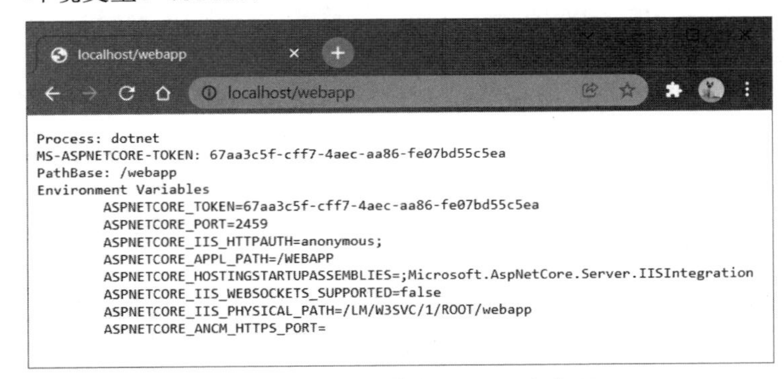

图 18-12　Out-of-Process 部署模式下的环境变量

Out-of-Process 部署模式下的大部分实现都是由如下 IISMiddleware 中间件完成的，IISOptions 为对应的配置选项。IISMiddleware 中间件完成了“配对 Token”的验证和过滤非 IIS 转发的请求。如果 IISOptions 配置选项的 ForwardClientCertificate 属性返回 True（默认值），则此中间件会从请求报头“MS-ASPNETCORE-CLIENTCERT”中提取客户端证书，并将它保存到 ITlsConnectionFeature 特性中。该中间件还会将当前 Windows 账号对应的 WindowsPrincipal 对象附加到 HttpContext 上下文对象的特性集合中，如果 IISOptions 配置选项的 AutomaticAuthentication 属性返回 True（默认值），则该对象会直接赋值给 HttpContext 上下文对象的 User 属性。

```
public class IISMiddleware
{
    public IISMiddleware(RequestDelegate next, ILoggerFactory loggerFactory,
        IOptions<IISOptions> options, string pairingToken,
        IAuthenticationSchemeProvider authentication,
        IHostApplicationLifetime applicationLifetime);
    public IISMiddleware(RequestDelegate next, ILoggerFactory loggerFactory,
        IOptions<IISOptions> options, string pairingToken, bool isWebsocketsSupported,
```

```
        IAuthenticationSchemeProvider authentication,
        IHostApplicationLifetime applicationLifetime);
    public Task Invoke(HttpContext httpContext)
}

public class IISOptions
{
    public bool AutomaticAuthentication { get; set; }
    public string? AuthenticationDisplayName { get; set; }
    public bool ForwardClientCertificate { get; set; }
}
```

IIS 利用 WAS 根据请求激活工作进程 w3wp.exe。如果站点长时间未曾访问，则它还会自动关闭工作进程。如果工作进程都被关闭了，则承载 ASP.NET Core 应用的 dotnet.exe 进程自然也应该被关闭。为了关闭应用承载进程，ASP.NET Core Module 会发送一个特殊的请求，该请求携带一个值为“shutdown”的“MS-ASPNETCORE-EVENT”报头，IISMiddleware 中间件在接收到该请求时利用注入的 IHostApplicationLifetime 对象关闭当前应用。如果不支持 WebSocket，则该中间件还会将表示“可升级到双向通信”的 IHttpUpgradeFeature 特性删除。将应用路径设置为请求的 PathBase 也是由这个中间件完成的。

由于 IISMiddleware 中间件所做的实际上是对 HttpContext 上下文对象进行初始化的工作，所以它必须优先执行才有意义，为了将此中间件置于管道的前端，定义如下 IISSetupFilter 并完成对该中间件的注册。

```
internal class IISSetupFilter : IStartupFilter
{
    internal IISSetupFilter(string pairingToken, PathString pathBase,
        bool isWebsocketsSupported);
    public Action<IApplicationBuilder> Configure(Action<IApplicationBuilder> next);
}
```

IISSetupFilter 最终是通过 IWebHostBuilder 接口的 UseIISIntegration 扩展方法进行注册的。这个扩展方法还负责从当前配置和环境变量提取端口，并完成监听地址的注册。由于 KestrelServer 默认会选择注册到服务器上的终节点，所以该扩展方法利用配置将 IServerAddressesFeature 特性的 PreferHostingUrls 属性设置为 True，这里设置的监听地址才会生效。这个扩展方法还会根据当前 IIS 站点的设置对 IISOptions 进行相应设置。由于 IHostBuilder 接口 ConfigureWebHostDefaults 扩展方法内部也会调用 UseIISIntegration 扩展方法，所以我们并不需要为此做额外的工作。

```
public static class WebHostBuilderIISExtensions
{
    public static IWebHostBuilder UseIISIntegration(this IWebHostBuilder hostBuilder);
}
```

18.4.4 <aspnetcore>配置

无论采用哪种部署模式，相关的配置都定义在部署目录下的 web.config 配置文件中，它提供的 ASP.NET Core Module 的映射使我们能够将 ASP.NET Core 应用部署在 IIS 中。在 web.config 配置文件中，与 ASP.NET Core 应用部署相关的配置定义在<aspNetCore>配置节中。

```
<aspNetCore
    processPath                 = "dotnet"
    arguments                   = ".\App.dll"
    stdoutLogEnabled            = "false"
    stdoutLogFile               = ".\logs\stdout"
    hostingModel                = "outofprocess"
    forwardWindowsAuthToken     = "true"
    processesPerApplication     = "10"
    rapidFailsPerMinute         = "5"
    requestTimeout              = "00:02:00"
    shutdownTimeLimit           = "60"
    startupRetryCount           = "3"
    startupTimeLimit            = "60">
    <environmentVariables>
        <environmentVariable name = "ASPNETCORE_ENVIRONMENT" value = "Development"/>
    </environmentVariables>
    <handlerSettings>
        <handlerSetting name = "stackSize" value = "2097152" />
        <handlerSetting name = "debugFile" value = ".\logs\aspnetcore-debug.log" />
        <handlerSetting name = "debugLevel" value = "FILE,TRACE" />
    </handlerSettings>
</aspNetCore>
```

上面 XML 代码片段包含了完整的<aspNetCore>配置属性，表 18-4 对这些配置属性进行了简单的说明。设置的文件可以采用绝对路径和相对于部署目录（通过“.”表示）的相对路径。

表 18-4　<aspnetcore>配置属性

属　性	含　义
processPath	ASP.NET Core 应用启动命令所在路径，必选
arguments	ASP.NET Core 应用启动传入的参数，可选
stdoutLogEnabled	是否将 stdout 和 stderr 输出到 stdoutLogFile 属性指定的文件，默认值为 False
stdoutLogFile	作为 stdout 和 stderr 输出的日志文件，默认值为“aspnetcore-stdout”
hostingModel	部署模式，“inprocess/InProcess”或者“outofprocess/OutOfProcess”（默认值）
forwardWindowsAuthToken	是否转发 Windows 认证令牌，默认值为 True
processesPerApplication	承载 ASP.NET Core 应用的进程（processPath）数量，默认值为 1。该配置对 In-Process 部署模式无效
rapidFailsPerMinute	ASP.NET Core 应用承载进程（processPath）每分钟允许崩溃的次数，默认值为 10 次，超过此数量将不再试图重新启动它
requestTimeout	请求处理超时时间，默认值为 2 分钟
startupRetryCount	ASP.NET Core 应用承载进程启动重试次数，默认值为 2 次
startupTimeLimit	ASP.NET Core 应用承载进程启动超时时间（单位为秒），默认值为 120 秒
environmentVariables	设置环境变量
handlerSettings	为 ASP.NET Core Module 提供额外的配置

第 5 篇　中间件

第 19 章

静态文件

虽然 ASP.NET Core 是一款“动态”的 Web 服务端框架，但是由它接收并处理了很多关于静态文件的请求，如常见的 Web 站点的 3 种静态文件（JavaScript 脚本、CSS 样式和图片）。ASP.NET Core 提供了 3 个中间件来处理静态文件的请求，利用它们不仅可以将物理文件发布为可以通过 HTTP 请求获取的 Web 资源，还可以将所在的物理目录的结构呈现出来。

19.1 搭建文件服务器

通过 HTTP 请求获取的 Web 资源很多都来源于存储在服务器磁盘上的静态文件。对于 ASP.NET Core 应用来说，如果将静态文件存储到约定的目录下，则绝大部分文件类型都可以通过 Web 的形式对外发布。“Microsoft.AspNetCore.StaticFiles”这个 NuGet 包中提供了 3 个用来处理静态文件请求的中间件，用于搭建一个文件服务器。

19.1.1 发布物理文件

图 19-1 所示为静态文件发布的项目结构。在默认作为 WebRoot 的“wwwroot”目录下，我们将 JavaScript 脚本文件、CSS 样式文件和图片文件存储到对应的子目录（js、css 和 img）下。该目录下的所有文件将自动发布为 Web 资源，客户端可以访问相应的 URL 来读取对应的内容。

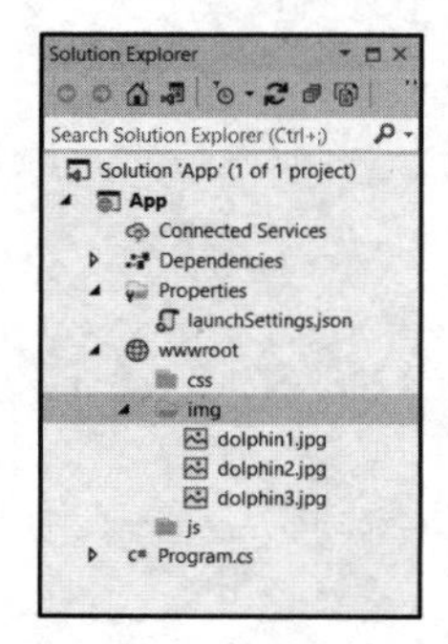

图 19-1　静态文件发布的项目结构

具体某个静态文件的请求是通过 StaticFileMiddleware 中间件来处理的。如下所示的演示程序通过调用 IApplicationBuilder 接口的 UseStaticFiles 扩展方法就可以注册这个中间件。

```
var app = WebApplication.Create();
app.UseStaticFiles();
app.Run();
```

演示程序运行之后，就可以通过 GET 请求的方式来读取对应文件的内容，目标文件相对于 WebRoot 目录的路径就是对应 URL 的路径，如 JPG 图片文件“~/wwwroot/img/dolphin1.jpg”对应的 URL 路径为“/img/dolphin1.jpg”。如果直接利用浏览器访问这个 URL，目标图片就会直接以图 19-2 所示的形式显示出来。（S1901）

图 19-2　以 Web 形式发布图片文件

上面通过一个简单的实例将 WebRoot 所在目录下的所有静态文件发布为 Web 资源，如果需要发布的静态文件存储在其他目录下呢？例如，我们将上面演示程序的一些文档存储在图 19-3 所示的“~/doc/”目录下，那么又该如何编写程序呢？

图 19-3　发布“~/doc/”和“~/wwwroot”目录下的文件

ASP.NET Core 应用在大部分情况下都是利用一个 IFileProvider 对象来读取文件的，静态文件的读取请求处理也不例外。StaticFileMiddleware 中间件内部维护着一个 IFileProvider 对象和请求路径的映射关系。如果调用 UseStaticFiles 方法没有指定任何参数，这个映射的路径就是应用的基地址（PathBase），采用的 IFileProvider 对象就是指向 WebRoot 目录的 PhysicalFileProvider 对象。上述需求可以通过定制这个映射关系来实现。如下面的代码片段所示，我们在现有程序的基础上额外添加了一次 UseStaticFiles 扩展方法的调用，并利用作为参数的 StaticFileOptions 配置选项添加请求路径（“/documents”）与对应 IFileProvider 对象（针对路径“~/doc/”的 PhysicalFileProvider 对象）之间的映射关系。

```
using Microsoft.Extensions.FileProviders;

var path = Path.Combine(Directory.GetCurrentDirectory(), "doc");
```

```
var options = new StaticFileOptions
{
    FileProvider        = new PhysicalFileProvider(path),
    RequestPath         = "/documents"
};

var app = WebApplication.Create();
app
    .UseStaticFiles()
    .UseStaticFiles(options);
app.Run();
```

按照上面这段程序指定的映射关系，对于存储在“~/doc/”目录下的 PDF 文件（checklist.pdf），请求 URL 采用的路径就应该是“/documents/checklist.pdf”。如果利用浏览器请求这个地址，PDF 文件的内容就会按照图 19-4 所示的形式显示在浏览器上。（S1902）

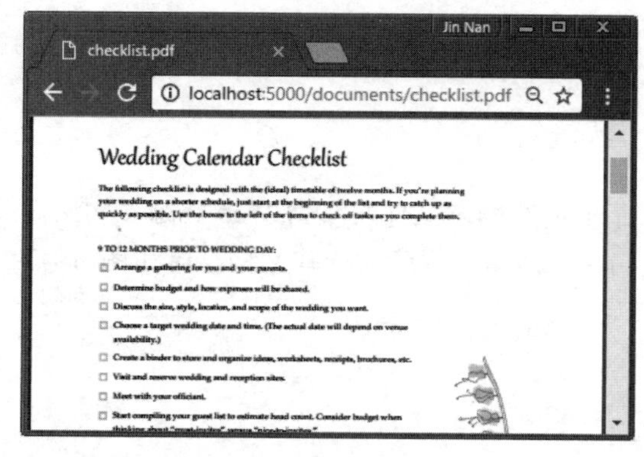

图 19-4　以 Web 形式发布 PDF 文件

19.1.2　呈现目录结构

StaticFileMiddleware 中间件只会处理具体的某个静态文件的请求，如果利用浏览器发送一个目录路径的请求（如“/img”），则可以得到状态为“404 Not Found”的响应。如果希望浏览器呈现出目标目录的结构，则可以注册 DirectoryBrowserMiddleware 中间件。这个中间件会返回一个 HTML 页面，请求目录下的结构以表格的形式显示在 HTML 页面中。演示程序按照如下方式调用 IApplicationBuilder 接口的 UseDirectoryBrowser 扩展方法注册了这个中间件。

```
using Microsoft.Extensions.FileProviders;

var path = Path.Combine(Directory.GetCurrentDirectory(), "doc");
var fileProvider = new PhysicalFileProvider(path);

var fileOptions = new StaticFileOptions
{
    FileProvider = fileProvider,
    RequestPath = "/documents"
};
```

```
var diretoryOptions = new DirectoryBrowserOptions
{
    FileProvider = fileProvider,
    RequestPath = "/documents"
};

var app = WebApplication.Create();
app
    .UseStaticFiles()
    .UseStaticFiles(fileOptions)
    .UseDirectoryBrowser()
    .UseDirectoryBrowser(diretoryOptions);

app.Run();
```

当上面的程序运行后，如果利用浏览器向某个目录的 URL（如“/”或者“/img”）发起请求，则目标目录的内容（包括子目录和文件）会以图 19-5 所示的形式显示在一个表格中。我们在呈现的表格中可以看出，当前目录的子目录和文件均显示为链接。（S1903）

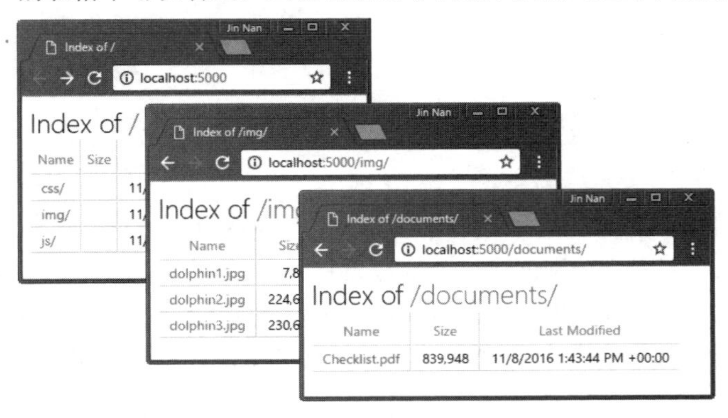

图 19-5　显示目录内容

19.1.3　显示默认页面

由于 UseDirectoryBrowser 中间件会将整个目标目录的结构和所有文件全部呈现出来，所以这个中间件需要根据自身的安全策略谨慎使用。对于目录请求来说，更加常用的处理策略就是显示一个保存在该目录下的默认页面。默认页面文件一般采用 4 种命名约定（default.htm、default.html、index.htm 和 index.html），默认页面的呈现实现在 DefaultFilesMiddleware 中间件中。演示程序可以按照如下方式调用 IApplicationBuilder 接口的 UseDefaultFiles 扩展方法来注册这个中间件。

```
using Microsoft.Extensions.FileProviders;

var path = Path.Combine(Directory.GetCurrentDirectory(), "doc");
var fileProvider = new PhysicalFileProvider(path);
```

```
var fileOptions = new StaticFileOptions
{
    FileProvider = fileProvider,
    RequestPath = "/documents"
};
var diretoryOptions = new DirectoryBrowserOptions
{
    FileProvider = fileProvider,
    RequestPath = "/documents"
};
var defaultOptions = new DefaultFilesOptions
{
    RequestPath = "/documents",
    FileProvider = fileProvider,
};


var app = WebApplication.Create();
app
    .UseDefaultFiles()
    .UseDefaultFiles(defaultOptions)
    .UseStaticFiles()
    .UseStaticFiles(fileOptions)
    .UseDirectoryBrowser()
    .UseDirectoryBrowser(diretoryOptions);

app.Run();
```

下面在“~/wwwroot/img/”和“~/doc”目录下分别创建一个名为 index.html 的默认页面，并且在 index.html 文件的主体部分指定一段简短的文字（This is an index page!）。程序运行之后，利用浏览器访问“/img”和“/doc”这两个目录，默认页面就会以图 19-6 的形式显示出来。（S1904）

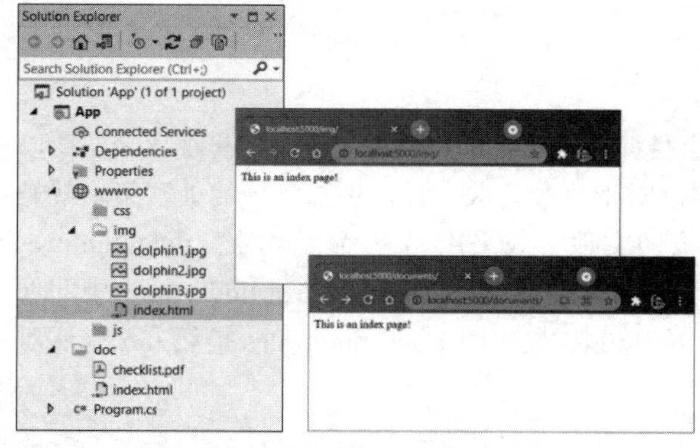

图 19-6　显示目录的默认页面

我们必须将 DefaultFilesMiddleware 中间件放在 StaticFileMiddleware 和 DirectoryBrowserMiddleware 中间件之前。这是因为 DirectoryBrowserMiddleware 和

DefaultFilesMiddleware 中间件处理的均是目录请求，如果先注册 DirectoryBrowserMiddleware 中间件，那么显示的总是目录的结构。如果先注册用于显示默认页面的 DefaultFilesMiddleware 中间件，那么在默认页面不存在的情况下它会将请求分发给后续中间件，此时 DirectoryBrowserMiddleware 中间件将当前目录的结构呈现出来。要先于 StaticFileMiddleware 中间件之前注册 DefaultFilesMiddleware 中间件是因为后者是通过采用 URL 重写的方式实现的。这个中间件会将目录请求改写成默认页面请求，而最终默认页面请求还需要依赖 StaticFileMiddleware 中间件来完成。

在默认情况下，DefaultFilesMiddleware 中间件总是以约定的名称在当前请求的目录下定位默认页面。如果作为默认页面的文件没有采用这样的约定命名（见图 19-7，将默认页面命名为 readme.html），就需要按照如下方式显式指定默认页面的文件名。（S1905）

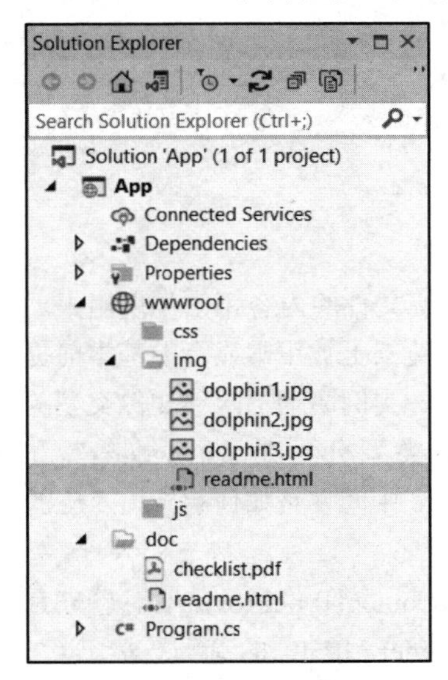

图 19-7　重命名默认页面（1）

```
using Microsoft.Extensions.FileProviders;

var path = Path.Combine(Directory.GetCurrentDirectory(), "doc");
var fileProvider = new PhysicalFileProvider(path);
var fileOptions = new StaticFileOptions
{
    FileProvider = fileProvider,
    RequestPath = "/documents"
};
var diretoryOptions = new DirectoryBrowserOptions
{
    FileProvider = fileProvider,
    RequestPath = "/documents"
};
var defaultOptions1 = new DefaultFilesOptions();
```

```
var defaultOptions2 = new DefaultFilesOptions
{
    RequestPath = "/documents",
    FileProvider = fileProvider,
};

defaultOptions1.DefaultFileNames.Add("readme.html");
defaultOptions2.DefaultFileNames.Add("readme.html");

var app = WebApplication.Create();
app
    .UseDefaultFiles(defaultOptions1)
    .UseDefaultFiles(defaultOptions2)
    .UseStaticFiles()
    .UseStaticFiles(fileOptions)
    .UseDirectoryBrowser()
    .UseDirectoryBrowser(diretoryOptions);

app.Run();
```

19.1.4 映射媒体类型

通过上面的演示实例可以看出，浏览器能够准确地将请求的目标文件的内容正常呈现出来。对 HTTP 协议具有基本了解的读者应该都知道，响应文件能够在浏览器上被正常显示的基本前提是响应报文通过 Content-Type 报头携带的媒体类型必须与内容一致。实例演示了两种文件类型的请求，一种是 JPG 文件，另一种是 PDF 文件，对应的媒体类型分别是“image/jpg”和“application/pdf”，那么用来处理静态文件请求的 StaticFileMiddleware 中间件是如何解析出对应的媒体类型的呢？

StaticFileMiddleware 中间件针对媒体类型的解析是通过一个 IContentTypeProvider 对象来完成的，FileExtensionContentTypeProvider 是对 IContentTypeProvider 接口的默认实现。FileExtensionContentTypeProvider 根据文件的扩展命名来解析媒体类型。它在内部预定了数百种常用文件扩展名与对应媒体类型之间的映射关系，如果发布的静态文件具有标准的扩展名，StaticFileMiddleware 中间件就能为对应的响应赋予正确的媒体类型。

如果某个文件的扩展名没有在预定义的映射中，或者需要某个预定义的扩展名匹配不同的媒体类型，那么又应该如何解决呢？同样是针对上面的演示实例，如果以图 19-8 所示的方式将“~/wwwroot/img/ dolphin1.jpg”文件的扩展名改成“.img”，那么 StaticFileMiddleware 中间件将无法为该文件的请求解析出正确的媒体类型。这个问题具有若干不同的解决方案，第一种方案就是按照如下方式让 StaticFileMiddleware 中间件支持不能识别的文件类型，并为其设置一个默认的媒体类型。（S1906）

图 19-8　重命名默认页面（2）

```
var options = new StaticFileOptions
{
    ServeUnknownFileTypes      = true,
    DefaultContentType         = "image/jpg"
};
var app = WebApplication.Create();
app.UseStaticFiles(options);

app.Run();
```

上述解决方案只能设置一种默认媒体类型，如果具有多种需要映射成不同媒体类型的文件类型，这种方案就无能为力了，所以最根本的解决方案还是需要将不能识别的文件类型和对应的媒体类型进行映射。由于 StaticFileMiddleware 中间件使用的 IContentTypeProvider 对象是可以定制的，所以可以按照如下方式显式地为该中间件指定一个 FileExtensionContentTypeProvider 对象，将缺失的映射添加到这个对象上。（S1907）

```
using Microsoft.AspNetCore.StaticFiles;

var contentTypeProvider = new FileExtensionContentTypeProvider();
contentTypeProvider.Mappings.Add(".img", "image/jpg");
var options = new StaticFileOptions
{
    ContentTypeProvider = contentTypeProvider
};

var app = WebApplication.Create();
app.UseStaticFiles(options);

app.Run();
```

19.2 处理文件请求

StaticFileMiddleware 中间件在接收到文件读取请求时，它根据请求的地址找到目标文件的路径，利用注册的 IContentTypeProvider 对象解析出与文件内容相匹配的媒体类型，并将其作为响应报头 Content-Type 的值。该中间件最终利用 IFileProvider 对象读取文件的内容，并将其作为响应报文的主体。这仅仅是 StaticFileMiddleware 中间件总体的请求处理流程，其实这个中间件涉及的操作还有很多，如条件请求（Conditional Request）和区间请求（Range Request）的处理就没有体现在上面的演示实例中。

19.2.1 条件请求

条件请求就是客户端在发送 GET 请求获取某种资源时，利用请求报头携带一些条件。服务端处理器在接收到这样的请求之后，提取这些条件并验证目标资源当前的状态是否满足客户端指定的条件。只有在这些条件都满足的情况下，目标资源的内容才会真正响应给客户端。

1. HTTP 条件请求

HTTP 条件请求作为一项标准记录在 HTTP 规范中。一般来说，一个 GET 请求在目标资源存在的情况下会返回一个状态码为“200 OK”的响应，目标资源的内容直接作为响应报文的主体部分返回。如果资源的内容不会轻易改变，那么希望客户端（如浏览器）在本地缓存获取资源。对于同一个资源的后续请求来说，如果资源内容不曾改变，那么资源内容无须再次作为网络载荷予以响应。这就是 HTTP 条件请求需要解决的一个典型场景。

确定资源是否发生变化可以采用两种策略。第一种，让资源的提供者记录最后一次更新资源的时间，资源的内容载荷（Payload）和这个时间戳将一并作为响应提供给作为请求发送者的客户端。客户端在缓存资源内容时也会保存这个时间戳。等到下次需要对同一个资源发送请求时，它会将这个时间戳一并发送出去，此时服务端就可以根据这个时间戳判断目标资源在上次响应之后是否被修改，并做出针对性的响应。第二种，针对资源的内容生成一个“标签”，标签的一致性体现了资源内容的一致性，在 HTTP 规范中这个标签被称为 ETag（Entity Tag）。

下面从 HTTP 请求和响应报文的层面对条件请求进行详细介绍。对于 HTTP 请求来说，缓存资源携带的最后修改时间戳和 ETag 分别保存在名为 If-Modified-Since 与 If-None-Match 的报头中。报头名称体现了这样的含义：只有目标资源在指定的时间之后被修改（If-Modified-Since）或者目前资源的状态与提供的 ETag 不匹配（If-None-Match）的情况下才会返回资源的内容载荷。

当服务端接收到某个资源的 GET 请求时，如果 GET 请求不具有上述两个报头或者根据这两个报头携带的信息判断资源已经发生改变，则它会返回一个状态码为“200 OK”的响应。除了将资源内容作为响应主体，如果能够获取该资源最后一次修改的时间（一般精确到秒），则格式化的时间戳还会通过一个名为 Last-Modified 的响应报头提供给客户端。针对资源自身内容生成的标签，则会以 ETag 响应报头的形式提供给客户端。反之，如果做出相反的判断，则服务端会返回一个状态码为“304 Not Modified”的响应，这个响应不包含主体内容。一般来说这样的响应也会携带 Last-Modified 报头和 ETag 报头。

与条件请求相关的报头还有 If-Unmodified-Since 和 If-Match，它们具有与 If-Modified-Since 和 If-None-Match 完全相反的语义，分别表示如果目标资源在指定时间之后没有被修改（If-Unmodified-Since）或者目标资源目前的 ETag 与提供 ETag 匹配的请求没有被修改就会返回资源的内容载荷。针对这样的请求，如果根据携带的两个报头判断目标资源并不曾发生变化，则服务端才会返回一个将资源载荷作为主体内容的“200 OK”响应，这样的响应也会携带 Last-Modified 报头和 ETag 报头。如果做出了相反的判断，服务端就会返回一个状态码为“412 Precondition Failed”的响应，表示资源目前的状态不满足请求设定的前置条件。表 19-1 列举了条件请求在不同场景下的响应状态码。

表 19-1　条件请求在不同场景下的响应状态码

请 求 报 头	语　义	满 足 条 件	不满足条件
If-Modified-Since	目标内容在指定时间戳之后是否有更新	200 OK	304 Not Modified
If-None-Match	目标内容的标签是否与指定的不一致	200 OK	304 Not Modified
If-Unmodified-Since	目标内容是否在指定时间戳之后没有更新	200 OK	412 Precondition Failed
If-Match	目标内容的标签是否与指定的一致	200 OK	412 Precondition Failed

2. 静态文件的条件请求

下面通过实例演示的形式介绍 StaticFileMiddleware 中间件在条件请求方面做了什么。假设在 ASP.NET Core 应用中发布了一个文本文件，内容为“abcdefghijklmnopqrstuvwxyz0123456789”（26 个小写字母+10 个数字），目标地址为“http://localhost:5000/foobar.txt”。直接对这个地址发送一个普通的 GET 请求会得到什么样的响应？

```
HTTP/1.1 200 OK
Date: Wed, 1 Sep 2021 23:20:40 GMT
Content-Type: text/plain
Server: Kestrel
Content-Length: 39
Last-Modified: Wed, 1 Sep 2021 23:15:14 GMT
Accept-Ranges: bytes
ETag: "1d56e76ed13ed27"

abcdefghijklmnopqrstuvwxyz0123456789
```

从上面给出的请求与响应报文的内容可以看出，对于一个物理文件的 GET 请求，如果目标文件存在，服务端就会返回一个状态码为“200 OK”的响应。除了承载文件内容的主体，响应报文还有两个额外的报头，分别是表示目标文件最后修改时间的 Last-Modified 报头和作为文件内容标签的 ETag 报头。

现在客户端不但获得了目标文件的内容，还得到了该文件最后被修改的时间戳和标签，如果它只想确定这个文件是否被更新，并且在更新之后返回新的内容，那么它可以对这个文件所在的地址再次发送一个 GET 请求，并将这个时间戳和标签通过相应的请求报头发送给服务端。

我们知道这两个报头的名称分别是 If-Modified-Since 和 If-None-Match。由于没有修改文件的内容，所以服务端返回如下一个状态码为“304 Not Modified”的响应。这个不包括主体内容的响应报文同样具有相同的 Last-Modified 报头和 ETag 报头。

```
GET http://localhost:50000/foobar.txt HTTP/1.1
Host: localhost:50000
If-Modified-Since: Wed, 1 Sep 2021 23:15:14 GMT
If-None-Match: "1d56e76ed13ed27"

HTTP/1.1 304 Not Modified
Date: Wed, 1 Sep 2021 23:21:54 GMT
Content-Type: text/plain
Server: Kestrel
Last-Modified: Wed, 1 Sep 2021 23:15:14 GMT
Accept-Ranges: bytes
ETag: "1d56e76ed13ed27"
```

如果将 If-None-Match 报头修改成一个较早的时间戳或者改变了 If-None-Match 报头的标签，则服务端都将做出文件已经被修改的判断。在这种情况下，最初状态码为“200 OK”的响应再次被返回，具体的请求和对应的响应体现在如下所示的代码片段中。

```
GET http://localhost:5000/foobar.txt HTTP/1.1
If-Modified-Since: Wed, 1 Sep 2021 01:01:01 GMT
Host: localhost:5000

HTTP/1.1 200 OK
Date: Wed, 1 Sep 2021 23:24:16 GMT
Content-Type: text/plain
Server: Kestrel
Content-Length: 39
Last-Modified: Wed, 1 Sep 2021 23:15:14 GMT
Accept-Ranges: bytes
ETag: "1d56e76ed13ed27"

abcdefghijklmnopqrstuvwxyz0123456789

GET http://localhost:50000/foobar.txt HTTP/1.1
Host: localhost:50000
If-None-Match: "abc123xyz456"

HTTP/1.1 200 OK
Date: Wed, 1 Sep 2021 23:26:03 GMT
Content-Type: text/plain
Server: Kestrel
Content-Length: 39
Last-Modified: Wed, 1 Sep 2021 23:15:14 GMT
Accept-Ranges: bytes
ETag: "1d56e76ed13ed27"

abcdefghijklmnopqrstuvwxyz0123456789
```

如果客户端想确定目标文件是否被修改，但是希望在未被修改的情况下才能返回目标文件的内容，这样的请求就需要使用 If-Unmodified-Since 报头和 If-Match 报头来承载基准时间戳与标签。例如，对于如下两个请求携带的 If-Unmodified-Since 报头和 If-Match 报头，服务端都将做出文件尚未被修改的判断，所以文件的内容通过一个状态码为“200 OK”的响应返回。

```
GET http://localhost:5000/foobar.txt HTTP/1.1
If-Unmodified-Since: Wed, 1 Sep 2021 23:59:59 GMT
Host: localhost:5000

HTTP/1.1 200 OK
Date: Wed, 1 Sep 2021 23:27:57 GMT
Content-Type: text/plain
Server: Kestrel
Content-Length: 39
Last-Modified: Wed, 1 Sep 2021 23:15:14 GMT
Accept-Ranges: bytes
ETag: "1d56e76ed13ed27"

abcdefghijklmnopqrstuvwxyz0123456789

GET http://localhost:50000/foobar.txt HTTP/1.1
Host: localhost:50000
If-Match: "1d56e76ed13ed27"

HTTP/1.1 200 OK
Date: Wed, 1 Sep 2021 23:30:35 GMT
Content-Type: text/plain
Server: Kestrel
Content-Length: 39
Last-Modified: Wed, 1 Sep 2021 23:15:14 GMT
Accept-Ranges: bytes
ETag: "1d56e76ed13ed27"

abcdefghijklmnopqrstuvwxyz0123456789
```

如果目标文件当前的状态无法满足 If-Unmodified-Since 报头或者 If-Match 报头体现的条件，那么返回的将是一个状态码为“412 Precondition Failed”的响应，如下所示的代码片段就是这样的请求报文和对应的响应报文。

```
GET http://localhost:5000/foobar.txt HTTP/1.1
If-Unmodified-Since: Wed, 1 Sep 2021 01:01:01 GMT
Host: localhost:5000

HTTP/1.1 412 Precondition Failed
Date: Wed, 1 Sep 2021 23:31:53 GMT
Server: Kestrel
Content-Length: 0

GET http://localhost:50000/foobar.txt HTTP/1.1
Host: localhost:50000
```

```
If-Match: "abc123xyz456"

HTTP/1.1 412 Precondition Failed
Date: Wed, 1 Sep 2021 23:33:57 GMT
Server: Kestrel
Content-Length: 0
```

19.2.2 区间请求

大部分物理文件的请求都希望获取整个文件的内容，区间请求则与之相反，它希望获取某个文件部分区间的内容。区间请求可以通过多次请求来获取某个较大文件的全部内容，并实现断点续传。如果一个文件同时存储到多台服务器，则可以利用区间请求同时下载不同部分的内容。与条件请求一样，区间请求也作为标准定义在 HTTP 规范中。

1. HTTP 区间请求

如果希望通过一个 GET 请求获取目标资源的某个区间的内容，就需要将这个区间存储到一个名为 Range 的报头中。虽然 HTTP 规范允许指定多个区间，但是 StaticFileMiddleware 中间件只支持单一区间。HTTP 规范并未对区间的计量单位做强制的规定，但是 StaticFileMiddleware 中间件支持的单位为 Byte，也就是说，它是以字节为单位对文件内容进行分区的。

Range 报头携带的分区信息采用的格式为“bytes={from}-{to}”（{from}和{to}分别表示区间开始与结束的位置，如“bytes=1000-1999”表示获取目标资源从 1001 到 2000 共计 1000 字节（第 1 个字节的位置为 0）。如果{to}大于整个资源的长度，则这样的区间依然被认为是有效的，它表示从{from}到资源的最后一个字节。如果区间被定义成“bytes={from}-”这种形式，则同样表示区间从{from}到资源的最后一个字节。采用“bytes=-{n}”格式定义的区间表示资源的最后 *n* 个字节。无论采用哪种形式，如果{from}大于整个资源的总长度，则这样的区间定义被视为不合法。

如果请求的 Range 报头携带一个不合法的区间，则服务端会返回一个状态码为“416 Range Not Satisfiable”的响应，否则返回一个状态码为“206 Partial Content”的响应，响应的主体将只包含指定区间的内容。返回的内容在整个资源的位置通过响应报头 Content-Range 来表示，采用的格式为“{from}-{to}/{length}”。除此之外，还有一个与区间请求相关的响应报头 Accept-Ranges，它表示服务端能够接收的区间类型。例如，前面针对条件请求的响应都具有一个 Accept-Ranges: bytes 报头，表示服务端支持资源的区间划分。如果该报头的值被设置为 none，就意味着服务端不支持区间请求。

区间请求在某些时候也会验证资源内容是否发生变化。在这种情况下，请求会利用一个名为 If-Range 的报头携带一个时间戳或者整个资源（不是当前请求的区间）的标签。服务端在接收到请求之后会根据这个报头判断请求的整个资源是否发生变化，如果判断已经发生变化，则它会返回一个状态码为“200 OK”的响应，响应主体将包含整个资源的内容。只有在判断资源并未发生变化的前提下，服务端才会返回指定区间的内容。

2. 静态文件的区间请求

下面从 HTTP 请求和响应报文的角度来介绍 StaticFileMiddleware 中间件对区间请求的支持。我们依然沿用前面演示条件请求的实例，该实例中作为目标文件的 foobar.txt 包含 26 个小写字母和 10 个数字，加上 UTF 文本文件初始的 3 个字符（EF、BB、BF），所以总长度为 39。我们发送如下两个请求分别获取前面 26 个小写字母（3-28）和后面 10 个数字（-10）。

```
GET http://localhost:50000/foobar.txt HTTP/1.1
Host: localhost:50000
Range: bytes=3-28

HTTP/1.1 206 Partial Content
Date: Wed, 1 Sep 2021 23:38:59 GMT
Content-Type: text/plain
Server: Kestrel
Content-Length: 26
Content-Range: bytes 3-28/39
Last-Modified: Wed, 1 Sep 2021 23:15:14 GMT
Accept-Ranges: bytes
ETag: "1d56e76ed13ed27"

abcdefghijklmnopqrstuvwxyz

GET http://localhost:50000/foobar.txt HTTP/1.1
Host: localhost:50000
Range: bytes=-10

HTTP/1.1 206 Partial Content
Date: Wed, 1 Sep 2021 23:39:51 GMT
Content-Type: text/plain
Server: Kestrel
Content-Length: 10
Content-Range: bytes 29-38/39
Last-Modified: Wed, 1 Sep 2021 23:15:14 GMT
Accept-Ranges: bytes
ETag: "1d56e76ed13ed27"

0123456789
```

由于请求中指定了正确的区间，所以会得到两个状态码为“206 Partial Content”的响应，响应的主体仅包含目标区间的内容。除此之外，响应报头 Content-Range（“bytes 3-28/39”和“bytes 29-38/39”）指明了返回内容的区间范围和整个文件的总长度。目标文件最后修改的时间戳和标签同样会存在于响应报头 Last-Modified 与 ETag 中。接下来发送如下所示的一个区间请求，并指定一个不合法的区间（“50-”）。正如 HTTP 规范所描述，在这种情况下可以得到一个状态码为“416 Range Not Satisfiable”的响应。

```
GET http://localhost:5000/foobar.txt HTTP/1.1
Host: localhost:5000
Range: bytes=50-
```

```
HTTP/1.1 416 Range Not Satisfiable
Date: Wed, 1 Sep 2021 23:43:21 GMT
Server: Kestrel
Content-Length: 0
Content-Range: bytes */39
```

为了验证区间请求对文件更新状态的检验，我们使用了请求报头 If-Range。在如下所示的两个请求中，我们分别将一个基准时间戳和文件标签作为这个报头的值，显然服务端对这两个报头的值都将做出"文件已经更新"的判断。根据 HTTP 规范的约定，这种请求会返回一个状态码为"200 OK"的响应，响应的主体将包含整个文件的内容。如下所示的响应报文就证实了这一点。

```
GET http://localhost:5000/foobar.txt HTTP/1.1
Range: bytes=-10
If-Range: Wed, 1 Sep 2021 01:01:01 GMT
Host: localhost:5000

HTTP/1.1 200 OK
Date: Wed, 1 Sep 2021 23:45:32 GMT
Content-Type: text/plain
Server: Kestrel
Content-Length: 39
Last-Modified: Wed, 1 Sep 2021 23:15:14 GMT
Accept-Ranges: bytes
ETag: "1d56e76ed13ed27"

abcdefghijklmnopqrstuvwxyz0123456789

GET http://localhost:50000/foobar.txt HTTP/1.1
User-Agent: Fiddler
Host: localhost:50000
Range: bytes=-10
If-Range: "123abc456"

HTTP/1.1 200 OK
Date: Wed, 1 Sep 2021 23:46:36 GMT
Content-Type: text/plain
Server: Kestrel
Content-Length: 39
Last-Modified: Wed, 1 Sep 2021 23:15:14 GMT
Accept-Ranges: bytes
ETag: "1d56e76ed13ed27"

abcdefghijklmnopqrstuvwxyz0123456789
```

19.2.3 StaticFileMiddleware

通过前面演示实例中条件请求与区间请求的介绍，从提供的功能和特性的角度对 StaticFileMiddleware 中间件进行了全面的介绍。下面从实现原理的角度进一步介绍这个中间件。我们先来看一看 StaticFileMiddleware 类型的定义。

```
public class StaticFileMiddleware
{
    public StaticFileMiddleware(RequestDelegate next, IWebHostEnvironment hostingEnv,
        IOptions<StaticFileOptions> options, ILoggerFactory loggerFactory);
    public Task Invoke(HttpContext context);
}
```

如上面的代码片段所示，除了将当前请求分发给后续管道的参数 next，StaticFileMiddleware 的构造函数还包含 3 个参数，参数 hostingEnv 和 loggerFactory 分别表示当前承载环境与创建 ILogger 的 ILoggerFactory 对象，最重要的参数 options 表示为这个中间件指定配置选项。StaticFileOptions 继承自如下所示的抽象类 SharedOptionsBase，后者利用 RequestPath 属性和 FileProvider 属性定义了请求路径与对应 IFileProvider 对象之间的映射关系（默认值为 PhysicalFileProvider），另一个属性 RedirectToAppendTrailingSlash 标识在进行重定向时是否需要将地址附加上“/”后缀。

```
public abstract class SharedOptionsBase
{
    protected SharedOptions SharedOptions { get; }

    public PathString RequestPath
        { get => SharedOptions.RequestPath; set => SharedOptions.RequestPath = value; }
    public IFileProvider FileProvider
    {
        get => SharedOptions.FileProvider;
        set => SharedOptions.FileProvider = value;
    }
    public bool RedirectToAppendTrailingSlash { get; set; }
    protected SharedOptionsBase(SharedOptions sharedOptions)
        => SharedOptions = sharedOptions;
}

public class SharedOptions
{
    public IFileProvider       FileProvider { get; set; }
    public PathString          RequestPath { get; set; }
    public bool                RedirectToAppendTrailingSlash { get; set; }
}
```

定义在 StaticFileOptions 中的前 3 个属性都与媒体类型的解析有关，其中 ContentTypeProvider 属性返回一个根据请求相对地址解析出媒体类型的 IContentTypeProvider 对象。如果该对象无法正确解析出目标文件的媒体类型，就可以利用 DefaultContentType 设置一个默认媒体类型。但只有将另一个名为 ServeUnknownFileTypes 的属性设置为 True 表示支持未知文件类型，中间件才会采用这个默认设置的媒体类型。

```
public class StaticFileOptions : SharedOptionsBase
{
    public IContentTypeProvider                     ContentTypeProvider { get; set; }
```

```
    public string                               DefaultContentType { get; set; }
    public bool                                 ServeUnknownFileTypes { get; set; }
    public HttpsCompressionMode                 HttpsCompression { get; set; }
    public Action<StaticFileResponseContext>    OnPrepareResponse { get; set; }

    public StaticFileOptions();
    public StaticFileOptions(SharedOptions sharedOptions);
}

public enum HttpsCompressionMode
{
    Default = 0,
    DoNotCompress,
    Compress
}

public class StaticFileResponseContext
{
    public HttpContext          Context { get; }
    public IFileInfo            File { get; }
}
```

StaticFileOptions 的 HttpsCompression 属性表示在压缩中间件存在的情况下，采用 HTTPS 方法请求的文件是否应该被压缩，该属性的默认值为 Compress（即在默认情况下会对文件进行压缩）。StaticFileOptions 还有一个 OnPrepareResponse 属性，它返回一个 Action<StaticFileResponseContext>类型的委托对象，利用这个委托对象可以对最终的响应进行定制。作为输入的 StaticFileResponseContext 对象可以提供表示当前 HttpContext 上下文对象和描述目标文件的 IFileInfo 对象。

StaticFileMiddleware 中间件的注册一般都是调用 IApplicationBuilder 对象的 UseStaticFiles 扩展方法来完成的。如下面的代码片段所示，共有 3 个 UseStaticFiles 重载方法可供选择。

```
public static class StaticFileExtensions
{
    public static IApplicationBuilder UseStaticFiles(this IApplicationBuilder app)
        => app.UseMiddleware<StaticFileMiddleware>();

    public static IApplicationBuilder UseStaticFiles(this IApplicationBuilder app,
        StaticFileOptions options)
        => app.UseMiddleware<StaticFileMiddleware>(
           Options.Create<StaticFileOptions>(options));

    public static IApplicationBuilder UseStaticFiles(this IApplicationBuilder app,
        string requestPath)
    {
        var options = new StaticFileOptions
        {
            RequestPath = new PathString(requestPath)
        };
        return app.UseStaticFiles(options);
    }
```

```
}
```

1. IContentTypeProvider

StaticFileMiddleware 中间件针对静态文件请求的处理并不仅限于完成文件内容的响应，它还需要为目标文件提供正确的媒体类型。对于客户端来说，如果无法确定媒体类型，获取的文件就像是一部无法解码的天书，毫无价值。StaticFileMiddleware 中间件利用指定的 IContentTypeProvider 对象来解析媒体类型。如下面的代码片段所示，IContentTypeProvider 接口定义了唯一的 TryGetContentType 方法，它会根据当前请求的相对路径来解析这个作为输出参数的媒体类型。

```
public interface IContentTypeProvider
{
    bool TryGetContentType(string subpath, out string contentType);
}
```

StaticFileMiddleware 中间件默认使用的是一个具有如下定义的 FileExtensionContentTypeProvider 类型。顾名思义，FileExtensionContentTypeProvider 利用物理文件的扩展名来解析对应的媒体类型。它利用 Mappings 属性表示的字典维护了扩展名与媒体类型之间的映射关系，常用的数百种标准的文件扩展名和对应的媒体类型之间的映射关系都会保存在这个字典中。如果发布的文件具有一些特殊的扩展名，或者需要将现有的某些扩展名映射为不同的媒体类型，则可以通过添加或者修改扩展名/媒体类型之间的映射关系来实现。

```
public class FileExtensionContentTypeProvider : IContentTypeProvider
{
    public IDictionary<string, string> Mappings { get; }

    public FileExtensionContentTypeProvider();
    public FileExtensionContentTypeProvider(IDictionary<string, string> mapping);

    public bool TryGetContentType(string subpath, out string contentType);
}
```

2. 处理流程

StaticFileMiddleware 能够将目标文件的内容采用正确的媒体类型响应给客户端，同时能够处理条件请求和区间请求，虽然其内部实现相对繁琐，但是具体的流程还是比较清晰的。篇幅所限，这里不再详细介绍 StaticFileMiddleware 中间件具体的请求处理逻辑，只罗列这个过程大致的执行流程。总的来说，StaticFileMiddleware 处理针对静态文件请求的整个处理流程大体上可以划分为图 14-7 所示的 3 个步骤。

- 获取目标文件：中间件根据请求的路径获取目标文件，并解析出正确的媒体类型。在此之前，中间件还会验证请求采用的 HTTP 方法是否有效（它只支持 GET 请求和 HEAD 请求）。中间件还会获取文件最后被修改的时间，并根据这个时间戳和文件内容的长度生成一个标签，响应报文的 Last-Modified 报头和 ETag 报头的内容就来源于此。
- 条件请求解析：获取与条件请求相关的 4 个报头（If-Match、If-None-Match、If-Modified-Since 和 If-Unmodified-Since）的值，根据 HTTP 规范计算出最终的条件状态。

- 响应请求：如果是区间请求，则中间件会提取相关的报头（Range 和 If-Range）并解析出正确的内容区间。中间件最终根据上面计算的条件状态和区间相关信息设置响应报头，并根据需要响应整个文件的内容或者指定区间的内容。

19.3 处理目录请求

对于与物理文件相关的 3 个中间件来说，StaticFileMiddleware 中间件旨在处理具体静态文件的请求，其他两个中间件（DirectoryBrowserMiddleware 和 DefaultFilesMiddleware）处理的均是某个目录的请求。

19.3.1 DirectoryBrowserMiddleware

与 StaticFileMiddleware 中间件一样，DirectoryBrowserMiddleware 中间件本质上还定义了一个请求基地址与某个物理目录之间的映射关系，而目标目录体现为一个 IFileProvider 对象。当这个中间件接收到匹配的请求后，会根据请求地址解析出对应目录的相对路径，并利用 IFileProvider 对象获取目录的结构。目录结构最终会以一个 HTML 文档的形式定义，而此 HTML 文档最终会被这个中间件作为响应的内容。

如下面的代码片段所示，DirectoryBrowserMiddleware 类型的第二个构造函数有 4 个参数。其中，第二个参数表示当前执行环境的 IWebHostEnvironment 对象；第三个参数用于提供一个 HtmlEncoder 对象，当目标目录被呈现为一个 HTML 文档时，它被用于实现 HTML 的编码，如果没有显式指定（调用第一个构造函数），则默认的 HtmlEncoder（HtmlEncoder.Default）会被使用；第四个类型为 IOptions<DirectoryBrowserOptions>的参数用于提供表示配置选项的 DirectoryBrowserMiddleware 对象的 DirectoryBrowserOptions 对象。与前面介绍的 StaticFileOptions 一样，DirectoryBrowserOptions 是 SharedOptionsBase 的子类。

```
public class DirectoryBrowserMiddleware
{
    public DirectoryBrowserMiddleware(RequestDelegate next, IWebHostEnvironment env,
        IOptions<DirectoryBrowserOptions> options)
    public DirectoryBrowserMiddleware(RequestDelegate next, IWebHostEnvironment hostingEnv,
        HtmlEncoder encoder, IOptions<DirectoryBrowserOptions> options);
    public Task Invoke(HttpContext context);
}

public class DirectoryBrowserOptions : SharedOptionsBase
{
    public IDirectoryFormatter Formatter { get; set; }

    public DirectoryBrowserOptions();
    public DirectoryBrowserOptions(SharedOptions sharedOptions);
}
```

DirectoryBrowserMiddleware 中间件通过 IApplicationBuilder 接口的 3 个 UseDirectoryBrowser 扩展方法来完成。在调用这些扩展方法时，如果没有指定任何参数，就意味着注册的中间件会采用默认配置。我们也可以显式地执行一个 DirectoryBrowserOptions 对象来对注册的中间件进行定制。如果我们只希望指定请求的路径，就可以直接调用第三个重载方法。

```
public static class DirectoryBrowserExtensions
{
    public static IApplicationBuilder UseDirectoryBrowser(this IApplicationBuilder app)
        => app.UseMiddleware<DirectoryBrowserMiddleware>(Array.Empty<object>());

    public static IApplicationBuilder UseDirectoryBrowser(this IApplicationBuilder app,
        DirectoryBrowserOptions options)
    {
        var args = new object[] { Options.Create<DirectoryBrowserOptions>(options) };
        return app.UseMiddleware<DirectoryBrowserMiddleware>(args);
    }

    public static IApplicationBuilder UseDirectoryBrowser(this IApplicationBuilder app,
        string requestPath)
    {
        var options = new DirectoryBrowserOptions
        {
            RequestPath = new PathString(requestPath)
        };
        return app.UseDirectoryBrowser(options);
    }
}
```

DirectoryBrowserMiddleware 中间件的目的很明确，就是将目录下的内容（文件和子目录）格式化成一种“可视化”的形式响应给客户端。目录内容的响应实现在一个 IDirectoryFormatter 对象上，DirectoryBrowserOptions 的 Formatter 属性设置和返回的就是这样的一个对象。如下面的代码片段所示，IDirectoryFormatter 接口仅包含一个 GenerateContentAsync 方法。当实现这个方法时，我们可以利用第一个参数获取当前 HttpContext 上下文对象。该方法的另一个参数用于返回一组 IFileInfo 的集合，每个 IFileInfo 表示目标目录下的某个文件或者子目录。

```
public interface IDirectoryFormatter
{
    Task GenerateContentAsync(HttpContext context, IEnumerable<IFileInfo> contents);
}
```

在默认情况下，请求目录的内容在页面上是以一个表格的形式呈现的，包含这个表格的 HTML 文档通过一个 HtmlDirectoryFormatter 对象生成，它是对 IDirectoryFormatter 接口的默认实现。如下面的代码片段所示，我们在创建一个 HtmlDirectoryFormatter 对象时需要指定一个 HtmlEncoder 对象。该对象就是在创造 DirectoryBrowserMiddleware 对象时提供的 HtmlEncoder 对象。

```
public class HtmlDirectoryFormatter : IDirectoryFormatter
{
    public HtmlDirectoryFormatter(HtmlEncoder encoder);
```

```
    public virtual Task GenerateContentAsync(HttpContext context,
        IEnumerable<IFileInfo> contents);
}
```

既然最复杂的工作由 IDirectoryFormatter 完成，那么 DirectoryBrowserMiddleware 中间件自身的工作其实就会很少。为了更好地说明这个中间件在处理请求时具体做了些什么，可以采用一种比较容易理解的方式对 DirectoryBrowserMiddleware 类型重新定义。

```
public class DirectoryBrowserMiddleware
{
    private readonly RequestDelegate                _next;
    private readonly DirectoryBrowserOptions        _options;

    public DirectoryBrowserMiddleware(RequestDelegate next, IWebHostEnvironment env,
        IOptions<DirectoryBrowserOptions> options) : this(next, env, HtmlEncoder.Default,
        options)
    {}

    public DirectoryBrowserMiddleware(RequestDelegate next, IWebHostEnvironment env,
        HtmlEncoder encoder, IOptions<DirectoryBrowserOptions> options)
    {
        _next                           = next;
        _options                        = options.Value;
        _options.FileProvider           = _options.FileProvider ?? env.WebRootFileProvider;
        _options.Formatter              = _options.Formatter
                                        ?? new HtmlDirectoryFormatter(encoder);
    }

    public async Task InvokeAsync(HttpContext context)
    {
        //只处理 GET 请求和 HEAD 请求
        if (!new string[] { "GET", "HEAD" }.Contains(context.Request.Method,
            StringComparer.OrdinalIgnoreCase))
        {
            await _next(context);
            return;
        }

       //检验当前路径是否与注册的请求路径相匹配
        var path = new PathString(context.Request.Path.Value.TrimEnd('/') + "/");
        PathString subpath;
        if (!path.StartsWithSegments(_options.RequestPath, out subpath))
        {
            await _next(context);
            return;
        }

        //检验目标目录是否存在
        IDirectoryContents directoryContents =
            _options.FileProvider.GetDirectoryContents(subpath);
        if (!directoryContents.Exists)
```

```
        {
            await _next(context);
            return;
        }

        //如果当前路径不以"/"作为后缀，就会响应一个"标准"URL 的重定向
        if (_options.RedirectToAppendTrailingSlash
            && !context.Request.Path.Value.EndsWith("/"))
        {
            context.Response.StatusCode = 302;
            context.Response.GetTypedHeaders().Location = new Uri(
                path.Value + context.Request.QueryString);
            return;
        }

        //利用 DirectoryFormatter 响应目录内容
        await _options.Formatter.GenerateContentAsync(context, directoryContents);
    }
}
```

如上面的代码片段所示，在最终利用注册的 IDirectoryFormatter 对象来响应目标目录的内容之前，DirectoryBrowserMiddleware 中间件会做一系列的前期工作，其中包括验证当前请求是否是 GET 请求或者 HEAD 请求；当前的 URL 是否与注册的请求路径相匹配，在匹配的情况下还需要验证目标目录是否存在。

如果将 DirectoryBrowserOptions 配置选项的 RedirectToAppendTrailingSlash 属性设置为 True，就意味着访问目录的请求路径必须以"/"作为后缀，否则会在目前的路径上添加这个后缀，并对修正的路径发送一个 302 重定向。所以在利用浏览器发送某个目录的请求时，虽然 URL 没有指定"/"作为后缀，但浏览器会自动将这个后缀补上，这就是重定向导致的结果。

```
public class ListDirectoryFormatter : IDirectoryFormatter
{
    public async Task GenerateContentAsync(HttpContext context,
        IEnumerable<IFileInfo> contents)
    {
        context.Response.ContentType = "text/html";
        await context.Response.WriteAsync(
          "<html><head><title>Index</title><body><ul>");
        foreach (var file in contents)
        {
            string href = $"{context.Request.Path.Value?.TrimEnd('/')}/{file.Name}";
            await context.Response.WriteAsync(
                $"<li><a href='{href}'>{file.Name}</a></li>");
        }
        await context.Response.WriteAsync("</ul></body></html>");
    }
}
```

目录结构的呈现完全由 IDirectoryFormatter 对象完成。如果默认注册的 HtmlDirectoryFormatter 对象的呈现方式无法满足需求（如我们需要这个页面与现有网站保持相

同的风格），就可以通过注册一个自定义的 IDirectoryFormatter 来解决这个问题。ListDirectoryFormatter 会将所有文件或者子目录显示为一个简单的列表。下面通过一个简单的实例来演示如何使用它。

```
using App;

var options = new DirectoryBrowserOptions
{
    Formatter = new ListDirectoryFormatter()
};

var app = WebApplication.Create();
app.UseDirectoryBrowser(options);

app.Run();
```

如上面的代码片段所示，ListDirectoryFormatter 最终响应的是一个完整的 HTML 文档，它的主体部分只包含一个通过<ul></ul>表示的无序列表，列表元素（<li>）是一个文件或者子目录的链接。在调用 UseDirectoryBrowser 扩展方法注册 DirectoryBrowserMiddleware 中间件时，需要将一个 ListDirectoryFormatter 对象设置为指定配置选项的 Formatter 属性。目录内容最终以图 19-9 所示的形式呈现在浏览器上。（S1908）

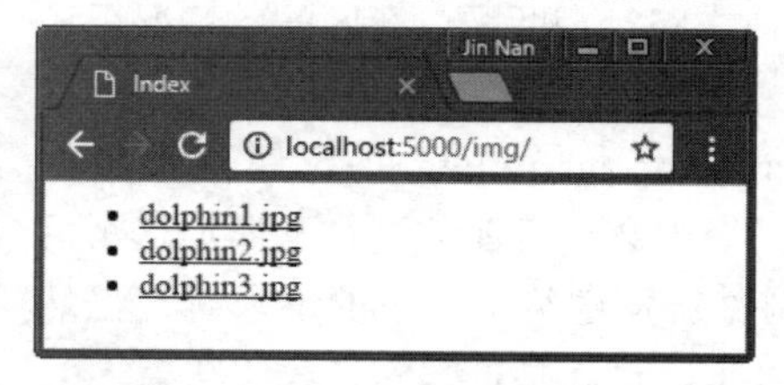

图 19-9　由自定义 ListDirectoryFormatter 呈现的目录内容

19.3.2 DefaultFilesMiddleware

DefaultFilesMiddleware 中间件的目的在于将目标目录下的默认文件作为响应内容。如果直接请求的就是这个默认文件，前面介绍的 StaticFileMiddleware 中间件就会将这个文件响应给客户端。如果能够将目录的请求重定向到这个默认文件上，一切问题就会迎刃而解。实际上，DefaultFilesMiddleware 中间件就是采用这种方式实现的。具体来说，它采用 URL 重写的形式修改了当前请求的地址，即将目录的 URL 修改成默认文件的 URL。

与其他两个中间件类似，当创建 DefaultFilesMiddleware 时由一个 IOptions<DefaultFilesOptions>类型的参数来指定相关的配置选项。由于 DefaultFilesMiddleware 中间件本质上依然体现了请求路径与某个物理目录的映射，所以 DefaultFilesOptions 依然派生于 SharedOptionsBase。DefaultFilesOptions 的 DefaultFileNames 属性包含预定义的默认文件名（default.htm、default.html、index.htm 和 index.html）。

```
public class DefaultFilesMiddleware
{
```

```
    public DefaultFilesMiddleware(RequestDelegate next, IWebHostEnvironment hostingEnv,
        IOptions<DefaultFilesOptions> options);
    public Task Invoke(HttpContext context);
}

public class DefaultFilesOptions : SharedOptionsBase
{
    public IList<string> DefaultFileNames { get; set; }

    public DefaultFilesOptions() : this(new SharedOptions()){}
    public DefaultFilesOptions(SharedOptions sharedOptions) : base(sharedOptions)
    {
        this.DefaultFileNames = new List<string> {
            "default.htm", "default.html", "index.htm", "index.html" };
    }
}
```

DefaultFilesMiddleware 中间件的注册可以通过调用 IApplicationBuilder 接口的如下 3 个 UseDefaultFiles 扩展方法来完成。从给出的代码片段可以看出，它们与注册 DirectoryBrowserMiddleware 中间件的 UseDirectoryBrowser 扩展方法具有一致的定义和实现方式。

```
public static class DefaultFilesExtensions
{
    public static IApplicationBuilder UseDefaultFiles(this IApplicationBuilder app)
    => app.UseMiddleware<DefaultFilesMiddleware>(Array.Empty<object>());

    public static IApplicationBuilder UseDefaultFiles(this IApplicationBuilder app,
        DefaultFilesOptions options)
    {
        var args = new object[] {Options.Create<DefaultFilesOptions>(options) };
        return app.UseMiddleware<DefaultFilesMiddleware>(args);
    }

    public static IApplicationBuilder UseDefaultFiles(this IApplicationBuilder app,
        string requestPath)
    {
        var options = new DefaultFilesOptions
        {
            RequestPath = new PathString(requestPath)
        };
        return app.UseDefaultFiles(options);
    }
}
```

下面采用一种易于理解的形式重新定义 DefaultFilesMiddleware 类型，以便读者理解它的处理逻辑。与前面介绍的 DirectoryBrowserMiddleware 中间件一样，DefaultFilesMiddleware 中间件会对请求进行相应的验证。如果当前目录下存在某个默认文件，那么它会将当前请求的 URL 修改成指向这个默认文件的 URL。

```
public class DefaultFilesMiddleware
{
    private RequestDelegate          _next;
    private DefaultFilesOptions      _options;

    public DefaultFilesMiddleware(RequestDelegate next, IWebHostEnvironment env,
        IOptions<DefaultFilesOptions> options)
    {
        _next                        = next;
        _options                     = options.Value;
        _options.FileProvider        = _options.FileProvider ?? env.WebRootFileProvider;
    }

    public async Task InvokeAsync(HttpContext context)
    {
        //只处理 GET 请求和 HEAD 请求
        if (!new string[] { "GET", "HEAD" }.Contains(context.Request.Method,
            StringComparer.OrdinalIgnoreCase))
        {
            await _next(context);
            return;
        }

        //检验当前路径是否与注册的请求路径相匹配
        var path = new PathString(context.Request.Path.Value.TrimEnd('/') + "/");
        PathString subpath;
        if (!path.StartsWithSegments(_options.RequestPath, out subpath))
        {
            await _next(context);
            return;
        }

        //检验目标目录是否存在
        if (!_options.FileProvider.GetDirectoryContents(subpath).Exists)
        {
            await _next(context);
            return;
        }

        //检验当前目录是否包含默认文件
        foreach (var fileName in _options.DefaultFileNames)
        {
            if (_options.FileProvider.GetFileInfo($"{subpath}{fileName}").Exists)
            {
                //如果当前路径不以“/”作为后缀，就会响应一个“标准”URL 的重定向
                if (options.RedirectToAppendTrailingSlash
                    && !context.Request.Path.Value.EndsWith("/"))
                {
                    context.Response.StatusCode = 302;
                    context.Response.GetTypedHeaders().Location =
```

```
                    new Uri(path.Value + context.Request.QueryString);
                return;
            }
            //将目录的 URL 更新为默认文件的 URL
            context.Request.Path = new PathString($"{context.Request.Path}{fileName}");
        }
    }
    await _next(context);
  }
}
```

由于 DefaultFilesMiddleware 中间件采用 URL 重写的方式来响应默认文件，默认文件的内容其实还是通过 StaticFileMiddleware 中间件予以响应的，所以针对后者的注册是必需的。也正是这个原因，DefaultFilesMiddleware 中间件需要优先注册，以确保 URL 重写发生在 StaticFileMiddleware 响应文件之前。

第20章

路由

借助路由系统提供的请求 URL 模式与对应终节点之间的映射关系，我们可以将具有相同 URL 模式的请求分发给与之匹配的终节点进行处理。ASP.NET Core 的路由是通过 EndpointRoutingMiddleware 和 EndpointMiddleware 这两个中间件协作完成的。它们在 ASP.NET Core 平台上具有举足轻重的地位。MVC 和 gRPC 框架，Dapr 的 Actor 和发布订阅编程模式都建立在路由系统之上。Minimal API 更是将其提升到了前所未有的高度，是我们直接在路由系统基础上定义 API。

20.1 路由映射

我们可以将一个 ASP.NET Core 应用视为一组终节点（Endpoint）的组合。所谓的终节点对于客户端来说就是可以远程调用的服务，暴露出来的每个终节点在服务端都具有通过 RequestDelegate 委托对象表示的处理器。路由本质上就是将请求导向对应终节点的过程。ASP.NET Core 提供的路由功能是由 EndpointRoutingMiddleware 和 EndpointMiddleware 这两个中间件协作完成的。在正式介绍这两个中间件之前，下面来演示一个典型的实例。

20.1.1 注册终节点

演示的这个 ASP.NET Core 应用是一个简易版的天气预报站点。服务端利用注册的一个终节点来提供某个城市在未来 *N* 天之内的天气信息，对应城市（采用电话区号表示）和天数直接置于请求 URL 的路径中。如图 20-1 所示，为了得到成都未来两天的天气信息，我们将发送请求的路径设置为“weather/028/2”。路径为“weather/0512/4”的请求返回的是苏州未来 4 天的天气信息。（S2001）

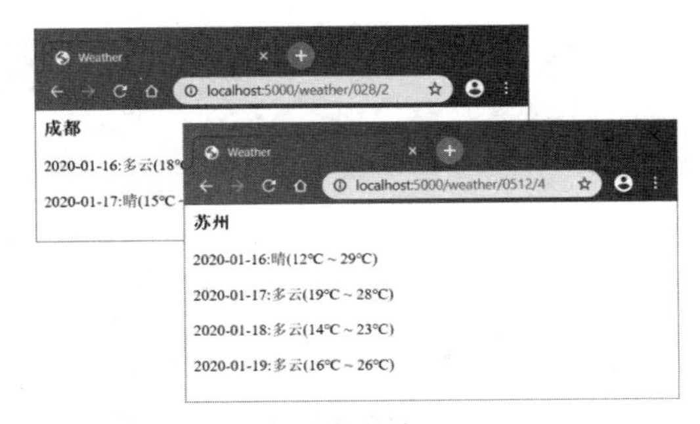

图 20-1　获取天气预报信息

演示程序定义了如下 WeatherReport 记录类型来表示某个城市在某段时间范围内的天气报告。某一天的天气体现为一个 WeatherInfo 记录。让 WeatherInfo 记录只携带基本天气状况和气温区间的信息。

```
public readonly record struct WeatherInfo(string Condition, double HighTemperature,
    double LowTemperature);
public readonly record struct WeatherReport(string CityCode, string CityName,
    IDictionary<DateTime, WeatherInfo> WeatherInfos);
```

定义如下工具类型 WeatherReportUtility，两个 Generate 方法会根据指定的城市代码和天数/日期生成一份由 WeatherReport 对象表示的天气报告。为了将这份天气报告呈现在网页上，定义了另一个 RenderAsync 方法将指定的 WeatherReport 转换成 HTML，并利用指定的 HttpContext 上下文对象将它作为响应内容，具体的 HTML 内容由 AsHtml 方法生成。

```
public static class WeatherReportUtility
{
    private static readonly Random                        _random = new();
    private static readonly Dictionary<string, string>    _cities = new()
    {
        ["010"] = "北京",
        ["028"] = "成都",
        ["0512"] = "苏州"
    };
    private static readonly string[] _conditions = new string[] { "晴", "多云", "小雨" };
    public static WeatherReport Generate(string city, int days)
    {
        var report = new WeatherReport(city, _cities[city],
            new Dictionary<DateTime, WeatherInfo>());
        for (int i = 0; i < days; i++)
        {
            report.WeatherInfos[DateTime.Today.AddDays(i + 1)] =
                new WeatherInfo(_conditions[_random.Next(0, 2)],
                _random.Next(20, 30), _random.Next(10, 20));
        }
        return report;
    }
    public static WeatherReport Generate(string city, DateTime date)
    {
```

```
        var report = new WeatherReport(city, _cities[city],
            new Dictionary<DateTime, WeatherInfo>());
        report.WeatherInfos[date] = new WeatherInfo(_conditions[_random.Next(0, 2)],
            _random.Next(20, 30), _random.Next(10, 20));
        return report;
    }
    public static Task RenderAsync(HttpContext context, WeatherReport report)
    {
        context.Response.ContentType = "text/html;charset=utf-8";
        return context.Response.WriteAsync(AsHtml(report));
    }

    public static string AsHtml(WeatherReport report)
    {
        return @$"
<html>
<head><title>Weather</title></head>
<body>
<h3>{report.CityName}</h3>
{AsHtml(report.WeatherInfos)}
</body>
</html>
";
        static string AsHtml(IDictionary<DateTime, WeatherInfo> dictionary)
        {
            var builder = new StringBuilder();
            foreach (var kv in dictionary)
            {
                var date = kv.Key.ToString("yyyy-MM-dd");
                var tempFrom = $"{kv.Value.LowTemperature}□ ";
                var tempTo = $"{kv.Value.HighTemperature}□ ";
                builder.Append(
                    $"{date}: {kv.Value.Condition} （{tempFrom}~{tempTo}）<br/></br>");
            }
            return builder.ToString();
        }
    }
}
```

Minimal API 会默认添加路由的服务注册，完成路由的两个中间件（RoutingMiddleware 和 EndpointRoutingMiddleware）也会自动注册到创建的 WebApplication 对象上。WebApplication 类型同时实现了 IEndpointRouteBuilder 接口，只需要利用它注册相应的终节点。如下演示程序调用 WebApplication 对象的 MapGet 扩展方法注册一个 GET 请求的终节点，该终节点采用的路径模板为“weather/{city}/{days}”，携带的两个路由参数（{city}和{days}）分别表示目标城市代码（区号）和天数。

```
using App;
var app = WebApplication.Create();
app.MapGet("weather/{city}/{days}", ForecastAsync);
```

```
app.Run();

static Task ForecastAsync(HttpContext context)
{
    var routeValues = context.GetRouteData().Values;
    var city = routeValues["city"]!.ToString();
    var days = int.Parse(routeValues["days"]!.ToString()!);
    var report = WeatherReportUtility.Generate(city!, days);
    return WeatherReportUtility.RenderAsync(context, report);
}
```

注册中间件采用的处理器是一个 RequestDelegate 委托对象。我们将它指向 ForecastAsync 方法。该方法调用 HttpContext 上下文对象的 GetRouteData 方法得到承载“路由数据”的 RouteData 对象，后者的 Values 属性返回路由参数字典。我们从中提取表示城市代码和天数的路由参数，并创建对应的天气报告，最后将其转换成 HTML 作为响应内容。

20.1.2　设置内联约束

上面的演示实例注册的路由模板中定义了两个参数（{city}和{days}），分别表示获取天气预报的目标城市对应的区号和天数。区号应该具有一定的格式（以零开始的 3～4 位数字），而天数除了必须是一个整数，还应该具有一定的范围。由于没有对这两个路由参数做任何约束，所以请求 URL 携带的任何字符都是有效的。用于 ForecastAsync 方法也并没有对提取的路由参数做任何验证，所以在执行过程中面对不合法的输入会直接抛出异常。

为了确保路由参数值的有效性，在进行中间件注册时可以采用内联（Inline）的方式直接将相应的约束规则定义在路由模板中。ASP.NET Core 为常用的验证规则定义了相应的约束表达式。我们可以根据需要为某个路由参数指定一个或者多个约束表达式。如下面的代码片段所示，我们为路由参数“{city}”指定了一个基于“区号”的正则表达式（:regex(^0[1-9]{{2,3}}$)）。另一个路由参数{days}则应用了两个约束，一个是数据类型的约束（:int），另一个是区间的约束（:range(1,4)）。

```
using App;
var template = @"weather/{city:regex(^0\d{{2,3}}$)}/{days:int:range(1,4)}";
var app = WebApplication.Create();
app.MapGet(template, ForecastAsync);
app.Run();
```

如果在注册路由时应用了约束，那么 RoutingMiddleware 中间件在进行路由解析时除了要求请求路径必须与路由模板具有相同的模式，还要求携带的数据满足对应路由参数的约束条件。如果不能同时满足这两个条件，那么 RoutingMiddleware 中间件将无法选择一个终节点来处理当前请求。对于演示的这个实例来说，如果提供的是一个不合法的区号（1014）和预报天数（5），那么客户端都将得到状态码为“404 Not Found”的响应，如图 20-2 所示。（S2002）

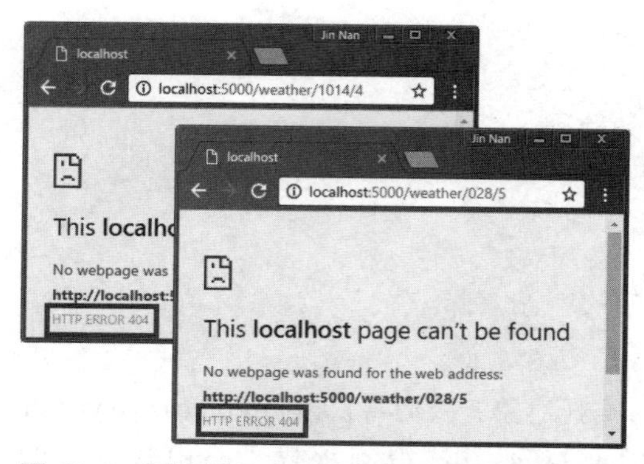

图 20-2　不满足路由约束而返回的状态码为“404 Not Found”的响应

20.1.3　可缺省路由参数

路由模板（如 weather/{city}/{days}）可以包含静态的字符（如 weather），也可以包含动态的参数（如{city}和{days}），后者被称为“路由参数”。并非每个路由参数都必须有请求 URL 对应的部分来指定，如果赋予路由参数一个默认值，那么它在请求 URL 中是可以缺省的。对上面的演示实例来说，可以采用如下方式在路由参数名后面添加一个“?”将原本必需的路由参数变成可缺省的默认参数。可缺省的路由参数与在方法中定义可缺省的（Optional）params 参数一样，只能出现在路由模板的尾部。

```
using App;

var template = "weather/{city?}/{days?}";
var app = WebApplication.Create();
app.MapGet(template, ForecastAsync);
app.Run();

static Task ForecastAsync(HttpContext context)
{
    var routeValues = context.GetRouteData().Values;
    var city = routeValues.TryGetValue("city", out var v1) ? v1!.ToString() : "010";
    var days = routeValues.TryGetValue("days", out var v2) ? v1!.ToString() : "4";
    var report = WeatherReportUtility.Generate(city!, int.Parse(days!));
    return WeatherReportUtility.RenderAsync(context, report);
}
```

既然路由变量占据的部分路径是可以缺省的，那么即使请求的 URL 不具有对应的值（如 weather 和 weather/010），它与路由规则也是匹配的，但此时在路由参数字典中是找不到它们的。此时我们不得不对处理请求的 ForecastAsync 方法进行相应的修改。针对上述修改，如果希望获取北京未来 4 天的天气信息，则可以采用图 20-3 所示的 3 种 URL（weather、weather/010 和 weather/010/4），这 3 个请求的 URL 本质上是完全等效的。（S2003）

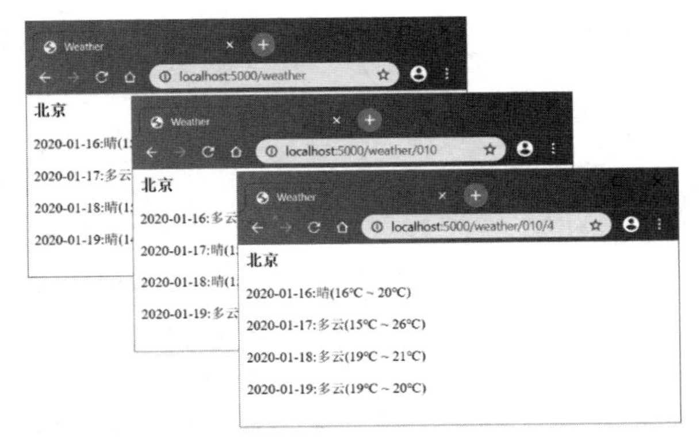

图 20-3　不同 URL 针对默认路由参数的等效性

实际上可缺省路由参数默认值的设置还有一种更简单的方式，那就是按照如下方式直接将默认值定义在路由模板中，这样就不用修改 ForecastAsync 方法。（S2004）

```
using App;

var template = @"weather/{city=010}/{days=4}";
var app = WebApplication.Create();
app.MapGet(template, ForecastAsync);
app.Run();

static Task ForecastAsync(HttpContext context)
{
    var routeValues = context.GetRouteData().Values;
    var city = routeValues["city"]!.ToString();
    var days = int.Parse(routeValues["days"]!.ToString()!);
    var report = WeatherReportUtility.Generate(city!, days);
    return WeatherReportUtility.RenderAsync(context, report);
}
```

20.1.4　特殊的路由参数

一个 URL 可以通过“/”划分为多个路径分段（Segment），路由参数一般来说会占据某个独立的分段（如 weather/{city}/{days}）。但也有例外情况，我们既可以在一个单独的路径分段中定义多个路由参数，也可以让一个路由参数跨越多个连续的路径分段。以演示程序为例，我们需要设计一种路径模式来获取某个城市某一天的天气信息，如使用“/weather/010/2019.11.11”这样 URL 获取北京在 2019 年 11 月 11 日的天气信息，对应模板为“/weather/{city}/{year}. {month}.{day}”。

```
using App;

var template = "weather/{city}/{year}.{month}.{day}";
var app = WebApplication.Create();
app.MapGet(template, ForecastAsync);
app.Run();
```

```
static Task ForecastAsync(HttpContext context)
{
    var routeValues = context.GetRouteData().Values;
    var city = routeValues["city"]!.ToString();
    var year = int.Parse(routeValues["year"]!.ToString()!);
    var month = int.Parse(routeValues["month"]!.ToString()!);
    var day = int.Parse(routeValues["day"]!.ToString()!);
    var report = WeatherReportUtility.Generate(city!, new DateTime(year,month,day));
    return WeatherReportUtility.RenderAsync(context, report);
}
```

对于修改后的程序，如果采用“/weather/{city}/{yyyy}.{mm}.{dd}”这样的 URL，则可以获取某个城市指定日期的天气信息。如图 20-4 所示，我们采用请求路径“/weather/010/2019.11.11”可以获取北京在 2019 年 11 月 11 日的天气信息。（S2005）

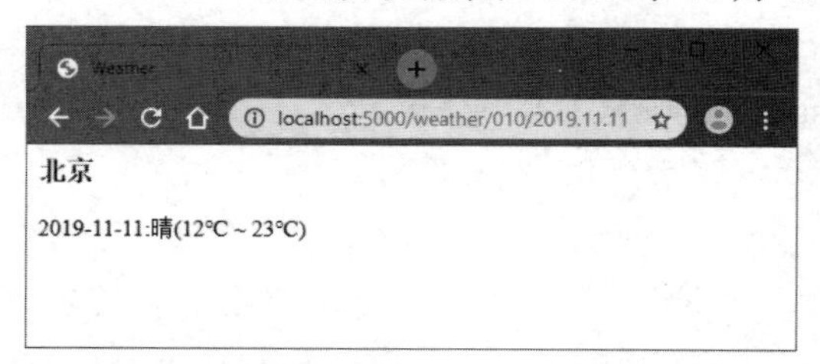

图 20-4　一个路径分段定义多个路由参数

上面设计的路由模板采用“.”作为日期分隔符，如果采用“/”作为日期分隔符（如 2019/11/11），那么这个路由默认应该如何定义呢？由于“/”也是路径分隔符，这就意味着同一个路由参数跨越了多个路径分段，在这种情况下只能采用“通配符”形式才能达成目标。通配符路由参数采用{*variable}或者{**variable}的形式呈现，“*”表示路径“余下的部分”，所以这样的路由参数也只能出现在模板的尾端。演示程序的路由模板可以定义成“/weather/{city}/{*date}”。

```
using App;
using System.Globalization;

var template = "weather/{city}/{*date}";
var app = WebApplication.Create();
app.MapGet(template, ForecastAsync);
app.Run();

static Task ForecastAsync(HttpContext context)
{
    var routeValues = context.GetRouteData().Values;
    var city = routeValues["city"]!.ToString();
    var date = DateTime.ParseExact(routeValues["date"]?.ToString()!,
        "yyyy/MM/dd",CultureInfo.InvariantCulture);
    var report = WeatherReportUtility.Generate(city!, date);
    return WeatherReportUtility.RenderAsync(context, report);
}
```

我们可以对程序进行修改来使用新的 URL 模板（/weather/{city}/{*date}）。为了得到北京在 2019 年 11 月 11 日的天气信息，请求的 URL 可以替换成“/weather/010/2019/11/11”，返回的天气信息如图 20-5 所示。（S2006）

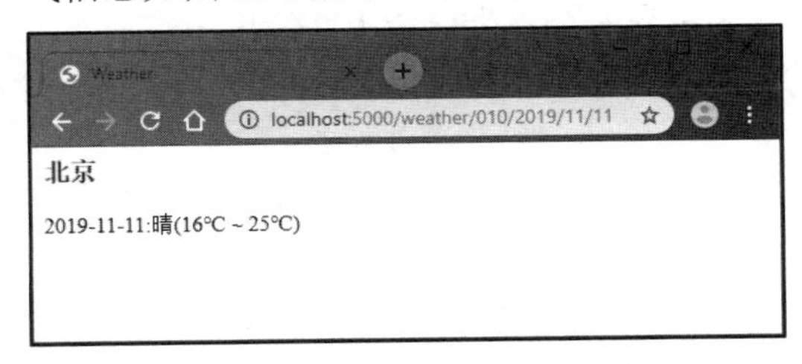

图 20-5 一个路由参数跨越多个路径分段

20.1.5 主机名绑定

一般来说，在利用某路由终节点与待路由的请求进行匹配时只需要考虑请求地址的路径部分，忽略主机（Host）名称和端口，但是一定要加上主机名称（含端口）的匹配策略。在如下演示程序中，我们通过调用 MapGet 扩展方法为根路径“/”添加了 3 个路由终节点，并调用该方法返回的 IEndpointConventionBuilder 对象的 RequireHost 扩展方法绑定了对应的主机名（“*.artech.com”“www.foo.artech.com”“www.foo.artech.com:9999”）。指定的第一个主机名包含一个前置通配符“*”，最后一个指定了端口。注册的这 3 个终节点会直接将指定的主机名作为响应内容。

```
var app = WebApplication.Create();
app.Urls.Add("http://0.0.0.0:6666");
app.Urls.Add("http://0.0.0.0:9999");
app
    .MapHost("*.artech.com")
    .MapHost("www.foo.artech.com")
    .MapHost("www.foo.artech.com:9999");
app.Run();

internal static class Extensions
{
    public static IEndpointRouteBuilder MapHost(this IEndpointRouteBuilder endpoints,
        string host)
    {
        endpoints.MapGet("/",
            context => context.Response.WriteAsync(host)).RequireHost(host);
        return endpoints;
    }
}
```

为了能够在本机采用不同的域名对演示程序发起请求，我们通过修改 Hosts 文件的方式将本地地址（127.0.0.1）映射为多个不同的域名。以管理员（Administrator）身份打开文件 Hosts “%windir%\System32\drivers\etc\hosts”，并以如下方式添加了针对两个域名的映射。

```
127.0.0.1        www.foo.artech.com
```

```
127.0.0.1         www.bar.artech.com
```

程序运行之后，我们利用浏览器使用不同的域名和端口对其发起请求，并得到输出结果，如图 2-6 所示。输出的内容不仅体现了终节点选择过程中针对主机名的过滤，还体现了终节点选择策略的一个重要的特性，那就是路由系统总是试图选择一个与当前请求匹配度最高的终节点，而不是选择第一个匹配的终节点。（S2007）

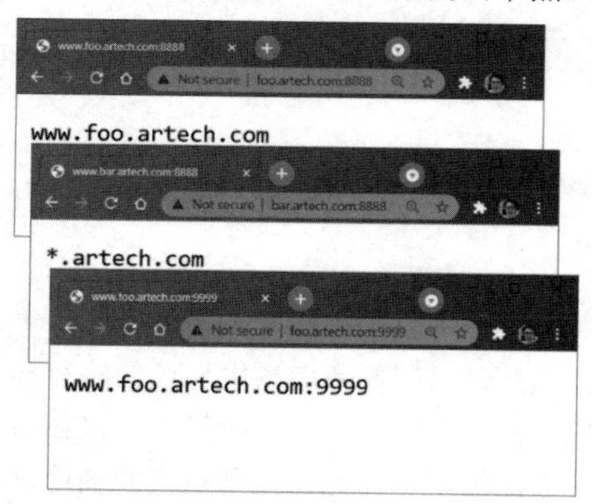

图 20-6　主机名绑定

20.1.6　更加自由的定义方式

上面的实例都直接使用一个 RequestDelegate 委托对象作为终节点的处理器，实际上在注册终节点时可以将处理器设置为任何类型的委托对象。当路由请求分发给注册的委托对象进行处理时，会尽可能地从当前 HttpContext 上下文对象中提取相应的数据对委托对象的输入参数进行绑定。对于委托对象的执行结果，路由系统也会按照预定义的规则"智能"地将它应用到请求的响应中。按照这个规则，演示程序中用来处理请求的 ForecastAsync 方法可以简写成如下形式。第一个参数会自动绑定为当前 HttpContext 上下文对象，后面的两个参数自动与同名的路由参数进行绑定。（S2008）

```
using App;

var app = WebApplication.Create();
app.MapGet("weather/{city}/{days}", ForecastAsync);
app.Run();

static Task ForecastAsync(HttpContext context, string city, int days)
{
    var report = WeatherReportUtility.Generate(city,days);
    return WeatherReportUtility.RenderAsync(context, report);
}
```

无论终节点处理器的委托返回何种类型的对象，路由系统总能做出对应的处理。例如，对于返回的字符串会直接作为响应的主体内容，并将 Content-Type 报头设置为"text/plain"。如果希望对返回对象具有明确的控制，则最好返回一个 IResult 对象（或者 Task<IResult>和 ValueTask<IResult>），IResult 相当 ASP.NET Core MVC 中的 IActionResult。演示程序中的

ForecastAsync 方法也可以改写成如下这个返回类型为 IResult 的 Forecast 方法，该方法通过调用 Results 类型的 Content 静态方法返回一个 ContentResult 对象，它将天气信息转换成的 HTML 作为响应类型，Content-Type 报头被设置为 “text/html”。（S2009）

```
using App;

var app = WebApplication.Create();
app.MapGet("weather/{city}/{days}", Forecast);
app.Run();

static IResult Forecast(HttpContext context, string city, int days)
{
    var report = WeatherReportUtility.Generate(city,days);
    return Results.Content(WeatherReportUtility.AsHtml(report), "text/html");
}
```

20.2　路由分发

一个 Web 应用本质上体现为一组终节点的集合，路由的作用就是建立一个请求 URL 模式与对应终节点之间的映射关系。借助这个映射关系，客户端可以采用模式匹配的 URL 来调用对应的终节点。

20.2.1　路由模式

路由终节点总是关联一个具体的 URL 路径模板，此模板体现的路由模式将通过一个具体的 RoutePattern 对象来表示。RoutePattern 对象是通过解析终节点的路径模板生成的，它的基本组成元素通过抽象类型 RoutePatternPart 表示。

1. RoutePatternPart

路由模板中的组成元素有两种定义形式，一种是静态文本，另一种是动态的路由参数。对于“foo/{bar}”这个包含两段的路由模板，第一段为静态文本，第二段为路由参数。由于花括号在路由模板中用来定义路由参数，如果静态文本中包含“{”和“}”，就需要采用“{{”和“}}”进行转义。

模板组成单元还有第三种展现形式。例如，对于文件路径“files/{name}.{ext?}”路由模板来说，文件名（{name}）和扩展名（ext?）体现为路由参数，而它们之间的“.”是一个分隔符，它被视为一种独立的展现形式。路由系统对于分隔符具有特殊的匹配逻辑，如果分隔符后面跟的是一个具有默认值的可缺省路由参数，则请求地址在没有提供该参数值的情况下，分隔符是可以缺省的。对于“files/{name}.{ext?}”这个路由模板来说，扩展名是可缺省的，如果请求地址没有提供扩展名，则请求路径只需要提供文件名（/files/foobar）。RoutePatternPart 的 3 种类型通过 RoutePatternPartKind 枚举表示。

```
public enum RoutePatternPartKind
{
    Literal,
```

```
    Parameter,
    Separator
}
```

如下所示的代码片段为抽象类 RoutePatternPart 的定义，除了有表示类型的 PartKind 属性，还有 3 个布尔类型的属性（IsLiteral、IsParameter 和 IsSeparator）。它们表示当前是否属于对应的类型。3 种类型对应 RoutePatternPart 的 3 个派生类，如下所示为针对静态文本和分隔符的 RoutePatternLiteralPart 与 RoutePatternSeparatorPart 类型的定义。

```
public abstract class RoutePatternPart
{
    public RoutePatternPartKind PartKind { get; }

    public bool IsLiteral { get; }
    public bool IsParameter { get; }
    public bool IsSeparator { get; }
}

public sealed class RoutePatternLiteralPart : RoutePatternPart
{
    public string Content { get; }
}

public sealed class RoutePatternSeparatorPart : RoutePatternPart
{
    public string Content { get; }
}
```

由于路由参数在路由模板中有多种定义形式，所以对应的 RoutePatternParameterPart 类型的成员会多一些。它的 Name 属性和 ParameterKind 属性表示路由参数的名称与类型。路由参数类型包括标准形式（如{foobar}）、默认形式（如{foobar?}或者{foobar?=123}）及通配符形式（如{*foobar}或者{**foobar}）。路由参数的这 3 种定义形式通过 RoutePatternParameterKind 枚举表示。

```
public sealed class RoutePatternParameterPart : RoutePatternPart
{
    public string                           Name { get; }
    public RoutePatternParameterKind        ParameterKind { get; }
    public bool                             IsOptional { get; }
    public object                           Default { get; }
    public bool                             IsCatchAll { get; }
    public bool                             EncodeSlashes { get; }

    public IReadOnlyList<RoutePatternParameterPolicyReference> ParameterPolicies { get; }
}

public enum RoutePatternParameterKind
{
    Standard,
    Optional,
```

```
    CatchAll
}
```

对于默认或者通配符形式对应的路由参数，对应 RoutePatternParameterPart 对象的 IsOptional 属性和 IsCatchAll 属性会返回 True。如果为参数定义了默认值，则该值体现在 Default 属性上。对于使用两种通配符形式定义的路由参数对请求 URL 的解析来说并没有什么不同，它们只会影响生成的 URL。具体来说，如果提供的参数值（如 foo/bar）包含“/”，该参数采用“{*variable}”的方式，就会对“/”进行编码（“foo%2bar”）；如果该参数采用“{**variable}”的形式定义，就不需要对“/”进行编码。RoutePatternParameterPart 的 EncodeSlashes 属性表示是否需要对“/”进行编码。

在定义路由参数时可以指定约束条件，路由系统将约束视为一种参数策略（Parameter Policy）。路由参数策略通过如下标记接口 IParameterPolicy（不具有任何成员的接口）来表示，RoutePatternParameterPolicyReference 是对 IParameterPolicy 对象的进一步封装，它的 Content 属性表示描述策略的原始文本。应用在路由参数上的策略定义体现在 RoutePatternParameterPart 的 ParameterPolicies 属性上。

```
public sealed class RoutePatternParameterPolicyReference
{
    public string               Content { get; }
    public IParameterPolicy     ParameterPolicy { get; }
}

public interface IParameterPolicy
{}
```

2. RoutePattern

表示路由模式的 RoutePattern 对象是通过解析终节点的路径模板生成的，以字符串形式表示的路径模板体现为它的 RawText 属性。路径采用“/”作为分隔符，将分隔符内的内容称为“段”（Segment），并使用如下 RoutePatternPathSegment 类型来表示。RoutePatternPart 表示组成路径段的某个部分，可以利用 RoutePatternPathSegment 的 Parts 属性得到组成当前路径段的所有 RoutePatternPart 对象。如果 RoutePatternPathSegment 只包含一个 RoutePatternPart（一般为静态文本或者路由参数），则它的 IsSimple 属性会返回 True。

```
public sealed class RoutePattern
{
    public string                                        RawText { get; }
    public IReadOnlyList<RoutePatternPathSegment>        PathSegments { get; }
    public IReadOnlyList<RoutePatternParameterPart>      Parameters { get; }
    public IReadOnlyDictionary<string, object>           Defaults { get; }
    public IReadOnlyDictionary<string, IReadOnlyList<RoutePatternParameterPolicyReference>>
                                                         ParameterPolicies { get; }

    public decimal                                       InboundPrecedence { get; }
    public decimal                                       OutboundPrecedence { get; }
    public IReadOnlyDictionary<string, object>           RequiredValues { get; }
```

```
    public RoutePatternParameterPart GetParameter(string name);
}

public sealed class RoutePatternPathSegment
{
    public IReadOnlyList<RoutePatternPart>          Parts { get; }
    public bool                                     IsSimple { get; }
}
```

RoutePattern 的 Parameters 属性返回的 RoutePatternParameterPart 列表是对所有路由参数的描述。路由参数的默认值存储在 Defaults 属性中。它的 ParameterPolicies 属性同样返回每个路由参数的参数策略。它的 GetParameter 方法根据指定路由参数的名称得到对应的 RoutePatternParameterPart 对象。

应用注册的终节点构成了一个全局的“路由表”，其中每个“条目”关联一个表示路由模式的 RoutePattern 对象。同一个请求同时匹配多个路由模式是大概率的事件，但是请求只能被路由到一个终节点上，在根据路由表生成 URL 时同样存在这样的问题。为了解决这个问题，每个 RoutePattern 对象针对上述这两种“路由方向”会被赋予一个权重，分别体现在 InboundPrecedence 属性和 OutboundPrecedence 属性上。

RoutePattern 类型的 RequiredValues 属性与出栈 URL 的生成相关。以“weather/{city=010}/{days=4}”路由模板为例，如果根据指定的路由参数值（city=010,days=4）生成一个完整的 URL，那么由于提供的路由参数值为默认值，所以生成如下 3 个 URL 路径都是合法的。具体生成哪一种由 RequiredValues 属性来决定，该属性返回的字典中存储了生成 URL 时必须指定的路由参数的默认值。

- weather。
- weather/010。
- weather/010/4。

3. RoutePatternFactory

静态类型 RoutePatternFactory 提供了如下 Parse 方法来解析路由模板并生成对应的 RoutePattern 对象。除了传入模板字符，还可以指定路由参数的默认值和参数策略，以及必需的路由参数值（对应 RoutePattern 的 RequiredValues 属性）。

```
public static class RoutePatternFactory
{
    public static RoutePattern Parse(string pattern);
    public static RoutePattern Parse(string pattern, object defaults,
        object parameterPolicies);
    public static RoutePattern Parse(string pattern, object defaults,
        object parameterPolicies, object requiredValues);
    ...
}
```

下面通过一个简单的实例演示如何利用 RoutePatternFactory 对象解析指定的路由模板，并生成对应的 RoutePattern 对象。定义如下 Format 方法将指定的 RoutePattern 对象格式化成一个字符串。

```
static string Format(RoutePattern pattern)
{
    var builder = new StringBuilder();
    builder.AppendLine($"RawText:{pattern.RawText}");
    builder.AppendLine($"InboundPrecedence:{pattern.InboundPrecedence}");
    builder.AppendLine($"OutboundPrecedence:{pattern.OutboundPrecedence}");
    var segments = pattern.PathSegments;
    builder.AppendLine("Segments");
    foreach (var segment in segments)
    {
        foreach (var part in segment.Parts)
        {
            builder.AppendLine($"\t{ToString(part)}");
        }
    }
    builder.AppendLine("Defaults");
    foreach (var @default in pattern.Defaults)
    {
        builder.AppendLine($"\t{@default.Key} = {@default.Value}");
    }

    builder.AppendLine("ParameterPolicies ");
    foreach (var policy in pattern.ParameterPolicies)
    {
        builder.AppendLine(
          $"\t{policy.Key} = {string.Join(',',policy.Value.Select(it => it.Content))}");
    }

    builder.AppendLine("RequiredValues");
    foreach (var required in pattern.RequiredValues)
    {
        builder.AppendLine($"\t{required.Key} = {required.Value}");
    }

    return builder.ToString();

    static string ToString(RoutePatternPart part)
        => part switch
        {
            RoutePatternLiteralPart literal => $"Literal: {literal.Content}",
            RoutePatternSeparatorPart separator => $"Separator: {separator.Content}",
            RoutePatternParameterPart    parameter    =>    @$"Parameter:    Name    =
{parameter.Name}; Default = {parameter.Default}; IsOptional = { parameter.IsOptional};
IsCatchAll = { parameter.IsCatchAll};ParameterKind = { parameter.ParameterKind}",
            _ => throw new ArgumentException("Invalid RoutePatternPart.")
        };
}
```

如下演示程序调用了 RoutePatternFactory 类型的静态方法 Parse 解析指定的路由模板“weather/{city:regex(^0\d{{2,3}}$)=010}/{days:int:range(1,4)=4}/{detailed?}”生成一个 RoutePattern 对象，在调用该静态方法时还指定了 requiredValues 参数。调用创建的 WebApplication 对象的 MapGet 扩展方法注册了根路径“/”的终节点，对应的处理器直接返回 RoutePattern 对象格式化生成的字符串。

```
using Microsoft.AspNetCore.Routing.Patterns;
using System.Text;

var template =
    @"weather/{city:regex(^0\d{{2,3}}$)=010}/{days:int:range(1,4)=4}/{detailed?}";
var pattern = RoutePatternFactory.Parse(
    pattern: template,
    defaults: null,
    parameterPolicies: null,
    requiredValues: new { city = "010", days = 4 });

var app = WebApplication.Create();
app.MapGet("/", ()=> Format(pattern));
app.Run();
```

如果利用浏览器访问运行后的应用程序，则得到的运行结果如图 20-7 所示，它结构化地展示了路由模式的原始文本、出入栈路由匹配权重、每个段的组成、路由参数的默认值和参数策略，以及生成 URL 必须提供的默认参数值。（S2010）

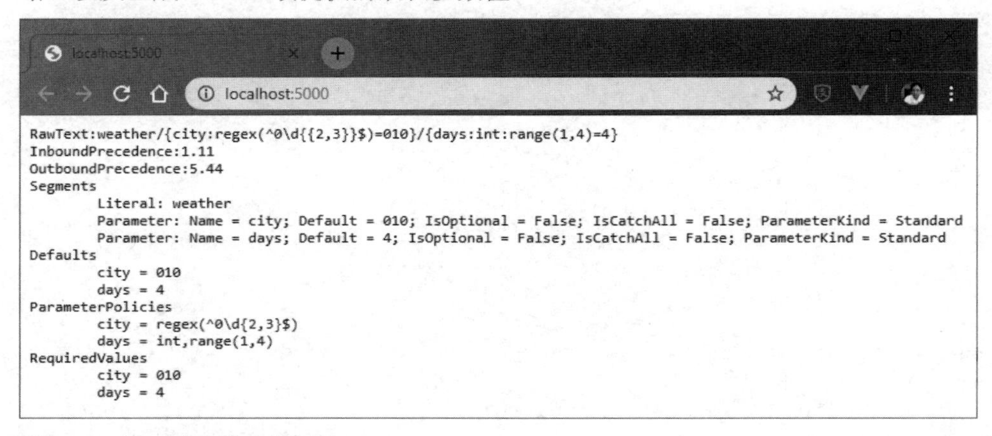

图 20-7　针对路由模式的解析

20.2.2　路由终节点

ASP.NET Core 应用利用 RequestDelegate 委托对象表示请求处理器，所以每个终节点都封装了这样一个委托对象来处理路由给它的请求。如图 20-8 所示，除了请求处理器，终节点还提供了一个用来存储元数据的容器，路由过程中的很多行为都可以通过相应的元数据来控制。

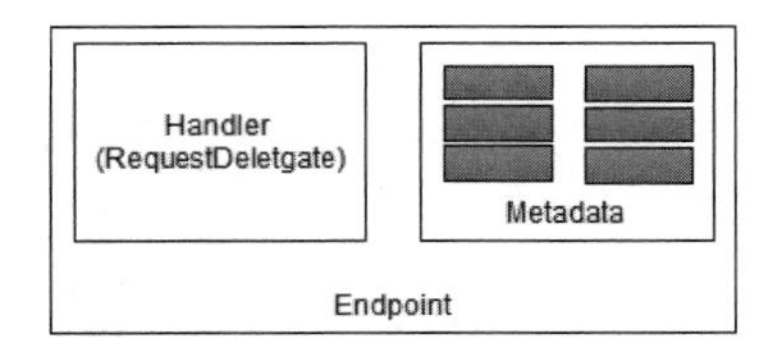

图 20-8 Endpoint = Handler + Metadata

1. Endpoint & EndpointBuilder

终节点通过如下 Endpoint 类型表示。组成终节点的两个核心成员（请求处理器和元数据集合）分别体现在 RequestDelegate 和 Metadata 这两个只读属性上。它还有一个表示显示名称的 DisplayName 属性。

```
public class Endpoint
{
    public string                               DisplayName { get; }
    public RequestDelegate                      RequestDelegate { get; }
    public EndpointMetadataCollection           Metadata { get; }

    public Endpoint(RequestDelegate requestDelegate, EndpointMetadataCollection metadata,
        string displayName);
}
```

终节点元数据集合体现为一个 EndpointMetadataCollection 对象。由于终节点并未对元数据的形式进行任何限制，原则上任何对象都可以作为终节点的元数据，所以 EndpointMetadataCollection 本质上就是元素类型为 Object 的集合。

```
public sealed class EndpointMetadataCollection : IReadOnlyList<object>
{
    public object this[int index] { get; }
    public int Count { get; }

    public EndpointMetadataCollection(IEnumerable<object> items);
    public EndpointMetadataCollection(params object[] items);

    public Enumerator GetEnumerator();
    public T GetMetadata<T>() where T: class;
    public IReadOnlyList<T> GetOrderedMetadata<T>() where T: class;

    IEnumerator<object> IEnumerable<object>.GetEnumerator();
    IEnumerator IEnumerable.GetEnumerator();
}
```

我们可以调用泛型方法 GetMetadata<T>得到指定类型的元数据，由于多个具有相同类型的元数据可能被添加到集合中，所以这个方法采用“后来居上”的策略返回最后被添加的元数据对象。如果没有指定类型的元数据，则该方法会返回指定类型的默认值。如果希望按顺序返回指定类型的所有元数据，则可以调用另一个泛型方法 GetOrderedMetadata<T>。

主机名称（含端口）的路由匹配策略需要使用如下 IHostMetadata 接口表示的路由特性，它的 Hosts 返回一组主机名称（含端口）列表。我们可以在终节点处理委托或者方法上以标注

HostAttribute 特性的方式对绑定的主机名进行设置。

```
public interface IHostMetadata
{
    IReadOnlyList<string> Hosts { get; }
}

[AttributeUsage(AttributeTargets.Method|AttributeTargets.Class,
    AllowMultiple=false, Inherited=false)]
public sealed class HostAttribute : Attribute, IHostMetadata
{
    public IReadOnlyList<string> Hosts { get; }

    public HostAttribute(string host);
    public HostAttribute(params string[] hosts);
}
```

路由系统利用 EndpointBuilder 来创建表示终节点的 Endpoint 对象。如下面的代码片段所示，这是一个抽象类，终节点的创建体现在抽象的 Build 方法上。它定义了对应的属性来设置终节点的请求处理器、元数据和显示名称。

```
public abstract class EndpointBuilder
{
    public RequestDelegate    RequestDelegate { get; set; }
    public string             DisplayName { get; set; }
    public IList<object>      Metadata { get; }

    public abstract Endpoint Build();
}
```

2. RouteEndpoint & RouteEndpointBuilder

Endpoint 是一个抽象类，注册的终节点最终会转换成一个 RouteEndpoint 对象，它将终节点处理器和对应的路由模式组合在一起。如下面的代码片段所示，派生于 Endpoint 的 RouteEndpoint 类型通过其 RoutePattern 属性返回路由模式，它还有另一个表示在全局路由表中的位置。

```
public sealed class RouteEndpoint : Endpoint
{
    public RoutePattern       RoutePattern { get; }
    public int                Order { get; }

    public RouteEndpoint(RequestDelegate requestDelegate, RoutePattern routePattern,
        int order, EndpointMetadataCollection metadata, string displayName);
}
```

RouteEndpoint 对象由如下 RouteEndpointBuilder 构建。该类型派生于抽象类 EndpointBuilder，它利用重写的 Build 方法完成了 RouteEndpoint 对象的创建，后者所需的请求处理器、路由模式和在全局路由表中的位置都是在构造函数中指定的。

```
public sealed class RouteEndpointBuilder : EndpointBuilder
{
```

```
    public RoutePattern        RoutePattern { get; set; }
    public int                 Order { get; set; }

    public RouteEndpointBuilder(RequestDelegate requestDelegate, RoutePattern routePattern,
        int order)
    {
        base.RequestDelegate           = requestDelegate;
        RoutePattern                   = routePattern;
        Order                          = order;
    }

    public override Endpoint Build()
        => new RouteEndpoint(base.RequestDelegate, RoutePattern, Order,
        new EndpointMetadataCollection((IEnumerable<object>) base.Metadata),
        base.DisplayName);
}
```

3. EndpointDataSource

EndpointDataSource 是对终节点来源的抽象。如图 20-9 所示，一个 EndpointDataSource 对象可以提供多个表示终节点的 Endpoint 对象。所谓的路由注册本质上就是为应用提供一个或者多个 EndpointDataSource 对象的过程。

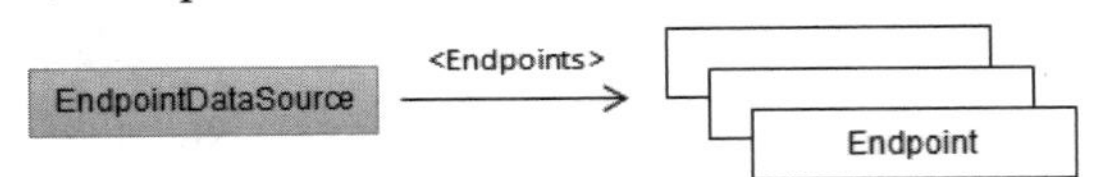

图 20-9　EndpointDataSource→Endpoint

抽象类 EndpointDataSource 除了利用只读属性 Endpoints 返回提供的终节点，它还定义了一个 GetChangeToken 方法，路由系统利用该方法返回的 IChangeToken 对象实施检测终节点的改变，它赋予了应用在运行时动态注册终节点的功能。举一个简单的实例，我们将一个应用划分为多个可以单独加卸的组件，并利用一个 EndpointDataSource 来提供当前组件实时提供的终节点。随着组件在应用运行过程中的加载和卸载，当前可用的终节点随之发生改变，这个 EndpointDataSource 就可以利用 GetChangeToken 方法返回的 IChangeToken 对象向路由系统发出终节点变更的通知，后者将之前注册的终节点全部作废，并重新注册终节点。

```
public abstract class EndpointDataSource
{
    public abstract IReadOnlyList<Endpoint> Endpoints { get; }
    public abstract IChangeToken GetChangeToken();
}
```

如下 DefaultEndpointDataSource 是对抽象类 EndpointDataSource 的实现。该类型通过重写的 Endpoints 属性提供的终节点是在构造函数中是显式指定的，其 GetChangeToken 方法返回的是一个不具有感知功能的 NullChangeToken 对象。

```
public sealed class DefaultEndpointDataSource : EndpointDataSource
{
    private readonly IReadOnlyList<Endpoint> _endpoints;
```

```
    public override IReadOnlyList<Endpoint> Endpoints => _endpoints;

    public DefaultEndpointDataSource(IEnumerable<Endpoint> endpoints)
        =>_endpoints = new List<Endpoint>(endpoints);

    public DefaultEndpointDataSource(params Endpoint[] endpoints)
        =>_endpoints = (Endpoint[]) endpoints.Clone();

    public override IChangeToken GetChangeToken()
        => NullChangeToken.Singleton;
}
```

虽然被命名为 DefaultEndpointDataSource，但是我们在进行路由注册时很少使用这个类型。对于前面演示的一系列实例来说，内部注册的其实是一个 ModelEndpointDataSource 对象。要理解 ModelEndpointDataSource 针对终节点的提供机制，就必须了解如下 IEndpointConventionBuilder 接口。IEndpointConventionBuilder 体现了一种基于“约定”的终节点构建方式，它定义了唯一的 Add 方法来添加由 Action<EndpointBuilder>委托对象表示的“终节点构建约定”。

```
public interface IEndpointConventionBuilder
{
    void Add(Action<EndpointBuilder> convention);
}
```

IEndpointConventionBuilder 接口提供了如下 3 个扩展方法，WithDisplayName 和 WithMetadata 扩展方法为构建的终节点设置显示名称和元数据。RequireHost 扩展方法为终节点关联一组主机名称，它会根据指定的主机名称创建一个 HostAttribute 特性，并添加到元数据集合中。

```
public static class RoutingEndpointConventionBuilderExtensions
{
    public static TBuilder WithDisplayName<TBuilder>(this TBuilder builder,
        Func<EndpointBuilder, string> func) where TBuilder : IEndpointConventionBuilder
    {
        builder.Add(it=>it.DisplayName = func(it));
        return builder;
    }

    public static TBuilder WithDisplayName<TBuilder>(this TBuilder builder,
        string displayName) where TBuilder : IEndpointConventionBuilder
    {
        builder.Add(it => it.DisplayName = displayName);
        return builder;
    }
    public static TBuilder WithMetadata<TBuilder>(this TBuilder builder,
        params object[] items) where TBuilder : IEndpointConventionBuilder
    {
        builder.Add(it => Array.ForEach(items, item => it.Metadata.Add(item)));
        return builder;
    }

    public static TBuilder RequireHost<TBuilder>(this TBuilder builder,
```

```
        params string[] hosts) where TBuilder : IEndpointConventionBuilder
    {
        builder.Add(buider => buider.Metadata.Add(new HostAttribute(hosts)));
        return builder;
    }
}
```

ModelEndpointDataSource 内部会使用一个 DefaultEndpointConventionBuilder 对象来构建终节点。DefaultEndpointConventionBuilder 对象是对一个 EndpointBuilder 对象的封装，它的 Build 方法先利用 Add 方法提供的表示终节点构建约定的 Action<EndpointBuilder>委托对象对这个 EndpointBuilder 对象进行“加工”后，再利用 EndpointBuilder 对象将终节点构建出来。ModelEndpointDataSource 对象内部维护了一组 DefaultEndpointConventionBuilder 对象，它们都来源于 AddEndpointBuilder 方法的调用，实现的 Endpoints 属性提供的终节点就是由这组 DefaultEndpointConventionBuilder 对象构建出来的。ModelEndpointDataSource 类型的实现的 GetChangeToken 方法返回的依然是一个不具有感知功能的 NullChangeToken 对象。

```
internal class ModelEndpointDataSource : EndpointDataSource
{
    private List<DefaultEndpointConventionBuilder> _endpointConventionBuilders;

    public ModelEndpointDataSource()
        => _endpointConventionBuilders = new List<DefaultEndpointConventionBuilder>();

    public IEndpointConventionBuilder AddEndpointBuilder(EndpointBuilder endpointBuilder)
    {
        var builder = new DefaultEndpointConventionBuilder(endpointBuilder);
        _endpointConventionBuilders.Add(builder);
        return builder;
    }

    public override IChangeToken GetChangeToken()=> NullChangeToken.Singleton;
    public override IReadOnlyList<Endpoint> Endpoints
        => _endpointConventionBuilders.Select(it => it.Build()).ToArray();
}

internal class DefaultEndpointConventionBuilder : IEndpointConventionBuilder
{
    private readonly List<Action<EndpointBuilder>> _conventions;
    internal EndpointBuilder EndpointBuilder { get; }

    public DefaultEndpointConventionBuilder(EndpointBuilder endpointBuilder)
    {
        EndpointBuilder = endpointBuilder;
        _conventions = new List<Action<EndpointBuilder>>();
    }

    public void Add(Action<EndpointBuilder> convention)
        =>_conventions.Add(convention);
```

```
    public Endpoint Build()
    {
        foreach (var convention in _conventions)
        {
            convention(EndpointBuilder);
        }
        return EndpointBuilder.Build();
    }
}
```

路由系统还提供了如下 CompositeEndpointDataSource 类型。CompositeEndpointDataSource 对象实际上是对一组 EndpointDataSource 对象的组合，重写的 Endpoints 属性返回的终节点由作为组成成员的 EndpointDataSource 对象共同提供。它的 GetChangeToken 方法返回的 IChangeToken 对象也是由这些 EndpointDataSource 对象提供的 IChangeToken 对象组成。

```
public sealed class CompositeEndpointDataSource : EndpointDataSource
{
    public IEnumerable<EndpointDataSource>   DataSources { get; }
    public override IReadOnlyList<Endpoint>  Endpoints { get; }

    public CompositeEndpointDataSource(
        IEnumerable<EndpointDataSource> endpointDataSources);
    public override IChangeToken GetChangeToken();
}
```

4. IEndpointRouteBuilder

表示终节点数据源的 EndpointDataSource 注册到 IEndpointRouteBuilder（不是 EndpointBuilder）对象上，并保存在该对象的 DataSources 属性上。如下面的代码片段所示，IEndpointRouteBuilder 还定义了返回依赖注入容器的 ServiceProvider 属性，它的 CreateApplicationBuilder 方法用于创建一个新的 IApplicationBuilder 对象。DefaultEndpointRouteBuilder 类型是对 IEndpointRouteBuilder 接口的默认实现。

```
public interface IEndpointRouteBuilder
{
    ICollection<EndpointDataSource>          DataSources { get; }
    IServiceProvider                         ServiceProvider { get; }

    IApplicationBuilder CreateApplicationBuilder();
}

internal class DefaultEndpointRouteBuilder : IEndpointRouteBuilder
{
    public ICollection<EndpointDataSource>          DataSources { get; }
    public IServiceProvider                         ServiceProvider
        => ApplicationBuilder.ApplicationServices;
    public IApplicationBuilder                      ApplicationBuilder { get; }
```

```
    public DefaultEndpointRouteBuilder(IApplicationBuilder applicationBuilder)
    {
        ApplicationBuilder = applicationBuilder;
        DataSources = new List<EndpointDataSource>();
    }

    public IApplicationBuilder CreateApplicationBuilder() => ApplicationBuilder.New();
}
```

如果某个终节点针对请求处理的逻辑相对复杂，需要多个中间件协同完成，则可以调用 IEndpointRouteBuilder 对象的 CreateApplicationBuilder 方法创建一个新的 IApplicationBuilder 对象，并将这些中间件注册到该对象上，最后利用它将这些中间件转换成 RequestDelegate 委托对象。

```
var app = WebApplication.Create();
IEndpointRouteBuilder routeBuilder = app;
app.MapGet("/foobar", routeBuilder.CreateApplicationBuilder()
    .Use(FooMiddleware)
    .Use(BarMiddleware)
    .Use(BazMiddleware)
    .Build());
app.Run();

static async Task FooMiddleware(HttpContext context,RequestDelegate next)
{
    await context.Response.WriteAsync("Foo=>");
    await next(context);
};
static async Task BarMiddleware(HttpContext context, RequestDelegate next)
{
    await context.Response.WriteAsync("Bar=>");
    await next(context);
};
static Task BazMiddleware(HttpContext context, RequestDelegate next)
    => context.Response.WriteAsync("Baz");
```

上面的演示程序注册了一个路径模板为“foobar”的路由，并注册了 3 个中间件来处理路由的请求。该演示程序运行之后，如果利用浏览器对路由地址“/foobar”发起请求，则输出结果如图 20-10 所示。呈现出来的字符串是通过注册的 3 个中间件（FooMiddleware、BarMiddleware 和 BazMiddleware）输出内容组成的。（S2011）

图 20-10　输出结果

本节涉及很多对象，可能会令读者感到困惑，所以我们对上述内容进行梳理。路由系统全局维护一组由注册终节点构建的路由表，终节点由抽象类 Endpoint 表示，并由 EndpointBuilder 构建。RouteEndpoint 是对抽象类 Endpoint 的默认实现。RouteEndpoint 对象是“路由模式”和“处理器”的组合，前者通过 EoutePatterrn 对象表示，后者体现为一个 RequestDelegate 委托对象。路由模式决定了终节点是否与当前请求相匹配，处理器完成对请求的处理。RouteEndpoint 对象最终由 RouteEndpointBuilder 构建。

路由表中的终节点来源于注册的 EndpointDataSource 对象，该对象同时提供了感知数据源变化的功能。EndpointDataSource 依然是一个抽象类，它具有一个名为 DefaultEndpointDataSource 的简单实现，作为另一个实现的 ModelEndpointDataSource 提供了基于约定的终节点构建方式，它使用的“约定”体现为一个 IEndpointConventionBuilder 对象，该对象最终还是利用 EndpointBuilder 来完成终节点的构建。EndpointDataSource 被注册到 IEndpointRouteBuilder 对象上，DefaultEndpointRouteBuilder 类型是对该接口的默认实现，在应用启动前。路由注册工作体现为利用 IEndpointRouteBuilder 对象添加 EndpointDataSource 的过程。上述这些与提供终节点相关的接口和类型之间的关系如图 20-11 所示。

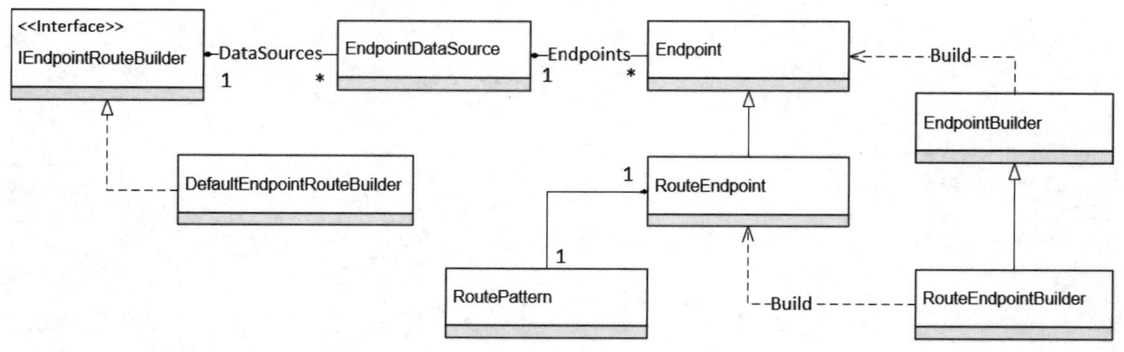

图 20-11　终节点数据流

20.2.3　中间件

ASP.NET Core 的路由是由 EndpointRoutingMiddleware 和 EndpointMiddleware 这两个中间件协同完成的。应用启动后按照上述的方式注册了一组通过 Endpoint 对象表示的终节点，具体的类型其实是 RouteEndpoint。如图 20-12 所示，当 EndpointRoutingMiddleware 中间件在处理请求时，它会从候选终节点中选择与当前请求最为匹配的终节点，该终节点能够提供与当前请求匹配度最高的路由模式。被选择的终节点封装成 IEndpointFeature 特性后“附着”到当前 HttpContext 上下文对象，EndpointMiddleware 中间件利用这个特性提供的终节点来完成请求的处理。

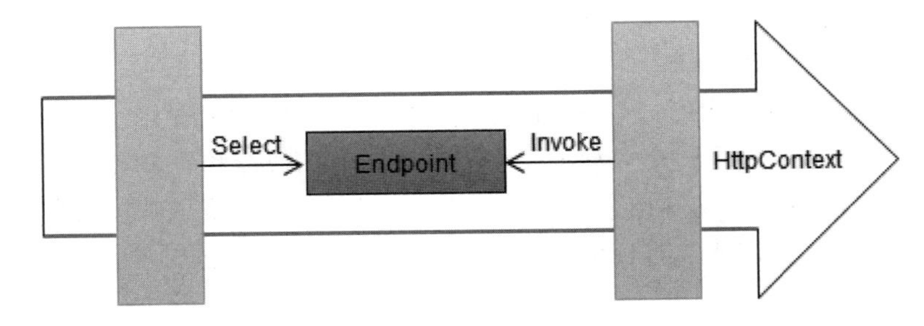

图 20-12　终节点的选择与执行

1. IEndpointFeature

IEndpointFeature 接口表示的特性旨在完成终节点在上述两个中间件之间的传递。如下面的代码片段所示，该接口通过唯一的属性 Endpoint 表示 EndpointRoutingMiddleware 中间件选择的终节点。我们可以调用 HttpContext 类型的 GetEndpoint 方法和 SetEndpoint 方法来获取与设置此终节点。

```
public interface IEndpointFeature
{
    Endpoint Endpoint { get; set; }
}

public static class EndpointHttpContextExtensions
{
    public static Endpoint GetEndpoint(this HttpContext context)
        =>context.Features.Get<IEndpointFeature>()?.Endpoint;

    public static void SetEndpoint(this HttpContext context, Endpoint endpoint)
    {
        var  feature = context.Features.Get<IEndpointFeature>();
        if (feature != null)
        {
            feature.Endpoint = endpoint;
        }
        else
        {
            context.Features.Set<IEndpointFeature>(
                new EndpointFeature { Endpoint = endpoint });
        }
    }

    private class EndpointFeature : IEndpointFeature
    {
        public Endpoint Endpoint { get; set; }
    }
}
```

2. EndpointRoutingMiddleware

EndpointRoutingMiddleware 中间件利用一个 Matcher 对象从候选终节点中选择与当前请求具有最高匹配度的终节点。Matcher 只是一个内部抽象类型，终节点的选择和设置实现在它的 MatchAsync 方法中。如果终节点被成功选择出来，则 MatchAsync 方法还会提取解析出来的路由参数，并将它们逐个添加到表示当前请求的 HttpRequest 对象的 RouteValues 属性中。

```
internal abstract class Matcher
{
    public abstract Task MatchAsync(HttpContext httpContext);
}

public abstract class HttpRequest
{
    public virtual RouteValueDictionary RouteValues { get; set; }
}

public class RouteValueDictionary :
    IDictionary<string, object>, IReadOnlyDictionary<string, object>
{
  ...
}
```

EndpointRoutingMiddleware 中间件使用的 Matcher 由注册的 MatcherFactory 工厂提供。路由系统默认使用的 Matcher 类型为 DfaMatcher，它采用一种确定有限状态自动机（Deterministic Finite Automaton，DFA）的形式从候选终节点中找到与当前请求匹配度最高的终节点。DfaMatcher 对象由 DfaMatcherFactory 工厂创建，MatcherFactory 及其相关服务都是在 IServiceCollection 接口的 AddRouting 扩展方法中注册的。

```
internal abstract class MatcherFactory
{
    public abstract Matcher CreateMatcher(EndpointDataSource dataSource);
}
```

在对与终节点选择策略相关的 Matcher 和 MatcherFactory 有了基本了解之后，我们将关注点转移到 EndpointRoutingMiddleware 中间件上。如下面的代码片段所示，该中间件类型的构造函数中注入了 IEndpointRouteBuilder 对象和 MatcherFactory 对象。用于处理请求的 InvokeAsync 方法根据 IEndpointRouteBuilder 对象提供的 EndpointDataSource 列表创建一个 CompositeEndpointDataSource 对象，并将其作为参数调用 MatcherFactory 工厂的 CreateMatcher 方法创建 Matcher 对象。在将当前 HttpContext 上下文对象作为参数调用这个 Matcher 对象的 MatchAsync 方法后，匹配的终节点将以 IEndpointFeature 特性的形式附加到当前 HttpContext 上下文对象中。该中间件最终将请求交给后续管道进行处理。

```
internal class EndpointRoutingMiddleware
{
    private readonly RequestDelegate          _next;
    private readonly Task<Matcher>            _matcherAccessor;
```

```
    public EndpointRoutingMiddleware(RequestDelegate next,
        IEndpointRouteBuilder builder, MatcherFactory factory )
    {
        _next = next;
        _matcherAccessor = new Task<Matcher>(CreateMatcher);

        Matcher CreateMatcher()
        {
            var source = new CompositeEndpointDataSource(builder.DataSources);
            return factory.CreateMatcher(source);
        }
    }

    public async Task InvokeAsync(HttpContext httpContext)
    {
        var matcher = await _matcherAccessor;
        await matcher.MatchAsync(httpContext);
        await _next(httpContext);
    }
}
```

EndpointRoutingMiddleware 中间件通过如下 UseRouting 扩展方法进行注册。为构建 EndpointRoutingMiddleware 中间件而创建的 DefaultEndpointRouteBuilder 对象会被添加到 IApplicationBuilder 对象的 Properties 属性中，使用的 Key 为“__EndpointRouteBuilder”。

```
public static class EndpointRoutingApplicationBuilderExtensions
{
    public static IApplicationBuilder UseRouting(this IApplicationBuilder builder)
    {
        var builder = new DefaultEndpointRouteBuilder(builder);
        builder.Properties["__EndpointRouteBuilder"] = builder;
        return builder.UseMiddleware<EndpointRoutingMiddleware>(builder);
    }
}
```

3. EndpointMiddleware

EndpointMiddleware 中间件的作用特别明确，就是执行由 EndpointRoutingMiddleware 中间件选择出来的终节点。EndpointMiddleware 中间件在执行终节点过程中会涉及如下 RouteOptions 配置选项。RouteOptions 类型的前 3 个属性与路由系统针对 URL 的生成有关。LowercaseUrls 属性和 LowercaseQueryStrings 属性决定是否将生成的 URL 或者查询字符串转换成小写字母。AppendTrailingSlash 属性决定是否为生成的 URL 添加后缀“/”。我们将在下一节专门介绍 ConstraintMap 属性涉及的路由参数。

```
public class RouteOptions
{
    public bool                               LowercaseUrls { get; set; }
    public bool                               LowercaseQueryStrings { get; set; }
    public bool                               AppendTrailingSlash { get; set; }
    public IDictionary<string, Type>          ConstraintMap { get; set; }
```

```
    public bool SuppressCheckForUnhandledSecurityMetadata { get; set; }
    internal ICollection<EndpointDataSource> EndpointDataSources { get; set; }
}
```

有时我们会利用添加到终节点上的元数据设置一些关于安全方面的要求，并希望对应的中间件能够进行对应的处理。例如，某个终节点需要由注册 AuthorizationMiddleware 中间件和 CorsMiddleware 中间件执行一些授权和跨域资源共享（CORS）的检验，那么就会在终节点上分别添加一个 IAuthorizeData 对象或者 ICorsMetada 对象作为元数据，如果上述两个中间件完成了对应的工作，就会在 HttpContext 上下文对象的 Items 属性中添加一个对应条目。

如果没有注册上述两个中间件，或者被放在了后面，此时 EndpointMiddleware 中间件发现当前终节点确实具有对应的元数据，但是 HttpContext 上下文对象的 Items 属性中却找不到对应的条目，那么它还继续执行吗？EndpointMiddleware 中间件在这种情况下是否还继续执行取决于 RouteOptions 配置选项的 SuppressCheckForUnhandledSecurityMetadata 属性，如果返回 True 则继续执行，否则抛出异常。如下所示的代码片段模拟了 EndpointMiddleware 中间件对请求的处理逻辑。

```
internal class EndpointMiddleware
{
    private readonly RequestDelegate _next;
    private readonly RouteOptions     _options;

    public EndpointMiddleware(RequestDelegate next,IOptions<RouteOptions> optionsAccessor)
    {
        _next           = next;
        _options        = optionsAccessor.Value;
    }

    public Task InvokeAsync(HttpContext httpContext)
    {
        var endpoint = httpContext.GetEndpoint();
        if (null != endpoint)
        {
            if (!_options.SuppressCheckForUnhandledSecurityMetadata)
            {
                CheckSecurity();
            }
            return endpoint.RequestDelegate(httpContext);
        }
        return _next(httpContext);
    }

    private void CheckSecurity();
}
```

我们调用如下 UseEndpoints 扩展方法来注册 EndpointMiddleware 中间件，该扩展方法提供了一个类型为 Action<IEndpointRouteBuilder>的参数。从给出的代码片段可以看出，

IEndpointRouteBuilder 对象是从 IApplicationBuilder 对象的 Properties 属性中提取出来的，它最初是在注册 EndpointRoutingMiddleware 中间件时添加的。正是因为 EndpointMiddleware 和 EndpointRoutingMiddleware 这两个中间件的注册使用的是同一个 IEndpointRouteBuilder 对象，所以使用 UseEndpoints 扩展方法添加的终节点能够被 EndpointRoutingMiddleware 中间件使用。

```
public static class EndpointRoutingApplicationBuilderExtensions
{
    public static IApplicationBuilder UseEndpoints(this IApplicationBuilder builder,
         Action<IEndpointRouteBuilder> configure)
    {
        var routeBuilder = builder.Properties
            .TryGetValue("__EndpointRouteBuilder", out var value)
            ? value : throw new InvalidOperationException("...");
        configure(routeBuilder);
        return builder.UseMiddleware<EndpointMiddleware>();
    }
}
```

4. 添加终节点

对于使用路由系统的应用程序来说，它的主要工作基本集中在 EndpointDataSource 的注册上。当调用 IApplicationBuilder 接口的 UseEndpoints 扩展方法注册 EndpointMiddleware 中间件时，可以利用提供的 Action<IEndpointRouteBuilder>委托对象注册所需的 EndpointDataSource 对象。路由系统为 IEndpointRouteBuilder 接口提供了一系列的扩展方法来创建并注册 EndpointDataSource。如下所示的 Map 扩展方法根据提供的 RoutePattern 对象与 RequestDelegate 对象创建一个终节点，并以 ModelEndpointDataSource 的形式予以注册。对于作为请求处理器的 RequestDelegate 委托对象来说，对应方法或者 Lambda 表达式上标注的特性会以元数据的形式添加到终节点上。

```
public static class EndpointRouteBuilderExtensions
{
    public static IEndpointConventionBuilder Map(this IEndpointRouteBuilder endpoints,
        RoutePattern pattern, RequestDelegate requestDelegate)
    {
        var builder = new RouteEndpointBuilder(requestDelegate, pattern, 0)
        {
            DisplayName = pattern.RawText
        };
        var attributes = requestDelegate.Method.GetCustomAttributes();

        if (attributes != null)
        {
            foreach (var attribute in attributes)
            {
                builder.Metadata.Add(attribute);
            }
        }
        var dataSource = endpoints.DataSources
```

```
            .OfType<ModelEndpointDataSource>().FirstOrDefault()
            ?? new ModelEndpointDataSource();
        endpoints.DataSources.Add(dataSource);
        return dataSource.AddEndpointBuilder(builder);
    }
}
```

如下 MapMethods 扩展方法可以为注册的终节点提供 HTTP 方法的限定。该方法会在 Map 方法的基础上为注册的终节点设置一个显示名称，并对指定的 HTTP 方法创建一个 HttpMethodMetadata 对象，将该对象作为元数据添加到注册的终节点上。

```
public static class EndpointRouteBuilderExtensions
{
    public static IEndpointConventionBuilder MapMethods(
        this IEndpointRouteBuilder endpoints, string pattern,
        IEnumerable<string> httpMethods, RequestDelegate requestDelegate)
    {
        var builder = endpoints.Map(RoutePatternFactory.Parse(pattern), requestDelegate);
        builder.WithDisplayName($"{pattern} HTTP: {string.Join(", ", httpMethods)}");
        builder.WithMetadata(new HttpMethodMetadata(httpMethods));
        return builder;
    }
}
```

EndpointRoutingMiddleware 中间件在为当前请求筛选匹配的终节点时，针对 HTTP 方法的选择策略是通过 IHttpMethodMetadata 接口表示的元数据指定的，HttpMethodMetadata 正是对该接口的默认实现。IHttpMethodMetadata 接口除了具有一个表示可接收 HTTP 方法列表的 HttpMethods 属性，还有一个布尔类型的只读属性 AcceptCorsPreflight，它表示是否接收跨域资源共享（CORS）的预检（Preflight）请求。

```
public interface IHttpMethodMetadata
{
    IReadOnlyList<string>     HttpMethods { get; }
    bool                      AcceptCorsPreflight { get; }
}

public sealed class HttpMethodMetadata : IHttpMethodMetadata
{
    public IReadOnlyList<string>     HttpMethods { get; }
    public bool                      AcceptCorsPreflight { get; }

    public HttpMethodMetadata(IEnumerable<string> httpMethods)
        : this(httpMethods, acceptCorsPreflight: false)
    {}

    public HttpMethodMetadata(IEnumerable<string> httpMethods, bool acceptCorsPreflight)
    {
        HttpMethods = httpMethods.ToArray();
        AcceptCorsPreflight = acceptCorsPreflight;
    }
```

```
}
```

路由系统还为 4 种常用的 HTTP 方法（GET、POST、PUT 和 DELETE）定义了相应的方法。从如下所示的代码片段可以看出，它们最终调用的都是 MapMethods 扩展方法。本章开头演示的实例正是调用其中的 MapGet 扩展方法来注册终节点的。

```
public static class EndpointRouteBuilderExtensions
{
    public static IEndpointConventionBuilder MapGet(this IEndpointRouteBuilder endpoints,
        string pattern, RequestDelegate requestDelegate)
        => MapMethods(endpoints, pattern, "GET", requestDelegate);
    public static IEndpointConventionBuilder MapPost(this IEndpointRouteBuilder endpoints,
        string pattern, RequestDelegate requestDelegate)
        => MapMethods(endpoints, pattern, "POST", requestDelegate);
    public static IEndpointConventionBuilder MapPut(this IEndpointRouteBuilder endpoints,
        string pattern, RequestDelegate requestDelegate)
        => MapMethods(endpoints, pattern, "PUT", requestDelegate);
    public static IEndpointConventionBuilder MapDelete(
        this IEndpointRouteBuilder endpoints, string pattern,
        RequestDelegate requestDelegate)
        => MapMethods(endpoints, pattern, "DELETE", requestDelegate);
}
```

在注册 EndpointRoutingMiddleware 中间件和 EndpointMiddleware 中间件时，必须确保必要的服务注册已经存在，这些服务是由如下两个 AddRouting 扩展方法注册的。由于 IHostBuilder 接口的 ConfigureWebHostDefaults 扩展方法内部会调用 AddRouting 扩展方法，所以前面演示的实例都没有涉及服务注册的代码。

```
public static class RoutingServiceCollectionExtensions
{
    public static IServiceCollection AddRouting(this IServiceCollection services);
    public static IServiceCollection AddRouting(this IServiceCollection services,
        Action<RouteOptions> configureOptions);
}
```

20.2.4 处理器适配

路由终节点总是采用一个 RequestDelegate 委托对象作为请求处理器。上面介绍的这一系列终节点注册的方法提供的也都是 RequestDelegate 委托对象。实际上 IEndpointConventionBuilder 接口还定义了如下这些用来注册终节点的扩展方法，它们都可以接收任意类型的委托对象作为处理器。

```
public static class EndpointRouteBuilderExtensions
{
    public static RouteHandlerBuilder Map(this IEndpointRouteBuilder endpoints,
        string pattern, Delegate handler);
    public static RouteHandlerBuilder Map(this IEndpointRouteBuilder endpoints,
        RoutePattern pattern, Delegate handler);

    public static RouteHandlerBuilder MapMethods(this IEndpointRouteBuilder endpoints,
        string pattern, IEnumerable<string> httpMethods, Delegate handler);
```

```
    public static RouteHandlerBuilder MapGet(this IEndpointRouteBuilder endpoints,
        string pattern, Delegate handler);
    public static RouteHandlerBuilder MapPost(this IEndpointRouteBuilder endpoints,
        string pattern, Delegate handler);
    public static RouteHandlerBuilder MapPut(this IEndpointRouteBuilder endpoints,
        string pattern, Delegate handler);
    public static RouteHandlerBuilder MapDelete(this IEndpointRouteBuilder endpoints,
        string pattern, Delegate handler);
}
```

由于表示路由终节点的 RouteEndpoint 对象总是将 RequestDelegate 委托对象作为请求处理器，所以上述这些扩展方法提供的 Delegate 对象最终还要转换成 RequestDelegate 类型，两者之间的适配或者类型转换是由如下 RequestDelegateFactory 类型的 Create 方法完成的。这个方法根据提供的 Delegate 对象创建一个 RequestDelegateResult 对象，该对象不仅封装了转换生成的 RequestDelegate 委托对象，还集合了终节点的元数据。RequestDelegateFactoryOptions 是为处理器转换提供的配置选项。

```
public static class RequestDelegateFactory
{
    public static RequestDelegateResult Create(Delegate handler,
        RequestDelegateFactoryOptions options = null);
}

public sealed class RequestDelegateResult
{
    public RequestDelegate              RequestDelegate { get; }
    public IReadOnlyList<object>        EndpointMetadata { get; }

    public RequestDelegateResult(RequestDelegate requestDelegate,
        IReadOnlyList<object> metadata);
}

public sealed class RequestDelegateFactoryOptions
{
    public IServiceProvider             ServiceProvider { get; set; }
    public IEnumerable<string>          RouteParameterNames { get;  set; }
    public bool                         ThrowOnBadRequest { get; set; }
    public bool                         DisableInferBodyFromParameters { get; set; }
}
```

我们并不打算详细介绍从 Delegate 向 RequestDelegate 转换的具体流程，而是通过几个简单的实例演示一下各种类型的委托对象是如何执行的，这里主要涉及“参数绑定”和“返回值处理”两个方面的处理策略。

1. 参数绑定

既然可以将一个任意类型的委托作为终节点的处理器，那么这就意味着路由系统在执行委托对象时能够自行绑定其输入参数。这里采用的参数绑定策略与 ASP.NET Core MVC 的“模型绑定”如出一辙。当定义某个用来处理请求的方法时，我们可以在输入参数上标注一些特性显式指定绑定数据的来源。这些特性基本上都实现了如下接口，从接口命名可以看出，它们表示绑定的目标参数的原始数据分别来源于路由参数、查询字符串、请求报头、请求主体及依赖注入容器提供的服务。

```
public interface IFromRouteMetadata
{
    string Name { get; }
}

public interface IFromQueryMetadata
{
    string Name { get; }
}

public interface IFromHeaderMetadata
{
    string Name { get; }
}

public interface IFromBodyMetadata
{
    bool AllowEmpty { get; }
}

public interface IFromServiceMetadata
{
}
```

如下特性实现了上面几个接口，它们都被定义在“Microsoft.AspNetCore.Mvc”命名空间下，它们原本是为了 ASP.NET Core MVC 下的模型绑定服务的。

```
[AttributeUsage(AttributeTargets.Parameter, AllowMultiple=false, Inherited=true)]
public class FromRouteAttribute : Attribute, IBindingSourceMetadata,
  IModelNameProvider, IFromRouteMetadata
{
    public BindingSource      BindingSource {  get; }
    public string             Name {  get;  set; }
}

[AttributeUsage(AttributeTargets.Parameter, AllowMultiple=false, Inherited=true)]
public class FromQueryAttribute : Attribute, IBindingSourceMetadata,
  IModelNameProvider, IFromQueryMetadata
{

    public BindingSource BindingSource {  get; }
    public string Name {  get;  set; }
```

```
}

[AttributeUsage(AttributeTargets.Parameter, AllowMultiple=false, Inherited=true)]
public class FromHeaderAttribute : Attribute, IBindingSourceMetadata,
  IModelNameProvider, IFromHeaderMetadata
{
    public BindingSource BindingSource {  get; }
    public string Name {  get;  set; }
}

[AttributeUsage( AttributeTargets.Parameter, AllowMultiple=false, Inherited=true)]
public class FromBodyAttribute : Attribute, IBindingSourceMetadata,
    IConfigureEmptyBodyBehavior, IFromBodyMetadata
{
    public BindingSource      BindingSource {  get; }
    public EmptyBodyBehavior  EmptyBodyBehavior { get; set; }
    bool IFromBodyMetadata.AllowEmpty { get; }
}

[AttributeUsage(AttributeTargets.Parameter, AllowMultiple=false, Inherited=true)]
public class FromServicesAttribute : Attribute, IBindingSourceMetadata,
    IFromServiceMetadata
{
    public BindingSource BindingSource {  get; }
}
```

如下演示程序调用 WebApplication 对象的 MapPost 方法注册了一个采用“/{foo}”作为模板的终节点。作为终节点处理器的委托指向 Handle 静态方法，并为这个静态方法定义了 5 个参数，分别标注了上述 5 个特性。我们将 5 个参数组成一个匿名对象作为返回值。

```
using Microsoft.AspNetCore.Mvc;
var app = WebApplication.Create();
app.MapPost("/{foo}", Handle);
app.Run();

static object Handle(
    [FromRoute] string foo,
    [FromQuery] int bar,
    [FromHeader] string host,
    [FromBody] Point point,
    [FromServices] IHostEnvironment environment)
    => new { Foo = foo, Bar = bar, Host = host, Point = point,
    Environment = environment.EnvironmentName };

public class Point
{
    public int X { get; set; }
    public int Y { get; set; }
}
```

程序运行之后，对“http://localhost:5000/abc?bar=123”这个 URL 发送了一个 POST 请求，请求的主体内容为一个 Point 对象序列化生成的 JSON 文件。如下所示为请求报文和响应报文的内容，可以看出 Handle 静态方法的 foo 参数和 bar 参数分别绑定的是路由参数“foo”和查询字符串“bar”的值，host 参数绑定的是请求的 Host 报头，point 参数是请求主体内容反序列化的结果，environment 参数是由当前请求的 IServiceProvider 对象提供的服务。（S2012）

```
POST http://localhost:5000/abc?bar=123 HTTP/1.1
Content-Type: application/json
Host: localhost:5000
Content-Length: 18

{"x":123, "y":456}
```

```
HTTP/1.1 200 OK
Content-Type: application/json; charset=utf-8
Date: Sat, 06 Nov 2021 11:55:54 GMT
Server: Kestrel
Content-Length: 100

{"foo":"abc","bar":123,"host":"localhost:5000","point":{"x":123,"y":456},"environment"
:"Production"}
```

如果请求处理器方法的参数没有显式指定绑定数据的来源，则路由系统也能根据参数的类型尽可能地从当前 HttpContext 上下文对象中提取相应的内容予以绑定。如下这几个类型对应参数的绑定源是明确的。

- HttpContext：绑定为当前 HttpContext 上下文对象。
- HttpRequest：绑定为当前 HttpContext 上下文对象的 Request 属性。
- HttpResponse: 绑定为当前 HttpContext 上下文对象的 Response 属性。
- ClaimsPrincipal: 绑定为当前 HttpContext 上下文对象的 User 属性。
- CancellationToken: 绑定为当前 HttpContext 上下文对象的 RequestAborted 属性。

上述的绑定规则体现在如下演示程序的调试断言中。这个演示程序还体现了另一个绑定规则，那就是只要当前请求的 IServiceProvider 能够提供对应的服务，对应参数（httpContextAccessor）上标注的 FromServicesAttribute 特性不是必需的。如果缺少对应的服务注册，则请求的主体内容一般会作为默认的数据来源，所以 FromServicesAttribute 特性最好还是显式指定。对于这个演示程序来说，如果将前面针对 AddHttpContextAccessor 方法的调用移除，则对应参数的绑定自然失败，但是错误消息并不是我们希望看到的。（S2013）

```
using System.Diagnostics;
using System.Security.Claims;

var builder = WebApplication.CreateBuilder();
builder.Services.AddHttpContextAccessor();
var app = builder.Build();
app.MapGet("/", Handle);
app.Run();
```

```
static void Handle(HttpContext httpContext, HttpRequest request, HttpResponse response,
    ClaimsPrincipal user, CancellationToken cancellationToken,
    IHttpContextAccessor httpContextAccessor)
{
    var currentContext = httpContextAccessor.HttpContext;
    Debug.Assert(ReferenceEquals(httpContext, currentContext));
    Debug.Assert(ReferenceEquals(request, currentContext.Request));
    Debug.Assert(ReferenceEquals(response, currentContext.Response));
    Debug.Assert(ReferenceEquals(user, currentContext.User));
    Debug.Assert(cancellationToken == currentContext.RequestAborted);
}
```

对于字符串类型的参数，路由参数和查询字符串是两个候选数据源，路由参数具有更高的优先级。也就是说，如果路由参数和查询字符串均提供了某个参数的值，则此时会优先选择路由参数提供的值。我认为两种绑定源的优先顺序应该倒过来，查询字符串优先级似乎应该更高。对于自定义的类型，对应参数默认由请求主体内容反序列生成。由于请求的主体内容只有一份，所以不能出现多个参数都来源于请求主体内容的情况。下面代码注册的终节点处理器是不合法的。

```
var app = WebApplication.Create();
app.MapGet("/", (Point p1, Point p2) => { });
app.Run();

public class Point
{
    public int X { get; set; }
    public int Y { get; set; }
}
```

如果在某个类型中定义了一个名为 TryParse 的静态方法将指定的字符串表达式转换成当前类型的实例，则路由系统在对该类型的参数进行绑定时会优先从路由参数和查询字符串中提取相应的内容，并通过调用 TryParse 静态方法生成绑定的参数。

```
var app = WebApplication.Create();
app.MapGet("/", (Point foobar) => foobar);
app.Run();

public class Point
{
    public int X { get; set; }
    public int Y { get; set; }

    public Point(int x, int y)
    {
        X = x;
        Y = y;
    }
    public static bool TryParse(string expression, out Point? point)
    {
```

```
        var split = expression.Trim('(', ')').Split(',');
        if (split.Length == 2 && int.TryParse(split[0], out var x)
            && int.TryParse(split[1], out var y))
        {
            point = new Point(x, y);
            return true;
        }
        point = null;
        return false;
    }
}
```

上面的演示程序为自定义的 Point 类型定义了一个 TryParse 静态方法，该静态方法使我们可以将一个以“(x,y)”形式定义的表达式转换成 Point 对象。注册的终节点处理器委托对象以该类型为参数，指定的参数名称为“foobar”。我们在发送的请求时以查询字符串的形式提供对应的表达式“(123,456)”，从返回的内容可以看出参数得到了成功绑定，如图 20-13 所示。（S2014）

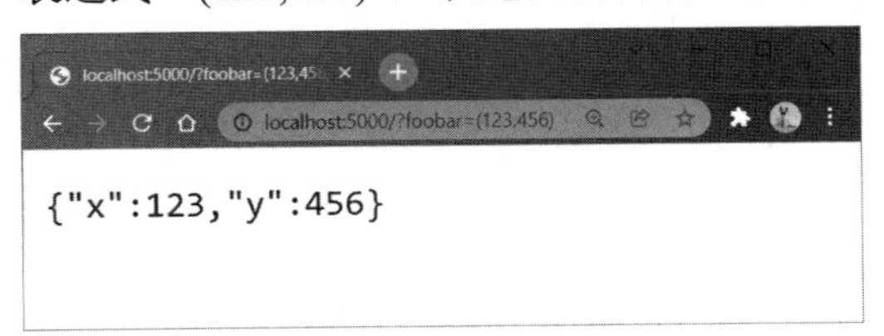

图 20-13　TryParse 静态方法针对参数绑定的影响

如果某种类型的参数具有特殊的绑定方式，则还可以将具体的绑定实现在一个按照约定定义的 BindAsync 方法中。按照约定，这个 BindAsync 应该定义成返回类型为 ValueTask<T>的静态方法，它可以拥有一个类型为 HttpContext 的参数，也可以额外提供一个 ParameterInfo 类型的参数，这两个参数分别与当前 HttpContext 上下文对象和描述参数的 ParameterInfo 对象绑定。在前面演示程序中，为 Point 类型定义了一个 TryParse 静态方法，可以将该静态方法替换成如下 BingAsync 静态方法。（S2015）

```
public class Point
{
    public int X { get; set; }
    public int Y { get; set; }

    public Point(int x, int y)
    {
        X = x;
        Y = y;
    }

    public static ValueTask<Point?> BindAsync(HttpContext httpContext,
        ParameterInfo parameter)
    {
        Point? point = null;
        var name = parameter.Name;
```

```
        var value = httpContext.GetRouteData().Values.TryGetValue(name!, out var v)
            ? v
            : httpContext.Request.Query[name!].SingleOrDefault();

        if (value is string expression)
        {
            var split = expression.Trim('(', ')')?.Split(',');
            if (split?.Length == 2 && int.TryParse(split[0], out var x)
                && int.TryParse(split[1], out var y))
            {
                point = new Point(x, y);
            }
        }
        return new ValueTask<Point?>(point);
    }
}
```

2. 返回值处理

作为终节点处理器的委托对象不仅对输入参数没有要求，它还可以返回任意类型的对象。如果返回类型为 Void、Task 或者 ValueTask，则均表示没有返回值。如果返回类型为 String、Task<String>或者 ValueTask<String>，则返回的字符串将直接作为响应的主体内容，响应的媒体类型会被设置为"text/plain"。对于其他类型的返回值（包括 Task<T>或者 ValueTask<T>），在默认情况下都会序列化成 JSON 文件并作为响应的主体内容，响应的媒体类型会被设置为"application/json"，即使返回的是原生类型（如 Int32）也是如此。

```
var app = WebApplication.Create();
app.MapGet("/foo", () => "123");
app.MapGet("/bar", () => 123);
app.MapGet("/baz", () => new Point {  X = 123, Y = 456});
app.Run();

public class Point
{
    public int X { get; set; }
    public int Y { get; set; }
}
```

上面的演示程序注册了 3 个终节点，作为处理器的返回值分别为字符串、整数和 Point 对象。如果向这 3 个终节点发送对应的 GET 请求，将得到如下所示的响应。

```
HTTP/1.1 200 OK
Content-Type: text/plain; charset=utf-8
Date: Sun, 07 Nov 2021 01:13:47 GMT
Server: Kestrel
Content-Length: 3

123
```

```
HTTP/1.1 200 OK
Content-Type: application/json; charset=utf-8
```

```
Date: Sun, 07 Nov 2021 01:14:11 GMT
Server: Kestrel
Content-Length: 3

123
```

```
HTTP/1.1 200 OK
Content-Type: application/json; charset=utf-8
Date: Sun, 07 Nov 2021 01:14:26 GMT
Server: Kestrel
Content-Length: 17

{"x":123,"y":456}
```

如果曾经从事过 ASP.NET Core MVC 应用的开发，则应该对 IActionResult 接口很熟悉。定义在 Controller 类型中的 Action 方法一般返回 IActionResult（或者 Task<IActionResult>和 ValueTask<IActionResult>）对象。当 Action 方法执行结束后，MVC 框架会直接调用返回的 IActionResult 对象的 ExecuteResultAsync 方法完成最终响应的处理。相同的设计同样被“移植”到这里，并为此定义了如下 IResult 接口。

```
public interface IResult
{
    Task ExecuteAsync(HttpContext httpContext);
}
```

如果终节点处理器方法返回一个 IResult 对象，或者返回一个 Task<T>或 ValueTask<T>（T 实现了 IResult 接口），则 IResult 对象的 ExecuteAsync 方法将用来完成后续响应的处理工作。IResult 接口具有一系列的原生实现类型，不过它们基本上都被定义成内部类型。虽然我们不能直接调用构造函数构建它们，但是可以调用定义在 Results 类型中的如下静态方法来使用它们。

```
public static class Results
{
    public static IResult Accepted(string uri = null, object value = null);
    public static IResult AcceptedAtRoute(string routeName = null,
        object routeValues = null, object value = null);
    public static IResult BadRequest( object error = null);
    public static IResult Bytes( byte[] contents, string contentType = null,
        string fileDownloadName = null, bool enableRangeProcessing = false,
        DateTimeOffset? lastModified = default,
        EntityTagHeaderValue entityTag = null);
    public static IResult Challenge( AuthenticationProperties properties = null,
        IList<string> authenticationSchemes = null);
    public static IResult Conflict( object error = null);
    public static IResult Content(string content, MediaTypeHeaderValue contentType);
    public static IResult Content(string content,  string contentType = null,
        Encoding contentEncoding = null);
    public static IResult Created(string uri,  object value);
    public static IResult Created(Uri uri,  object value);
    public static IResult CreatedAtRoute(string routeName = null, object routeValues =
null,
```

```
        object value = null);
    public static IResult File( byte[] fileContents, string contentType = null,
        string fileDownloadName = null, bool enableRangeProcessing = false,
        DateTimeOffset? lastModified = default,
        EntityTagHeaderValue entityTag = null);
    public static IResult File( Stream fileStream, string contentType = null,
        string fileDownloadName = null,
        DateTimeOffset? lastModified = default,
        EntityTagHeaderValue entityTag = null, bool enableRangeProcessing = false);
    public static IResult File( string path, string contentType = null,
        string fileDownloadName = null,
        DateTimeOffset? lastModified = default,
        EntityTagHeaderValue entityTag = null, bool enableRangeProcessing = false);
    public static IResult Forbid( AuthenticationProperties properties = null,
        IList<string> authenticationSchemes = null);
    public static IResult Json(object data, JsonSerializerOptions options = null,
        string contentType = null, int? statusCode = default);
    public static IResult LocalRedirect(string localUrl, bool permanent = false,
        bool preserveMethod = false);
    public static IResult NoContent();
    public static IResult NotFound( object value = null);
    public static IResult Ok( object value = null);
    public static IResult Problem(string detail = null, string instance = null,
        int? statusCode = default, string title = null, string type = null);
    public static IResult Redirect(string url, bool permanent = false,
        bool preserveMethod = false);
    public static IResult RedirectToRoute(string routeName = null,
        object routeValues = null, bool permanent = false, bool preserveMethod = false,
        string fragment = null);
    public static IResult SignIn(ClaimsPrincipal principal,
      AuthenticationProperties properties = null,
      string authenticationScheme = null);
    public static IResult SignOut( AuthenticationProperties properties = null,
        IList<string> authenticationSchemes = null);
    public static IResult StatusCode(int statusCode);
    public static IResult Stream( Stream stream, string contentType = null,
        string fileDownloadName = null,
        DateTimeOffset? lastModified = default,
        EntityTagHeaderValue entityTag = null, bool enableRangeProcessing = false);
    public static IResult Text(string content,  string contentType = null,
        Encoding contentEncoding = null);
    public static IResult Unauthorized();
    public static IResult UnprocessableEntity( object error = null);
    public static IResult ValidationProblem( IDictionary<string, string[]> errors,
        string detail = null, string instance = null, int? statusCode = default,
        string title = null, string type = null);
}
```

20.2.5 Minimal API

Minimal API 中表示承载应用的 WebApplication 类型不仅实现了 IHost 接口和

IApplicationBuilder 接口，还实现了 IEndpointRouteBuilder 接口。“第 17 章　应用承载（下）”提供的 WebApplication 类型模拟代码刻意忽略了 IEndpointRouteBuilder 接口的实现，现在将这部分代码补上。如下面的代码片段所示，WebApplication 类型均采用“显式”的方式实现了 IEndpointRouteBuilder 接口的 3 个成员。

```
public class WebApplication : IApplicationBuilder, IHost, IEndpointRouteBuilder
{
    private readonly IHost _host;
    private readonly ApplicationBuilder _app;
    private readonly List<EndpointDataSource> _dataSources;

    public WebApplication(IHost host)
    {
        _host = host;
        _app = new ApplicationBuilder(host.Services);
        _dataSources = new List<EndpointDataSource>();
    }

    ICollection<EndpointDataSource> IEndpointRouteBuilder.DataSources => _dataSources;
    IServiceProvider IEndpointRouteBuilder.ServiceProvider => _app.ApplicationServices;
    IApplicationBuilder IEndpointRouteBuilder.CreateApplicationBuilder() => _app.New();
    ...
}
```

路由实现在 EndpointRoutingMiddleware 和 EndpointMiddleware 这两个中间件上。

一旦在 WebApplication 对象注册了终节点，WebApplicationBuilder 在对 WebApplication 对象进行构建的过程中就会自动注册 EndpointRoutingMiddleware 和 EndpointMiddleware 这两个中间件。这部分工作是在调用 BootstrapHostBuilder 对象的 ConfigureWebHostDefaults 扩展方法时完成的，具体的实现体现在如下代码片段中。

```
public class WebApplicationBuilder
{
    private WebApplication? _application;
    public WebApplicationBuilder(WebApplicationOptions options)
    {
        //创建 BootstrapHostBuilder 并利用它收集初始化过程中设置的配置、服务和依赖注入容器的设置
        var args = options.Args;
        var bootstrap = new BootstrapHostBuilder();
        bootstrap
            .ConfigureDefaults(null)
            .ConfigureWebHostDefaults(webHostBuilder => webHostBuilder.Configure(app =>
                {
                    var routeBuilder = (IEndpointRouteBuilder)_application!;
                    var hasEndpoints = routeBuilder.DataSources.Any();
                    if (hasEndpoints
                        && !app.Properties.ContainsKey("__EndpointRouteBuilder"))
                    {
                        app.UseRouting();
                        app.Properties["__EndpointRouteBuilder"] = _application;
```

```
                    }
                    app.Run(_application!.BuildRequestDelegate());
                    if (hasEndpoints)
                    {
                        app.UseEndpoints(_ => {});
                    }
                }))
                ...
    }
    ...
}
```

通过上面的代码片段可以看出，如果利用 WebApplication 对象注册了任意的终节点，则最终构建的管道将额外添加 EndpointRoutingMiddleware 和 EndpointMiddleware 这两个终节点。如图 20-14 所示，这两个中间件正好处于管道的一头一尾。

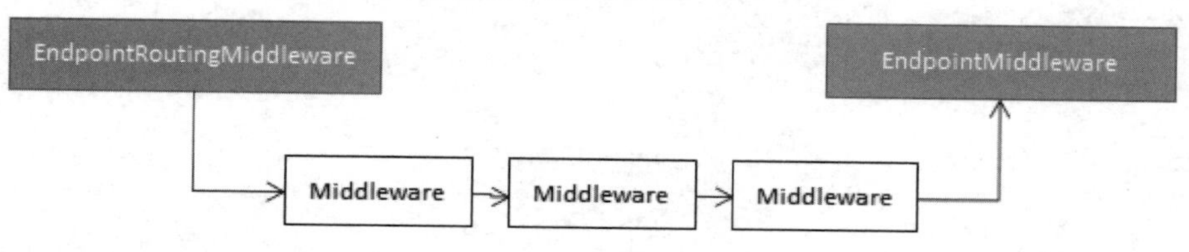

图 20-14　WebApplication 构建的完整管道

20.3　路由约束

表示路由终节点的 RouteEndpoint 对象包含以 RoutePattern 对象表示的路由模式，某个请求能够被成功路由的前提是它满足某个候选终节点的路由模式所体现的路由规则。这不仅要求当前请求的 URL 路径必须满足路由模板指定的路径模式，还需要具体的字符内容满足对应路由参数上定义的约束。路由系统采用 IRouteConstraint 接口来表示路由约束，该接口具有唯一的 Match 方法来验证 URL 携带的参数值是否有效。路由约束在表示路由模式的 RoutePattern 对象中是以路由参数策略的形式存储在 ParameterPolicies 属性中的，所以 IRouteConstraint 接口派生于 IParameterPolicy 接口。通过 IRouteConstraint 接口表示的路由约束同时兼容传统 IRouter 路由系统和最新的终节点路由系统，所以 Match 方法具有一个表示 IRouter 对象的 route 参数，该参数可以被忽略。

```
public interface IRouteConstraint : IParameterPolicy
{
    bool Match(HttpContext httpContext, IRouter route, string routeKey,
        RouteValueDictionary values, RouteDirection routeDirection);
}

public enum RouteDirection
{
    IncomingRequest,
    UrlGeneration
}
```

针对路由参数约束的检验同时应用在通过 routeDirection 参数表示的两个路由方向上。Match 方法的第一个参数 httpContext 表示当前 HttpContext 上下文对象，routeKey 参数表示路由参数名称。如果当前的路由方向为 IncomingRequest，则 Match 方法的 values 参数表示解析出来的所有路由参数值；否则该参数表示生成 URL 提供的路由参数值。一般来说，我们只需要利用 routeKey 参数提供的参数名从 values 参数表示的字典中提取当前参数值，并根据对应的规则加以验证。

20.3.1　预定义的 IRouteConstraint

路由系统定义了一系列原生的 IRouteConstraint 实现类型。我们可以使用它们解决很多常见的约束问题。如果现有的 IRouteConstraint 实现类型无法满足某些特殊的约束需求，则可以通过实现 IRouteConstraint 接口创建自定义的约束类型。对于路由约束的应用，除了直接创建对应的 IRouteConstraint 对象，还可以采用内联的方式直接在路由模板中为某个路由参数定义相应的约束表达式。这些以表达式定义的约束类型其实对应着一种具体的 IRouteConstraint 类型。表 20-1 列举了内联约束类型与 IRouteConstraint 类型之间的映射关系。

表 20-1　内联约束类型与 IRouteConstraint 类型之间的映射关系

内联约束类型	IRouteConstraint 类型	说　明
int	IntRouteConstraint	要求参数值能够解析为一个 int 整数，如{variable:int}
bool	BoolRouteConstraint	要求参数值可以解析为一个 bool 值，如{ variable:bool}
datetime	DateTimeRouteConstraint	要求参数值可以解析为一个 DateTime 对象（采用 CultureInfo. InvariantCulture 进行解析），如{ variable:datetime}
decimal	DecimalRouteConstraint	要求参数值可以解析为一个 decimal 数字，如{ variable:decimal}
double	DoubleRouteConstraint	要求参数值可以解析为一个 double 数字，如{ variable:double}
float	FloatRouteConstraint	要求参数值可以解析为一个 float 数字，如{ variable:float}
guid	GuidRouteConstraint	要求参数值可以解析为一个 Guid，如{ variable:guid}
long	LongRouteConstraint	要求参数值可以解析为一个 long 整数，如{ variable:long}
minlength	MinLengthRouteConstraint	要求参数值表示的字符串不小于指定的长度，如{ variable: minlength(5)}
maxlength	MaxLengthRouteConstraint	要求参数值表示的字符串不大于指定的长度，如{ variable: maxlength(10)}
length	LengthRouteConstraint	要求参数值表示的字符串长度限于指定的区间范围，如{ variable:length(5,10)}
min	MinRouteConstraint	最小值，如{ variable:min(5)}
max	MaxRouteConstraint	最大值，如{ variable:max(10)}
range	RangeRouteConstraint	要求参数值介于指定的区间范围，如{variable:range(5,10)}
alpha	AlphaRouteConstraint	要求参数的所有字符都是字母，如{variable:alpha}
regex	RegexInlineRouteConstraint	要求参数值表示的字符串与指定的正则表达式相匹配，如{variable:regex(^d{0[0-9]{{2,3}-d{2}-d{4}$)}}}$)}

续表

内联约束类型	IRouteConstraint 类型	说　明
required	RequiredRouteConstraint	要求参数值不应该是一个空字符串，如{variable:required}
file	FileNameRouteConstraint	要求参数值可以作为一个包含扩展名的文件名，如{variable:file}
nonfile	NonFileNameRouteConstraint	与 FileNameRouteConstraint 的功能刚好相反，这两个约束类型旨在区分静态文件的请求

20.3.2 IInlineConstraintResolver

由于路由变量的约束以内联形式定义在路由模板中，所以需要解析约束表达式来创建对应的 IRouteConstraint 对象，这项任务是由 IInlineConstraintResolver 对象来完成的。如下面的代码片段所示，IInlineConstraintResolver 接口定义了唯一的 ResolveConstraint 方法，它实现了路由约束从表达式到 IRouteConstraint 对象之间的转换。

```
public interface IInlineConstraintResolver
{
    IRouteConstraint ResolveConstraint(string inlineConstraint);
}
```

DefaultInlineConstraintResolver 类型是对 IInlineConstraintResolver 接口的默认实现。如下面的代码片段所示，DefaultInlineConstraintResolver 具有一个字典类型的字段_inlineConstraintMap，表 20-1 列举的内联约束类型与 IRouteConstraint 类型之间的映射关系就保存在这里。

```
public class DefaultInlineConstraintResolver : IInlineConstraintResolver
{
    private readonly IDictionary<string, Type> _inlineConstraintMap;
    public DefaultInlineConstraintResolver(IOptions<RouteOptions> routeOptions)
        =>_inlineConstraintMap = routeOptions.Value.ConstraintMap;
    public virtual IRouteConstraint ResolveConstraint(string inlineConstraint);
}

public class RouteOptions
{
    public IDictionary<string, Type> ConstraintMap { get; set; }
    ...
}
```

在根据约束表达式创建对应的 IInlineConstraintResolver 对象时，DefaultInlineConstraintResolver 会根据指定表达式得到约束类型和参数列表。通过约束类型名称可以从 ConstraintMap 属性表示的映射关系中得到对应的 IRouteConstraint 实现类型。接下来它会根据提供的参数个数得到匹配的构造函数，将字符串表示的参数转换成对应的参数类型，并以反射的形式将它们传入构造函数以创建 IHttpRouteConstraint 对象。IServiceCollection 接口的 AddRouting 扩展方法提供了 IInlineConstraintResolver 的服务注册。

20.3.3 自定义约束

我们可以使用上述这些预定义的 IRouteConstraint 实现类型完成一些常用的约束，但是在一些对路由参数具有特定约束的应用场景中，我们不得不创建自定义的约束类型。如果需要对资源提供多语言的支持，那么最好的方式是在请求的 URL 中提供对应的 Culture。为了确保包含在 URL 中的是一个合法有效的 Culture，最好为此定义相应的约束。下面通过一个简单的实例来演示如何创建这样一个用于验证 Culture 的自定义路由约束。我们创建了一个提供基于不同语言资源的 API。我们将资源文件作为文本资源进行存储，如图 20-15 所示，创建两个资源文件（Resources.resx 和 Resources.zh.resx），并定义了一个名为 hello 的文本资源条目。

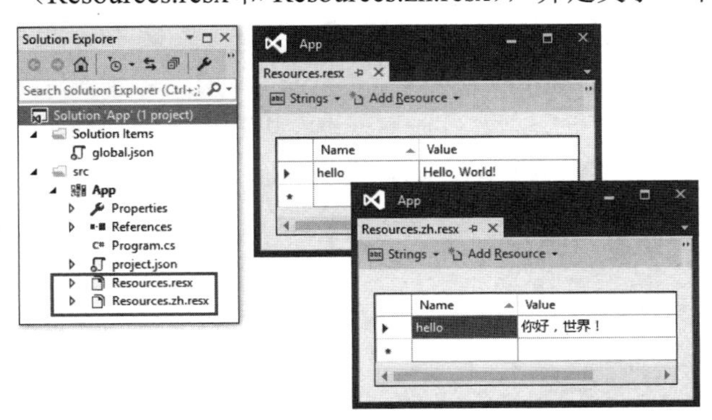

图 20-15　存储文本资源的两个资源文件

如下演示程序中注册了一个模板为“resources/{lang:culture}/{resourceName:required}”的终节点。路由参数“{resourceName}”表示资源条目的名称（如 hello），另一个路由参数“{lang}”表示指定的语言，约束表达式名称 culture 对应的就是自定义的语言文化的约束类型 CultureConstraint。因为这是一个自定义的路由约束，所以需要调用 IServiceCollection 接口的 Configure <TOptions>方法将此约束采用的表达式名称（culture）和 CultureConstraint 类型之间的映射关系添加到 RouteOptions 配置选项中。

```
using App;
using App.Properties;
using System.Globalization;

var builder = WebApplication.CreateBuilder();
var template = "resources/{lang:culture}/{resourceName:required}";
builder.Services.Configure<RouteOptions>(options                                =>
options.ConstraintMap.Add("culture", typeof(CultureConstraint)));
var app = builder.Build();
app.MapGet(template, GetResource);
app.Run();

static IResult GetResource(string lang, string resourceName)
{
    CultureInfo.CurrentUICulture = new CultureInfo(lang);
    var text = Resources.ResourceManager.GetString(resourceName);
    return string.IsNullOrEmpty(text)? Results.NotFound(): Results.Content(text);
}
```

该终节点的处理方法 GetResource 定义了两个参数，利用它们会自动绑定为同名的路由参数。由于系统自动根据当前线程的 UICulture 来选择对应的资源文件，所以对 CultureInfo 类型的 CurrentUICulture 静态属性进行了设置。如果从资源文件中将对应的文本提取出来，则创建一个 ContentResult 对象并返回。程序运行之后，我们可以利用浏览器指定匹配的 URL 并获取对应语言的文本。如图 20-16 所示，如果指定一个不合法的语言（如“xx”），将会违反自定义的约束，此时就会得到一个状态码为“404 Not Found”的响应。（S2016）

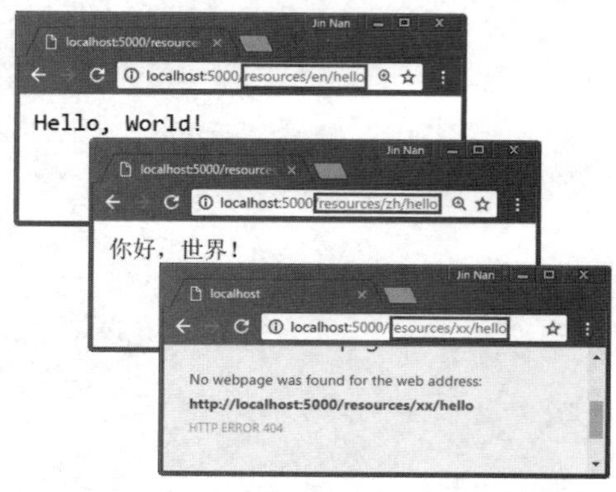

图 20-16　采用相应的 URL 得到某个资源针对某种语言的内容

我们来看一看针对语言文化的路由约束 CultureConstraint 究竟做了什么。如下面的代码片段所示，我们在 Match 方法中试图获取作为语言文化内容的路由参数值，如果存在这样的路由参数值，就可以利用它创建一个 CultureInfo 对象。如果这个 CultureInfo 对象的 EnglishName 属性名不以“Unknown Language”字符串作为前缀，就认为指定的是合法的语言文件。

```
public class CultureConstraint : IRouteConstraint
{
    public bool Match(HttpContext? httpContext, IRouter? route, string routeKey,
        RouteValueDictionary values, RouteDirection routeDirection)
    {
        try
        {
            if (values.TryGetValue(routeKey, out var value) && value is not null)
            {
                return !new CultureInfo((string)value)
                    .EnglishName.StartsWith("Unknown Language");
            }
            return false;
        }
        catch
        {
            return false;
        }
    }
}
```

第21章

异常处理

ASP.NET Core 是一个同时处理多个请求的 Web 应用框架，在处理某个请求过程中出现异常并不会导致整个应用的中止。出于安全方面的考量，为了避免敏感信息外泄，客户端在默认情况下并不会得到详细的出错信息，这无疑会在开发过程中增加查错和纠错的难度。对于生产环境来说，我们也希望用户最终能够根据具体的错误类型得到具有针对性并且友好的错误消息。ASP.NET Core 提供的相应的中间件可以将定制化的错误信息呈现出来。

21.1 呈现错误信息

"Microsoft.AspNetCore.Diagnostics" NuGet 包中提供了几个与异常处理相关的中间件。我们可以利用它们将原生的或者定制的错误信息作为响应内容发送给客户端。在着重介绍这些中间件之前，下面先演示几个简单的实例使读者大致了解这些中间件的作用。

21.1.1 开发者异常页面

如果 ASP.NET Core 应用在处理某个请求时出现异常，则它一般会返回一个状态码为"500 Internal Server Error"的响应。为了避免一些敏感信息的外泄，客户端只会得到一个很泛化的错误消息。以如下程序为例，在处理根路径的请求时都会抛出一个 InvalidOperationException 类型的异常。

```
var app = WebApplication.Create();
app.MapGet("/",
    void () => throw new InvalidOperationException("Manually thrown exception"));
app.Run();
```

利用浏览器访问这个应用总是会得到错误页面，如图 21-1 所示。可以看出目标应用当前无法正常处理本次请求，除了提供的响应状态码（HTTP ERROR 500），它并没有提供任何有益于纠错的辅助信息。

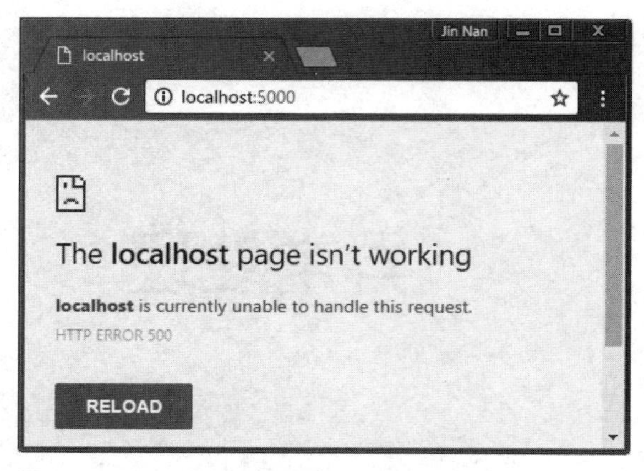

图 21-1　默认的错误页面

有人认为虽然浏览器没有显示任何详细的错误信息，但这并不意味着 HTTP 响应报文中也没有携带任何详细的出错信息。如下所示的服务端返回的 HTTP 响应报文，该响应报文没有主体内容，有限的几个报头也并没有承载任何与错误有关的信息。

```
HTTP/1.1 500 Internal Server Error
Content-Length: 0
Date: Sun, 07 Nov 2021 08:34:18 GMT
Server: Kestrel
```

由于应用并没有中断，浏览器也并没有显示任何具有针对性的错误信息，所以我们无法知道背后究竟出现了什么错误。这个问题有两种解决方案：一种解决方案是利用日志，ASP.NET Core 在处理请求过程中出现异常时，会发出相应的日志事件，我们可以注册相应的 ILoggerProvider 对象将日志输出到指定的渠道。另一种解决方案是利用注册的 DeveloperExceptionPageMiddleware 中间件显示一个“开发者异常页面”（Developer Exception Page）。

如下演示程序调用 IApplicationBuilder 接口的 UseDeveloperExceptionPage 扩展方法来注册上述中间件。该程序注册了一个路由模板为“{foo}/{bar}”的终节点，该终节点在处理请求时直接抛出异常。

```
var app = WebApplication.Create();
app.UseDeveloperExceptionPage();
    app.MapGet("{foo}/{bar}",
    void () => throw new InvalidOperationException("Manually thrown exception"));
app.Run();
```

一旦注册了 DeveloperExceptionPageMiddleware 中间件，ASP.NET Core 应用在处理请求过程中出现的异常信息就会以图 21-2 所示的形式直接出现在浏览器上。我们几乎可以看到所有的错误信息，包括异常的类型、消息和堆栈信息等。（S2101）

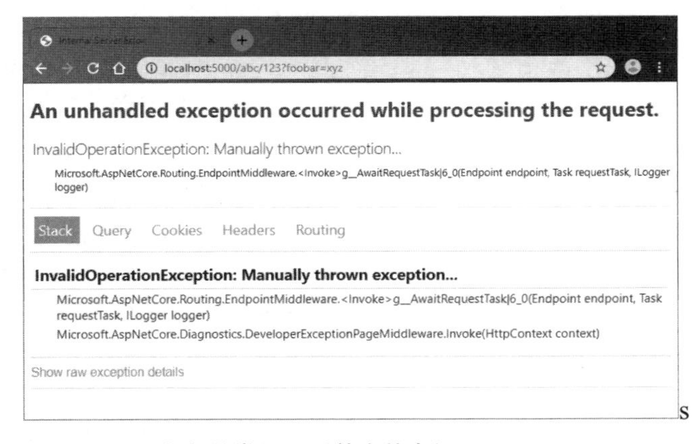

图 21-2　开发者异常页面（基本信息）

开发者异常页面除了显示与抛出异常相关的信息，还会以图 21-3 所示的形式显示与当前请求上下文相关的信息，包括当前请求 URL 携带的所有查询字符串、所有请求报头、Cookie 的内容和路由信息（终节点和路由参数）。如此详尽的信息能够极大地帮助开发者尽快找出错误的根源。由于此页面上往往会携带一些敏感的信息，所以只有在开发环境中才能注册 DeveloperExceptionPageMiddleware 中间件。实际上 Minimal API 在开发环境中会默认注册这个中间件。

图 21-3　开发者异常页面（详细信息）

21.1.2 定制异常页面

由于 ExceptionHandlerMiddleware 中间件直接利用提供的 RequestDelegate 委托对象来处理出现异常的请求，所以我们可以利用它呈现一个定制化的错误页面。如下演示程序通过调用 IApplicationBuilder 接口的 UseExceptionHandler 扩展方法注册了这个中间件，提供的 ExceptionHandlerOptions 配置选项指定了一个指向 HandleErrorAsync 方法的 RequestDelegate 委托对象作为异常处理器。

```
var options = new ExceptionHandlerOptions { ExceptionHandler = HandleErrorAsync };
var app = WebApplication.Create();
app.UseExceptionHandler(options);
app.MapGet("/",
    void () => throw new InvalidOperationException("Manually thrown exception"));
app.Run();

static Task HandleErrorAsync(HttpContext context)
    => context.Response.WriteAsync("Unhandled exception occurred!");
```

如上面的代码片段所示，HandleErrorAsync 方法仅仅是将一个简单的错误消息（Unhandled exception occurred!）作为响应的内容。演示程序注册了一个针对根路径（/）的并且直接抛出异常的终节点，当利用浏览器访问该终节点时，这个定制的错误消息会以图 21-4 所示的形式直接呈现在浏览器上。（S2102）

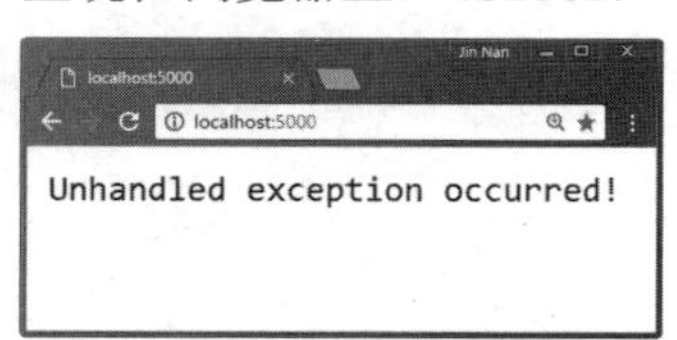

图 21-4　定制的错误页面（1）

由于 ExceptionHandlerMiddleware 中间件的异常处理器的是一个 RequestDelegate 委托对象，而 IApplicationBuilder 对象具有利用注册的中间件来创建这个委托对象的功能，所以用于注册该中间件的 UseExceptionHandler 扩展方法提供了一个参数类型为 Action<IApplicationBuilder> 重载方法。如下演示程序调用了这个重载方法，在提供的作为参数的 Action<IApplicationBuilder>委托对象中，调用 IApplicationBuilder 接口的 Run 方法注册了一个中间件来处理异常，访问启动后的程序同样会得到图 21-4 中的错误信息。（S2103）

```
var app = WebApplication.Create();
app.UseExceptionHandler(app2 => app2.Run(HandleErrorAsync))
app.MapGet("/",
    void () => throw new InvalidOperationException("Manually thrown exception"));
app.Run();

static Task HandleErrorAsync(HttpContext context)
    => context.Response.WriteAsync("Unhandled exception occurred!");
```

如果应用已经提供了一个错误页面，则 ExceptionHandlerMiddleware 中间件在进行异常处理时可以直接重定向到该页面。如下演示程序采用这种方式调用另一个 UseExceptionHandler 扩展方法，作为参数的字符串（/error）指定的就是错误页面的路径，访问启动后的程序同样会得到图 21-4 中的错误信息。（S2104）

```
var app = WebApplication.Create();
app.UseExceptionHandler("/error");
app.MapGet("/",
    void () => throw new InvalidOperationException("Manually thrown exception"));
app.MapGet("/error", HandleErrorAsync);
app.Run();

static Task HandleErrorAsync(HttpContext context)
    => context.Response.WriteAsync("Unhandled exception occurred!");
```

21.1.3　针对响应状态码定制错误页面

我们知道 HTTP 语义中的错误是由响应的状态码来表达的，涉及的错误大体分为如下两种类型。

- 客户端错误：表示客户端提供不正确的请求信息而导致服务器不能正常处理请求，响应状态码的范围为 400～499。
- 服务端错误：表示服务器在处理请求过程中因自身的问题而发生错误，响应状态码的范围为 500～599。

StatusCodePagesMiddleware 中间件能够针对响应状态码定制错误页面。该中间件只有在后续管道产生一个错误响应状态码（范围为 400～599）时才会将错误页面呈现出来。如下演示程序通过调用 UseStatusCodePages 扩展方法注册了这个中间件，作为参数的两个字符串分别是响应的媒体类型和作为主体内容的模板，占位符“{0}”将被状态码填充。

```
var app = WebApplication.Create();
app.UseStatusCodePages("text/plain", "Error occurred ({0})");
app.MapGet("/", void (HttpResponse response) => response.StatusCode = 500);
app.Run();
```

我们针对根路径（/）注册了一个终节点，该终节点在处理请求时直接返回状态码为 500 的响应。应用启动后，针对该路径请求将会得到错误页面，如图 21-5 所示。（S2105）

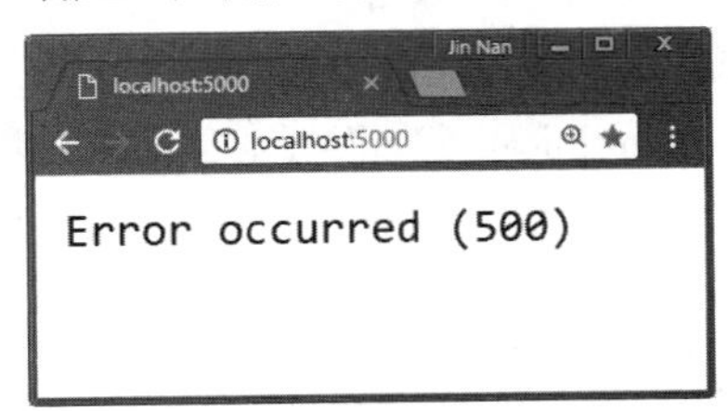

图 21-5　针对错误响应状态码定制的错误页面（1）

StatusCodePagesMiddleware 中间件的错误处理器体现为一个 Func<StatusCodeContext, Task> 委托对象，作为输入的 StatusCodeContext 是对当前 HttpContext 上下文对象的封装。如下演示程

序定义了一个与此委托对象具有一致声明的 HandleErrorAsync 来呈现错误页面，UseStatusCodePages 扩展方法指定的 Func<StatusCodeContext, Task>委托对象指向这个方法。

```
using Microsoft.AspNetCore.Diagnostics;
var random = new Random();
var app = WebApplication.Create();
app.UseStatusCodePages(HandleErrorAsync);
app.MapGet("/",     void     (HttpResponse     response)     =>     response.StatusCode     =
random.Next(400,599));
app.Run();

static  Task HandleErrorAsync(StatusCodeContext context)
{
    var response = context.HttpContext.Response;
    return response.StatusCode < 500
    ? response.WriteAsync($"Client error ({response.StatusCode})")
    : response.WriteAsync($"Server error ({response.StatusCode})");
}
```

我们针对根路径（/）注册的终节点会随机返回一个状态码在（400，599）区间内的响应。用来处理错误的 HandleErrorAsync 方法会根据状态码所在的区间（400～499，500～599）分别显式“Client error”和“Server error”。应用启动后，针对根路径的请求会得到错误页面，如图 21-6 所示。（S2106）

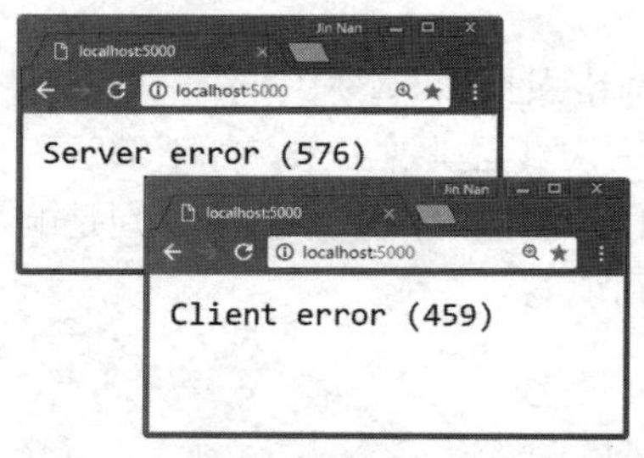

图 21-6　针对错误响应状态码定制的错误页面（1）

在 ASP.NET Core 中，针对请求的处理总是体现为一个 RequestDelegate 委托对象，而 IApplicationBuilder 对象具有根据注册的中间件构建这个委托对象的功能，所以 UseStatusCodePages 扩展方法还具有另一个将 Action<IApplicationBuilder>委托对象作为参数的重载。如下演示程序调用了这个重载，我们利用提供的委托对象调用 IApplicationBuilder 对象的 Run 方法注册了一个中间件来处理异常。（S2107）

```
var random = new Random();
var app = WebApplication.Create();
app.UseStatusCodePages(app2 => app2.Run(HandleErrorAsync));
app.MapGet("/",     void     (HttpResponse     response)     =>     response.StatusCode     =
random.Next(400,599));
app.Run();

static  Task HandleErrorAsync(HttpContext context)
```

```
{
    var response = context.Response;
    return response.StatusCode < 500
    ? response.WriteAsync($"Client error ({response.StatusCode})")
    : response.WriteAsync($"Server error ({response.StatusCode})");
}
```

21.2　开发者异常页面

如下所示的 DeveloperExceptionPageMiddleware 中间件在捕捉到后续管道中抛出的异常之后会返回一个媒体类型为“text/html”的响应，后者在浏览器上会呈现一个错误页面。由于这是一个为开发者提供诊断信息的异常页面，所以又被称为“开发者异常页面”（Developer Exception Page）。该错误页面不仅会显示异常的详细信息（类型、消息和跟踪堆栈等），还会显示与当前请求相关的上下文信息。

```
public class DeveloperExceptionPageMiddleware
{
    public DeveloperExceptionPageMiddleware(RequestDelegate next,
        IOptions<DeveloperExceptionPageOptions> options,
        ILoggerFactory loggerFactory, IWebHostEnvironment  hostingEnvironment,
        DiagnosticSource diagnosticSource,
        IEnumerable<IDeveloperPageExceptionFilter> filters);

    public Task Invoke(HttpContext context);
}
```

如上面的代码片段所示，DeveloperExceptionPageMiddleware 类型的构造函数注入了用来提供配置选项的 IOptions<DeveloperExceptionPageOptions>对象。DeveloperExceptionPageOptions 配置选项提供了 FileProvider 和 SourceCodeLineCount 两个属性，它们与接下来介绍的编译异常的处理有关。

```
public class DeveloperExceptionPageOptions
{
    public IFileProvider       FileProvider { get; set; }
    public int                 SourceCodeLineCount { get; set; }
}
```

21.2.1　IDeveloperPageExceptionFilter

在默认情况下，DeveloperExceptionPageMiddleware 中间件总是会呈现一个包含详细信息的错误页面，但是我们可以利用注册的 IDeveloperPageExceptionFilter 对象在呈现错误页面之前做一些额外的异常处理操作，甚至完全“接管”整个异常处理任务。IDeveloperPageExceptionFilter 接口定义了如下 HandleExceptionAsync 方法进行异常处理。

```
public interface IDeveloperPageExceptionFilter
{
    Task HandleExceptionAsync(ErrorContext errorContext, Func<ErrorContext, Task> next);
}
```

```
public class ErrorContext
{
    public HttpContext          HttpContext { get; }
    public Exception            Exception { get; }

    public ErrorContext(HttpContext httpContext, Exception exception) ;
}
```

HandleExceptionAsync 方法定义了 errorContext 和 next 两个参数，前者提供的 ErrorContext 对象是对 HttpContext 上下文对象的封装，并利用 Exception 属性提供待处理的异常；后者提供的 Func<ErrorContext,Task>委托对象表示后续的异常处理任务。如果某个 IDeveloperPageExceptionFilter 对象没有将异常处理任务向后分发，则开发者所处理的页面将不会呈现出来。如下演示程序通过实现 IDeveloperPageExceptionFilter 接口定义了一个 FakeExceptionFilter 类型，并将其注册为依赖服务。

```
using Microsoft.AspNetCore.Diagnostics;
var builder = WebApplication.CreateBuilder();
builder.Services.AddSingleton<IDeveloperPageExceptionFilter, FakeExceptionFilter>();
var app = builder.Build();
app.UseDeveloperExceptionPage();
app.MapGet("/", void ()
    => throw new InvalidOperationException("Manually thrown exception..."));
app.Run();

public class FakeExceptionFilter : IDeveloperPageExceptionFilter
{
    public Task HandleExceptionAsync(ErrorContext errorContext,
        Func<ErrorContext, Task> next)
        =>      errorContext.HttpContext.Response.WriteAsync("Unhandled      exception
occurred!");
}
```

在 FakeExceptionFilter 类型实现的 HandleExceptionAsync 方法仅在响应的主体内容中写入了一条简单的错误消息（Unhandled exception occurred!），所以 DeveloperExceptionPageMiddleware 中间件默认提供的错误页面并不会呈现出来，取而代之的就是由注册 FakeExceptionFilter 定制的错误页面，如图 21-7 所示。（S2108）

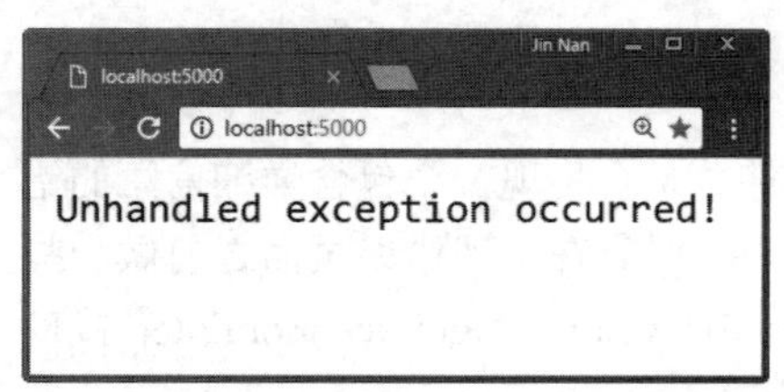

图 21-7　由注册 FakeExceptionFilter 定制的错误页面

21.2.2　显示编译异常信息

我们将编写的 ASP.NET Core 应用编译成程序集进行部署，为什么运行过程中还会出现“编译异常”呢？这是因为处理这种“预编译”模式，ASP.NET Core 还支持运行时动态编译。以 MVC 应用为例，我们可以在运行时修改它的视图文件，这样的修改会触发动态编译。如果修改的内容无法通过编译，就会抛出编译异常。DeveloperExceptionPageMiddleware 中间件在处理编译异常时会在错误页面中呈现不同的内容。

接下来利用一个 MVC 应用来演示 DeveloperExceptionPageMiddleware 中间件针对编译异常的处理。为了支持运行时动态编译，我们为 MVC 项目添加了针对“Microsoft.AspNetCore.Mvc.Razor.RuntimeCompilation”这个 NuGet 包的依赖，并通过修改项目文件将 PreserveCompilationReferences 属性设置为 True。

```
<Project Sdk="Microsoft.NET.Sdk.Web">
  <PropertyGroup>
    <TargetFramework>net6</TargetFramework>
    <PreserveCompilationReferences>true</PreserveCompilationReferences>
  </PropertyGroup>
  <ItemGroup>
    <PackageReference Include="Microsoft.AspNetCore.Mvc.Razor.RuntimeCompilation"
        Version="6.0.0" />
  </ItemGroup>
</Project>
```

如下所示演示程序注册了 DeveloperExceptionPageMiddleware 中间件。为了支持 Razor 视图文件的运行时动态编译，在调用 AddControllersWithViews 扩展方法得到返回的 IMvcBuilder 对象之后，进一步调用该对象的 AddRazorRuntimeCompilation 扩展方法。

```
var builder = WebApplication.CreateBuilder();
builder.Services.AddControllersWithViews().AddRazorRuntimeCompilation();
var app = builder.Build();
app.UseDeveloperExceptionPage();
app.MapControllers();
app.Run();
```

定义如下 HomeController，它的 Action 方法 Index 会直接调用 View 方法将默认的视图呈现出来。根据约定，Action 方法 Index 呈现出来的视图文件对应的路径应该是“~/views/home/index.cshtml”。我们先不提供这个视图文件的内容。

```
public class HomeController : Controller
{
    [HttpGet("/")]
    public IActionResult Index() => View();
}
```

先启动 MVC 应用再将视图文件的内容定义成如下形式，为了让动态编译失败，这里指定的 Foobar 类型其实根本不存在。

```
@{
    var value = new Foobar();
}
```

当利用浏览器请求根路径时，会得到错误页面，如图 21-8 所示。这个错误页面显示的内容和结构与前面演示的实例是完全不一样的，在这里我们不仅可以得到导致编译失败的视图文件的路径“Views/Home/Index.cshtml”，还可以看到导致编译失败的代码。这个错误页面还直接将参与编译的源代码呈现出来。（S2109）

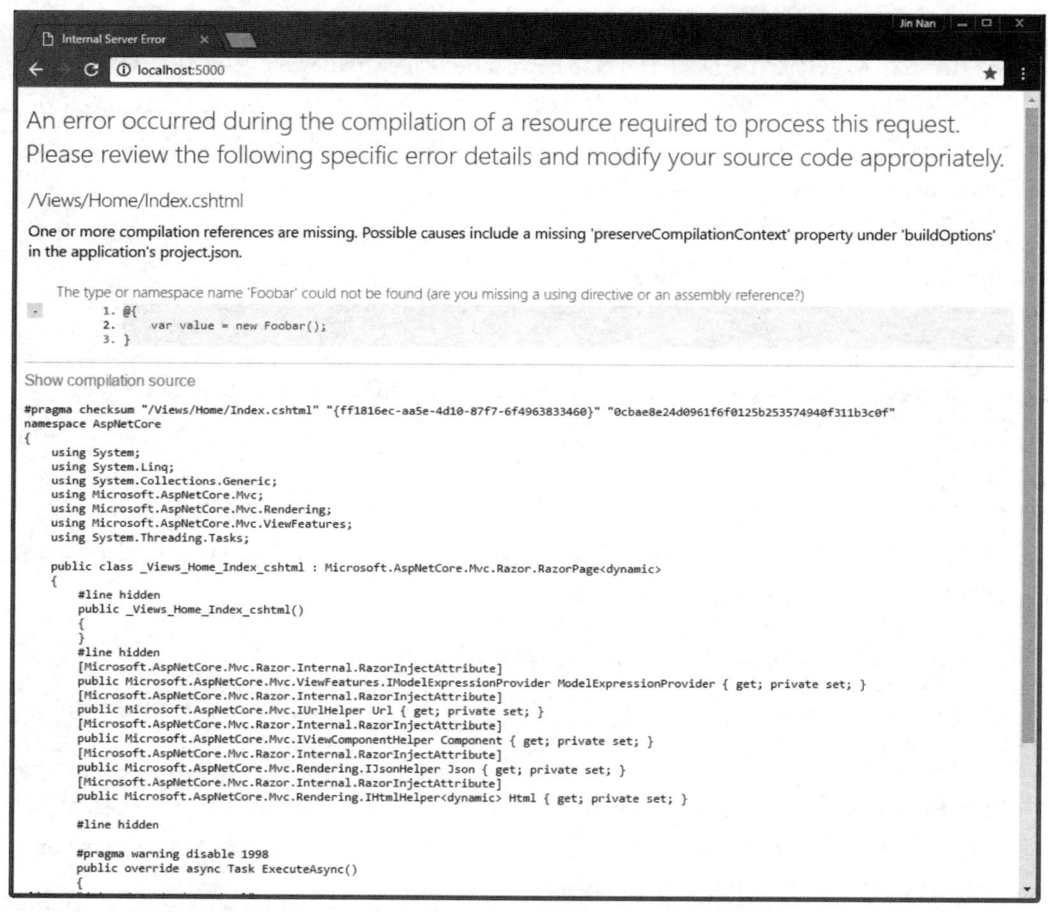

图 21-8　显示在错误页面中的编译异常信息

动态编译过程中抛出的异常类型一般会实现如下 ICompilationException 接口，该接口定义的 CompilationFailures 属性返回一个元素类型为 CompilationFailure 的集合。编译失败的相关信息被封装在一个 CompilationFailure 对象中。我们可以利用它得到源文件的路径（SourceFilePath 属性）和内容（SourceFileContent 属性），以及源代码转换后交付编译的内容。如果在内容转换过程已经发生错误，则在这种情况下的 SourceFileContent 属性可能返回 Null。

```
public interface ICompilationException
{
    IEnumerable<CompilationFailure> CompilationFailures { get; }
}
```

```
public class CompilationFailure
{
    public string                              SourceFileContent {  get; }
    public string                              SourceFilePath {  get; }
    public string                              CompiledContent {  get; }
    public IEnumerable<DiagnosticMessage>     Messages {  get; }
    ...
}
```

CompilationFailure 类型的 Messages 属性返回一个元素类型为 DiagnosticMessage 的集合，DiagnosticMessage 对象承载着一些描述编译错误的诊断信息。我们不仅可以借助该对象的相关属性得到描述编译错误的消息（Message 属性和 FormattedMessage 属性），还可以得到发生编译错误所在源文件的路径（SourceFilePath）及范围，StartLine 属性和 StartColumn 属性分别表示导致编译错误的源代码在源文件中开始的行与列。EndLine 属性和 EndColumn 属性分别表示导致编译错误的源代码在源文件中结束的行与列（行数和列数分别从 1 与 0 开始计数）。

```
public class DiagnosticMessage
{
    public string       SourceFilePath {  get; }
    public int          StartLine {  get; }
    public int          StartColumn {  get; }
    public int          EndLine {  get; }
    public int          EndColumn {  get; }

    public string       Message {  get; }
    public string       FormattedMessage {  get; }
    ...
}
```

从图 21-8 可以看出，错误页面直接将导致编译失败的相关源代码显示出来。令我们更感到惊喜的是，它不仅将直接导致失败的源代码显示出来，还显示前后相邻的源代码。至于相邻源代码应该显示多少行，实际上是通过 DeveloperExceptionPageOptions 配置选项的 SourceCodeLineCount 属性控制的，而源文件的读取则是由该配置选项的 FileProvider 属性提供的 IFileProvider 对象控制的。

```
var builder = WebApplication.CreateBuilder();
builder.Services.AddControllersWithViews().AddRazorRuntimeCompilation();
var app = builder.Build();
app.UseDeveloperExceptionPage(
    new DeveloperExceptionPageOptions {  SourceCodeLineCount = 3});
app.MapControllers();
app.Run();
```

对于前面演示的实例来说，如果将前后相邻的 3 行代码显示在错误页面，则可以采用如上所示的方式为 DeveloperExceptionPageMiddleware 中间件指定 DeveloperExceptionPageOptions 配置选项，并将它的 SourceCodeLineCount 属性设置为 3。我们可以将视图文件（index.cshtml）改写成如下形式，在导致编译失败的那一行代码前后分别添加 4 行代码。

```
1:
2:
3:
4:
5:@{ var value = new Foobar();}
6:
7:
8:
9:
```

对于定义在视图文件中的 9 行代码，根据在注册 DeveloperExceptionPageMiddleware 中间件时指定的规则，最终显示在错误页面上的应该是第 2～8 行代码。如果利用浏览器访问相同的地址，则这 7 行代码会以图 21-9 所示的形式显示在错误页面上。如果我们没有对 SourceCodeLineCount 属性进行显式设置，则它的默认值为 6。（S2110）

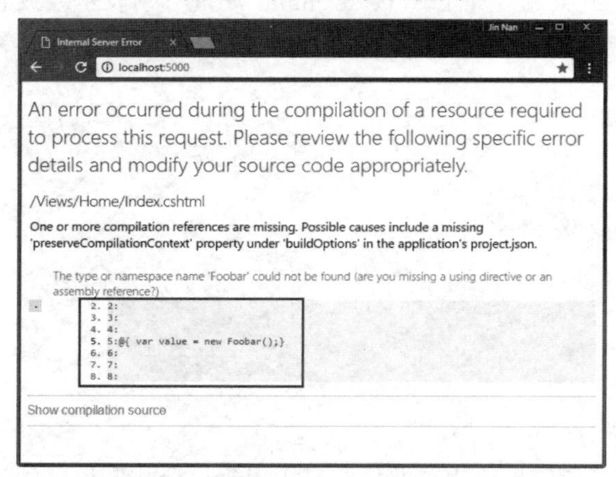

图 21-9　根据设置显示相邻源代码

21.2.3 DeveloperExceptionPageMiddleware

如下所示的代码片段模拟了 DeveloperExceptionPageMiddleware 中间件的异常处理逻辑。我们在它的构造函数中注入了用来提供配置选项的 IOptions<DeveloperExceptionPageOptions>对象和一组 IDeveloperPageExceptionFilter 对象。被该中间件用来作为异常处理器的 Func<ErrorContext, Task>委托对象定义在_exceptionHandler 字段上。在处理异常时，它会先调用注册的 IDeveloperPageExceptionFilter 对象的 HandleExceptionAsync 方法，如果 IDeveloperPageExceptionFilter 对象没有被注册，或者它们都将异常处理任务向后传递，则 DisplayRuntimeException 方法或者 DisplayCompilationException 方法最终会将“开发者异常页面”呈现出来。

```
public class DeveloperExceptionPageMiddleware
{
    private readonly RequestDelegate                    _next;
    private readonly DeveloperExceptionPageOptions     _options;
```

```
    private readonly Func<ErrorContext, Task>        _exceptionHandler;

    public DeveloperExceptionPageMiddleware(
        RequestDelegate next,
        IOptions<DeveloperExceptionPageOptions> options,
        ILoggerFactory loggerFactory,
        IWebHostEnvironment hostingEnvironment,
        DiagnosticSource diagnosticSource,
        IEnumerable<IDeveloperPageExceptionFilter> filters)
    {

        _next                     = next;
        _options                  = options.Value;
        _exceptionHandler         = context => context.Exception is ICompilationException
            ? DisplayCompilationException()
            : DisplayRuntimeException();
        ...

        foreach (var filter in filters.Reverse())
        {
            var nextFilter = _exceptionHandler;
            _exceptionHandler = errorContext =>
                filter.HandleExceptionAsync(errorContext, nextFilter);
        }
    }

    public async Task Invoke(HttpContext context)
    {
        try
        {
            await _next(context);
        }
        catch (Exception ex)
        {
            context.Response.Clear();
            context.Response.StatusCode = 500;
            await _exceptionHandler(new ErrorContext(context, ex));
            throw;
        }
    }
    private Task DisplayCompilationException();
    private Task DisplayRuntimeException();
}
```

Invoke 方法会直接将当前请求分发给后续管道进行处理。如果抛出异常，则它会根据该异常对象和当前 HttpContext 上下文对象创建一个 ErrorContext 上下文对象，并将其作为参数调用作为异常处理器的 Func<ErrorContext, Task>委托对象。它最终会回复一个状态码为“500 Internal Server Error”的响应。DeveloperExceptionPageMiddleware 中间件由如下两个 UseDeveloperExceptionPage 扩展方法进行注册。

```
public static class DeveloperExceptionPageExtensions
{
    public static IApplicationBuilder UseDeveloperExceptionPage(
        this IApplicationBuilder app)
        => app.UseMiddleware<DeveloperExceptionPageMiddleware>();

    public static IApplicationBuilder UseDeveloperExceptionPage(
        this IApplicationBuilder app,DeveloperExceptionPageOptions options)
        =>app.UseMiddleware<DeveloperExceptionPageMiddleware>(Options.Create(options));
}
```

21.3 异常处理器

ExceptionHandlerMiddleware 中间件是一个"万能"的异常处理器，因为具体的异常处理策略完全由提供的异常处理器来决定。

21.3.1 ExceptionHandlerMiddleware

如下面的代码片段所示，ExceptionHandlerMiddleware 中间件类型的构造函数中注入了用来提供配置选项的 IOptions<ExceptionHandlerOptions>对象。作为异常处理器的 RequestDelegate 委托对象由 ExceptionHandlerOptions 配置选项的 ExceptionHandler 属性提供。如果希望应用在发生异常后自动重定向到某个指定的路径，该路径就可以利用 ExceptionHandlingPath 属性来指定。异常处理器和重定向路径至少需要设置一个。AllowStatusCode404Response 属性表示该中间件是否允许最终返回状态码为 404 的响应，默认值为 False。

```
public class ExceptionHandlerMiddleware
{
    public ExceptionHandlerMiddleware(RequestDelegate next, ILoggerFactory loggerFactory,
        IOptions<ExceptionHandlerOptions> options, DiagnosticListener diagnosticListener);
    public Task Invoke(HttpContext context);
}

public class ExceptionHandlerOptions
{
    public RequestDelegate    ExceptionHandler { get; set; }
    public PathString         ExceptionHandlingPath { get; set; }
    public bool               AllowStatusCode404Response { get; set; }
}
```

ExceptionHandlerMiddleware 中间件由如下 UseExceptionHandler 扩展方法进行注册。我们可以不用指定任何参数，也可以利用参数提供一个 ExceptionHandlerOptions 配置选项或者重定向路径，还可以用来构建处理器的 Action<IApplicationBuilder>委托对象。

```
public static class ExceptionHandlerExtensions
{
    public static IApplicationBuilder UseExceptionHandler(this IApplicationBuilder app)
        => app.UseMiddleware<ExceptionHandlerMiddleware>();
```

```
    public static IApplicationBuilder UseExceptionHandler(this IApplicationBuilder app,
        ExceptionHandlerOptions options)
        => app.UseMiddleware<ExceptionHandlerMiddleware>(Options.Create(options));

    public static IApplicationBuilder UseExceptionHandler(this IApplicationBuilder app,
        string errorHandlingPath)
        =>app.UseExceptionHandler(new ExceptionHandlerOptions
        {
            ExceptionHandlingPath = new PathString(errorHandlingPath)
        });

    public static IApplicationBuilder UseExceptionHandler(this IApplicationBuilder app,
        Action<IApplicationBuilder> configure)
    {
        IApplicationBuilder newBuilder = app.New();
        configure(newBuilder);

        return app.UseExceptionHandler(new ExceptionHandlerOptions
        {
            ExceptionHandler = newBuilder.Build()
        });
    }
}
```

如下代码片段大体上模拟了 ExceptionHandlerMiddleware 中间件处理异常的流程。如果后续管道抛出异常，则该中间件会将响应状态码设置为 500，并清除响应缓存。如果指定了异常处理的路径，则它会将通过修改请求路径的方式对该路径实施服务端重定向，否则使用异常处理器来处理当前请求。如果最终发现响应状态码为 404，并且 ExceptionHandlerOptions 配置选项的 AllowStatusCode404Response 属性返回 False，则原始异常会重新抛出来。

```
public class ExceptionHandlerMiddleware
{
    private RequestDelegate _next;
    private ExceptionHandlerOptions _options;

    public ExceptionHandlerMiddleware(RequestDelegate next,
        IOptions<ExceptionHandlerOptions> options,...)
    {
        _next = next;
        _options = options.Value;
        ...
    }

    public async Task Invoke(HttpContext context)
    {
        try
        {
            await _next(context);
        }
        catch(Exception ex)
```

```
        {
            var edi = ExceptionDispatchInfo.Capture(ex);
             context.Response.StatusCode = 500;
             context.Response.Clear();
             if (_options.ExceptionHandlingPath.HasValue)
             {
                 context.Request.Path = _options.ExceptionHandlingPath;
             }
             var handler = _options.ExceptionHandler ?? _next;
             await handler(context);

             if (context.Response.StatusCode == 404
                && !_options.AllowStatusCode404Response)
             {
                 throw edi.SourceException;
             }
        }
    }
}
```

21.3.2 IExceptionHandlerPathFeature 特性

如果设置了重定向地址，ExceptionHandlerMiddleware 中间件会将请求路径修改成这个地址，那么后续针对请求的处理将永远得不到原始的请求路径，这有可能会对异常处理器和其他的中间件造成影响。为了将原始请求路径保存下来，我们需要使用 IExceptionHandlerPathFeature 特性，该特性除了携带原始请求路径，还携带了抛出的异常、当前终节点及路由参数。IExceptionHandlerPathFeature 接口和 ExceptionHandlerFeature 类型的定义如下，前者派生于另一个 IExceptionHandlerFeature 接口。

```
public interface IExceptionHandlerFeature
{
    Exception                  Error { get; }
    string                     Path { get; }
    Endpoint?                  Endpoint { get; }
    RouteValueDictionary?      RouteValues { get; }
}

public interface IExceptionHandlerPathFeature : IExceptionHandlerFeature
{
    new string Path => ((IExceptionHandlerFeature)this).Path;
}

public class ExceptionHandlerFeature : IExceptionHandlerPathFeature
{
    public Exception                  Error { get; set; } = default!;
    public string                     Path { get; set; } = default!;
    public Endpoint?                  Endpoint { get; set; }
    public RouteValueDictionary?      RouteValues { get; set; }
```

```
}
```

在 ExceptionHandlerMiddleware 中间件将表示当前请求的 HttpContext 上下文对象传递给处理器之前，它会按照如下方式创建一个 ExceptionHandlerFeature 特性并附着到当前 HttpContext 上下文对象中。当整个请求处理流程完全结束之后，该中间件还会将请求路径恢复成原始值，以免对前置中间件的后续处理造成影响。

```
public class ExceptionHandlerMiddleware
{
    …
    public async Task Invoke(HttpContext context)
    {
        try
        {
            await _next(context);
        }
        catch (Exception ex)
        {
            var edi = ExceptionDispatchInfo.Capture(ex);
            var originalPath = context.Request.Path;
            try
            {
                var feature = new ExceptionHandlerFeature()
                {
                    Error = ex,
                    Path = originalPath,
                    Endpoint = context.GetEndpoint(),
                    RouteValues =
                      context.Features.Get<IRouteValuesFeature>()?.RouteValues
                };
                context.Features.Set<IExceptionHandlerFeature>(feature);
                context.Features.Set<IExceptionHandlerPathFeature>(feature);

                context.Response.StatusCode = 500;
                context.Response.Clear();
                if (_options.ExceptionHandlingPath.HasValue)
                {
                    context.Request.Path = _options.ExceptionHandlingPath;
                }
                var handler = _options.ExceptionHandler ?? _next;
                await handler(context);

                if (context.Response.StatusCode == 404
                    && !_options.AllowStatusCode404Response)
                {
                    throw edi.SourceException;
                }
            }
            finally
            {
```

```
                context.Request.Path = originalPath;
            }
        }
    }
}
```

在进行异常处理时，我们可以从当前 HttpContext 上下文对象中提取 ExceptionHandlerFeature 特性对象，从而获取抛出的异常和原始请求路径。如下面的代码片段所示，我们利用 HandleError 方法来呈现一个定制的错误页面。在这个方法中，借助 ExceptionHandlerFeature 特性获取抛出的异常，并将其类型、消息及堆栈追踪信息显示出来。

```
using Microsoft.AspNetCore.Diagnostics;

var app = WebApplication.Create();
app.UseExceptionHandler("/error");
app.MapGet("/error", HandleError);
app.MapGet("/",
    void () => throw new InvalidOperationException("Manually thrown exception"));
app.Run();

static IResult HandleError(HttpContext context)
{
    var ex = context.Features.Get<IExceptionHandlerPathFeature>()!.Error;
    var html = $@"
<html>
    <head><title>Error</title></head>
    <body>
        <h3>{ex.Message}</h3>
        <p>Type: {ex.GetType().FullName}</p>
        <p>StackTrace: {ex.StackTrace}</p>
    </body>
</html>";
    return Results.Content(html, "text/html");
}
```

上面演示程序为路径“/error”注册了一个采用 HandleError 作为处理方法的终节点。注册的 ExceptionHandlerMiddleware 中间件将该“/error”作为重定向路径。那么针对根路径的请求将会得到错误页面，如图 21-10 所示。（S2111）

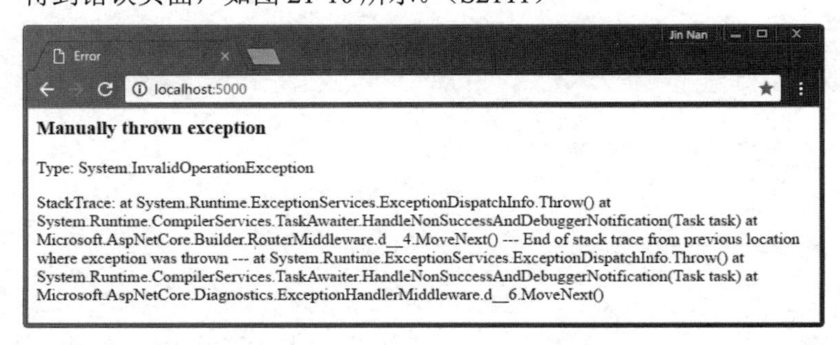

图 21-10　定制的错误页面（2）

21.3.3 清除缓存

由于相应缓存在大部分情况下只适用于成功状态的响应，如果服务端在处理请求过程中出现异常，则之前设置的缓存报头不应该出现在响应报文中。对于 ExceptionHandlerMiddleware 中间件来说，清除缓存报头也是它负责的一项重要工作。在如下所示的演示程序中，针对根路径的请求有 50%的可能会抛出异常。无论是返回正常的响应内容还是抛出异常，这个方法都会先设置一个 Cache-Control 的响应报头，并将缓存时间设置为 1 小时（Cache-Control: max-age=3600）。注册的 ExceptionHandlerMiddleware 中间件在处理异常时会响应一个内容为“Error occurred!”的字符串。

```
using Microsoft.Net.Http.Headers;

var _random = new Random();
var app = WebApplication.Create();
app.UseExceptionHandler(app2
    => app2.Run(httpContext => httpContext.Response.WriteAsync("Error occurred!")));
app.MapGet("/", (HttpResponse response) => {
    response.GetTypedHeaders().CacheControl = new CacheControlHeaderValue
    {
        MaxAge = TimeSpan.FromHours(1)
    };

    if (_random.Next() % 2 == 0)
    {
        throw new InvalidOperationException("Manually thrown exception...");
    }
    return response.WriteAsync("Succeed...");
});
app.Run();
```

如下所示的两个响应报文分别对应正常响应和抛出异常的情况，我们发现程序中设置的缓存报头 Cache-Control: max-age=3600 只会出现在状态码为“200 OK”的响应中。在状态码为“500 Internal Server Error”的响应中，出现了 3 个与缓存相关的报头（Cache-Control、Pragma 和 Expires），它们的目的都是禁止缓存或者将缓存标识为过期。（S2112）

```
HTTP/1.1 200 OK
Date: Mon, 08 Nov 2021 12:47:55 GMT
Server: Kestrel
Cache-Control: max-age=3600
Content-Length: 10

Succeed...
```

```
HTTP/1.1 500 Internal Server Error
Date: Mon, 08 Nov 2021 12:48:00 GMT
Server: Kestrel
Cache-Control: no-cache,no-store
Expires: -1
```

```
Pragma: no-cache
Content-Length: 15

Error occurred!
```

ExceptionHandlerMiddleware 中间件针对缓存响应报头的清除体现在如下所示的代码片段中。可以看出它通过调用 HttpResponse 对象的 OnStarting 方法注册了一个回调（ClearCacheHeaders），上述 3 个缓存报头是在这个回调中设置的。这个回调方法还会清除 ETag 报头。既然目标资源没有得到正常的响应，那么表示资源“签名”的 ETag 报头不应该出现在响应报文中。

```
public class ExceptionHandlerMiddleware
{
    ...
    public async Task Invoke(HttpContext context)
    {
        try
        {
            await _next(context);
        }
        catch (Exception ex)
        {
            ...
            context.Response.OnStarting(ClearCacheHeaders, context.Response);
            ...
        }
    }

    private Task ClearCacheHeaders(object state)
    {
        var response = (HttpResponse)state;
        response.Headers[HeaderNames.CacheControl]   = "no-cache";
        response.Headers[HeaderNames.Pragma]         = "no-cache";
        response.Headers[HeaderNames.Expires]        = "-1";
        response.Headers.Remove(HeaderNames.ETag);
        return Task.CompletedTask;
    }
}
```

21.3.4 404 响应

ExceptionHandlerOptions 配置选项的 AllowStatusCode404Response 属性表示 ExceptionHandlerMiddleware 中间件是否允许最终返回状态码为 404 的响应。该属性默认值为 False，这就意味着在默认情况下，为该中间件指定的异常处理器不能返回状态码为 404 的响应，此时该中间件会将原始的异常抛出来。如果状态码为 404 的响应是最终的异常处理结果，则必须将 ExceptionHandlerOptions 配置选项的 AllowStatusCode404Response 属性设置为 True。

以如下程序为例，我们为路径“/foo”和“/bar”注册了对应的终节点，针对它们的处理器最终都会抛出一个异常。将 ExceptionHandlerMiddleware 中间件注册到这两个路由分支上，采用的异常处理器都会将响应状态码设置为 404。但是 ExceptionHandlerOptions 配置选项的 AllowStatusCode404Response 属性是不同的，前者采用默认值 False，后者显式设置为 True。

```
var app = WebApplication.Create();
app.MapGet("/foo", BuildHandler(app, false));
app.MapGet("/bar", BuildHandler(app, true));
app.Run();

static RequestDelegate BuildHandler(IEndpointRouteBuilder endpoints,
    bool allowStatusCode404Response)
{
    var options = new ExceptionHandlerOptions
    {
        ExceptionHandler = httpContext =>
        {
            httpContext.Response.StatusCode = 404;
            return Task.CompletedTask;
        },
        AllowStatusCode404Response = allowStatusCode404Response
    };
    var app = endpoints.CreateApplicationBuilder();
    app
        .UseExceptionHandler(options)
        .Run(httpContext => Task.FromException(
            new InvalidOperationException("Manually thrown exception.")));
    return app.Build();
}
```

程序运行之后，针对两个路由分支的路径的请求会得到不同的输出结果。如图 21-11 所示，针对路径“/foo”的请求返回的依然是状态码为 500 的响应，异常处理器返回的 404 响应在针对路径“/bar”的请求中被正常返回。（S2113）

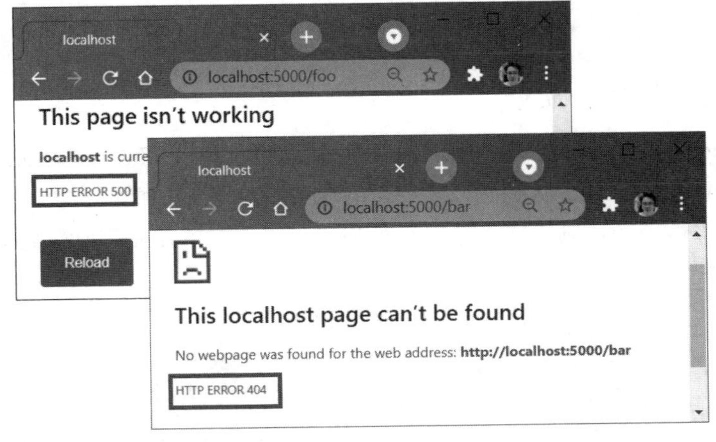

图 21-11　是否允许 404 响应

21.4 响应状态码页面

StatusCodePagesMiddleware 中间件会在后续管道处理出现的 400～599 的响应状态码视为“异常”，并实施异常处理。如下面的代码片段所示，StatusCodePagesMiddleware 中间件类型的构造函数中注入了用来提供配置选项的 IOptions<StatusCodePagesOptions>对象。

```
public class StatusCodePagesMiddleware
{
    public StatusCodePagesMiddleware(RequestDelegate next,
        IOptions<StatusCodePagesOptions> options);
    public Task Invoke(HttpContext context);
}
```

StatusCodePagesMiddleware 中间件的异常处理器体现为 Func<StatusCodeContext, Task>委托对象，由 StatusCodePagesOptions 配置选项的 HandleAsync 属性指定。作为输入的 StatusCodeContext 对象也是对当前 HttpContext 上下文对象的封装，其 Next 属性返回的 RequestDelegate 对象表示后续中间件管道。

```
public class StatusCodePagesOptions
{
    public Func<StatusCodeContext, Task> HandleAsync { get; set; }
}

public class StatusCodeContext
{
    public HttpContext              HttpContext { get; }
    public RequestDelegate          Next { get; }
    public StatusCodePagesOptions   Options { get; }

    public StatusCodeContext(HttpContext context, StatusCodePagesOptions options,
        RequestDelegate next);
}
```

21.4.1 StatusCodePagesMiddleware

如下代码片段模拟了 StatusCodePagesMiddleware 中间件的请求处理流程。它的 Invoke 方法在后续管道完成处理之后，除了会查看当前响应状态码，还会查看响应内容及媒体类型。如果此时已经包含响应内容或者设置了媒体类型，则它将不会执行任何操作，因为这正是后续管道希望回复给客户端的响应，该中间件不应该再“画蛇添足”。

```
public class StatusCodePagesMiddleware
{
    private  RequestDelegate          _next;
    private  StatusCodePagesOptions   _options;

    public StatusCodePagesMiddleware(RequestDelegate next,
        IOptions<StatusCodePagesOptions> options)
    {
```

```
        _next           = next;
        _options        = options.Value;
    }

    public async Task Invoke(HttpContext context)
    {
        await _next(context);
        var response = context.Response;
        if ( !context.Response.HasStarted && (response.StatusCode >= 400
            && response.StatusCode <= 599) && !response.ContentLength.HasValue &&
            string.IsNullOrEmpty(response.ContentType))
        {
            await _options.HandleAsync(new StatusCodeContext(context, _options, _next));
        }
    }
}
```

StatusCodePagesMiddleware 中间件对错误的处理非常简单，它只需要从 StatusCodePagesOptions 配置选项中提取作为错误处理器的 Func<StatusCodeContext, Task>委托对象，并创建一个 StatusCodeContext 上下文对象作为输入参数调用这个委托对象。

21.4.2　阻止处理异常

如果某些内容已经被写入响应的主体部分，或者响应的媒体类型已经被预先设置，StatusCodePagesMiddleware 中间件就不会再执行任何错误处理操作。但是应用程序往往具有自身的异常处理策略，也许在某些情况下就应该回复一个状态码在 400～599 区间内的响应，该中间件不应该对当前响应进行任何干预。

为了解决这种情况，我们必须赋予后续中间件能够阻止 StatusCodePagesMiddleware 中间件进行错误处理的功能。这项功能是借助 IStatusCodePagesFeature 特性来实现的。如下面的代码片段所示，IStatusCodePagesFeature 接口定义了唯一的 Enabled 属性表示是否希望 StatusCodePagesMiddleware 中间件参与当前的异常处理。StatusCodePagesFeature 类型是对该接口的默认实现，它的 Enabled 属性默认返回 True。

```
public interface IStatusCodePagesFeature
{
    bool Enabled { get; set; }
}

public class StatusCodePagesFeature : IStatusCodePagesFeature
{
    public bool Enabled { get; set; } = true ;
}
```

如下面的代码片段所示，StatusCodePagesMiddleware 中间件在将请求交给后续管道处理之前，它会创建一个 StatusCodePagesFeature 特性并附着到当前 HttpContext 上下文对象上。后面的中间件如果希望 StatusCodePagesMiddleware 中间件能够“放行”，则只需要将此特性的

Enabled 属性设置为 False。

```
public class StatusCodePagesMiddleware
{
    ...
    public async Task Invoke(HttpContext context)
    {
        var feature = new StatusCodePagesFeature();
        context.Features.Set<IStatusCodePagesFeature>(feature);

        await _next(context);
        var response = context.Response;
        if ((response.StatusCode >= 400 && response.StatusCode <= 599) &&
            !response.ContentLength.HasValue &&
            string.IsNullOrEmpty(response.ContentType) &&
            feature.Enabled)
        {
            await _options.HandleAsync(new StatusCodeContext(context, _options, _next));
        }
    }
}
```

下面的演示程序将根路径“/”请求的处理实现在 Process 方法中，该方法会将响应状态码设置为“401 Unauthorized”。我们通过随机数让这个方法在一定的概率下将 StatusCodePagesFeature 特性的 Enabled 属性设置为 False。注册的 StatusCodePagesMiddleware 中间件会直接将“Error occurred!”文本作为响应内容。

```
using Microsoft.AspNetCore.Diagnostics;

var random = new Random();
var app = WebApplication.Create();
app.UseStatusCodePages(HandleAsync);
app.MapGet("/", Process);
app.Run();

static Task HandleAsync(StatusCodeContext context)
    => context.HttpContext.Response.WriteAsync("Error occurred!");

void  Process(HttpContext context)
{
    context.Response.StatusCode = 401;
    if (random.Next() % 2 == 0)
    {
        context.Features.Get<IStatusCodePagesFeature>()!.Enabled = false;
    }
}
```

针对根路径的请求会得到如下两种不同的响应。没有主体内容的响应是通过 Process 方法产生的，这种情况发生在 StatusCodePagesMiddleware 中间件通过 StatusCodePagesFeature 特性被屏蔽时。有主体内容的响应则是 Process 方法和 StatusCodePagesMiddleware 中间件共同作用的结果。（S2114）

```
HTTP/1.1 401 Unauthorized
Date: Sat, 11 Sep 2021 03:07:20 GMT
Server: Kestrel
Content-Length: 15

Error occurred!
```

```
HTTP/1.1 401 Unauthorized
Date: Sat, 11 Sep 2021 03:07:34 GMT
Server: Kestrel
Content-Length: 0
```

21.4.3　注册中间件

StatusCodePagesMiddleware 中间件可以采用多种注册方式，除了可以选择 UseStatusCodePages 扩展方法，还可以选择其他两个“重定向”的扩展方法。

1. UseStatusCodePages

我们可以调用如下 3 个 UseStatusCodePages 扩展方法来注册 StatusCodePagesMiddleware 中间件。无论调用哪个扩展方法，系统最终都会根据提供的 StatusCodePagesOptions 对象调用构造函数来创建这个中间件，而且该配置选项必须具有一个作为错误处理器的 Func <StatusCodeContext, Task>委托对象。

```
public static class StatusCodePagesExtensions
{
    public static IApplicationBuilder UseStatusCodePages(this IApplicationBuilder app)
        => app.UseMiddleware<StatusCodePagesMiddleware>();

public static IApplicationBuilder UseStatusCodePages(this IApplicationBuilder app,
    StatusCodePagesOptions options)
=> app.UseMiddleware<StatusCodePagesMiddleware>(Options.Create(options));

public static IApplicationBuilder UseStatusCodePages(this IApplicationBuilder app,
    Func<StatusCodeContext, Task> handler)
=> app.UseStatusCodePages(new StatusCodePagesOptions
        {
            HandleAsync = handler
        });
}
```

由于 StatusCodePagesMiddleware 中间件最终的目的还是将定制的错误信息响应给客户端，所以可以在注册该中间件时直接指定响应的内容和媒体类型，这样的注册方式可以通过调用 UseStatusCodePages 扩展方法来完成。从如下所示的代码片段可以看出，通过“bodyFormat”参数指定的实际上是一个模板，它可以包含一个表示响应状态码的占位符（{0}）。

```
public static class StatusCodePagesExtensions
{
    public static IApplicationBuilder UseStatusCodePages(this IApplicationBuilder app,
        string contentType, string bodyFormat)
```

```
    {
        return app.UseStatusCodePages(context =>
        {
            var body = string.Format(CultureInfo.InvariantCulture, bodyFormat,
                context.HttpContext.Response.StatusCode);
            context.HttpContext.Response.ContentType = contentType;
            return context.HttpContext.Response.WriteAsync(body);
        });
    }
}
```

如果需要利用多个中间件组成的管道来处理错误，则可以调用如下参数类型为 Action<IApplicationBuilder>的 UseStatusCodePages 扩展方法。它会创建一个新的 IApplicationBuilder 对象，并将其作为参数调用 Action<IApplicationBuilder>委托对象进行中间件注册，注册的所有中间件将最终转换成一个作为错误处理器的 RequestDelegate 委托对象。

```
public static class StatusCodePagesExtensions
{
    public static IApplicationBuilder UseStatusCodePages(this IApplicationBuilder app,
        Action<IApplicationBuilder> configuration)
    {
        var builder = app.New();
        configuration(builder);
        RequestDelegate handler = builder.Build();
        return app.UseStatusCodePages(context => handler(context.HttpContext));
    }
}
```

2. UseStatusCodePagesWithRedirects

UseStatusCodePagesWithRedirects 扩展方法可以使注册的 StatusCodePagesMiddleware 中间件向指定的路径发送一个客户端重定向。从如下所示的代码片段可以看出，“locationFormat”参数指定的重定向地址也是一个模板，它可以包含一个表示响应状态码的占位符（{0}）。我们可以指定一个完整的地址，也可以指定一个相对于 PathBase 的相对路径，后者需要包含表示基地址的前缀“~/”。

```
public static class StatusCodePagesExtensions
{
    public static IApplicationBuilder UseStatusCodePagesWithRedirects(
        this IApplicationBuilder app, string locationFormat)
    {
        if (locationFormat.StartsWith("~"))
        {
            locationFormat = locationFormat.Substring(1);
            return app.UseStatusCodePages(context =>
            {
                var location = string.Format(CultureInfo.InvariantCulture, locationFormat,
                    context.HttpContext.Response.StatusCode);
                context.HttpContext.Response.Redirect(
                    context.HttpContext.Request.PathBase + location);
```

```
                return Task.CompletedTask;
            });
        }
        else
        {
            return app.UseStatusCodePages(context =>
            {
                var location = string.Format(CultureInfo.InvariantCulture, locationFormat,
                    context.HttpContext.Response.StatusCode);
                context.HttpContext.Response.Redirect(location);
                return Task.CompletedTask;
            });
        }
    }
}
```

如下演示程序针对路由模板“error/{statusCode}”注册了一个终节点，路由参数“{statusCode}”表示响应的状态码，对应的终节点处理器会将“Error occurred ({statusCode})”文本作为响应内容。我们在调用 UseStatusCodePagesWithRedirects 方法时将重定向路径设置为“error/{0}”。

```
var random = new Random();
var app = WebApplication.Create();
app.UseStatusCodePagesWithRedirects("~/error/{0}");
app.Map("/error/{statusCode}", (HttpResponse response, int statusCode) =>
response.WriteAsync($"Error occurred ({statusCode})"));
app.Map("/", void (HttpResponse response) => response.StatusCode = random.Next(400,
599));
app.Run();
```

针对根路径的请求总是得到一个状态码为 400～599 的响应，StatusCodePagesMiddleware 中间件在此情况下会向指定的路径（~/error/{statusCode}）发送一个客户端重定向。由于重定向请求的路径与注册的路由相匹配，所以作为路由处理器的 HandleError 方法会响应图 21-12 所示的错误页面。（S2115）

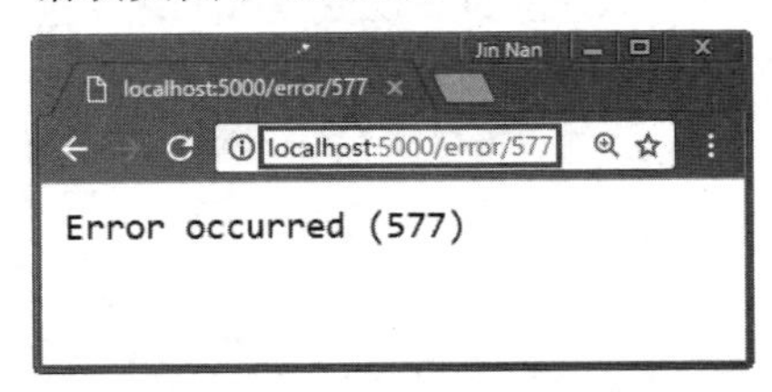

图 21-12　以客户端重定向的形式呈现的错误页面

3. UseStatusCodePagesWithReExecute

UseStatusCodePagesWithReExecute 扩展方法以服务端重定向的方式来处理错误请求。如下面的代码片段所示，当调用这个方法时不仅可以指定重定向的路径，还可以指定查询字符串。这里作为重定向地址的“pathFormat”参数依旧是一个路径模板，它可以包含一个表示响应状态码的占位符（{0}）。

```
public static class StatusCodePagesExtensions
{
    public static IApplicationBuilder UseStatusCodePagesWithReExecute(
        this IApplicationBuilder app, string pathFormat, string queryFormat = null);
}
```

现在我们对前面演示的实例略做修改来演示采用服务端重定向呈现的错误页面。如下面代码片段所示，将 UseStatusCodePagesWithRedirects 方法替换成 UseStatusCodePagesWithReExecute 方法。

```
var random = new Random();
var app = WebApplication.Create();
app.UseStatusCodePagesWithReExecute("/error/{0}");
app.Map("/error/{statusCode}", (HttpResponse response, int statusCode)
    => response.WriteAsync($"Error occurred ({statusCode})"));
app.Map("/", void (HttpResponse response) => response.StatusCode = random.Next(400, 599));
app.Run();
```

对于前面演示的实例，由于错误页面是通过客户端重定向的方式呈现的，所以浏览器地址栏显示的是重定向地址。我们在选择这个实例时采用了服务端重定向，虽然显示的页面内容并没有不同，但是地址栏中的地址发生了改变，如图 21-13 所示。（S2116）

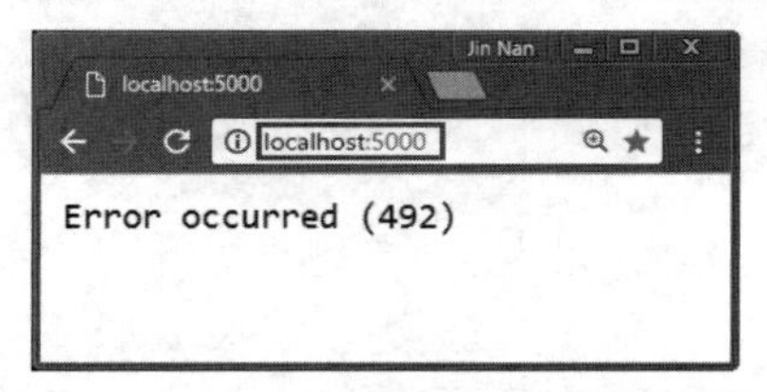

图 21-13　以服务端重定向的形式呈现的错误页面

之所以命名为 UseStatusCodePagesWithReExecute，是因为注册的 StatusCodePagesMiddleware 中间件在进行错误处理时，它仅仅将提供的重定向路径和查询字符串应用到当前 HttpContext 上下文对象，并分发给后续管道重新执行。在 UseStatusCodePagesWithReExecute 方法中注册 StatusCodePagesMiddleware 中间件总体上可以由如下所示的代码片段来实现。

```
public static class StatusCodePagesExtensions
{
    public static IApplicationBuilder UseStatusCodePagesWithReExecute(
        this IApplicationBuilder app,
        string pathFormat,
        string queryFormat = null)
    {
        return app.UseStatusCodePages(async context =>
        {
            var newPath = new PathString(
                string.Format(CultureInfo.InvariantCulture, pathFormat,
                context.HttpContext.Response.StatusCode));
```

```
            var formatedQueryString = queryFormat == null ? null :
                string.Format(CultureInfo.InvariantCulture, queryFormat,
                context.HttpContext.Response.StatusCode);

            context.HttpContext.Request.Path = newPath;
            context.HttpContext.Request.QueryString = newQueryString;
            await context.Next(context.HttpContext);
        });
    }
}
```

与 ExceptionHandlerMiddleware 中间件类似，StatusCodePagesMiddleware 中间件在处理请求的过程中会改变 HttpContext 上下文对象的状态，原始的状态被封装成 IStatusCodeReExecuteFeature 特性向后传递。StatusCodeReExecuteFeature 类型是对该特性接口的默认实现，原始的请求路径、基础路径和查询字符串都可以封装在这个特性中。

```
public interface IStatusCodeReExecuteFeature
{
    string      OriginalPath { get; set; }
    string      OriginalPathBase { get; set; }
    string?     OriginalQueryString{ get; set; }
}

public class StatusCodeReExecuteFeature : IStatusCodeReExecuteFeature
{
    public string       OriginalPath { get; set; }
    public string       OriginalPathBase { get; set; }
    public string?      OriginalQueryString { get; set; }
}
```

如下面的代码片段所示，StatusCodePagesMiddleware 中间件在将指定的重定向路径和查询字符串应用到当前 HttpContext 上下文对象之前，它会根据原始的值创建一个 StatusCodeReExecuteFeature 特性，并将其添加到当前 HttpContext 上下文对象的特性集合中。当自身对请求的处理完成之后，它会将这个特性从当前 HttpContext 上下文对象中移除，并将 3 个属性恢复成原始的状态。

```
public static class StatusCodePagesExtensions
{
    public static IApplicationBuilder UseStatusCodePagesWithReExecute(
        this IApplicationBuilder app,
        string pathFormat,
        string queryFormat = null)
    {
        return app.UseStatusCodePages(async context =>
        {
            var newPath = new PathString(
                string.Format(CultureInfo.InvariantCulture, pathFormat,
                context.HttpContext.Response.StatusCode));
```

```
            var formatedQueryString = queryFormat == null ? null :
                string.Format(CultureInfo.InvariantCulture, queryFormat,
                context.HttpContext.Response.StatusCode);
            var newQueryString = queryFormat == null
                ? QueryString.Empty : new QueryString(formatedQueryString);

            var originalPath = context.HttpContext.Request.Path;
            var originalQueryString = context.HttpContext.Request.QueryString;

            context.HttpContext.Features.Set<IStatusCodeReExecuteFeature>(
                new StatusCodeReExecuteFeature()
            {
                OriginalPathBase = context.HttpContext.Request.PathBase.Value,
                OriginalPath = originalPath.Value,
                OriginalQueryString = originalQueryString.HasValue
                    ? originalQueryString.Value : null,
            });

            context.HttpContext.Request.Path = newPath;
            context.HttpContext.Request.QueryString = newQueryString;
            try
            {
                await context.Next(context.HttpContext);
            }
            finally
            {
                context.HttpContext.Request.QueryString = originalQueryString;
                context.HttpContext.Request.Path = originalPath;
                context.HttpContext.Features.Set<IStatusCodeReExecuteFeature>(null);
            }
        });
    }
}
```

第 22章

响应缓存

我们利用 ASP.NET Core 开发的大部分 API 都是为了对外提供资源，对于不易变化的资源内容，针对某个维度对其实施缓存可以很好地提供应用的性能。第 11 章介绍的两种缓存框架（本地内存缓存和分布式缓存）为我们提供了简单易用的缓存读/写编程模式，本章介绍的则是针对 HTTP 响应内容实施缓存，ResponseCachingMiddleware 中间件赋予了相应的功能。

22.1 缓存响应内容

不同于第 11 章介绍的利用本地缓存框架和分布式缓存框架以手动方式存储和提取具体的缓存数据，本章介绍的缓存不再基于某个具体的缓存数据，而是将 HTTP 响应的内容予以缓存，这种缓存形式被称为“响应缓存”（Response Caching），它是 HTTP 规范家族的一个重要成员。ASP.NET Core 应用的响应缓存是通过 ResponseCachingMiddleware 中间件来实现的，在正式介绍这个中间件之前，我们依然来演示几个简单的实例。

22.1.1 基于路径的响应缓存

为了确定响应内容是否被缓存，如下演示程序针对路径“/{foobar?}”注册的中间件会返回当前的时间。先调用 UseResponseCaching 扩展方法对 ResponseCachingMiddleware 中间件进行注册，再调用 AddResponseCaching 扩展方法注册该中间件依赖的服务。

```
using Microsoft.Net.Http.Headers;

var app = WebApplication.Create();
app.UseResponseCaching();
app.MapGet("/{foobar}", Process);
app.Run();

static DateTimeOffset Process(HttpResponse response)
{
    response.GetTypedHeaders().CacheControl = new CacheControlHeaderValue
    {
```

```
        Public = true,
        MaxAge = TimeSpan.FromSeconds(3600)
    };
    return DateTimeOffset.Now;
}
```

终节点处理方法 Process 在返回当前时间之前添加了一个 Cache-Control 响应报头，并且将它的值设置为“public, max-age=3600”（public 表示缓存的是可以被所有用户共享的公共数据，而 max-age 则表示过期时限，单位为秒）。要证明整个响应的内容是否被缓存，只需要验证在缓存过期之前具有相同路径的多个请求对应的响应是否具有相同的主体内容。

```
GET http://localhost:5000/foo HTTP/1.1
Host: localhost:5000

HTTP/1.1 200 OK
Content-Type: application/json; charset=utf-8
Date: Tue, 14 Dec 2021 02:13:39 GMT
Server: Kestrel
Cache-Control: public, max-age=3600
Content-Length: 35

"2021-12-14T10:13:39.8838806+08:00"
```

```
GET http://localhost:5000/foo HTTP/1.1
Host: localhost:5000

HTTP/1.1 200 OK
Content-Type: application/json; charset=utf-8
Date: Tue, 14 Dec 2021 02:13:39 GMT
Server: Kestrel
Age: 3
Cache-Control: public, max-age=3600
Content-Length: 35

"2021-12-14T10:13:39.8838806+08:00"
```

```
GET http://localhost:5000/bar HTTP/1.1
Host: localhost:5000

HTTP/1.1 200 OK
Content-Type: application/json; charset=utf-8
Date: Tue, 14 Dec 2021 02:13:49 GMT
Server: Kestrel
Cache-Control: public, max-age=3600
Content-Length: 35

"2021-12-14T10:13:49.0153031+08:00"
```

```
GET http://localhost:5000/bar HTTP/1.1
Host: localhost:5000
```

```
HTTP/1.1 200 OK
Content-Type: application/json; charset=utf-8
Date: Tue, 14 Dec 2021 02:13:49 GMT
Server: Kestrel
Age: 2
Cache-Control: public, max-age=3600
Content-Length: 35

"2021-12-14T10:13:49.0153031+08:00"
```

如上所示的 4 个请求和响应是在不同时间发送的，其中前两个请求和后两个请求采用的请求路径分别为“/foo”和“/bar”。可以看出采用相同路径的请求会得到相同的时间戳，这就意味着后续请求返回的内容来源于缓存，并且说明了响应内容默认是基于请求路径进行缓存的。由于请求发送的时间不同，所以返回的缓存副本的“年龄”（对应响应报头 Age）也是不同的。（S2201）

22.1.2　引入其他缓存维度

一般来说，对于提供资源的 API 来说，请求的路径可以作为资源的标识，所以请求路径决定返回的资源，这也是响应基于路径进行缓存的理论依据。但是在很多情况下，请求路径仅仅是返回内容的决定性因素之一，即使路径能够唯一标识返回的资源，但是资源可以采用不同的语言来表达，也可以采用不同的编码方式，所以最终响应的内容还是不一样的。在编写请求处理程序时，我们还经常根据请求携带的查询字符串来生成响应的内容。以返回当前时间戳的实例来说，我们可以利用请求携带的查询字符串“utc”或者请求报头“X-UTC”来决定返回的是本地时间还是 UTC 时间。

```
using Microsoft.AspNetCore.Mvc;
using Microsoft.Net.Http.Headers;

var app = WebApplication.Create();
app.UseResponseCaching();
app.MapGet("/{foobar?}", Process);
app.Run();

static DateTimeOffset Process(HttpResponse response,
    [FromHeader(Name = "X-UTC")] string? utcHeader,
    [FromQuery(Name ="utc")]string? utcQuery)
{
    response.GetTypedHeaders().CacheControl = new CacheControlHeaderValue
    {
        Public = true,
        MaxAge = TimeSpan.FromSeconds(3600)
    };

    return Parse(utcHeader) ?? Parse(utcQuery) ?? false
        ? DateTimeOffset.UtcNow : DateTimeOffset.Now;
```

```
    static bool? Parse(string? value)
    => value == null
    ? null
    : string.Compare(value, "1", true) == 0 || string.Compare(value, "true", true) ==
0;
}
```

由于响应缓存默认采用的 Key 是派生于请求的路径，但是对于我们修改过的这个程序来说，默认的这个缓存键的生成策略就有问题了。程序运行后，我们采用路径“/foobar”发送如下两个请求，其中第一个请求返回了实时生成的本地时间（+08:00 表示采用北京时区的时间），对于第二个请求，我们本来希望指定“utc”查询字符串返回一个 UTC 时间，但是得到却是缓存的本地时间。（S2202）

```
GET http://localhost:5000/foobar HTTP/1.1
Host: localhost:5000

HTTP/1.1 200 OK
Content-Type: application/json; charset=utf-8
Date: Tue, 14 Dec 2021 02:54:54 GMT
Server: Kestrel
Cache-Control: public, max-age=3600
Content-Length: 35

"2021-12-14T10:54:54.6845646+08:00"
```

```
GET http://localhost:5000/foobar?utc=true HTTP/1.1
Host: localhost:5000

HTTP/1.1 200 OK
Content-Type: application/json; charset=utf-8
Date: Tue, 14 Dec 2021 02:54:54 GMT
Server: Kestrel
Age: 7
Cache-Control: public, max-age=3600
Content-Length: 35

"2021-12-14T10:54:54.6845646+08:00"
```

要解决这个问题，必须让缓存维度作为缓存键的组成部分。以演示程序来说，让响应缓存的 Key 不仅包括请求的路径，还应该包括查询字符串“utc”和请求报头“X-UTC”的值。为此我们对演示程序进行了相应的修改。如下面的代码片段所示，从当前 HttpContext 上下文对象中提取 IResponseCachingFeature 特性，并将设置了它的 VaryByQueryKeys 属性使之包含参与缓存的查询字符串的名称“utc”。为了让自定义请求报头“X-UTC”的值也参与缓存，可以将“X-UTC”作为 Vary 响应报头的值。（S2203）

```
using Microsoft.AspNetCore.Mvc;
using Microsoft.AspNetCore.ResponseCaching;
using Microsoft.Net.Http.Headers;
```

```
var app = WebApplication.Create();
app.UseResponseCaching();
app.MapGet("/{foobar?}", Process);
app.Run();

static DateTimeOffset Process(HttpContext httpContext,
    [FromHeader(Name = "X-UTC")] string? utcHeader,
    [FromQuery(Name ="utc")]string? utcQuery)
{
    var response = httpContext.Response;
    response.GetTypedHeaders().CacheControl = new CacheControlHeaderValue
    {
        Public = true,
        MaxAge = TimeSpan.FromSeconds(3600)
    };

    var feature = httpContext.Features.Get<IResponseCachingFeature>()!;
    feature.VaryByQueryKeys = new string[] { "utc" };
    response.Headers.Vary = "X-UTC";

    return Parse(utcHeader) ?? Parse(utcQuery) ?? false
        ? DateTimeOffset.UtcNow : DateTimeOffset.Now;

    static bool? Parse(string? value)
    => value == null
    ? null
    : string.Compare(value, "1", true) == 0 || string.Compare(value, "true", true) ==
0;
}
```

对于修改后的演示程序来说，将请求查询字符串“utc”的值会作为响应缓存键的一部分。在重启应用后，我们针对“/foobar”发送了如下 4 个请求。前两个请求和后两个请求采用相同的查询字符串（“?utc=true”和“?utc=false”），所以最后一个请求会返回缓存的内容。

```
GET http://localhost:5000/foobar?utc=true HTTP/1.1
Host: localhost:5000

HTTP/1.1 200 OK
Content-Type: application/json; charset=utf-8
Date: Tue, 14 Dec 2021 02:59:23 GMT
Server: Kestrel
Cache-Control: public, max-age=3600
Vary: X-UTC
Content-Length: 35

"2021-12-14T02:59:23.0540999+00:00"
```

```
GET http://localhost:5000/foobar?utc=true HTTP/1.1
Host: localhost:5000
```

```
HTTP/1.1 200 OK
Content-Type: application/json; charset=utf-8
Date: Tue, 14 Dec 2021 02:59:23 GMT
Server: Kestrel
Age: 3
Cache-Control: public, max-age=3600
Vary: X-UTC
Content-Length: 35

"2021-12-14T02:59:23.0540999+00:00"
```

```
GET http://localhost:5000/foobar?utc=false HTTP/1.1
Host: localhost:5000

HTTP/1.1 200 OK
Content-Type: application/json; charset=utf-8
Date: Tue, 14 Dec 2021 02:59:33 GMT
Server: Kestrel
Cache-Control: public, max-age=3600
Vary: X-UTC
Content-Length: 35

"2021-12-14T10:59:33.9807153+08:00"
```

```
GET http://localhost:5000/foobar?utc=false HTTP/1.1
Host: localhost:5000

HTTP/1.1 200 OK
Content-Type: application/json; charset=utf-8
Date: Tue, 14 Dec 2021 02:59:33 GMT
Server: Kestrel
Age: 1
Cache-Control: public, max-age=3600
Vary: X-UTC
Content-Length: 35

"2021-12-14T10:59:33.9807153+08:00"
```

从上面给出的报文内容可以看出，响应报文具有一个值为“X-UTC”的 Vary 报头，它告诉客户端响应的内容会根据这个名为“X-UTC”的请求报头进行缓存。为了验证这一点，我们在重启应用后针对“/foobar”发送了如下 4 个请求，前两个请求和后两个请求采用相同的 X-UTC（“X-UTC: True”和“X-UTC: False”），所以最后一个请求会返回缓存的内容。

```
GET http://localhost:5000/foobar HTTP/1.1
X-UTC: True
Host: localhost:5000

HTTP/1.1 200 OK
Content-Type: application/json; charset=utf-8
Date: Tue, 14 Dec 2021 03:05:06 GMT
```

```
Server: Kestrel
Cache-Control: public, max-age=3600
Vary: X-UTC
Content-Length: 34

"2021-12-14T03:05:06.977078+00:00"
```

```
GET http://localhost:5000/foobar HTTP/1.1
X-UTC: True
Host: localhost:5000

HTTP/1.1 200 OK
Content-Type: application/json; charset=utf-8
Date: Tue, 14 Dec 2021 03:05:06 GMT
Server: Kestrel
Age: 3
Cache-Control: public, max-age=3600
Vary: X-UTC
Content-Length: 34

"2021-12-14T03:05:06.977078+00:00"
```

```
GET http://localhost:5000/foobar HTTP/1.1
X-UTC: False
Host: localhost:5000

HTTP/1.1 200 OK
Content-Type: application/json; charset=utf-8
Date: Tue, 14 Dec 2021 03:05:17 GMT
Server: Kestrel
Cache-Control: public, max-age=3600
Vary: X-UTC
Content-Length: 35

"2021-12-14T11:05:17.0068036+08:00"
```

```
GET http://localhost:5000/foobar HTTP/1.1
X-UTC: False
Host: localhost:5000

HTTP/1.1 200 OK
Content-Type: application/json; charset=utf-8
Date: Tue, 14 Dec 2021 03:05:17 GMT
Server: Kestrel
Age: 19
Cache-Control: public, max-age=3600
Vary: X-UTC
Content-Length: 35

"2021-12-14T11:05:17.0068036+08:00"
```

22.1.3 缓存屏蔽

响应缓存通过复用已经生成的响应内容来提升性能，但不意味任何请求都适合以缓存的内容予以回复，请求携带的一些报头会屏蔽响应缓存。更加准确的说法是，客户端请求携带的一些报头“提醒”服务端当前场景需要返回实时内容。例如，携带 Authorization 报头的请求在默认情况下将不会使用缓存的内容予以回复。下面的请求/响应体现了这一点。

```
GET http://localhost:5000/foobar HTTP/1.1
Host: localhost:5000

HTTP/1.1 200 OK
Content-Type: application/json; charset=utf-8
Date: Tue, 14 Dec 2021 03:13:10 GMT
Server: Kestrel
Cache-Control: public, max-age=3600
Vary: X-UTC
Content-Length: 35

"2021-12-14T11:13:10.4605924+08:00"
```

```
GET http://localhost:5000/foobar HTTP/1.1
Authorization: foobar
Host: localhost:5000

HTTP/1.1 200 OK
Content-Type: application/json; charset=utf-8
Date: Tue, 14 Dec 2021 03:13:17 GMT
Server: Kestrel
Cache-Control: public, max-age=3600
Vary: X-UTC
Content-Length: 35

"2021-12-14T11:13:18.0918033+08:00"
```

关于 Authorization 请求报头与缓存的关系，它与前面介绍的根据指定的请求报头对响应内容进行缓存是不一样的，当 ResponseCachingMiddleware 中间件在处理请求时，只要请求携带了此报头，缓存策略将不再被使用。如果客户端对数据的实时性要求很高，那么它更希望服务端总是返回实时生成的内容，在这种情况下它利用携带的一些请求报头向服务端传达这样的意图，此时一般会使用“Cache-Control:no-cache”请求报头或者“Pragma:no-cache”请求报头。这两个请求报头对响应缓存的屏蔽作用体现在如下 4 个请求/响应中。

```
GET http://localhost:5000/foobar HTTP/1.1
Host: localhost:5000

HTTP/1.1 200 OK
Content-Type: application/json; charset=utf-8
Date: Tue, 14 Dec 2021 03:15:16 GMT
Server: Kestrel
```

```
Cache-Control: public, max-age=3600
Vary: X-UTC
Content-Length: 34

"2021-12-14T11:15:16.423496+08:00"
```

```
GET http://localhost:5000/foobar HTTP/1.1
Cache-Control: no-cache
Host: localhost:5000

HTTP/1.1 200 OK
Content-Type: application/json; charset=utf-8
Date: Tue, 14 Dec 2021 03:15:26 GMT
Server: Kestrel
Cache-Control: public, max-age=3600
Vary: X-UTC
Content-Length: 35

"2021-12-14T11:15:26.7701298+08:00"
```

```
GET http://localhost:5000/foobar HTTP/1.1
Pragma: no-cache
Host: localhost:5000

HTTP/1.1 200 OK
Content-Type: application/json; charset=utf-8
Date: Tue, 14 Dec 2021 03:15:36 GMT
Server: Kestrel
Cache-Control: public, max-age=3600
Vary: X-UTC
Content-Length: 35

"2021-12-14T11:15:36.5283536+08:00"
```

22.2 HTTP-Cache

响应缓存是利用 ResponseCachingMiddleware 中间件实现的。ResponseCachingMiddleware 中间件按照标准的 HTTP 规范来操作缓存，所以在正式介绍这个中间件之前，需要先介绍 HTTP 规范（HTTP/1.1）中的缓存描述。HTTP 规范中的缓存只针对方法为 GET 的请求或者 HEAD 的请求，这样的请求旨在获取 URL 所指向的资源或者描述资源的元数据。如果将资源的提供者和消费者称为“目标服务器”（Origin Server）与“客户端”（Client），那么所谓的缓存是位于这两者之间的一个 HTTP 处理部件，如图 22-1 所示。

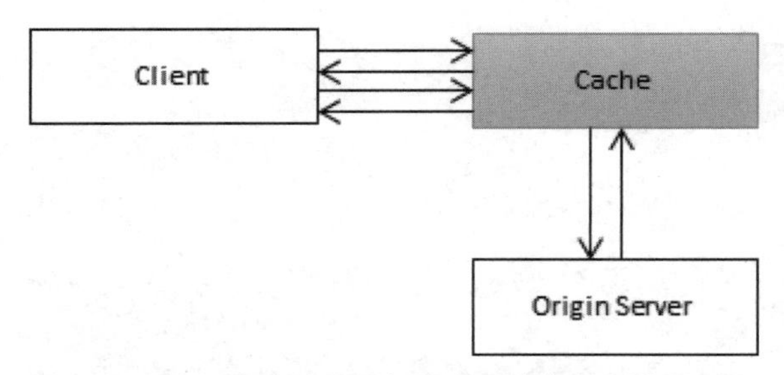

图 22-1　位于客户端和目标服务器之间的缓存

缓存会根据一定的规则在本地存储一份服务器提供的响应副本，并赋予它一个“保质期”，保质期内的副本可以直接用来作为后续请求的响应，所以缓存能够避免客户端与目标服务器之间不必要的网络交互。即使过了保质期，缓存也不会直接从目标服务器中获取最新的响应副本，而是选择向其发送一个请求来检验目前副本的内容是否与最新的内容一致，如果目标服务器做出了“一致”的答复，那么原本过期的响应副本又变得“新鲜”并且被继续使用。所以缓存还能避免冗余资源在网络中的重复传输。

22.2.1　私有缓存和共享缓存

私有缓存为单一客户端存储响应副本，所以它不需要过多的存储空间，如浏览器利用私有缓存空间（本地物理磁盘或者内存）存储常用的响应文档，它的前进/后退、保存、查看源代码等操作访问的都是本地私有缓存的内容。有了私有缓存，我们还可以实现脱机浏览文档。

共享缓存又被称为“公共缓存”，它存储的响应文档可以被所有的客户端共享，这种类型的缓存一般部署在一个私有网络的代理服务器上，这样的服务器又被称为“缓存代理服务器”。缓存代理服务器可以从本地提取相应的响应副本对来自本网络的所有主机的请求予以响应，同时表示它们向目标服务器发送请求。响应报文以如下形式采用 Cache-Control 报头区分私有缓存和共享缓存。

```
Cache-Control: public|private
```

22.2.2　响应的提取

缓存数据通常采用字典类型的存储结构，并通过提供的 Key 来定位目标缓存条目，那么对于 HTTP 缓存的响应报文，它采用的 Key 具有怎样的组成元素？一般来说，一个 GET 请求或者 HEAD 请求的 URL 会作为获取资源的标识，所以请求 URL 是组成缓存键最核心的元素。

当缓存接收到来自客户端的请求时，它会根据请求的 URL 选择与之匹配的响应副本。除了基本路径，请求 URL 可能还携带着一些查询字符串，至于查询字符串是否会作为选择的条件之一，HTTP/1.1 对此并没有给出明确的规定。通过前面演示的实例可知，ResponseCachingMiddleware 中间件在默认情况下并不会将携带的查询字符串作为缓存键的组成部分。

按照 REST 的原则，URL 实际上是网络资源的标识，但是响应的主体只是资源的某种表现形式（Representation），相同的资源针对不同的格式、不同的语言将转换成完全不同的内容载荷，所以作为资源唯一标识的 URL 并不能唯一标识缓存的响应副本。由于相同资源的表现形式由某个或者多个请求报头来决定，所以缓存需要综合采用请求的 URL 及这些请求报头来存储响应副本。为了提供用于存储响应内容荷载的请求报头名称，目标服务器在生成最初响应时会将它们存储在一个名为 Vary 的报头中。

下面列举一个关于报文压缩的典型实例。为了节约网络带宽，客户端希望目标服务器对响应的主体内容进行压缩，为此它会向目标服务器发送如下请求：请求报头集合中包含一个表示希望采用的压缩编码格式（gzip）的 Accept-Encoding 报头。目标服务器接收到该请求后对主体内容按照期望的格式进行压缩，并将压缩采用的编码保存到 Content-Encoding 响应报头中。该响应还携带一个值为“Accept-Encoding”的 Vary 报头。

```
GET http://localhost/foobar HTTP/1.1
Host: localhost
Accept-Encoding: gzip

HTTP/1.1 200 OK
Date: Sun, 12 Sep 2021 07:09:12 GMT
Cache-Control: public, max-age=3600
Content-Encoding: gzip
Vary: Accept-Encoding

<<body>>
```

当缓存决定存储该响应副本时，会提取响应的 Vary 报头提供的所有请求报头名称，并将对应的值作为存储该响应副本对应 Key 的组成部分。对于后续指向同一个 URL 的请求，只有在它们具有一致的报头值的情况下，对应的响应副本才会被选择。

22.2.3　新鲜度检验

缓存的数据仅仅是目标服务器提供响应的一份副本，两者之间应该尽可能保持一致。我们将确定缓存内容与真实内容一致性的检验过程称为“再验证”（Revalidation）。原则上，缓存可以在任何时候向服务端发出对缓存的响应内容实施再验证的请求，但是出于性能的考虑，缓存的再验证只会发生缓存在接收到客户端请求，并且认为本地存储的响应副本已经陈旧得需要再次确定一致性的时候。那么缓存如何确定自身存储的响应内容目前依旧是“新鲜”的？

一般来说，响应内容在某个时刻是否新鲜应该由作为提供者的目标服务器来决定，目标服务器只需要为响应内容设置一个保质期。响应内容的保质期通过相应的报头来表示，HTTP/1.1 采用“Cache-Control：max-age = <seconds>”报头，而 HTTP/10+采用 Expires 报头，前者采用的是以秒为单位的时长，后者采用的是一个具体的过期时间点（一般采用 GMT 时间）。HTTP/1.1 之所以没有采用绝对过期时间点，是因为考虑到时间同步的问题。

```
Cache-Control: max-age=1800
Expires: Sun, 12 Sep 2021 07:09:12 GMT
```

当缓存接收到请求并按照上面的策略选择出匹配的响应副本之后，如果响应副本满足“新鲜度”要求，则它会直接用来作为当前请求的响应。如果响应副本已经过期，则缓存也不会直接将其丢弃，而是选择向目标服务器发送一个再验证请求以确定当前的响应副本是否与目前的数据一致。考虑到带宽及数据比较的代价，再验证请求并不会向目标服务器提供当前响应副本的内容供其比较，那么具体的一致性比较又是如何实现的呢？

确定资源是否发生变化可以采用两种策略。一种是让资源的提供者记录最后一次更新资源的时间，资源内容载荷和这个时间戳会作为响应的内容提供给客户端。客户端在缓存资源内容的同时保存这个时间戳。等到下次需要对同一资源发送请求时，它会将这个时间戳一并发送出去，目标服务器就可以根据这个时间戳判断目标资源在此时间之后是否被修改过。在另一种策略中，除了采用记录资源最后修改时间的方式，还可以针对资源的内容生成一个标签，标签的一致性体现了资源内容的一致性，在 HTTP 规范中这个标签又被称为“ETag”（Entity Tag）。

具体来说，目标服务器生成的响应会包含一个表示资源最后修改时间戳的 Last-Modified 报头，或者包含一个表示资源内容标签的 ETag 报头，可以同时包含这两个报头。缓存向目标服务器发送的再验证请求分别利用 If-Unmodified-Since 报头和 If-Match 报头携带这个时间戳与标签，目标服务器接收到请求之后利用它们判断资源是否发生改变。

如果资源一直没有改变，则目标服务器会返回一个状态码为“304 Not Modified”的响应，缓存会保留目前响应副本的主体内容，并更新相应的过期信息使其重新变得“新鲜”。如果资源已经改变，则目标服务器会返回一个状态码为“200 OK”的响应，该响应的主体携带最新的资源。缓存在接收到响应之后，使用新的响应副本覆盖现有过期的响应副本。

22.2.4 显式缓存控制

对于目标服务器生成的响应，如果它没有包含任何与缓存控制相关的信息，则它是否应该被存储，以及它在何时过期都由缓存自身采用的默认策略来决定。如果目标服务器希望缓存采用指定的策略对其生成的响应实施缓存，它就可以在响应中添加一些与缓存相关的报头。按照缓存约束程度（由紧到松）列举的报头有如下几个。

- Cache-Control:no-store：不允许缓存存储当前响应的副本，如果响应承载了一些敏感信息或者数据随时都会发生改变，就应该使用这个报头阻止响应内容被缓存起来。
- Cache-Control:no-cache 或者 Pragma:no-cache：缓存可以在本地存储当前响应的副本，但是无论是否过期，该副本都需要经过再验证确定一致性之后才能提供给客户端。HTTP/1.1 保留 Pragma:no-cache 报头是为了兼容 HTTP/1.0+。
- Cache-Control:must-revalidate：缓存可以在本地存储当前响应的副本，但是在过期之后必须经过再验证确定内容一致性之后才能提供给客户端。
- Cache-Control:max-age：缓存可以在本地存储当前响应的副本，它在指定的时间内保持“新鲜”。
- Expires：缓存可以在本地存储当前响应的副本，并且在指定的时间点到来之前保持“新鲜”。

除了目标服务器，客户端有时对于响应副本的新鲜度同样具有自己的要求，这些要求可能高于或者低于缓存默认采用的新鲜度检验策略。客户端利用请求的 Cache-Control 报头来提供相应的缓存指令，具体可以使用的报头包括如下几个。

- Cache-Control:max-stale 或者 Cache-Control:max-state={seconds}：缓存可以提供过期的副本来响应当前请求，客户端可以设置一个以秒为单位的允许过期时间。
- Cache-Control:min-fresh={seconds}：缓存提供的响应副本必须在未来 *N* 秒内保持新鲜。
- Cache-Control:max-age={seconds}：缓存提供的响应副本在本地存储的时间不能超出指定的秒数。
- Cache-Control:no-cache 或者 Pragma: no-cache：客户端不会接收未经过再验证的响应副本。
- Cache-Control:no-store：如果对应的响应副本存在，缓存就应该尽快将其删除。
- Cache-Control:only-if-cached：客户端只接收缓存的响应副本。

22.3　中间件

ResponseCachingMiddleware 中间件就是对上述 HTTP/1.1 缓存规范的具体实现。当该中间件处理某个请求时，它会根据既定的策略判断该请求是否可以采用缓存的文档来对请求做出响应。如果不应该采用缓存的形式来处理该请求，则它只需要直接将请求交给后续的管道进行处理。反之，该中间件会直接使用缓存的文档来响应请求。

如果本地并未存储对应的响应文档，则 ResponseCachingMiddleware 中间件会利用后续的管道生成此响应文档，该文档被用于响应请求之前先被缓存起来。ResponseCachingMiddleware 中间件针对请求的处理由多个核心对象协作完成，下面会依次介绍这几个核心对象。虽然整个流程基本上是按照 HTTP/1.1 缓存规范进行的，但还是显得相对复杂和烦琐，而且这里涉及的是内部的接口和类型。

22.3.1　缓存上下文对象

ResponseCachingMiddleware 中间件在一个 ResponseCachingContext 对象中处理请求，该中间件在接收到分发的请求时，第一步就是根据 HttpContext 上下文对象创建一个 ResponseCachingContext 对象。处理利用 ResponseCachingContext 获得当前 HttpContext 上下文对象。我们可以利用 CachedEntryAge 属性得到响应文档被缓存的时间（以秒为单位），它将作为响应报头 Age 的值。ResponseTime 属性是 ResponseCachingMiddleware 中间件在试图利用缓存的文档来响应请求时由系统时钟提供的时间，它是后期对缓存进行过期检验的基础。

```
public class ResponseCachingContext
{
    public HttpContext              HttpContext { get; }
    public TimeSpan?                CachedEntryAge { get;  }
    public DateTimeOffset?          ResponseTime { get; }
    public CachedVaryByRules        CachedVaryByRules { get; }
```

```
}
```

通过前面对 HTTP/1.1 缓存规范的介绍可知，缓存在对响应文档进行存储及根据请求提取响应文档时不仅会考虑请求的路径，还会考虑一些指定的查询字符串和请求报头（包含在响应报头 Vary 携带的报头名称列表中），后者通过如下 CachedVaryByRules 对象来表示。CachedVaryByRules 对象的 QueryKeys 属性和 Headers 属性分别表示查询字符串名称列表与 Vary 请求报头名称列表。除了这两个属性，CachedVaryByRules 对象还通过 VaryByKeyPrefix 属性携带一个前缀以保持缓存键的唯一性。

```
public class CachedVaryByRules : IResponseCacheEntry
{
    public string              VaryByKeyPrefix { get; set; }
    public StringValues        QueryKeys { get; set; }
    public StringValues        Headers { get; set; }
}
```

当 CachedVaryByRules 对象被创建时，会生成一个 GUID 并将其作为其 VaryByKeyPrefix 属性的值，而 Headers 属性的值则来源于当前响应的 Vary 报头。QueryKeys 属性携带的查询字符串名称列表来源于 IResponseCachingFeature 特性。在前面的实例演示中，我们正是使用这个特性来指定影响缓存的查询字符串名称列表的。ResponseCachingFeature 类型是对这个特性接口的默认实现。

```
public interface IResponseCachingFeature
{
    string[] VaryByQueryKeys { get; set; }
}

public class ResponseCachingFeature : IResponseCachingFeature
{
    public string[] VaryByQueryKeys {get; set;}
}
```

22.3.2 缓存策略

ResponseCachingMiddleware 中间件会根据既定的策略先判断当前请求是否能够采用缓存的文档来予以响应，这个所谓的策略体现在如下 IResponseCachingPolicyProvider 接口的 5 个方法上。前 3 个方法与请求相关，AttemptResponseCaching 方法表示是否需要采用缓存的形式来处理当前请求。这个方法相当于一个缓存总开关，如果该方法返回 False，则请求将直接分发给后续管道进行处理。AllowCacheLookup 方法表示是否可以利用尚未过期的缓存文档在不需要进行再验证的情况下对当前请求予以响应。AllowCacheStorage 方法表示请求对应的响应是否允许被缓存。

```
internal interface IResponseCachingPolicyProvider
{
    bool AttemptResponseCaching(ResponseCachingContext context);
    bool AllowCacheLookup(ResponseCachingContext context);
    bool AllowCacheStorage(ResponseCachingContext context);
```

```
    bool IsResponseCacheable(ResponseCachingContext context);
    bool IsCachedEntryFresh(ResponseCachingContext context);
}
```

IResponseCachingPolicyProvider 接口的 IsResponseCacheable 方法与响应相关，它表示已经生成的响应是否需要被缓存。IsCachedEntryFresh 方法用于缓存的新鲜度检验，它的返回值表示缓存的响应文档是否新鲜。ResponseCachingPolicyProvider 类型是对该接口的默认实现，它完全采用 HTTP/1.1 缓存规范来实现这 5 个方法。具体默认的缓存策略如表 22-1 所示。

表 22-1　默认的缓存策略

方　　法	描　　述
AttemptResponseCaching	如果对于非 GET/HEAD 请求或者请求携带一个 Authorization 报头，则该方法返回 False，否则返回 True
AllowCacheLookup	如果请求携带报头 Cache-Control:no-cache 或者 Pragma:no-cache，则该方法返回 False，否则返回 True
AllowCacheStorage	如果请求携带报头 Cache-Control:no-store，则该方法返回 False，否则返回 True
IsResponseCacheable	对于如下这几种响应，该方法返回 False，其他情况则返回 True。 • 响应不具有一个 Cache-Control :public 报头（只支持共享缓存而不支持私有缓存）。 • 响应携带报头 Cache-Control :nocache（或者 Cache-Control :noStore）。 • 响应携带报头 Set-Cookie（响应被设置了 Cookie）。 • 响应携带报头 Vary:*（表示每个请求应该单独对待）。 • 响应状态码不是 200（成功的响应才能被缓存）。 • 响应已经过期
IsCachedEntryFresh	根据请求和响应携带的相关报头（Cache-Control、Expires、Date 和 Pragma），严格采用 HTTP /1.1 缓存规范描述的算法确定缓存是否新鲜

22.3.3　缓存键

当 ResponseCachingMiddleware 中间件在存储响应文档或者根据请求提取缓存文档时总是先生成对应的 Key，这个 Key 由一个 IResponseCachingKeyProvider 对象生成。如果不需要考虑查询字符串或者 Vary 请求报头，则 ResponseCachingMiddleware 中间件只需要调用 CreateBaseKey 方法对当前请求生成对应的 Key。当它在存储响应文档时会调用 CreateStorageVaryByKey 方法生成对应的 Key，而在根据请求提取缓存响应文档时则会调用 CreateLookupVaryByKeys 方法生成一组候选的 Key。

```
internal interface IResponseCachingKeyProvider
{
    string CreateBaseKey(ResponseCachingContext context);
    string CreateStorageVaryByKey(ResponseCachingContext context);
    IEnumerable<string> CreateLookupVaryByKeys(ResponseCachingContext context);
}
```

默认实现 IResponseCachingKeyProvider 接口的是一个名为 ResponseCachingKeyProvider 的

类型，下面讨论该类型的 3 个方法会生成什么样的 Key。CreateBaseKey 方法采用{Method}{Delimiter}{Path}格式生成对应的 Key，即生成的 Key 由请求的方法（GET 或者 HEAD）与路径组成。对于为存储的响应文档生成 Key 的 CreateStorageVaryByKey 方法来说，返回的 Key 由缓存上下文携带的 CachedVaryByRules 对象来生成。我们不需要关注具体的 Key 会采用什么样的格式，只需要知道这个 Key 包含所有的 Vary 请求报头和 Vary 查询字符串的名称与请求携带的值。

用来存储和提取缓存文档的 Key 必须保持一致，所以 ResponseCachingKeyProvider 的 CreateLookupVaryByKeys 方法只会返回一个唯一的 Key，它由 CreateStorageVaryByKey 方法生成。但是对于缓存上下文携带的 CachedVaryByRules 对象来说，它的 Headers 属性值来源于响应的 Vary 报头，CreateLookupVaryByKeys 方法的目的是根据当前请求生成用于提取对应缓存文档的 Key，而此时响应是不存在的，所以 CachedVaryByRules 对象的 Headers 属性应该为空。

为了解决这个问题，除了缓存具体的响应文档，ResponseCachingMiddleware 中间件还会将当前 HttpContext 上下文对象创建的 CachedVaryByRules 对象一并存储起来，后者采用的缓存键通过 CreateBaseKey 方法生成。所以在调用 CreateLookupVaryByKeys 方法时，从缓存上下文对象中提取的 CachedVaryByRules 对象并不是针对当前请求的，而是针对之前缓存的。

22.3.4 缓存的读/写

缓存读/写操作由一个 IResponseCache 对象完成，IResponseCache 接口定义了如下两个方法的实现缓存的读/写。在进行缓存设置时，我们可以为缓存条目设置一个通过 TimeSpan 对象表示的过期时间。从给出的代码片段可以看出，设置的缓存条目可以通过 IResponseCacheEntry 接口表示，但它只是一个不具有任何成员的标识接口，下面介绍如此设计的目的。

```
internal interface IResponseCache
{
    IResponseCacheEntry Get(string key);
    void Set(string key, IResponseCacheEntry entry, TimeSpan validFor);
}

internal interface IResponseCacheEntry {}
```

ASP.NET Core 默认采用的 IResponseCache 实现类型为 MemoryResponseCache，根据命名知道它采用的是基于本地内存的缓存。如下面的代码片段所示，在创建一个 MemoryResponseCache 对象时需要提供一个 IMemoryCache 对象，真正的缓存设置和获取操作最终会落在这个对象上。

```
internal class MemoryResponseCache : IResponseCache
{
    public MemoryResponseCache(IMemoryCache cache);
    public IResponseCacheEntry Get(string key);
    public void Set(string key, IResponseCacheEntry entry, TimeSpan validFor);
}
```

当 ResponseCachingMiddleware 中间件利用 MemoryResponseCache 来缓存响应文档时，会创

建一个 CachedResponse 对象来表示需要被缓存的响应文档。如下面的代码片段所示，我们可以利用这个对象得到响应创建的时间、状态码、报头集合和主体内容。

```
internal class CachedResponse : IResponseCacheEntry
{
    public DateTimeOffset              Created { get; set; }
    public int                         StatusCode { get; set; }
    public IHeaderDictionary           Headers { get; set; }
    public Stream                      Body { get; set; }
}
```

ResponseCachingMiddleware 中间件交给 MemoryResponseCache 进行缓存的是一个 CachedResponse 对象，但 MemoryResponseCache 内部会将其转换成 MemoryCachedResponse 类型进行存储。如下面的代码片段所示，MemoryCachedResponse 类型并没有实现 IResponseCacheEntry 接口，所以 MemoryCachedResponse 的 Get 方法会将存储的 MemoryCachedResponse 对象恢复成返回的 CachedResponse 对象。

```
internal class MemoryCachedResponse
{
    public DateTimeOffset Created { get; set; }
    public int StatusCode { get; set; }
    public IHeaderDictionary Headers { get; set; }
    public CachedResponseBody Body { get; set; }
}
```

前面介绍的 CachedVaryByRules 实际上也是 IResponseCacheEntry 接口的实现类型之一。也就是说，CachedVaryByRules 对象实际上可以作为一个缓存条目被存储，这进一步佐证了前面提到的关于 ResponseCachingKeyProvider 对象利用缓存的 CachedVaryByRules 对象来计算用于提取缓存响应文档的 Key 的说法。这样一个对象在何时被存储和提取，下文将会进行介绍。

22.3.5 ResponseCachingMiddleware

在认识了众多辅助对象之后，我们来正式介绍 ResponseCachingMiddleware 中间件究竟是如何利用它们实现响应缓存的。如下面的代码片段所示，在创建一个 ResponseCachingMiddleware 对象时，除了需要提供上述 3 个核心对象（对应接口分别为 IResponseCachingPolicyProvider、IResponseCachingKeyProvider 和 IResponseCache），还需要提供一个 LoggerFactory 对象用来生成记录日志的 Logger，以及提供配置选项的 IOptions<ResponseCachingOptions>对象。

```
public class ResponseCachingMiddleware
{
    public ResponseCachingMiddleware(RequestDelegate next,
        IOptions<ResponseCachingOptions> options, ILoggerFactory loggerFactory,
        IResponseCachingPolicyProvider policyProvider, IResponseCache cache,
        IResponseCachingKeyProvider keyProvider);

    public Task Invoke(HttpContext httpContext);
}
```

ResponseCachingOptions 配置选项类型只包含 3 个属性，MaximumBodySize 属性表示缓存的单

个响应文档的主体内容允许的最大容量（以字节为单位），超过这个容量的响应文档将不会被缓存，该属性的默认值为 64MB。SizeLimit 属性表示缓存的总容量，缓存的内容一旦超过此容量，新的响应将不再被缓存，直到现有的内容被逐出缓存，该属性的默认值为 100MB。UseCaseSensitivePaths 属性表示在使用请求路径生成 Key 时是否需要考虑字母大小写的问题。由于路径在大部分情况下是不区分字母大小写的，所以这个属性默认返回 False。

```
public class ResponseCachingOptions
{
    public long MaximumBodySize { get; set; }
    public long SizeLimit { get; set; }
    public bool UseCaseSensitivePaths { get; set; }
}
```

当 ResponseCachingMiddleware 中间件开始处理分发给它的请求时，它会先创建一个作为缓存上下文的 ResponseCachingContext 对象，再将其作为参数调用 IResponseCachingPolicyProvider 对象的 AttemptResponseCaching 方法，该方法判断当前请求是否能够采用缓存机制来处理。如果不能采用缓存机制进行处理，则它只需要将请求直接递交给后续管道处理。

在确定了可以利用缓存机制来处理当前请求的前提下，IResponseCachingPolicyProvider 对象的 AllowCacheLookup 方法就会被调用，该方法判断是否允许在不经过再验证以确定一致性的情况下，使用缓存的能保持新鲜的文档来直接响应当前请求。如果允许，则 ResponseCachingMiddleware 中间件会先调用 IResponseCachingKeyProvider 对象的 CreateBaseKey 方法生成一个 Key，再将这个 Key 作为参数调用 IResponseCache 对象的 Get 方法，以得到一个表示缓存条目的 IResponseCacheEntry 对象。

如果这个 IResponseCacheEntry 是一个 CachedVaryByRules 对象，就意味着响应文档应该基于 Vary 请求报头或者 Vary 查询字符串（或者两者都包括）进行存储或者提取，ResponseCachingMiddleware 中间件在此情况下会调用 IResponseCachingKeyProvider 的 CreateLookupVaryByKeys 方法生成用于提取响应文档的 Key。接下来，它会再次利用这个 Key 调用 IResponseCache 对象的 Get 方法获取缓存的响应文档。如果缓存的响应文档被成功提取出来，ResponseCachingMiddleware 中间件就会调用 IResponseCachingPolicyProvider 对象的 IsCachedEntryFresh 方法判断它是否新鲜。对于新鲜的缓存文档，在对报头适当修正之后会直接用来响应当前请求。

如果这个 IResponseCacheEntry 并不是一个 CachedVaryByRules 对象，则根据默认实现原理，它表示缓存响应文档的 CachedResponse 对象。在此情况下，ResponseCachingMiddleware 中间件会采用与上面一致的方式来处理这个缓存响应文档。

如果调用 AllowCacheLookup 方法返回的结果是 False，或者当前请求无法获取对应的缓存文档，又或者获取的缓存文档已经不够新鲜并且需要进行再验证，则 ResponseCachingMiddleware 中间件在这几种情况下都会调用 IResponseCachingPolicyProvider 对象的 AllowCacheStorage 方法，判断当前请求的响应是否可以被存储。在允许存储的情况下，ResponseCachingMiddleware 中间件会将请求递交给后续管道进行处理并生成响应。为了确定生成的响应能够被缓存，它会调用 IResponseCachingPolicyProvider 对象的 IsResponseCacheable 方法。如果该方法返回 True，ResponseCachingMiddleware 中间件就会对响应文档实施缓存。

具体来说，如果响应缓存需要考虑 Vary 请求报头或者 Vary 查询字符串，ResponseCachingMiddleware 中间件就会对当前 HttpContext 创建一个 CachedVaryByRules 对象并利用 IResponseCache 对其进行缓存，对应的 Key 就是调用 IResponseCachingKeyProvider 对象的 CreateBaseKey 方法的返回值。IResponseCachingKeyProvider 对象的 CreateStorageVaryByKey 方法随后被调用，并且生成用于存储响应文档的 Key。反之，如果无须考虑 Vary 请求报头或者 Vary 查询字符串，那么 ResponseCachingMiddleware 中间件只需要存储响应文档，对应的 Key 就是调用 IResponseCachingKeyProvider 对象的 CreateBaseKey 方法的返回结果。

上面的 ResponseCachingMiddleware 中间件是针对响应缓存的总体实现流程，但忽略了 IResponseCachingFeature 特性的注册和注销。当 ResponseCachingMiddleware 中间件将请求递交给后续管道进行处理之前，它会创建一个 IResponseCachingFeature 特性，并注册到表示当前请求的 HttpContext 上下文对象上，所以我们才可以利用它为当前响应设置 Vary 查询字符串名称列表。在整个请求处理完成之前，ResponseCachingMiddleware 中间件会负责将这个特性从当前 HttpContext 上下文对象中删除。

22.3.6　注册中间件

ResponseCachingMiddleware 中间件的注册是通过如下 UseResponseCaching 扩展方法来完成的。只调用这个扩展方法在 ASP.NET Core 管道上注册 ResponseCachingMiddleware 中间件是不够的，我们需要注册依赖的服务。

```
public static class ResponseCachingExtensions
{
    public static IApplicationBuilder UseResponseCaching(this IApplicationBuilder app)
    {
        return app.UseMiddleware<ResponseCachingMiddleware>();
    }
}
```

具体来说，ResponseCachingMiddleware 中间件主要依赖 3 个核心的服务对象，它们分别是根据 HTTP/1.1 缓存规范提供策略的 IResponseCachingPolicyProvider 对象、在设置和提取缓存时根据当前上下文生成 Key 的 IResponseCachingKeyProvider 对象及完成响应缓存存取的 IResponseCache 对象。由于默认的 ResponseCache 是一个 IMemoryResponseCache 对象，后者采用基于本地内存缓存的方式来存储响应文档，所以还需要注册与内存缓存相关的服务。这些服务的注册可以通过 IServiceCollection 接口的两个 AddResponseCaching 扩展方法来完成。

```
public static class ResponseCachingServicesExtensions
{
    public static IServiceCollection AddResponseCaching(
      this IServiceCollection services)
    {
        services.AddMemoryCache();
        services.TryAdd(ServiceDescriptor.Singleton
          <IResponseCachingPolicyProvider, ResponseCachingPolicyProvider>());
```

```
        services.TryAdd(ServiceDescriptor
            .Singleton<IResponseCachingKeyProvider, ResponseCachingKeyProvider>());
        services.TryAdd(ServiceDescriptor
            .Singleton<IResponseCache, MemoryResponseCache>());

        return services;
    }

    public static IServiceCollection AddResponseCaching(
      this IServiceCollection services,
      Action<ResponseCachingOptions> configureOptions)
    {
        services.Configure(configureOptions);
        services.AddResponseCaching();
        return services;
    }
}
```

第23章

会话

HTTP 表示无状态的传输协议。即使在使用长连接的情况下，同一个客户端和服务端之间进行的多个 HTTP 事务也是完全独立的，所以需要在应用层为两者建立一个上下文来保存多次消息交换的状态，我们将其称为会话（Session）。ASP.NET Core 应用的会话是使用 SessionMiddleware 中间件实现的，它利用分布式缓存的方式进行存储。

23.1 利用会话保留“语境”

客户端和服务端基于 HTTP 的消息交换就好比两个完全没有记忆能力的人在交流，每次单一的 HTTP 事务体现为一次“一问一答”的对话。单一的对话毫无意义，在同一语境下针对某个主题进行的多次对话才会有结果。会话的目的就是在同一个客户端和服务端之间建立两者交谈的语境或者上下文，ASP.NET Core 利用一个名为 SessionMiddleware 的中间件实现了会话。按照惯例，在介绍该中间件之前需要先利用几个简单的实例来演示如何在一个 ASP.NET Core 应用中利用会话来存储用户的状态。

23.1.1 设置和提取会话状态

每个会话都有一个 Session Key 的标识（但不是唯一标识），会话状态以一个数据字典的形式将 Session Key 保存在服务端。当 SessionMiddleware 中间件在处理会话的第一个请求时，它会创建一个 Session Key，并据此创建一个独立的数据字典来存储会话状态。这个 Session Key 最终以 Cookie 的形式写入响应并返回客户端，客户端在每次发送请求时会自动附加这个 Cookie，那么应用程序能够准确识别会话并成功定位存储会话状态的数据字典。

下面利用一个简单的实例来演示会话状态的读写。ASP.NET Core 应用在默认情况下会利用分布式缓存来存储会话状态。我们采用基于 Redis 数据库的分布式缓存，所以需要添加针对“Microsoft.Extensions.Caching.Redis”这个 NuGet 包的依赖。下面的演示程序调用 AddDistributedRedisCache 扩展方法添加基于 DistributedRedisCache 的服务注册，SessionMiddleware 中间件通过调用 UseSession 扩展方法进行注册。

```
using System.Text;
```

```
var builder = WebApplication.CreateBuilder();
builder.Services
    .AddDistributedRedisCache(options => options.Configuration = "localhost")
    .AddSession();
var app = builder.Build();
app.UseSession();
app.MapGet("/{foobar?}", ProcessAsync);
app.Run();

static async ValueTask<IResult> ProcessAsync(HttpContext context)
{
    var session = context.Session;
    await session.LoadAsync();
    string sessionStartTime;
    if (session.TryGetValue("__SessionStartTime", out var value))
    {
        sessionStartTime = Encoding.UTF8.GetString(value);
    }
    else
    {
        sessionStartTime = DateTime.Now.ToString();
        session.SetString("__SessionStartTime", sessionStartTime);
    }

    var html = $@"
<html>
    <head><title>Session Demo</title></head>
    <body>
        <ul>
            <li>Session ID:{session.Id}</li>
            <li>Session Start Time:{sessionStartTime}</li>
            <li>Current Time:{DateTime.Now}</li>
        <ul>
    </body>
</html>";
    return Results.Content(html, "text/html");
}
```

我们针对路由模板“/{foobar?}”注册了一个终节点，后者的处理器指向 ProcessAsync 方法。在该方法当前 HttpContext 上下文对象中获取表示会话的 Session 对象，并调用其 TryGetValue 方法获取会话开始时间，这里使用的 Key 为“__SessionStartTime”。由于 TryGetValue 方法总是以字节数组的形式返回会话状态值，所以采用 UTF-8 编码将其转换成字符串形式。如果会话开始时间尚未设置，则调用 SetString 方法采用相同的 Key 进行设置。最终生成一段用于呈现 Session ID 和当前实时时间的 HTML，并封装成返回的 ContentResult 对象。程序运行之后，利用 Chrome 和 IE 访问请求注册的终节点，从图 23-1 可以看出，针对 Chrome 的两次请求的 Session ID 和会话状态值是一致的，但是在 IE 浏览器中显示的则不同。（S2301）

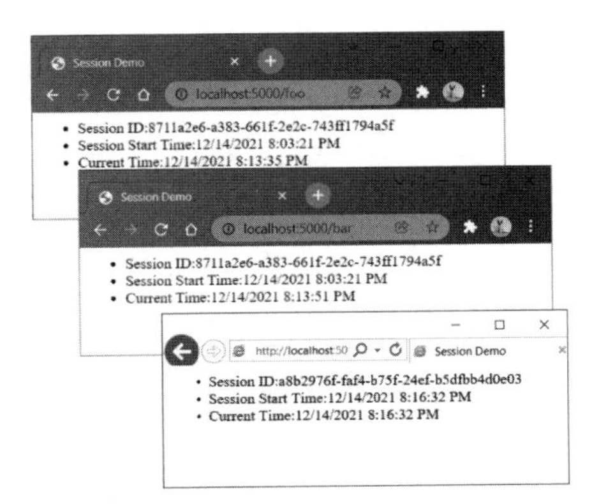

图 23-1　以会话状态保存的“会话开始时间”

23.1.2　查看存储的会话状态

会话状态在默认情况下采用分布式缓存的形式来存储，而本书中的实例采用的是基于 Redis 数据库的分布式缓存，那么会话状态是以什么样的形式存储在 Redis 数据库中的呢？由于缓存数据在 Redis 数据库中是以散列的形式存储的，所以我们只有知道具体的 Key 才能知道存储的值。缓存状态是基于作为会话标识的 Session Key 进行存储的，它与 Session ID 具有不同的值。到目前为止我们不能使用公布出来的 API 来获取它，但可以利用反射的方式来获取 Session Key。在默认情况下，表示 Session 的是一个 DistributedSession 对象，它通过如下_sessionKey 字段表示用来存储会话状态的 Session Key。

```
public class DistributedSession : ISession
{
    private readonly string _sessionKey;
    ...
}
```

接下来对上面演示的程序进行简单的修改，从而使 Session Key 能够呈现出来。如下面的代码片段所示，我们可以采用反射的方式得到表示当前会话的 DistributedSession 对象的_sessionKey 字段的值，并将它写入响应 HTML 文档的主体内容中。

```
static async ValueTask<IResult> ProcessAsync(HttpContext context)
{
    var session = context.Session;
    await session.LoadAsync();
    string sessionStartTime;
    if (session.TryGetValue("__SessionStartTime", out var value))
    {
        sessionStartTime = Encoding.UTF8.GetString(value);
    }
    else
    {
        sessionStartTime = DateTime.Now.ToString();
        session.SetString("__SessionStartTime", sessionStartTime);
    }
```

```
    var field = typeof(DistributedSession).GetTypeInfo()
        .GetField("_sessionKey", BindingFlags.Instance | BindingFlags.NonPublic)!;
    var sessionKey = field.GetValue(session);

    var html = $@"
<html>
    <head><title>Session Demo</title></head>
    <body>
        <ul>
            <li>Session ID:{session.Id}</li>
            <li>Session Start Time:{sessionStartTime}</li>
            <li>Session Key:{sessionKey}</li>
            <li>Current Time:{DateTime.Now}</li>
        <ul>
    </body>
</html>";
    return Results.Content(html, "text/html");
}
```

按照同样的方式启动应用后，使用浏览器访问目标站点得到的输出结果如图 23-2 所示。可以看到，Session Key 的值被正常呈现出来，它是一个不同于 Session ID 的 GUID。（S2302）

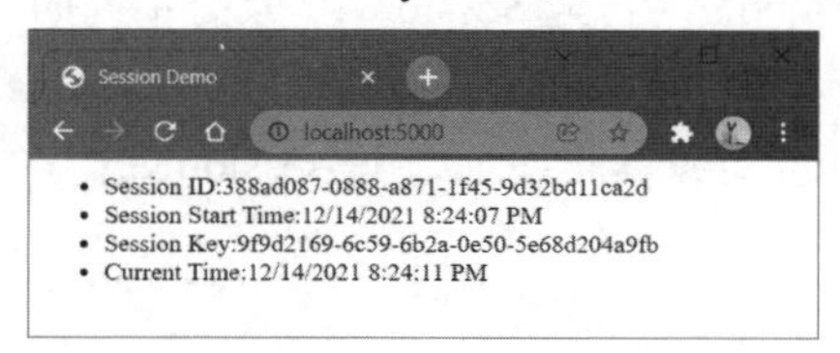

图 23-2　呈现当前会话的 Session Key 的值

如果有这个保存当前会话状态的 Session Key，就可以按照图 23-3 的方式采用命令行的形式将存储在 Redis 数据库中的会话状态数据提取出来。当会话状态在采用默认的分布式缓存进行存储时，整个数据字典（包括 Key 和 Value）采用预定义的格式序列化成字节数组，这基本上可以从图 23-3 体现出来。我们还可以看出基于会话状态的缓存默认采用的是基于滑动时间的过期策略，默认采用的滑动过期时间为 20 分钟（12 000 000 000 纳秒）。

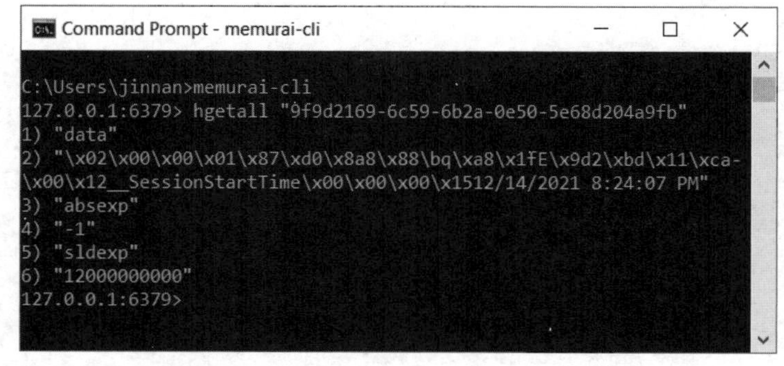

图 23-3　存储在 Redis 数据库中的会话状态

23.1.3　查看 Cookie

虽然整个会话状态数据存储在服务端，但是用来提取对应会话状态数据的 Session Key 需要以 Cookie 的形式由客户端来提供。如果请求没有以 Cookie 的形式携带 Session Key，SessionMiddleware 中间件就会将当前请求视为会话的第一次请求。在此情况下，它会生成一个 GUID 作为 Session Key，并最终以 Cookie 的形式返回客户端。

```
HTTP/1.1 200 OK
...
Set-Cookie:.AspNetCore.Session=CfDJ8CYspSbYdOtFvhKqo9CYj2vdlf66AUAO2h2BDQ9%2FKoC2XILfJE2bk
IayyjXnXpNxMzMtWTceawO3eTWLV8KKQ5xZfsYNVlIf%2Fa175vwnCWFDeA5hKRyloWEpPPerphndTb8UJNv5R
68bGM8jP%2BjKVU7za2wgnEStgyV0ceN%2FryfW; path=/; httponly
```

如上所示的代码片段是响应报头中携带 Session Key 的 Set-Cookie 报头在默认情况下的表现形式。可以看出 Session Key 的值不仅是被加密的，更具有一个 httponly 标签以防止 Cookie 值被跨站读取。在默认情况下，Cookie 采用的路径为“/”。当使用同一个浏览器访问目标站点时，发送的请求将以如下形式附加上这个 Cookie。

```
GET http://localhost:5000/ HTTP/1.1
...
Cookie:  .AspNetCore.Session=CfDJ8CYspSbYdOtFvhKqo9CYj2vdlf66AUAO2h2BDQ9%2FKoC2XILfJE2b
kIayyjXnXpNxMzMtWTceawO3eTWLV8KKQ5xZfsYNVlIf%2Fa175vwnCWFDeA5hKRyloWEpPPerphndTb8UJNv5
R68bGM8jP%2BjKVU7za2wgnEStgyV0ceN%2FryfW
```

除了 Session Key，前面还提到了 Session ID，读者可能不太了解这两者之间具有怎样的区别。Session Key 和 Session ID 是两个不同的概念，上面演示的实例也证实了它们的值其实是不同的。Session ID 可以作为会话的唯一标识，但是 Session Key 不可以。两个不同的 Session 肯定具有不同的 Session ID，但是它们可能共享相同的 Session Key。当 SessionMiddleware 中间件接收到会话的第一个请求时，它会创建两个不同的 GUID 来分别表示 Session Key 和 Session ID。其中 Session ID 将作为会话状态的一部分被存储起来，而 Session Key 以 Cookie 的形式返回客户端。

会话是具有有效期的，会话的有效期基本决定了存储的会话状态数据的有效期，默认过期时间为 20 分钟。在默认情况下，20 分钟之内的任意一次请求都会将会话的寿命延长至 20 分钟后。如果两次请求的时间间隔超过 20 分钟，会话就会过期，存储的会话状态数据（包括 Session ID）会被清除，但是请求携带可能还是原来的 Session Key。在这种情况下，SessionMiddleware 中间件会创建一个新的会话，该会话具有不同的 Session ID，但是整个会话状态依然沿用这个 Session Key，所以 Session Key 并不能唯一标识一个会话。

23.2　会话状态的读/写

由于会话本质上就是在应用层面提供一个数据容器来保存客户端状态（会话状态），所以会话的核心功能就是针对会话状态的读/写。会话状态在默认情况下采用分布式缓存的方式进行存储，那么具体的读/写又是如何完成的呢？

23.2.1 ISession

在应用编程接口层面，ASP.NET Core 应用的会话通过如下所示的 ISession 接口来表示。我们针对会话状态的所有操作（设置、提取、移除和清除）都是通过调用该接口相应的方法（Set、TryGetValue、Remove 和 Clear）完成的。和分布式缓存一样，所设置和提取的缓存状态的值都是字节数组，所以应用程序需要自行完成序列化和反序列化的工作。除了这 4 个基本方法，我们还可以利用 ISession 对象的 Id 属性得到当前会话的 Session ID，通过 Keys 属性得到所有会话状态条目的 Key。

```
public interface ISession
{
    string                    Id { get; }
    bool                      IsAvailable { get; }
    IEnumerable<string>       Keys { get; }

    void Set(string key, byte[] value);
    bool TryGetValue(string key, out byte[] value);
    void Remove(string key);
    void Clear();

    Task LoadAsync();
    Task CommitAsync();
}
```

Set 方法、TryGetValue 方法、Remove 方法和 Clear 方法针对会话状态的设置、提取、移除和清除都是在内存中进行的。不仅如此，当这几个方法被执行时，ISession 对象还得确保后备存储（如 Redis 数据库）的会话状态已经被加载到内存中。会话状态的异步加载可以直接调用 LoadAsync 方法来完成，而上述 4 个方法在会话状态未被加载的情况下采用同步的方式加载它们。ISession 对象在会话状态尚未全部加载到内存之前处于不可用的状态，此时它的 IsAvailable 属性返回 False。会话状态一旦被加载，IsAvailable 属性变成 True。在前面演示的实例中，我们在操作缓存状态之前调用 ISession 对象的 LoadAsync 方法以异步的方式将所有的会话状态加载到内存中，这是一种推荐的做法。由于 4 个方法指定的都是针对内存的操作，最终需要调用 CommitAsync 方法进行统一的提交。SessionMiddleware 中间件在完成请求处理之前调用 CommitAsync 方法，该方法将当前请求针对会话状态的改动保存到后备存储中。需要着重强调的是，只有在当前请求上下文中真正对会话状态进行了相应改动的情况下，ISession 对象的 CommitAsync 方法才会真正执行提交操作。

除了调用 ISession 对象的 TryGetValue 方法判断指定的缓存状态项是否存在，并在存在的情况下通过输出参数返回状态值（字节数组），还可以调用如下 Get 扩展方法直接返回表示会话状态值的字节数组。如果指定的会话状态项不存在，则该方法直接返回 Null。由于 ISession 对象总是将会话状态的值表示为字节数组，所以应用程序总是需要自行解决序列化与反序列化的问题。如果会话状态的值类型是整数或者字符串这些简单的类型，则针对它的设置和提取可以直接调用如下几个扩展方法来完成。GetString 扩展方法和 SetString 扩展方法采用 UTF-8 对字符串进行编码与解码。另一个 Get 扩展方法则以返回值的形式得到字节数组。

```
public static class SessionExtensions
{
    public static byte[] Get(this ISession session, string key);
    public static int? GetInt32(this ISession session, string key);
    public static string GetString(this ISession session, string key);
    public static void SetInt32(this ISession session, string key, int value);
    public static void SetString(this ISession session, string key, string value);
    public static byte[] Get(this ISession session, string key);
}
```

23.2.2 DistributedSession

ASP.NET Core 应用在默认情况下采用分布式缓存来存储会话状态，如下所示的 DistributedSession 类型就是 ISession 接口的默认实现。当在创建 DistributedSession 对象时，需要提供用来存储会话状态的 IDistributedCache 对象、Session Key 和会话过期时间。DistributedSession 构造函数中的 tryEstablishSession 参数是一个 Func<bool>委托对象，用来确定表示当前会话是否存在或者能否建立新的会话。isNewSessionKey 参数表示提供的 Session Key 并不是由请求的 Cookie 提供的“旧值”，而是重新创建的“新值”。

```
public class DistributedSession : ISession
{
    public DistributedSession(IDistributedCache cache, string sessionKey,
        TimeSpan idleTimeout, Func<bool> tryEstablishSession, ILoggerFactory loggerFactory,
        bool isNewSessionKey);
    ...
}
```

DistributedSession 对象使用一个字典对象来存储所有的会话状态，而缓存状态的设置、提取、移除和清除都是针对这个字典对象的操作。当这些操作被执行之前，DistributedSession 必须确保存储在分布式缓存中的会话状态已经被加载到这个数据字典中，会话状态的加载通过调用 DistributedCache 对象的 Get 方法来完成，提供的 Session Key 将作为对应缓存项的 Key。以这种方式触发的会话状态的加载是以同步的方式进行的，如果希望采用异步的方式加载会话状态，则可以在执行这些操作之前显式地调用 LoadAsync 方法。

当 DistributedSession 对象的 CommitAsync 方法被执行时，它会将整个会话状态数据字典的内容和 Session ID 按照预定义的格式序列化成字节数组，并利用 DistributedCache 对象保存到分布式缓存中。对应的 Key 自然就是最初提供的 Session Key，而提供的会话过期时间将作为缓存项的滑动过期时间。当加载会话状态时，IDistributedCache 对象的 Get 方法返回的就是这个被序列化的字节数组，该字节数组被反序列化后提取的 Session ID 可以被直接作为 DistributedSession 对象的 Id 属性，而其他数据将被添加在会话状态数据字典中。

只有会话状态在当前请求上下文范围内已经被改动的前提下，DistributedSession 对象才会调用 IDistributedCache 对象的 SetAsync 方法对当前状态进行存储。判断当前会话状态是否被改动过的方法也很简单，只需要确定 Set 方法、Remove 方法和 Clear 方法是否被调用过。如果本次请求并没有对会话状态进行任何修改，则 DistributedSession 对象调用 IDistributedCache 对象的 RefreshAsync 方法刷新对象的缓存性，从而达到延长（Renew）会话的目的。

在执行构造函数创建一个 DistributedSession 对象时，我们通过 tryEstablishSession 参数提供了一个 Func<bool>委托对象来确定当前请求是否在一个现有的会话中，或者当前能否创建一个新的会话，这个委托对象在 Set 方法中被执行。如果执行这个委托对象返回 False，则 Set 方法抛出异常。一般来说，如果请求并没有携带一个有效的 Session Key，或者在响应已经开始发送的情况下调用 DistributedSession 对象的 Set 方法设置会话状态时，上述这个委托对象就会返回 False。

23.2.3 ISessionStore

ISessionStore 接口可以视为创建 ISession 对象的工厂。如下面的代码片段所示，该接口定义唯一的用来创建 ISession 对象的 Create 方法，该方法的 4 个参数与 DistributedSession 的构造函数定义的同名参数具有相同含义。DistributedSessionStore 类型是对 ISessionStore 接口的默认实现。实现的 Create 方法会利用提供的这些参数创建返回的 DistributedSession 对象。

```
public interface ISessionStore
{
    ISession Create(string sessionKey, TimeSpan idleTimeout,
        Func<bool> tryEstablishSession, bool isNewSessionKey);
}

public class DistributedSessionStore : ISessionStore
{
    public DistributedSessionStore(IDistributedCache cache, ILoggerFactory loggerFactory) ;
    public ISession Create(string sessionKey, TimeSpan idleTimeout,
        Func<bool> tryEstablishSession, bool isNewSessionKey) ;
}
```

综上所述，应用程序利用 ISession 接口表示的服务来读/写会话状态，ISessionStore 接口表示创建 ISession 对象的工厂。DistributedSessionStore 是对 ISessionStore 的默认实现，它创建的是一个 DistributedSession 对象，后者利用 IDistributedCache 对象表示的分布式缓存来存储会话状态。图 23-4 所示为会话模型核心接口和类型之间的关系。

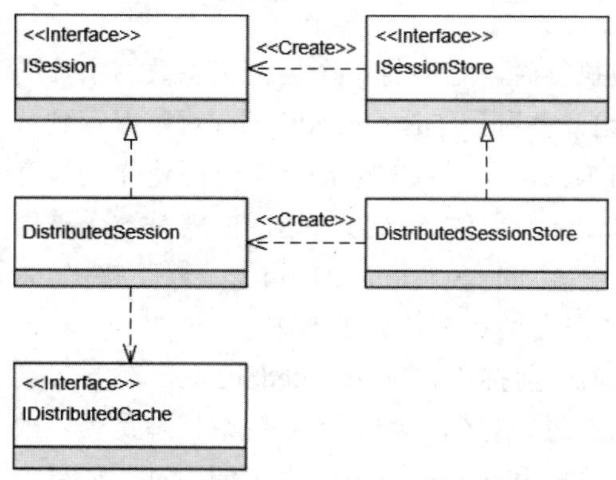

图 23-4　会话模型核心接口与类型之间的关系

23.3　会话中间件

上面介绍了在应用编程接口层面表示会话的 ISession 接口和创建它的 ISessionStore 接口，以及在默认情况下采用分布式缓存存储会话状态的 DistributedSession 和对应的 DistributedSessionStore 类型。在请求处理过程中，利用注册的 ISessionStore 对象来创建表示会话的 ISession 对象是由 SessionMiddleware 中间件来完成的。但在介绍 SessionMiddleware 中间件之前，需要先介绍对应的配置选项类型 SessionOptions。

23.3.1　SessionOptions

由于保存会话状态的 Session Key 是通过 Cookie 进行传递的，所以 SessionOptions 承载的核心配置选项是 Cookie 属性表示的 CookieBuilder 对象。如下面的代码片段所示，SessionOptions 的 Cookie 属性返回的是一个 SessionCookieBuilder 的对象，它对 Cookie 的名称（.AspNetCore.Session）、路径（/）和安全策略（None）等进行了一些默认设置。

```
public class SessionOptions
{
    public CookieBuilder      Cookie { get; set; }
    public TimeSpan           IdleTimeout { get; set; }     = TimeSpan.FromMinutes(20);
    public TimeSpan           IOTimeout { get; set; }      = TimeSpan.FromMinutes(1);

    private class SessionCookieBuilder : CookieBuilder
    {
        public SessionCookieBuilder()
        {
            Name              = SessionDefaults.CookieName;
            Path              = SessionDefaults.CookiePath;
            SecurePolicy      = CookieSecurePolicy.None;
            SameSite          = SameSiteMode.Lax;
            HttpOnly          = true;
            IsEssential       = false;
        }

        public override TimeSpan? Expiration
        {
            get => null;
            set => throw new InvalidOperationException();
        }
    }
}

public static class SessionDefaults
{
    public static readonly string CookieName = ".AspNetCore.Session";
    public static readonly string CookiePath = "/";
}
```

CookieBuilder 对象的 HttpOnly 属性表示响应的 Cookie 是否需要添加一个 httponly 标签，在

默认情况下这个属性为 True。SameSite 属性表示是否会在生成的 Set-Cookie 响应报头中设置 SameSite 属性以阻止浏览器将它跨域发送，该属性默认值为 Lax。它的 IsEssential 属性与 Cookie 的许可授权策略（Cookie Consent Policy）有关，表示为了实现会话支持针对 Cookie 的设置是否需要得到最终用户的显式授权，该属性的默认值为 False。

SessionOptions 的 IdleTimeout 属性表示会话过期时间，具体来说应该是客户端最后一次访问时间到会话过期之间的时长。如果这个属性未进行显式设置，则该属性采用默认的会话过期时间为 20 分钟。IOTimeout 属性表示基于 ISessionStore 的会话状态的读取和提交所运行的最长时限，默认为 1 分钟。

23.3.2 ISessionFeature

应用程序使用 ISession 对象来读写会话状态，该对象由 HttpContext 上下文对象的 Session 属性返回，最初来源于 ISessionFeature 特性。如下面的代码片段所示，ISession 对象的获取和设置通过 ISessionFeature 特性的 Session 属性来完成，SessionFeature 类型是对该接口的默认实现。

```
public interface ISessionFeature
{
    ISession Session { get; set; }
}

public class SessionFeature : ISessionFeature
{
    public ISession Session { get; set; }
}
```

23.3.3 SessionMiddleware

如下所示的代码片段模拟了 SessionMiddleware 中间件针对会话的实现。该中间件类型的构造函数中注入了用来加密 Cookie 值的 IDataProtectionProvider 对象、用来创建会话的 SessionStore 对象及用来提供配置选项的 IOptions<SessionOptions>对象。Invoke 方法根据在 SessionOptions 中的设置从当前请求的 Cookie 中提取 Session Key。如果 Session Key 不存在，就意味着当前会话的第一个请求会创建一个新的 GUID 作为 Session Key。接下来，该中间件调用 ISessionStore 对象的 Create 方法创建一个 ISession 对象。

```
public class SessionMiddleware
{
    private readonly RandomNumberGenerator    _cryptoRandom;
    private const int                         SessionKeyLength = 36;
    private readonly RequestDelegate          _next;
    private readonly SessionOptions           _options;
    private readonly ILogger                  _logger;
    private readonly ISessionStore            _sessionStore;
    private readonly IDataProtector           _dataProtector;

    public SessionMiddleware(
        RequestDelegate next,
```

```
    ILoggerFactory loggerFactory,
    IDataProtectionProvider dataProtectionProvider,
    ISessionStore sessionStore,
    IOptions<SessionOptions> options)
{
    _next                  = next;
    _logger                = loggerFactory.CreateLogger<SessionMiddleware>();
    _dataProtector         =
        dataProtectionProvider.CreateProtector("SessionMiddleware");
    _options               = options.Value;
    _sessionStore          = sessionStore;
    _cryptoRandom          = RandomNumberGenerator.Create();
}

public async Task Invoke(HttpContext context)
{
    string UnprotectSessionKey(string protectedKey)
    {
        var padding = 3 - ((protectedKey.Length + 3) % 4);
        var padValue = padding == 0
            ? protectedKey
            : protectedKey + new string('=', padding);
        var rawData = Convert.FromBase64String(padValue);
        return Convert.ToBase64String(_dataProtector.Unprotect(rawData));
    }

    string ProtectSessionKey(string unProtectedKey)
    {
        var bytes = Encoding.UTF8.GetBytes(unProtectedKey);
        bytes = _dataProtector.Protect(bytes);
        return Convert.ToBase64String(bytes);
    }

    bool TryEstablishSession(string protectedKey)
    {
        var response = context.Response;
        response.OnStarting(_ => {
            if (!response.HasStarted)
            {
                var cookieOptions = _options.Cookie.Build(context);
                response.Cookies.Append(_options.Cookie.Name, protectedKey,
                    cookieOptions);
                response.Headers["Cache-Control"] = "no-cache";
                response.Headers["Pragma"] = "no-cache";
                response.Headers["Expires"] = "-1";
            }
            return Task.CompletedTask;
        }, null);
        return !response.HasStarted;
    }
```

```
        var isNewSessionKey = false;
        Func<bool> tryEstablishSession = () =>true;
        var cookieValue = context.Request.Cookies[_options.Cookie.Name];
        var sessionKey = UnprotectSessionKey(cookieValue);
        if (string.IsNullOrWhiteSpace(sessionKey) || sessionKey.Length != SessionKeyLength)
        {
            //Try establish a new session
            var guidBytes = new byte[16];
            _cryptoRandom.GetBytes(guidBytes);
            sessionKey = new Guid(guidBytes).ToString();
            cookieValue = ProtectSessionKey(sessionKey);
            tryEstablishSession = ()=>TryEstablishSession(cookieValue);
            isNewSessionKey = true;
        }

        var feature = new SessionFeature
        {
            Session = _sessionStore.Create(sessionKey, _options.IdleTimeout,
                _options.IOTimeout, tryEstablishSession, isNewSessionKey)
        };
        context.Features.Set<ISessionFeature>(feature);

        try
        {
            await _next(context);
        }
        finally
        {
            context.Features.Set<ISessionFeature>(null);
            await feature.Session?.CommitAsync(context.RequestAborted);
        }
    }
}
```

对于 ISessionStore 对象的 Create 方法调用来说，SessionMiddleware 中间件除了会将 Session Key 和由 SessionOptions 提供的会话过期时间作为参数，它还需要提供一个 Func<bool>类型的委托对象来帮助创建的 ISession 对象确定会话是否已经存在或者能够正常创建。对于提供的这个委托对象来说，它只有在会话不存在并且当前响应已经开始发送的情况下才会返回 False。当 SessionMiddleware 中间件将请求递交给后续中间件进行处理之前，首先它会将 ISession 对象封装成 SessionFeature 特性附着到当前 HttpContext 上下文对象上，然后调用 ISession 对象的 CommitAsync 方法提交会话状态的修改。当响应开始发送时，注册的回调将 Session Key 作为 Cookie 提供给客户端。

第 24 章

HTTPS 策略

HTTPS 是确保传输安全最主要的手段，并且已经成为互联网默认的传输协议。不知道读者是否注意到当利用浏览器（如 Chrome）浏览某个公共站点时，如果输入的是一个 HTTP 地址，则在大部分情况下浏览器会自动重定向到对应的 HTTPS 地址。这个特性源于浏览器和服务端针对 HSTS（HTTP Strict Transport Security）这一 HTTP 规范的支持。ASP.NET Core 利用 HstsMiddleware 和 HttpsRedirectionMiddleware 这两个中间件提供了对 HSTS 的实现。

24.1 HTTPS 终节点的切换

虽然目前绝大部分的公共站点都提供了 HTTPS 终节点，但是由于用户多年养成的习惯，以及客户端（以浏览器为主的 User Agent）提供的一些自动化行为，站点的初始请求依然采用 HTTP 协议，所以站点还是会提供一个 HTTP 终节点。为了尽可能地采用 HTTPS 协议进行通信，“国际互联网工程组织（IETF）”制定了一份名为“HSTS”的安全规范或者协议，ASP.NET Core 中 HSTS 的实现是由 HstsMiddleware 和 HttpsRedirectionMiddleware 这两个中间件来完成的。接下来，利用一个简单的演示实例来介绍 HSTS 旨在解决的问题，以及这两个中间件的使用。

24.1.1 构建 HTTPS 站点

HTTPS 站点会绑定一张证书，并利用证书提供的密钥对（公钥/私钥对）在前期通过协商生成一个用来对传输内容进行加解密的密钥。HTTPS 站点绑定的证书相当于该站点的“身份证”，它解决了服务端认证（确定当前访问的不是一个钓鱼网站）的问题。我们之所以能够利用证书来确定站点的正式身份，是因为证书具有的两个特性：第一，证书不能被篡改，附加了数字签名的证书可以很容易地确定当前的内容是否与最初生成时一致；第二，证书由权威机构签发，公共站点绑定的证书都是从少数几个具有资质的提供商手中购买的。

我们演示的程序涉及的通信仅限于本机范围，并不需要真正地从官方渠道购买一张证书，所以选择创建一个“自签名”证书。自签名证书的创建有多种方式，可以采用如下方式在

PowerShell 中执行“New-SelfSignedCertificate”命令创建“artech.com”“blog.artech.com”“foobar.com”3 张域名证书。

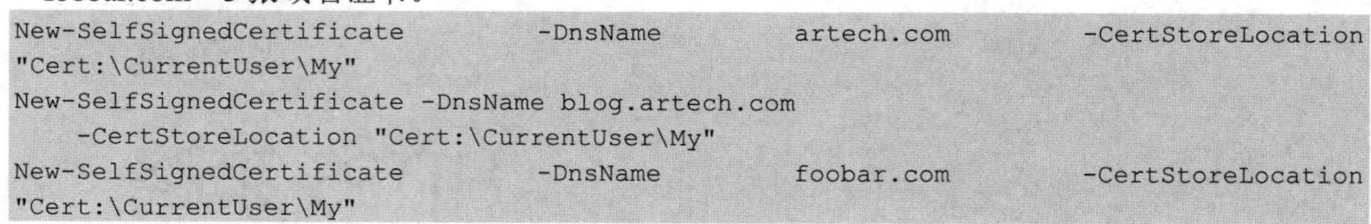

```
New-SelfSignedCertificate         -DnsName         artech.com          -CertStoreLocation
"Cert:\CurrentUser\My"
New-SelfSignedCertificate -DnsName blog.artech.com
    -CertStoreLocation "Cert:\CurrentUser\My"
New-SelfSignedCertificate         -DnsName         foobar.com          -CertStoreLocation
"Cert:\CurrentUser\My"
```

在执行“New-SelfSignedCertificate”命令时，我们利用-CertStoreLocation 参数为生成的证书指定了存储位置。证书在 Windows 下是按照“账号类型”进行存储的，具体的账号分为如下 3 种类型，证书总是存储在某种账户类型下某个位置。对于生成的自签名证书，我们将存储位置设置为“Cert:\CurrentUser\My”，这就意味它们最终会存储在当前用户账户下的“个人（Personal）”存储中。

- 当前用户账户（Current user account）。
- 机器账户（Machine account）。
- 服务账户（Service account）。

我们可以利用 Certificate MMC（Microsoft Management Console）查看生成的这 3 张证书。具体的做法是执行“mmc”命令开启一个 MMC 对话框，并选择“File”|“Add”|“Remove Snap-In...”命令，打开 Snap-In 窗口，在列表中选择“Certificate”选项。在打开的证书存储类型对话框中，选择“Current user account”选项。在最终开启的证书管理控制台上，我们可以在 Personal 存储节点中看到 3 张证书，如图 24-1 所示。

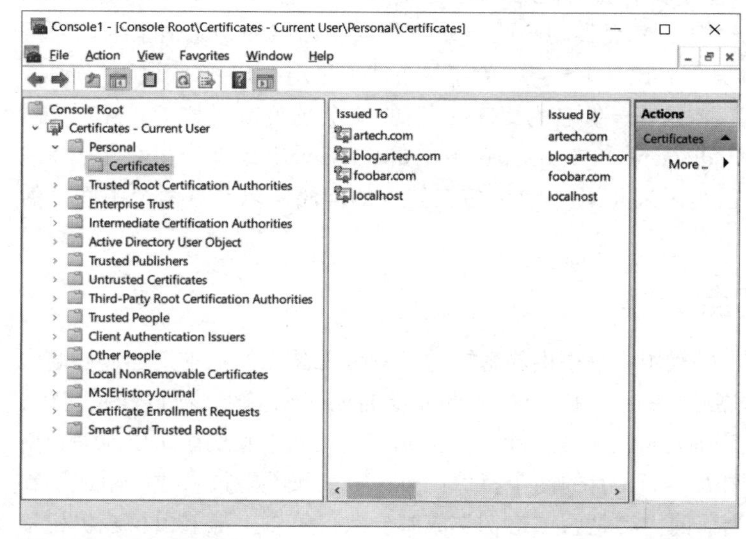

图 24-1　手动创建的证书

由于创建的是 3 张“自签名”的证书（也就是自己给自己签发的证书），在默认情况下自然不具有广泛的信任度。为了解决这个问题，我们可以将它们导入“Trusted Root Certification

Authorities”存储节点中，这里存储的是表示信任签发机构的证书。我们以文件的形式将证书从“Personal”导出，再将证书文件导入这里。需要注意的是，在导出证书时应该选择“导出私钥”选项。为了能够通过证书绑定的域名访问站点，我们在 hosts 文件中将它们映射到本地 IP 地址（127.0.0.1）。

```
127.0.0.1       artech.com
127.0.0.1       blog.artech.com
127.0.0.1       foobar.com
```

在完成了域名映射、证书创建并解决了证书的“信任危机”之后，我们创建一个 ASP.NET Core 程序，并为注册的 Kestrel 服务器添加 HTTP 协议和 HTTPS 协议的终节点。如下面的代码片段所示，调用 IWeHostBuilder 接口的 UseKestrel 扩展方法添加的终节点采用默认端口（80 和 443），其中 HTTPS 终节点会利用 SelelctCertificate 方法根据提供的域名选择对应的证书，为“/{foobar?}”路径注册的终节点会将表示协议类型的 Scheme 作为响应内容。

```
using Microsoft.AspNetCore.Connections;
using Microsoft.AspNetCore.Server.Kestrel.Https;
using System.Net;
using System.Security.Cryptography.X509Certificates;

var builder = WebApplication.CreateBuilder(args);
builder.WebHost.UseKestrel (kestrel =>
{
    kestrel.Listen(IPAddress.Any, 80);
    kestrel.Listen(IPAddress.Any, 443, listener => listener.UseHttps(
       https => https.ServerCertificateSelector = SelelctCertificate));
});

var app = builder.Build();
app.MapGet("/{foobar?}", (HttpRequest request) => request.Scheme);
app.Run();

static X509Certificate2? SelelctCertificate(ConnectionContext? context,string? domain)
    => domain?.ToLowerInvariant() switch
    {
        "artech.com" => CertificateLoader
            .LoadFromStoreCert("artech.com", "My", StoreLocation.CurrentUser, true),
        "blog.artech.com" => CertificateLoader
           .LoadFromStoreCert("blog.artech.com", "My", StoreLocation.CurrentUser,
           true),
        "foobar.com" => CertificateLoader
            .LoadFromStoreCert("foobar.com", "My", StoreLocation.CurrentUser, true),
        _ => throw new InvalidOperationException($"Invalid domain '{domain}'.")
    };
```

程序运行之后，我们通过 3 个映射的域名以 HTTP 或者 HTTPS 的方式来访问它。图 24-2 所示为使用域名“artech.com”分别发送 HTTP 请求和 HTTPS 请求后得到的结果。对于 HTTP 终节点的访问，浏览器还给予了一个“不安全（Not secure）”的警告。（S2401）

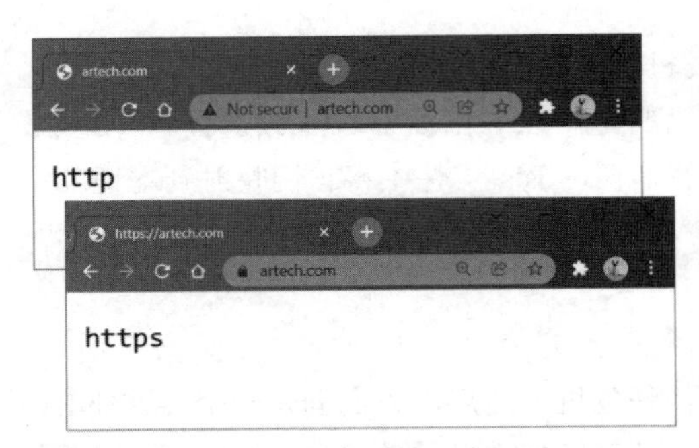

图 24-2　访问 HTTP 和 HTTPS 终节点

24.1.2　HTTPS 重定向

从安全的角度来讲，我们肯定希望用户的每个请求指向的都是 HTTPS 终节点，但是我们不可能要求用户在地址栏中输入的 URL 都以“https”作为前缀，这个问题可以通过服务端以重定向的方式来解决。如图 24-3 所示，如果服务端接收到一个 HTTP 请求，它立即回复一个状态码为 307 的临时重定向响应，并将重定向地址指向对应的 HTTPS 终节点，则浏览器会自动对新的 HTTPS 终节点重新发起请求。

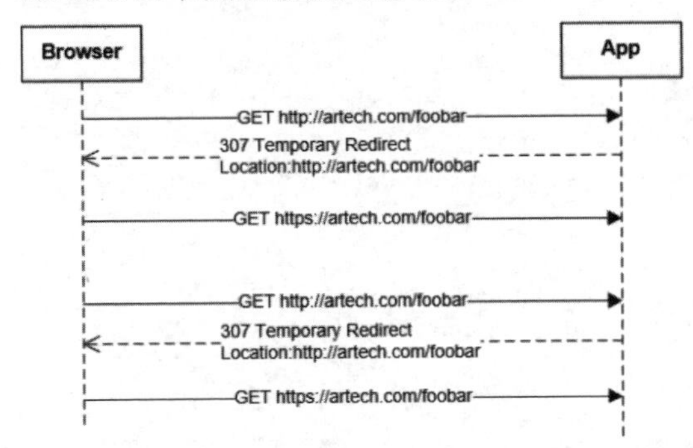

图 24-3　基于 HTTPS 的重定向

上述针对 HTTPS 终节点的自动重定向可以利用 HttpsRedirectionMiddleware 中间件来完成，还可以按照如下方式调用 UseHttpsRedirection 扩展方法来注册这个中间件，该中间件依赖的服务由 AddHttpsRedirection 扩展方法进行注册，在调用这个扩展方法的同时对 HTTPS 终节点采用的 443 端口进行了设置。

```
...
var builder = WebApplication.CreateBuilder(args);
builder.WebHost.UseKestrel (kestrel =>
{
    kestrel.Listen(IPAddress.Any, 80);
    kestrel.Listen(IPAddress.Any, 443, listener => listener.UseHttps(
       https => https.ServerCertificateSelector = SelelctCertificate));
});
builder.Services.AddHttpsRedirection(options => options.HttpsPort = 443);
```

```
var app = builder.Build();
app.UseHttpsRedirection();
app.MapGet("/{foobar?}", (HttpRequest request) => request.Scheme);
app.Run();
...
```

改动后的程序启动后，如果我们请求“http://artech.com/foobar”这个 URL，则该 URL 会被自动重定向到新的地址“https://artech.com/foobar”。如下所示的是这个过程涉及的两轮 HTTP 事务的请求和响应报文。（S2402）

```
GET http://artech.com/foobar HTTP/1.1
Host: artech.com

HTTP/1.1 307 Temporary Redirect
Content-Length: 0
Date: Sun, 19 Sep 2021 11:57:56 GMT
Server: Kestrel
Location: https://artech.com/foobar
```

```
GET https://artech.com/foobar HTTP/1.1
Host: artech.com

HTTP/1.1 200 OK
Date: Sun, 19 Sep 2021 11:57:56 GMT
Server: Kestrel
Content-Length: 5

https
```

24.1.3 浏览器自动重定向

按照目前互联网的安全标准来看，以明文传输的 HTTP 请求都是不安全的，所以上述利用 HttpsRedirectionMiddleware 中间件在服务端回复一个 307 响应将客户端重定向到 HTTPS 终节点的解决方案并没有真正地解决问题，因为浏览器后续还是有可能持续发送 HTTP 请求。虽然 HTTP 是无状态的传输协议，但是浏览器可以有“记忆”。如果能够让应用以响应报头的形式告诉浏览器：在未来一段时间内针对当前域名的后续请求都应该采用 HTTPS，浏览器将此信息保存下来，即使用户输入的是 HTTP 地址，那么它也采用 HTTPS 的方式与服务端进行交互。

其实这就是 HSTS 的意图。HSTS 可能是所有 HTTP 规范中最简单的一个，因为整个规范只定义了上述这个用来传递 HTTPS 策略的响应报头，它被命名为“Strict-Transport-Security”。服务端可以利用这个相应报头告诉浏览器后续当前域名应该采用 HTTPS 进行访问，并指定采用这个策略的时间范围。如果浏览器遵循 HSTS 协议，则针对同一站点的后续请求将全部采用 HTTPS 传输，具体流程如图 24-4 所示。

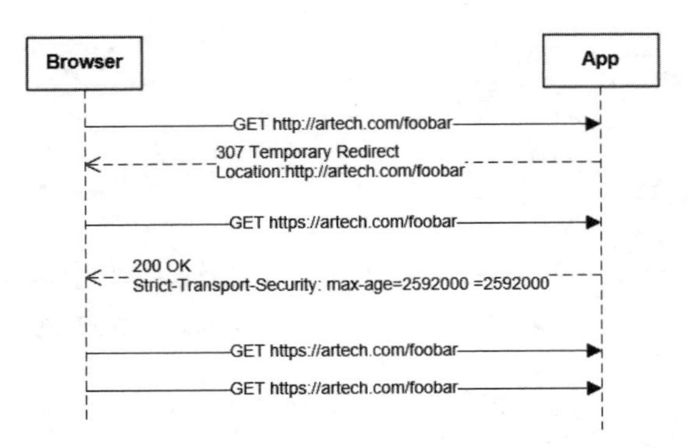

图 24-4　采用 HSTS 协议

HSTS 涉及的“Strict-Transport-Security”响应报头可以借助 HstsMiddleware 中间件进行发送。对于前面演示的实例来说，我们可以按照如下方式调用 UseHsts 扩展方法注册这个中间件。（S2403）

```
...
var builder = WebApplication.CreateBuilder(args);
builder.WebHost.UseKestrel (kestrel =>
{
    kestrel.Listen(IPAddress.Any, 80);
    kestrel.Listen(IPAddress.Any, 443, listener => listener.UseHttps(
       https => https.ServerCertificateSelector = SelelctCertificate));
});
builder.Services.AddHttpsRedirection(options => options.HttpsPort = 443);

var app = builder.Build();
app
    .UseHttpsRedirection()
    .UseHsts();
app.MapGet("/{foobar?}", (HttpRequest request) => request.Scheme);
app.Run();
...
```

当程序运行之后，“artech.com”的第一个 HTTP 请求依然会被正常发送出去。服务端注册的 HttpsRedirectionMiddleware 中间件会将请求重定向到对应的 HTTPS 终节点，此时 UseHsts 中间件会在响应中添加如下“Strict-Transport-Security”报头。

```
HTTP/1.1 200 OK
Date: Sun, 19 Sep 2021 12:59:37 GMT
Server: Kestrel
Strict-Transport-Security: max-age=2592000
Content-Length: 5

https
```

上述的“Strict-Transport-Security”报头利用 max-age 属性将采用 HTTPS 策略的有效时间设置成 2592000 秒（一个月）。这是一个“滑动时间”，浏览器每次在接收到携带此报头的响应之后都会将有效截止时间设置到一个月之后，这就意味着对于经常访问的站点来说，HTTPS 策略将永远不会过期。

浏览器会对此规则进行持久化存储，后续针对“artech.com”域名的请求将一直采用 HTTPS 传输方式。对于 Chrome 来说，其内部依然采用客户端重定向的方式实现从 HTTP 到 HTTPS 终节点的切换。具体来说，如果用户指定的是 HTTP 地址，则 Chrome 会在内部生成一个指向 HTTPS 终节点的 307 重定向响应，所以利用 Chrome 提供的网络监测工具看到的还是两次报文交换，如图 24-5 所示，但是第一个请求并未被真地发送出去。这个内部生成的 307 响应携带的是这个值为“HSTS”的 Non-Authoritative-Reason 报头。

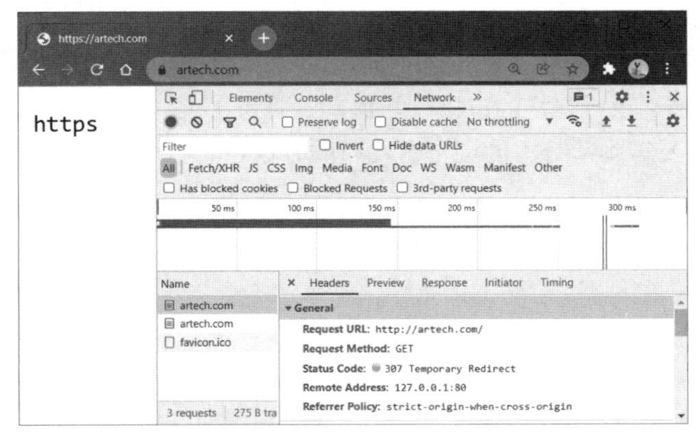

图 24-5　Chrome 通过内部生成一个 307 响应实现 HTTPS 重定向

Chrome 提供了专门的页面来查看和管理某个域名的 HSTS 设置，只需要在地址栏中输入“chrome://net-internals/#hsts”，通过这个 URL 就可以进入 HSTS/PKP（Public Key Pinning）的域名安全策略管理页面。我们可以在该页面中查询、添加和删除某个域名的 HSTS 安全策略。artech.com 这个域名的安全策略显示在图 24-6 中。

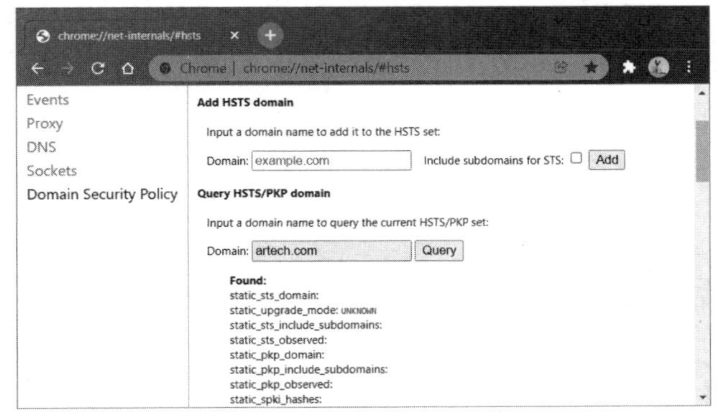

图 24-6　查阅某个域名的安全策略

24.1.4　HSTS 选项配置

到目前为止，我们利用 HttpsRedirectionMiddleware 中间件将 HTTP 请求重定向到 HTTPS 终

节点，在利用 HstsMiddleware 中间件通过在响应中添加 Strict-Transport-Security 报头告诉客户端后续请求也应该采用 HTTPS 传输协议，貌似已经很完美地解决了我们面临的安全问题。但是第一个请求采用的依旧是 HTTP 协议，黑客依旧可能劫持该请求并将用户重定向到钓鱼网站。

为了让浏览器针对某个域名发出的第一个请求也无条件采用 HTTPS 传输方式，我们必须在全网范围内维护一个统一的域名列表。当安装浏览器时会将这个列表保存在本地，并在每次启动浏览器时预加载此列表，所以这个域名列表被称为“HSTS Preload List”。如果需要将某个域名添加到 HSTS 预加载列表中，则可以利用 https://hstspreload.org 站点提交申请。

通过图 24-7 中的站点提交的预加载域名列表最初专供 Chrome 使用，但是目前大部分主流浏览器（Firefox、Opera、Safari、IE 11 和 Edge）也都会使用这个列表。也正是因为这个列表会被广泛地使用，官方网站会对我们提交的域名进行严格的审核，并且审核期为 1～2 个月。审核通过后，提交的域名也不会立即生效，还要等到新版本的浏览器发布的时候。有资质的站点必须满足如下几个条件。

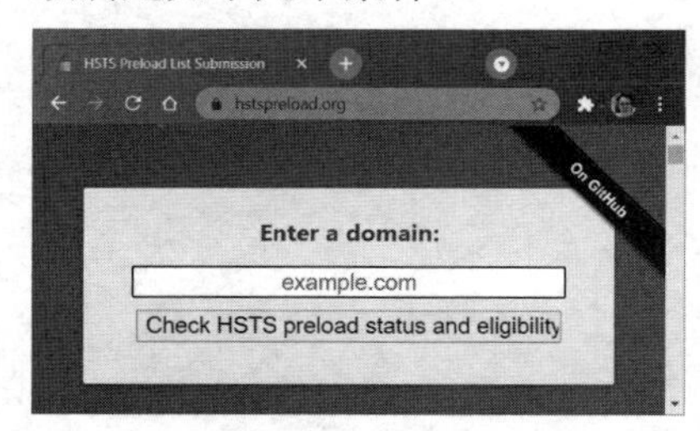

图 24-7　HSTS 预加载列表提交官网

- 拥有一张有效的证书。
- 对于采用 80 端口的 HTTP 终节点，必须存在对应的采用相同主机名称（域名）的 HTTPS 终节点。
- 所有子域名均支持 HTTPS。
- 对于基础域名（Base Domain）的 HTTPS 请求，接收到的响应必须包含“Strict-Transport-Security”这个 HSTS 报头，并且该报头内容满足如下条件。
  - max-age 属性表示的有效时间为一年（含一年）以上，即大于 31536000 秒。
  - 包含 includeSubDomains 指令，该指令表示 HSTS 策略会应用到所有的子域名上。
  - 必须包含 preload 指令。
  - 如果需要对 HTTPS 请求实施重定向，则重定向的响应本身也必须包含这样的 HSTS 报头。

从上面的列表可以看出，HSTS 涉及的“Strict-Transport-Security”响应报头除了包含必需的表示有效期限的 max-age 属性，还包含 includeSubDomains 和 preload 两个指令，它们都定义在对应的 HstsOptions 配置选项中。我们可以调用 AddHsts 扩展方法并利用指定的 Action<HstsOptions>委托对象进行设置。如下演示程序对 HstsOptions 配置选项的 4 个属性进行了设置。

```
...
var builder = WebApplication.CreateBuilder(args);
builder.WebHost.UseKestrel(kestrel =>
{
    kestrel.Listen(IPAddress.Any, 80);
    kestrel.Listen(IPAddress.Any, 443, listener => listener.UseHttps(
       https => https.ServerCertificateSelector = SelelctCertificate));
});

builder.Services.AddHttpsRedirection(options => options.HttpsPort = 443);
builder.Services.AddHsts(options => {
    options.MaxAge                      = TimeSpan.FromDays(365);
    options.IncludeSubDomains           = true;
    options.Preload                     = true;
    options.ExcludedHosts.Add("foobar.com");
 });

var app = builder.Build();
app
    .UseHttpsRedirection()
    .UseHsts();
app.MapGet("/{foobar?}", (HttpRequest request) => request.Scheme);
app.Run();
...
```

由上面演示程序返回的响应都将包含如下 HSTS 报头。由于 includeSubDomains 指令的存在，如果之前发生过 artech.com 域名的请求，那么其子域名 blog.artech.com 的请求也将自动切换到 HTTPS 传输方式。虽然具有 preload 指令，但是并不能将站点添加到 HSTS 预加载列表中，所以此设置起不到任何作用。由于域名“foobar.com”被显式地排除在 HSTS 站点之外，所以浏览器不会将 HTTP 请求转换成 HTTPS 传输方式。由于注册了 HttpsRedirectionMiddleware 中间件，所以 HTTP 请求还是会以客户端重定向的方式切换到对应的 HTTPS 终节点。（S2404）

```
strict-transport-security: max-age=31536000; includeSubDomains; preload
```

24.2　HTTPS 重定向

将 HTTP 终节点的请求重定向到对应的 HTTPS 终节点是由 HttpsRedirectionMiddleware 中间件完成的。在正式介绍该中间件之前，我们先来介绍一下对应的 HttpsRedirectionOptions 配置选项。

24.2.1　HttpsRedirectionOptions

如下所示的 HttpsRedirectionOptions 配置选项类型定义了 RedirectStatusCode 和 HttpsPort 两个属性，前者表示重定向状态码，其默认值为 307；后者表示 HTTPS 终节点的端口。对于客户端重定向采用的状态码，很多人只熟悉“301 Moved Permanently”和“302 Found”，它们分别表示“永久重定向”和“临时重定向”。实际上这两种类型的重定向也可以通过状态码“307

Temporary Redirect”和“308 Permanent Redirect”来表示。301 与 308，以及 302 与 307 之前的差别在于：客户端在接收到状态码为 301 和 302 的响应后，无论原来的请求采用哪种方法（GET、POST、PUT 和 DELETE 等），都允许采用 GET 请求对重定向地址发送请求，而且目前很多浏览器、客户端工具和网络设备也是这么做的。但是对于 307 响应和 308 响应，则要求重定向请求采用和原始请求一样的方法。

```
public class HttpsRedirectionOptions
{
    public int          RedirectStatusCode { get; set; } = 307;
    public int?         HttpsPort { get; set; }
}
```

当 HttpsRedirectionMiddleware 中间件进行重定向时，除了将原始请求的 Scheme 从 HTTP 切换到 HTTPS，重定向地址会使用原始的域名、路径、查询字符串（?foo= 123&bar=456）和 Fragement（#foobar），但是确定使用哪个端口是一个相对复杂的过程。如果通过 HttpsRedirectionOptions 配置选项的 HttpsPort 属性显式指定了端口，则重定向地址会直接使用此端口。如果将这个属性设置为-1，则相当于关闭了 HttpsRedirectionMiddleware 中间件的 HTTPS 重定向功能。如果我们没有对 HttpsPort 属性进行设置，则会采用哪个端口呢？

24.2.2 HttpsRedirectionMiddleware 中间件

HttpsRedirectionMiddleware 中间件针对请求的处理很简单。如果当前为 HTTPS 请求，则它直接将请求递交给后续的中间件进行处理。否则它首先会按照约定的规则生成一个 HTTPS 重定向地址，并将其作为响应的 Location 报头，然后根据 HttpsRedirectionOptions 配置选项对响应状态码进行设置。所以整个重定向的核心在于如何生成重定向地址。由于重定向地址会采用当前请求的域名、路径和 Fragement，如果没有利用 HttpsRedirectionOptions 配置选项对端口进行显式设置，则该中间件会采用如下步骤来确定响应端口。

- 如果对当前配置的“HTTPS_PORT”配置节进行设置，则直接使用该端口。
- 如果对当前配置的“ANCM_HTTPS_PORT” 配置节进行设置，则直接使用该端口。在对 IIS 进行整合时，ASP.NET Core Module（ANCM）模块会为承载应用的 HTTPS 终节点选择一个监听端口，并通过环境变量“ASPNETCORE_ANCM_HTTPS_PORT”保存，从而成为应用配置的一部分。
- 从 IServerAddressesFeature 特性提供的监听地址列表中选择第一个采用 HTTPS 协议的地址，并使用它的端口。

下面的代码片段模拟了 HttpsRedirectionMiddleware 中间件的请求处理逻辑。代码中定义了两个构造函数，并在其中注入了提供配置选项的 IOptions<HttpsRedirectionOptions>对象，承载当前应用配置的 IConfiguration 对象和提供服了务器监听地址列表的 IServerAddressesFeature 特性。上述重定向端口的解析实现在 TryGetHttpsPort 方法中。Invoke 方法中针对 HTTPS 重定向的实现也非常简单，我们就不再赘述。值得一提的是，如果最终无法找到一个匹配的 HTTPS 端口，则中间件并不会抛出异常，而是放弃重定向并将请求交给后续中间件进行处理。

```
public class HttpsRedirectionMiddleware
{
    private readonly RequestDelegate          _next;
    private readonly Lazy<int>                _httpsPort;
    private readonly int                      _statusCode;
    private readonly IServerAddressesFeature _serverAddressesFeature;
    private readonly IConfiguration           _config;

    public HttpsRedirectionMiddleware(RequestDelegate next,
        IOptions<HttpsRedirectionOptions> options, IConfiguration config)
    {
        _next = next;
        _config = config;
        var httpsRedirectionOptions = options.Value;
        _httpsPort = httpsRedirectionOptions.HttpsPort.HasValue
            ? new Lazy<int>(httpsRedirectionOptions.HttpsPort.Value)
            : new Lazy<int>(TryGetHttpsPort);
        _statusCode = httpsRedirectionOptions.RedirectStatusCode;
    }

    public HttpsRedirectionMiddleware(RequestDelegate next,
        IOptions<HttpsRedirectionOptions> options, IConfiguration config,
        IServerAddressesFeature serverAddressesFeature)
        : this (next, options, config)
        => _serverAddressesFeature = serverAddressesFeature;

    public Task Invoke(HttpContext context)
    {
        if (context.Request.IsHttps)
        {
            return _next(context);
        }

        var port = _httpsPort.Value;
        if (port == -1)
        {
            return _next(context);
        }

        var host = context.Request.Host;
        if (port != 443)
        {
            host = new HostString(host.Host, port);
        }
        else
        {
            host = new HostString(host.Host);
        }

        var request = context.Request;
```

```
        var redirectUrl = UriHelper.BuildAbsolute(
            "https",
            host,
            request.PathBase,
            request.Path,
            request.QueryString);

        context.Response.StatusCode = _statusCode;
        context.Response.Headers.Location = redirectUrl;

        return Task.CompletedTask;
    }

    private int TryGetHttpsPort()
    {
        var port = _config.GetValue<int?>("HTTPS_PORT")
            ?? _config.GetValue<int?>("ANCM_HTTPS_PORT");
        if (port.HasValue)
        {
            return port.Value;
        }

        if (_serverAddressesFeature == null)
        {
            return -1;
        }

        foreach (var address in _serverAddressesFeature.Addresses)
        {
            var bindingAddress = BindingAddress.Parse(address);
            if (bindingAddress.Scheme.Equals("https",
                StringComparison.OrdinalIgnoreCase))
            {
                port = bindingAddress.Port;
            }
        }

        return port ?? -1;
    }
}
```

24.2.3 中间件注册

HttpsRedirectionMiddleware 中间件由如下 UseHttpsRedirection 扩展方法进行注册。由于中间件类型具有两个构造函数（其中一个定义了 IServerAddressesFeature 类型的参数），所以该扩展方法会根据当前是否注册了 IServerAddressesFeature 对象选择相应的注册方式。该中间件对应的 HttpsRedirectionOptions 配置选项通过如下 AddHttpsRedirection 扩展方法进行设置。

```
public static class HttpsPolicyBuilderExtensions
```

```
{
    public static IApplicationBuilder UseHttpsRedirection(this IApplicationBuilder app)
    {
        var feature =
            app.ServerFeatures.Get<IServerAddressesFeature>();
        if (feature == null)
        {
            app.UseMiddleware<HttpsRedirectionMiddleware>();
        }
        else
        {
            var args = new object[] { feature };
            app.UseMiddleware<HttpsRedirectionMiddleware>(args);
        }
        return app;
    }
}

public static class HttpsRedirectionServicesExtensions
{
    public static IServiceCollection AddHttpsRedirection(
      this IServiceCollection services,
      Action<HttpsRedirectionOptions> configureOptions)
    {
        services.Configure(configureOptions);
        return services;
    }
}
```

24.3　HSTS

在 ASP.NET Core 框架中，HSTS 是通过 HstsMiddleware 中间件实现的。作为一个简单的 HTTP 规范，HSTS 仅仅明确了“Strict-Transport-Security”这个响应报头，所以该中间件的实现也是很简单的。在正式介绍该中间件之前，我们先介绍一下对应的 HstsOptions 配置选项。

24.3.1　HstsOptions

HSTS 涉及的“Strict-Transport-Security”响应报头除了包含表示有效期限的 max-age 属性，还包含 includeSubDomains 和 preload 两个指令，它们都定义在 HstsOptions 这个配置选项类型中。除了 HSTS 报头相关的 3 个属性，HstsOptions 还定义了一个 ExcludedHosts 属性。不需要强制使用 HTTPS 的域名就可以添加在此列表中，本机的默认主机名称“localhost”和对应的 IP 地址（“127.0.0.1”和“[::1]”）都被默认添加到了此列表中。

```
public class HstsOptions
{
    public TimeSpan             MaxAge { get; set; }
    public bool                 IncludeSubDomains { get; set; }
    public bool                 Preload { get; set; }
```

```
    public IList<string>      ExcludedHosts { get; }
        = new List<string> { "localhost", "127.0.0.1", "[::1]" };
}
```

24.3.2 HstsMiddleware 中间件

我们依然采用简单代码模拟了 HstsMiddleware 中间件的定义。如下面的代码片段所示，该中间件类型的构造函数中注入了提供配置选项的 IOptions<HstsOptions>对象。处理器请求的 Invoke 方法针对“Strict-Transport-Security”报头的设置仅限于 HTTPS 请求，并且要求请求域名不在 HstsOptions 配置选项的 ExcludedHosts 列表中。为了提供更好的性能，报头的值是在 HstsMiddleware 中间件初始化时就已经根据配置选项设置好的。

```
public class HstsMiddleware
{
    private const string                IncludeSubDomains = "; includeSubDomains";
    private const string                Preload = "; preload";
    private readonly RequestDelegate _next;
    private readonly StringValues     _strictTransportSecurityValue;
    private readonly IList<string>    _excludedHosts;

    public HstsMiddleware(RequestDelegate next, IOptions<HstsOptions> options)
    {
        _next = next;
        var hstsOptions = options.Value;
        var maxAge = Convert.ToInt64(Math.Floor(hstsOptions.MaxAge.TotalSeconds))
            .ToString(CultureInfo.InvariantCulture);
        var includeSubdomains = hstsOptions.IncludeSubDomains
            ? IncludeSubDomains : StringSegment.Empty;
        var preload = hstsOptions.Preload ? Preload : StringSegment.Empty;
        _strictTransportSecurityValue =
             new StringValues($"max-age={maxAge}{includeSubdomains}{preload}");
        _excludedHosts = hstsOptions.ExcludedHosts;
    }

    public Task Invoke(HttpContext context)
    {
        if (context.Request.IsHttps && !_excludedHosts.Any(it => string
            .Equals(context.Request.Host.Host, it,
            StringComparison.OrdinalIgnoreCase)))
        {
            context.Response.Headers.StrictTransportSecurity
                = _strictTransportSecurityValue;
        }
        return _next(context);
    }
}
```

24.3.3　中间件注册

HstsMiddleware 中间件通过如下 UseHsts 扩展方法进行注册，AddHsts 扩展方法利用提供的 Action<HstsOptions>委托对象对 HstsOptions 配置选项进行设置。

```
public static class HstsBuilderExtensions
{
    public static IApplicationBuilder UseHsts(this IApplicationBuilder app)
        =>return app.UseMiddleware<HstsMiddleware>();
}

public static class HstsServicesExtensions
{
    public static IServiceCollection AddHsts(this IServiceCollection services,
        Action<HstsOptions> configureOptions)
    {
        services.Configure(configureOptions);
        return services;
    }
}
```

第 25章

重定向

在 HTTP 的语义中，重定向一般是指服务端通过返回一个状态码为 3XX 的响应促使客户端像另一个地址再次发起请求，这种情况被称为“客户端重定向”。既然有客户端重定向，自然就有服务端重定向，所谓的服务端重定向是指在服务端通过改变请求路径将请求导向另一个终节点。ASP.NET Core 中的重定向是通过 RewriteMiddleware 中间件实现的。

25.1 基于规则的重定向

RewriteMiddleware 中间件提供的重定向功能不仅赋予了我们对 URL 进行独立设计的能力[比如它使我们可以设计出更具可读性、更利于搜索引擎收录（SEO）的 URL]，还能解决一些安全和负载均衡的问题。该中间件提供了一种基于规则的重定向机制将请求导向另一个终节点，我们照例先来介绍一些简单的演示实例。

25.1.1 客户端重定向

我们可以为 RewriteMiddleware 中间件定义客户端重定向规则使之返回一个 Location 报头指向重定向地址的 3XX 响应。客户端（如浏览器）在接收到这样的响应后会根据状态码约定的语义向重定向地址重新发起请求，这种由客户端对新的地址重新请求的方式被称为“客户端重定向”。

下面演示的实例会将请求路径以“foo/**”为前缀的请求重定向到新的路径“/bar/**”。调用 UseRewriter 扩展方法注册了 RewriteMiddleware 中间件，该扩展方法会将对应的 RewriteOptions 配置选项作为参数。我们直接调用构造函数创建这个 RewriteOptions 对象，并调用其 AddRedirect 扩展方法添加了一个重定向规则，该扩展方法定义了两个参数，前者（^/foo/(.*)）表示参与重定向的原始路径模式（正则表达式），后者（baz/$1）表示重定向目标地址模板，占位符“$1”表示在进行正则表达式匹配时产生的首段捕获内容（前缀“foo/”后面的部分）。请求的 URL 会作为响应的内容。

```
using Microsoft.AspNetCore.Rewrite;
```

```
var app = WebApplication.Create();
var options = new RewriteOptions().AddRedirect("^foo/(.*)", "bar/$1");
app.UseRewriter(options);
app.MapGet("/{**foobar}", (HttpRequest request) =>
    $"{request.Scheme}://{request.Host}{request.PathBase}{request.Path}");
app.Run();
```

演示程序注册了一个采用“/{**foobar}”路由模板的终节点，请求 URL 直接作为该终节点的响应内容。演示程序运行之后，所有路径以“/foo”为前缀的请求都会自动重定向到以“/bar”为前缀的地址。如果请求路径被设置为“/foo/abc/123”，则最终将会被重定向到“/bar/abc/123”路径下，如图 25-1 所示。（S2501）

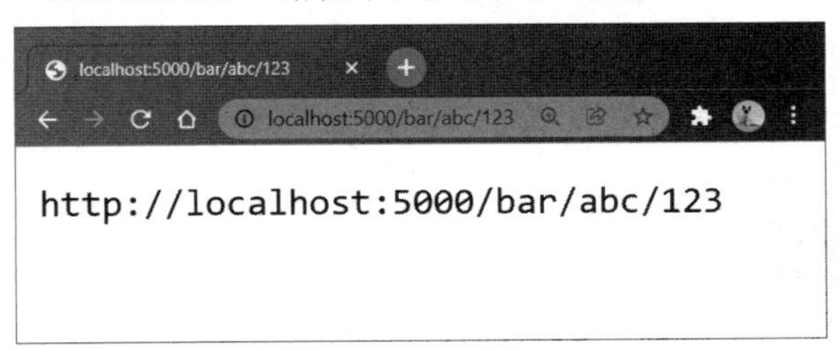

图 25-1　客户端重定向

整个过程涉及 HTTP 报文交换更能体现客户端重定向的本质。如下所示为整个过程涉及的两次报文交换，我们可以看出服务端第一次返回的是状态码为 302 的响应，根据映射规则生成的重定向地址体现在 Location 报头上。

```
GET http://localhost:5000/foo/abc/123 HTTP/1.1
Host: localhost:5000

HTTP/1.1 302 Found
Content-Length: 0
Date: Wed, 22 Sep 2021 13:34:17 GMT
Server: Kestrel
Location: /bar/abc/123
```

```
GET http://localhost:5000/bar/abc/123 HTTP/1.1
Host: localhost:5000

HTTP/1.1 200 OK
Date: Wed, 22 Sep 2021 13:34:17 GMT
Server: Kestrel
Content-Length: 33

http://localhost:5000/bar/abc/123
```

25.1.2　服务端重定向

服务端重定向会在服务端通过重写请求路径的方式将请求重定向到新的终节点。对于前面演示的程序来说，我们只需要对它进行简单的修改就能切换到服务端重定向。如下面的代码片段所示，在创建 RewriteOptions 对象后，调用它的另一个 AddRewrite 扩展方法注册了一个服务端重定向（URL 重写）规则，原始请求路径的正则表达式和重定向路径均保持不变。

```
using Microsoft.AspNetCore.Rewrite;

var app = WebApplication.Create();
var options = new RewriteOptions().
    .AddRewrite(regex: "^foo/(.*)", replacement: "bar/$1", skipRemainingRules: true);;
app.UseRewriter(options);
app.MapGet("/{**foobar}", (HttpRequest request) =>
    $"{request.Scheme}://{request.Host}{request.PathBase}{request.Path}");
app.Run();
```

程序运行后，如果利用浏览器采用相同的路径（/foo/abc/123）对站点发起请求，则会得到图 25-2 所示的响应内容，与图 25-1 中的响应内容相同。由于这次采用的是服务端重定向，整个过程只会涉及一次报文交换，所以浏览器的请求地址不会改变。（S2502）

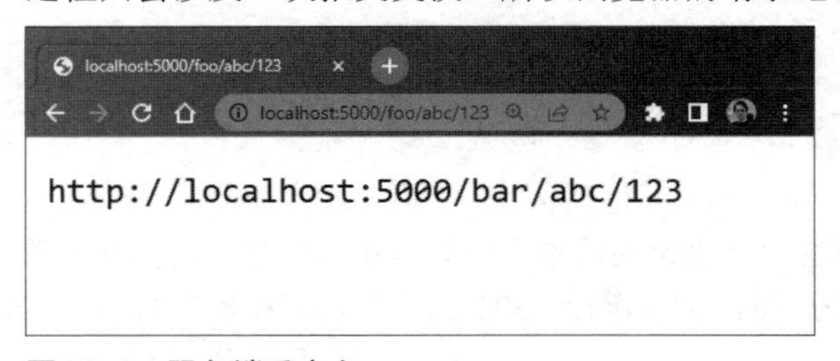

图 25-2　服务端重定向

25.1.3　IIS 重写规则

重定向是绝大部分 Web 服务器（如 IIS、Apache 和 Nginx 等）都会提供的功能，但是不同的服务器类型针对重定向规则具有不同的定义方式。IIS 中的重定向被称为“URL 重写”，具体的 URL 重写规则采用 XML 格式进行定义，RewriteMiddleware 中间件对它提供了原生的支持。我们将 URL 重写规则以如下方式定义在创建的 rewrite.xml 文件中，并将该文件保存在演示项目的根目录下。

```
<rewrite>
    <rules>
        <rule name="foo">
            <match url="^foo/(.*)" />
            <action type="Redirect" url="baz/{R:1}" />
        </rule>
        <rule name="bar">
            <match url="^bar/(.*)" />
            <action type="Rewrite" url="baz/{R:1}" />
        </rule>
    </rules>
</rewrite>
```

如上所示的 XML 文件定义了两个指向目标地址“baz/{R:1}”的规则，这里的占位符“{R:1}”和前面定义的“$1”一样，都表示针对初始请求路径进行正则表达式匹配时得到的第一段捕获内容。两个规则用来匹配原始路径的正则表达式分别定义为“^foo/(.*)”和“^bar/(.*)”。它们采用的 Action 类型也不相同，前者为“Redirect”，表示客户端重定向；后者为“Rewrite”，表示服务端重定向。

为了将采用 XML 文件定义的 IIS 重定向规则应用到演示程序中，我们对演示程序进行修改。如下面的代码片段所示，在 RewriteOptions 对象被创建出来后，调用它的 AddIISUrlRewrite 扩展方法添加了 IIS URL 重写规则，该扩展方法的两个参数分别表示用来读取规则文件的 IFileProvider 对象和规则文件中该对象的路径。由于规则文件存储在项目根目录下，这也是 ASP.NET Core 应用“内容根目录”所在的位置，所以我们可以使用内容根目录对应的 IFileProvider 对象。

```
using Microsoft.AspNetCore.Rewrite;

var app = WebApplication.Create();
var options = new RewriteOptions()
    .AddIISUrlRewrite(fileProvider: app.Environment.ContentRootFileProvider,
        filePath: "rewrite.xml");
app.UseRewriter(options);
app.MapGet("/{**foobar}", (HttpRequest request) =>
    $"{request.Scheme}://{request.Host}{request.PathBase}{request.Path}");
app.Run();
```

程序运行之后，针对添加的两个重定向规则发送了对应的请求，它们采用的请求路径分别为“/foo/abc/123”和“/bar/abc/123”。从图 25-3 中的输出结果可以看出，这两个请求均被重定向到相同的目标路径“/baz/abc/123”。（S2503）

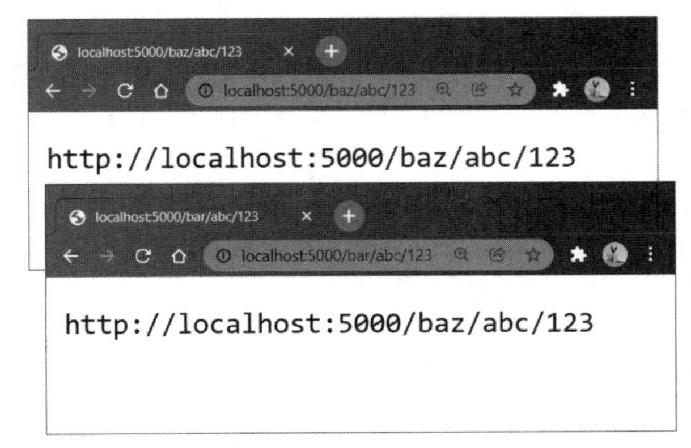

图 25-3　IIS 重定向规则

由于发送的两个请求分别采用客户端和服务端重定向方式导向新的地址，所以浏览器对前者显示的是重定向后的地址，对后者显示的是原始的地址。整个过程涉及的如下三次报文交互更能说明两种重定向方式的差异，从报文内容我们可以进一步看出第一次采用的是响应状态码为 301 的永久重定向。

```
GET http://localhost:5000/foo/abc/123 HTTP/1.1
Host: localhost:5000

HTTP/1.1 301 Moved Permanently
Content-Length: 0
Date: Wed, 22 Sep 2021 23:26:02 GMT
Server: Kestrel
Location: /baz/abc/123
```

```
GET http://localhost:5000/baz/abc/123 HTTP/1.1
Host: localhost:5000

HTTP/1.1 200 OK
Date: Wed, 22 Sep 2021 23:26:02 GMT
Server: Kestrel
Content-Length: 33

http://localhost:5000/baz/abc/123
```

```
GET http://localhost:5000/bar/abc/123 HTTP/1.1
Host: localhost:5000

HTTP/1.1 200 OK
Date: Wed, 22 Sep 2021 23:26:26 GMT
Server: Kestrel
Content-Length: 33

http://localhost:5000/baz/abc/123
```

25.1.4 Apache 重写规则

上面演示了 RewriteMiddleware 中间件针对 IIS 重定向规则的支持，实际上该中间件还支持 Apache 的重定向模块 mod_rewriter 所采用的重定向规则定义形式。我们照例来介绍一个简单的演示程序。在项目根目录下添加一个名为 rewrite.config 的配置文件，并在其中定义如下两个重定向规则。

```
RewriteRule ^/foo/(.*) /baz/$1 [R=307]
RewriteRule ^/bar/(.*) - [F]
```

上面第一个规则利用 R 这个 Flag 将路径与正则表达式“^/foo/(.*)”相匹配的请求重定向到新的路径“/baz/$1”，具体采用的是针对状态码 307 的临时客户端重定向。对于其路径与正则表达式“^/bar/(.*)”相匹配的请求，可以将它视为未经授权的请求，所以对应的规则采用 F（Forbidden）这个 Flag。为了让演示程序采用上述这个配置文件定义的 Apache 重定向规则，只需要按照如下方式调用 RewriteOptions 对象的 AddApacheModRewrite 扩展方法。

```
using Microsoft.AspNetCore.Rewrite;

var app = WebApplication.Create();
```

```
var options = new RewriteOptions()
    .AddApacheModRewrite(fileProvider: app.Environment.ContentRootFileProvider,
        filePath: "rewrite.config");
app.UseRewriter(options);
app.MapGet("/{**foobar}", (HttpRequest request) =>
    $"{request.Scheme}://{request.Host}{request.PathBase}{request.Path}");
app.Run();
```

程序运行之后，针对添加的两个重定向规则发送了对应的请求，它们采用的请求路径分别为“/foo/abc/123”和“/bar/abc/123”。从图 25-4 中的输出结果可以看出，第一个请求均被重定向到相同的目标路径“/baz/abc/123”，第二个请求返回一个状态码为 403 的响应。（S2504）

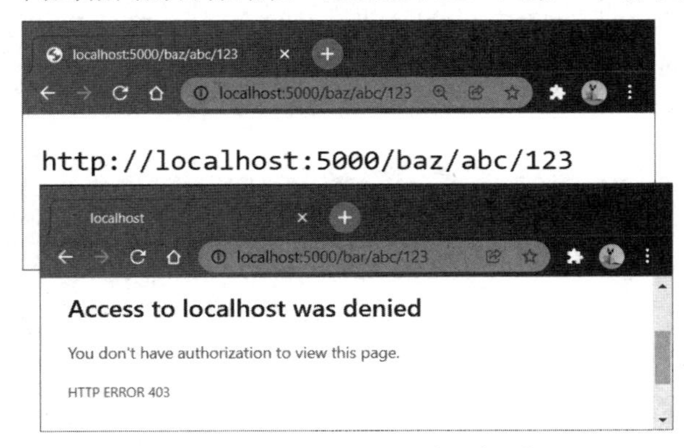

图 25-4　Apache mod_rewrite 重定向规则

如下所示为整个过程涉及的三次报文交换。我们可以看出第一个请求得到的响应状态码正是在规则中显式设置的“307”。第二个请求由于被视为权限不足，服务端直接返回一个状态为“403 Forbidden”的响应。

```
GET http://localhost:5000/foo/abc/123 HTTP/1.1
Host: localhost:5000

HTTP/1.1 307 Temporary Redirect
Content-Length: 0
Date: Wed, 22 Sep 2021 23:56:26 GMT
Server: Kestrel
Location: /baz/abc/123
```

```
GET http://localhost:5000/baz/abc/123 HTTP/1.1
Host: localhost:5000

HTTP/1.1 200 OK
Date: Wed, 22 Sep 2021 23:56:26 GMT
Server: Kestrel
Content-Length: 33
```

```
GET http://localhost:5000/bar/abc/123 HTTP/1.1
Host: localhost:5000
```

```
HTTP/1.1 403 Forbidden
Content-Length: 0
Date: Wed, 22 Sep 2021 23:56:33 GMT
Server: Kestrel
```

25.1.5 HTTPS 重定向

将 HTTP 请求重定向到对应 HTTPS 终节点是一种常见的重定向场景。“第 24 章 HTTPS 策略”介绍的 HttpsRedirectionMiddleware 中间件提供了这样的实现，RewriteMiddleware 中间件其实也能实现类似的功能。如下所示的演示实例，针对路径“/foo”和“/bar”注册了两个终节点，它们均由注册的两个中间件构建的 RequestDelegate 委托对象作为处理器，其中一个就是调用 UseRewriter 扩展方法注册的 RewriteMiddleware 中间件，另一个中间件是通过调用 Run 方法注册的，后者依然将最终请求的 URL 作为响应的内容。

```
using Microsoft.AspNetCore.Rewrite;

var app = WebApplication.Create();
app.MapGet("/foo", CreateHandler(app, 302));
app.MapGet("/bar", CreateHandler(app, 307));
app.Run();

static RequestDelegate CreateHandler(IEndpointRouteBuilder endpoints, int statusCode)
{
    var app = endpoints.CreateApplicationBuilder();
    app
        .UseRewriter(new RewriteOptions().AddRedirectToHttps(statusCode, 5001))
        .Run(httpContext => {
            var request = httpContext.Request;
            var address =
            $"{request.Scheme}://{request.Host}{request.PathBase}{request.Path}";
            return httpContext.Response.WriteAsync(address);
        });
    return app.Build();
}
```

两个终节点的处理器是通过 CreateHandler 方法创建的。该方法调用当前 WebApplication 对象的 CreateApplicationBuilder 方法创建了一个新的 IApplicationBuilder 对象，并调用后者的 UseRewriter 扩展方法注册了 RewriteMiddleware 中间件。我们为该中间件提供的 HTTPS 重定向规则是通过调用 RewriteOptions 对象的 AddRedirectToHttps 扩展方法定义的，该扩展方法指定了重定向响应采用的状态码（302 和 307）和 HTTPS 终节点采用的端口。程序运行之后，两个终节点的 HTTP 请求（“http://localhost:5000/foo”和“http://localhost:5000/bar”）均以图 25-5 所示的形式被重定向到了对应的 HTTPS 终节点。（S2505）

图 25-5　HTTPS 重定向

整个过程涉及如下四次报文交换。我们可以看出通过调用 AddRedirectToHttps 扩展方法定义的规则采用的是客户端重定向。重定向响应采用了所设置的状态码，分别是“302 Found”和“307 Temporary Redirect”。

```
GET http://localhost:5000/foo HTTP/1.1
Host: localhost:5000

HTTP/1.1 302 Found
Content-Length: 0
Date: Thu, 23 Sep 2021 12:10:51 GMT
Server: Kestrel
Location: https://localhost:5001/foo
```

```
GET https://localhost:5001/foo HTTP/1.1
Host: localhost:5001

HTTP/1.1 200 OK
Date: Thu, 23 Sep 2021 12:10:51 GMT
Server: Kestrel
Content-Length: 26

https://localhost:5001/foo
```

```
GET http://localhost:5000/bar HTTP/1.1
Host: localhost:5000

HTTP/1.1 307 Temporary Redirect
Content-Length: 0
Date: Thu, 23 Sep 2021 12:10:57 GMT
Server: Kestrel
Location: https://localhost:5001/bar
```

```
GET https://localhost:5001/bar HTTP/1.1
Host: localhost:5001

HTTP/1.1 200 OK
```

```
Date: Thu, 23 Sep 2021 12:10:57 GMT
Server: Kestrel
Content-Length: 26

https://localhost:5001/bar
```

25.2 重定向中间件

前文通过几个简单的实例演示了 RewriteMiddleware 中间件在常见重定向场景中的应用，接下来着重介绍一下该中间件针对请求的处理流程，先来介绍一下该中间件的重定向规则是如何表达的。

25.2.1 重定向规则

对于 RewriteMiddleware 中间件来说，它使用的重定向规则体现为一个 IRule 对象。如下面的代码片段所示，IRule 接口定义了唯一的 ApplyRule 方法将对应的规则应用到提供的重定向上下文。重定向上下文由一个 RewriteContext 对象表示，它是对当前 HttpContext 上下文对象的封装。如果获取当前的 RewriteContext 上下文对象，则可以通过它得到用来读取静态资源文件的 IFileProvider 对象和用来记录日志的 ILogger 对象。

```
public interface IRule
{
    void ApplyRule(RewriteContext context);
}

public class RewriteContext
{
    public HttpContext          HttpContext { get; set; }
    public IFileProvider        StaticFileProvider { get; set; }
    public ILogger              Logger { get; set; }

    public RuleResult           Result { get; set; }
}
```

IRule 对象承载的重定向规则最终通过 ApplyRule 方法应用到当前的 HttpContext 上下文对象，执行 ApplyRule 方法后还需要将“后续处理方式”借助 Result 属性附加到 RewriteContext 对象上。该属性返回的是如下名为 RuleResult 的枚举，RewriteMiddleware 中间件通过调用 ApplyRule 方法应用了对应的重定向规则后，还需要根据返回的这个枚举执行后续的工作。对于定义的 3 个枚举项，ContinueRules 表示会继续应用后续的规则，EndResponse 和 SkipRemainingRules 都表示不再使用后续的规则，但是前者表示立即终止针对当前请求的处理，而后者则会将请求交给后续中间件进行处理。

```
public enum RuleResult
{
    ContinueRules,
    EndResponse,
```

```
    SkipRemainingRules
}
```

25.2.2 RewriteMiddleware

RewriteMiddleware 中间件具有对应的 RewriteOptions 配置选项，重定向规则最终注册在 IList<IRule>对象的 Rules 属性中，具体的规则可以调用 Add 扩展方法添加到此列表中。由于 RewriteMiddleware 中间件会根据规则在列表中的顺序逐个应用它们，所以注册规则的顺序很重要。如果我们显式设置了配置选项的 StaticFileProvider 属性，则提供的 IFileProvider 对象最终将转移到上述 RewriteContext 上下文对象的同名属性。

```
public class RewriteOptions
{
    public IList<IRule>        Rules { get; }
    public IFileProvider       StaticFileProvider { get; set; }
}

public static class RewriteOptionsExtensions
{
    public static RewriteOptions Add(this RewriteOptions options, IRule rule)
    {
        options.Rules.Add(rule);
        return options;
    }
}
```

RewriteMiddleware 类型的构造函数中注入了用来提供承载环境信息的 IWebHostEnvironment 对象、构建 ILogger 对象的 ILoggerFactory 工厂，以及提供配置选项的 IOptions<RewriteOptions>对象。如果没有利用 RewriteOptions 配置选项提供读取静态资源文件的 IFileProvider 对象，则最终使用的是 IWebHostEnvironment 对象的 WebRootFileProvider 属性返回的 IFileProvider 对象。

```
public class RewriteMiddleware
{
    private readonly RequestDelegate  _next;
    private readonly RewriteOptions   _options;
    private readonly IFileProvider    _fileProvider;
    private readonly ILogger          _logger;

    public RewriteMiddleware(RequestDelegate next,
      IWebHostEnvironment hostingEnvironment,
      ILoggerFactory loggerFactory, IOptions<RewriteOptions> options)
    {

        _next          = next;
        _options       = options.Value;
        _logger        = loggerFactory.CreateLogger<RewriteMiddleware>();
        _fileProvider = options.StaticFileProvider
            ?? hostingEnvironment.WebRootFileProvider;
```

```
    }

    public Task Invoke(HttpContext httpContext)
    {
        var context = new RewriteContext
        {
            HttpContext                 = httpContext,
            StaticFileProvider          = _fileProvider,
            Logger                      = _logger,
            Result                      = RuleResult.ContinueRules
        };

        foreach (var rule in _options.Rules)
        {
            rule.ApplyRule(context);
            switch (context.Result)
            {
                case RuleResult.ContinueRules:
                    continue;
                case RuleResult.EndResponse:
                    return Task.CompletedTask;
                default:
                    return _next(httpContext);
            }
        }
        return _next(httpContext);
    }
}
```

用来处理请求的 Invoke 方法会先创建 RewriteContext 上下文对象，表示重定向规则结果的 Result 属性被初始化为 ContinueRules。它接下来将这个上下文对象作为参数逐个调用每一个重定向规则的 ApplyRule 方法。当每一个重定向规则应用完后，它会检查 RewriteContext 上下文对象承载的结果，并对后续工作进行合理的安排。如果规则结果为 ContinueRules，则中间件会继续应用下一个规则。如果规则结果为 EndResponse，则该方法会直接返回，整个中间件管道针对请求的处理将到此终止。如果规则结果为 SkipRemainingRules，则该方法会忽略后续的规则，直接将请求交给下一个中间件进行处理。

RewriteMiddleware 中间件通过如下两个 UseRewriter 扩展方法进行注册。我们可以为注册的 RewriteMiddleware 中间件显式提供一个 RewriteOptions 配置选项。如果没有显式指定，则使用默认配置。

```
public static class RewriteBuilderExtensions
{
    public static IApplicationBuilder UseRewriter(this IApplicationBuilder app)
       =>app.UseMiddleware<RewriteMiddleware>();

    public static IApplicationBuilder UseRewriter(this IApplicationBuilder app,
        RewriteOptions options)
    {
```

```
        var args = new object[] { Options.Create<RewriteOptions>(options) };
        return app.UseMiddleware<RewriteMiddleware>(args);
    }
}
```

如果使用第一个 UseRewriter 扩展方法重注册 RewriteMiddleware 中间件，则可以通过配置 RewriteOptions 的方式来注册重定向规则，以及提供用来读取规则文件的 IFileProvider 对象。不过目前并没有专门用来配置 RewriteOptions 的扩展方法，我们只能按照如下“原始方式”进行配置。

```
using Microsoft.AspNetCore.Rewrite;
var buidler = WebApplication.CreateBuilder();
buidler.Services.Configure<RewriteOptions>(options => options
    .AddRedirect("^foo/(.*)", "baz/$1")
    .AddRedirect("^bar/(.*)", "baz/$1"));
var app = buidler.Build();
app.UseRewriter();
...
app.Run();
```

25.3 预定义规则

对于注册了 RewriteMiddleware 中间件的应用来说，某个请求是否会被重定向，以及采用哪种类型的重定向取决于预先注册的重定向规则。重定向规则通过 IRule 接口表示。我们可以通过实现这个接口定义任意的规则。ASP.NET Core 提供了若干预定义的规则类型。下面对它们进行简单的介绍。

25.3.1 “万能”规则

由于 IRule 接口定义了唯一的 ApplyRule 方法将重定向规则应用到 RewriteContext 上下文对象，所以重定向规则完全可以表示为一个 Action<RewriteContext>委托对象。如下这个名为 DelegateRule 规则类型就是利用指定的 Action<RewriteContext>委托对象来实现 ApplyRule 方法的。

```
internal class DelegateRule : IRule
{
    private readonly Action<RewriteContext> _onApplyRule;
    public DelegateRule(Action<RewriteContext> onApplyRule)
      => _onApplyRule = onApplyRule;
    public void ApplyRule(RewriteContext context)=>_onApplyRule(context);
}
```

我们可以利用这个规则实现任何重定向功能，所以这是一个万能的规则。我们可以调用如下 RewriteOptions 类型的 Add 扩展方法注册根据指定 Action<RewriteContext>委托对象创建的 DelegateRule 规则。

```
public static class RewriteOptionsExtensions
{
```

```
    public static RewriteOptions Add(this RewriteOptions options,
        Action<RewriteContext> applyRule)
    {
        options.Rules.Add(new DelegateRule(applyRule));
        return options;
    }
}
```

25.3.2 客户端重定向

一般的客户端重定向是借助如下 RedirectRule 规则实现的。我们在创建这样一个规则时需要提供用来匹配请求地址的正则表达式、重定向地址模板（可以包含以“${N}”形式定义的表示正则捕获序列中对应位置的占位符）和响应状态码。如果仅限于“站内转移”，则重定向地址模板只需要包含路径（包含查询字符串和 Fragment）。如果需要向一个站外地址发起重定向，则需要指定完整的 URL 模板。

```
internal class RedirectRule : IRule
{
    public Regex      InitialMatch { get; }
    public string     Replacement { get; }
    public int        StatusCode { get; }

    public RedirectRule(string regex, string replacement, int statusCode);

    public virtual void ApplyRule(RewriteContext context);
}
```

如果确定请求路径与指定的正则表达式相匹配，则 ApplyRule 方法会对响应状态码进行相应设置。根据指定的 URL 或者路径模板生成完整的重定向地址后，该方法会将它作为响应的 Location 报头的值。RedirectRule 采用的规则结果为 EndResponse，所以当前规则被应用到匹配的请求之后，请求的处理流程将到此终止。RedirectRule 规则通过如下 RewriteOptions 类型的两个 AddRedirect 扩展方法进行注册。如果没有指定响应状态码，则默认采用 302。

```
public static class RewriteOptionsExtensions
{
    public static RewriteOptions AddRedirect(this RewriteOptions options, string regex,
        string replacement)
        => options.AddRedirect(regex, replacement, 302);

    public static RewriteOptions AddRedirect(this RewriteOptions options, string regex,
        string replacement, int statusCode)
    {
        options.Rules.Add(new RedirectRule(regex, replacement, statusCode));
        return options;
    }
}
```

25.3.3　服务端重定向

ASP.NET Core 的语义下的“重定向”是指上述的“客户端重定向”。所谓的“服务端重定向”在 ASP.NET Core 的语义下被称为“URL 重写”。“服务端重定向规则”是通过 RewriteRule 类型来表示的。构建 RewriteRule 规则提供的前两个参数（regex 和 replacement）和 RedirectRule 构造函数对应的参数具有相同的语义。构造函数的第三个参数 stopProcessing 表示是否需要忽略后续的规则，如果将这个参数设置为 True，则在重定向规则与当前请求相匹配的情况下，RewriteContext 上下文对象的规则结果将会被设置为 SkipRemainingRules。

```
internal class RewriteRule : IRule
{
    public Regex       InitialMatch { get; }
    public string      Replacement { get; }
    public bool        StopProcessing { get; }

    public RewriteRule(string regex, string replacement, bool stopProcessing);
    public virtual void ApplyRule(RewriteContext context);
}
```

虽然 RewriteRule 旨在实现服务端重定向，但是我们依然可以重定向地址模板并设置为一个完整的 URL 模板。在此情况下，如果规则与请求匹配，则原始请求的协议名称（Scheme）、主机名、路径和查询字符串都将被修正。如果指定的仅仅是重定向路径（可以包含查询字符串），则只有请求的路径和查询字符串会被修正。RewriteRule 规则通过如下 AddRewrite 扩展方法进行注册。

```
public static class RewriteOptionsExtensions
{
    public static RewriteOptions AddRewrite(this RewriteOptions options, string regex,
        string replacement, bool skipRemainingRules)
    {
        options.Rules.Add(new RewriteRule(regex, replacement, skipRemainingRules));
        return options;
    }
}
```

25.3.4　WWW 重定向

在一些情况下，针对根域名（如 artech.com）的请求需要重定向到对应的“www 子域名”（如 www.artech.com）上，反之亦然。这两种客户端重定向可以借助 RedirectToWwwRule 规则和 RedirectToNonWwwRule 规则来实现。如下面的代码片段所示，我们在构建这两个规则时需要指定采用的响应状态码和限定的域名列表（可选）。

```
internal class RedirectToWwwRule : IRule
{
    public RedirectToWwwRule(int statusCode);
    public RedirectToWwwRule(int statusCode, params string[] domains);
    public void ApplyRule(RewriteContext context);
```

```
}

internal class RedirectToNonWwwRule : IRule
{
    public RedirectToNonWwwRule(int statusCode);
    public RedirectToNonWwwRule(int statusCode, params string[] domains);
    public void ApplyRule(RewriteContext context);
}
```

如果限定的域名列表没有显式指定，就意味着规则对域名没有限制。需要注意的是，这两个规则对于“localhost”的请求无效。在确定规则与当前请求相匹配之后，这两个规则会对响应状态码进行相应设置，并将对应的重定向地址设置成相应报头 Location 的值。这两个规则最终都会将 RewriteContext 上下文对象的规则结果设置为 EndResponse。

我们可以调用如下这些重载扩展方法来注册 RedirectToWwwRule 和 RedirectToNonWwwRule。域名限制既可以设置也可以忽略，状态码可以显式指定。对于不包含状态码参数的重载扩展方法来说，后缀名为“Permanent”的扩展方法采用表示永久重定向的状态码 308，不具有此后缀的扩展方法采用表示暂时重定向的状态码 307。

```
public static class RewriteOptionsExtensions
{
    public static RewriteOptions AddRedirectToNonWww(this RewriteOptions options)
        => options.AddRedirectToNonWww(307);
    public static RewriteOptions AddRedirectToNonWww(this RewriteOptions options,
        params string[] domains)
        => options.AddRedirectToNonWww(307, domains);

    public static RewriteOptions AddRedirectToNonWww(this RewriteOptions options,
        int statusCode)
    {
        options.Rules.Add(new RedirectToNonWwwRule(statusCode));
        return options;
    }
    public static RewriteOptions AddRedirectToNonWww(this RewriteOptions options,
        int statusCode, params string[] domains)
    {
        options.Rules.Add(new RedirectToNonWwwRule(statusCode, domains));
        return options;
    }

    public static RewriteOptions AddRedirectToNonWwwPermanent(
      this RewriteOptions options)
        => options.AddRedirectToNonWww(308);
    public static RewriteOptions AddRedirectToNonWwwPermanent(
      this RewriteOptions options,
        params string[] domains) =>
        options.AddRedirectToNonWww(308, domains);

    public static RewriteOptions AddRedirectToWww(this RewriteOptions options) =>
```

```
        options.AddRedirectToWww(307);
    public static RewriteOptions AddRedirectToWww(this RewriteOptions options,
        params string[] domains) =>
        options.AddRedirectToWww(307, domains);

    public static RewriteOptions AddRedirectToWww(this RewriteOptions options,
        int statusCode)
    {
        options.Rules.Add(new RedirectToWwwRule(statusCode));
        return options;
    }
    public static RewriteOptions AddRedirectToWww(this RewriteOptions options,
        int statusCode, params string[] domains)
    {
        options.Rules.Add(new RedirectToWwwRule(statusCode, domains));
        return options;
    }

    public static RewriteOptions AddRedirectToWwwPermanent(this RewriteOptions options)
        => options.AddRedirectToWww(308);
    public static RewriteOptions AddRedirectToWwwPermanent(this RewriteOptions options,
         params string[] domains)
        => options.AddRedirectToWww(307, domains);
}
```

25.3.5 HTTPS 重定向

如下 RedirectToHttpsRule 规则类型实现了 HTTPS 终节点的客户端重定向，它定义了 SSLPort 和 StatusCode 两个属性，分别表示 HTTPS 终节点端口和响应状态码。

```
internal class RedirectToHttpsRule : IRule
{
    public int?         SSLPort { get; set; }
    public int          StatusCode { get; set; }

    public RedirectToHttpsRule();
    public virtual void ApplyRule(RewriteContext context);
}
```

如果请求与当前规则匹配，则 RedirectToHttpsRule 对象的 ApplyRule 方法会对响应状态码进行相应设置。在根据当前请求的 URL 构建对应的 HTTPS 地址之后，ApplyRule 方法会将该地址作为响应报头 Location 的值。如果没有对端口进行显式设置，或者设置默认的 443 端口，则重定向 URL 将不会显式指定端口。RedirectToHttpsRule 规则可以通过调用如下 3 个 AddRedirectToHttps 重载扩展方法进行注册，如果没有显式指定响应状态码，则默认采用 302。

```
public static class RewriteOptionsExtensions
{
    public static RewriteOptions AddRedirectToHttps(this RewriteOptions options)
        => options.AddRedirectToHttps(302, null);
```

```
    public static RewriteOptions AddRedirectToHttps(this RewriteOptions options,
        int statusCode)
        => options.AddRedirectToHttps(statusCode, statusCode);

    public static RewriteOptions AddRedirectToHttps(this RewriteOptions options,
        int statusCode, int? sslPort)
    {
        var rule = new RedirectToHttpsRule
        {
            StatusCode         = statusCode,
            SSLPort            = sslPort
        };
        options.Rules.Add(rule);
        return options;
    }
}
```

25.3.6 IIS 重写规则

重定向是服务器产品必备的功能，如 IIS、Apache 和 Nginx 都提供了基于规则的重定向或者 URL 重写模块。从规则的表达功能来说，IIS 是最好的。IIS 的重定向规则通过 XML 的形式进行定义，一个规则由必需的 Match 和 Action 与一组可选的 Condition 节点组成。Match 根据指定的正则表达式确定与请求 URL 是否匹配，Condition 则在此基础上进一步设置额外的匹配条件，在确定请求与 Match 节点设置的正则表达式相匹配，并同时满足 Condition 节点设置的条件之后，将根据 Action 节点设置对请求实施重定向。

如下所示这个根节点为<rule>的 XML 片段就是一个针对 HTTPS 终节点的重定向规则。我们利用<rule>元素的 name 属性对规则进行命名，将 stopProcessing 属性设置为 True，这就意味着一旦该规则被应用之后，后续规则会被忽略（相当于规则结果 RuleResult. SkipRemainingRules）。由于内嵌的<match>元素的 url 属性提供的正则表达式为“(.*)”，所以对请求路径不进行任何限制。由于 HTTPS 终节点的重定向只有针对 HTTP 请求才有意义，所以将这个前置条件定义在<conditions>元素下。

```
<rule name="Redirect to HTTPS" stopProcessing="true">
    <match url="(.*)"/>
    <conditions>
        <add input="{HTTPS}" pattern="^OFF$" ignoreCase="true"/>
    </conditions>
    <action type="Redirect"
            url="https://{HTTP_HOST}/{R:1}"
            redirectType="Permanent"/>
</rule>
```

<conditions>元素定义的前置条件同样采用正则表达式匹配的形式进行定义，待匹配的文本定义在 input 属性中，上面这个重定向规则中使用的是一个名为 HTTPS 的服务端变量，它表示当前是否为 HTTPS 请求。对于普通的 HTTP 请求，该变量的值为“off”，所以我们将通过

pattern 属性表示的正则表达式设置为“^OFF$”，并通过将 ignoreCase 属性设置为 True，促使在进行正则表达式匹配时忽略字母大小写。

满足条件的 HTTP 请求将利用<action>元素定义的处理方式进行重定向。<action>元素的 type 属性表示处理类型，它有“Redirect”和“Rewrite”两个值，分别表示客户端重定向和服务端重定向。redirectType 属性进一步确定了重定向的类型，“Permanent”表示采用基于 301 状态码的永久重定向。重定向地址定义在 url 属性中，这里使用了表示请求主机名称的变量{HTTP_HOST}，另一个占位符{R:1}表示正则表达式匹配得到的首个捕获文本，也就是请求 URL 主机名后面的所有内容。IIS 重定向规则还涉及很多内容，由于篇幅所限，作者就不再赘述。如下所示为 IISUrlRewriteRule 类型的定义。

```
internal class IISUrlRewriteRule : IRule
{
    public string                   Name { get; }
    public UrlMatch                 InitialMatch { get; }
    public ConditionCollection      Conditions { get; }
    public UrlAction                Action { get; }
    public bool                     Global { get; }

    public IISUrlRewriteRule(string name, UrlMatch initialMatch,
        ConditionCollection conditions, UrlAction action);
    public IISUrlRewriteRule(string name, UrlMatch initialMatch,
        ConditionCollection conditions, UrlAction action, bool global);
    public virtual void ApplyRule(RewriteContext context);
}
```

IISUrlRewriteRule 表示的 IIS 重定向规则通过如下两个 AddIISUrlRewrite 扩展方法进行注册。我们有两种提供承载规则内容的 XML 文本的方式，一种是提供用来读取规则文本的 TextReader 对象，另一种是提供用来读取规则文件的 IFileProvider 对象和规则文件中该对象的路径。

```
public static class IISUrlRewriteOptionsExtensions
{
    public static RewriteOptions AddIISUrlRewrite(this RewriteOptions options,
        TextReader reader, bool alwaysUseManagedServerVariables = false);
    public static RewriteOptions AddIISUrlRewrite(this RewriteOptions options,
        IFileProvider fileProvider, string filePath,
        bool alwaysUseManagedServerVariables = false);
}
```

我之所以认为 IIS 提供的重定向规则具有强大的表达功能，是因为它对服务端变量的广泛应用，https://docs.microsoft.com/en-us/iis/web-dev-reference/server-variables 列出了 IIS 自身提供的一系列标准的预定义变量。如果调用 AddIISUrlRewrite 扩展方法时将 alwaysUseManagedServerVariables 参数设置为 True，则可以从 IServerVariablesFeature 特性中提取变量。

```
public interface IServerVariablesFeature
{
```

```
    string this[string variableName] { get;  set; }
}
```

25.3.7 Apache 重写规则

Apache 针对请求的重定向功能是通过 mod_rewrite 模块提供的，mod_rewrite 具有属于自己的规则定义格式。总体来说，Apache mod_rewrite 重写规则通过如下 RewriteRule 指令来表示，该指令由 3 个元素组成，其中前两个元素（pattern 和 substitution）分别表示用来匹配请求地址的正则表达式和重定向地址，最后一个元素表示用于控制重定向行为的一组标签（flags）。前两者是必须指定的，即使我们不需要一个具体的重定向地址，也需要是一个“-”来代替。后面的标签是可以缺省的。

```
RewriteRule pattern substitution [flags]
```

RewriteRule 指令可以包含一组 RewriteCond 指令来定义前置条件。RewriteCond 指令同样由 3 个元素组成，testString 和 condPattern 分别表示测试的输入文本和对应的正则表达式，flags 表示提供一组用于控制测试行为的标签。

```
RewriteCond testString condPattern [flags]
```

HTTPS 终节点的重定向规则可以通过如下两个指令来表达。RewriteCond 指令通过测试“HTTPS”变量的值是否为 off 来过滤 HTTPS 请求。RewriteRule 指令将具有任意路径的请求重定向（采用客户端重定向）到对应的 HTTPS 终节点。设置为“(.*)”的正则表达式就意味着对请求的路径不进行要求，替换的重定向 URL 包含两个占位符，“%{SERVER_NAME}”表示主机名称，“$1”表示正则表达式捕获的第一个文本，也就是原始请求 URL 中主机名称后面的内容。对于添加的“R（Redirect）”标签和“L（Last）”标签，前者决定了最终会采用状态码为 302 的客户端重定向，后者将当前规则作为请求的最后一个规则，如果当前规则与请求相匹配，则后续的规则将被忽略。mod_rewrite 的重写规则同样具有丰富的内容，由于篇幅所限，作者就不再赘述了。

```
RewriteCond %{HTTPS} off
RewriteRule (.*) https://%{SERVER_NAME}/$1 [R=302,L]
```

IIS 和 Apache 这两种不同的 Web 服务器类型提供的重写规则虽然具有完全不同的定义形式，但是它们最终表达的内容其实是一样的。如下所示为 ApacheModRewriteRule 类型的定义。

```
internal class ApacheModRewriteRule : IRule
{
    public UrlMatch            InitialMatch { get; }
    public IList<Condition>    Conditions {  get; }
    public IList<UrlAction>    Actions { get; }

    public ApacheModRewriteRule(UrlMatch initialMatch,  IList<Condition> conditions,
        IList<UrlAction> urlActions);
    public virtual void ApplyRule(RewriteContext context);
}
```

ApacheModRewriteRule 规则通过如下两个 AddApacheModRewrite 重载扩展方法被添加到指定 RewriteOptions 配置选项的规则列表中，这两个扩展方法和前面介绍的用于添加 IIS 重写规则的 AddIISUrlRewrite 扩展方法具有一致的定义。

```
public static class ApacheModRewriteOptionsExtensions
{
    public static RewriteOptions AddApacheModRewrite(this RewriteOptions options,
         TextReader reader);
    public static RewriteOptions AddApacheModRewrite(this RewriteOptions options,
        IFileProvider fileProvider, string filePath);
}
```

第26章

限流

承载 ASP.NET Core 应用的服务器资源总是有限的，短时间内涌入过多的请求可能会瞬间耗尽可用资源并导致宕机。为了解决这个问题，我们需要在服务端设置一个阀门将并发处理的请求数量限制在一个可控的范围，即使会导致请求的延迟响应，在极端的情况还会不得不放弃一些请求。ASP.NET Core 应用的流量限制是通过 ConcurrencyLimiterMiddleware 中间件实现的。

26.1 控制并发量

ConcurrencyLimiterMiddleware 中间件可以视为 ASP.NET Core 应用的守门人。如果分发给它的请求并发量超过了设定的阈值，则该中间件将部分请求置于一个等待队列中，并采用某种策略在适当的时候提交给后续管道进行处理。如果等待队列也满了，就意味着待处理的请求已经超过了最大承受能力，此时不得不丢弃部分请求。至于是直接丢弃当前接收的请求还是等待队列中的某个请求，这也是一个策略问题。本章将详细介绍 ConcurrencyLimiterMiddleware 中间件提供的限流策略，在这前先来介绍一个简单的实例演示。

26.1.1 设置并发和等待请求阈值

由于各种 Web 服务器、反向代理和负载均衡器都提供了限流的功能，所以我们很少会在应用层面进行流量控制。ConcurrencyLimiterMiddleware 中间件由“Microsoft.AspNetCore. Core ConcurrencyLimiter”这个 NuGet 包提供，ASP.NET Core 应用采用的 SDK（Microsoft.NET. Sdk.Web）并没有将该包作为默认的引用，所以需要手动添加该 NuGet 包的引用。

当请求并发量超过设置的阈值时，ConcurrencyLimiterMiddleware 中间件会将请求放到等待队列中，整个限流工作都是围绕这个队列进行的，采用怎样的策略管理这个等待队列是整个限流模型的核心。无论采用哪种策略，我们都需要设置两个阈值，一个是当前允许的最大并发请求量，另一个是等待队列的最大容量。如下面的代码片段所示，我们通过调用 IServiceCollection 接口的 AddQueuePolicy 扩展方法注册了一个基于队列（Queue）的策略，并将上述的两个阈值都设置为2。（S2601）

```
using App;

var builder = WebApplication.CreateBuilder(args);
builder.Logging.ClearProviders();
builder.Services
    .AddHostedService<ConsumerHostedService>()
    .AddQueuePolicy(options =>
    {
        options.MaxConcurrentRequests = 2;
        options.RequestQueueLimit = 2;
    });
var app = builder.Build();
app
    .UseConcurrencyLimiter()
    .Run(httpContext => Task.Delay(1000)
        .ContinueWith(_ => httpContext.Response.StatusCode = 200));
app.Run();
```

ConcurrencyLimiterMiddleware 中间件是通过调用 IApplicationBuilder 的 UseConcurrencyLimiter 扩展方法进行注册的，后续通过调用 Run 方法提供的 RequestDelegate 委托对象模拟了 1 秒钟的处理耗时。演示的程序还注册了一个 ConsumerHostedService 类型的承载服务来模拟消费 API 的客户端。如下面的代码片段所示，ConsumerHostedService 利用注入的 IConfiguration 对象来提供并发量配置。当此承载服务启动之后，它会根据配置创建相应数量的并发任务持续地对应用发起请求。

```
public class ConsumerHostedService : BackgroundService
{
    private readonly HttpClient[] _httpClients;
    public ConsumerHostedService(IConfiguration configuration)
    {
        var concurrency = configuration.GetValue<int>("Concurrency");
        _httpClients = Enumerable
            .Range(1, concurrency)
            .Select(_ => new HttpClient())
            .ToArray();
    }

    protected override Task ExecuteAsync(CancellationToken stoppingToken)
    {
        var tasks = _httpClients.Select(async client =>
        {
            while (true)
            {
                var start = DateTimeOffset.UtcNow;
                var response = await client.GetAsync("http://localhost:5000");
                var duration = DateTimeOffset.UtcNow - start;
                var status = $"{(int)response.StatusCode},{response.StatusCode}";
                Console.WriteLine($"{status} [{(int)duration.TotalSeconds}s]");
                if (!response.IsSuccessStatusCode)
```

```
                {
                    await Task.Delay(1000);
                }
            }
        });
        return Task.WhenAll(tasks);
    }

    public override Task StopAsync(CancellationToken cancellationToken)
    {
        Array.ForEach(_httpClients, it => it.Dispose());
        return Task.CompletedTask;
    }
}
```

对于发送的每个请求，ConsumerHostedService 都会在控制台上记录响应的状态和耗时。为了避免控制台“刷屏”，在接收到错误响应后模拟 1 秒钟的等待。由于并发量是由配置系统提供的，所以我们可以利用命令行参数（Concurrency）的方式来对并发量进行设置。如图 26-1 所示，我们以命令行的方式启动了程序，并通过命令行参数将并发量设置为 2。由于并发量并没有超出阈值，所以每个请求均得了到正常的响应。

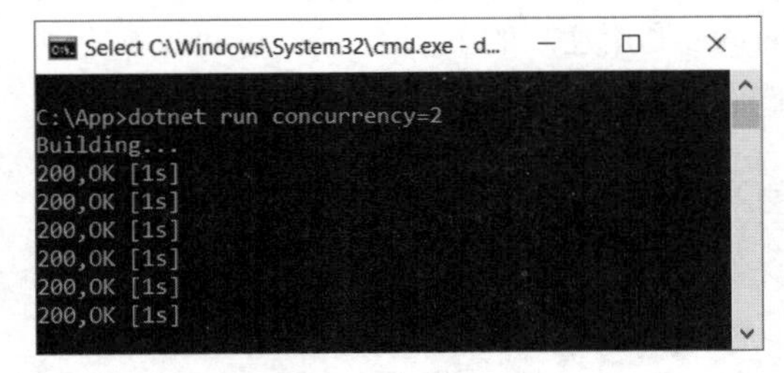

图 26-1 并发量未超出阈值

由于将并发量的阈值和等待队列的容量均设置为 2，从外部来看，演示程序所能承受的最大并发量为 4。所以当以此并发量启动程序之后，并发的请求能够接收到成功的响应，但是除前两个请求能够得到及时处理外，后续请求都会在等待队列中等待一段时间，所以整个耗时会延长。如果将并发量设置为 5，则这显然超出了服务端的极限，所以部分请求会得到状态码为“503, ServiceUnavailable”的响应。

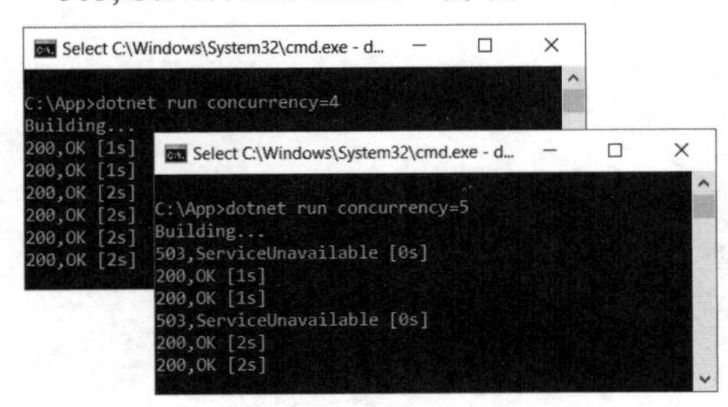

图 26-2 并发量超出阈值

ASP.NET Core 应用的并发处理的请求量可以通过 dotnet-counters 工具提供的性能计数器进行查看。具体的性能计数器名称为“Microsoft.AspNetCore.Hosting”。我们现在通过这种方式来看一看演示程序真正的并发处理指标是否和预期一致。我们还是以并发量为 5 运行演示程序，以图 26-3 所示的方式执行“dotnet-coutners ps”命令查看演示程序的进程，并对进程 ID 执行“dotnet-counters monitor”命令查看名为“Microsoft.AspNetCore.Hosting”的性能指标。

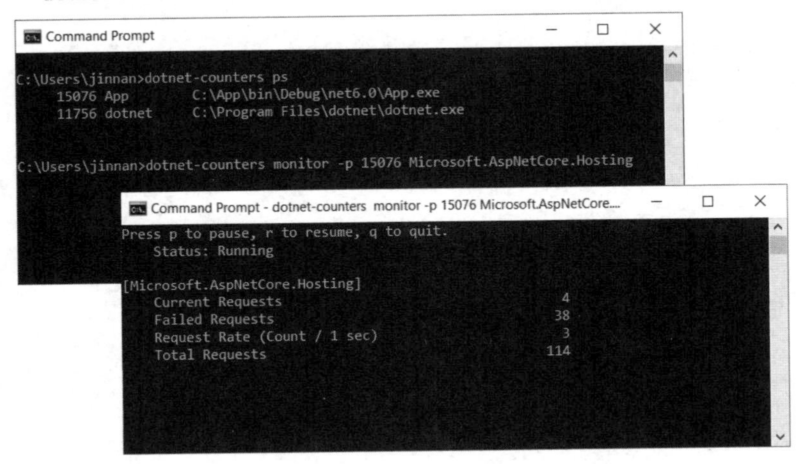

图 26-3　执行“dotnet-counters monitor”命令查看并发量

如图 26-3 所示，执行“dotnet-counters monitor”命令后显示的并发请求为 4，这和我们的设置是吻合的，因为对于应用的中间件管道来说，并发处理的请求包含 ConcurrencyLimiterMiddleware 中间件的等待队列的两个和后续中间件真正处理的两个。我们还看到了每秒处理的请求数量为 3，并有约 33%的请求失败率，这些指标和我们的设置都是吻合的。

26.1.2　初识基于队列的处理策略

通过前面的演示实例我们知道，当 ConcurrencyLimiterMiddleware 中间件维护的等待队列被填满并且后续中间件管道正在“满负荷运行（并发处理的请求达到设定的阈值）”的情况下，如果此时接收到一个新的请求，则它只能放弃某个待处理的请求。具体来说，它具有两种选择，一种是放弃刚刚接收的请求，另一种就是丢弃等待队列中的某个请求，其位置由新接收的请求占据。

前面演示实例采用的等待队列处理策略是通过调用 IServiceCollection 接口的 AddQueuePolicy 扩展方法注册的，这是一种基于“队列”的策略。我们知道队列的特点就是先进先出（FIFO），讲究“先来后到”，如果采用这种策略就会放弃刚刚接收到的请求。我们可以通过简单的实例证实这一点。如下面的代码片段所示，我们在 ConcurrencyLimiterMiddleware 中间件之前注册了一个通过 DiagnosticMiddleware 方法表示的中间件，它会对每个请求按照接收到的时间顺序进行编号，利用它输出每个请求对应的响应状态就知道 ConcurrencyLimiterMiddleware 中间件最终放弃的是哪个请求。

```
using App;

var requestId = 1;
var @lock = new object();

var builder = WebApplication.CreateBuilder();
builder.Logging.ClearProviders();
builder.Services
    .AddHostedService<ConsumerHostedService>()
    .AddQueuePolicy(options =>
    {
        options.MaxConcurrentRequests        = 2;
        options.RequestQueueLimit            = 2;
    });
var app = builder.Build();
app
    .Use(InstrumentAsync)
    .UseConcurrencyLimiter()
    .Run(httpContext => Task.Delay(1000)
        .ContinueWith(_ => httpContext.Response.StatusCode = 200));
await app.StartAsync();

var tasks = Enumerable.Range(1, 5)
    .Select(_ => new HttpClient().GetAsync("http://localhost:5000"));
await Task.WhenAll(tasks);
Console.Read();

async Task InstrumentAsync(HttpContext httpContext, RequestDelegate next)
{
    Task task;
    int id;
    lock (@lock!)
    {
        id = requestId++;
        task = next(httpContext);
    }
    await task;
    Console.WriteLine($"Request {id}: {httpContext.Response.StatusCode}");
}
```

我们在 IServiceCollection 接口的 AddQueuePolicy 扩展方法中提供的设置不变（最大并发量和等待队列大小都是 2）。程序运行后，同时发送了 5 个请求，此时控制台上的输出结果如图 26-4 所示。可以看出 ConcurrencyLimiterMiddleware 中间件在接收到第 5 个请求并不得不做出取舍时，它放弃的是当前接收到的请求。（S2602）

```
C:\Windows\System32\cmd.exe -...
C:\App>dotnet run
Building...
Request 5: 503
Request 2: 200
Request 1: 200
Request 3: 200
Request 4: 200
```

图 26-4　基于队列的处理策略

26.1.3　初识基于栈的处理策略

当 ConcurrencyLimiterMiddleware 中间件在接收到某个请求并需要决定放弃某个待处理请求时，它还可以采用另一种基于“栈”的处理策略。如果采用这种策略，则它会先保全当前接收到的请求，并用它替换存储在等待队列时间最长的那个。也就是说它不再讲究先来后到，而主张后来居上。对于前面的演示程序来说，我们只需要按照如下方式将 AddQueuePolicy 扩展方法的调用替换成 AddStackPolicy 扩展方法就可以切换到这种策略。

```
...
var builder = WebApplication.CreateBuilder();
builder.Logging.ClearProviders();
builder.Services
    .AddHostedService<ConsumerHostedService>()
    .AddStackPolicy(options =>
    {
        options.MaxConcurrentRequests         = 2;
        options.RequestQueueLimit             = 2;
    });
var app = builder.Build();
...
```

重新运行修改后的演示程序，控制台上的输出结果如图 26-5 所示。可以看出这次 ConcurrencyLimiterMiddleware 中间件在接收到第 5 个请求并不得不做出取舍时，它放弃的是最先存储到等待队列的第 3 个请求。（S2603）

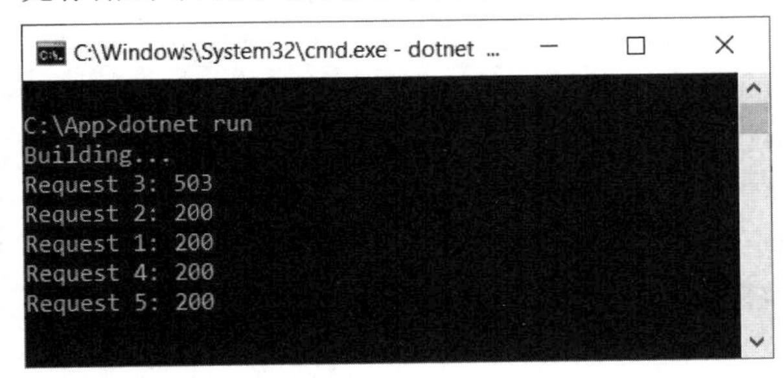

图 26-5　基于栈的处理策略

26.2 并发限制中间件

接下来着重介绍 ConcurrencyLimiterMiddleware 中间件是如何处理请求以达到限流目的的。正如前文提到的，整个限流过程是围绕等待队列进行的，等待队列的处理策略是限流模型的核心，所以我们先来介绍等待队列处理策略是如何表达的。

26.2.1 等待队列策略

ConcurrencyLimiterMiddleware 中间件通过 IQueuePolicy 接口来表示等待队列处理策略。如下面的代码片段所示，IQueuePolicy 接口定义了两个方法。当 ConcurrencyLimiterMiddleware 中间件接收到递交给它处理的请求时，会直接调用 TryEnterAsync 方法并等待最返回的结果，如果返回的结果为 True，就意味着当前应用有能力处理该请求，它就会将请求交给后续的中间件管道进行处理。如果返回的结果为 False，则 ConcurrencyLimiterMiddleware 中间件会视为目前已经超出了应用的处理能力，它会按照预先设定的“拒绝请求”逻辑对请求进行处理。如果后续中间件管道成功处理了请求，则控制权再次返回 ConcurrencyLimiterMiddleware 中间件，此时它会调用 IQueuePolicy 对象的 OnExit 方法。

```
public interface IQueuePolicy
{
    ValueTask<bool> TryEnterAsync();
    void OnExit();
}
```

26.2.2 ConcurrencyLimiterMiddleware

在正式介绍 ConcurrencyLimiterMiddleware 类型之前，我们先来介绍它对应的配置选项类型 ConcurrencyLimiterOptions。如下面的代码片段所示，ConcurrencyLimiterOptions 类型只定义了一个唯一的 OnRejected 属性，它返回的 RequestDelegate 委托对象用来处理因超出限流阈值而被拒绝的请求。从给出的代码可以看出，在默认情况下这个处理器什么都没有做。

```
public class ConcurrencyLimiterOptions
{
    public RequestDelegate OnRejected { get; set; } = context => Task.CompletedTask;
}
```

我们使用如下这个简化的类型来模拟 ConcurrencyLimiterMiddleware 中间件针对请求的处理逻辑。如下面的代码片段所示，ConcurrencyLimiterMiddleware 类型的构造函数中注入了表示等待队列处理策略的 IQueuePolicy 对象和用来提供配置选项的 IOptions<ConcurrencyLimiterOptions>对象。在用于处理请求的 Invoke 方法中，该中间件先调用 IQueuePolicy 对象的 TryEnterAsync 方法并等待 ValueTask<bool>的返回结果。如果返回的结果为 True，则它会直接让后续中间件管道接管请求，并在这之后调用 IQueuePolicy 对象的 OnExit 方法。

```
public partial class ConcurrencyLimiterMiddleware
{
    private readonly IQueuePolicy       _queuePolicy;
```

```
    private readonly RequestDelegate _next;
    private readonly RequestDelegate _onRejected;

    public ConcurrencyLimiterMiddleware(RequestDelegate next,
        IQueuePolicy queue, IOptions<ConcurrencyLimiterOptions> options)
    {
        _next           = next;
        _onRejected     = options.Value.OnRejected;
        _queuePolicy    = queue;
    }

    public async Task Invoke(HttpContext context)
    {
        var valueTask = _queuePolicy.TryEnterAsync();
        if (valueTask.IsCompleted ? valueTask.Result : await valueTask)
        {
            try
            {
                await _next(context);
            }
            finally
            {
                _queuePolicy.OnExit();
            }
        }
        else
        {
            context.Response.StatusCode = StatusCodes.Status503ServiceUnavailable;
            await _onRejected(context);
        }
    }
}
```

如果 IQueuePolicy 对象的 TryEnterAsync 方法返回的 ValueTask<bool>对象承载的结果为 False，则 ConcurrencyLimiterMiddleware 中间件将被视为目前已经超出了应用的处理能力，此时它会将响应状态码设置成“503 Service Available”。注册在 ConcurrencyLimiterOptions 配置选项上的拒绝请求处理器随之被执行。ConcurrencyLimiterMiddleware 中间件通过如下 UseConcurrencyLimiter 扩展方法进行注册，但是并不存在一个专门用于配置 ConcurrencyLimiterOptions 的扩展方法。

```
public static class ConcurrencyLimiterExtensions
{
    public static IApplicationBuilder UseConcurrencyLimiter(
      this IApplicationBuilder app)
        => app.UseMiddleware<ConcurrencyLimiterMiddleware>();
}
```

26.2.3 处理拒绝请求

从 ConcurrencyLimiterMiddleware 中间件的实现可以看出，在默认情况下因超出限流阈值而被拒绝处理的请求来说，应用最终会给予一个状态码为“503 Service Available”的响应。如果我们对这个默认的处理方式不满意，则可以通过对配置选项 ConcurrencyLimiterOptions 的设置来提供一个自定义的处理器。

列举一个典型的场景，集群部署的多台服务器可能负载不均，所以如果将被某台服务器拒绝的请求分发给另一台服务器是可能被正常处理的。为了确保请求能够尽可能地被处理，我们可以针对相同的 URL 发起一个客户端重定向，具体的实现体现在如下演示程序中。（S2604）

```
using Microsoft.AspNetCore.ConcurrencyLimiter;
using Microsoft.AspNetCore.Http.Extensions;

var builder = WebApplication.CreateBuilder(args);
builder.Logging.ClearProviders();
builder.Services
    .Configure<ConcurrencyLimiterOptions>(options => options.OnRejected = RejectAsync)
    .AddStackPolicy(options =>
    {
        options.MaxConcurrentRequests         = 2;
        options.RequestQueueLimit             = 2;
    });
var app = builder.Build();
app
    .UseConcurrencyLimiter()
    .Run(httpContext => Task.Delay(1000)
        .ContinueWith(_ => httpContext.Response.StatusCode = 200));
app.Run();

static Task RejectAsync(HttpContext httpContext)
{
    var request = httpContext.Request;
    if (!request.Query.ContainsKey("reject"))
    {
        var response = httpContext.Response;
        response.StatusCode = 307;
        var queryString = request.QueryString.Add("reject", "true");
        var newUrl = UriHelper.BuildAbsolute(request.Scheme, request.Host,
           request.PathBase, request.Path, queryString);
        response.Headers.Location = newUrl;
    }
    return Task.CompletedTask;
}
```

如上面的代码片段所示，我们通过调用 IServiceCollection 接口的 Configure<TOptions>扩展方法对 ConcurrencyLimiterOptions 进行了配置。具体来说，将 RejectAsync 方法表示的 RequestDelegate 委托对象作为拒绝请求处理器赋值给 ConcurrencyLimiterOptions 配置选项的

OnRejected 属性。在 RejectAsync 方法中，针对当前请求的 URL 返回了一个状态码为 307 的临时重定向响应。为了避免重复的重定向操作，为重定向地址添加了一个名为“reject”的查询字符串来识别重定向请求。

26.3 等待队列策略

从上一节的内容可以看出 ConcurrencyLimiterMiddleware 中间针对请求的处理逻辑是非常简单的，它依赖于表示等待请求队列处理策略的 IQueuePolicy 对象，并利用其提供的 ValueTask<bool>决定是否需要将请求交给后续中间件管道进行处理。在等待请求数量超出设置阈值的情况下如何选择放弃处理的请求上，系统提供了两种不同的策略，它们对应 IQueuePolicy 接口的两种实现类型。

在正式介绍这两种针对不同策略的 IQueuePolicy 接口实现类型之前，我们先来介绍一下它们采用的配置选项 QueuePolicyOptions。如下面的代码片段所示，QueuePolicyOptions 类型定义了两个属性，MaxConcurrentRequests 属性用来设置并发处理的最大请求数，RequestQueueLimit 属性用来设置请求等待队列的最大容量。

```
public class QueuePolicyOptions
{
    public int MaxConcurrentRequests { get; set; }
    public int RequestQueueLimit { get; set; }
}
```

26.3.1 基于队列的处理策略

我们知道队列采用先进先出（FIFO）的生成消费策略，如果 ConcurrencyLimiterMiddleware 中间件采用这样的策略处理请求，则它不仅能保证被放入等待队列中的请求被处理，还能保证请求被处理的顺序和被放入队列的顺序一致。这样的策略是通过如下 QueuePolicy 类型实现的，该类型的构造函数中注入了提供配置选项的 IOptions<QueuePolicyOptions>对象。

```
internal class QueuePolicy : IQueuePolicy, IDisposable
{
    private readonly int                _maxTotalRequest;
    private readonly SemaphoreSlim      _semaphore;
    private int                         _totalRequests;

    public int TotalRequests => _totalRequests;

    public QueuePolicy(IOptions<QueuePolicyOptions> options)
    {
        var queuePolicyOptions          = options.Value;
        var maxConcurrentRequests       = queuePolicyOptions.MaxConcurrentRequests;
        var requestQueueLimit           = queuePolicyOptions.RequestQueueLimit;
        _semaphore                      = new SemaphoreSlim(maxConcurrentRequests);
        _maxTotalRequest                = maxConcurrentRequests + requestQueueLimit;
    }
```

```
    public ValueTask<bool> TryEnterAsync()
    {
        int totalRequests = Interlocked.Increment(ref _totalRequests);
        if (totalRequests > _maxTotalRequest)
        {
            Interlocked.Decrement(ref _totalRequests);
            return new ValueTask<bool>(false);
        }

        var task = _semaphore.WaitAsync();
        return task.IsCompleted ? new ValueTask<bool>(true) : WaitAsync(task);

        static async ValueTask<bool> WaitAsync(Task task)
        {
            await task;
            return true;
        }
    }

    public void OnExit()
    {
        _semaphore.Release();
        Interlocked.Decrement(ref _totalRequests);
    }

    public void Dispose()=> _serverSemaphore.Dispose();
}
```

如上面的代码片段所示，QueuePolicy 内部通过_totalRequests 字段表示中间件交给它的请求量，而并发请求量的控制则是通过一个 SemaphoreSlim 对象（设置的并发数由承载配置选项的 QueuePolicyOptions 提供）实现的，这也是 SemaphoreSlim（或者 Semaphore）典型的应用场景。在实现的 TryEnterAsync 方法中，_totalRequests 计数器加 1。如果该值超过了设置的最大并发处理请求和等待队列容量的总和，就意味着请求量已经超出了极限，此时计数器减 1，并直接返回结果为 False 的 ValueTask<bool>对象。

如果请求量尚在许可的范围内，则 TryEnterAsync 方法会调用 SemaphoreSlim 对象的 WaitAsync 方法。如果后续中间件管道并发处理的请求少于设置的阈值，则此时 WaitAsync 方法会立即返回一个完成状态的 Task，否则返回的 Task 会一直等到 SemaphoreSlim 对象的 Release 方法被调用时。从上面的代码片段可以看出，SemaphoreSlim 对象的 Release 方法是在某个请求处理完成后执行 OnExit 方法中被调用的，该方法还将_totalRequests 计数器减 1。

IServiceCollection 接口的 AddQueuePolicy 扩展方法按照如下方式将 QueuePolicy 注册为一个单例服务，并在之前利用提供的 Action<QueuePolicyOptions>委托对象对配置选项进行了相应的设置。

```
public static class QueuePolicyServiceCollectionExtensions
{
```

```
    public static IServiceCollection AddQueuePolicy(this IServiceCollection services,
        Action<QueuePolicyOptions> configure)
    {
        services.Configure(configure);
        services.AddSingleton<IQueuePolicy, QueuePolicy>();
        return services;
    }
}
```

26.3.2　基于栈的处理策略

QueuePolicy 体现一种典型的延迟消费模型，待处理的请求按照抵达的顺序被存储下来，并以相同的顺序进行处理，实现也简单。但是有时这未必是一种好的策略，因为在高并发的情况下这种“公平”的策略会让每个消费者对应用的响应能力具有一致的体验，有可能都是糟糕的体验。

那么此时我们可以换一种思维，于其让消费者都不满意，还不如将资源尽可能用在有把握满足的消费者身上，此时我们反而应该优先处理最新接收到的请求，采用一种基于栈结构的后进先出的策略，这种策略是通过 StackPolicy 类型实现的。StackPolicy 针对等待队列的处理逻辑要比前面介绍的 QueuePolicy 复杂得多，所以下面先介绍一下大致的实现原理。

我们使用一个长度为 4 的数组来表示具有对应容量的等待队列。整个处理流程会实时维护两个状态，一个是指向下一个请求存放位置（从零开始）的指针（head），另一个是等待队列的长度（Length）。如图 26-6 所示，Head 和 Length 的初始值均为 0。在等待队列未满的情况下（通过 Length 判断），添加的请求总是置于 Head 指向的位置，成功之后 Head 往后移，Length 数值加 1（图 26-6 中的上半部分）。如果成功处理了某个请求，则此时会从等待队列提取最近添加的请求，也就是 Head 指针前面的那个（图 26-6 的 C），提取该请求后 Head 指针会前移，Length 数值同时减 1。

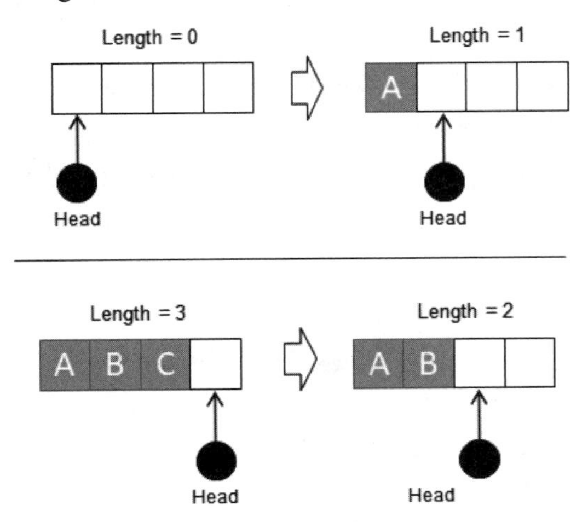

图 26-6　将请求添加到等待队列及从队列中提取请求（未越界）

图 26-6 所示为 Head 指针在未越界的情况下添加和提取请求的逻辑。如果越界，则相应的操作会有所调整。如图 26-7 所示，由于当前的 Head 指针已经指向最后的位置 3，所以请求被添加之后该指针会指向开始的位置 0。提取请求的操作也类似，由于 Head 指针的当前位置为 0，这就意味着数组尾端存储的请求是最近接收的请求，所以该请求会被提取出来并进行处理，Head 指针最后也会指向这里。

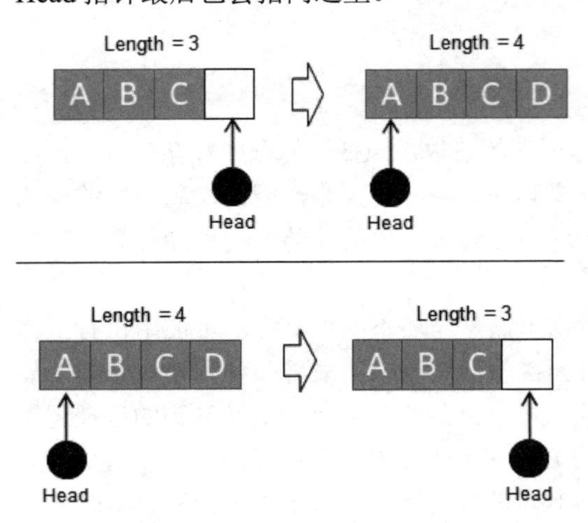

图 26-7 将请求添加到等待队列及从队列中提取请求（越界）

上面介绍的都是在等待队列未满之前针对请求的添加和提取，对于“满载”的等待队列来说，此时的 Head 指针正好指向最先进入队列的那个请求。如图 26-7 所示，如果此时接收到新的请求（E），就应该用它将 Head 指针指向的请求（A）“置换出来”并丢弃，Head 指针依然按照上述的方式向后移动，Length 保持不变。只要队列存在待处理的请求，Head 指针前面的那个请求（如果 Head 指向头部，这里的“前面”就是存储在尾部的请求）总是最近添加的请求，所以从队列中提取请求的逻辑与队列是否满载无关。

IQueuePolicy 对象通过 TryEnterAsync 方法提供的 ValueTask<bool>对象告诉 ConcurrencyLimiterMiddleware 中间件是否可以放弃当前请求，或者在适当的时机将该请求交给后续中间件进行处理。对于 QueuePolicy 来说，策略结果的异步等待是借助 SemaphoreSlim 对象完成的，但是 StackPolicy 的 TryEnterAsync 方法需要利用一个 IValueTaskSource<bool>对象来提供返回的 ValueTask<bool>对象，具体实现类型为 ResettableBooleanCompletionSource。

```
internal class ResettableBooleanCompletionSource : IValueTaskSource<bool>
{
    private ManualResetValueTaskSourceCore<bool> _valueTaskSource;
    private readonly StackPolicy _queue;

    public ResettableBooleanCompletionSource(StackPolicy queue)
    {
        _queue = queue;
        _valueTaskSource.RunContinuationsAsynchronously = true;
```

```
    }

    public ValueTask<bool> GetValueTask()
        => new ValueTask<bool>(this, _valueTaskSource.Version);

    bool IValueTaskSource<bool>.GetResult(short token)
    {
        var isValid = token == _valueTaskSource.Version;
        try
        {
            return _valueTaskSource.GetResult(token);
        }
        finally
        {
            if (isValid)
            {
                _valueTaskSource.Reset();
                _queue._cachedResettableTCS = this;
            }
        }
    }
    public ValueTaskSourceStatus GetStatus(short token)
        => _valueTaskSource.GetStatus(token);

    void IValueTaskSource<bool>.OnCompleted(Action<object?> continuation, object state,
        short token, ValueTaskSourceOnCompletedFlags flags)
        => _valueTaskSource.OnCompleted(continuation, state, token, flags);

    public void Complete(bool result)=> _valueTaskSource.SetResult(result);
}

internal class StackPolicy : IQueuePolicy
{
    public ResettableBooleanCompletionSource _cachedResettableTCS;
    …
}
```

顾名思义，ResettableBooleanCompletionSource 是一个可以重置复用的 IValueTaskSource<bool>对象（实际上设计 IValueTaskSource<T>的初衷就是利用一个可复用的“源”来提供所需的 ValueTask<T>对象，以避免频繁地创建对象来降低 GC 压力）。ResettableBooleanCompletionSource 利用 ManualResetValueTaskSourceCore 对象来提供 IValueTaskSource<bool>对象，它利用 Complete 方法将创建任务的状态切换到“完成（Completed）”状态，并对其结果（True 或者 False）进行设置。ResettableBooleanCompletionSource 的复用体现在 StackPolicy 的_cachedResettableTCS 字段上。当 GetValueTask 方法完成了针对 ValueTask<bool>的提供任务之后，ManualResetValueTaskSourceCore 对象会被重置，自身对象会赋值给_cachedResettableTCS 字段进行复用。

如下所示为 StackPolicy 类型的完整定义，它实现的 TryEnterAsync 方法和 OnExit 方法完全是按照上面介绍的逻辑进行的。它的_buffer 表示列表就是等待队列，存储在等待队列中的请求体现为对应的 ResettableBooleanCompletionSource 对象。如果我们想要将请求交给后续中间件管道进行处理，则需要调用对应 ResettableBooleanCompletionSource 对象的 Complete 方法并将参数设置为 True。反之，如果我们想要丢弃个请求，则需要调用 Complete 方法，但是传入的参数为 False。

```
internal class StackPolicy : IQueuePolicy
{
    private readonly List<ResettableBooleanCompletionSource> _buffer;
    public ResettableBooleanCompletionSource _cachedResettableTCS;

    private readonly int        _maxQueueCapacity;
    private readonly int        _maxConcurrentRequests;
    private bool                _hasReachedCapacity;
    private int                 _head;
    private int                 _queueLength;
    private readonly object     _bufferLock = new Object();
    private int                 _freeServerSpots;

    public StackPolicy(IOptions<QueuePolicyOptions> options)
    {
        _buffer                      = new List<ResettableBooleanCompletionSource>();
        _maxQueueCapacity            = options.Value.RequestQueueLimit;
        _maxConcurrentRequests       = options.Value.MaxConcurrentRequests;
        _freeServerSpots             = options.Value.MaxConcurrentRequests;
    }

    public ValueTask<bool> TryEnterAsync()
    {
        lock (_bufferLock)
        {
            // 没有达到并发阈值,可以交付请求
            if (_freeServerSpots > 0)
            {
                _freeServerSpots--;
                return new ValueTask<bool>(true);
            }

            // 如果等待队列已满，则需要放弃_head 指向的请求
            if (_queueLength == _maxQueueCapacity)
            {
                _hasReachedCapacity = true;
                _buffer[_head].Complete(false);
                _queueLength--;
            }

            // 创建或者复用现有的 ResettableBooleanCompletionSource 并存储到_head 指向的位置
            var tcs = _cachedResettableTCS ??=
              new ResettableBooleanCompletionSource(this);
```

```
            _cachedResettableTCS = null;
            if (_hasReachedCapacity || _queueLength < _buffer.Count)
            {
                _buffer[_head] = tcs;
            }
            else
            {
                _buffer.Add(tcs);
            }

            // 修正等待队列的长度和_head 指针
            _queueLength++;
            _head++;
            if (_head == _maxQueueCapacity)
            {
                _head = 0;
            }

            return tcs.GetValueTask();
        }
    }

    public void OnExit()
    {
        lock (_bufferLock)
        {
            // 如果没有等待请求，则可以直接提交的请求数量+1
            if (_queueLength == 0)
            {
                _freeServerSpots++;
                return;
            }

            // 修正_head 指针
            if (_head == 0)
            {
                _head = _maxQueueCapacity - 1;
            }
            else
            {
                _head--;
            }

            // 提交_head 当前指向的请求
            _buffer[_head].Complete(true);
            _queueLength--;
        }
    }
}
```

上面介绍的 Head 指针和表示等待队列长度的 Length 变量通过 StackPolicy 类型的_head 字段和_queueLength 字段表示，_freeServerSpots 字段表示当前可用直接处理的请求数量（并发处理的请求数量还没有达到限定的阈值）。有了前面的内容作为铺垫，针对 StackPolicy 类型的定义还是很好理解的，所以我们就不再对具体的代码做进一步介绍。IServiceCollection 接口的 AddStackPolicy 扩展方法按照如下方式将 QueuePolicy 注册为一个单例服务，并在之前利用提供的 Action<QueuePolicyOptions>委托对象对配置选项进行相应的设置。

```
public static class QueuePolicyServiceCollectionExtensions
{
    public static IServiceCollection AddStackPolicy(this IServiceCollection services,
      Action<QueuePolicyOptions> configure)
    {
        services.Configure(configure);
        services.AddSingleton<IQueuePolicy, StackPolicy>();
        return services;
    }
}
```

第 27章

认证

在安全领域中，“认证”和“授权”是两个重要的主题。认证是安全体系的第一道屏障，是守护整个应用或者服务的第一道大门。当访问者请求进入时，认证体系通过验证对方的提供凭证确定其真实身份。认证体系只有在证实了访问者的真实身份的情况下才会允许其进入。ASP.NET Core 提供了多种认证方式，它们的实现都基于本章介绍的认证模型。

27.1 认证、登录与注销

认证是一个确定请求访问者真实身份的过程，与认证相关的还有其他两个基本操作——登录和注销。要真正理解认证、登录和注销这 3 个核心操作的本质，就需要对 ASP.NET Core 采用的基于“票据”的认证机制有一个基本的了解。

27.1.1 认证票据

ASP.NET Core 应用的认证实现在 AuthenticationMiddleware 中间件中，该中间件在处理分发给它的请求时会按照指定的认证方案（Authentication Scheme）从请求中提取能够验证用户真实身份的信息，此信息被称为“安全令牌”（Security Token）。ASP.NET Core 应用下的安全令牌被称为“认证票据”（Authentication Ticket），它采用基于票据的认证方式。该中间件实现的整个认证流程涉及图 27-1 所示的 3 种认证票据的操作，即认证票据的“颁发”“检验”“撤销”。我们将这 3 种操作所涉及的 3 种角色称为票据颁发者（Ticket Issuer）、验证者（Authenticator）和撤销者（Ticket Revoker），在大部分场景下这 3 种角色都是由同一个主体来扮演的。

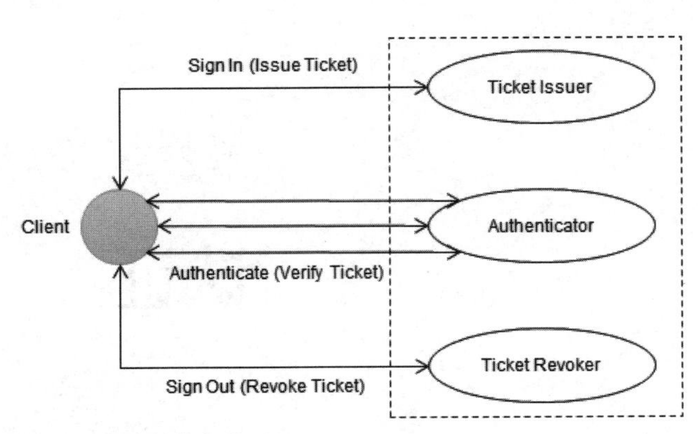

图 27-1 基于票据的认证

颁发认证票据的过程就是登录（Sign In）操作。用户试图通过登录来获取认证票据时需要提供可用来证明自身身份的凭证（Credential），最常见的用户凭证类型是“用户名 + 密码”。认证方在确定对方真实身份之后，会颁发一个认证票据，该票据携带着与该用户有关的身份、权限及其他相关的信息。

一旦拥有了由认证方颁发的认证票据，客户端就可以按照双方协商的方式（如通过 Cookie 或者报头）在请求中携带该认证票据，并以此认证票据声明的身份执行目标操作或者访问目标资源。认证票据一般具有时效性，一旦过期将变得无效。如果希望在过期之前让认证票据无效，就要进行注销（Sign Out）操作。

ASP.NET Core 的认证系统旨在构建一个标准的模型，用来完成请求的认证，以及与之相关的登录和注销操作。按照惯例，在介绍认证模型的架构设计之前，需要通过一个简单的实例来演示如何在一个 ASP.NET Core 应用中实现认证、登录和注销的功能。（S2701）

27.1.2 基于 Cookie 的认证

我们会采用 ASP.NET Core 提供的基于 Cookie 的认证方案。该认证方案采用 Cookie 来携带认证票据。为了使读者对基于认证的编程模式有一个深刻的理解，演示的这个应用将从一个空白的 ASP.NET Core 应用开始搭建。这个应用会呈现两个页面，认证用户访问主页会呈现一个“欢迎”页面，匿名请求则会重定向到登录页面。我们将这两个页面的呈现实现在如下 IPageRenderer 服务中，PageRenderer 类型为该接口的默认实现。

```
public interface IPageRenderer
{
    IResult RenderLoginPage(string? userName = null, string? password = null,
        string? errorMessage = null);
    IResult RenderHomePage(string userName);
}

public class PageRenderer : IPageRenderer
{
    public IResult RenderHomePage(string userName)
```

```
    {
        var html = @$"
<html>
  <head><title>Index</title></head>
  <body>
    <h3>Welcome {userName}</h3>
    <a href='Account/Logout'>Sign Out</a>
  </body>
</html>";
        return Results.Content(html, "text/html");
    }

    public IResult RenderLoginPage(string? userName, string? password,
        string? errorMessage)
    {
        var html = @$"
<html>
  <head><title>Login</title></head>
  <body>
    <form method='post'>
     <input type='text' name='username' placeholder='User name' value = '{userName}'
        />
     <input type='password' name='password' placeholder='Password'
        value = '{password}' />
     <input type='submit' value='Sign In' />
    </form>
    <p style='color:red'>{errorMessage}</p>
  </body>
</html>";
        return Results.Content(html, "text/html");
    }
}
```

我们采用“用户名+密码”的认证方式，密钥验证实现在如下 IAccountService 接口的 Validate 方法中。在实现的 AccountService 类型中，我们预先创建了 3 个密码为“password”的账号（“foo”“bar”“baz”）。

```
public interface IAccountService
{
    bool Validate(string userName, string password);
}

public class AccountService: IAccountService
{
    private readonly Dictionary<string, string> _accounts
        = new(StringComparer.OrdinalIgnoreCase)
        {
            { "Foo", "password"},
            { "Bar", "password"},
            { "Baz", "password"}
        };
```

```
    public bool Validate(string userName, string password)
        =>_accounts.TryGetValue(userName, out var pwd) && pwd == password;
}
```

我们即将创建的 ASP.NET Core 应用主要处理 4 种类型的请求。主页需要在登录之后才能被访问，所以主页的匿名请求会被重定向到登录页面。在登录页面输入正确的用户名和密码之后，应用会自动重定向到主页，该页面会显示当前认证用户名并提供注销的链接。按照如下方式注册了 4 个对应的终节点，其中登录和注销采用的是约定的路径“Account/Login”与“Account/Logout”。

```
using App;
using Microsoft.AspNetCore.Authentication;
using Microsoft.AspNetCore.Authentication.Cookies;
using System.Security.Claims;
using System.Security.Principal;

var builder = WebApplication.CreateBuilder();
builder.Services
    .AddSingleton<IPageRenderer, PageRenderer>()
    .AddSingleton<IAccountService, AccountService>()
    .AddAuthentication(CookieAuthenticationDefaults.AuthenticationScheme).AddCookie();
var app = builder.Build();
app.UseAuthentication();

app.Map("/", WelcomeAsync);
app.MapGet("Account/Login", Login);
app.MapPost("Account/Login", SignInAsync);
app.Map("Account/Logout", SignOutAsync);
app.Run();

Task WelcomeAsync () => throw new NotImplementedException();
IResult Login(IPageRenderer renderer) => throw new NotImplementedException();
Task SignInAsync()=> throw new NotImplementedException();
Task SignOutAsync() => throw new NotImplementedException();
```

上面的演示程序调用 UseAuthentication 扩展方法注册了 AuthenticationMiddleware 中间件，它所依赖的服务是通过调用 AddAuthentication 扩展方法进行注册的。在调用该扩展方法时，还设置了默认采用的认证方案，静态类型 CookieAuthenticationDefaults 的 AuthenticationScheme 属性返回的就是 Cookie 认证方案的默认方案名称。上面定义的两个服务也在这里进行了注册。作为应用的主页在浏览器上呈现的效果如图 27-2 所示。

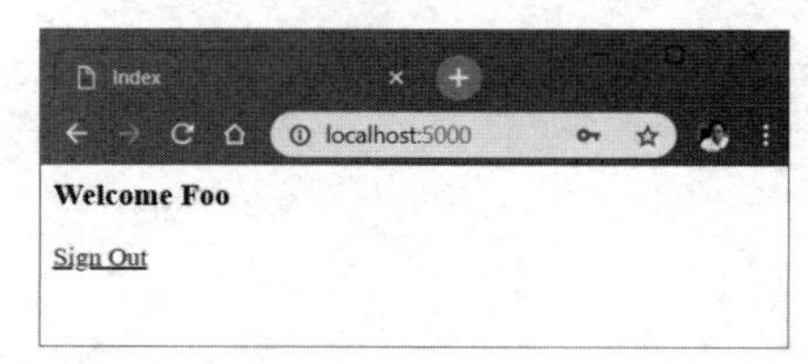

图 27-2　应用主页

27.1.3　强制认证

27.1.2 节应用的主页是通过如下所示的 WelcomeAsync 方法来呈现的，该方法注入了当前 HttpContext 上下文对象、表示当前用户的 ClaimsPrincipal 对象和 IPageRenderer 对象。我们利用 ClaimsPrincipal 对象确定用户是否经过认证，认证用户请求将呈现正常的欢迎页面，匿名请求直接调用 HttpContext 上下文对象的 ChallengeAsync 方法进行处理。基于 Cookie 的认证方案会自动将匿名请求重定向到登录页面，由于指定的登录和注销路径是基于 Cookie 的认证方案约定的路径，所以在调用 ChallengeAsync 方法时根本不需要指定重定向路径。

```
Task WelcomeAsync(HttpContext context, ClaimsPrincipal user, IPageRenderer renderer)
{
    if (user?.Identity?.IsAuthenticated ?? false)
    {
        return renderer.RenderHomePage(user.Identity.Name!).ExecuteAsync(context);
    }

    return  context.ChallengeAsync();
}
```

27.1.4　登录与注销

针对登录页面所在地址的请求有两种类型，针对 GET 请求的 Login 方法会使登录页面呈现出来，针对 POST 请求的 SignInAsync 方法检验输入的用户名和密码，并在验证成功后实施登录操作。如下面的代码片段所示，SignInAsync 方法中注入了当前 HttpContext 上下文对象、表示请求的 HttpRequest 对象和额外两个服务。从请求表单将用户和密码提取出来后，可以利用 IAccountService 对象进行验证。在验证通过的情况下，我们根据用户名创建表示当前用户的 ClaimsPrincipal 对象，并将它作为参数调用 HttpContext 上下文对象的 SignInAsync 方法实施登录操作，该方法最终会自动重定向到初始方法的路径，也就是应用的主页。

```
IResult Login(IPageRenderer renderer) => renderer.RenderLoginPage();

Task SignInAsync(HttpContext context, HttpRequest request, IPageRenderer renderer,
    IAccountService accountService)
{
    var username = request.Form["username"];
    if (string.IsNullOrEmpty(username))
    {
        return renderer.RenderLoginPage(null, null,
            "Please enter user name.").ExecuteAsync(context);
    }

    var password = request.Form["password"];
    if (string.IsNullOrEmpty(password))
    {
        return renderer.RenderLoginPage(username, null,
           "Please enter user password.").ExecuteAsync(context);
    }
```

```
    if (!accountService.Validate(username, password))
    {
        return renderer.RenderLoginPage(username, null,
            "Invalid user name or password.").ExecuteAsync(context);
    }

    var identity = new GenericIdentity(name: username, type: "PASSWORD");
    var user = new ClaimsPrincipal(identity);
    return context.SignInAsync(user);
}
```

如果用户名与密码没有被提供或者不匹配，则登录页面会以图 27-3 所示的形式再次呈现出来，并保留输入的用户名和错误消息。ChallengeAsync 方法会将当前路径（主页路径“/”，经过编码后为“%2F”）存储在一个名为 ReturnUrl 的查询字符串中，SignInAsync 方法正是利用它实现对初始路径的重定向的。

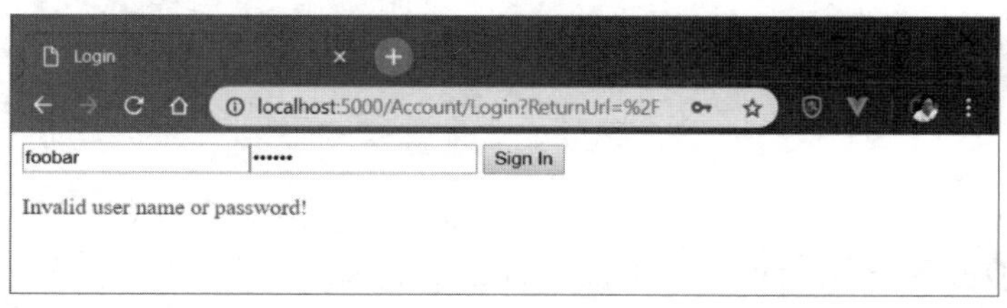

图 27-3　登录页面

既然登录操作可以通过调用当前 HttpContext 上下文对象的 SignInAsync 方法来完成，那么注销操作对应的自然就是 SignOutAsync 方法。如下面的代码片段所示，正是调用 SignOutAsync 方法来注销当前登录状态的。我们在完成注销之后将应用重定向到主页。

```
async Task SignOutAsync(HttpContext context)
{
    await context.SignOutAsync();
    context.Response.Redirect("/");
}
```

27.2　身份与用户

认证是一个确定访问者真实身份的过程。通过 IPrincipal 对象表示的用户可以拥有一个或者多个通过 IIdentity 对象表示的身份。ASP.NET Core 应用完全采用基于“声明”（Claim）的认证与授权方式，由 Claim 对象表示的声明用来描述用户的身份、权限和其他与用户相关的信息。

27.2.1　IIdentity

用户总是以某个声称的身份访问目标应用，认证的目的在于确定请求者是否与其声称的这个身份相符。用户采用的身份通过如下 IIdentity 接口表示。IIdentity 的 Name 属性和 AuthenticationType 属性分别表示用户名和认证类型，IsAuthenticated 属性表示身份是否经过认证。

```
public interface IIdentity
```

```
{
    string      Name { get; }
    bool        IsAuthenticated { get; }
    string      AuthenticationType { get; }
}
```

ASP.NET Core 应用完全采用基于声明的认证与授权方式，这种方式对 IIdentity 对象的具体体现就是我们可以将任意与身份、权限及其他用户相关的信息以“声明”的形式附加到 IIdentity 对象上，这样一个携带声明的身份对象通过 ClaimsIdentity 类型表示。但是在介绍 ClaimsIdentity 之前，需要先介绍表示声明的 Claim 类型。

1. Claim

声明是用户在某个方面的一种陈述（Statement）。一般来说，声明应该是身份得到确认之后由认证方赋予的，声明可以携带任何与认证用户相关的信息，它们可以描述用户的身份（如 E-mail 地址、电话号码或者指纹），也可以描述用户的权限（如拥有的角色或者所在的用户组）或者其他描述当前用户的基本信息（如性别、年龄和国籍等）。

声明通过如下所示的 Claim 类型来表示。它的 Subject 属性返回作为声明陈述主体的 ClaimsIdentity 对象。Type 属性和 Value 属性分别表示声明陈述的类型与对应的值，提供用户 E-mail 地址的 Claim 对象的 Type 属性的值就是 EmailAddress，Value 属性的值就是具体的 E-mail 地址（如 foobar@outlook.com）。除了单纯采用“键-值”对（Type 相当于 Key）陈述声明，如果需要附加一些额外信息，则可以将它们添加到 Properties 属性表示的数据字典中。

```
[Serializable]
public class Claim
{
    public ClaimsIdentity                        Subject { get; }
    public string                                Type { get; }
    public string                                Value { get; }
    public string                                ValueType { get; }
    public IDictionary<string, string>           Properties { get; }
    public string                                Issuer { get; }
    public string                                OriginalIssuer { get; }
    ...
}
```

由于声明可以用来陈述任意主题，所以声明的“值”针对不同的主题会采用不同的表现形式，或者具有不同的数据类型。例如，年龄的声明的值应该是一个整数。如果声明描述的是出生日期，则对应的值应该是一个 DateTime 对象。虽然这些值最初都具有不同的表现形式，但是它们最终都需要转化成字符串。为了能够在使用时将值还原，我们需要记录这个值原本的类型，Claim 对象的 ValueType 属性存在的目的就在于此。由于声明承载了用户身份和权限信息，它们是之后进行授权的基础，所以声明信息必须是值得信任的。如果能够确保用户身份和权限信息未被篡改，则声明是否能够信任取决于它由谁颁发。Claim 的 Issuer 属性和 OriginalIssuer 属性表示声明的颁发者，前者表示当前颁发者，后者表示最初颁发者。

原则上我们可以采用任何字符串来表示声明的类型，微软为常用的声明定义了标准的类型，它们以常量的形式定义在静态类型 ClaimTypes 中。这些标准声明类型有几十个，如下所示的代码片段仅列举了几个分别表示用户姓名（Surname 和 GivenName）、性别（Gender）及联系方式（Email、MobilePhone、PostalCode 和 StreetAddress）的声明类型，它们都采用 URI 的形式来表示。

```
public static class ClaimTypes
{
    public const string Surname =
        "http://schemas.xmlsoap.org/ws/2005/05/identity/claims/surname";
    public const string GivenName =
        "http://schemas.xmlsoap.org/ws/2005/05/identity/claims/givenname";
    public const string Gender =
        "http://schemas.xmlsoap.org/ws/2005/05/identity/claims/gender";
    public const string Email =
        "http://schemas.xmlsoap.org/ws/2005/05/identity/claims/emailaddress";
    public const string MobilePhone =
        "http://schemas.xmlsoap.org/ws/2005/05/identity/claims/mobilephone";
    public const string PostalCode =
        "http://schemas.xmlsoap.org/ws/2005/05/identity/claims/postalcode";
    public const string StreetAddress =
      "http://schemas.xmlsoap.org/ws/2005/05/identity/claims/streetaddress";
    ...
}
```

微软采用同样的方式对常用的值类型（对应 ValueType 属性）进行了标准化，这些表示常用声明值类型的常量定义在如下静态类型 ClaimValueTypes 中。与标准的声明类型一样，声明这些标准值类型同样采用 URI 的形式来表示。无论是声明自身的类型还是它的值类型，我们应该尽量使用这些标准的定义。

```
public static class ClaimValueTypes
{
    public const string Base64Binary  = "http://www.w3.org/2001/XMLSchema#base64Binary";
    public const string Base64Octet   = "http://www.w3.org/2001/XMLSchema#base64Octet";
    public const string Boolean       = "http://www.w3.org/2001/XMLSchema#boolean";
    public const string Date          = "http://www.w3.org/2001/XMLSchema#date";
    ...
}
```

2. ClaimsIdentity

如下这个 ClaimsIdentity 表示采用声明来描述的身份。该类型除了实现定义在 IIdentity 接口中的 3 个只读属性（Name、IsAuthenticated 和 AuthenticationType），还具有一个集合类型的 Claims 属性，用来存放携带的所有声明。

```
public class ClaimsIdentity : IIdentity
{
    string     Name { get; }
```

```
    bool        IsAuthenticated { get; }
    string      AuthenticationType { get; }

    public virtual IEnumerable<Claim> Claims { get; }
    ...
}
```

一个 ClaimsIdentity 对象从本质上来说就是对一组 Claim 对象的封装，并提供了如下这些操作声明的方法。我们可以调用 AddClaim/AddClaim(s)方法或看 RemoveClaim/TryRemoveClaim 方法添加或者删除声明，也可以调用 FindAll 方法或者 FindFirst 方法查询所有或者第一个满足条件的声明，还可以调用 HasClaim 方法确定是否包含某个满足指定过滤条件的声明。在调用 FindAll 方法、FindFirst 方法和 HasClaim 方法时，我们可以将指定的声明类型或者 Predicate<Claim>对象作为过滤条件。

```
public class ClaimsIdentity : IIdentity
{
    public virtual void AddClaim(Claim claim);
    public virtual void AddClaims(IEnumerable<Claim> claims);

    public virtual void RemoveClaim(Claim claim);
    public virtual bool TryRemoveClaim(Claim claim);

    public virtual IEnumerable<Claim> FindAll(Predicate<Claim> match);
    public virtual IEnumerable<Claim> FindAll(string type);

    public virtual Claim FindFirst(Predicate<Claim> match);
    public virtual Claim FindFirst(string type);

    public virtual bool HasClaim(Predicate<Claim> match);
    public virtual bool HasClaim(string type, string value);
    ...
}
```

除了表示认证类型的 AuthenticationType 属性需要在创建时指定，一个 ClaimsIdentity 对象提供的所有信息都是根据它携带的这些声明解析出来的，如 Name 属性其实就来源于一个表示用户名的声明。一个 ClaimsIdentity 对象往往携带与权限相关的声明，权限控制系统会利用这些声明确定是否允许当前用户访问目标资源或者执行目标操作。由于基于角色的授权方式是最常用的，为了方便获取当前用户的角色集合，ClaimsIdentity 对象会提供与角色对应的声明类型。

```
public class ClaimsIdentity : IIdentity
{
    private string _authenticationType;
    private string _nameType;
    private string _roleType;

    public const string DefaultNameClaimType = ClaimTypes.Name;
    public const string DefaultRoleClaimType = ClaimTypes.Role;
    public const string DefaultIssuer = "LOCAL AUTHORITY";
```

```
    public string Name => FindFirst(this.NameClaimType)?.Value;

    public string NameClaimType => _nameType ?? DefaultNameClaimType;
    public string RoleClaimType => _roleType ?? DefaultRoleClaimType;
    public bool IsAuthenticated => !string.IsNullOrEmpty(_authenticationType);

    public ClaimsIdentity(IEnumerable<Claim> claims, string authenticationType,
        string nameType, string roleType)
    {
        ...
        _authenticationType   = authenticationType;
        _nameType             = nameType;
        _roleType             = roleType;
    }
    ...
}
```

ClaimsIdentity 类型中定义了 NameClaimType 和 RoleClaimType 这两个声明类型的属性，它们分别表示用户名和角色的声明所采用的类型名称。上面给出的代码片段还反映了一个重要的细节，那就是表示身份是否经过认证的 IsAuthenticated 属性取决于 ClaimsIdentity 对象是否设置了认证类型。它还定义了一个名为 DefaultIssuer 的常量来表示声明的默认颁发者，它的值为“LOCAL AUTHORITY”，它又被称为“本地认证中心”。

3. GenericIdentity

ClaimsIdentity 类型还具有一些子类，如在 Windows 认证下表示用户身份的 WindowsIdentity 就是它的派生类。下面着重介绍的是另一个名为 GenericIdentity 的类型。GenericIdentity 表示一个“泛化”的身份，所以它是一个经常使用的类型。GenericIdentity 重写了实现在基类中的 4 个属性，其中 Name 属性和 AuthenticationType 属性会直接返回构造函数中通过参数指定的用户名与认证类型（可缺省），而重写的 Claims 属性其实有点多余，它实际上是直接返回基类的同名属性。

```
public class GenericIdentity : ClaimsIdentity
{
    public override string                  Name { get; }
    public override bool                    IsAuthenticated { get; }
    public override string                  AuthenticationType { get; }
    public override IEnumerable<Claim>      Claims { get; }

    public GenericIdentity(string name);
    public GenericIdentity(string name, string type)
}
```

对于一个 ClaimsIdentity 对象来说，表示是否经过认证的 IsAuthenticated 属性的值取决于它是否被设置了一个确定的认证类型。换句话说，如果 AuthenticationType 属性不是 Null 或者空字符串，IsAuthenticated 属性就会返回 True。但是 GenericIdentity 重写的 IsAuthenticated 方法改变了这个默认逻辑，IsAuthenticated 属性的值取决于是否具有一个确定的用户名，如果表示用户名的 Name 属性是一个空字符串（由于构造函数进行了验证，所以用户名不能为 Null），该属性就会返回 False。

27.2.2 IPrincipal

对于 ASP.NET Core 应用的认证系统来说，接受认证的对象可能对应一个人，也可能对应一个应用、进程或者服务。不管这个对象是哪种类型，统一采用一个具有如下定义的 IPrincipal 接口来表示。我们经常说的“用户”在大部分情况下是指一个 IPrincipal 对象。

```
public interface IPrincipal
{
    IIdentity Identity {  get; }
    bool IsInRole(string role);
}
```

一个表示认证用户的 IPrincipal 对象必须具有一个身份，该身份通过只读属性 Identity 来表示。IPrincipal 接口还有一个名为 IsInRole 的方法，用来确定当前用户是否被添加到指定的角色中。如果采用基于角色的授权方式，则可以直接调用这个方法来决定当前用户是否具有访问目标资源或者执行目标操作的权限。

1. ClaimsPrincipal

基于声明的认证与授权场景下的用户体现为一个 ClaimsPrincipal 对象，它使用 ClaimsIdentity 对象来表示身份。一个用户可以有多个身份，所以 ClaimsPrincipal 对象是对多个 ClaimsIdentity 对象的封装。它的 Identities 属性用于返回这组 ClaimsIdentity 对象，可以调用 AddIdentity 方法或者 AddIdentities 方法为其添加任意的身份。对于实现的 IsInRole 方法来说，如果包含的任何一个 ClaimsIdentity 具有基于角色的声明，并且该声明的值与指定的角色一致，该方法就会返回 True。

```
public class ClaimsPrincipal : IPrincipal
{
    private static Func<IEnumerable<ClaimsIdentity>, ClaimsIdentity> _identitySelector;
    private List<ClaimsIdentity> _identities = new List<ClaimsIdentity>();

    static ClaimsPrincipal()
        => _identitySelector = ClaimsPrincipal.SelectPrimaryIdentity;

    public virtual IEnumerable<ClaimsIdentity> Identities
        => _identities.AsReadOnly();

    public IIdentity Identity
        => identitySelector ?? SelectPrimaryIdentity)(_identities);

    public static Func<IEnumerable<ClaimsIdentity>, ClaimsIdentity> PrimaryIdentitySelector
    {
        get { return _identitySelector; }
        set { _identitySelector = value; }
```

```
    }

    public virtual void AddIdentity(ClaimsIdentity identity) => _identities.Add(identity);
    public virtual void AddIdentities(IEnumerable<ClaimsIdentity> identities)
        => _identities.AddRange(identities);
    public bool IsInRole(string role)
        => _identities.Any(it => it.HasClaim(ClaimTypes.Role, role));

    private static ClaimsIdentity SelectPrimaryIdentity(
        IEnumerable<ClaimsIdentity> identities)
    {
        return identities.FirstOrDefault(it => it is WindowsIdentity)
            ?? identities.FirstOrDefault();
    }
    ...
}
```

虽然一个 ClaimsPrincipal 对象可能有多个身份，但是需要从中选择一个作为主身份，它的 Identity 属性返回的就是作为主身份的 ClaimsIdentity 对象。我们可以看到，ClaimsPrincipal 具有一个静态属性 PrimaryIdentitySelector，它提供的 Func<IEnumerable<ClaimsIdentity>, ClaimsIdentity>委托对象用于完成对主身份的选择。默认的选择策略体现在私有方法 SelectPrimaryIdentity 中。我们可以看到，在选择主身份时会优先选择 WindowsIdentity。ClaimsPrincipal 利用 Claims 属性返回携带的所有声明。我们可以调用 FindAll 方法或者 FindFirst 方法获取满足指定条件的所有或者第一个声明，也可以调用 HasClaim 方法判断是否有一个或者多个 ClaimsIdentity 携带了某个指定条件的声明。

```
public class ClaimsPrincipal : IPrincipal
{
    public virtual IEnumerable<Claim> Claims { get; }

    public virtual IEnumerable<Claim> FindAll(Predicate<Claim> match);
    public virtual IEnumerable<Claim> FindAll(string type);
    public virtual Claim FindFirst(Predicate<Claim> match);
    public virtual Claim FindFirst(string type);
    public virtual bool HasClaim(Predicate<Claim> match);
    public virtual bool HasClaim(string type, string value);
    ...
}
```

2. GenericPrincipal

ClaimsPrincipal 同样具有一些预定义的派生类型，如针对 Windows 认证的 WindowsPrincipal 和针对 ASP.NET Roles 的 RolePrincipal，但这里着重介绍的是如下 GenericPrincipal 类型。当创建一个 GenericPrincipal 对象时，可以直接指定作为身份的 IIdentity 对象和角色列表。

```
public class GenericPrincipal : ClaimsPrincipal
{
    public override IIdentity Identity { get; }
    public GenericPrincipal(IIdentity identity, string[] roles);
```

```
    public override bool IsInRole(string role);
}
```

由于派生于 ClaimsPrincipal，所以 GenericPrincipal 总是使用一个 ClaimsIdentity 对象来表示身份，但是构造函数对应的参数类型是 IIdentity 接口，这就意味着在创建 GenericPrincipal 对象时可以指定一个任意类型的 IIdentity 对象。如果指定的不是一个 ClaimsIdentity 对象，则构造函数将其转换成 ClaimsIdentity 类型。但是 GenericPrincipal 的 Identity 属性总是返回指定的那个 Identity，如下所示的调试断言就证实了这一点。

```
var principal = new GenericPrincipal(AnonymousIdentity.Instance, null);
Debug.Assert(ReferenceEquals(AnonymousIdentity.Instance, principal.Identity));
Debug.Assert(principal.Identities.Single() is ClaimsIdentity);

public class AnonymousIdentity : IIdentity
{
    public string AuthenticationType { get; }
    public bool IsAuthenticated { get; } = false;
    public string Name { get; }
    private AnonymousIdentity(){}

    public static readonly AnonymousIdentity Instance = new AnonymousIdentity();
}
```

当我们通过指定一个用户名和 *N* 个角色创建一个 GenericPrincipal 对象时，构造函数实际上会创建 *N*+1 个声明，一个是针对用户名的声明，*N* 个是针对角色的声明。这两个声明都采用标准的类型，这一点体现在如下所示的调试断言中。

```
var principal = new GenericPrincipal(new GenericIdentity("Foobar"),
    new string[] { "Role1", "Role2" });
Debug.Assert(principal.Claims.Count() == 3);
Debug.Assert(principal.HasClaim(ClaimTypes.Name, "Foobar"));
Debug.Assert(principal.HasClaim(ClaimTypes.Role, "Role1"));
Debug.Assert(principal.HasClaim(ClaimTypes.Role, "Role2"));
```

前文介绍了用于表示用户身份的 IIdentity 接口和表示用户的 IPrincipal 接口，这两个接口及其实现类型的关系如图 27-4 所示。

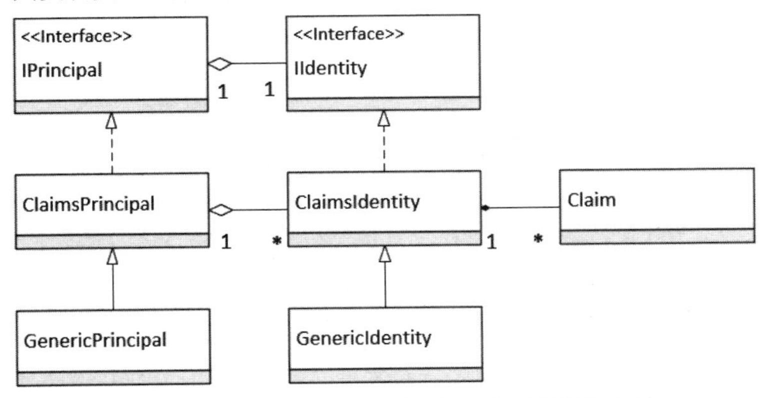

图 27-4　IIdentity 接口和 IPrincipal 接口及其实现类型的关系

27.3 认证模型

有了上面这个演示实例作为铺垫，同时了解了关于身份和用户的表达，读者理解 ASP.NET Core 的认证模型就会非常容易。实际上前面演示的实例已经涉及了认证模型的绝大部分成员。由于 ASP.NET Core 采用的是基于票据的认证，所以下面先介绍认证票据在认证模型中是如何表示的。

27.3.1 认证票据详细介绍

认证票据通过如下 AuthenticationTicket 类型表示。一个 AuthenticationTicket 对象实际上是对一个 ClaimsPrincipal 对象的封装。除了提供表示用户的 ClaimsPrincipal 对象，AuthenticationTicket 对象还通过其 AuthenticationScheme 属性表示采用的认证方案。

```
public class AuthenticationTicket
{
    public string                              AuthenticationScheme { get; }
    public ClaimsPrincipal                     Principal { get; }
    public AuthenticationProperties            Properties { get; }

    public AuthenticationTicket(ClaimsPrincipal principal, string authenticationScheme);
    public AuthenticationTicket(ClaimsPrincipal principal,
        AuthenticationProperties properties, string authenticationScheme);
}
```

1. AuthenticationProperties

AuthenticationTicket 的只读属性 Properties 返回一个 AuthenticationProperties 对象，它包含很多与当前认证上下文（Authentication Context）或者认证会话（Authentication Session）相关的信息，其中大部分是对认证票据的描述。一个 AuthenticationProperties 对象承载的所有数据都保存在其 Items 属性表示的数据字典中，如果需要为认证票据添加其他的描述信息，则可以直接将它们添加到这个字典中。

```
public class AuthenticationProperties
{
    public DateTimeOffset?                     IssuedUtc { get; set; }
    public DateTimeOffset?                     ExpiresUtc { get; set; }
    public bool?                               AllowRefresh { get; set; }
    public bool                                IsPersistent { get; set; }
    public string                              RedirectUri { get; set; }

    public IDictionary<string, string>         Items {  get; }
}
```

认证票据是具有有效期的，如果超出了规定的时间，认证票据的持有人就必须利用其自身的凭证重新获取一张新的票据。认证票据的颁发时间和过期时间通过 AuthenticationProperties 对象的 IssuedUtc 属性与 ExpiresUtc 属性表示。认证票据的过期策略可以采用绝对时间和滑动时间。假设我们设定认证票据的有效期为 30 分钟并在 1:00 获取一个认证票据，如果采用绝对时间，则该票据总是在 1:30 过期。如果采用滑动时间，就意味着对认证票据的每一次使用都会将过期时间推迟到 30 分钟后。如果每隔 29 分钟就使用一次认证票据，则该票据将永远不会过期。滑动时间过期策略相当于使认证票据能够被“自动刷新”，AuthenticationProperties 的 AllowRefresh 属性决定认证票据是否可以被自动刷新。

AuthenticationProperties 的 IsPersistent 属性表示认证票据是否希望被客户端以持久化的形式保存起来。以浏览器作为客户端为例，如果认证票据被持久化存储，则只要它尚未过期，即使多次重新启动浏览器也可以使用它。反之我们将不得不重新登录以获取新的认证票据。AuthenticationProperties 的 RedirectUri 属性携带一个重定向地址，在不同情况下设置这个属性可以实现不同页面的重定向。例如，在登录成功后重定向到初始访问的页面，在注销之后重定向到登录页面，在访问受限的情况下重定向到“访问拒绝”页面等。

2. TicketDataFormat

认证票据是一种私密性数据，请求携带的认证票据不仅是对 AuthenticationTicket 对象进行简单序列化之后的结果，还涉及对数据的加密。我们将这个过程称为“对认证票据的格式化”。认证票据的格式化通过 TicketDataFormat 对象来完成。TicketDataFormat 实现了 ISecureDataFormat<TData>接口，该接口定义了两组 Protect/Unprotect 方法实现了数据对象的格式化和反格式化工作。Protect 方法和 Unprotect 方法都涉及一个名为 purpose 的参数，正是“第 13 章 数据保护”介绍的用于安全隔离的“Purpose 字符串”。

```
public interface ISecureDataFormat<TData>
{
    string Protect(TData data);
    string Protect(TData data, string purpose);
    TData Unprotect(string protectedText);
    TData Unprotect(string protectedText, string purpose);
}
```

TicketDataFormat 类型派生于如下 SecureDataFormat<TData>类型，后者能够将数据的序列化/反序列化和加密/解密分开来实现，并将序列化/反序列化交给一个由 IDataSerializer<TData>对象表示的序列化器来完成，而加密/解密工作则由一个 IDataProtector 对象来负责。

```
public class SecureDataFormat<TData> : ISecureDataFormat<TData>
{
    public SecureDataFormat(IDataSerializer<TData> serializer, IDataProtector protector);
    public string Protect(TData data);
    public string Protect(TData data, string purpose);
    public TData Unprotect(string protectedText);
    public TData Unprotect(string protectedText, string purpose);
}

public interface IDataSerializer<TModel>
{
    byte[] Serialize(TModel model);
```

```
    TModel Deserialize(byte[] data);
}
```

TicketDataFormat 对象默认使用的序列化器来源于 TicketSerializer 类型的静态属性 Default 返回的 TicketSerializer 对象。用来加密/解密认证票据的 IDataProtector 对象需要手动指定。我们可以根据需要自定义相应的 IDataProtector 实现类型并采用相应的算法来对认证票据实施加密。

```
public class TicketDataFormat : SecureDataFormat<AuthenticationTicket>
{
    public TicketDataFormat(IDataProtector protector)
        : base(TicketSerializer.Default, protector){}
}

public class TicketSerializer : IDataSerializer<AuthenticationTicket>
{
    public virtual byte[] Serialize(AuthenticationTicket ticket);
    public virtual AuthenticationTicket Deserialize(byte[] data);

    public virtual AuthenticationTicket Read(BinaryReader reader);
    protected virtual Claim ReadClaim(BinaryReader reader, ClaimsIdentity identity);
    protected virtual ClaimsIdentity ReadIdentity(BinaryReader reader);

    public virtual void Write(BinaryWriter writer, AuthenticationTicket ticket);
    protected virtual void WriteClaim(BinaryWriter writer, Claim claim);
    protected virtual void WriteIdentity(BinaryWriter writer, ClaimsIdentity identity);

    public static TicketSerializer Default { get; }
}
```

上面主要介绍了表示认证票据的 AuthenticationTicket 及对其进行格式化的 TicketDataFormat。AuthenticationTicket 和 TicketDataFormat 及其相关类型的关系如图 27-5 所示。

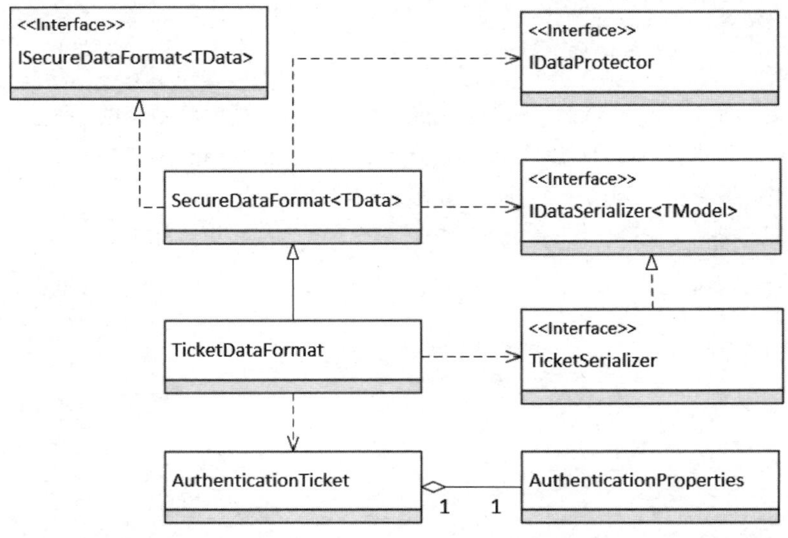

图 27-5　AuthenticationTicket 和 TicketDataFormat 及其相关类型的关系

27.3.2　认证处理器

我们可以为 ASP.NET Core 应用选择不同的认证方案。认证方案通过 AuthenticationScheme 类型表示，一个 AuthenticationScheme 对象的最终目的在于提供该方案对应的认证处理器类型。认证处理器在认证模型中通过 IAuthenticationHandler 接口表示，每种认证方案都对应该接口的某个实现类型。要想对 ASP.NET Core 的认证具有充分的认识，我们需要先了解一个名为质询/响应（Challenge/Response）的认证模式。

1．质询/响应模式

质询/响应模式体现了这样一种消息交换模型：如果服务端（认证方）判断客户端（被认证方）没有提供有效的认证票据，则它会向客户端发送一个质询消息。客户端在接收到该消息后会重新提供一个合法的认证票据对质询予以响应。质询/响应式认证在 Web 应用中的实现比较有意思，因为质询体现为响应（Response），而响应体现为请求，但这两个响应表示完全不同的含义。前者表示一般意义上对认证方质询的响应，后者表示认证方通过 HTTP 响应向客户端发送质询。服务端通常会发送一个状态码为“401 Unauthorized”的响应作为质询消息。

服务端除了通过发送质询消息促使客户端提供一个有效的认证票据，如果通过认证的请求无权执行目标操作或者获取目标资源，则它也会以质询消息的形式来通知客户端。一般来说，这样的质询消息体现为一个状态码为“403 Forbidden”的响应。虽然 IAuthenticationHandler 接口只是将前一种质询方法命名为 ChallengeAsync，后一种质询方法命名为 ForbidAsync，但是我们还是将两者统称为“质询”（Challenge）。

2．IAuthenticationHandler

如下所示的 IAuthenticationHandler 接口定义了 4 个方法，认证中间件最终调用 AuthenticateAsync 方法对每个请求实施认证，而 ChallengeAsync 方法和 ForbidAsync 方法旨在实现前面介绍的两种类型的质询。当 IAuthenticationHandler 对象用来对请求实施认证之前，先调用该对象的 InitializeAsync 方法来完成一些初始化的工作，两个参数分别是描述当前认证方案的 AuthenticationScheme 对象和当前 HttpContext 上下文对象。

```
public interface IAuthenticationHandler
{
    Task<AuthenticateResult> AuthenticateAsync();
    Task ChallengeAsync(AuthenticationProperties properties);
    Task ForbidAsync(AuthenticationProperties properties);
    Task InitializeAsync(AuthenticationScheme scheme, HttpContext context);
}
```

AuthenticateAsync 方法在完成认证后会将认证结果封装成如下 AuthenticateResult 对象。认证结果具有成功、失败和 None 这 3 种状态。对于一个成功的认证结果，除了 Succeeded 属性会返回 True，还可以从 Principal 属性和 Ticket 属性得到表示认证用户的 ClaimsPrincipal 对象与表示认证票据的 AuthenticationTicket 对象。

```
public class AuthenticateResult
```

```
{
    public bool                             Succeeded { get; }
    public Exception                        Failure { get; protected set; }
    public bool                             None { get; protected set; }

    public ClaimsPrincipal                  Principal { get; }
    public AuthenticationTicket             Ticket { get; protected set; }
    public AuthenticationProperties         Properties { get; protected set; }
}
```

AuthenticateResult 提供了如下 3 组静态工厂方法来创建具有对应状态的 AuthenticateResult 对象。值得注意的是，如果调用 Fail 方法并指定错误消息，则该方法会根据错误消息创建一个 Exception 对象作为 AuthenticateResult 对象的 Failure 属性。

```
public class AuthenticateResult
{
    public static AuthenticateResult Success(AuthenticationTicket ticket);

    public static AuthenticateResult Fail(Exception failure);
    public static AuthenticateResult Fail(string failureMessage);
    public static AuthenticateResult Fail(Exception failure,
        AuthenticationProperties properties);
    public static AuthenticateResult Fail(string failureMessage,
        AuthenticationProperties properties);

    public static AuthenticateResult NoResult();
}
```

IAuthenticationHandler 对象表示的认证处理器承载了与认证相关的所有核心操作，但是我们只看到了用来认证请求的 AuthenticateAsync 方法和分别在匿名请求和权限不足情况下发送质询的 ChallengeAsync 方法和 ForbidAsync 方法，并没有看到登录操作和注销操作对应的方法。这两个缺失的方法分别定义在如下 IAuthenticationHandler 的 IAuthenticationSignOutHandler 接口中。

```
public interface IAuthenticationSignOutHandler : IAuthenticationHandler
{
    Task SignOutAsync(AuthenticationProperties properties);
}

public interface IAuthenticationSignInHandler : IAuthenticationSignOutHandler,
{
    Task SignInAsync(ClaimsPrincipal user, AuthenticationProperties properties);
}
```

一个完整的认证方案需要实现请求认证、登录和注销 3 个核心操作，所以对应的认证处理器类型一般会实现 IAuthenticationSignInHandler 接口。针对 Cookie 认证方案的 CookieAuthenticationHandler 类型就实现了 IAuthenticationSignInHandler 接口。IAuthenticationHandler 还有如下这个特殊的派生接口 IAuthenticationRequestHandler。对于一个普通的 IAuthenticationHandler 对象来说，认证中间件利用它来对当前请求实施认证之后总是将请求分发给后续管道，而 IAuthenticationRequestHandler 对象则对请求处理具有更大的控制权，因为它可以决定是否还有必要对当前请求进行后续处理。IAuthenticationRequestHandler 接口中定义了一个返回类型为 Task<bool> 的 HandleRequestAsync 方法，如果该方法返回 True，则整个请求处理流程将到此中止。

```
public interface IAuthenticationRequestHandler : IAuthenticationHandler
{
    Task<bool> HandleRequestAsync();
}
```

3. IAuthenticationHandlerProvider

被 AuthenticationMiddleware 中间件或者应用程序用来认证请求和完成登录/注销操作的认证处理器对象是通过如下 IAuthenticationHandlerProvider 对象提供的。IAuthenticationHandlerProvider 接口定义了唯一的 GetHandlerAsync 方法，并根据当前 HttpContext 上下文对象和认证方案名称来提供对应的 IAuthenticationHandler 对象。

```
public interface IAuthenticationHandlerProvider
{
    Task<IAuthenticationHandler> GetHandlerAsync(HttpContext context,
        string authenticationScheme);
}
```

前文已经提到，表示认证方案的 AuthenticationScheme 对象会为我们提供对应认证处理器的类型。如下所示的代码片段为 AuthenticationScheme 类型的定义，我们所需的认证处理器类型就是通过它的 HandlerType 属性提供的。AuthenticationScheme 还定义了分别表示认证方案名称和显示名称的 Name 属性与 DisplayName 属性。由于 AuthenticationScheme 已经能够为我们提供认证处理器的类型，那么现在的问题就变成如何根据认证方案名称得到对应的 AuthenticationScheme 对象。IAuthenticationSchemeProvider 对象可以帮助我们解决这个问题，它不仅能够帮助我们提供所需的认证方案，采用的认证方案也是通过它来注册的。

```
public class AuthenticationScheme
{
    public string      Name { get; }
    public string      DisplayName { get; }
    public Type        HandlerType { get; }

    public AuthenticationScheme(string name, string displayName, Type handlerType);
}
```

如下面的代码片段所示，IAuthenticationSchemeProvider 接口除了定义一个 GetSchemeAsync 方法（该方法根据指定的认证方案名称获取对应的 AuthenticationScheme 对象），还定义了相应的方法来为 5 种类型的操作（请求认证、登录、注销和两种质询）提供默认的认证方案。认证方案通过 AddScheme 方法进行注册，注册的认证方案由 RemoveScheme 方法删除。我们可以调用它的 GetAllSchemesAsync 方法获取所有注册认证方案，而 GetRequestHandlerSchemesAsync 方法返回的认证方案是供 IAuthenticationRequestHandler 对象使用的。

```
public interface IAuthenticationSchemeProvider
```

```
{
    Task<AuthenticationScheme> GetSchemeAsync(string name);

    Task<AuthenticationScheme> GetDefaultAuthenticateSchemeAsync();
    Task<AuthenticationScheme> GetDefaultChallengeSchemeAsync();
    Task<AuthenticationScheme> GetDefaultForbidSchemeAsync();
    Task<AuthenticationScheme> GetDefaultSignInSchemeAsync();
    Task<AuthenticationScheme> GetDefaultSignOutSchemeAsync();

    Task<IEnumerable<AuthenticationScheme>> GetAllSchemesAsync();
    Task<IEnumerable<AuthenticationScheme>> GetRequestHandlerSchemesAsync();

    void AddScheme(AuthenticationScheme scheme);
    void RemoveScheme(string name);
}
```

在了解了 IAuthenticationSchemeProvider 之后，再回到前面提到的关于如何提供认证处理器的问题。目前已经解决了根据指定的认证名称得到对应认证处理器类型的问题，所以我们能够根据 HttpContext 上下文对象提供的 IServiceProvider 对象创建 IAuthenticationHandler 对象，这个逻辑实现在如下 AuthenticationHandlerProvider 类型上。AuthenticationHandlerProvider 类型的构造函数中注入了用于提供注册认证方案的 IAuthenticationSchemeProvider 对象，在实现的 GetHandlerAsync 方法中，该对象会根据指定的认证方案名称提供对应的认证方案。一旦拥有了认证方案，我们也就知道了对应认证处理器的类型，从而可以利用 HttpContext 上下文对象提供的依赖注入容器得到用来认证请求并完成登录/注销操作的认证处理器。

```
public class AuthenticationHandlerProvider : IAuthenticationHandlerProvider
{
    private Dictionary<string, IAuthenticationHandler> _handlerMap
        = new Dictionary<string, IAuthenticationHandler>(StringComparer.Ordinal);

    public IAuthenticationSchemeProvider Schemes { get; }

    public AuthenticationHandlerProvider(IAuthenticationSchemeProvider schemes)
        => Schemes = schemes;

    public async Task<IAuthenticationHandler> GetHandlerAsync(HttpContext context,
        string authenticationScheme)
    {
        if (_handlerMap.TryGetValue(authenticationScheme, out var handler))
        {
            return handler;
        }

        var scheme = await Schemes.GetSchemeAsync(authenticationScheme);
        if (scheme == null)
        {
            return null;
        }
```

```
        var serviceProvider = context.RequestServices;
        handler = (serviceProvider.GetService(scheme.HandlerType) ??
            ActivatorUtilities.CreateInstance(serviceProvider, scheme.HandlerType))
            as IAuthenticationHandler;
        if (handler != null)
        {
            await handler.InitializeAsync(scheme, context);
            _handlerMap[authenticationScheme] = handler;
        }
        return handler;
    }
}
```

从上面的代码片段可以看出，AuthenticationHandlerProvider 为了避免对 IAuthenticationHandler 对象的重复创建而在内部提供了缓存。GetHandlerAsync 方法在返回提供的认证处理器对象之前，还会调用 InitializeAsync 方法对其进行初始化。

4. AuthenticationSchemeProvider

在了解了实现在 AuthenticationHandlerProvider 类型中针对认证处理器的默认提供机制之后，下面介绍认证方案的默认注册问题，这个问题的解决方案体现在如下 AuthenticationSchemeProvider 类型上，它是对 IAuthenticationSchemeProvider 接口的默认实现。它利用一个字典维护注册认证方案的名称与对应 AuthenticationScheme 对象之间的映射，而这个映射字典最初的内容由 AuthenticationOptions 配置选项来提供。

```
public class AuthenticationSchemeProvider : IAuthenticationSchemeProvider
{
    public AuthenticationSchemeProvider(IOptions<AuthenticationOptions> options);

    public virtual Task<IEnumerable<AuthenticationScheme>> GetAllSchemesAsync();
    public virtual Task<IEnumerable<AuthenticationScheme>> GetRequestHandlerSchemesAsync();
    public virtual Task<AuthenticationScheme> GetSchemeAsync(string name);

    public virtual Task<AuthenticationScheme> GetDefaultAuthenticateSchemeAsync();
    public virtual Task<AuthenticationScheme> GetDefaultChallengeSchemeAsync();
    public virtual Task<AuthenticationScheme> GetDefaultForbidSchemeAsync();
    public virtual Task<AuthenticationScheme> GetDefaultSignInSchemeAsync();
    public virtual Task<AuthenticationScheme> GetDefaultSignOutSchemeAsync();

    public virtual void AddScheme(AuthenticationScheme scheme);
    public virtual void RemoveScheme(string name);
}
```

要想了解认证方案是如何注册到配置选项 AuthenticationOptions 上的，就需要先了解用来构建认证方案的 AuthenticationSchemeBuilder 类型。我们利用指定的认证方案名称来创建对应的 AuthenticationSchemeBuilder 对象，并借助它的两个属性来设置认证方案的显示名称（可选）和认证处理器类型（必须），表示认证方案的 AuthenticationScheme 对象最终是由 Build 方法构建的。

```
public class AuthenticationSchemeBuilder
{
    public string     Name {get; }
    public string     DisplayName { get; set; }
    public Type       HandlerType { get; set; }

    public AuthenticationSchemeBuilder(string name)
        => Name = name;

    public AuthenticationScheme Build()
        => new AuthenticationScheme(Name, DisplayName, HandlerType);
}
```

如下所示的代码片段为 AuthenticationOptions 配置选项类型的完整定义，可以看出真正注册到该配置选项上的其实是一个 AuthenticationSchemeBuilder 对象。AuthenticationScheme 通过其只读属性 SchemeMap 维护一组认证方案名称与对应 AuthenticationSchemeBuilder 对象之间的映射关系，当调用 AddScheme 方法注册一个认证方案时，该方法会创建一个 AuthenticationSchemeBuilder 对象并将其添加到映射字典中。

```
public class AuthenticationOptions
{
    private readonly IList<AuthenticationSchemeBuilder> _schemes
        = new List<AuthenticationSchemeBuilder>();
    public IEnumerable<AuthenticationSchemeBuilder> Schemes => _schemes;

    public string DefaultScheme { get; set; }
    public string DefaultAuthenticateScheme { get; set; }
    public string DefaultSignInScheme { get; set; }
    public string DefaultSignOutScheme { get; set; }
    public string DefaultChallengeScheme { get; set; }
    public string DefaultForbidScheme { get; set; }

    public IDictionary<string, AuthenticationSchemeBuilder> SchemeMap { get; }
        = new Dictionary<string, AuthenticationSchemeBuilder>(StringComparer.Ordinal);

    public bool RequireAuthenticatedSignIn { get; set; }

    public void AddScheme(string name,
        Action<AuthenticationSchemeBuilder> configureBuilder)
    {
        if (SchemeMap.ContainsKey(name))
        {
            throw new InvalidOperationException("Scheme already exists: " + name);
        }
        var builder = new AuthenticationSchemeBuilder(name);
        configureBuilder(builder);
        _schemes.Add(builder);
        SchemeMap[name] = builder;
```

```
    }

    public void AddScheme<THandler>(string name, string displayName)
        where THandler : IAuthenticationHandler
        => AddScheme(name, b =>
        {
            b.DisplayName = displayName;
            b.HandlerType = typeof(THandler);
        });
}
```

AuthenticationOptions 还提供了一系列默认的认证方案名称。如果在进行认证、登录、注销及发送质询时没有显式提供采用的认证方案名称，则这里设置的默认的认证方案名称将被采用。当利用 IOptions<AuthenticationOptions>对象创建 AuthenticationSchemeProvider 对象时，配置选项上注册的这些认证方案信息将被转移到 AuthenticationSchemeProvider 对象上。AuthenticationOptions 配置选项的 RequireAuthenticatedSignIn 属性表示在进行登录操作时是否要求当前是一个经过认证的用户，即要求提供的 ClaimsPrincipal 对象具有一个明确的身份，并且表示该身份的 IIdentity 对象的 IsAuthenticated 属性为 True。

27.3.3 认证服务

前面演示实例中的认证、登录和注销并没有直接调用作为认证处理器的 IAuthenticationHandler 对象的 AuthenticateAsync 方法、SignInAsync 方法和 SignOutAsync 方法，而是调用 HttpContext 上下文对象的同名方法。如下面的代码片段所示，认证方案的 5 个核心操作都可以调用 HttpContext 上下文对象对应的方法来完成。

```
public static class AuthenticationHttpContextExtensions
{
    public static Task<AuthenticateResult> AuthenticateAsync(this HttpContext context);
    public static Task<AuthenticateResult> AuthenticateAsync(this HttpContext context,
        string scheme);

    public static Task ChallengeAsync(this HttpContext context);
    public static Task ChallengeAsync(this HttpContext context,
        AuthenticationProperties properties);
    public static Task ChallengeAsync(this HttpContext context, string scheme);
    public static Task ChallengeAsync(this HttpContext context, string scheme,
        AuthenticationProperties properties);

    public static Task ForbidAsync(this HttpContext context);
    public static Task ForbidAsync(this HttpContext context,
        AuthenticationProperties properties);
    public static Task ForbidAsync(this HttpContext context, string scheme);
    public static Task ForbidAsync(this HttpContext context, string scheme,
        AuthenticationProperties properties);

    public static Task SignInAsync(this HttpContext context, ClaimsPrincipal principal);
```

```
    public static Task SignInAsync(this HttpContext context, ClaimsPrincipal principal,
        AuthenticationProperties properties);
    public static Task SignInAsync(this HttpContext context, string scheme,
        ClaimsPrincipal principal);
    public static Task SignInAsync(this HttpContext context, string scheme,
        ClaimsPrincipal principal, AuthenticationProperties properties);

    public static Task SignOutAsync(this HttpContext context);
    public static Task SignOutAsync(this HttpContext context,
        AuthenticationProperties properties);
    public static Task SignOutAsync(this HttpContext context, string scheme);
    public static Task SignOutAsync(this HttpContext context, string scheme,
        AuthenticationProperties properties);
}
```

上述这些方法与 IAuthenticationHandler 对象之间的适配是通过 IAuthenticationService 服务来实现的。如下面的代码片段所示，IAuthenticationService 接口同样定义了 5 个对应的方法。

```
public interface IAuthenticationService
{
    Task<AuthenticateResult> AuthenticateAsync(HttpContext context, string scheme);
    Task ChallengeAsync(HttpContext context, string scheme,
        AuthenticationProperties properties);
    Task ForbidAsync(HttpContext context, string scheme,
        AuthenticationProperties properties);
    Task SignInAsync(HttpContext context, string scheme, ClaimsPrincipal principal,
        AuthenticationProperties properties);
    Task SignOutAsync(HttpContext context, string scheme,
        AuthenticationProperties properties);
}
```

如下所示的 AuthenticationService 类型是对 IAuthenticationService 接口的默认实现。由于构造函数中注入了 IAuthenticationHandlerProvider 对象，所以能够利用它得到对应的 IAuthenticationHandler 对象并实现 5 个方法。它的构造函数中还注入了 IAuthenticationSchemeProvider 对象，并由它提供默认的认证方案。

```
public class AuthenticationService : IAuthenticationService
{
    public IAuthenticationHandlerProvider    Handlers { get; }
    public IAuthenticationSchemeProvider     Schemes { get; }
    public IClaimsTransformation             Transform { get; }

    public AuthenticationService(IAuthenticationSchemeProvider schemes,
        IAuthenticationHandlerProvider handlers, IClaimsTransformation transform);

    public virtual Task<AuthenticateResult> AuthenticateAsync(
        HttpContext context, string scheme);
    public virtual Task ChallengeAsync(HttpContext context, string scheme,
        AuthenticationProperties properties);
    public virtual Task ForbidAsync(HttpContext context, string scheme,
        AuthenticationProperties properties);
```

```
    public virtual Task SignInAsync(HttpContext context, string scheme,
        ClaimsPrincipal principal, AuthenticationProperties properties);
    public virtual Task SignOutAsync(HttpContext context, string scheme,
        AuthenticationProperties properties);
}
```

除了 IAuthenticationHandlerProvider 方法和 IAuthenticationSchemeProvider 对象，AuthenticationService 的构造函数中还注入了 IClaimsTransformation 对象。如下面的代码片段所示，IClaimsTransformation 接口提供的 TransformAsync 方法可以实现 ClaimsPrincipal 对象的转换或者加工。认证模型默认提供的是这个没有实现任何转换操作的 NoopClaimsTransformation 类型，如果我们需要对表示认证用户的 ClaimsPrincipal 对象进行再加工，则可以利用自定义的 IClaimsTransformation 服务来实现。

```
public interface IClaimsTransformation
{
    Task<ClaimsPrincipal> TransformAsync(ClaimsPrincipal principal);
}

public class NoopClaimsTransformation : IClaimsTransformation
{
    public virtual Task<ClaimsPrincipal> TransformAsync(ClaimsPrincipal principal) =>
        Task.FromResult<ClaimsPrincipal>(principal);
}
```

如下所示的代码片段大体上展示了 AuthenticationService 类型的 AuthenticateAsync 方法的完整定义。如果没有显式指定认证方案，则该方法会使用 IAuthenticationSchemeProvider 对象提供的默认的认证方案名称。如果连默认的认证方案也没有，则该方法会直接抛出一个 InvalidOperationException 异常。

```
public class AuthenticationService : IAuthenticationService
{
    public virtual async Task<AuthenticateResult> AuthenticateAsync(
        HttpContext context, string scheme)
    {
        if (scheme == null)
        {
            var defaultScheme = await Schemes.GetDefaultAuthenticateSchemeAsync();
            scheme = defaultScheme?.Name;
            if (scheme == null)
            {
                throw new InvalidOperationException();
            }
        }

        var handler = await Handlers.GetHandlerAsync(context, scheme);
        if (handler == null)
        {
            throw await CreateMissingHandlerException(scheme);
        }
```

```
        var result = await handler.AuthenticateAsync();
        if (result != null && result.Succeeded)
        {
            var transformed = await Transform.TransformAsync(result.Principal);
            return AuthenticateResult.Success(new AuthenticationTicket(transformed,
                result.Properties, result.Ticket.AuthenticationScheme));
        }
        return result;
    }
    ...
}
```

AuthenticateAsync 方法利用 IAuthenticationHandlerProvider 对象根据认证方案（显式指定或者默认注册）提供一个 IAuthenticationHandler 对象，并利用后者对请求实施认证。在认证成功的情况下，表示认证用户的 ClaimsPrincipal 对象会从认证结果中提取出来交给 IClaimsTransformation 对象进行加工或者转化。实现在 AuthenticationService 中的其他 4 个方法与 AuthenticateAsync 方法具有类似的实现逻辑。

上面详细介绍了作为认证服务的 AuthenticationService 对象如何根据指定或者注册的认证方案获取作为认证处理器的 IAuthenticationHandler 对象，并利用它完成整个认证方案所需的 5 个核心操作，下面进行简单的概括。图 27-6 中的虚线表示对象之间的依赖关系，实线表示数据流向。对于 AuthenticationService 对象来说，它在默认情况下会利用 AuthenticationHandlerProvider 来提供所需的 IAuthenticationHandler 对象。

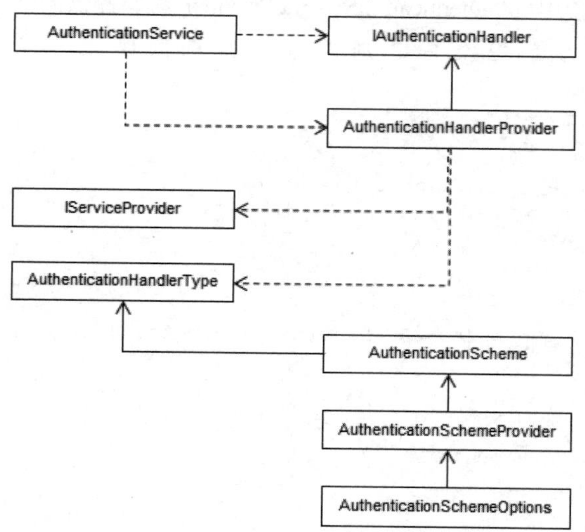

图 27-6　AuthenticationService→IAuthenticationHandler

由于 IAuthenticationHandler 对象是在指定的 HttpContext 上下文对象中提供的，所以 AuthenticationHandlerProvider 对象可以得到当前请求的 IServiceProvider 对象。假设提供认证处理器类型的所有依赖服务都预先注册在依赖注入框架中，如果能够得到目标认证处理器的类型，

AuthenticationHandlerProvider 就能利用这个 IServiceProvider 对象将所需的 IAuthenticationHandler 对象创建出来。

认证处理器类型是表示认证方案的 AuthenticationScheme 对象的核心组成部分，而认证方案的提供在默认情况下由 AuthenticationSchemeProvider 对象负责。由于应用程序会将认证方案注册到 AuthenticationOptions 配置选项上，而 AuthenticationSchemeProvider 对象正是根据这个配置选项创建的，所以它能获取所有注册的认证方案信息。

27.3.4 服务注册

整个方案承载的 5 个核心操作（请求认证、登录、注销和两种类型的质询）在默认情况下都是先通过调用 AuthenticationService 服务相应的方法予以执行的，而 AuthenticationService 对象最终会将方法调用转移到指定或者注册认证方案对应的认证处理器上。依赖注入容器框架会将这些独立的服务整合在一起。下面就来介绍相关的服务是如何被注册的。

1. AddAuthentication

IServiceCollection 接口具有如下两个 AddAuthentication 重载方法。服务注册主要实现在第二个重载方法中，核心服务通过 AddAuthenticationCore 方法进行注册。AddAuthentication 方法调用其他的扩展方法完成了 IDataProtectorProvider 服务、UrlEncoder 服务和 ISystemClock 服务的注册。第一个重载方法在此基础上提供了认证配置选项 AuthenticationOptions 的设置，而认证方案最初就是注册在这个配置选项上的。

```
public static class AuthenticationServiceCollectionExtensions
{
    public static AuthenticationBuilder AddAuthentication(this IServiceCollection services,
        Action<AuthenticationOptions> configureOptions)
    {
        services.Configure<AuthenticationOptions>(configureOptions);
        return services.AddAuthentication();
    }

    public static AuthenticationBuilder AddAuthentication(this IServiceCollection services)
    {
        services.AddAuthenticationCore();
        services.AddDataProtection();
        services.AddWebEncoders();
        services.TryAddSingleton<ISystemClock, SystemClock>();
        return new AuthenticationBuilder(services);
    }
}

public static class AuthenticationCoreServiceCollectionExtensions
{
    public static IServiceCollection AddAuthenticationCore(
        this IServiceCollection services)
    {
```

```
        services.TryAddScoped<IAuthenticationService, AuthenticationService>();
        services.TryAddSingleton<IClaimsTransformation, NoopClaimsTransformation>();
        services.TryAddScoped<IAuthenticationHandlerProvider,
            AuthenticationHandlerProvider>();
        services.TryAddSingleton<IAuthenticationSchemeProvider,
            AuthenticationSchemeProvider>();
        return services;
    }

    public static IServiceCollection AddAuthenticationCore(
        this IServiceCollection services, Action<AuthenticationOptions> configureOptions)
    {
        services.AddAuthenticationCore();
        services.Configure<AuthenticationOptions>(configureOptions);
        return services;
    }
}
```

2. AuthenticationBuilder

AddAuthentication 方法仅仅注册了定义在认证模型中的基础服务，与采用认证方案相关的服务则由该方法返回的 AuthenticationBuilder 对象进行进一步注册，一个 AuthenticationBuilder 对象实际上是对一个 IServiceCollection 对象的封装。我们可以调用 AuthenticationBuilder 对象的两个 AddScheme <TOptions, THandler>重载方法注册某种认证方案的认证处理器类型，并进一步设置对应的配置选项。

```
public class AuthenticationBuilder
{
    public virtual IServiceCollection Services { get; }
    public AuthenticationBuilder(IServiceCollection services)
        => Services = services;

    public virtual AuthenticationBuilder AddScheme<TOptions, THandler>(
        string authenticationScheme, string displayName, Action<TOptions> configureOptions)
        where TOptions : AuthenticationSchemeOptions, new()
        where THandler : AuthenticationHandler<TOptions>
        => AddSchemeHelper<TOptions, THandler>(authenticationScheme, displayName,
            configureOptions);

    public virtual AuthenticationBuilder AddScheme<TOptions, THandler>(
        string authenticationScheme, Action<TOptions> configureOptions)
        where TOptions : AuthenticationSchemeOptions, new()
        where THandler : AuthenticationHandler<TOptions>
        => AddScheme<TOptions, THandler>(authenticationScheme, null,configureOptions);

    private AuthenticationBuilder AddSchemeHelper<TOptions, THandler>(
        string authenticationScheme, string displayName,
        Action<TOptions> configureOptions)
        where TOptions : class, new()
        where THandler : class, IAuthenticationHandler
```

```
    {
        Services.Configure<AuthenticationOptions>(o =>
        {
            o.AddScheme(authenticationScheme, scheme => {
                scheme.HandlerType = typeof(THandler);
                scheme.DisplayName = displayName;
            });
        });
        if (configureOptions != null)
        {
            Services.Configure(authenticationScheme, configureOptions);
        }
        Services.AddTransient<THandler>();
        return this;
    }
}
```

3. AuthenticationSchemeOptions

当调用 AuthenticationBuilder 的 AddSchme 方法注册认证方案时，需要同时指定认证处理器和对应配置选项的类型，该类型一般会派生如下 AuthenticationSchemeOptions 类型。AuthenticationSchemeOptions 的 ClaimsIssuer 属性表示在认证过程中创建的声明采用的颁发者名称，也就是前面介绍的 Claim 类型的 Issuer 属性。为了使某种认证方式具有更好的扩展性，我们往往希望应用程序可以对认证的流程进行干预，这个功能可以利用动态注册的事件（Events）对象或者类型来实现。AuthenticationSchemeOptions 的 Events 属性与 EventsType 属性指的就是注册的事件对象和类型，下一节介绍的基于 Cookie 的认证方案中具有对此扩展的应用。

```
public class AuthenticationSchemeOptions
{
    public string ClaimsIssuer { get;  set; }

    public object      Events { get;  set; }
    public Type        EventsType { get;  set; }

    public string ForwardAuthenticate { get; set; }
    public string ForwardChallenge { get;  set; }
    public string ForwardForbid { get; set; }
    public string ForwardSignIn { get; set; }
    public string ForwardSignOut { get; set; }
    public string ForwardDefault { get; set; }
    public Func<HttpContext, string> ForwardDefaultSelector { get;  set; }

    public virtual void Validate();
    public virtual void Validate(string scheme);
}
```

完整的认证流程会涉及一系列相关的操作，如认证票据的验证、登录、注销及发送认证质询等，可能大部分操作对于不同的认证方案来说并没有什么不同，此时某个认证方案就可以利用

AuthenticationSchemeOptions 配置选项中定义的一系列 ForwardXxx 属性和 ForwardDefaultSelector 方法采用另一种方案来完成对应的操作。除了上述这些属性成员，AuthenticationSchemeOptions 还提供了两个 Validate 方法，它们用来验证设置的配置选项是否合法。在认证处理器初始化过程（当 InitializeAsync 方法被调用时）中，Validate 方法用来验证设置的配置选项对指定的认证方案是否合法。

27.3.5 AuthenticationMiddleware

认证模型针对请求的认证最终是借助 AuthenticationMiddleware 中间件来完成的。由于具体认证的实现已经分散到前面介绍的若干服务类型上，所以实现在该中间件的认证逻辑就显得非常简单。下面的代码片段基本上体现了 AuthenticationMiddleware 中间件的完整实现。

```
public class AuthenticationMiddleware
{
    private readonly RequestDelegate          _next;
    public IAuthenticationSchemeProvider      Schemes { get; set; }

    public AuthenticationMiddleware(RequestDelegate next,
        IAuthenticationSchemeProvider schemes)
    {
        _next              = next;
        Schemes            = schemes;
    }

    public async Task Invoke(HttpContext context)
    {
        context.Features.Set<IAuthenticationFeature>(new AuthenticationFeature
        {
            OriginalPath              = context.Request.Path,
            OriginalPathBase          = context.Request.PathBase
        });

        // 先利用 IAuthenticationRequestHandler 来处理请求
        // IAuthenticationRequestHandler 可以用来终止当前请求的处理
        var handlers = context.RequestServices
            .GetRequiredService<IAuthenticationHandlerProvider>();
        foreach (var scheme in await Schemes.GetRequestHandlerSchemesAsync())
        {
            var handler = await handlers.GetHandlerAsync(context, scheme.Name)
                as IAuthenticationRequestHandler;
            if (handler != null && await handler.HandleRequestAsync())
            {
                return;
            }
        }

        // 采用默认的认证方案实施认证
        var defaultAuthenticate = await Schemes.GetDefaultAuthenticateSchemeAsync();
```

```
        if (defaultAuthenticate != null)
        {
            var result = await context.AuthenticateAsync(defaultAuthenticate.Name);
            if (result?.Principal != null)
            {
                context.User = result.Principal;
            }

            if (result?.Succeeded ?? false)
            {
                var authFeatures = new AuthenticationFeatures(result);
                context.Features.Set<IHttpAuthenticationFeature>(authFeatures);
                context.Features.Set<IAuthenticateResultFeature>(authFeatures);
            }
        }

        await _next(context);
    }
}
```

如上面的代码片段所示，AuthenticationMiddleware 中间件类型的构造函数中注入了一个用于提供认证方案的 IAuthenticationSchemeProvider 对象。用于处理请求的 Invoke 方法先将当前请求的路径（Path）和基础路径（PathBase）利用一个通过 IAuthenticationFeature 接口表示的特性附加到当前的 HttpContext 上下文对象中。IAuthenticationRequestHandler 处理器会先被提取出来执行，而提供给它们的认证方案是调用 IAuthenticationSchemeProvider 对象的 GetRequestHandlerSchemesAsync 方法的返回结果。如果任何一个 IAuthenticationRequestHandler 对象的 HandleRequestAsync 方法返回 True，则整个认证过程将到此中止。

```
public interface IAuthenticationFeature
{
    PathString OriginalPathBase { get; set; }
    PathString OriginalPath { get; set; }
}
```

如果当前应用并没有注册任何 IAuthenticationRequestHandler 处理器，或者它们并没有中止对当前请求的处理，则 AuthenticationMiddleware 中间件会利用 IAuthenticationSchemeProvider 对象提供一个默认的认证方案，并借助 IAuthenticationHandlerProvider 服务提供的 IAuthenticationHandler 对象来对当前请求实施认证。如果认证成功，则认证结果会被封装成 AuthenticationFeatures 特性并附着到 HttpContext 上下文对象中，提供的 ClaimsPrincipal 对象将作为当前用户赋值给 HttpContext 上下文对象的 User 属性。

```
public interface IHttpAuthenticationFeature
{
    ClaimsPrincipal User { get; set; }
}

public interface IAuthenticateResultFeature
{
```

```
    AuthenticateResult AuthenticateResult { get; set; }
}
```

AuthenticationMiddleware 中间件通过调用 IApplicationBuilder 接口的 UseAuthentication 扩展方法进行注册。

```
public static class AuthAppBuilderExtensions
{
    public static IApplicationBuilder UseAuthentication(this IApplicationBuilder app)
        => app.UseMiddleware<AuthenticationMiddleware>();
}
```

27.4 Cookie 认证方案

前面的实例演示了利用 Cookie 来携带认证票据的认证方案，下面详细介绍此认证方案的实现原理。通过前面的介绍可知，某个认证方案的核心功能实现在 IAuthenticationHandler 接口表示的认证处理器上，Cookie 的认证方案实现在 CookieAuthenticationHandler 类型中。在具体介绍该类型之前，我们需要先了解其基类。

27.4.1 AuthenticationHandler<TOptions>

包括 CookieAuthenticationHandler 在内，认证模型提供的所有原生认证处理器类型都派生于如下 AuthenticationHandler<TOptions>抽象类。如果需要实现额外的认证方案，则对应的认证处理器最好也直接派生于这个基类。如下面的代码片段所示，AuthenticationHandler<TOptions>直接实现 IAuthenticationHandler 接口，其泛型参数类型 TOptions 表示承载对应认证方案的配置选项，它派生于基类 AuthenticationSchemeOptions。

```
public abstract class AuthenticationHandler<TOptions> : IAuthenticationHandler
    where TOptions : AuthenticationSchemeOptions, new()
{
    protected IOptionsMonitor<TOptions>      OptionsMonitor { get; }
    protected ILogger                        Logger { get; }
    protected UrlEncoder                     UrlEncoder { get; }
    protected ISystemClock                   Clock { get; }

    protected AuthenticationHandler1(IOptionsMonitor<TOptions> options,
        ILoggerFactory logger, UrlEncoder encoder, ISystemClock clock)
    {
        Logger              = logger.CreateLogger(this.GetType().FullName);
        UrlEncoder          = encoder;
        Clock               = clock;
        OptionsMonitor      = options;
    }
    ...
}
```

AuthenticationHandler<TOptions>类型在构造函数中注入了 4 个服务对象，其中包括用来提供实时配置选项的 IOptionsMonitor<TOptions>对象、创建 Logger 的 ILoggerFactory 对象、实现

URL 编码的 UrlEncoder 对象和提供同步系统时钟的 ISystemClock 对象。认证模型针对系统时钟提供了一个名为 SystemClock 的默认实现类型，它的 UtcNow 会返回本地当前的 UTC 时间。

```
public class SystemClock : ISystemClock
{
    public DateTimeOffset UtcNow { get; }
}
```

1．初始化（InitializeAsync）

AuthenticationHandlerProvider 对象在根据当前 HttpContext 上下文对象和指定的认证方案名称来提供某个 IAuthenticationHandler 对象时，后者的 InitializeAsync 方法被调用以便完成一些初始化工作。我们现在来看一看 AuthenticationHandler<TOptions>在这个方法中究竟做了什么。

```
public abstract class AuthenticationHandler<TOptions>
    : IAuthenticationHandler
    where TOptions : AuthenticationSchemeOptions, new()
{
    public TOptions                          Options { get; private set; }
    protected IOptionsMonitor<TOptions>      OptionsMonitor { get; }
    protected HttpContext                    Context { get; private set; }
    public AuthenticationScheme              Scheme { get; private set; }
    protected virtual object                 Events { get; set; }

    public async Task InitializeAsync(AuthenticationScheme scheme, HttpContext context)
    {
        Scheme          = scheme;
        Context         = context;

        Options = OptionsMonitor.Get(Scheme.Name) ?? new TOptions();
        Options.Validate(Scheme.Name);

        await InitializeEventsAsync();
        await InitializeHandlerAsync();
    }

    protected virtual async Task InitializeEventsAsync()
    {
        Events = Options.Events;
        if (Options.EventsType != null)
        {
            Events = Context.RequestServices.GetRequiredService(Options.EventsType);
        }
        Events = Events ?? await CreateEventsAsync();
    }
    protected virtual Task<object> CreateEventsAsync() => Task.FromResult(new object());
    protected virtual Task InitializeHandlerAsync() => Task.CompletedTask;
}
```

InitializeAsync 方法会利用 IOptionsMonitor<TOptions>对象获取当前的配置选项，由于该方法的每个请求都会被调用一次，虽然认证处理器是 Singleton 对象，但是它的配置选项是实时刷新的。AuthenticationSchemeOptions 类型的 Events 属性和 EventsType 属性用来对整个认证流程实施干预，它们在 InitializeAsync 方法中被应用到对应的 IAuthenticationHandler 对象上。如上面的代码片段所示，InitializeAsync 方法会初始化 Events 对象并将它赋值给对应的属性。这一切都实现在一个名为 InitializeEventsAsync 的虚方法上。InitializeAsync 方法调用了另一个名为 InitializeHandlerAsync 的虚方法，它旨在执行一些额外的初始化操作，目前这个虚方法并没有执行任何具体的操作。如果自定义认证处理器类型的实现需要执行一些额外的初始化操作，就可以将它们实现在重写的 InitializeHandlerAsync 方法中。

2. 认证（AuthenticateAsync）

我们来看一看真正用来对请求实施认证的 AuthenticateAsync 方法是如何实现的。用于承载认证方案配置选项的 AuthenticationSchemeOptions 类型定义了一系列 ForwardXxx 方法。我们可以利用它们将一些操作“转移”到其他兼容认证方案上，这一点就直接体现在 AuthenticateAsync 方法的实现上。

```
public abstract class AuthenticationHandler<TOptions>
    : IAuthenticationHandler
    where TOptions : AuthenticationSchemeOptions, new()
{
    private Task<AuthenticateResult> _authenticateTask;

    public async Task<AuthenticateResult> AuthenticateAsync()
    {
        var target = ResolveTarget(Options.ForwardAuthenticate);
        if (target != null)
        {
            return await Context.AuthenticateAsync(target);
        }
        return await HandleAuthenticateOnceAsync();

    }

    protected virtual string ResolveTarget(string scheme)
    {
        var target = scheme
            ?? Options.ForwardDefaultSelector?.Invoke(Context)
            ?? Options.ForwardDefault;
        return string.Equals(target, Scheme.Name, StringComparison.Ordinal)
            ? null
            : target;
    }

    protected Task<AuthenticateResult> HandleAuthenticateOnceAsync()
        => _authenticateTask ?? HandleAuthenticateAsync();

    protected async Task<AuthenticateResult> HandleAuthenticateOnceSafeAsync()
    {
        try
        {
```

```
            return await HandleAuthenticateOnceAsync();
        }
        catch (Exception ex)
        {
            return AuthenticateResult.Fail(ex);
        }
    }

    protected abstract Task<AuthenticateResult> HandleAuthenticateAsync();
}
```

AuthenticateAsync 方法会先调用 ResolveTarget 方法，后者根据 AuthenticationSchemeOptions 配置选项来解析转移的目标认证方案。如果认证方案需要被转移，则该方法只需要直接调用当前 HttpContext 上下文对象的 AuthenticateAsync 方法对采用新认证方案的请求实施认证。在确定了不需要认证转移的情况下，AuthenticateAsync 方法会调用 HandleAuthenticateOnceAsync 方法完成对请求的认证，真正的认证体现在 HandleAuthenticateAsync 方法上。AuthenticationHandler <TOptions> 还定义了一个名为 HandleAuthenticateOnceSafeAsync 的虚方法用来提供更加“安全”的认证，因为它实现了异常处理。

3．质询（ChallengeAsync 和 ForbidAsync）

我们将通过 IAuthenticationHandler 对象的 ChallengeAsync 方法和 ForbidAsync 方法完成的操作统一称为“质询”。前者旨在提供一个响应促使客户端提供一个合法的认证票据，后者告知认证用户无权执行当前操作或者获取当前资源。

```
public abstract class AuthenticationHandler<TOptions>
    : IAuthenticationHandler where TOptions : AuthenticationSchemeOptions, new()
{
    public async Task ChallengeAsync(AuthenticationProperties properties)
    {
        var target = ResolveTarget(Options.ForwardChallenge);
        if (target != null)
        {
            await Context.ChallengeAsync(target, properties);
            return;
        }

        properties = properties ?? new AuthenticationProperties();
        await HandleChallengeAsync(properties);
    }

    public async Task ForbidAsync(AuthenticationProperties properties)
    {
        var target = ResolveTarget(Options.ForwardForbid);
        if (target != null)
        {
            await Context.ForbidAsync(target, properties);
            return;
        }
```

```
        properties = properties ?? new AuthenticationProperties();
        await HandleForbiddenAsync(properties);
    }

    protected virtual Task HandleChallengeAsync(AuthenticationProperties properties)
    {
        Response.StatusCode = 401;
        return Task.CompletedTask;
    }

    protected virtual Task HandleForbiddenAsync(AuthenticationProperties properties)
    {
        Response.StatusCode = 403;
        return Task.CompletedTask;
    }
}
```

如上面的代码片段所示，跨方案认证转移机制同样应用在 ChallengeAsync 方法和 HandleChallengeAsync 方法中。真正的质询体现在 HandleChallengeAsync 和 HandleForbiddenAsync 这两个虚方法上。这两个虚方法分别回复一个状态码为“401 Unauthorized”与“403 Forbidden”的响应。如果需要提供不一样的质询响应，如重定向到登录和授权失败的页面，则可以通过重写这两个虚方法来实现。

4. SignOutAuthenticationHandler<TOptions>

如下所示的 SignOutAuthenticationHandler<TOptions>派生于 AuthenticationHandler<TOptions>类型，同时可以作为 IAuthenticationSignOutHandler 接口的默认实现。该类型将前面介绍的跨方案认证转移实现在 SignOutAsync 方法中，具体的注销操作则体现在 HandleSignOutAsync 抽象方法中。

```
public abstract class SignOutAuthenticationHandler<TOptions> :
    AuthenticationHandler<TOptions>,
    IAuthenticationSignOutHandler,
    where TOptions: AuthenticationSchemeOptions, new()
{
    public SignOutAuthenticationHandler(IOptionsMonitor<TOptions> options,
        ILoggerFactory logger, UrlEncoder encoder, ISystemClock clock)
        : base(options, logger, encoder, clock)
    {}

    protected abstract Task HandleSignOutAsync(AuthenticationProperties properties);
    public virtual Task SignOutAsync(AuthenticationProperties properties)
    {
        string scheme = this.ResolveTarget(base.Options.ForwardSignOut);
        if (scheme != null)
        {
            return base.Context.SignOutAsync(scheme, properties);
        }
```

```
        return HandleSignOutAsync(properties ?? new AuthenticationProperties());
    }
}
```

5. SignInAuthenticationHandler<TOptions>

如下所示的 SignInAuthenticationHandler<TOptions>是 SignOutAuthenticationHandler <TOptions>的派生类。它实现了 IAuthenticationSignInHandler 接口，与 SignOutAuthenticationHandler<TOptions>具有完全一致的定义模式。SignInAsync 方法实现了跨方案认证转移，并定义 HandleSignInAsync 抽象方法来完成具体的登录操作。

```
public abstract class SignInAuthenticationHandler<TOptions> :
    SignOutAuthenticationHandler<TOptions>,
    IAuthenticationSignInHandler,
    where TOptions: AuthenticationSchemeOptions, new()
{
    public SignInAuthenticationHandler(IOptionsMonitor<TOptions> options,
        ILoggerFactory logger, UrlEncoder encoder, ISystemClock clock)
        : base(options, logger, encoder, clock)
    {}

    protected abstract Task HandleSignInAsync(ClaimsPrincipal user,
        AuthenticationProperties properties);
    public virtual Task SignInAsync(ClaimsPrincipal user,
        AuthenticationProperties properties)
    {
        var scheme = this.ResolveTarget(base.Options.ForwardSignIn);
        if (scheme != null)
        {
            return base.Context.SignInAsync(scheme, user, properties);
        }
        return HandleSignInAsync(user, properties ?? new AuthenticationProperties());
    }
}
```

27.4.2 CookieAuthenticationHandler

Cookie 的认证逻辑基本上都实现在 CookieAuthenticationHandler 类型中。在正式介绍这个认证处理器针对认证、登录和注销的实现原理之前，下面先介绍几个与其相关的类型。

1. CookieAuthenticationEvents

出于可扩展的目的，AuthenticationHandler<TOptions>采用一种特殊的事件（Event）机制使应用程序可以对整个认证流程实施干预。由于每种具体的认证方案具有各自不同的认证流程，所以作为基类的 AuthenticationHandler<TOptions>只能提供一个 Object 对象作为认证事件，派生于这个抽象类的认证处理器定义了一个强类型的认证事件。CookieAuthenticationHandler 采用的认证事件类型就是具有如下定义的 CookieAuthenticationEvents。

```
public class CookieAuthenticationEvents
{
```

```
    public Func<CookieSigningInContext, Task>        OnSigningIn { get; set; }
    public Func<CookieSignedInContext, Task>         OnSignedIn { get; set; }
    public Func<CookieSigningOutContext, Task>       OnSigningOut { get; set; }
    public Func<CookieValidatePrincipalContext, Task> OnValidatePrincipal { get; set; }

    public Func<RedirectContext<CookieAuthenticationOptions>, Task>
        OnRedirectToAccessDenied { get; set; }
    public Func<RedirectContext<CookieAuthenticationOptions>, Task>
        OnRedirectToLogin { get; set; }
    public Func<RedirectContext<CookieAuthenticationOptions>, Task>
        OnRedirectToLogout { get; set; }
    public Func<RedirectContext<CookieAuthenticationOptions>, Task>
        OnRedirectToReturnUrl { get; set; }
}
```

如上面的代码片段所示，CookieAuthenticationEvents 定义了一系列委托类型的属性作为对应事件触发时的回调，从命名可以看出这些属性被调用的时机。我们将这些属性划分成两组，前一组会在登录、注销和验证表示用户的 ClaimsPrincipal 对象时被调用，后一组则与认证过程所需的重定向有关。我们可以利用它们控制对登录、注销、权限不足和初始访问页面的重定向。

从 CookieAuthenticationEvents 的定义可以看出，它从事的每个操作都是在一个上下文中进行的，这些上下文类型将如下 BaseContext<TOptions>作为它们共同的基类。我们可以利用这个 BaseContext<TOptions>对象得到当前的 HttpContext 上下文对象、配置选项和认证方案。该上下文类型具有 PropertiesContext<TOptions>和 PrincipalContext<TOptions>两个派生类型，前者提供了承载当前认证会话信息的 AuthenticationProperties 对象，后者提供了表示当前认证用户的 ClaimsPrincipal 对象。

```
public abstract class BaseContext<TOptions> where TOptions: AuthenticationSchemeOptions
{
    public HttpContext                  HttpContext { get; }
    public HttpRequest                  Request { get; }
    public HttpResponse                 Response { get; }
    public TOptions                     Options { get; }
    public AuthenticationScheme         Scheme { get; }

    protected BaseContext(HttpContext context, AuthenticationScheme scheme,
        TOptions options);
}

public abstract class PropertiesContext<TOptions> : BaseContext<TOptions>
    where TOptions: AuthenticationSchemeOptions
{
    public virtual AuthenticationProperties Properties { get; protected set; }
    protected PropertiesContext(HttpContext context, AuthenticationScheme scheme,
        TOptions options, AuthenticationProperties properties);
}
```

```
public abstract class PrincipalContext<TOptions> : PropertiesContext<TOptions>
    where TOptions: AuthenticationSchemeOptions
{
    public virtual ClaimsPrincipal Principal { get;  set; }
    protected PrincipalContext(HttpContext context, AuthenticationScheme scheme,
        TOptions options, AuthenticationProperties properties);
}
```

CookieAuthenticationEvents 将登录和认证用户检验的 3 个上下文类型（CookieSigningInContext、CookieSignedInContext 和 CookieValidatePrincipalContext）派生于上面的 PrincipalContext<TOptions>类型，而注销的 CookieSigningOutContext 类型是 PropertiesContext<TOptions>的子类。如下面的代码片段所示，我们可以利用 CookieSigningInContext 和 CookieSigningOutContext 在完成登录与注销之前获取承载认证票据 Cookie 的配置选项（CookieOptions）。

```
public class CookieSigningInContext : PrincipalContext<CookieAuthenticationOptions>
{
    public CookieOptions CookieOptions { get; set; }
    public CookieSigningInContext(HttpContext context, AuthenticationScheme scheme,
        CookieAuthenticationOptions options, ClaimsPrincipal principal,
        AuthenticationProperties properties, CookieOptions cookieOptions);
}

public class CookieSignedInContext : PrincipalContext<CookieAuthenticationOptions>
{
    public CookieSignedInContext(HttpContext context, AuthenticationScheme scheme,
        ClaimsPrincipal principal, AuthenticationProperties properties,
        CookieAuthenticationOptions options);
}

public class CookieValidatePrincipalContext : PrincipalContext<CookieAuthenticationOptions>
{
    public bool ShouldRenew { get; set; }

    public CookieValidatePrincipalContext(HttpContext context, AuthenticationScheme scheme,
        CookieAuthenticationOptions options, AuthenticationTicket ticket);
    public void RejectPrincipal();
    public void ReplacePrincipal(ClaimsPrincipal principal);
}

public class CookieSigningOutContext : PropertiesContext<CookieAuthenticationOptions>
{
    public CookieOptions CookieOptions { get; set; }
    public CookieSigningOutContext(HttpContext context, AuthenticationScheme scheme,
        CookieAuthenticationOptions options, AuthenticationProperties properties,
        CookieOptions cookieOptions);
}
```

CookieValidatePrincipalContext 上下文对象通过相应的属性和方法来决定最终的检验结果。

如果验证失败，则可以直接调用其 RejectPrincipal 方法，它会将 Principal 属性设置为 Null，并以此拒绝当前请求利用认证票据提供的 ClaimsPrincipal 对象。如果决定延长认证票据的过期时间，则可以设置其 ShouldRenew 属性。而 ReplacePrincipal 方法可以直接替换当前上下文中表示认证用户的 ClaimsPrincipal 对象。CookieAuthenticationEvents 针对登录、注销、拒绝访问提示页面及初始请求路径的重定向是在如下 RedirectContext<TOptions>上下文对象中进行的，它是 PropertiesContext<TOptions>的派生类。我们可以通过 RedirectUri 属性来设置重定向的目标路径。

```
public class RedirectContext<TOptions> : PropertiesContext<TOptions> where TOptions:
    AuthenticationSchemeOptions
{
    public string RedirectUri { get;  set; }
    public RedirectContext(HttpContext context, AuthenticationScheme scheme,
        TOptions options, AuthenticationProperties properties, string redirectUri);
}
```

2. CookieBuilder

CookieAuthenticationHandler 利用 Cookie 的形式来传递认证票据，与 Cookie 相关的属性由一个 CookieBuilder 对象来提供。如下面的代码片段所示，CookieBuilder 定义了一系列的属性用来对这个承载认证票据的 Cookie 进行定制。我们可以利用它们设置 Cookie 的名称、路径、域名、过期时间和安全策略等属性。使用 Build 方法最终将 CookieOptions 配置选项创建出来。

```
public class CookieBuilder
{
    public virtual string                     Name { get; set; }
    public virtual string                     Path { get; set; }
    public virtual string                     Domain { get; set; }
    public virtual bool                       HttpOnly { get; set; }
    public virtual bool                       IsEssential { get; set; }
    public virtual TimeSpan?                  MaxAge { get; set; }
    public virtual TimeSpan?                  Expiration { get; set; }
    public virtual SameSiteMode               SameSite { get; set; }
    public virtual CookieSecurePolicy         SecurePolicy { get; set; }

    public CookieOptions Build(HttpContext context);
    public virtual CookieOptions Build(HttpContext context, DateTimeOffset expiresFrom);
}
```

3. ICookieManager

CookieAuthenticationHandler 通过 ICookieManager 对象来实现 Cookie 操作。一旦在登录过程中成功验证了访问者的真实身份，CookieAuthenticationHandler 会调用 CookieBuilder 的 Build 方法创建对应的 CookieOptions 配置选项，并据此创建承载认证票据的 Cookie。创建的 Cookie 最终通过调用 ICookieManager 对象的 AppendResponseCookie 方法被写入当前响应。

```
public interface ICookieManager
{
    void AppendResponseCookie(HttpContext context, string key, string value,
        CookieOptions options);
```

```
    void DeleteCookie(HttpContext context, string key, CookieOptions options);
    string GetRequestCookie(HttpContext context, string key);
}
```

在 AuthenticationMiddleware 中间件实施认证时，ICookieManager 接口的 GetRequestCookie 方法会被用来从请求中提取承载认证票据的 Cookie。而 DeleteCookie 方法则用来删除这个承载认证票据的 Cookie 以达到注销的目的。如下 ChunkingCookieManager 类型是对 ICookieManager 接口的默认实现。

```
public class ChunkingCookieManager : ICookieManager
{
    public const int DefaultChunkSize = 0xfd2;
    public int? ChunkSize { get; set; }
    public bool ThrowForPartialCookies { get; set; }

    public void AppendResponseCookie(HttpContext context, string key, string value,
        CookieOptions options);
    public void DeleteCookie(HttpContext context, string key, CookieOptions options);
    public string GetRequestCookie(HttpContext context, string key);
}
```

4. CookieAuthenticationOptions

具有如下定义的 CookieAuthenticationOptions 承载了与 CookieAuthenticationHandler 相关的所有配置选项。我们可以利用它的 LoginPath 属性和 LogoutPath 属性设置登录页面与注销页面的路径，还可以利用 AccessDeniedPath 设置在访问权限不足的情况下的重定向路径。如果以匿名的形式请求一个只允许认证用户才能访问的地址，请求就会被重定向到登录路径，当前的请求地址会以查询字符串的形式附加到重定向地址上，以便登录成功后还能回到原来的地方。ReturnUrlParameter 属性就是这个查询字符串的名称。

```
public class CookieAuthenticationOptions : AuthenticationSchemeOptions
{
    public PathString          LoginPath { get; set; }
    public PathString          LogoutPath { get; set; }
    public PathString          AccessDeniedPath { get; set; }
    public string              ReturnUrlParameter { get; set; }

    public TimeSpan            ExpireTimeSpan { get; set; }
    public bool                SlidingExpiration { get; set; }
    public CookieBuilder       Cookie { get; set; }
    public ICookieManager      CookieManager { get; set; }

    public ITicketStore        SessionStore { get; set; }

    public ISecureDataFormat<AuthenticationTicket> TicketDataFormat { get; set; }
    public IDataProtectionProvider                 DataProtectionProvider { get; set; }
    public CookieAuthenticationEvents               Events { get; set; }
}
```

认证票据都具有时效性，CookieAuthenticationHandler 类型利用 Cookie 的过期时间来控制认证票据的时效性。具体的过期时间通过 ExpireTimeSpan 属性来设置，而 SlidingExpiration 属性则表示采用的是 Cookie 被创建时间的绝对过期策略还是最近一次访问时间的滑动过期策略。除了设置过期时间，如果还需要对 Cookie 的其他属性进行设置，则可以利用 Cookie 属性返回的 CookieBuilder 对象来完成。如果需要对 Cookie 的创建、提取和删除进行定制，则可以自定义一个 ICookieManager 实现类型并通过 CookieManager 属性进行注册。

如果认证票据承载了用户身份、权限及其他个人信息，则承载的数据可能会很大，大尺寸的认证票据附加到每个请求上必然影响应用的性能。为了解决这个问题，我们可以采用一种认证会话（Authentication Session）的机制。具体来说，我们可以赋予每个认证票据一个唯一标识，并将票据的内容存储在服务端，请求的 Cookie 只需要存储这个唯一标识。CookieAuthenticationOptions 类型的 SessionStore 属性返回的 ITicketStore 对象就是为了实现对认证票据的存储。如下 ITicketStore 接口定义了 4 个方法，这 4 个方法实现了认证票据的存储、提取、移除和续期。

```
public interface ITicketStore
{
    Task<string> StoreAsync(AuthenticationTicket ticket);
    Task<AuthenticationTicket> RetrieveAsync(string key);
    Task RemoveAsync(string key);
    Task RenewAsync(string key, AuthenticationTicket ticket);
}
```

CookieAuthenticationOptions 类型的 TicketDataFormat 可以设置和获取用来格式化认证票据的格式化器，对认证票据承载的核心内容实施加密和解密的工作则由 DataProtectionProvider 属性提供的 IDataProtectionProvider 对象来完成。Events 属性就是前面介绍的用来定制或者干预认证流程的 CookieAuthenticationEvents 对象。

5. CookieAuthenticationHandler

在了解了上述这些辅助类型之后，我们正式介绍 CookieAuthenticationHandler 这个最核心的类型。为了使读者了解 CookieAuthenticationHandler 针对认证、登录、注销和质询这几个基本操作的实现原理，我们忽略了很多具体的细节，采用一种极简的方式重建了这个类型。该类型派生自 SignInAuthenticationHandler<CookieAuthenticationOptions>类型，它定义的 CookieAuthenticationEvents 类型的 Events 属性覆盖了基类的同名属性（该属性返回类型为 Object），并且通过重写的 CreateEventsAsync 方法确保 CookieAuthenticationOptions 在没有提供 Events 对象或者类型的情况下 Events 属性总是有一个默认值。

```
public class CookieAuthenticationHandler
    : SignInAuthenticationHandler<CookieAuthenticationOptions>
{
    protected new CookieAuthenticationEvents Events
    {
        get { return (CookieAuthenticationEvents)base.Events; }
        set { base.Events = value; }
    }
```

```
    public CookieAuthenticationHandler(
        IOptionsMonitor<CookieAuthenticationOptions> options, ILoggerFactory logger,
        UrlEncoder encoder, ISystemClock clock) : base(options, logger, encoder, clock)
    {}

    protected override Task<object> CreateEventsAsync()
        => Task.FromResult<object>(new CookieAuthenticationEvents());
}
```

重写的 HandleSignInAsync 方法根据提供的配置选项构建了一个 CookieOptions 配置选项，并据此创建了一个 CookieSigningInContext 上下文对象，最终将其作为参数调用 CookieAuthenticationEvents 对象的 SigningIn 方法，这样利用 Events 注册的回调就会在执行登录操作之前被执行。接下来，该方法创建了表示认证票据的 AuthenticationTicket 对象，并利用 CookieAuthenticationOptions 配置选项提供的 ISecureDataFormat<AuthenticationTicket>对象对其进行加密，加密使用的“Purpose 字符串”由 GetTlsTokenBinding 方法提供。

```
public class CookieAuthenticationHandler
    : SignInAuthenticationHandler<CookieAuthenticationOptions>
{
    protected override async Task HandleSignInAsync(ClaimsPrincipal user,
        AuthenticationProperties properties)
    {
        properties = properties ?? new AuthenticationProperties();
        var cookieOptions = Options.Cookie.Build(Context);

        var signInContext = new CookieSigningInContext(
            Context, Scheme, Options, user, properties, cookieOptions);
        await Events.SigningIn(signInContext);

        var ticket = new AuthenticationTicket(signInContext.Principal,
            signInContext.Properties, signInContext.Scheme.Name);
        var cookieValue = Options.TicketDataFormat.Protect(ticket, GetTlsTokenBinding());
        Options.CookieManager.AppendResponseCookie(
            Context, Options.Cookie.Name, cookieValue, signInContext.CookieOptions);

        var signedInContext = new CookieSignedInContext(
            Context, Scheme, signInContext.Principal, signInContext.Properties, Options);
        await Events.SignedIn(signedInContext);
    }

    private string GetTlsTokenBinding()
    {
        var binding = Context.Features.Get<ITlsTokenBindingFeature>()
            ?.GetProvidedTokenBindingId();
        return binding == null ? null : Convert.ToBase64String(binding);
    }
}
```

加密的认证票据交由配置选项提供的 ICookieManager 对象写入当前响应的 Cookie 列表

（Set-Cookie 报头）中。在此之后，一个 CookieSignedInContext 上下文对象被创建出来并作为参数调用 CookieAuthenticationEvents 对象的 SignedIn 方法，此时注册到 Events 对象上的 OnSignedIn 回调会被执行。

相较于登录操作，实现在重写的 HandleSignOutAsync 方法中的注销操作比较简单。如下面的代码片段所示，首先 HandleSignOutAsync 方法创建一个 CookieSigningOutContext 上下文对象，并将其作为参数调用 CookieAuthenticationEvents 对象的 SigningOut 来执行 Events 对象提供的注销回调。然后配置选项提供的 ICookieManager 对象用来删除承载认证票据的 Cookie，从而实现注销当前登录的目的。

```
public class CookieAuthenticationHandler
    : SignInAuthenticationHandler<CookieAuthenticationOptions>
{
    protected override async Task HandleSignOutAsync(AuthenticationProperties properties)
    {
        var cookieOptions = Options.Cookie.Build(Context);
        properties = properties ?? new AuthenticationProperties();
        var context = new CookieSigningOutContext(
            Context, Scheme, Options, properties, cookieOptions);

        await Events.SigningOut(context);
        Options.CookieManager.DeleteCookie(
            Context,
            Options.Cookie.Name,
            context.CookieOptions);
    }
    ...
}
```

在重写的用来对当前请求实施认证的 HandleAuthenticateAsync 方法中，它会利用配置选项提供的 ICookieManager 对象提取承载认证票据的 Cookie，并利用 ISecureDataFormat <AuthenticationTicket>对象对 Cookie 值进行解密。如果解密之后能够得到一个有效的 AuthenticationTicket 对象，就意味着请求提供的是合法的认证票据，说明认证成功，反之则认证失败。

```
public class CookieAuthenticationHandler
    : SignInAuthenticationHandler<CookieAuthenticationOptions>
{
    protected override Task<AuthenticateResult> HandleAuthenticateAsync()
    {
        var cookie = Options.CookieManager.GetRequestCookie(Context, Options.Cookie.Name);
        var ticket = Options.TicketDataFormat.Unprotect(cookie, GetTlsTokenBinding());
        var result =  ticket == null
            ? AuthenticateResult.Fail("Unprotect ticket failed")
            : AuthenticateResult.Success(ticket);
        return Task.FromResult(result);
    }
}
```

对于定义在基类 AuthenticationHandler<TOptions>中的用于发送质询的 HandleChallengeAsync 方法和 HandleForbiddenAsync 方法来说，它们会分别回复一个状态码为“401 UnAuthorized”和“403 Forbidden”的响应。CookieAuthenticationHandler 按照如下方式重写了这两个方法并实现了“登录”和“拒绝访问”页面的重定向。

```
public class CookieAuthenticationHandler
    : SignInAuthenticationHandler<CookieAuthenticationOptions>
{
    protected override async Task HandleChallengeAsync(AuthenticationProperties properties)
    {
        var redirectUri = properties.RedirectUri;
        if (string.IsNullOrEmpty(redirectUri))
        {
            redirectUri = OriginalPathBase + Request.Path + Request.QueryString;
        }

        var loginUri = Options.LoginPath +
            QueryString.Create(Options.ReturnUrlParameter, redirectUri);
        var redirectContext = new RedirectContext<CookieAuthenticationOptions>(
            Context, Scheme, Options, properties, BuildRedirectUri(loginUri));
        await Events.RedirectToLogin(redirectContext);
    }

    protected override async Task HandleForbiddenAsync(AuthenticationProperties properties)
    {
        var returnUrl = properties.RedirectUri;
        if (string.IsNullOrEmpty(returnUrl))
        {
            returnUrl = OriginalPathBase + Request.Path + Request.QueryString;
        }
        var accessDeniedUri = Options.AccessDeniedPath +
            QueryString.Create(Options.ReturnUrlParameter, returnUrl);
        var redirectContext = new RedirectContext<CookieAuthenticationOptions>(
            Context, Scheme, Options, properties, BuildRedirectUri(accessDeniedUri));
        await Events.RedirectToAccessDenied(redirectContext);
    }
    ...
}
```

我们通过前文着重介绍了承载基于 Cookie 认证方案的 CookieAuthenticationHandler 的实现，其中涉及它直接或者间接继承的一系列基类。表示认证处理器的 IAuthenticationHandler 接口是整个认证模型的核心，其示意图如图 27-7 所示，用于展示 ASP.NET Core 提供的几乎所有原生的 IAuthenticationHandler 实现类型。除了上述 CookieAuthenticationHandler，还包括基于 OAuth 2.0 认证方案的 OAuthHandler<TOptions>、基于 Open ID 认证方案的 OpenIdConnectHandler 及基于 JWT（Json Web Token）的 JwtBeareHandler 等。

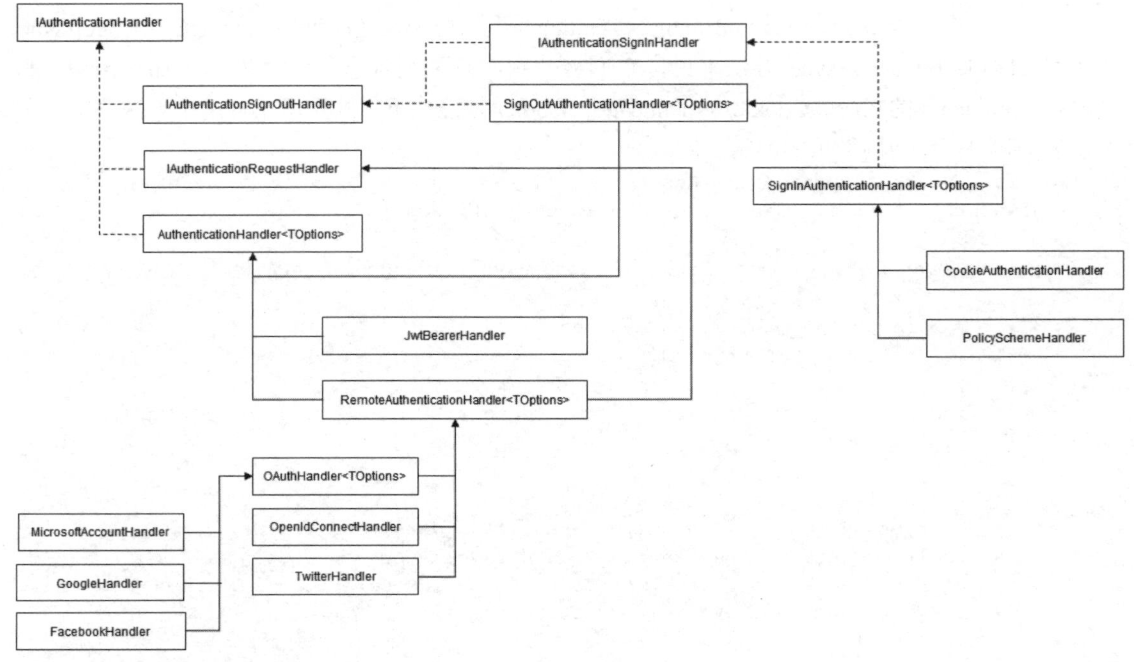

图 27-7　IAuthenticationHandler“全家桶”

27.4.3　注册 CookieAuthenticationHandler

在介绍了 CookieAuthenticationHandler 的实现原理之后，下面介绍如何在应用中注册这个认证处理器。CookieAuthenticationHandler 涉及很多配置选项，它们全部定义在 CookieAuthenticationOptions 类型中。如果应用程序没有对相应的配置选项进行设置，则定义在 CookieAuthenticationDefaults 这个静态类型中的默认值会被使用。

1. CookieAuthenticationDefaults

如下静态类型 CookieAuthenticationDefaults 以常量和静态只读属性的形式为基于 Cookie 的认证方案定义了一系列的默认配置选项，其中包括认证方案名称（Cookies）、Cookie 前缀（.AspNetCore.），以及登录、注销和访问拒绝页面的路径（“/Account/Login”“/Account/Logout”“/Account/AccessDenied”）与表示初始访问地址的查询字符串名称（ReturnUrl）。

```
public static class CookieAuthenticationDefaults
{
    public const string                     AuthenticationScheme = "Cookies";
    public static readonly string           CookiePrefix = ".AspNetCore.";
    public static readonly string           ReturnUrlParameter = "ReturnUrl";
    public static readonly PathString       LoginPath = "/Account/Login";
    public static readonly PathString       LogoutPath = "/Account/Logout";
    public static readonly PathString       AccessDeniedPath = "/Account/AccessDenied";
}
```

2. PostConfigureCookieAuthenticationOptions

CookieAuthenticationDefaults 中的常量借助 PostConfigureCookieAuthenticationOptions 参与到 CookieAuthenticationOptions 配置选项的初始化设置。PostConfigureCookieAuthenticationOptions 实现了 IPostConfigureOptions<CookieAuthenticationOptions>接口，在如下 PostConfigure 方法中，CookieAuthenticationOptions 相应的属性被赋予了相应的默认值。

```
public class PostConfigureCookieAuthenticationOptions :
    IPostConfigureOptions<CookieAuthenticationOptions>
{
    private readonly IDataProtectionProvider _dp;
    public PostConfigureCookieAuthenticationOptions(IDataProtectionProvider dataProtection)
        =>_dp = dataProtection;

    public void PostConfigure(string name, CookieAuthenticationOptions options)
    {
        options.DataProtectionProvider = options.DataProtectionProvider ?? _dp;
        if (string.IsNullOrEmpty(options.Cookie.Name))
        {
            options.Cookie.Name = CookieAuthenticationDefaults.CookiePrefix + name;
        }
        if (options.TicketDataFormat == null)
        {
            var dataProtector = options.DataProtectionProvider.CreateProtector(
              "Microsoft.AspNetCore.Authentication.Cookies.CookieAuthenticationMiddleware",
              name, "v2");
            options.TicketDataFormat = new TicketDataFormat(dataProtector);
        }
        if (options.CookieManager == null)
        {
            options.CookieManager = new ChunkingCookieManager();
        }
        if (!options.LoginPath.HasValue)
        {
            options.LoginPath = CookieAuthenticationDefaults.LoginPath;
        }
        if (!options.LogoutPath.HasValue)
        {
            options.LogoutPath = CookieAuthenticationDefaults.LogoutPath;
        }
        if (!options.AccessDeniedPath.HasValue)
        {
            options.AccessDeniedPath = CookieAuthenticationDefaults.AccessDeniedPath;
        }
    }
}
```

3. AddCookie

具体认证方案的认证处理器最终是通过 AuthenticationBuilder 对象来进行注册的，CookieAuthenticationHandler 的注册就体现在如下这几个 AddCookie 扩展方法上。我们在调用这些扩展方法时，可以指定认证方案的名称（默认的认证方案名称为“Cookies”），也可以利用指定的 Action<CookieAuthenticationOptions>委托对象设置相应的配置选项。CookieAuthenticationHandler 对象的注册最终是通过调用 AuthenticationBuilder 类型的 AddScheme 方法来完成的。

```
public static class CookieExtensions
{
    public static AuthenticationBuilder AddCookie(this AuthenticationBuilder builder)
        => builder.AddCookie(CookieAuthenticationDefaults.AuthenticationScheme);

    public static AuthenticationBuilder AddCookie(this AuthenticationBuilder builder,
        string authenticationScheme)
        => builder.AddCookie(authenticationScheme, configureOptions: null);

    public static AuthenticationBuilder AddCookie(this AuthenticationBuilder builder,
        Action<CookieAuthenticationOptions> configureOptions)
        => builder.AddCookie(CookieAuthenticationDefaults.AuthenticationScheme,
        configureOptions);

    public static AuthenticationBuilder AddCookie(this AuthenticationBuilder builder,
        string authenticationScheme, Action<CookieAuthenticationOptions> configureOptions)
        => builder.AddCookie(authenticationScheme, null,configureOptions);

    public static AuthenticationBuilder AddCookie(this AuthenticationBuilder builder,
        string authenticationScheme, string displayName,
        Action<CookieAuthenticationOptions> configureOptions)
    {
        builder.Services.TryAddEnumerable(ServiceDescriptor
            .Singleton<IPostConfigureOptions<CookieAuthenticationOptions>,
            PostConfigureCookieAuthenticationOptions>());
        return builder.AddScheme<CookieAuthenticationOptions,
            CookieAuthenticationHandler>(authenticationScheme, displayName,
            configureOptions);
    }
}
```

第28章

授权

认证旨在确定用户的真实身份，而授权则是通过权限控制使用户只能做其允许做的事。授权的本质就是采用某种策略来决定究竟具有何种特性的用户被授权访问某个资源或者执行某项操作。我们可以采用任何授权策略，如可以根据用户拥有的角色进行授权，也可以根据用户的等级和所在部门进行授权，有的授权甚至可以根据用户的年龄、性别和所在国家来进行。

28.1 基于“角色”的授权

ASP.NET Core 应用并没有对如何定义授权策略做硬性规定，所以我们完全根据用户具有的任意特性（如性别、年龄、学历、所在地区、宗教信仰、政治面貌等）来判断其是否具有获取目标资源或者执行目标操作的权限，但是针对角色的授权策略依然是最常用的。角色（或者用户组）实际上就是对一组权限集的描述，将一个用户添加到某个角色中就是为了将对应的权限赋予该用户。在“第 27 章 认证”中，我们提供了一个用来演示登录、认证和注销的程序，现在要求在此基础上添加基于“角色授权的部分”。

28.1.1 基于“要求”的授权

下面的演示实例提供了 IAccountService 和 IPageRenderer 两个服务，前者用来进行校验密码钥，后者用来呈现主页和登录页面。为了在认证时一并将用户拥有的角色提取出来，我们为 IAccountService 接口的 Validate 方法添加了表示角色列表的输出参数。对于实现类 AccountService 提供的 3 个账号来说，只有“Bar”拥有一个名为“Admin”的角色。

```
public interface IAccountService
{
    bool Validate(string userName, string password, out string[] roles);
}

public class AccountService : IAccountService
{
    private readonly Dictionary<string, string> _accounts
        = new(StringComparer.OrdinalIgnoreCase)
```

```
    {
        { "Foo", "password" },
        { "Bar", "password" },
        { "Baz", "password" }
    };

    private readonly Dictionary<string, string[]> _roles
        = new(StringComparer.OrdinalIgnoreCase)
    {
            { "Bar", new string[]{"Admin" } }
    };

    public bool Validate(string userName, string password, out string[] roles)
    {
        if (_accounts.TryGetValue(userName, out var pwd) && pwd == password)
        {
            roles = _roles.TryGetValue(userName, out var value)
                ? value : Array.Empty<string>();
            return true;
        }
        roles = Array.Empty<string>();
        return false;
    }
}
```

假设演示程序是供拥有“Admin”角色的管理人员使用的，则只能拥有该角色的用户才能访问程序的主页，未授权访问会自动定向到我们提供“访问拒绝”的页面。在另一个IPageRenderer服务接口中添加了如下RenderAccessDeniedPage方法，并在PageRenderer类型中完成了对应的实现。

```
public interface IPageRenderer
{
    IResult RenderLoginPage(string? userName = null, string? password = null,
        string? errorMessage = null);
    IResult RenderAccessDeniedPage(string userName);
    IResult RenderHomePage(string userName);
}

public class PageRenderer : IPageRenderer
{
    public IResult RenderAccessDeniedPage(string userName)
    {
        var html = @$"
<html>
    <head><title>Index</title></head>
    <body>
        <h3>{userName}, your access is denied.</h3>
        <a href='/Account/Logout'>Change another account</a>
    </body>
</html>";
```

```
        return Results.Content(html, "text/html");
    }
    ...
}
```

在现有的演示程序基础上，我们不需要进行太大的修改。由于需要引用授权功能，所以调用 IServiceCollection 接口的 AddAuthorization 扩展方法注册了必要的服务。由于引入“访问拒绝”页面，所以注册了对应的终节点，该终节点依然采用了标准的路径“Account/AccessDenied”，对应的处理方法 DenyAccess 直接调用上面的 RenderAccessDeniedPage 方法将该页面呈现出来。

```
using App;
using Microsoft.AspNetCore.Authentication;
using Microsoft.AspNetCore.Authentication.Cookies;
using Microsoft.AspNetCore.Authorization;
using Microsoft.AspNetCore.Authorization.Infrastructure;
using System.Security.Claims;
using System.Security.Principal;

var builder = WebApplication.CreateBuilder();
builder.Services
    .AddSingleton<IPageRenderer, PageRenderer>()
    .AddSingleton<IAccountService, AccountService>()
    .AddAuthentication(CookieAuthenticationDefaults.AuthenticationScheme).AddCookie();
builder.Services.AddAuthorization();
var app = builder.Build();
app.UseAuthentication();

app.Map("/", WelcomeAsync);
app.MapGet("Account/Login", Login);
app.MapPost("Account/Login", SignInAsync);
app.Map("Account/Logout", SignOutAsync);
app.Map("Account/AccessDenied", DenyAccess);

app.Run();

Task WelcomeAsync(HttpContext context, ClaimsPrincipal user, IPageRenderer renderer,
    IAuthorizationService authorizationService);
IResult Login(IPageRenderer renderer);
Task SignInAsync(HttpContext context, HttpRequest request, IPageRenderer renderer,
    IAccountService accountService);
Task SignOutAsync(HttpContext context);
IResult DenyAccess(ClaimsPrincipal user, IPageRenderer renderer)
    => renderer.RenderAccessDeniedPage(user?.Identity?.Name!);
```

我们需要对用来认证请求的 SignInAsync 方法进行相应的修改。如下面的代码片段所示，对于成功通过认证的用户，我们需要创建一个 ClaimsPrincipal 对象来表示当前用户。这个对象也是授权的目标对象，授权的本质就是确定该对象是否携带了授权资源或者操作所要求的“资质”。由于采用的是基于“角色”的授权，所以我们将拥有的角色以“声明”（Claim）的形式添加到表示身份的 ClaimsIdentity 对象上。

```
Task SignInAsync(HttpContext context, HttpRequest request, IPageRenderer renderer,
     IAccountService accountService)
{
    var username = request.Form["username"];
    if (string.IsNullOrEmpty(username))
    {
        return renderer.RenderLoginPage(null, null,
            "Please enter user name.").ExecuteAsync(context);
    }

    var password = request.Form["password"];
    if (string.IsNullOrEmpty(password))
    {
        return renderer.RenderLoginPage(username, null,
            "Please enter user password.").ExecuteAsync(context);
    }

    if (!accountService.Validate(username, password, out var roles))
    {
        return renderer.RenderLoginPage(username, null,
            "Invalid user name or password.").ExecuteAsync(context);
    }

    var identity = new GenericIdentity(name: username,
        type: CookieAuthenticationDefaults.AuthenticationScheme);
    foreach (var role in roles)
    {
        identity.AddClaim(new Claim(ClaimTypes.Role, role));
    }
    var user = new ClaimsPrincipal(identity);
    return context.SignInAsync(user);
}
```

演示程序授权的效果就是让拥有“Admin”角色的用户才能访问主页，所以我们将授权实现在如下 WelcomeAsync 方法中。如果当前用户（由注入的 ClaimsPrincipal 对象表示）并未通过认证，则可以依然调用 HttpContext 上下文对象的 ChallengeAsync 扩展方法返回一个“匿名请求”的质询。在确定用户通过认证的前提下，我们创建了一个 RolesAuthorizationRequirement 来表示主页针对授权用户的“角色要求”。授权检验通过调用注入的 IAuthorizationService 对象的 AuthorizeAsync 方法来完成，可以将表示当前用户的 ClaimsPrincipal 对象和包含 RolesAuthorizationRequirement 对象的数组作为参数。如果授权成功，则能够正常呈现主页，否则调用 HttpContext 上下文对象的 ForbidAsync 扩展方法返回“权限不足”的质询，上面提供的“拒绝访问”页面将会呈现出来。

```
async Task WelcomeAsync(HttpContext context, ClaimsPrincipal user, IPageRenderer
renderer,
   IAuthorizationService authorizationService)
{
```

```
    if (user?.Identity?.IsAuthenticated ?? false)
    {
        var requirement = new RolesAuthorizationRequirement(new string[] { "admin" });
        var result = await authorizationService.AuthorizeAsync(
            user:user, resource: null,
            requirements: new IAuthorizationRequirement[] { requirement });
        if (result.Succeeded)
        {
            await renderer.RenderHomePage(user.Identity.Name!).ExecuteAsync(context);
        }
        else
        {
            await context.ForbidAsync();
        }
    }
    else
    {
      await  context.ChallengeAsync();
    }
}
```

程序运行后，具有“Admin”权限的“Bar”用户能够正常访问主页，其他的用户（如 Foo）会自动重定向到“访问拒绝”页面，如图 28-1 所示。（S2801）

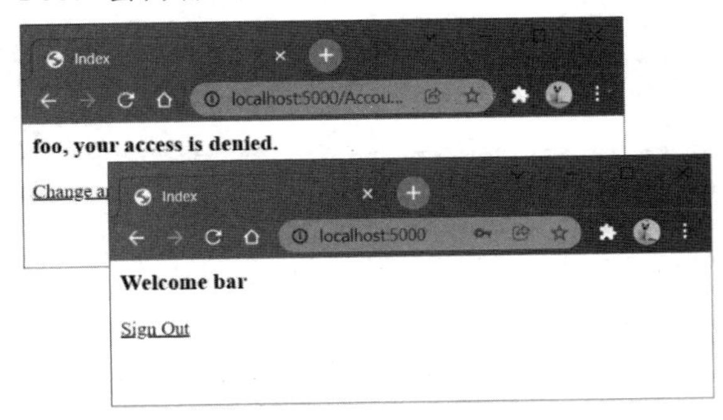

图 28-1　针对主页的授权

28.1.2　预定义授权策略

当调用 IAuthorizationService 服务的 AuthorizeAsync 方法进行授权检验时，实际上是将授权要求定义在一个 RolesAuthorizationRequirement 对象中，这是一种比较烦琐的编程方式。另一种推荐的做法是在应用启动的过程中创建一系列通过 AuthorizationPolicy 对象表示的授权策略，并指定一个唯一的名称对它们进行全局注册，那么后续就可以对注册的策略名称进行授权检验。如下面的代码片段所示，在调用 AddAuthorization 扩展方法注册授权相关服务时，我们利用作为输入参数的 Action<AuthorizationOptions>对象对授权策略进行了全局注册。表示授权策略的 AuthorizationPolicy 对象实际上是对基于角色“Admin”的 RolesAuthorizationRequirement 对象的封装。我们调用 AuthorizationOptions 配置选项的 AddPolicy 方法对授权策略进行注册，并将注册名称设置为“Home”。

```
using App;
using Microsoft.AspNetCore.Authentication;
using Microsoft.AspNetCore.Authentication.Cookies;
using Microsoft.AspNetCore.Authorization;
using Microsoft.AspNetCore.Authorization.Infrastructure;
using System.Security.Claims;
using System.Security.Principal;

var builder = WebApplication.CreateBuilder();
builder.Services
    .AddSingleton<IPageRenderer, PageRenderer>()
    .AddSingleton<IAccountService, AccountService>()
    .AddAuthentication(CookieAuthenticationDefaults.AuthenticationScheme).AddCookie();
builder.Services.AddAuthorization(AddAuthorizationPolicy);
var app = builder.Build();
app.UseAuthentication();
app.Map("/", WelcomeAsync);
app.MapGet("Account/Login", Login);
app.MapPost("Account/Login", SignInAsync);
app.Map("Account/Logout", SignOutAsync);
app.Map("Account/AccessDenied", DenyAccess);
app.Run();

void AddAuthorizationPolicy(AuthorizationOptions options)
{
    var requirement = new RolesAuthorizationRequirement(new string[] { "admin" });
    var requirements = new IAuthorizationRequirement[] { requirement };
    var policy = new AuthorizationPolicy(requirements: requirements,
        authenticationSchemes: Array.Empty<string>());
    options.AddPolicy("Home", policy);
}
```

在呈现主页的 WelcomeAsync 方法中，我们依然调用 IAuthorizationService 服务的 AuthorizeAsync 方法来检验用户是否具有对应的权限，但这次采用的是另一个可以直接指定授权策略注册名称的 AuthorizeAsync 重载方法。（S2802）

```
async Task WelcomeAsync(HttpContext context, ClaimsPrincipal user,
  IPageRenderer renderer,IAuthorizationService authorizationService)
{
    if (user?.Identity?.IsAuthenticated ?? false)
    {
        var result = await authorizationService.AuthorizeAsync(
            user: user, policyName: "Home");
        if (result.Succeeded)
        {
            await renderer.RenderHomePage(user.Identity.Name!).ExecuteAsync(context);
        }
        else
        {
```

```
            await context.ForbidAsync();
        }
    }
    else
    {
      await  context.ChallengeAsync();
    }
}
```

28.1.3 基于终节点的自动化授权

上面的演示实例都调用了 IAuthorizationService 对象的 AuthorizeAsync 方法来确定指定的用户是否满足提供的授权策略，实际上请求的授权直接交给 AuthorizationMiddleware 中间件来完成，该中间件可以采用如下方式调用 UseAuthorization 扩展方法进行注册。

```
...
var builder = WebApplication.CreateBuilder();
builder.Services
    .AddSingleton<IPageRenderer, PageRenderer>()
    .AddSingleton<IAccountService, AccountService>()
    .AddAuthentication(CookieAuthenticationDefaults.AuthenticationScheme).AddCookie();
builder.Services.AddAuthorization();
var app = builder.Build();
app
    .UseAuthentication()
    .UseAuthorization();
...
```

当 AuthorizationMiddleware 中间件在进行授权检验时，会从当前终节点的元数据中提取授权规则，所以在注册对应终节点时需要提供对应的授权策略。由于 WelcomeAsync 方法不再需要自行完成授权检验，所以它只需要将主页呈现出来。“Admin”角色的授权要求直接利用标注在该方法上的 AuthorizeAttribute 特性来指定，该特性就是为 AuthorizationMiddleware 中间件提供授权策略的元数据。（S2803）

```
[Authorize(Roles ="admin")]
IResult WelcomeAsync(ClaimsPrincipal user, IPageRenderer renderer)
=> renderer.RenderHomePage(user.Identity!.Name!);
```

如果在调用 AddAuthorization 扩展方法时已经定义了授权策略，则可以按照如下方式将授权策略名称设置为 AuthorizeAttribute 特性的 Policy 属性。（S2804）

```
[Authorize(Policy = "Home")]
IResult WelcomeAsync(ClaimsPrincipal user, IPageRenderer renderer)
=> renderer.RenderHomePage(user.Identity!.Name!);
```

如果采用 Lambda 表达式来定义终节点处理器，则可以按照如下方式将 AuthorizeAttribute 特性标注在表达式上。注册终节点的各种 Map 方法会返回一个 IEndpointConventionBuilder 对象，可以按照如下方式调用它的 RequireAuthorization 扩展方法将 AuthorizeAttribute 特性作为一个 IAuthorizeData 对象添加到注册终节点的元数据集合。RequireAuthorization 扩展方法有一个将授权策略名称作为参数的重载。

```
app.Map("/",[Authorize(Roles ="admin")]ClaimsPrincipal user, IPageRenderer renderer)
    => renderer.RenderHomePage(user.Identity!.Name!));

app.Map("/",[Authorize(Policy = "Home")](ClaimsPrincipal user, IPageRenderer renderer)
    => renderer.RenderHomePage(user.Identity!.Name!));

app.Map("/", WelcomeAsync).RequireAuthorization(
  new AuthorizeAttribute {  Roles = "Admin"});

app.Map("/", WelcomeAsync).RequireAuthorization(
  new AuthorizeAttribute {  Policy = "Home"});

app.Map("/", WelcomeAsync).RequireAuthorization(policyNames: "Home");
```

28.2 基于“要求”的授权

ASP.NET Core 应用的授权由 IAuthorizationService 服务完成，它提供了两种授权方式，分别是针对 IAuthorizationRequirement 对象的按“要求”授权和针对 AuthorizationPolicy 对象的按“策略”授权，本节介绍前者。

28.2.1 IAuthorizationHandler

授权的目标资源或者操作之所以不对所有用户开放，是因为对用户具有某些“资质”上的要求，IAuthorizationRequirement 接口就是对此“授权要求”的抽象。“授权要求”具有不同的表现形式，所以 IAuthorizationRequirement 被定义成一个不具有任何成员的“标记接口”。授权要求一旦明确了，检验用户满足此要求的处理方式也就确定了。IAuthorizationHandler 接口是对授权处理器的抽象，所以大部分 IAuthorizationRequirement 接口的实现类型也实现了 IAuthorizationHandler 接口。

```
public interface IAuthorizationRequirement{}

public interface IAuthorizationHandler
{
    Task HandleAsync(AuthorizationHandlerContext context);
}
```

如上所示的 IAuthorizationHandler 接口定义了唯一的 HandleAsync 方法，实现在该方法中的授权处理在作为参数的 AuthorizationHandlerContext 上下文对象中完成。这个上下文对象提供了待授权的用户、目标资源对象和描述授权要求的一组 IAuthorizationRequirement 对象。除了作为授权输入的这 3 个属性，授权的输出结果也保存在此上下文对象中。授权成功和失败体现在 HasSucceeded 属性与 HasFailed 属性上，PendingRequirements 属性返回尚未参与授权检验的 IAuthorizationRequirement 对象。

```
public class AuthorizationHandlerContext
{
    public virtual ClaimsPrincipal                          User { get; }
    public virtual object                                   Resource { get; }
    public virtual IEnumerable<IAuthorizationRequirement>   Requirements {  get; }
```

```
    public virtual bool                                        HasSucceeded { get; }
    public virtual bool                                        HasFailed { get; }
    public virtual IEnumerable<IAuthorizationRequirement>      PendingRequirements { get; }


    public AuthorizationHandlerContext(IEnumerable<IAuthorizationRequirement> requirements,
        ClaimsPrincipal user, object resource);

    public virtual void Fail();
    public virtual void Succeed(IAuthorizationRequirement requirement);
    ...
}
```

在使用某个 IAuthorizationRequirement 对象实施授权检验时，如果确定当前满足它的授权要求，则这个 IAuthorizationRequirement 对象会作为参数调用当前上下文对象的 Succeed 方法，该对象将会从 PendingRequirements 表示的列表中移除。如果授权检验失败，则直接调用上下文对象的 Fail 方法将 HasFailed 属性设置为 True。只有在未曾调用 Fail 方法并且 PendingRequirements 列表为空的情况下，才意味着授权成功，此时上下文对象的 HasSucceeded 属性才能返回 True。

正如上文所说，IAuthorizationHandler 接口和 IAuthorizationRequirement 接口分别是授权策略不同侧面的表达，如下 AuthorizationHandler<TRequirement>抽象类将两者整合在一起。该类型实现了 IAuthorizationHandler 接口，而泛型参数类型 TRequirement 则是对 IAuthorizationRequirement 接口的实现。实现的 HandleAsync 方法会从 AuthorizationHandlerContext 上下文对象中提取对应类型的 IAuthorizationRequirement 对象，并将它们作为参数逐一调用 HandleRequirementAsync 这个受保护的抽象方法完成授权检验。采用类似设计的抽象类 AuthorizationHandler<TRequirement, TResource>进一步利用其泛型参数 TResource 来表示授权的资源类型。

```
public abstract class AuthorizationHandler<TRequirement> : IAuthorizationHandler
    where TRequirement : IAuthorizationRequirement
{
    public virtual async Task HandleAsync(AuthorizationHandlerContext context)
    {
        foreach (var requirement in context.Requirements.OfType<TRequirement>())
        {
            await HandleRequirementAsync(context, requirement);
        }
    }
    protected abstract Task HandleRequirementAsync(AuthorizationHandlerContext context,
        TRequirement requirement);
}

public abstract class AuthorizationHandler<TRequirement, TResource> : IAuthorizationHandler
    where TRequirement : IAuthorizationRequirement
```

```
{
    public virtual async Task HandleAsync(AuthorizationHandlerContext context)
    {
        if (context.Resource is TResource)
        {
            foreach (var req in context.Requirements.OfType<TRequirement>())
            {
                await HandleRequirementAsync(context, req, (TResource)context.Resource);
            }
        }
    }
    protected abstract Task HandleRequirementAsync(AuthorizationHandlerContext context,
        TRequirement requirement, TResource resource);
}
```

28.2.2 预定义授权处理器

在介绍了 IAuthorizationRequirement 接口和 IAuthorizationHandler 接口及上述这些抽象基类之后，下面来介绍几个针对它们的实现类型。

1．DenyAnonymousAuthorizationRequirement

如下所示的 DenyAnonymousAuthorizationRequirement 用来直接拒绝未被验证的匿名用户的访问。它派生于 AuthorizationHandler<DenyAnonymousAuthorizationRequirement>，重写的 HandleRequirementAsync 方法通过表示用户的 ClaimsPrincipal 对象是否具有一个经过认证的身份来确定是否为匿名请求。

```
public class DenyAnonymousAuthorizationRequirement :
    AuthorizationHandler<DenyAnonymousAuthorizationRequirement>, IAuthorizationRequirement
{
    protected override Task HandleRequirementAsync(AuthorizationHandlerContext context,
        DenyAnonymousAuthorizationRequirement requirement)
    {
        var user = context.User;
        var isAnonymous =
            user?.Identity == null ||
            !user.Identities.Any(i => i.IsAuthenticated);
        if (!isAnonymous)
        {
            context.Succeed(requirement);
        }
        return Task.CompletedTask;
    }
}
```

2．ClaimsAuthorizationRequirement

如下 ClaimsAuthorizationRequirement 通过确定用户是否具有希望的声明来确定是否对其授权，它派生于 AuthorizationHandler<ClaimsAuthorizationRequirement>，ClaimType 属性和 AllowedValues 属性分别表示希望的声明类型和候选值，它们都是在构造函数中被初始化的。只指定了声明类型，并没有指定声明的候选值，那么只要求表示当前用户的 ClaimsPrincipal 对象携带任意一个与指定类型一致的声明。如果指定了声明的候选值，则需要进行声明值的比较。值得注意的是，声明类型的比较是不区分字母大小写的，但是声明值的比较则是区分字母大小写的。具体的授权检验体现在重写的 HandleRequirementAsync 方法中。

```
public class ClaimsAuthorizationRequirement :
    AuthorizationHandler<ClaimsAuthorizationRequirement>, IAuthorizationRequirement
{
    public string                   ClaimType {  get; }
    public IEnumerable<string>      AllowedValues { get; }

    public ClaimsAuthorizationRequirement(string claimType,
        IEnumerable<string> allowedValues)
    {
        ClaimType     = claimType;
        AllowedValues = allowedValues;
    }

    protected override Task HandleRequirementAsync(AuthorizationHandlerContext context,
        ClaimsAuthorizationRequirement requirement)
    {
        if (context.User != null)
        {
            var found = false;
            if (requirement.AllowedValues == null || !requirement.AllowedValues.Any())
            {
                found = context.User.Claims.Any(c => string.Equals(
                    c.Type, requirement.ClaimType, StringComparison.OrdinalIgnoreCase));
            }
            else
            {
                found = context.User.Claims.Any(c => string.Equals(c.Type,
                    requirement.ClaimType, StringComparison.OrdinalIgnoreCase) &&
                    requirement.AllowedValues.Contains(c.Value, StringComparer.Ordinal));
            }
            if (found)
            {
                context.Succeed(requirement);
            }
        }
        return Task.CompletedTask;
    }
}
```

3. NameAuthorizationRequirement

如下 NameAuthorizationRequirement 类型旨在完成具体某个账号的授权，它派生于 AuthorizationHandler<NameAuthorizationRequirement>类型，RequiredName 属性表示授权的用户名。重写的 HandleRequirementAsync 方法通过确定当前用户是否具有指定用户名的身份来决定授权结果。从列出的代码可以看出用户名比较是区分字母大小写的，作者认为这一点是不合理的。

```
public class NameAuthorizationRequirement :
    AuthorizationHandler<NameAuthorizationRequirement>, IAuthorizationRequirement
{
   public string RequiredName { get; }
   public NameAuthorizationRequirement(string requiredName)
    => RequiredName = requiredName;

   protected override Task HandleRequirementAsync(AuthorizationHandlerContext context,
        NameAuthorizationRequirement requirement)
    {
        if (context.User.Identities.Any(i => string.Equals(i.Name,
            requirement.RequiredName,
           StringComparison.Ordinal)))
        {
            context.Succeed(requirement);
        }
        return Task.CompletedTask;
    }
}
```

4. RolesAuthorizationRequirement

我们已经在前面演示了使用 RolesAuthorizationRequirement 类型实现的针对角色的授权，该类型派生于 AuthorizationHandler<RolesAuthorizationRequirement>，AllowedRoles 属性表示授权用户应该拥有的角色。实现的 HandleRequirementAsync 方法通过确定当前用户是否拥有指定的任何一个角色来确定授权的结果。

```
public class RolesAuthorizationRequirement :
    AuthorizationHandler<RolesAuthorizationRequirement>, IAuthorizationRequirement
{
    public IEnumerable<string> AllowedRoles { get; }
    public RolesAuthorizationRequirement(IEnumerable<string> allowedRoles)
        => AllowedRoles = allowedRoles;

    protected override Task HandleRequirementAsync(AuthorizationHandlerContext context,
        RolesAuthorizationRequirement requirement)
    {
        if (context.User != null && requirement.AllowedRoles.Any(
            role => context.User.IsInRole(role)))
        {
            context.Succeed(requirement);
        }
        return Task.CompletedTask;
    }
}
```

5. AssertionRequirement

如下 AssertionRequirement 类型直接利用指定的授权断言（Assertion）或者授权处理器来实施

授权检验，没有基类的它直接实现了 IAuthorizationRequirement 接口。授权断言体现为 Handler 属性返回的 Func<AuthorizationHandlerContext, bool>委托对象，实现的 HandleAsync 方法直接执行这个委托对象来完成授权检验。

```
public class AssertionRequirement : IAuthorizationHandler, IAuthorizationRequirement
{
    public Func<AuthorizationHandlerContext, Task<bool>> Handler { get; }

    public AssertionRequirement(Func<AuthorizationHandlerContext, bool> handler)
        => Handler = context => Task.FromResult(handler(context));

    public AssertionRequirement(Func<AuthorizationHandlerContext, Task<bool>> handler)
        => Handler = handler;

    public async Task HandleAsync(AuthorizationHandlerContext context)
    {
        if (await this.Handler (context))
        {
            context.Succeed(this);
        }
    }
}
```

6. OperationAuthorizationRequirement

前面介绍的 5 个 IAuthorizationRequirement 实现类型同时实现了 IAuthorizationHandler 接口，但 OperationAuthorizationRequirement 类型并没有实现 IAuthorizationHandler 接口。该类型目的是将授权的目标对象映射到一个预定义的操作上，所以它只包含如下表示操作名称的 Name 属性。

```
public class OperationAuthorizationRequirement : IAuthorizationRequirement
{
    public string Name { get; set; }
}
```

7. PassThroughAuthorizationHandler

PassThroughAuthorizationHandler 是一个特殊并且重要的授权处理器类型，它并没有提供具体的授权策略，而是其他 IAuthorizationHandler 对象的“驱动器”。实现的 HandleAsync 方法从当前的 AuthorizationHandlerContext 上下文对象中将所有 IAuthorizationHandler 对象提取出来，并逐个调用它们的 HandleAsync 方法。

```
public class PassThroughAuthorizationHandler : IAuthorizationHandler
{
    public async Task HandleAsync(AuthorizationHandlerContext context)
    {
        foreach (var handler in context.Requirements.OfType<IAuthorizationHandler>())
        {
            await handler.HandleAsync(context);
        }
```

```
    }
}
```

28.2.3 授权检验

应用程序和 AuthorizationMiddleware 中间件会使用 IAuthorizationService 对象来完成指定用户的授权检验。授权检验体现在 IAuthorizationService 接口的 AuthorizeAsync 方法上，作为输入的 3 个参数分别表示待授权用户、授权的目标资源和授权要求，授权的最终结果由返回的 AuthorizationResult 对象表示。

```
public interface IAuthorizationService
{
    Task<AuthorizationResult> AuthorizeAsync(ClaimsPrincipal user, object resource,
        IEnumerable<IAuthorizationRequirement> requirements);
    ...
}
```

1. AuthorizationResult

授权检验的结果可以用如下 AuthorizationResult 类型来表示。如果授权成功，则它的 Succeeded 属性会返回 True。授权失败的信息会保存在 Failure 属性返回的 AuthorizationFailure 对象中。由于 AuthorizationResult 类型只包含一个私有构造函数，所以要想创建 AuthorizationResult 对象只能通过调用 Success 和 Failed 这两组静态工厂方法来完成，它们分别创建一个“成功”和“失败”的授权结果。

```
public class AuthorizationResult
{
    public bool                         Succeeded { get; }
    public AuthorizationFailure         Failure { get;  }

    private AuthorizationResult();

    public static AuthorizationResult Failed();
    public static AuthorizationResult Failed(AuthorizationFailure failure);
    public static AuthorizationResult Success();
}

public class AuthorizationFailure
{
    public bool                                      FailCalled { get; }
    public IEnumerable<IAuthorizationRequirement>    FailedRequirements { get; }

    private AuthorizationFailure();

    public static AuthorizationFailure ExplicitFail();
    public static AuthorizationFailure Failed(
        IEnumerable<IAuthorizationRequirement> failed);
}
```

2. IAuthorizationHandlerContextFactory

IAuthorizationHandlerContextFactory 接口表示创建 AuthorizationHandlerContext 上下文对象的工厂，该接口定义的 CreateContext 方法根据提供的 IAuthorizationRequirement 对象列表、授权用户和授权的目标资源来创建 AuthorizationHandlerContext 上下文对象。DefaultAuthorizationHandlerContextFactory 是对该接口的默认实现。

```
public interface IAuthorizationHandlerContextFactory
{
    AuthorizationHandlerContext CreateContext(
        IEnumerable<IAuthorizationRequirement> requirements, ClaimsPrincipal user,
        object resource);
}

public class DefaultAuthorizationHandlerContextFactory :
    IAuthorizationHandlerContextFactory
{
    public virtual AuthorizationHandlerContext CreateContext(
        IEnumerable<IAuthorizationRequirement> requirements,
        ClaimsPrincipal user, object resource)
        => new AuthorizationHandlerContext(requirements, user, resource);
}
```

3. IAuthorizationHandlerProvider

IAuthorizationHandlerProvider 对象负责从 AuthorizationHandlerContext 上下文对象中提取所有的授权处理器，这个功能体现在 GetHandlersAsync 方法上。DefaultAuthorizationHandlerProvider 类型是对该接口的默认实现，它实现的 GetHandlersAsync 方法返回的处理器列表是在构造函数中指定的。

```
public interface IAuthorizationHandlerProvider
{
    Task<IEnumerable<IAuthorizationHandler>> GetHandlersAsync(
        AuthorizationHandlerContext context);
}

public class DefaultAuthorizationHandlerProvider : IAuthorizationHandlerProvider
{
    private readonly IEnumerable<IAuthorizationHandler> _handlers;

    public DefaultAuthorizationHandlerProvider(IEnumerable<IAuthorizationHandler> handlers)
        =>_handlers = handlers;

    public Task<IEnumerable<IAuthorizationHandler>> GetHandlersAsync(
        AuthorizationHandlerContext context)
        => Task.FromResult<IEnumerable<IAuthorizationHandler>>(_handlers);
}
```

4．IAuthorizationEvaluator

授权是多个授权处理器在同一个 AuthorizationHandlerContext 上下文对象中执行的过程，所有该上下文对象最终承载了这些处理器的授权结果，IAuthorizationEvaluator 对象利用评估这些单一的授权结果并做出最终的“判决”，这个任务体现在 IAuthorizationHandlerContert 接口的 Evaluate 方法上。DefaultAuthorizationEvaluator 类型是对 IAuthorizationHandlerContert 接口的默认实现，实现的 Evaluate 方法会根据 AuthorizationHandlerContext 上下文对象的 HasSucceeded 属性来决定授权的结果。

```
public interface IAuthorizationEvaluator
{
    AuthorizationResult Evaluate(AuthorizationHandlerContext context);
}

public class DefaultAuthorizationEvaluator : IAuthorizationEvaluator
{
    public AuthorizationResult Evaluate(AuthorizationHandlerContext context)
    {
        if (!context.HasSucceeded)
        {
            return AuthorizationResult.Failed(
                context.HasFailed
                ? AuthorizationFailure.ExplicitFail()
                : AuthorizationFailure.Failed(context.PendingRequirements));
        }
        return AuthorizationResult.Success();
    }
}
```

5．AuthorizationOptions

AuthorizationOptions 承载着与授权检验相关的配置选项，此处主要关注如下布尔类型的 InvokeHandlersAfterFailure 属性。授权涉及多个授权处理器的执行，如果用户没有通过某个处理器的授权，那么针对后续处理器的授权检验是否还需要继续呢？这个行为就由 InvokeHandlersAfterFailure 属性来决定。

```
public class AuthorizationOptions
{
    public bool InvokeHandlersAfterFailure { get; set; } = true;
    ...
}
```

6．DefaultAuthorizationService

如下 DefaultAuthorizationService 类型是对 IAuthorizationService 接口的默认实现，这就意味着默认的授权流程就体现在这里。该类型以构造函数注入的方式提供了 IAuthorizationHandlerProvider 对象、IAuthorizationHandlerContextFactory 对象、IAuthorizationEvaluator 对象，以及承载配置选项的 IOptions<AuthorizationOptions>对象。

```
public class DefaultAuthorizationService : IAuthorizationService
{
    private readonly IAuthorizationHandlerContextFactory    _contextFactory;
    private readonly IAuthorizationEvaluator                _evaluator;
    private readonly IAuthorizationHandlerProvider          _handlers;
    private readonly ILogger                                _logger;
    private readonly AuthorizationOptions                   _options;
    private readonly IAuthorizationPolicyProvider           _policyProvider;

    public DefaultAuthorizationService(IAuthorizationPolicyProvider policyProvider,
        IAuthorizationHandlerProvider handlers,
        ILogger<DefaultAuthorizationService> logger,
        IAuthorizationHandlerContextFactory contextFactory,
        IAuthorizationEvaluator evaluator,
        IOptions<AuthorizationOptions> options)
    {
        _options                = options.Value;
        _handlers               = handlers;
        _policyProvider         = policyProvider;
        _logger                 = logger;
        _evaluator              = evaluator;
        _contextFactory         = contextFactory;
    }

   public async Task<AuthorizationResult> AuthorizeAsync(ClaimsPrincipal user,
       object resource, IEnumerable<IAuthorizationRequirement> requirements)
    {
        var authContext = _contextFactory.CreateContext(requirements, user, resource);
        var handlers = await _handlers.GetHandlersAsync(authContext);
        foreach (var handler in handlers)
        {
            await handler.HandleAsync(authContext);
            if (!_options.InvokeHandlersAfterFailure && authContext.HasFailed)
            {
                break;
            }
        }
        return _evaluator.Evaluate(authContext);
    }
}
```

如上面的代码片段所示，实现的 AuthorizeAsync 方法首先利用 IAuthorizationHandlerContextFactory 工厂将 AuthorizationHandlerContext 上下文对象创建出来，然后利用 IAuthorizationHandlerProvider 对象从此上下文对象中将表示授权处理器的 IAuthorizationHandler 对象提取出来，并在 AuthorizationHandlerContext 上下文对象中执行它们。如果用户没有通过某个处理器的授权，并且 AuthorizationOptions 配置选项的 InvokeHandlersAfterFailure 属性为 False，那么整个授权检验过程将立即中止。AuthorizeAsync 方法最终返回的是 IAuthorizationEvaluator 对象针对授权上下文评估的结果。

7. 服务注册

DefaultAuthorizationService 及其依赖的服务是由如下 AddAuthorization 扩展方法注册的，它们采用的生命周期模式都是 Transient。该扩展方法还添加了一个 IAuthorizationHandler 的服务注册，具体的实现类型为 PassThroughAuthorizationHandler。所以在 DefaultAuthorizationHandlerProvider 的构造函数中注入的授权处理器集合其实只包含 PassThroughAuthorizationHandler 对象，该对象会从授权上下文中获取真正的 IAuthorizationHandler 对象来进行最终的授权检验。

```
public static class PolicyServiceCollectionExtensions
{
    public static IServiceCollection AddAuthorization(this IServiceCollection services)
    {
        services.AddAuthorizationCore();
        services.AddAuthorizationPolicyEvaluator();
        return services;
    }

    public static IServiceCollection AddAuthorization(this IServiceCollection services,
        Action<AuthorizationOptions> configure)
    {
        services.AddAuthorizationCore(configure);
        services.AddAuthorizationPolicyEvaluator();
        return services;
    }

    public static IServiceCollection AddAuthorizationPolicyEvaluator(
        this IServiceCollection services)
    {
        services.TryAddSingleton<AuthorizationPolicyMarkerService>();
        services.TryAddTransient<IPolicyEvaluator, PolicyEvaluator>();
        services.TryAddTransient<IAuthorizationMiddlewareResultHandler,
            AuthorizationMiddlewareResultHandler>();
        return services;
    }
}

public static class AuthorizationServiceCollectionExtensions
{
    public static IServiceCollection AddAuthorizationCore(
      this IServiceCollection services)
    {
        services.AddOptions();
        services.TryAdd(ServiceDescriptor.Transient
            <IAuthorizationService, DefaultAuthorizationService>());
        services.TryAdd(ServiceDescriptor.Transient
            <IAuthorizationPolicyProvider, DefaultAuthorizationPolicyProvider>());
        services.TryAdd(ServiceDescriptor.Transient
            <IAuthorizationHandlerProvider, DefaultAuthorizationHandlerProvider>());
        services.TryAdd(ServiceDescriptor.Transient
```

```
            <IAuthorizationEvaluator, DefaultAuthorizationEvaluator>());

services.TryAdd(ServiceDescriptor.Transient<IAuthorizationHandlerContextFactory,
            DefaultAuthorizationHandlerContextFactory>());
        services.TryAddEnumerable(ServiceDescriptor.Transient
            <IAuthorizationHandler, PassThroughAuthorizationHandler>());
        return services;
    }

    public static IServiceCollection AddAuthorizationCore(
      this IServiceCollection services,
      Action<AuthorizationOptions> configure)
    {
        services.Configure(configure);
        return services.AddAuthorizationCore();
    }
}
```

28.3 基于“策略”的授权

如果在实施授权检验时总是对授权的目标资源创建相应的 IAuthorizationRequirement 对象，那么这将是一项非常烦琐的工作。我们更加希望采用这样的编程模式：预先注册一组可复用的授权策略，在需要时根据注册名称提取对应的策略试授权。

授权策略由如下 AuthorizationPolicy 类型来表示。它的 AuthenticationSchemes 属性返回当前采用的认证方案列表，表示“授权要求”的 Requirements 属性返回一组 IAuthorizationRequirement 对象的列表。基于策略的授权是通过 IAuthorizationService 接口的另一个 AuthorizeAsync 重载方法来提供的，该重载方法的参数 policyName 表示授权策略的注册名称。

```
public class AuthorizationPolicy
{
    public IReadOnlyList<string>                         AuthenticationSchemes { get; }
    public IReadOnlyList<IAuthorizationRequirement> Requirements { get; }

    public AuthorizationPolicy(IEnumerable<IAuthorizationRequirement> requirements,
        IEnumerable<string> authenticationSchemes);
}

public interface IAuthorizationService
{
    Task<AuthorizationResult> AuthorizeAsync(ClaimsPrincipal user,
       object resource, IEnumerable<IAuthorizationRequirement> requirements)
    Task<AuthorizationResult> AuthorizeAsync(ClaimsPrincipal user, object resource,
        string policyName);
}
```

28.3.1 授权策略的构建

表示授权策略的 AuthorizationPolicy 对象是由如下 AuthorizationPolicyBuilder 对象构建出来的。我们可以通过指定初始的认证方案来创建一个 AuthorizationPolicyBuilder 对象，也可以根据指定的 AuthorizationPolicy 对象来创建该对象，此时创建出来的 AuthorizationPolicyBuilder 对象自动拥有了 AuthorizationPolicy 对象的认证方案列表和所有的 IAuthorizationRequirement 对象。新的认证方案和 IAuthorizationRequirement 对象可以通过 AddAuthenticationSchemes 方法和 AddRequirements 方法进一步追加。对于很多预定义的 IAuthorizationRequirement 实现类型，都可以通过对应的以“Require”前缀命名的方式来添加。表示授权策略的 AuthorizationPolicy 对象最终由 Build 方法构建出来。

```
public class AuthorizationPolicyBuilder
{
    public IList<string>                          AuthenticationSchemes { get; set; }
    public IList<IAuthorizationRequirement>  Requirements { get; set; }

    public AuthorizationPolicyBuilder(params string[] authenticationSchemes);
    public AuthorizationPolicyBuilder(AuthorizationPolicy policy);

    public AuthorizationPolicyBuilder AddAuthenticationSchemes(params string[] schemes);
    public AuthorizationPolicyBuilder AddRequirements(
        params IAuthorizationRequirement[] requirements);

    public AuthorizationPolicy Build();

    public AuthorizationPolicyBuilder RequireAssertion(
        Func<AuthorizationHandlerContext, bool> handler);
    public AuthorizationPolicyBuilder RequireAssertion(
        Func<AuthorizationHandlerContext, Task<bool>> handler);

    public AuthorizationPolicyBuilder RequireAuthenticatedUser();

    public AuthorizationPolicyBuilder RequireClaim(string claimType);
    public AuthorizationPolicyBuilder RequireClaim(string claimType,
        IEnumerable<string> requiredValues);
    public AuthorizationPolicyBuilder RequireClaim(string claimType,
        params string[] requiredValues);

    public AuthorizationPolicyBuilder RequireRole(IEnumerable<string> roles);
    public AuthorizationPolicyBuilder RequireRole(params string[] roles);

    public AuthorizationPolicyBuilder RequireUserName(string userName);
}
```

一个 AuthorizationPolicy 对象的核心就是一组认证方案和 IAuthorizationRequirement 对象列表。有时我们需要将两个 AuthorizationPolicy 对象提供的这两组数据进行合并来构建一个新的授权策略，此时可以调用如下 Combine 方法。AuthorizationPolicy 类型还提供了两个 Combine 静态方法来实现多个 AuthorizationPolicy 对象的合并。

```
public class AuthorizationPolicyBuilder
{
    public AuthorizationPolicyBuilder Combine(AuthorizationPolicy policy);
}

public class AuthorizationPolicy
{
    public static AuthorizationPolicy Combine(IEnumerable<AuthorizationPolicy> policies);
    public static AuthorizationPolicy Combine(params AuthorizationPolicy[] policies);
}
```

28.3.2 授权策略的注册

授权策略被注册到 AuthorizationOptions 配置选项上，而 DefaultAuthorizationService 会利用注入的 IAuthorizationPolicyProvider 对象来提供注册的授权策略。AuthorizationOptions 配置选项除了有前面介绍的 InvokeHandlersAfterFailure 属性，还有如下属性和方法。它通过一个字典对象维护一组 AuthorizationPolicy 对象和对应名称的映射关系。我们可以调用两个 AddPolicy 方法来向这个字典添加新的映射关系，也可以调用 GetPolicy 方法根据授权策略名称得到对应的 AuthorizationPolicy 对象。如果调用 GetPolicy 方法指定的策略名称不存在，该方法就会返回 Null。在这种情况下，可以选择使用默认的授权策略，默认授权策略的设置可以通过 AuthorizationOptions 对象的 DefaultPolicy 属性来实现。

```
public class AuthorizationOptions
{
    public AuthorizationPolicy       DefaultPolicy { get; set; }
    public bool                      InvokeHandlersAfterFailure { get; set; }

    public void AddPolicy(string name, AuthorizationPolicy policy);
    public void AddPolicy(string name, Action<AuthorizationPolicyBuilder> configurePolicy);
    public AuthorizationPolicy GetPolicy(string name);
}
```

DefaultAuthorizationService 会利用注入的 IAuthorizationPolicyProvider 对象来提供所需的授权策略。IAuthorizationPolicyProvider 接口定义了如下 GetDefaultPolicyAsync 和 GetPolicyAsync 两个方法，分别用来提供默认和指定名称的授权策略。DefaultAuthorizationPolicyProvider 类型是对该接口的默认实现，它的构造函数通过注入的 IOptions<AuthorizationOptions>对象来提供所需的配置选项，实现的两个方法正是利用 AuthorizationOptions 配置选项来提取对应的授权策略的。前面介绍的 AddAuthorization 扩展方法提供了 DefaultAuthorizationPolicyProvider 的服务注册。

```
public interface IAuthorizationPolicyProvider
{
    Task<AuthorizationPolicy> GetDefaultPolicyAsync();
    Task<AuthorizationPolicy> GetPolicyAsync(string policyName);
}

public class DefaultAuthorizationPolicyProvider : IAuthorizationPolicyProvider
{
```

```
    private readonly AuthorizationOptions _options;
    public DefaultAuthorizationPolicyProvider(IOptions<AuthorizationOptions> options)
        =>_options = options.Value;

    public Task<AuthorizationPolicy> GetDefaultPolicyAsync() =>
        Task.FromResult<AuthorizationPolicy>(this._options.DefaultPolicy);

    public virtual Task<AuthorizationPolicy> GetPolicyAsync(string policyName) =>
        Task.FromResult<AuthorizationPolicy>(this._options.GetPolicy(policyName));
}
```

28.3.3 授权检验

DefaultAuthorizationService 的 AuthorizeAsync 方法会利用 IAuthorizationPolicyProvider 对象根据指定的策略名称得到对应的授权策略，并从表示授权策略的 AuthorizationPolicy 对象中得到所有的 IAuthorizationRequirement 对象。AuthorizeAsync 方法将它们作为参数调用另一个 AuthorizeAsync 重载方法来完成授权检验。如果指定的策略名称未被注册，则该方法会直接抛出一个 InvalidOperationException 类型的异常，而不会选择默认的授权策略。

```
public class DefaultAuthorizationService : IAuthorizationService
{
    ...
    private readonly IAuthorizationPolicyProvider _policyProvider;

    public DefaultAuthorizationService(IAuthorizationPolicyProvider policyProvider,
        IAuthorizationHandlerProvider handlers,
        ILogger<DefaultAuthorizationService> logger,
        IAuthorizationHandlerContextFactory contextFactory,
        IAuthorizationEvaluator evaluator,
        IOptions<AuthorizationOptions> options)
    {
        _policyProvider = policyProvider;
        ...
    }

    public Task<AuthorizationResult> AuthorizeAsync(ClaimsPrincipal user, object resource,
        IEnumerable<IAuthorizationRequirement> requirements);

    public async Task<AuthorizationResult> AuthorizeAsync(ClaimsPrincipal user,
        object resource, string policyName)
    {
        var policy = await _policyProvider.GetPolicyAsync(policyName);
        if (policy == null)
        {
            throw new InvalidOperationException($"No policy found: {policyName}.");
        }
        return service.AuthorizeAsync(user, resource, policy.Requirements);
    }
}
```

综上所述，应用程序最终利用 IAuthorizationService 服务对目标操作或者资源实施授权检验，DefaultAuthorizationService 类型是对该服务接口的默认实现。IAuthorizationService 服务具体提供了两种授权检验模式，一种是针对提供的 IAuthorizationRequirement 对象列表实施授权，另一种则是针对预定义的授权策略，表示授权策略的 AuthorizationPolicy 对象由 IAuthorizationPolicyProvider 对象提供。具体的授权检验由 IAuthorizationHandler 接口表示的授权处理器进行处理，它们由注册的 IAuthorizationHandlerProvider 对象提供。授权处理器均在同一个通过 AuthorizationHandlerContext 对象表示的授权上下文中实施授权检验，该上下文由注册的 IAuthorizationHandlerContextFactory 工厂创建。当所有授权处理器完成了授权检验之后 IAuthorizationEvaluator 对象根据授权上下文得到由 AuthorizationResult 表示的授权结果。授权模型的核心接口与类型如图 28-2 所示。

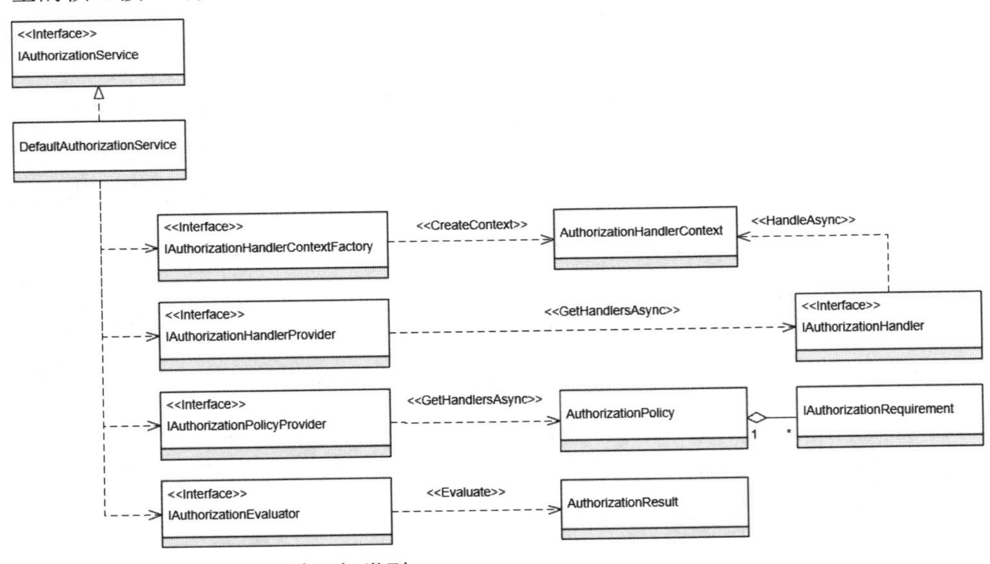

图 28-2　授权模型的核心接口与类型

28.4　授权与路由

我们可以在任何地方利用 IAuthorizationService 服务以手动的方式针对待访问的资源或者待执行操作实施授权检验。如果授权的目标对象是某个注册的终节点，则可以将授权策略应用到注册的终节点上，并最终由 AuthorizationMiddleware 中间件自动实施授权检验。

28.4.1　IAuthorizeData

我们可以将授权策略以路由元数据的形式附加到注册的终节点上，与授权相关的元数据类型基本实现了如下 IAuthorizeData 接口，该接口利用 Policy、Roles 和 AuthenticationSchemes 共 3 个属性分别提供授权策略名称、角色列表（以逗号分隔）和认证方案列表。AuthorizeAttribute 特性实现了 IAuthorizeData 接口。

```
public interface IAuthorizeData
```

```
{
    string Policy { get; set; }
    string Roles { get; set; }
    string AuthenticationSchemes { get; set; }
}

[AttributeUsage((AttributeTargets.Method | AttributeTargets.Class,
    AllowMultiple = true, Inherited=true)]
public class AuthorizeAttribute : Attribute, IAuthorizeData
{
    public string? Policy { get; set; }
    public string? Roles { get; set; }
    public string? AuthenticationSchemes { get; set; }

    public AuthorizeAttribute() { }
    public AuthorizeAttribute(string policy) => Policy = policy;
}
```

下面这些针对 IEndpointConventionBuilder 接口的 RequireAuthorization 扩展方法不仅可以将指定的 IAuthorizeData 对象添加到当前终节点的元数据列表中，还可以将指定的授权策略名称转换成对应的 AuthorizeAttribute 对象以元数据的方式进行注册。如果没有指定任何参数，则添加的元数据是一个空的 AuthorizeAttribute 对象。

```
public static class AuthorizationEndpointConventionBuilderExtensions
{
    public static TBuilder RequireAuthorization<TBuilder>(this TBuilder builder)
        where TBuilder : IEndpointConventionBuilder
        => builder.RequireAuthorization(new AuthorizeAttribute());

    public static TBuilder RequireAuthorization<TBuilder>(this TBuilder builder,
        params string[] policyNames) where TBuilder : IEndpointConventionBuilder
        => builder.RequireAuthorization(
        policyNames.Select(name => new AuthorizeAttribute(name)).ToArray());

    public static TBuilder RequireAuthorization<TBuilder>(this TBuilder builder,
        params IAuthorizeData[] authorizeData)
        where TBuilder : IEndpointConventionBuilder
    {
        RequireAuthorizationCore(builder, authorizeData);
        return builder;
    }

    private static void RequireAuthorizationCore<TBuilder>(TBuilder builder,
        IEnumerable<IAuthorizeData> authorizeData)
        where TBuilder : IEndpointConventionBuilder
    {
        builder.Add(endpointBuilder =>
        {
            foreach (var data in authorizeData)
            {
```

```
                endpointBuilder.Metadata.Add(data);
            }
        });
    }
}
```

我们可以将 IAuthorizationPolicyProvider 对象作为参数调用 AuthorizationPolicy 类型的 CombineAsync 静态方法将一组 IAuthorizeData 对象进行组合，并最终构建一个 AuthorizationPolicy 对象。当 AuthorizationMiddleware 中间件处理请求时，它会从当前终节点中以元数据形式提取出所有的 IAuthorizeData 对象，并调用 CombineAsync 静态方法构建一个 AuthorizationPolicy 对象进行授权检验。

```
public class AuthorizationPolicy
{
    public static async Task<AuthorizationPolicy?> CombineAsync(
        IAuthorizationPolicyProvider policyProvider,
        IEnumerable<IAuthorizeData> authorizeData);
    ...
}
```

28.4.2 IAllowAnonymous

很多终节点不仅不需要授权，甚至可以允许未经认证的用户以匿名的方式访问。为了屏蔽匿名终节点上添加的其他授权元数据，我们可以在元数据列表中添加一个 IAllowAnonymous 对象。由于这个元数据具有更高的优先级，一旦目标终节点具有这个元数据，它就可以匿名访问。IAllowAnonymous 接口不包含任何成员，如下这个 AllowAnonymousAttribute 特性实现了该接口。如果在注册终节点时调用了如下 AllowAnonymous 扩展方法，它就会为注册的中间件添加一个 AllowAnonymousAttribute 对象作为元数据。

```
public interface IAllowAnonymous
{}

[AttributeUsage(AttributeTargets.Method | AttributeTargets.Class, AllowMultiple=false,
   Inherited=true)]
public class AllowAnonymousAttribute : Attribute, IAllowAnonymous
{}

public static class AuthorizationEndpointConventionBuilderExtensions
{
    private static readonly IAllowAnonymous _allowAnonymousMetadata
        = new AllowAnonymousAttribute();

    public static TBuilder AllowAnonymous<TBuilder>(this TBuilder builder)
        where TBuilder : IEndpointConventionBuilder
    {
        builder.Add(endpointBuilder
            => endpointBuilder.Metadata.Add(_allowAnonymousMetadata));
        return builder;
    }
}
```

28.4.3 IPolicyEvaluator

在得到应用当前终节点上的授权策略后，对应 AuthorizationPolicy 对象提供的所有 IAuthorizationRequirement 对象和认证方案会被提取出来，AuthorizationMiddleware 中间件会将它们提供给 IAuthorizationService 对象实施授权并得到最终的授权结果。由于表示授权结果的 AuthorizationResult 对象只能识别“成败”，所以它需要转换成如下 PolicyAuthorizationResult 类型。

```
public class PolicyAuthorizationResult
{
    public bool Challenged { get; }
    public bool Forbidden { get; }
    public bool Succeeded { get; }

    public AuthorizationFailure AuthorizationFailure { get; }

    public static PolicyAuthorizationResult Challenge();
    public static PolicyAuthorizationResult Forbid();
    public static PolicyAuthorizationResult Forbid(
        AuthorizationFailure authorizationFailure);
    public static PolicyAuthorizationResult Success();
}
```

在不允许匿名访问的前提下，针对授权的请求处理主要分为 3 种场景。对于未经验证的匿名请求，需要回复“匿名质询（Challenged）”响应，在默认情况下会返回一个状态码为“401 Unauthorized ”的响应，如果采用 Cookie 认证方案，则请求会被重定向到登录页面。如果用户权限不足，则应该回复“禁止访问质询（Forbidden）”响应，在默认情况下会返回一个状态码为“403 Forbidden”的响应，如果采用 Cookie 认证方案，则请求会被重定向到“访问拒绝”页面。在授权成功的情况下，请求才会分发给后续中间件进行处理。PolicyAuthorizationResult 的 3 个属性分别对应这 3 种场景，并由对应的工厂方法创建。在创建一个表示授权失败的 PolicyAuthorizationResult 对象时，可以指定一个 AuthorizationFailure 对象进行进一步描述，AuthorizationFailure 类型的定义如下。

```
public class AuthorizationFailure
{
    public bool                                        FailCalled { get; }
    public IEnumerable<IAuthorizationRequirement>      FailedRequirements { get; }
    public IEnumerable<AuthorizationFailureReason>     FailureReasons { get; }

    public static AuthorizationFailure Failed(
        IEnumerable<AuthorizationFailureReason> reasons);
    public static AuthorizationFailure Failed(
        IEnumerable<IAuthorizationRequirement> failed);
}

public class AuthorizationFailureReason
{
```

```
    public string                     Message { get; }
    public IAuthorizationHandler      Handler { get; }
    public AuthorizationFailureReason(IAuthorizationHandler handler, string message);
}
```

AuthorizationMiddleware 中间件将表示授权策略的 AuthorizationPolicy 对象提取出来后，会将它交给一个 IPolicyEvaluator 对象的 AuthorizeAsync 方法，并最终得到由 PolicyAuthorizationResult 对象表示的授权结果。由于认证是授权的前置操作，所以 IPolicyEvaluator 接口还定义了如下 AuthenticateAsync 方法，该方法会利用提供的 AuthorizationPolicy 对象对请求实施认证，返回的表示认证结果的 AuthenticateResult 对象将作为 AuthorizeAsync 方法的参数。AuthorizeAsync 方法除了提供表示授权策略和认证结果的参数，还提供了一个表示授权目标资源的参数，前面介绍的 IAuthorizationService 接口的 AuthorizeAsync 方法也有对应的参数。

```
public interface IPolicyEvaluator
{
    Task<AuthenticateResult> AuthenticateAsync(AuthorizationPolicy policy,
        HttpContext context);
    Task<PolicyAuthorizationResult> AuthorizeAsync(
        AuthorizationPolicy policy, AuthenticateResult authenticationResult,
        HttpContext context, object resource);
}
```

如下所示的 PolicyEvaluator 类型是对 IPolicyEvaluator 接口的默认实现。该类型的构造函数中注入了真正用来进行授权检验的 IAuthorizationService 对象。在实现的 AuthenticateAsync 方法中，如果提供的 AuthorizationPolicy 对象包含认证方案，则调用 HttpContext 上下文对象的 AuthenticateAsync 方法对每一种方案实施认证并得到一组认证结果。“成功”的认证结果中的 ClaimsPrincipal 对象携带的声明合并后会生成一个新的 ClaimsPrincipal 对象，并作为当前用户赋值给当前 HttpContext 上下文对象的 User 属性。AuthenticateAsync 方法还会根据 ClaimsPrincipal 对象生成一个表示认证票据的 AuthenticationTicket 对象，成功认证结果提供的最短的过期时间将应用到此认证票据上，根据此认证票据生成的 AuthenticateResult 对象将认证结果返回。

```
public class PolicyEvaluator : IPolicyEvaluator
{
    private readonly IAuthorizationService _authorization;
    public PolicyEvaluator(IAuthorizationService authorization)
        => _authorization = authorization;

    public virtual async Task<AuthenticateResult> AuthenticateAsync(
        AuthorizationPolicy policy, HttpContext context)
    {
        if (policy.AuthenticationSchemes?.policy.AuthenticationSchemes.Count > 0)
        {
            ClaimsPrincipal? principal = null;
            DateTimeOffset? minExpiresUtc = null;
            foreach (var scheme in policy.AuthenticationSchemes)
            {
```

```
                var result = await context.AuthenticateAsync(scheme);
                if (result != null && result.Succeeded)
                {
                    principal = MergeUserPrincipal(principal, result.Principal);
                    if (minExpiresUtc is null || r
                        esult.Properties?.ExpiresUtc < minExpiresUtc)
                    {
                        minExpiresUtc = result.Properties?.ExpiresUtc;
                    }
                }
            }

            if (principal != null)
            {
                context.User = principal;
                var ticket = new AuthenticationTicket(principal,
                    string.Join(";", policy.AuthenticationSchemes));
                ticket.Properties.ExpiresUtc = minExpiresUtc;
                return AuthenticateResult.Success(ticket);
            }
            else
            {
                context.User = new ClaimsPrincipal(new ClaimsIdentity());
                return AuthenticateResult.NoResult();
            }
        }

        return context.Features.Get<IAuthenticateResultFeature>()
          ?.AuthenticateResult ?? DefaultAuthenticateResult(context);

        static AuthenticateResult DefaultAuthenticateResult(HttpContext context)
        {
            return (context.User?.Identity?.IsAuthenticated ?? false)
                ? AuthenticateResult.Success(new AuthenticationTicket(
                      context.User, "context.User"))
                : AuthenticateResult.NoResult();
        }
    }
    public virtual async Task<PolicyAuthorizationResult>
      AuthorizeAsync(AuthorizationPolicy policy,
      AuthenticateResult authenticationResult,
      HttpContext context, object? resource)
    {
        var result = await _authorization.AuthorizeAsync(context.User, resource,
          policy);
        if (result.Succeeded)
        {
            return PolicyAuthorizationResult.Success();
        }
        return authenticationResult.Succeeded
```

```
            ? PolicyAuthorizationResult.Forbid(result.Failure)
            : PolicyAuthorizationResult.Challenge();
    }
}
```

如果所有方案的认证无一成功，则 AuthenticateAsync 方法会为当前 HttpContext 上下文对象的 User 属性设置为一个空的 ClaimsPrincipal 对象，并返回一个“没有结果”的 AuthenticateResult 对象。如果授权策略并未设置任何认证方案，则该方法会试图从 IAuthenticateResultFeature 特性中提取返回的认证结果，如果该特性不存在，则该方法会根据目前的认证状态返回对应的 AuthenticateResult 对象。

实现的 AuthorizeAsync 方法直接调用 IAuthorizationService 对象的 AuthorizeAsync 方法进行授权检验，如果授权成功则返回一个成功状态的 PolicyAuthorizationResult 对象。对于其他两种情况（未经认证和拒绝访问），该方法会调用 Challenge 方法和 Forbid 方法创建返回的 PolicyAuthorizationResult 对象。

28.4.4 IAuthorizationMiddlewareResultHandler

当 IPolicyEvaluator 对象利用提取的授权策略完成最终的授权检验，并得到最终的授权结果后，此结果连同授权策略会一并交给 IAuthorizationMiddlewareResultHandler 对象完成对请求的处理。IAuthorizationMiddlewareResultHandler 接口定义了如下这个唯一的 HandleAsync 方法，它的第一个参数表示后续中间件处理管道。AuthorizationMiddlewareResultHandler 类型是对该接口的默认实现。实现 HandleAsync 方法后将授权成功的请求交给后续管道进行处理。如果请求未经认证，则它会调用当前 HttpContext 上下文对象的 ChallengeAsync 扩展方法回复“匿名质询”响应。如果权限不足，则它会调用另一个 ForbidAsync 扩展方法回复“禁止访问质询”响应。

```
public interface IAuthorizationMiddlewareResultHandler
{
    Task HandleAsync(RequestDelegate next, HttpContext context, AuthorizationPolicy
      policy,PolicyAuthorizationResult authorizeResult);
}
public class AuthorizationMiddlewareResultHandler :
  IAuthorizationMiddlewareResultHandler
{
    public async Task HandleAsync(RequestDelegate next, HttpContext context,
         AuthorizationPolicy policy, PolicyAuthorizationResult authorizeResult)
    {
        if (authorizeResult.Challenged)
        {
            if (policy.AuthenticationSchemes.Count > 0)
            {
                foreach (var scheme in policy.AuthenticationSchemes)
                {
                    await context.ChallengeAsync(scheme);
                }
            }
            else
```

```
            {
                await context.ChallengeAsync();
            }

            return;
        }
        else if (authorizeResult.Forbidden)
        {
            if (policy.AuthenticationSchemes.Count > 0)
            {
                foreach (var scheme in policy.AuthenticationSchemes)
                {
                    await context.ForbidAsync(scheme);
                }
            }
            else
            {
                await context.ForbidAsync();
            }

            return;
        }

        await next(context);
    }
}
```

IAuthorizationMiddlewareResultHandler 和 IPolicyEvaluator/PolicyEvaluator 的服务注册实现在 IServiceCollection 接口的 AddAuthorizationPolicyEvaluator 扩展方法中。AddAuthorization 扩展方法内部会调用 AddAuthorizationPolicyEvaluator 扩展方法。

```
public static class PolicyServiceCollectionExtensions
{
    public static IServiceCollection AddAuthorizationPolicyEvaluator(
        this IServiceCollection services)
    {
        ...
        services.TryAddTransient<IPolicyEvaluator, PolicyEvaluator>();
        services.TryAddTransient<IAuthorizationMiddlewareResultHandler,
            AuthorizationMiddlewareResultHandler>();
        return services;
    }
}
```

28.4.5 AuthorizationMiddleware

如下所示为 AuthorizationMiddleware 中间件的完整定义。总体来说，该中间件对请求的处理大体分为如下 3 个步骤：第一步，从当前终节点中提取相关元数据并生成表示授权策略的 AuthorizationPolicy 对象；第二步，利用 IPolicyEvaluator 对象对提取的授权策略实施授权检验，并得到授权结果；第三步，使用 IAuthorizationMiddlewareResultHandler 根据授权结果完成对请求的处理。AuthorizationMiddleware 中间件是通过 IApplicationBuilder 接口的 UseAuthorization 扩展方法进行注册的。

```
public class AuthorizationMiddleware
{
    private readonly RequestDelegate                  _next;
    private readonly IAuthorizationPolicyProvider     _policyProvider;

    public AuthorizationMiddleware(RequestDelegate next,
        IAuthorizationPolicyProvider policyProvider)
    {
        _next = next;
        _policyProvider = policyProvider;
    }

    public async Task Invoke(HttpContext context)
    {
        var endpoint = context.GetEndpoint();
        var authorizeData = endpoint?.Metadata.GetOrderedMetadata<IAuthorizeData>()
            ?? Array.Empty<IAuthorizeData>();
        var policy = await AuthorizationPolicy.CombineAsync(
            _policyProvider, authorizeData);
        if (policy == null)
        {
            await _next(context);
            return;
        }
        var policyEvaluator =
            context.RequestServices.GetRequiredService<IPolicyEvaluator>();
        var authenticateResult = await policyEvaluator.AuthenticateAsync(policy,
          context);

        if (authenticateResult?.Succeeded ?? false)
        {
            if (context.Features.Get<IAuthenticateResultFeature>()
                is IAuthenticateResultFeature authenticateResultFeature)
            {
                authenticateResultFeature.AuthenticateResult = authenticateResult;
            }
            else
            {
                var authFeatures = new AuthenticationFeatures(authenticateResult);
                context.Features.Set<IHttpAuthenticationFeature>(authFeatures);
                context.Features.Set<IAuthenticateResultFeature>(authFeatures);
            }
        }

        if (endpoint?.Metadata.GetMetadata<IAllowAnonymous>() != null)
        {
```

```
            await _next(context);
            return;
        }

        var switchName =
"Microsoft.AspNetCore.Authorization.SuppressUseHttpContextAsAuthorizationResource";
        object? resource = AppContext.TryGetSwitch(switchName,
            out var useEndpointAsResource) && useEndpointAsResource
            ? endpoint: context;
        var authorizeResult = await policyEvaluator.AuthorizeAsync(
            policy, authenticateResult!, context, resource);
        var authorizationMiddlewareResultHandler = context.RequestServices
            .GetRequiredService<IAuthorizationMiddlewareResultHandler>();
        await authorizationMiddlewareResultHandler.HandleAsync(_next, context, policy,
            authorizeResult);
    }
}
```

第 29章

跨域资源共享

同源策略是所有浏览器都必须遵循的一项安全原则，它的存在决定了浏览器在默认情况下无法对跨域请求的资源做进一步处理。为了实现跨域资源的共享，W3C 制定了 CORS 规范。ASP.NET Core 利用 CorsMiddleware 中间件提供了 CORS 规范的实现。

29.1 处理跨域资源

ASP.NET Core 应用利用 CorsMiddleware 中间件按照标准的 CORS 规范实现了资源的跨域共享。按照惯例，在正式介绍 CorsMiddleware 中间件的实现原理之前，我们先介绍几个简单的演示实例。

29.1.1 跨域调用 API

为了方便在本机环境下模拟跨域调用 API，我们通过修改 Host 文件将本地 IP 映射为多个不同的域名。我们以管理员身份打开文件“%windir%\System32\drivers\etc\hosts”，并以如下方式添加了 4 个域名的映射。

```
127.0.0.1        www.foo.com
127.0.0.1        www.bar.com
127.0.0.1        www.baz.com
127.0.0.1        www.qux.com
```

演示程序由两个 ASP.NET Core 程序构成（见图 29-1）。我们将 API 定义在 Api 项目中，App 是一个 JavaScript 应用程序，它会在浏览器环境下以跨域请求的方式调用承载 Api 应用中的 API。

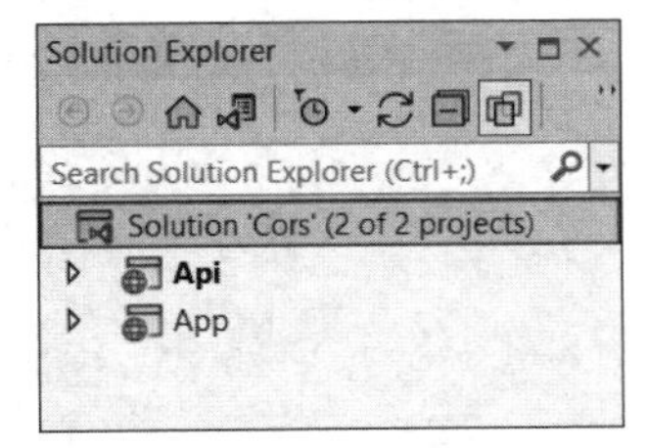

图 29-1 演示实例解决方案结构

如下所示的 Api 程序中定义了表示联系人的 Contact 记录类型。我们注册了针对路径“/contacts”的路由，使之以 JSON 的形式返回一组联系人列表。在调用 Application 对象的 Run 方法时，显式指定了监听地址“http://0.0.0.0:8080”。

```
var app = Application.Create();
app.MapGet("/contacts", GetContacts);
app.Run(url:"http://0.0.0.0:8080");

static IResult GetContacts()
{
    var contacts = new Contact[]
    {
        new Contact("张三", "123", "zhangsan@gmail.com"),
        new Contact("李四","456", "lisi@gmail.com"),
        new Contact("王五", "789", "wangwu@gmail.com")
    };
    return Results.Json(contacts);
}

public readonly record struct Contact(string Name,string PhoneNo ,string EmailAddress);
```

下面的代码片段展示了 App 应用程序的完整定义。我们通过注册根路径的路由使之呈现一个包含联系人列表的 Web 页面，我们在该页面中采用 jQuery 以 AJAX 的方式调用上面这个 API 获取联系人列表。我们将 AJAX 请求的目标地址设置为“http://www.qux.com: 8080/contacts”。在 AJAX 请求的回调操作中，可以将返回的联系人以无序列表的形式呈现出来。

```
var app = Application.Create();
app.MapGet("/", Render);
app.Run(url:"http://0.0.0.0:3721");

static IResult Render()
{
    var html = @"
<html>
    <body>
        <ul id='contacts'></ul>
        <script src='http://code.jquery.com/jquery-3.3.1.min.js'></script>
        <script>
        $(function()
        {
            var url = 'http://www.qux.com:8080/contacts';
            $.getJSON(url, null, function(contacts) {
                $.each(contacts, function(index, contact)
                {
                    var html = '<li><ul>';
                    html += '<li>Name: ' + contact.name + '</li>';
                    html += '<li>Phone No:' + contact.phoneNo + '</li>';
                    html += '<li>Email Address: ' + contact.emailAddress + '</li>';
                    html += '</ul>';
                    $('#contacts').append($(html));
                });
```

```
            });
        });
        </script >
    </body>
</html>";
    return Results.Text(content: html, contentType: "text/html");
}
```

先后启动应用程序 Api 和 App。如果利用浏览器采用映射的域名（www.foo.com）访问 App 应用程序，就会发现我们期待的联系人列表并没有呈现出来。如果按 F12 键查看开发工具，就会发现关于 CORS 的错误（见图 29-2），具体的错误消息为“Access to XMLHttpRequest at 'http://www.qux.com:8080/contacts' from origin 'http://www.foo.com:3721' has been blocked by CORS policy: No 'Access-Control-Allow-Origin' header is present on the requested resource.”。（S2901）

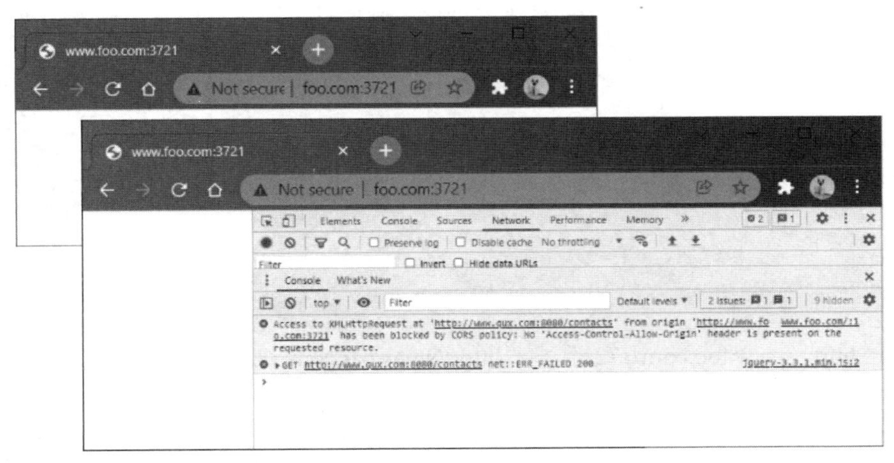

图 29-2　跨域访问导致联系人列表无法呈现

有的读者可能会想是否是 AJAX 调用发生错误导致没有得到联系人信息呢？如果我们利用抓包工具捕捉 AJAX 请求和响应的内容，就会捕获如下 HTTP 报文。可以看出 AJAX 调用其实是成功的，只是浏览器阻止了针对跨域请求返回数据的进一步处理。如下请求具有一个名为 Origin 的报头，表示的正是 AJAX 请求的“源”，也就是跨域（Cross-Orgin）中的“域”。

```
GET http://www.qux.com:8080/contacts HTTP/1.1
Host: www.qux.com:8080
Connection: keep-alive
Accept: application/json, text/javascript, */*; q=0.01
Origin: http://www.foo.com:3721
User-Agent: Mozilla/5.0 (Windows NT 10.0; Win64; x64) AppleWebKit/537.36 (KHTML, like Gecko) Chrome/70.0.3538.67 Safari/537.36
Referer: http://www.foo.com:3721/
Accept-Encoding: gzip, deflate
Accept-Language: en-US,en;q=0.9,zh-CN;q=0.8,zh;q=0.7
```

```
HTTP/1.1 200 OK
Date: Sat, 13 Nov 2021 11:24:58 GMT
Server: Kestrel
Content-Length: 205

[{"name":"张三","phoneNo":"123","emailAddress":"zhangsan@gmail.com"},{"name":"李四",
"phoneNo":"456","emailAddress":"lisi@gmail.com"},{"name":"王五","phoneNo":"789",
"emailAddress":"wangwu@gmail.com"}]
```

29.1.2 提供者显式授权

我们可以利用注册的 CorsMiddleware 中间件来解决上面的问题。对于演示的实例来说，作为资源提供者的 Api 应用如果希望将提供的资源授权给某个应用程序，则可以将作为资源消费程序的“域”添加到授权域列表中。在演示程序中调用 UseCors 扩展方法完成 CorsMiddleware 中间件的注册，并指定了两个授权的“域”。中间件涉及的服务则通过调用 AddCors 扩展方法进行注册。

```
var builder = WebApplication.CreateBuilder();
builder.Services.AddCors();
var app = builder.Build();
app.UseCors(cors => cors.WithOrigins(
    "http://www.foo.com:3721",
    "http://www.bar.com:3721"));
app.MapGet("/contacts", GetContacts);
app.Run(url:"http://0.0.0.0:8080");
...
```

由于 Api 应用对“http://www.foo.com:3721”和“http://www.bar.com:3721”这两个域进行了显式授权，如果采用它们来访问 App 应用程序，浏览器就会呈现联系人列表（见图 29-3）。如果将浏览器地址栏中的 URL 设置成未被授权的“http://www.baz.com:3721”，则我们依然得不到想要的显示结果。（S2902）

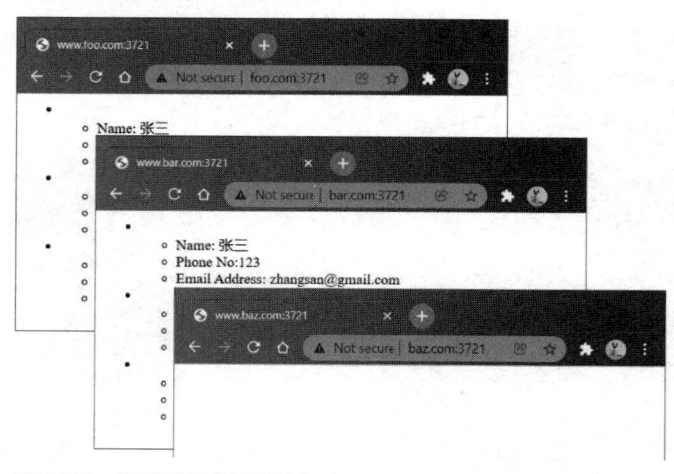

图 29-3 针对域的显式授权

下面从 HTTP 消息交换的角度来介绍这次由 Api 应用响应的报文有何不同。如下所示的是 Api 针对地址为“http://www.foo.com:3721”的响应报文，可以看出增加了名称分别为 Vary 和 Access-Control-Allow-Origin 的报头。前者与缓存有关，它要求在对响应报文实施缓存时，选用的 Key 应该包含请求的 Origin 报头值，它向浏览器提供了授权访问当前资源的域。

```
HTTP/1.1 200 OK
Date: Sat, 13 Nov 2021 11:24:58 GMT
Server: Kestrel
Vary: Origin
Access-Control-Allow-Origin: http://www.foo.com:3721
Content-Length: 205

[{"name":"张三","phoneNo":"123","emailAddress":"zhangsan@gmail.com"},{"name":"李四",
"phoneNo":"456","emailAddress":"lisi@gmail.com"},{"name":"王五","phoneNo":"789",
"emailAddress":"wangwu@gmail.com"}]
```

对于演示的实例来说，当 AJAX 调用成功并返回联系人列表之后，浏览器正是利用 Access-Control-Allow-Origin 报头确定当前请求采用的域是否有权对获取的资源做进一步处理。只有在授权明确之后，浏览器才允许执行将数据呈现出来的操作。从演示程序可以看出“跨域资源共享”中的“域”是由协议前缀（如“http://”或者“https://”）、主机名（或者域名）和端口组成的，但在很多情况下，资源提供在授权时往往只需要考虑域名，这样的授权策略可以采用如下方式来解决。UseCors 扩展方法返回一个 CorsPolicyBuilder 对象，我们调用它的 SetIsOriginAllowed 方法利用提供的 Func<string, bool>来设置授权规则，此规则只会考虑域名。（S2903）

```
var validOrigins = new HashSet<string>(StringComparer.OrdinalIgnoreCase)
{
    "www.foo.com",
    "www.bar.com"
};

var builder = WebApplication.CreateBuilder();
builder.Services.AddCors();
var app = builder.Build();
app.UseCors(cors => cors.SetIsOriginAllowed(
    origin => validOrigins.Contains(new Uri(origin).Host)));
app.MapGet("/contacts", GetContacts);
app.Run(url:"http://0.0.0.0:8080");
...
```

29.1.3 基于策略的资源授权

CORS 本质上还是属于授权的问题，所以我们采用类似于“第 28 章　授权”介绍的方式将资源授权的规则定义成相应的策略，CorsMiddleware 中间件就可以针对某个预定义的策略来实施跨域资源授权。在调用 AddCors 扩展方法时可以采用如下方式注册一个默认的 CORS 策略。

（S2904）

```
var validOrigins = new HashSet<string>(StringComparer.OrdinalIgnoreCase)
{
    "www.foo.com",
    "www.bar.com"
};

var builder = WebApplication.CreateBuilder();
builder.Services.AddCors(options => options.AddDefaultPolicy(policy => policy.
    SetIsOriginAllowed(origin => validOrigins.Contains(new Uri(origin).Host))));
var app = builder.Build();
app.UseCors();
app.MapGet("/contacts", GetContacts);
app.Run(url:"http://0.0.0.0:8080");
...
```

除了注册一个默认的匿名 CORS 策略，我们还可以为注册的策略命名。下面的演示程序在调用 AddCors 扩展方法时注册了一个名为“foobar”的 CORS 策略，在调用 UseCors 扩展方法注册 CorsMiddleware 中间件时就可以显式地指定采用的策略名称。（S2905）

```
var validOrigins = new HashSet<string>(StringComparer.OrdinalIgnoreCase)
{
    "www.foo.com",
    "www.bar.com"
};

var builder = WebApplication.CreateBuilder();
builder.Services.AddCors(options => options.AddPolicy("foobar", policy => policy.
    SetIsOriginAllowed(origin => validOrigins.Contains(new Uri(origin).Host))));
var app = builder.Build();
app.UseCors(policyName:"foobar");
app.MapGet("/contacts", GetContacts);
app.Run(url:"http://0.0.0.0:8080");
...
```

29.1.4 将 CORS 策略应用到路由上

除了在调用 UseCors 扩展方法时指定 CORS 策略，我们还可以在注册终节点时将 CORS 策略作为路由元数据应用到终节点上。如下演示程序在调用 MapGet 扩展方法时注册了“/contacts”路径的终节点后会返回一个 RouteHandlerBuilder 对象，它接着调用该对象的 RequireCors 扩展方法来指定采用的 CORS 策略名称。（S2906）

```
var validOrigins = new HashSet<string>(StringComparer.OrdinalIgnoreCase)
{
    "www.foo.com",
    "www.bar.com"
};

var builder = WebApplication.CreateBuilder();
builder.Services.AddCors(options => options.AddPolicy("foobar", policy => policy.
```

```
    SetIsOriginAllowed(origin => validOrigins.Contains(new Uri(origin).Host))));
var app = builder.Build();
app.UseCors();
app.MapGet("/contacts", GetContacts).RequireCors(policyName:"foobar");
app.Run(url:"http://0.0.0.0:8080");
...
```

我们也可以按照如下方式在终节点处理方法 GetContacts 上标注 EnableCorsAttribute 特性，并利用 policyName 参数来指定采用的 CORS 策略名称。如果使用 Lambda 表达式来定义终节点处理器，则可以将 EnableCorsAttribute 特性直接标注在 Lambda 表达式前面。（S2907）

```
using Microsoft.AspNetCore.Cors;

var validOrigins = new HashSet<string>(StringComparer.OrdinalIgnoreCase)
{
    "www.foo.com",
    "www.bar.com"
};

var builder = WebApplication.CreateBuilder();
builder.Services.AddCors(options => options.AddPolicy("foobar", policy => policy.
    SetIsOriginAllowed(origin => validOrigins.Contains(new Uri(origin).Host))));
var app = builder.Build();
app.UseCors();
app.MapGet("/contacts", GetContacts);
app.Run(url:"http://0.0.0.0:8080");

[EnableCors(policyName: "foobar")]
static IResult GetContacts()
{
    var contacts = new Contact[]
    {
        new Contact("张三", "123", "zhangsan@gmail.com"),
        new Contact("李四","456", "lisi@gmail.com"),
        new Contact("王五", "789", "wangwu@gmail.com")
    };
    return Results.Json(contacts);
}
...
```

29.2 CORS 规范

虽然目前访问 Internet 的客户端越来越多，但是浏览器依旧是一个常用的入口。随着 Web 开放的程度越来越高，通过浏览器跨域获取资源的需求已经变得非常普遍。提到浏览器的核心竞争力，安全性必然是其重要的组成部分，而提及浏览器的安全就不得不提到同源策略。

29.2.1 同源策略

同源策略是浏览器的一项最基本的安全策略。毫不夸张地说，浏览器的整个安全体系均建立在此基础之上。同源策略限制了“源”自 A 站点的脚本只能操作“同源”页面的 DOM，“跨源”操作来源于 B 站点的页面将会被拒绝。所谓的“同源站点”，必须要求它们的 URI 在如下 3 个方面保持一致。

- 主机名称（域名/子域名或者 IP 地址）。
- 端口。
- 网络协议（Scheme，分别采用“http”协议和“https”协议的两个 URI 被视为不同源）。

值得注意的是，对于一段 JavaScript 脚本来说，其“源”与存储的地址无关，而是取决于脚本被加载的页面。如果在同一个页面中通过如下<script>标签引用了来源于不同地方（“http://www.artech.top/”和“http://www.jinnan.me/”）的两个 JavaScript 脚本，则它们均与当前页面同源。基于 JSONP 跨域资源共享就是利用了这个特性。

```
<script src="http://www.artech.top/scripts/common.js"></script>
<script src="http://www.jinnan.me/scripts/utility.js"></script>
```

除了<script>标签，HTML 还提供了其他一些具有 src 属性的标签（如<img>、<iframe>和<link>等），它们均具有跨域加载资源的功能，同源策略对它们不进行限制。对于这些具有 src 属性的 HTML 标签来说，标签的每次加载都伴随着针对目标地址的一次 GET 请求。同源策略及跨域资源共享在大部分情况下针对的是 AJAX 请求，如果请求指向一个异源地址，则浏览器在默认情况下不允许读取返回的内容。

29.2.2 针对资源的授权

基于 Web 的资源共享涉及两个基本角色，即资源的提供者和消费者。CORS 旨在定义一种规范，从而使浏览器在接收到从提供者获取的资源时能够决定是否应该将此资源分发给消费者做进一步处理。CORS 根据资源提供者的显式授权来决定目标资源是否应该与消费者分享。换句话说，浏览器需要得到提供者的授权之后才会将其提供的资源分发给消费者。那么资源的提供者应该如何进行资源的授权，并将授权的结果告之浏览器？

具体的实现其实很简单。如果浏览器自身提供对 CORS 的支持，则由它发送的请求会携带一个名为 Origin 的报头表明请求页面所在的站点。对于前面演示实例中调用 Web API 获取联系人列表的请求来说，它就具有如下一个名为 Origin 的报头。

```
Origin: http://www.foo.com:3721
```

提供者在接收到资源获取请求之后，就可以根据该报头确定提供的资源需要与谁共享。资源提供者的授权结果通过一个名为 Access-Control-Allow-Origin 的报头来承载，它表示得到授权的站点列表。一般来说，如果资源的提供者认可当前请求的 Origin 报头携带的站点，则它会将该站点作为 Access-Control-Allow-Origin 报头的值。

除了指定具体的“源”并对其进行针对性授权，资源提供者还可以将 Access-Control-Allow-Origin 报头的值设置为“*”，从而对所有消费者进行授权。换而言之，如果进行了这样的设置，就意味着提供的是一种公共资源，所以在进行此设置之前需要慎重。如果资源请求被拒绝，则资源提供者可以将此响应报头值设置为 Null，或者让响应不具有此报头。

当浏览器接收到包含资源的响应之后，会提取 Access-Control-Allow-Origin 报头的值。如果此值为“*”或者提供的站点列表包含此前请求的站点（即请求的 Origin 报头的值），就意味着资源的消费者获得了提供者授予的权限，在此情况下浏览器允许 JavaScript 程序操作获取的资源。如果 Acess-Control-Allow-Origin 报头不存在或者其值为 Null，则客户端 JavaScript 程序针对资源的操作会被拒绝。

资源提供者除了通过设置 Access-Control-Allow-Origin 报头对提供的资源进行授权，还可以通过设置另一个名为 Access-Control-Expose-Headers 的报头对响应报头进行授权。具体来说，此 Access-Control-Expose-Headers 报头用于设置一组直接暴露给客户端 JavaScript 程序的响应报头，没有在此列表的响应报头对客户端 JavaScript 程序是不可见的。采用这种方式的响应报头授权对简单响应报头来说是无效的。对于 CORS 规范来说，这里包含如下 6 种简单响应报头（Simple Response Header）。也就是说，它们是不需要授权访问的公共响应报头。

- Cache-Control。
- Content-Language。
- Content-Type。
- Expires。
- Last-Modified。
- Pragma。

用于实现 AJAX 请求的 XMLHttpRequest 具有一个 getResponseHeader 方法，调用该方法会返回一组响应报头的列表。按照这里介绍的响应报头的授权原则，只有在 Access-Control-Expose-Headers 报头中指定的报头和简单响应报头才会包含在该方法返回的列表中。

29.2.3　获取授权的方式

W3C 的 CORS 规范将跨域资源请求分为两种类型，即简单请求（Simple Request）和预检请求（Preflight Request）。要弄清楚 CORS 规范将哪些类型的跨域资源请求分为简单请求的范畴，需要额外了解几个定义在 CORS 规范中的概念，其中包括简单（HTTP）方法（Simple Method）、简单（请求）报头（Simple Header）和自定义请求报头（Author Request Header/Custom Request Header）。CORS 规范将 GET、HEAD 和 POST 这 3 个 HTTP 方法视为“简单 HTTP 方法”，而将请求报头 Accept、Accept-Language、Content-Language 及采用如下 3 种媒体类型的 Content-Type 报头称为“简单请求报头”。

- application/x-www-form-urlencoded。
- multipart/form-data。
- text/plain。

请求报头包括两种类型：一种是通过浏览器自动生成的报头，另一种则是由 JavaScript 程序自动添加的报头（如调用 XMLHttpRequest 对象的 setRequestHeader 方法可以为生成的 AJAX 请求添加任意报头），后者被称为“自定义报头”。

在了解了什么是简单 HTTP 方法、简单请求报头和自定义报头之后，下面介绍 CORS 规范定义的简单请求和预检请求。可以将跨域获取 Web 资源人为地分为两个环节，即获取授权信息和获取资源。如果采用简单请求模式，就相当于将这两个环节合并到一个 HTTP 事务中进行，即在资源请求的响应报文中同时包含请求的资源和授权信息。在请求满足如下两个条件的情况下，浏览器会采用简单请求模式来完成跨域资源请求。

- 请求采用简单 HTTP 方法。
- 请求携带的均为简单报头。

在其他情况下，浏览器应该采用一种预检请求模式的机制来完成跨域资源请求。所谓的预检机制，就是浏览器在发送真正的跨域资源请求前，它会先发送一个采用 OPTIONS 方法的预检请求。预检请求报文不包含主体内容，用户凭证相关的报头也会被剔除。预检请求的报头列表中会携带一些反映真实资源请求的信息。除了表示请求页面所在站点的 Origin 报头，如下所示为两个典型的 CORS 预检请求报头。

- Access-Control-Request-Method：跨域资源请求采用的 HTTP 方法。
- Access-Control-Request-Headers：跨域资源请求携带的自定义报头列表。

以前面演示的实例来说，假设将 App 中用来呈现 HTML 页面的 Render 方法进行如下修改，即让它在页面加载时发送一个采用 PUT 方法的 AJAX 请求来修改联系人信息。除此之外，该请求还携带一个名为 x-foo-bar 的自定义报头。

```
static IResult Render()
{
    var html =@"
<html>
    <body>
        <script src='http://code.jquery.com/jquery-3.3.1.min.js'></script>
        <script>
        $(function()
        {
            $.ajax({
                url: 'http://www.qux.com:8080/contacts/foobar',
                headers: {
                    'x-foo-bar': 'foobar'
                },
                type: 'PUT',
                data: {
                    name                : 'foobar',
                    phoneNo             : '123456',
                    emailAddress        : 'foobar@outlook.com'
                }
            });
        });
    </script>
    </body>
</html>";
    return Results.Text(content: html, contentType: "text/html");
```

```
}
```

由于 PUT 方法并非一个简单的 HTTP 方法，所以浏览器在试图分发这个 AJAX 请求之前，会先发送如下这样一个预检请求来获得授权信息。可以看出，这是一个不包含主体内容的 OPTIONS 请求，除了具有一个表示请求域的 Origin 报头，它还具有一个表示 HTTP 方法的 Access-Control-Request-Method 报头。除此之外，自定义的报头 x-foo-bar 也包含在 Access-Control-Request-Headers 报头中。

```
OPTIONS http://www.qux.com:8080/contacts HTTP/1.1
Host: www.qux.com:8080
Connection: keep-alive
Access-Control-Request-Method: PUT
Origin: http://www.foo.com:3721
Access-Control-Request-Headers: x-foo-bar
Accept: */*
Accept-Encoding: gzip, deflate
Accept-Language: en-US,en;q=0.9,zh-CN;q=0.8,zh;q=0.7
```

资源的提供者在接收到预检请求之后会根据其提供的信息实施授权检验，具体的检验包括确定请求站点是否值得信任，以及请求采用 HTTP 方法和自定义报头是否被允许。如果预检请求没有通过授权检验，则资源提供者一般会返回一个状态码为“400，Bad Request”的响应，反之会返回一个状态码为“200 OK”或者“204 No Content”的响应，授权相关信息包含在响应报头中。除了上面介绍的 Access-Control-Request-Method 报头和 Access-Control-Request-Headers 报头，预检请求的响应还具有如下 3 个典型的报头。

- Access-Control-Allow-Methods：跨域资源请求允许采用的 HTTP 方法列表。
- Access-Control-Allow-Headers：跨域资源请求允许携带的自定义报头列表。
- Access-Control-Max-Age：浏览器可以将响应结果进行缓存的时间（单位为秒），针对响应的缓存是为了使浏览器避免频繁地发送预检请求。

浏览器在接收到预检响应之后，会根据响应报头确定真正的跨域资源请求能否被接收。浏览器只有在确定服务端一定会授权的情况下才会发送真正的跨域资源请求。如果预检响应满足如下条件，则浏览器认为真正的跨域资源请求会被授权。

- 通过请求的 Origin 报头表示的源站点必须存在于 Access-Control-Allow-Origin 报头标识的站点列表中，或者 Access-Control-Allow-Origin 报头的值为“*”。
- Access-Control-Allow-Methods 响应报头不存在，或者预检请求的 Access-Control-Request-Method 报头表示的请求方法在其列表之内。
- 预检请求的 Access-Control-Request-Headers 报头存储的报头名称均在响应报头 Access-Control-Allow-Headers 表示的报头列表之内。

预检响应结果会被浏览器缓存，在 Access-Control-Max-Age 报头设定的时间内，缓存的结果将被浏览器用于授权检验，所以在此期间不会再发送预检请求。对于上面发送的跨域 PUT 请求，服务端在授权检验通过的情况下会返回如下类似的响应。对于状态码为“204 No Content”的响应，它的 Access-Control-Allow-Headers 报头和 Access-Control-Allow-Methods 报头会携带请求提供的 HTTP 方法与自定义报头名称，另一个值为“*”的 Access-Control-Allow-Origin 报头表示对请求域不进行任何限制。

```
HTTP/1.1 204 No Content
Date: Sat, 13 Nov 2021 11:56:58 GMT
Server: Kestrel
Access-Control-Allow-Headers: x-foo-bar
Access-Control-Allow-Methods: PUT
Access-Control-Allow-Origin: *
```

29.2.4 用户凭证

在默认情况下，利用 XMLHttpRequest 发送的 AJAX 请求不会携带与用户凭证相关的敏感信息。携带了 Cookie、HTTP-Authentication 报头及客户端 X.509 证书（采用支持客户端证书的 TLS/SSL）的请求会被视为携带了用户凭证。如果要将用户凭证附加到 AJAX 请求上，就需要将 XMLHttpRequest 对象的 withCredentials 属性设置为 True。

对于 CORS 规范来说，是否支持用户凭证也是授权检验的一个重要环节。只有在服务端显式允许请求提供用户凭证的前提下，携带了用户凭证的请求才会被认为是有效的。对于 W3C 的 CORS 规范来说，服务端利用 Access-Control-Allow-Credentials 响应报头来表明是否允许请求携带用户凭证。如果客户端 JavaScript 程序利用一个将 withCredentials 属性设置为 True 的 XMLHttpRequest 对象发送了一个跨域资源请求，但是得到的响应却不包含一个值为 True 的 Access-Control-Allow-Credentials 响应报头，那么针对获取资源的操作将会被浏览器拒绝。

29.3 CORS 中间件

CorsMiddleware 中间件实际上是对 CORS 规范的实现。下面来介绍上述 CORS 制定的这些规范是如何落实到这个中间件上的。CORS 最终体现为对资源的授权，具体的授权规则被定义在 CORS 策略上。

29.3.1 CORS 策略

CorsMiddleware 中间件在接收到跨域资源的请求（包括简单请求和预检请求）时，总是会根据预先指定的 CORS 策略来确定授权结果，授权结果最终体现在 CORS 规范中定义的一系列响应报头上。授权策略通过 CorsPolicy 类型表示。

1. CorsPolicy

CORS 策略利用相应的规则来确定请求资源能否授权给由 Origin 报头表示的消费者，所以授权策略体现为一个 Func<string, bool>委托对象，对应 CorsPolicy 类型的 IsOriginAllowed 属性。它的 Origins 属性维护一组授权域。对于无须授权的资源，对应 CorsPolicy 对象的 AllowAnyOrigin 属性返回 True。如果对请求采用的 HTTP 方法有要求，就可以将许可的 HTTP 方法添加到 Methods 属性表示的列表中，否则可以将 AllowAnyMethod 属性设置为 True 来支持任意 HTTP 方法。如果要求请求提供希望的报头，就可以将它们添加到 Headers 属性中。如果对请求报头没有要求，就可以将 AllowAnyHeader 属性设置为 True。CorsPolicy 类型的 ExposedHeaders 属性表示能够暴露给客户端的响应报头列表。

```
public class CorsPolicy
{
    public Func<string, bool>        IsOriginAllowed { get; set; }
    public IList<string>             Origins { get; }
    public bool                      AllowAnyOrigin { get; }

    public IList<string>             Methods { get; }
    public bool                      AllowAnyMethod { get; }

    public IList<string>             Headers { get; }
    public bool                      AllowAnyHeader { get; }
    public IList<string>             ExposedHeaders { get; }

    public bool                      SupportsCredentials { get; set; }
    public TimeSpan?                 PreflightMaxAge { get; set; }

}
```

CORS 授权结果还与请求是否携带用户凭证有关。如果允许请求携带与用户凭证相关的请求报头，就可以将 SupportsCredentials 属性设置为 True。而 PreflightMaxAge 属性对应 CORS 规范定义的 Access-Control-Max-Age 报头，表示缓存的预检响应的有效时长。

2. CorsPolicyBuilder

表示 CORS 策略的 CorsPolicy 对象由这个 CorsPolicyBuilder 进行构建。我们可以根据一组授权域列表或者一组 CorsPolicy 对象来创建 CorsPolicyBuilder 对象，并调用一系列方法对构建 CorsPolicy 对象的上述这些属性进行设置。最终的 CORS 通过 Build 方法构建。

```
public class CorsPolicyBuilder
{
    public CorsPolicyBuilder(params string[] origins);
    public CorsPolicyBuilder(CorsPolicy policy);

    public CorsPolicyBuilder AllowAnyHeader();
    public CorsPolicyBuilder AllowAnyMethod();
    public CorsPolicyBuilder AllowAnyOrigin();
    public CorsPolicyBuilder AllowCredentials();
    public CorsPolicyBuilder DisallowCredentials();
    public CorsPolicyBuilder SetIsOriginAllowed(Func<string, bool> isOriginAllowed);
    public CorsPolicyBuilder SetIsOriginAllowedToAllowWildcardSubdomains();
    public CorsPolicyBuilder SetPreflightMaxAge(TimeSpan preflightMaxAge);
    public CorsPolicyBuilder WithExposedHeaders(params string[] exposedHeaders);
    public CorsPolicyBuilder WithHeaders(params string[] headers);
    public CorsPolicyBuilder WithMethods(params string[] methods);
    public CorsPolicyBuilder WithOrigins(params string[] origins);
```

```
    public CorsPolicy Build();
}
```

3. CorsOptions

CORS 策略最终注册到如下 CorsOptions 配置选项上。CorsOptions 配置选项利用 PolicyMap 属性返回的字典维护了 CorsPolicy 对象与注册名称之间的映射关系。CORS 策略的注册和提取分别由 AddPolicy 方法和 GetPolicy 方法来完成。CorsOptions 配置选项的 DefaultPolicyName 属性表示默认 CORS 策略的注册名称，两个 AddDefaultPolicy 方法提供的 CORS 策略将使用这个名称进行注册，该属性的默认值为“__DefaultCorsPolicy”。

```
public class CorsOptions
{
    internal IDictionary<string, CorsPolicy> PolicyMap { get; }

    public void AddDefaultPolicy(CorsPolicy policy);
    public void AddDefaultPolicy(Action<CorsPolicyBuilder> configurePolicy);

    public void AddPolicy(string name, CorsPolicy policy);
    public void AddPolicy(string name, Action<CorsPolicyBuilder> configurePolicy);
    public CorsPolicy GetPolicy(string name);

    public string DefaultPolicyName { get; set; }
}
```

4. ICorsPolicyProvider

CorsMiddleware 中间件使用的 CORS 策略由如下 ICorsPolicyProvider 对象来提供。ICorsPolicyProvider 接口定义的 GetPolicyAsync 方法根据当前 HttpContext 上下文对象和策略名称来提供对应的 CorsPolicy 对象。DefaultCorsPolicyProvider 类型是对该接口的默认实现，它的构造函数中注入了用于提供配置选项的 IOptions<CorsOptions>对象，实现的 GetPolicyAsync 方法利用 CorsOptions 配置选项来提供 CORS 策略。如果指定的策略名称为 Null，则该方法返回的将是注册的默认策略。

```
public interface ICorsPolicyProvider
{
    Task<CorsPolicy?> GetPolicyAsync(HttpContext context, string? policyName);
}

public class DefaultCorsPolicyProvider : ICorsPolicyProvider
{
    private readonly CorsOptions _options;

    public DefaultCorsPolicyProvider(IOptions<CorsOptions> options)
       => _options = options.Value;
    public Task<CorsPolicy?> GetPolicyAsync(HttpContext context, string? policyName)
       => Task.FromResult<CorsPolicy>(_options.GetPolicy(policyName
       ?? t_options.DefaultPolicyName));
}
```

29.3.2　CORS 与路由

CORS 策略可以采用路由元数据的形式应用到注册的终节点上，CorsMiddleware 中间件在处理请求时会从当前终节点元数据列表中将它们提取出来。CORS 相关的路由元数据类型都实现了如下 ICorsMetadata 标记接口。ICorsPolicyMetadata 接口和 IEnableCorsAttribute 接口用来提供 CORS 策略，前者提供一个具体的 CorsPolicy 对象，后者提供注册的策略名称。IDisableCorsAttribute 接口直接禁用 CORS。CorsPolicyMetadata、EnableCorsAttribute 和 DisableCorsAttribute 分别实现了上述 3 个接口。

```
public interface ICorsMetadata {}
public interface ICorsPolicyMetadata : ICorsMetadata
{
    CorsPolicy Policy { get; }
}
public interface IEnableCorsAttribute : ICorsMetadata
{
    string PolicyName { get; set; }
}
public interface IDisableCorsAttribute : ICorsMetadata {}
```

```
public class CorsPolicyMetadata : ICorsPolicyMetadata
{
    public CorsPolicy Policy {get;}
    public CorsPolicyMetadata(CorsPolicy policy) => Policy = policy;
}
[AttributeUsage(AttributeTargets.Method | AttributeTargets.Class,
    AllowMultiple=false, Inherited=true)]
public class EnableCorsAttribute : Attribute, IEnableCorsAttribute
{
    public string? PolicyName { get; set; }

    public EnableCorsAttribute() : this(null) {}
    public EnableCorsAttribute(string? policyName) =>PolicyName = policyName;
}
[AttributeUsage(AttributeTargets.Method | AttributeTargets.Class,
    AllowMultiple=false, Inherited=false)]
public class DisableCorsAttribute : Attribute, IDisableCorsAttribute {}
```

为注册中间件构建路由约定的 IEndpointConventionBuilder 接口提供了如下两个 RequireCors 扩展方法。第一个扩展方法利用提供的 CORS 策略名称构建了一个 EnableCorsAttribute 对象，并作为元数据应用到注册的终节点上。而第二个扩展方法则利用提供的 Action<CorsPolicyBuilder> 委托对象将 CorsPolicy 对象构建出来后进一步封装成 CorsPolicyMetadata 对象，后者作为元数据应用到注册的终节点上。

```
public static class CorsEndpointConventionBuilderExtensions
{
    public static TBuilder RequireCors<TBuilder>(this TBuilder builder,
      string policyName)
```

```
        where TBuilder : IEndpointConventionBuilder
    {
        builder.Add(endpointBuilder
            => endpointBuilder.Metadata.Add(new EnableCorsAttribute(policyName)));
        return builder;
    }

    public static TBuilder RequireCors<TBuilder>(this TBuilder builder,
        Action<CorsPolicyBuilder> configurePolicy)
        where TBuilder : IEndpointConventionBuilder
    {
        var policyBuilder = new CorsPolicyBuilder();
        configurePolicy(policyBuilder);
        var policy = policyBuilder.Build();

        builder.Add(endpointBuilder
            => endpointBuilder.Metadata.Add(new CorsPolicyMetadata(policy)));
        return builder;
    }
}
```

29.3.3 CORS 授权

CorsMiddleware 中间件利用 ICorsService 对象来完成 CORS 授权检验。在介绍 ICorsService 接口及其实现类型之前，我们先来介绍一下表示 CORS 授权结果的 CorsResult 类型、ICorsService 服务和服务注册。

1. CorsResult

由 CorsResult 对象表示的 CORS 授权结果最终体现在几个响应报头中。它的 AllowedOrigin、AllowedMethods、AllowedHeaders 和 AllowedExposedHeaders 分别表示许可的请求域、请求域 HTTP 方法、请求报头和暴露给客户端的响应报头，对应的 CORS 报头分别为“Access-Control-Allow-Origin”“Access-Control-Allow-Methods”“Access-Control-Request-Headers”“Access-Control-Expose-Headers”。表示预检响应缓存时间的 PreflightMaxAge 属性对应的 CORS 报头为“Access-Control-Max-Age”。SupportsCredentials 属性表示是否允许跨域请求携带用户凭证，对应的 CORS 报头为“Access-Control-Allow-Credentials”。如果 VaryByOrigin 属性返回 True，则响应将具有一个值为 Origin 的“Vary”报头，指示请求的“域”对响应报文实施缓存。

```
public class CorsResult
{
    public string              AllowedOrigin { get; set; }
    public IList<string>       AllowedMethods { get; }
    public IList<string>       AllowedHeaders { get; }
    public IList<string>       AllowedExposedHeaders { get; }

    public TimeSpan?           PreflightMaxAge { get; set; }
```

```
    public bool                SupportsCredentials { get; set; }
    public bool                VaryByOrigin { get; set; }
}
```

2. ICorsService

ICorsService 服务旨在完成两个方面的任务：其一，根据指定的 CORS 策略对跨域资源请求实施授权检验，并最终得到表示 CORS 授权结果的 CorsResult 对象；其二，将授权结果以报头的形式应用到当前的响应报文中，这两个方面的任务分别体现在 EvaluatePolicy 方法和 ApplyResult 方法中。CorsService 类型为 ICorsService 接口的默认实现，它将具体的 CORS 授权检验分别实现在 EvaluateRequest 方法和 EvaluatePreflightRequest 方法中，前者针对简单请求，后者针对预检请求。

```
public interface ICorsService
{
    CorsResult EvaluatePolicy(HttpContext context, CorsPolicy policy);
    void ApplyResult(CorsResult result, HttpResponse response);
}

public class CorsService : ICorsService
{
    public CorsService(IOptions<CorsOptions> options);
    public CorsService(IOptions<CorsOptions> options, ILoggerFactory loggerFactory);

    public CorsResult EvaluatePolicy(HttpContext context, CorsPolicy policy);
    public CorsResult EvaluatePolicy(HttpContext context, string policyName);

    public virtual void EvaluatePreflightRequest(HttpContext context, CorsPolicy policy,
        CorsResult result);
    public virtual void EvaluateRequest(HttpContext context, CorsPolicy policy,
        CorsResult result);

    public virtual void ApplyResult(CorsResult result, HttpResponse response);
}
```

3. 服务注册

CorsMiddleware 中间件在处理跨域资源请求时依赖的服务通过如下两个 AddCors 扩展方法来注册，它们分别完成了 ICorsService 接口和 ICorsPolicyProvider 接口的服务注册。我们还可以利用 setupAction 参数提供的 Action<CorsOptions>对象对配置选项做进一步设置，如注册 CORS 策略。

```
public static class CorsServiceCollectionExtensions
{
    public static IServiceCollection AddCors(this IServiceCollection services)
    {
        services.AddOptions();
        services.TryAdd(ServiceDescriptor.Transient<ICorsService, CorsService>());
        services.TryAdd(ServiceDescriptor
```

```
            .Transient<ICorsPolicyProvider, DefaultCorsPolicyProvider>());
        return services;
    }

    public static IServiceCollection AddCors(this IServiceCollection services,
        Action<CorsOptions> setupAction)
    {
        services.AddCors();
        services.Configure<CorsOptions>(setupAction);
        return services;
    }
}
```

29.3.4 CorsMiddleware

CorsMiddleware 中间件最终会利用构造函数中注入的 ICorsService 对象来处理跨域请求。由于该中间件总是采用一个具体的 CORS 策略来对跨域资源请求实施授权，所以在初始化该中间件时还需要提供一个表示 CORS 策略的 CorsPolicy 对象。

```
public class CorsMiddleware
{
    public CorsMiddleware(RequestDelegate next, ICorsService corsService,
        ILoggerFactory loggerFactory);
    public CorsMiddleware(RequestDelegate next, ICorsService corsService, CorsPolicy
    policy, ILoggerFactory loggerFactory);
    public CorsMiddleware(RequestDelegate next, ICorsService corsService,
        ILoggerFactory loggerFactory, string policyName);

    public Task Invoke(HttpContext context, ICorsPolicyProvider corsPolicyProvider);
}
```

CorsMiddleware 类型的 3 个构造函数分别体现了 3 种 CORS 策略的提供方式。由第一个构造函数创建的 CorsMiddleware 对象会使用默认策略，后面两个构造函数会提供一个具体的 CorsPolicy 对象，或者 CORS 策略的注册名称。我们采用尽可能简洁的代码模拟了 CorsMiddleware 中间件针对跨域资源请求的处理逻辑。

```
public class CorsMiddleware
{
    private readonly RequestDelegate _next;
    private readonly ICorsService     _corsService;
    private readonly CorsPolicy       _policy;
    private readonly string           _corsPolicyName;

    public async Task Invoke(HttpContext context,
      ICorsPolicyProvider corsPolicyProvider)
    {
        var request   = context.Request;
        var response  = context.Response;
```

```
    var endpoint  = context.GetEndpoint();

    if (!request.Headers.ContainsKey(CorsConstants.Origin))
    {
        await _next(context);
        return;
    }
    var corsMetadata = endpoint?.Metadata.GetMetadata<ICorsMetadata>();

    // 禁用 CORS 策略
    if (corsMetadata is IDisableCorsAttribute)
    {
        // 对于预检请求，返回状态码为 204 响应，不再执行后续中间件
        var isOptionsRequest = HttpMethods.IsOptions(request.Method);
        var isCorsPreflightRequest = isOptionsRequest
            && request.Headers.ContainsKey(HeaderNames.AccessControlRequestMethod);
        if (isCorsPreflightRequest)
        {
            response.StatusCode = 204;
            return;
        }

        // 执行后续中间件
        await _next(context);
        return;
    }

    // 从路由元数据中提取 CORS 策略或者策略名称
    var corsPolicy = _policy;
    var policyName = _corsPolicyName;
    if (corsMetadata is ICorsPolicyMetadata corsPolicyMetadata)
    {
        policyName = null;
        corsPolicy = corsPolicyMetadata.Policy;
    }
    else if (corsMetadata is IEnableCorsAttribute enableCorsAttribute
        && enableCorsAttribute.PolicyName != null)
    {
        policyName = enableCorsAttribute.PolicyName;
        corsPolicy = null;
    }

    // 提供策略名称，并且利用 ICorsPolicyProvider 提取策略对象
    corsPolicy ??= await corsPolicyProvider.GetPolicyAsync(context, policyName);

    // 应用 CORS 策略
    if (corsPolicy != null)
    {
        var corsResult = _corsService.EvaluatePolicy(context, corsPolicy);
        if (corsResult.IsPreflightRequest)
```

```
            {
                _corsService.ApplyResult(corsResult, response);
                response.StatusCode = 204;
            }
            else
            {
                response.OnStarting(OnResponseStarting,
                    Tuple.Create(response, corsResult));
                await _next(context);
            }
        }

        Task OnResponseStarting(object state)
        {
            var (response, result) = (Tuple<HttpResponse, CorsResult>)state;
            _corsService.ApplyResult(result, response);
            return Task.CompletedTask;
        }
    }
}
```

CorsMiddleware 中间件通过如下 3 个 UseCors 扩展方法进行注册，它们分别调用上述 3 个构造函数来创建注册的 CorsMiddleware 对象。第一个 UseCors 扩展方法注册的中间件会采用注入的 ICorsPolicyProvider 对象提供的默认 CORS 策略；第二个 UseCors 扩展方法可以利用提供的 CorsPolicyBuilder 对象来构建 CORS 策略；第三个 UseCors 扩展方法注册的 CorsMiddleware 中间件会采用指定名称的 CORS 策略来处理跨域资源请求。

```
public static class CorsMiddlewareExtensions
{
    public static IApplicationBuilder UseCors(this IApplicationBuilder app);
    public static IApplicationBuilder UseCors(this IApplicationBuilder app,
        Action<CorsPolicyBuilder> configurePolicy);
    public static IApplicationBuilder UseCors(this IApplicationBuilder app,
        string policyName);
}
```

综上所述，CorsMiddleware 中间件最终利用 ICorsService 对象来处理跨域资源请求，后者利用提供的 CorsPolicy 对象解析出 CorsResult 对象表示的 CORS 授权结果，授权结果落实到当前响应的相关 CORS 报头上。CorsService 是对 ICorsService 接口的默认实现。CorsMiddleware 中间件利用 ICorsPolicyProvider 对象来提供 CORS 策略，默认实现的 DefaultCorsPolicyProvider 提供的 CORS 策略来源于 CorsOptions 配置选项。作为 CORS 策略的 CorsPolicy 对象由 CorsPolicyBuilder 来构建。CORS 模型的核心接口与类型之间的关系如图 29-4 所示。

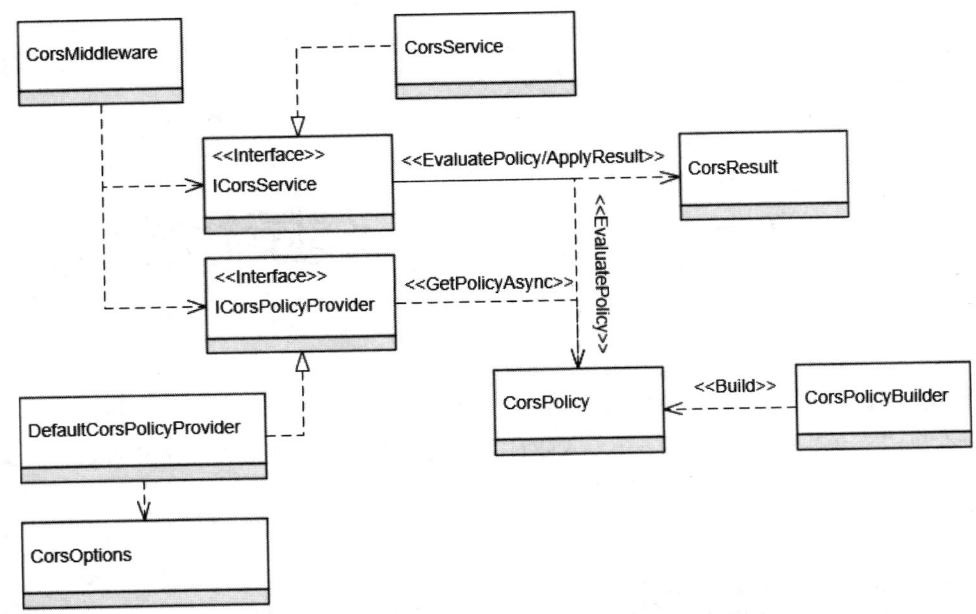

图 29-4　CORS 模型的核心接口与类型之间的关系

第30章

健康检查

现代化的应用及服务的部署场景主要体现在集群化、微服务和容器化，这一切都建立在部署应用或者服务的健康检查上。ASP.NET Core 提供的健康检查不仅能确定目标应用或者服务的可用性，还具有健康报告发布功能。

30.1 检查应用的健康状况

ASP.NET Core 框架的健康检查功能是通过 HealthCheckMiddleware 中间件完成的。我们不仅可以利用该中间件确定当前应用的可用性，还可以注册相应的 IHealthCheck 对象来完成不同方面的健康检查。下面通过实例演示一些典型的健康检查应用场景。

30.1.1 确定当前应用是否可用

对于部署于集群或者容器的应用或者服务来说，它需要对外暴露一个终节点。负载均衡器或者容器编排框架以一定的频率向该终节点发送“心跳”请求，以确定应用和服务的可用性。演示程序采用如下方式提供了这个健康检查终节点。

```
var builder = WebApplication.CreateBuilder();
builder.Services.AddHealthChecks();
var app = builder.Build();
app.UseHealthChecks(path: "/healthcheck");
app.Run();
```

演示程序调用 UseHealthChecks 扩展方法注册了 HealthCheckMiddleware 中间件，并利用指定的参数将健康检查终节点的路径设置为“/healthcheck”。该中间件依赖的服务通过调用 AddHealthChecks 扩展方法进行注册。程序在正常运行的情况下，如果利用浏览器向注册的健康检查路径“/healthcheck”发送一个简单的 GET 请求，就可以得到图 30-1 所示的“健康状态”。（S3001）

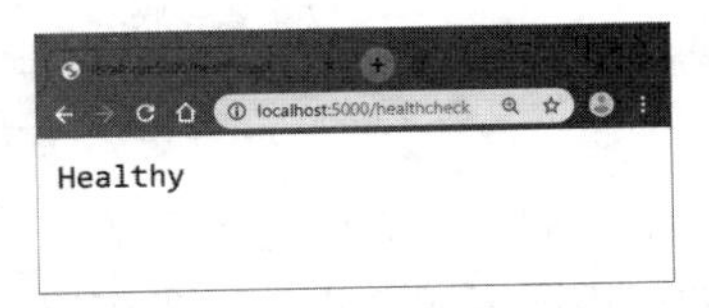

图 30-1　健康检查结果

如下所示的代码片段是健康检查响应报文的内容。这是一个状态码为“200 OK”且媒体类型为“text/plain”的响应，其主体内容就是健康状态的字符串描述。在大部分情况下，发送健康检查请求希望得到的是目标应用或者服务当前实时的健康状况，所以响应报文是不应该被缓存的，“Cache-Control”报头和“Pragma”报头也体现了这一点。

```
HTTP/1.1 200 OK
Content-Type: text/plain
Date: Sat, 13 Nov 2021 05:08:00 GMT
Server: Kestrel
Cache-Control: no-store, no-cache
Expires: Thu, 01 Jan 1970 00:00:00 GMT
Pragma: no-cache
Content-Length: 7

Healthy
```

30.1.2　定制健康检查逻辑

对于前面演示的实例来说，只要应用正常启动，它就被视为“健康”（完全可用），这种情况有时候可能并不是我们希望的。有时候应用在启动之后需要做一些初始化的工作，并希望在这些工作完成之前当前应用处于不可用的状态，这样请求就不会被导流进来。这样的需求就需要我们自行实现具体的健康检查逻辑。下面的演示程序将健康检查实现在内嵌的 Check 方法中，该方法会随机返回 3 种健康状态（Healthy、Unhealthy 和 Degraded）。在调用 AddHealthChecks 扩展方法注册所需依赖服务并返回 IHealthChecksBuilder 对象后，接着调用该对象的 AddCheck 方法注册一个 IHealthCheck 对象，后者调用 Check 方法决定当前的健康状态。

```
using Microsoft.Extensions.Diagnostics.HealthChecks;

var random = new Random();
var builder = WebApplication.CreateBuilder();
builder.Services
    .AddHealthChecks()
    .AddCheck(name:"default",check: Check);
var app = builder.Build();
app.UseHealthChecks(path: "/healthcheck");
app.Run();

HealthCheckResult Check() => random!.Next(1, 4) switch
{
    1 => HealthCheckResult.Unhealthy(),
```

```
    2 => HealthCheckResult.Degraded(),
    _ => HealthCheckResult.Healthy(),
};
```

如下所示的代码片段是针对 3 种健康状态的响应报文，可以看出它们的状态码是不同的。健康状态 Healthy 和 Degraded 的响应码都是“200 OK”，因为此时的应用或者服务均被视为可用（Available）状态，两者之间只是“完全可用”和“部分可用”的区别。状态为 Unhealthy 的服务被视为不可用（Unavailable），所以响应状态码为“503 Service Unavailable”。（S3002）

```
HTTP/1.1 200 OK
Content-Type: text/plain
Date: Sat, 13 Nov 2021 05:08:00 GMT
Server: Kestrel
Cache-Control: no-store, no-cache
Expires: Thu, 01 Jan 1970 00:00:00 GMT
Pragma: no-cache
Content-Length: 7

Healthy
```

```
HTTP/1.1 503 Service Unavailable
Content-Type: text/plain
Date: Sat, 13 Nov 2021 05:13:42 GMT
Server: Kestrel
Cache-Control: no-store, no-cache
Expires: Thu, 01 Jan 1970 00:00:00 GMT
Pragma: no-cache
Content-Length: 9

Unhealthy
```

```
HTTP/1.1 200 OK
Content-Type: text/plain
Date: Sat, 13 Nov 2021 05:14:05 GMT
Server: Kestrel
Cache-Control: no-store, no-cache
Expires: Thu, 01 Jan 1970 00:00:00 GMT
Pragma: no-cache
Content-Length: 8

Degraded
```

30.1.3 改变响应状态码

前文已经简单介绍了 3 种健康状态与对应的响应状态码。虽然健康检查默认响应状态码的设置是合理的，但是不能通过状态码来区分 Healthy 和 Unhealthy 这两种可用状态，可以通过如下方式改变默认的响应状态码设置。

```
using Microsoft.AspNetCore.Diagnostics.HealthChecks;
using Microsoft.Extensions.Diagnostics.HealthChecks;

var random = new Random();
var options = new HealthCheckOptions
{
    ResultStatusCodes = new Dictionary<HealthStatus, int>
    {
        [HealthStatus.Healthy]          = 299,
        [HealthStatus.Degraded]         = 298,
        [HealthStatus.Unhealthy]        = 503
    }
};

var builder = WebApplication.CreateBuilder();
builder.Services
    .AddHealthChecks()
    .AddCheck(name:"default",check: Check);
var app = builder.Build();
app.UseHealthChecks(path: "/healthcheck", options: options);
app.Run();

HealthCheckResult Check() => random!.Next(1, 4) switch
{
    1 => HealthCheckResult.Unhealthy(),
    2 => HealthCheckResult.Degraded(),
    _ => HealthCheckResult.Healthy(),
};
```

上面的演示程序调用 UseHealthChecks 扩展方法注册 HealthCheckMiddleware 中间件时提供了一个 HealthCheckOptions 配置选项。此配置选项通过 ResultStatusCodes 属性返回的字典维护了这 3 种健康状态与对应响应状态码之间的映射关系。演示程序将 Healthy 和 Unhealthy 这两种健康状态对应的响应状态码分别设置为“299”与“298”，它们体现在如下 3 种响应报文中。（S3003）

```
HTTP/1.1 299
Content-Type: text/plain
Date: Sat, 13 Nov 2021 05:19:34 GMT
Server: Kestrel
Cache-Control: no-store, no-cache
Expires: Thu, 01 Jan 1970 00:00:00 GMT
Pragma: no-cache
Content-Length: 7

Healthy
```

```
HTTP/1.1 298
Content-Type: text/plain
```

```
Date: Sat, 13 Nov 2021 05:19:30 GMT
Server: Kestrel
Cache-Control: no-store, no-cache
Expires: Thu, 01 Jan 1970 00:00:00 GMT
Pragma: no-cache
Content-Length: 8

Degraded
```

30.1.4 细粒度的健康检查

如果当前应用承载或者依赖了若干组件/服务，则可以对它们进行做细粒度的健康检查。前面的演示实例通过注册的 IHealthCheck 对象对“应用级别”的健康检查进行了定制。我们可以采用同样的形式为某个组件或者服务注册相应的 IHealthCheck 对象来确定它们的健康状况。

```
using Microsoft.Extensions.Diagnostics.HealthChecks;

var random = new Random();
var builder = WebApplication.CreateBuilder();
builder.Services.AddHealthChecks()
    .AddCheck(name: "foo", check: Check)
    .AddCheck(name: "bar", check: Check)
    .AddCheck(name: "baz", check: Check);
var app = builder.Build();
app.UseHealthChecks(path: "/healthcheck");
app.Run();

HealthCheckResult Check() => random!.Next(1, 4) switch
{
    1 => HealthCheckResult.Unhealthy(),
    2 => HealthCheckResult.Degraded(),
    _ => HealthCheckResult.Healthy(),
};
```

假设当前应用承载了 3 个服务，分别命名为 foo、bar 和 baz，则可以采用如下方式注册 3 个 IHealthCheck 对象来完成对它们的健康检查。由于注册的 3 个 IHealthCheck 对象采用同一个 Check 方法决定最后的健康状态，所以最终具有 27 种不同的组合。针对 3 个服务的 27 种健康状态组合最终会产生如下 3 种不同的响应报文。（S3004）

```
HTTP/1.1 200 OK
Date: Sat, 13 Nov 2021 05:20:30 GMT
Content-Type: text/plain
Server: Kestrel
Cache-Control: no-store, no-cache
Pragma: no-cache
Expires: Thu, 01 Jan 1970 00:00:00 GMT
Content-Length: 7
```

```
Healthy
```

```
HTTP/1.1 200 OK
Date: Sat, 13 Nov 2021 05:21:30 GMT
Content-Type: text/plain
Server: Kestrel
Cache-Control: no-store, no-cache
Pragma: no-cache
Expires: Thu, 01 Jan 1970 00:00:00 GMT
Content-Length: 8

Degraded
```

```
HTTP/1.1 503 Service Unavailable
Date: Sat, 13 Nov 2021 05:22:23 GMT
Content-Type: text/plain
Server: Kestrel
Cache-Control: no-store, no-cache
Pragma: no-cache
Expires: Thu, 01 Jan 1970 00:00:00 GMT
Content-Length: 9

Unhealthy
```

健康检查响应并没有返回具体 3 个服务的健康状态，而是返回整个应用的整体健康状态，这个状态是根据 3 个服务当前的健康状态组合计算出来的。按照严重程度，3 种健康状态的顺序应该是 Unhealthy > Degraded > Healthy，组合中最严重的健康状态就是应用整体的健康状态。按照这个逻辑，如果应用的整体健康状态为 Healthy，就意味着 3 个服务的健康状态都是 Healthy；如果应用的整体健康状态为 Degraded，就意味着至少有一个服务的健康状态为 Degraded，并且没有 Unhealthy；如果其中某个服务的健康状态为 Unhealthy，就意味着应用的整体健康状态是 Unhealthy。

30.1.5 定制响应内容

虽然上面演示的实例注册了相应的 IHealthCheck 对象来检验独立服务的健康状况，但是最终得到的依然是应用的整体健康状态。我们更希望得到一份详细的针对所有服务的“健康诊断书”。所以，我们将演示程序进行了如下修改。为 Check 方法返回的表示健康检查结果的 HealthCheckResult 对象设置了对应的描述性文字（Normal、Degraded 和 Unavailable）。在调用 AddCheck 方法时指定了两个标签（Tag），如将服务 foo 的 IHealthCheck 对象的标签设置为 foo1 和 foo2。在调用 UseHealthChecks 扩展方法注册 HealthCheckMiddleware 中间件时，为其提供了 HealthCheckOptions 配置选项，通过设置 ResponseWriter 属性完成健康报告的呈现。

```
...
var options = new HealthCheckOptions
{
```

```
    ResponseWriter = ReportAsync
};

var builder = WebApplication.CreateBuilder();
builder.Services.AddHealthChecks()
    .AddCheck(name: "foo", check: Check,tags: new string[] { "foo1", "foo2" })
    .AddCheck(name: "bar", check: Check, tags: new string[] { "bar1", "bar2" })
    .AddCheck(name: "baz", check: Check, tags: new string[] { "baz1", "baz2" });

var app = builder.Build();
app.UseHealthChecks(path: "/healthcheck", options: options);
app.Run();

static Task ReportAsync(HttpContext context, HealthReport report)
{
    context.Response.ContentType = "application/json";
    var options = new JsonSerializerOptions();
    options.WriteIndented = true;
    options.Converters.Add(new JsonStringEnumConverter());
    return context.Response.WriteAsync(JsonSerializer.Serialize(report, options));
}
...
```

HealthCheckOptions 配置选项的 ResponseWriter 属性返回一个 Func<HttpContext, HealthReport, Task>委托对象，显示的健康报告通过 HealthReport 对象标识。提供委托对象指向的 ReportAsync 会直接将指定的 HealthReport 对象序列化成 JSON 格式并作为响应的主体内容。由于我们并没有设置相应的状态码，所以可以直接在浏览器中看到图 30-2 所示的完整的健康报告。（S3005）

图 30-2　完整的健康报告

30.1.6　过滤 IHealthCheck 对象

HealthCheckMiddleware 中间件提取注册的 IHealthCheck 对象在完成具体的健康检查工作之前，我们可以对它们做进一步过滤。前面演示的实例注册的 IHealthCheck 对象指定了相应的标签，该标签不仅会出现在健康报告中，还可以作为过滤条件。如下演示程序通过设置 HealthCheckOptions 配置选项的 Predicate 属性使之选择 Tag 前缀不为“baz”的 IHealthCheck 对象。

```
...
var options = new HealthCheckOptions
{
    ResponseWriter = ReportAsync,
    Predicate = reg => reg.Tags.Any(
        tag => !tag.StartsWith("baz", StringComparison.OrdinalIgnoreCase))
};
...
```

由于我们设置的过滤规则相当于忽略了针对服务 baz 的健康检查，所以在图 30-3 的健康报告中就看不到对应的健康状态。（S3006）

图 30-3　部分 IHealthCheck 过滤后的健康报告

30.2　设计与实现

前面的实例演示了健康检查的典型用法，下面来深入介绍 HealthCheckMiddleware 中间件针对健康检查请求的处理逻辑。由于核心的健康检查由注册的 IHealthCheck 对象完成，所以下面先介绍这个核心对象。

30.2.1 IHealthCheck

健康检查的逻辑就实现在如下 IHealthCheck 接口的 CheckHealthAsync 方法中。具体的健康检查在该方法的第一个参数提供的 HealthCheckContext 上下文对象中进行，而最终的诊断结果则通过返回的 HealthCheckResult 对象来表示。健康检查一般不是一个耗时的操作，或者说如果健康检查本身花费了太多的时间，就意味着对应的应用或者服务是不健康的，所以 CheckHealthAsync 方法还提供了一个 CancellationToken 类型的参数来及时中止进行中的健康检查。

```
public interface IHealthCheck
{
    Task<HealthCheckResult> CheckHealthAsync(HealthCheckContext context,
        CancellationToken cancellationToken = default);
}
```

如下表示健康检查诊断结果的 HealthCheckResult 是一个结构体，其核心是通过 Status 属性表示的健康状态。这是一个 HealthStatus 类型的枚举，3 个枚举项体现了 3 种对应的健康状态。在创建 HealthCheckResult 对象时，除了可以指定必要的健康状态，还可以利用 Description 属性提供一些针对状态的描述，甚至可以在其 Data 属性表示的字典中添加任何的辅助数据。对于非健康状态（Degraded 和 Unhealthy）的两种结果，我们还可以将健康检查过程中捕获的异常赋值给 Exception 属性。虽然可以调用构造函数来创建 HealthCheckResult 对象，但是在更多情况下我们倾向于调用如下 3 个静态方法来创建 HealthCheckResult 对象。

```
public struct HealthCheckResult
{
    public HealthStatus                                Status { get; }
    public string?                                     Description { get; }
    public Exception?                                  Exception { get; }
    public IReadOnlyDictionary<string, object>         Data { get; }

    public HealthCheckResult(HealthStatus status, string? description = null,
        Exception? exception = null,
        IReadOnlyDictionary<string, object>? data = null);

    public static HealthCheckResult Healthy(string? description = null,
        IReadOnlyDictionary<string, object>? data = null);
    public static HealthCheckResult Degraded(string? description = null,
        Exception? exception = null,
        IReadOnlyDictionary<string, object>? data = null);
    public static HealthCheckResult Unhealthy(string? description = null,
        Exception? exception = null,
        IReadOnlyDictionary<string, object>? data = null);
}
```

```
public enum HealthStatus
{
    Unhealthy,
    Degraded,
    Healthy
}
```

HealthCheckContext 并不是对表示当前 HttpContext 上下文对象的封装，而是利用其 Registration 属性返回的 HealthCheckRegistration 对象提供了对 IHealthCheck 对象的封装。HealthCheckRegistration 对象的核心是 Factory 属性返回 Func<IServiceProvider, IHealthCheck>委托对象，封装的 IHealthCheck 对象就是由它提供的。我们在注册 IHealthCheck 对象时指定的名称体现在 HealthCheckRegistration 对象的 Name 属性上。HealthCheckRegistration 对象的 FailureStatus 属性表示在健康检查操作失败的情况下应该采用的健康状态，在默认情况下该属性的值为 Unhealthy。

```
public sealed class HealthCheckContext
{
    public HealthCheckRegistration Registration { get; set; } = default!;
}

public sealed class HealthCheckRegistration
{
    public Func<IServiceProvider, IHealthCheck>     Factory { get; set; }
    public string                                   Name { get; set; }
    public HealthStatus                             FailureStatus { get; set; }
    public TimeSpan                                 Timeout { get; set; }
    public ISet<string>                             Tags { get; }

    public HealthCheckRegistration(string name, IHealthCheck instance,
        HealthStatus? failureStatus, IEnumerable<string> tags);
    public HealthCheckRegistration(string name,
        Func<IServiceProvider, IHealthCheck> factory,
        HealthStatus? failureStatus, IEnumerable<string> tags);
    public HealthCheckRegistration(string name, IHealthCheck instance,
        HealthStatus? failureStatus, IEnumerable<string> tags, TimeSpan? timeout);
    public HealthCheckRegistration(string name,
        Func<IServiceProvider, IHealthCheck> factory, HealthStatus? failureStatus,
        IEnumerable<string> tags, TimeSpan? timeout);
}
```

在注册 IHealthCheck 对象时可以指定健康检查的超时时限，该设置体现在 HealthCheckRegistration 类型的 Timeout 属性上。在调用 IHealthCheck 对象的 CheckHealthAsync 方法时，此超时时限将被转换成 CancellationToken 对象并成为该方法的参数。HealthCheckRegistration 配置选项的 Tags 属性返回的集合用来存放设置的标签。

1. IHealthChecksBuilder

IHealthCheck 对象是由如下 IHealthChecksBuilder 对象构建的，IHealthChecksBuilder 接口定义

的 Add 方法用来添加新的 HealthCheckRegistration 对象。如果注册的 IHealthCheck 对象具有对其他服务的依赖，则可以利用 Services 属性返回的 IServiceCollection 对象完成对应的服务注册。

```
public interface IHealthChecksBuilder
{
    IServiceCollection Services { get; }
    IHealthChecksBuilder Add(HealthCheckRegistration registration);
}
```

如下所示的内部类型 HealthChecksBuilder 是对 IHealthChecksBuilder 接口的默认实现。它实现的 Add 方法没有保存添加的 HealthCheckRegistration 对象，而是将其存放到 HealthCheckServiceOptions 配置选项中。

```
internal class HealthChecksBuilder : IHealthChecksBuilder
{
    public IServiceCollection Services { get; }

    public HealthChecksBuilder(IServiceCollection services)
        => Services = services;

    public IHealthChecksBuilder Add(HealthCheckRegistration registration)
    {
        Services.Configure<HealthCheckServiceOptions>(options =>
        {
            options.Registrations.Add(registration);
        });

        return this;
    }
}

public sealed class HealthCheckServiceOptions
{
    public ICollection<HealthCheckRegistration> Registrations { get; }
}
```

IHealthChecksBuilder 接口提供了如下所示的一系列用来注册 IHealthCheck 对象的扩展方法。在调用 AddCheck 扩展方法时需要指定具体的 IHealthCheck 对象，而在调用 AddCheck<T>方法或者 AddTypeActivatedCheck<T>方法时只需要指定 IHealthCheck 实现类型。两个泛型方法注册的 IHealthCheck 对象分别是通过 ActivatorUtilities 的 GetServiceOrCreateInstance<T>方法和 CreateInstance<T>方法提供的。

```
public static class HealthChecksBuilderAddCheckExtensions
{
    public static IHealthChecksBuilder AddCheck(this IHealthChecksBuilder builder,
       string name, IHealthCheck instance, HealthStatus? failureStatus = null,
       IEnumerable<string> tags = null, TimeSpan? timeout = null)
       => builder.Add(new HealthCheckRegistration(name, instance, failureStatus,
           tags, timeout));

    public static IHealthChecksBuilder AddCheck(this IHealthChecksBuilder builder,
```

```
        string name, IHealthCheck instance, HealthStatus? failureStatus,
        IEnumerable<string> tags)
        => AddCheck(builder, name, instance, failureStatus, tags, default);

    public static IHealthChecksBuilder AddCheck<T>(
        this IHealthChecksBuilder builder, string name,
        HealthStatus? failureStatus = null, IEnumerable<string> tags = null,
        TimeSpan? timeout = null) where T : class, IHealthCheck
        => builder.Add(new HealthCheckRegistration(name, s => ActivatorUtilities
            .GetServiceOrCreateInstance<T>(s), failureStatus, tags, timeout));

    public static IHealthChecksBuilder AddCheck<T>(
        this IHealthChecksBuilder builder, string name, HealthStatus? failureStatus,
        IEnumerable<string> tags) where T : class, IHealthCheck
        => AddCheck<T>(builder, name, failureStatus, tags, default);

    public static IHealthChecksBuilder AddTypeActivatedCheck<T>(
        this IHealthChecksBuilder builder, string name,
        HealthStatus? failureStatus, IEnumerable<string> tags, TimeSpan timeout,
        params object[] args) where T : class, IHealthCheck
        => builder.Add(new HealthCheckRegistration(name, s => ActivatorUtilities
           .CreateInstance<T>(s, args), failureStatus, tags, timeout));

    public static IHealthChecksBuilder AddTypeActivatedCheck<T>(
        this IHealthChecksBuilder builder, string name, params object[] args)
        where T : class, IHealthCheck
        => AddTypeActivatedCheck<T>(builder, name, failureStatus: null,
            tags: null, args);

    public static IHealthChecksBuilder AddTypeActivatedCheck<T>(
        this IHealthChecksBuilder builder, string name,
        HealthStatus? failureStatus, params object[] args)
        where T : class, IHealthCheck
        => AddTypeActivatedCheck<T>(builder, name, failureStatus, tags: null, args);

    public static IHealthChecksBuilder AddTypeActivatedCheck<T>(
        this IHealthChecksBuilder builder, string name,
        HealthStatus? failureStatus, IEnumerable<string> tags, params object[] args)
        where T : class, IHealthCheck
        => builder.Add(new HealthCheckRegistration(name, s => ActivatorUtilities
            .CreateInstance<T>(s, args), failureStatus, tags));
}
```

2. DelegateHealthCheck

DelegateHealthCheck 是对 IHealthCheck 接口的实现。它利用提供的 Func<CancellationToken, Task<HealthCheckResult>>委托对象来完成健康检查工作。

```
internal sealed class DelegateHealthCheck : IHealthCheck
{
    private readonly Func<CancellationToken, Task<HealthCheckResult>> _check;
```

```
    public DelegateHealthCheck(
        Func<CancellationToken, Task<HealthCheckResult>> check)
        =>_check = check;

    public Task<HealthCheckResult> CheckHealthAsync(HealthCheckContext context,
        CancellationToken cancellationToken = default)
        => _check(cancellationToken);
}
```

IHealthChecksBuilder 接口的如下扩展方法最终注册的都是一个 DelegateHealthCheck 对象。它们都要求提供一个委托对象，类型可以是 Func<CancellationToken, Task<HealthCheckResult>>、Func<Task<HealthCheckResult>>、Func<CancellationToken, HealthCheckResult>和 Func< HealthCheckResult>。

```
public static class HealthChecksBuilderDelegateExtensions
{
    public static IHealthChecksBuilder AddCheck(this IHealthChecksBuilder builder,
        string name, Func<HealthCheckResult> check, IEnumerable<string> tags = null,
        TimeSpan? timeout = default)
    {
        var instance = new DelegateHealthCheck((ct) => Task.FromResult(check()));
        return builder.Add(new HealthCheckRegistration(name, instance,
            failureStatus: null, tags, timeout));
    }

    public static IHealthChecksBuilder AddCheck(this IHealthChecksBuilder builder,
        string name, Func<HealthCheckResult> check, IEnumerable<string> tags)
        => AddCheck(builder, name, check, tags, default);

    public static IHealthChecksBuilder AddCheck(this IHealthChecksBuilder builder,
        string name, Func<CancellationToken, HealthCheckResult> check,
        IEnumerable<string> tags = null, TimeSpan? timeout = default)
    {
        var instance = new DelegateHealthCheck((ct) => Task.FromResult(check(ct)));
        return builder.Add(new HealthCheckRegistration(name, instance,
            failureStatus: null, tags, timeout));
    }

    public static IHealthChecksBuilder AddCheck(this IHealthChecksBuilder builder,
        string name, Func<CancellationToken, HealthCheckResult> check,
        IEnumerable<string> tags)
        => AddCheck(builder, name, check, tags, default);

    public static IHealthChecksBuilder AddAsyncCheck(
        this IHealthChecksBuilder builder, string name,
        Func<Task<HealthCheckResult>> check,
        IEnumerable<string> tags = null, TimeSpan? timeout = default)
    {
        var instance = new DelegateHealthCheck((ct) => check());
        return builder.Add(new HealthCheckRegistration(name, instance,
```

```
            failureStatus: null, tags, timeout));
    }

    public static IHealthChecksBuilder AddAsyncCheck(
        this IHealthChecksBuilder builder, string name,
        Func<Task<HealthCheckResult>> check, IEnumerable<string> tags)
        => AddAsyncCheck(builder, name, check, tags, default);

    public static IHealthChecksBuilder AddAsyncCheck(
        this IHealthChecksBuilder builder, string name,
        Func<CancellationToken, Task<HealthCheckResult>> check,
        IEnumerable<string> tags = null, TimeSpan? timeout = default)
    {
        var instance = new DelegateHealthCheck((ct) => check(ct));
        return builder.Add(new HealthCheckRegistration(name, instance,
            failureStatus: null, tags, timeout));
    }

    public static IHealthChecksBuilder AddAsyncCheck(
        this IHealthChecksBuilder builder, string name,
        Func<CancellationToken, Task<HealthCheckResult>> check,
        IEnumerable<string> tags)
        => AddAsyncCheck(builder, name, check, tags, default);
}
```

30.2.2 HealthCheckService

HealthCheckMiddleware 中间件其实并没有直接利用注册的 IHealthCheck 对象来进行健康检查，而是间接地利用如下 HealthCheckService 来驱动注册的 IHealthCheck 对象进行健康检查。这个抽象类定义了两个用来完成健康检查的 CheckHealthAsync 方法。

```
public abstract class HealthCheckService
{
    public Task<HealthReport> CheckHealthAsync(CancellationToken cancellationToken
        = new CancellationToken())
        => CheckHealthAsync(null, cancellationToken);

    public abstract Task<HealthReport> CheckHealthAsync(
        Func<HealthCheckRegistration, bool> predicate,
        CancellationToken cancellationToken = new CancellationToken());
}
```

抽象 CheckHealthAsync 方法的第一个参数类型为 Func<HealthCheckRegistration, bool>，它是一个委托对象，该委托对象用来对注册的 IHealthCheck 对象进行过滤。CheckHealthAsync 方法执行之后会得到一份完整的由 HealthReport 对象表示的健康报告。

```
public sealed class HealthReport
{
    public IReadOnlyDictionary<string, HealthReportEntry>     Entries { get; }
    public HealthStatus                                       Status { get; }
    public TimeSpan                                           TotalDuration { get; }
```

```
    public HealthReport(IReadOnlyDictionary<string, HealthReportEntry> entries,
        TimeSpan totalDuration);
}
```

HealthCheckService 服务总是驱动注册的 IHealthCheck 对象完成最终的健康检查。IHealthCheck 对象在完成健康检查之后会将结果封装成一个 HealthCheckResult 对象。HealthCheckService 在生成健康报告时会将 HealthCheckResult 转换成如下表示健康报告条目的 HealthReportEntry 对象，并存储到 Entries 属性返回的字典中，该字典的 Key 就是注册 IHealthCheck 对象时指定的名称，即对应 HealthCheckRegistration 对象的 Name 属性。

```
public struct HealthReportEntry
{
    public HealthStatus                                 Status { get; }
    public string?                                      Description { get; }
    public TimeSpan                                     Duration { get; }
    public Exception?                                   Exception { get; }
    public IReadOnlyDictionary<string, object>          Data { get; }
    public IEnumerable<string>                          Tags { get; }

    public HealthReportEntry(HealthStatus status, string? description,
        TimeSpan duration, Exception? exception,
        IReadOnlyDictionary<string, object>? data);
    public HealthReportEntry(HealthStatus status, string? description,
        TimeSpan duration, Exception? exception,
        IReadOnlyDictionary<string, object>? data, IEnumerable<string>? tags = null);
}
```

HealthReportEntry 对象的 Status 属性、Description 属性、Duration 属性和 Data 属性均来源于 HealthCheckResult 对象的同名属性，表示标签的 Tags 来源于 HealthCheckRegistration 对象的同名属性。HealthReport 类型的 Status 属性表示应用整体的健康状态，该状态与所有 HealthReportEntry 条目的最严重健康状态一致。HealthReport 类型还定义了一个 TotalDuration 属性，表示执行整个健康检查所消耗的时间。如下 DefaultHealthCheckService 类型派生于抽象类 HealthCheckService，其构造函数中注入了用来提供配置选项的 IOptions<HealthCheckServiceOptions>对象。IHealthCheck 对象创建的 HealthCheckRegistration 就存储在 HealthCheckServiceOptions 配置选项中。

```
internal class DefaultHealthCheckService : HealthCheckService
{
    public DefaultHealthCheckService(IServiceScopeFactory scopeFactory,
        IOptions<HealthCheckServiceOptions> options,
        ILogger<DefaultHealthCheckService> logger);

    public override Task<HealthReport> CheckHealthAsync(
        Func<HealthCheckRegistration, bool> predicate,
        CancellationToken cancellationToken = new CancellationToken());
}
```

我们采用如下代码模拟了 DefaultHealthCheckService 服务针对健康检查的实现。CheckHealthAsync 首先利用 HealthCheckServiceOptions 配置选项根据注册的 IHealthCheck 对象创

建的一系列 HealthCheckRegistration 对象，然后根据 CheckHealthAsync 方法传入的 Func<HealthCheckRegistration, bool>对其进行进一步过滤。接下来该方法将 HealthCheckContext 上下文对象创建出来，并将其作为参数调用每个 IHealthCheck 对象的 CheckHealthAsync 方法，并将返回的 HealthCheckResult 对象转换成 HealthReportEntry 类型。最终返回的健康报告就是由这些 HealthReportEntry 组成的。

```
internal class DefaultHealthCheckService : HealthCheckService
{
    private readonly IServiceScopeFactory                          _scopeFactory;
    private readonly ICollection<HealthCheckRegistration>          _registrations;

    public DefaultHealthCheckService(IServiceScopeFactory scopeFactory,
        IOptions<HealthCheckServiceOptions> options)
    {
        _scopeFactory         = scopeFactory;
        _registrations        = options.Value.Registrations;
    }

    public override async Task<HealthReport> CheckHealthAsync(
        Func<HealthCheckRegistration, bool> predicate,
        CancellationToken cancellationToken = default)
    {
        var registrations = predicate == null
            ? _registrations
            : _registrations.Where(predicate);

        var stopwatch = Stopwatch.StartNew();
        using (var scope = _scopeFactory.CreateScope())
        {
            var tasks = registrations.Select(registration => RunCheckAsync(
                scope.ServiceProvider, registration, cancellationToken));
            var result = await Task.WhenAll(tasks);
            return new HealthReport(result.ToDictionary(it => it.Name,
                it => it.Entry), stopwatch.Elapsed);
        }
    }

    private async Task<(string Name, HealthReportEntry Entry)> RunCheckAsync(
        IServiceProvider serviceProvider, HealthCheckRegistration registration,
        CancellationToken cancellationToken)
    {
        cancellationToken.ThrowIfCancellationRequested();
        var check = registration.Factory(serviceProvider);

        var stopwatch = Stopwatch.StartNew();
        var context = new HealthCheckContext
        {
            Registration = registration
        };
```

```
        HealthReportEntry entry;
        CancellationTokenSource tokenSource = null;
        try
        {
            var token = cancellationToken;
            if (registration.Timeout > TimeSpan.Zero)
            {
                tokenSource = CancellationTokenSource
                    .CreateLinkedTokenSource(cancellationToken);
                tokenSource.CancelAfter(registration.Timeout);
                token = tokenSource.Token;
            }
            var result = await check.CheckHealthAsync(context, token);
            entry = new HealthReportEntry(result.Status, result.Description,
               stopwatch.Elapsed, result.Exception, result.Data, registration.Tags);
            return (registration.Name, entry);
        }
        catch (OperationCanceledException ex)
            when (!cancellationToken.IsCancellationRequested)
        {
            entry = new HealthReportEntry(HealthStatus.Unhealthy,
                "A timeout occured while running check.", stopwatch.Elapsed, ex,
                null);
        }
        catch (Exception ex) when (ex as OperationCanceledException == null)
        {
            entry = new HealthReportEntry(HealthStatus.Unhealthy, ex.Message,
                stopwatch.Elapsed, ex, null);
        }
        finally
        {
            tokenSource?.Dispose();
        }
        return (registration.Name, entry);
    }
}
```

DefaultHealthCheckService 构造函数中注入了 IServiceScopeFactory 工厂，当 CheckHealthAsync 方法在利用 HealthCheckRegistration 对象来提供对应注册的 IHealthCheck 对象时，它会利用 IServiceScopeFactory 工厂创建一个服务范围，IHealthCheck 对象是在这个服务范围内构建的。这样做是为了确保依赖的服务能够根据其注册的生命周期模式得到释放。如果某个 IHealthCheck 对象在进行健康检查的过程中抛出异常，它就会返回一个健康状态为 Unhealthy 的对象。这里的实现有待商榷，由于 HealthCheckRegistration 类型中定义的 FailureStatus 属性用来表示在健康检查失败的情况下采用的健康状态，所以该属性似乎应该应用在这里。

30.2.3 HealthCheckMiddleware

在正式介绍 HealthCheckMiddleware 中间件之前，先介绍如下 HealthCheckOptions 配置选项

类型。该类型的 Predicate 属性返回一个 Func<HealthCheckRegistration, bool>委托对象用来对注册的 IHealthCheck 对象进行过滤，该属性的默认值为 Null，这就意味着所有注册的 IHealthCheck 对象都将被使用。ResultStatusCodes 属性返回的字典提供了健康状态与最终响应状态码的映射关系。在默认情况下，Healthy 和 Degraded 对应的响应状态码都是“200 OK”，而 Unhealthy 对应的响应状态码为“503 Service Unavailable”。

```
public class HealthCheckOptions
{
    public Func<HealthCheckRegistration, bool>?     Predicate { get; set; }
    public IDictionary<HealthStatus, int>           ResultStatusCodes { get; set; }
    public Func<HttpContext, HealthReport, Task>    ResponseWriter { get; set; }
    public bool                                     AllowCachingResponses { get; set; }

    public HealthCheckOptions()
    {
        ResultStatusCodes = new Dictionary<HealthStatus, int>
        {
            {HealthStatus.Healthy, 200},
            {HealthStatus.Degraded, 200},
            {HealthStatus.Unhealthy, 503},
        };
        ResponseWriter = (context, report) =>
        {
            context.Response.ContentType = "text/plain";
            return context.Response.WriteAsync(report.Status.ToString());
        };
    }
}
```

HealthCheckOptions 类型的 ResponseWriter 属性的 Func<HttpContext, HealthReport, Task>委托对象用来设置响应的主体内容。在默认情况下，健康请求的响应报文采用的媒体类型为“text/plain”，具体的内容就是应用整体健康状态的文字描述。它的 AllowCachingResponses 属性决定了是否希望健康检查响应被客户端缓存。在一般情况下，我们都希望在进行健康检查时能得到实时的健康状况，所以该属性的默认值为 False。

HealthCheckMiddleware 中间件在利用 HealthCheckService 服务完成绝大部分的健康检查工作并得到作为健康报告的 HealthReport 对象后，需要对请求做出最终的响应。我们采用如下所示的代码片段模拟了 HealthCheckMiddleware 中间件针对健康检查请求的处理流程。

```
public class HealthCheckMiddleware
{
    private readonly RequestDelegate        _next;
    private readonly HealthCheckOptions     _healthCheckOptions;
    private readonly HealthCheckService     _healthCheckService;

    public HealthCheckMiddleware(RequestDelegate next,
        HealthCheckOptions healthCheckOptions,
        HealthCheckService healthCheckService)
```

```
    {
        _next                   = next;
        _healthCheckOptions     = healthCheckOptions;
        _healthCheckService     = healthCheckService;
    }

    public async Task InvokeAsync(HttpContext httpContext)
    {
        var report = await _healthCheckService.CheckHealthAsync(
            _healthCheckOptions.Predicate, httpContext.RequestAborted);
        httpContext.Response.StatusCode =
            _healthCheckOptions.ResultStatusCodes[report.Status];

        if (!_healthCheckOptions.AllowCachingResponses)
        {
            var headers = httpContext.Response.Headers;
            headers["Cache-Control"] = "no-store, no-cache";
            headers["Pragma"] = "no-cache";
            headers["Expires"] = "Thu, 01 Jan 1970 00:00:00 GMT";
        }
        await _healthCheckOptions.ResponseWriter(httpContext, report);
    }
}
```

HealthCheckMiddleware 中间件依赖的 HealthCheckService 服务在如下 AddHealthChecks 扩展方法中被注册。该扩展方法返回一个封装了当前 IServiceCollection 对象的 HealthChecksBuilder 对象，该对象用于完成进一步的服务注册。

```
public static class HealthCheckServiceCollectionExtensions
{
    public static IHealthChecksBuilder AddHealthChecks(
        this IServiceCollection services)
    {
        services.TryAddSingleton<HealthCheckService, DefaultHealthCheckService>();
        ...
        return new HealthChecksBuilder(services);
    }
}
```

我们可以调用如下一系列 UseHealthChecks 扩展方法来注册 HealthCheckMiddleware 中间件。在调用这些扩展方法时需要指定健康检查终节点的路径和端口（可以缺省，整数和字符串类型均可），还可以提供一个 HealthCheckOptions 配置选项。注册的 HealthCheckMiddleware 中间件只有在当前请求的路径和端口与设置相匹配的情况下才会用来处理当前请求。

```
public static class HealthCheckApplicationBuilderExtensions
{
    public static IApplicationBuilder UseHealthChecks(this IApplicationBuilder app,
        PathString path)
        => UseHealthChecksCore(app, path, null);
```

```
    public static IApplicationBuilder UseHealthChecks(this IApplicationBuilder app,
        PathString path, HealthCheckOptions options)
        => UseHealthChecksCore(app, path, null, Options.Create(options));

    public static IApplicationBuilder UseHealthChecks(this IApplicationBuilder app,
        PathString path, int port)
        =>UseHealthChecksCore(app, path, new int?(port), Array.Empty<object>());

    public static IApplicationBuilder UseHealthChecks(this IApplicationBuilder app,
        PathString path, string port)
    {
        int? parsedPort = string.IsNullOrEmpty(port)
            ? (int?)null
            : int.Parse(port);
        UseHealthChecksCore(app, path, parsedPort);
        return app;
    }

    public static IApplicationBuilder UseHealthChecks(this IApplicationBuilder app,
        PathString path, int port, HealthCheckOptions options)
        =>UseHealthChecksCore(app, path, port, Options.Create(options));

    public static IApplicationBuilder UseHealthChecks(this IApplicationBuilder app,
        PathString path, string port, HealthCheckOptions options)
    {
        int? parsedPort = string.IsNullOrEmpty(port)
            ? (int?)null
            : int.Parse(port);
        return UseHealthChecksCore(app, path, parsedPort, Options.Create(options));
    }

    private static IApplicationBuilder UseHealthChecksCore(IApplicationBuilder app,
        PathString path, int? port, params object[] arguments)
    {
        bool Match(HttpContext context)
        {
            if (port.HasValue && context.Connection.LocalPort != port.Value)
            {
                return false;
            }
            return context.Request.Path.StartsWithSegments(path, out var remaining)
                && string.IsNullOrEmpty(remaining);
        }
        return app.MapWhen(Match, builder
            => builder.UseMiddleware<HealthCheckMiddleware>(arguments));
    }
}
```

用来构建路由终节点的 IEndpointRouteBuilder 接口具有如下所示的两个 MapHealthChecks 扩展方法，这就意味着 HealthCheckMiddleware 中间件还可以采用路由终节点的形式进行注册，这种注册方式的好处是可以将健康检查终节点的路径设置为一个包含路由参数占位符的路径模板。

```
public static class HealthCheckEndpointRouteBuilderExtensions
{
    public static IEndpointConventionBuilder MapHealthChecks(
        this IEndpointRouteBuilder endpoints, string pattern)
        => MapHealthChecksCore(endpoints, pattern, null);

    public static IEndpointConventionBuilder MapHealthChecks(
        this IEndpointRouteBuilder endpoints, string pattern,
        HealthCheckOptions options)
        => MapHealthChecksCore(endpoints, pattern, options);

    private static IEndpointConventionBuilder MapHealthChecksCore(
        IEndpointRouteBuilder endpoints, string pattern, HealthCheckOptions options)
    {
        var handler = endpoints.CreateApplicationBuilder()
            .UseMiddleware<HealthCheckMiddleware>(
                options == null ? null : Options.Create(options))
            .Build();
        return endpoints.Map(pattern, handler).WithDisplayName("Health checks");
    }
}
```

我们已经从设计和实现层面介绍了 HealthCheckMiddleware 中间件进行健康检查的整个流程。图 30-4 所示为 HealthCheckmiddleware 中间件的整体设计。首先 HealthCheckMiddleware 中间件利用 HealthCheckService 对象完成健康检查操作，并得到一份通过 HealthReport 对象表示的健康报告，然后根据 HealthCheckOptions 配置选项提供的设置对健康报告予以响应。

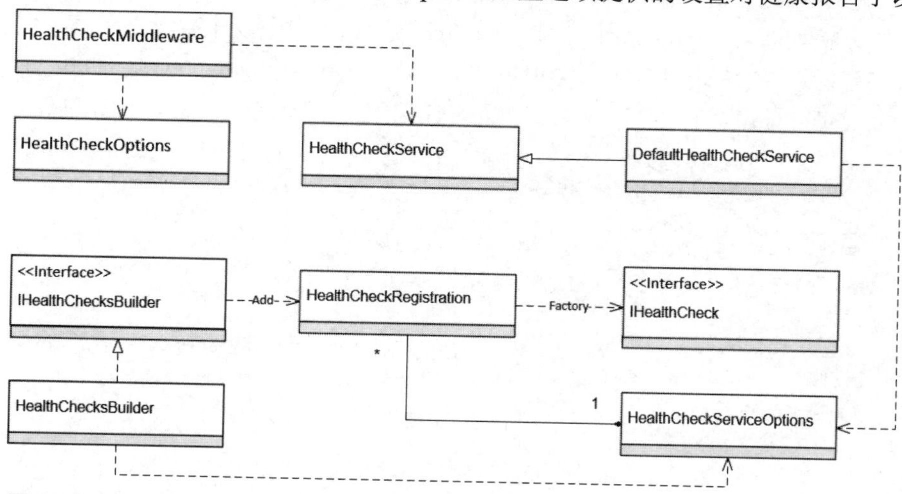

图 30-4　HealthCheckMiddleware 中间件的整体设计

DefaultHealthCheckService 是抽象类 HealthCheckService 的默认实现，它利用注册到 HealthCheckServiceOptions 配置选项上的 HealthCheckRegistration 来提供对应的 IHealthCheck 对象。结果筛选出来的 IHealthCheck 对象会完成自己的健康检查工作并得到由 HealthCheckResult 对象表示的诊断结果。表示单个服务健康状态的 HealthCheckResult 对象会转换成 HealthReportEntry 对象，所有这些 HealthReportEntry 对象汇集生成一份由 HealthReport 对象标识的健康报告。DefaultHealthCheckService 对象能够利用 HealthCheckServiceOptions 配置选项注册 IHealthCheck 对象，这一切来源于健康检查系统采用的注册方式。IHealthCheck 对象及其他依赖服务的注册都是通过 IHealthCheckBuilder 对象完成的，默认实现该接口的 HealthCheckBuilder 将注册的 IHealthCheck 对象封装成 HealthCheckRegistration，并存储到 HealthCheckServiceOptions 配置选项中。

30.3　发布健康报告

除了针对具体的请求返回当前的健康报告，我们还能以设定的间隔定期收集和发布健康报告，这个功能很有用。

30.3.1　定期发布健康报告

健康报告的发布是通过 IHealthCheckPublisher 服务来完成的。演示程序定义了如下这个实现了 IHealthCheckPublisher 接口的 ConsolePublisher 类型，它会将健康报告输出到控制台上。

```
using Microsoft.Extensions.Diagnostics.HealthChecks;

var random = new Random();
var builder = WebApplication.CreateBuilder();
builder.Logging.ClearProviders();
builder.Services
    .AddHealthChecks()
    .AddCheck("foo", Check)
    .AddCheck("bar", Check)
    .AddCheck("baz", Check)
    .AddConsolePublisher()
    .ConfigurePublisher(options =>options.Period = TimeSpan.FromSeconds(5));
var app = builder.Build();
app.UseHealthChecks(path: "/healthcheck");
app.Run();
HealthCheckResult Check() => random!.Next(1, 4) switch
{
    1 => HealthCheckResult.Unhealthy(),
    2 => HealthCheckResult.Degraded(),
    _ => HealthCheckResult.Healthy(),
};
```

上面的演示程序注册了 3 个 DelegateHealthCheck 对象，它们都会随机返回 3 种健康状态。ConsolePublisher 通过自定义的 AddConsolePublisher 扩展方法进行注册，ConfigurePublisher 方法也是自定义的扩展方法，它用来将健康报告发布间隔设置为 5 秒。程序运行之后，当前应用的健康报告会以图 30-5 所示的形式输出到控制台上。（S3007）

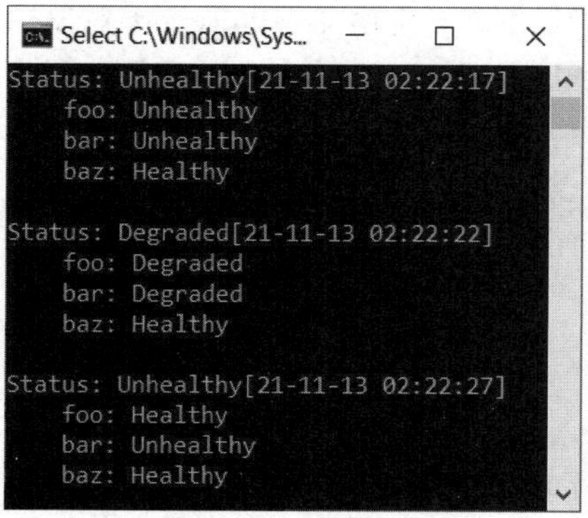

```
Select C:\Windows\Sys...
Status: Unhealthy[21-11-13 02:22:17]
    foo: Unhealthy
    bar: Unhealthy
    baz: Healthy

Status: Degraded[21-11-13 02:22:22]
    foo: Degraded
    bar: Degraded
    baz: Healthy

Status: Unhealthy[21-11-13 02:22:27]
    foo: Healthy
    bar: Unhealthy
    baz: Healthy
```

图 30-5　定期发布健康报告

30.3.2　IHealthCheckPublisher

健康报告由如下 IHealthCheckPublisher 对象进行发布，具体的发布工作体现在它的 PublishAsync 方法上。我们可以在同一个应用中注册多个 IHealthCheckPublisher 服务，如可以注册多个这样的服务将健康报告分别输出到控制台、日志文件或者直接发送给另一个健康报告处理服务。

```
public interface IHealthCheckPublisher
{
    Task PublishAsync(HealthReport report, CancellationToken cancellationToken);
}
```

如下所示的演示实例使用了 ConsolePublisher 类型的定义。实现的 PublishAsync 方法将表示健康报告的 HealthReport 对象格式化成字符串并输出到控制台。该过程涉及 StringBuilder 对象的使用，由于采用对象池的方式来使用这个对象，所以在 ConsolePublisher 构造函数中注入了 ObjectPoolProvider 对象。

```
public class ConsolePublisher : IHealthCheckPublisher
{
    private readonly ObjectPool<StringBuilder> _stringBuilderPool;

    public ConsolePublisher(ObjectPoolProvider provider)
        => _stringBuilderPool = provider.CreateStringBuilderPool();

    public Task PublishAsync(HealthReport report, CancellationToken cancellationToken)
    {
        cancellationToken.ThrowIfCancellationRequested();
        var builder = _stringBuilderPool.Get();
        try
```

```
        {
            builder.AppendLine(
              @$"Status: {report.Status}[{ DateTimeOffset.Now.ToString("yy-MM-dd
              hh:mm:ss")}]");
            foreach (var name in report.Entries.Keys)
            {
                builder.AppendLine(@$"    {name}: {report.Entries[name].Status}");
            }
            Console.WriteLine(builder);
            return Task.CompletedTask;
        }
        finally
        {
            _stringBuilderPool.Return(builder);
        }
    }
}
```

用来发布健康报告的 IHealthCheckPublisher 服务需要注册到依赖注入框架中。前面的演示实例将 ConsolePublisher 对象的注册实现在 IHealthChecksBuilder 接口的 AddConsolePublisher 扩展方法中，如下所示的代码片段就是这个扩展方法的定义。

```
public static class Extensions
{
    public static IHealthChecksBuilder AddConsolePublisher(
        this IHealthChecksBuilder builder)
    {
        builder.Services.AddSingleton<IHealthCheckPublisher, ConsolePublisher>();
        return builder;
    }
}
```

30.3.3 HealthCheckPublisherHostedService

健康报告的收集和发布是利用 HealthCheckPublisherHostedService 服务来驱动的，这是一个实现了 IHostedService 接口的承载服务。在介绍该类型的定义之前，下面先介绍对应的配置选项类型 HealthCheckPublisherOptions。

```
public sealed class HealthCheckPublisherOptions
{
    public TimeSpan                                Delay { get; set; }
    public TimeSpan                                Period { get; set; }
    public TimeSpan                                Timeout { get; set; }

    public Func<HealthCheckRegistration, bool>?    Predicate { get; set; }
}
```

除了用来控制健康报告发布时间间隔的 Period 属性，HealthCheckPublisherOptions 配置选项还有 Delay 和 Timeout 这两个 TimeSpan 类型的属性。前者表示健康发布服务启动之后到开始收集发布工作之间的时延，这个设置可以确保在各项初始化工作尽可能正常完成之后才开始收集健康报告；后者表示 IHealthCheckPublisher 对象发布健康报告的超时时间。Period 属性、Delay 属性和 Timeout 属性的默认设置分别为 30 秒、5 秒和 30 秒。HealthCheckPublisherOptions 配置选项还有一个 Predicate 的属性，该属性用来对注册的 IHealthCheck 对象进行过滤。

HealthCheckPublisherHostedService 对象针对健康报告的收集和发布逻辑基本体现在如下所示的代码片段中。它的构造函数中注入了用来生成健康报告的 HealthCheckService 对象、用来发布健康报告的一组 IHealthCheckPublisher 对象和提供配置选项的 IOptions<HealthCheckPublisherOptions> 对象。

```
internal sealed class HealthCheckPublisherHostedService : IHostedService
{
    private readonly HealthCheckService                         _healthCheckService;
    private readonly HealthCheckPublisherOptions                _options;
    private readonly IEnumerable<IHealthCheckPublisher>         _publishers;
    private readonly CancellationTokenSource                    _stopSource;

    private Timer                                               _timer;

    public HealthCheckPublisherHostedService(
        HealthCheckService healthCheckService,
        IOptions<HealthCheckPublisherOptions> optionsAccessor,
        IEnumerable<IHealthCheckPublisher> publishers)
    {
        _healthCheckService    = healthCheckService;
        _options               = optionsAccessor.Value;
        _publishers            = publishers;
        _stopSource            = new CancellationTokenSource();
    }

    public Task StartAsync(CancellationToken cancellationToken)
    {
        var restoreFlow = false;
        try
        {
            if (!ExecutionContext.IsFlowSuppressed())
            {
                restoreFlow = true;
                ExecutionContext.SuppressFlow();
            }
            _timer = new Timer(Tick, null, _options.Delay, _options.Period);
            return Task.CompletedTask;
        }
        finally
        {
            if (restoreFlow)
            {
                ExecutionContext.RestoreFlow();
            }
        }
```

```
        async void Tick(object state) => await RunAsync();
    }

    private async Task RunAsync()
    {
        var stopwatch = Stopwatch.StartNew();

        CancellationTokenSource source = null;
        try
        {
            var timeout = _options.Timeout;
            source = CancellationTokenSource
                .CreateLinkedTokenSource(_stopSource.Token);
            source.CancelAfter(timeout);

            await Task.Yield();
            var token = source.Token;
            var report = await _healthCheckService
                .CheckHealthAsync(_options.Predicate, token);
            var tasks = _publishers.Select(it => it.PublishAsync(report, token));
            await Task.WhenAll();
        }
        catch {}
        finally
        {
            source?.Dispose();
        }
    }

    public Task StopAsync(CancellationToken cancellationToken)
    {
        _stopSource.Cancel();
        _timer?.Dispose();
        _timer = null;
        return Task.CompletedTask;
    }
}
```

StartAsync 方法利用 HealthCheckPublisherOptions 配置选项提供的延迟时间和间隔时间创建了一个定时器定期发布健康报告。定时器的回调用来检验当前应用的健康状况并生成由 HealthReport 对象表示的健康报告，此报告会同时分发给所有 IHealthCheckPublisher 对象进行发布。以 HealthCheckPublisherHostedService 类型为核心的健康报告发布模型如图 30-6 所示。

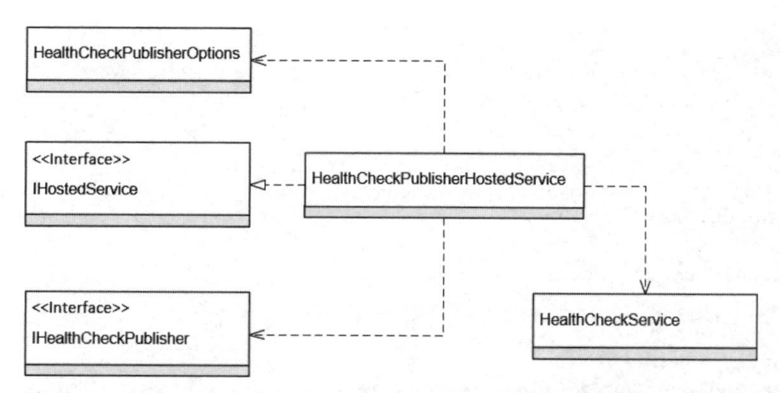

图 30-6　以 HealthCheckPublisherHostedService 类型为核心的健康报告发布模型

HealthCheckPublisherHostedService 对象的注册实现在如下 AddHealthChecks 扩展方法中，该扩展方法同时提供了 HealthCheckService 服务的注册。由于 HealthCheckPublisherOptions 对象承载的配置选项并没有一个专门的扩展方法来设置，所以前面的演示实例特意定义了如下 ConfigurePublisher 扩展方法。

```
public static class HealthCheckServiceCollectionExtensions
{
    public static IHealthChecksBuilder AddHealthChecks(
        this IServiceCollection services)
    {
        services.TryAddSingleton<HealthCheckService, DefaultHealthCheckService>();
        services.TryAddEnumerable(ServiceDescriptor
            .Singleton<IHostedService, HealthCheckPublisherHostedService>());
        return new HealthChecksBuilder(services);
    }
}

public static class Extensions
{
    public static IHealthChecksBuilder ConfigurePublisher(
        this IHealthChecksBuilder builder,
        Action<HealthCheckPublisherOptions> configure)
    {
        builder.Services.Configure(configure);
        return builder;
    }
}
```

附录 B

章　节	编　码	描　述
第 14 章	S1401	利用承载服务收集性能指标
	S1402	依赖注入的应用
	S1403	配置选项的应用
	S1404	提供环境配置
	S1405	日志的应用
	S1406	在配置中定义日志过滤规则
	S1407	利用 IHostApplicationLifetime 对象关闭应用
	S1408	与第三方依赖注入框架的整合
	S1409	利用配置初始化承载环境
第 15 章	S1501	基于 IWebHostBuilder/IWebHost 的承载方式
	S1502	将初始化设置定义在 Startup 类型中
	S1503	基于 IHostBuilder/IHost 的承载方式
	S1504	基于 Minimal API 的承载方式
	S1505	以 Func<RequestDelegate, RequestDelegate>形式定义中间件
	S1506	定义强类型中间件类型
	S1507	定义基于约定的中间件类型
	S1508	查看默认注册的服务
	S1509	中间件类型的构造函数注入
	S1510	中间件类型的方法注入
	S1511	服务实例的生命周期
	S1512	针对服务范围的验证
	S1513	基于环境变量的配置初始化
	S1514	以“键-值”对形式读取和修改配置
	S1515	利用 IWebHostBuilder 注册配置源
	S1516	注册配置源（推荐方式）
	S1517	默认的承载环境
	S1518	通过配置定制承载环境
	S1519	利用 WebApplicationOptions 定制承载环境
第 16 章	S1601	Mini 版的 ASP.NET Core 框架
第 17 章	S1701	ASP.NET Core 针对请求的诊断日志
	S1702	收集 DiagnosticSource 输出的诊断日志
	S1703	收集 EventSource 输出的诊断日志
	S1704	模拟 Mininal API 的实现

续表

章　　节	编　　码	描　　述
第 18 章	S1801	自定义服务器
	S1802	两种终节点的选择
	S1803	直接创建连接接收请和回复响应
	S1804	模拟 KestrelServer 的实现
	S1805	基于 In-Process 模式的 IIS 部署
	S1806	基于 Out-of-Process 模式的 IIS 部署
第 19 章	S1901	以 Web 形式发布图片文件
	S1902	以 Web 形式发布 PDF 文件
	S1903	显式文件目录结构
	S1904	显示目录的默认页面
	S1905	定制目录的默认页面
	S1906	设置默认的媒体类型
	S1907	映射文件扩展名的媒体类型
	S1908	改变目录结构的呈现方式
第 20 章	S2001	注册路由终节点
	S2002	以内联方式设置路由参数的约束
	S2003	定义可缺省的路由参数
	S2004	为路由参数指定默认值
	S2005	一个路径分段定义多个路由参数
	S2006	一个路由参数跨越多个路径分段
	S2007	主机名绑定
	S2008	将终节点处理定义为任意类型的委托对象
	S2009	IResult 的应用
	S2010	解析路由模式
	S2011	利用多个中间件来构建终节点处理器
	S2012	在参数上标注特性来决定绑定的数据源
	S2013	默认的参数绑定规则
	S2014	针对 TryParse 静态方法的参数绑定
	S2015	针对 BindAsync 静态方法的参数绑定
	S2016	自定义路由约束
第 21 章	S2101	开发者异常页面的呈现
	S2102	定制异常页面的呈现
	S2103	利用注册的中间件处理异常
	S2104	针对异常页面的重定向
	S2105	基于响应状态码错误页面的呈现（设置响应内容模板）
	S2106	基于响应状态码错误页面的呈现（提供异常处理器）
	S2107	基于响应状态码错误页面的呈现（利用中间件创建异常处理器）
	S2108	利用 IDeveloperPageExceptionFilter 定制开发者异常页面
	S2109	针对编译异常的处理（默认）
	S2110	针对编译异常的处理（定义源代码输出行数）

续表

章　节	编　码	描　述
第 21 章	S2111	利用 IExceptionHandlerFeature 特性提供错误信息
	S2112	清除缓存响应报头
	S2113	针对状态码为 404 响应的处理
	S2114	利用 IStatusCodePagesFeature 特性忽略异常处理
	S2115	针对错误页面的客户端重定向
	S2116	针对错误页面的服务端重定向
第 22 章	S2201	基于路径的响应缓存
	S2202	基于指定的查询字符串缓存响应
	S2203	基于指定的请求报头缓存响应
第 23 章	S2301	设置和提取会话状态
	S2302	查看存储的会话状态
第 24 章	S2401	构建 HTTPS 站点
	S2402	HTTPS 终节点重定向
	S2403	注册 HstsMiddleware 中间件
	S2404	设置 HSTS 配置选项
第 25 章	S2501	客户端重定向
	S2502	服务端重定向
	S2503	采用 IIS 重写规则实现重定向
	S2504	采用 Apache 重写规则实现重定向
	S2505	基于 HTTPS 终节点的重定向
第 26 章	S2601	设置并发和等待请求阈值
	S2602	基于队列的限流策略
	S2603	基于栈的限流策略
	S2604	处理被拒绝的请求
第 27 章	S2701	采用极简程序实现登录、认证和注销
第 28 章	S2801	基于“要求”的授权
	S2802	基于“策略”的授权
	S2803	将“角色”绑定到路由终节点
	S2804	将“授权策略”绑定到路由终节点
第 29 章	S2901	跨域调用 API
	S2902	显式指定授权 Origin 列表
	S2903	手动检验指定 Origin 是否的权限
	S2904	基于策略的资源授权（匿名策略）
	S2905	基于策略的资源授权（具名策略）
	S2906	将 CORS 策略应用到路由终节点上（代码编程形式）
	S2907	将 CORS 策略应用到路由终节点上（特性标注形式）

续表

章 节	编 码	描 述
第 30 章	S3001	确定应用可用状态
	S3002	定制健康检查逻辑
	S3003	改变健康状态对应的响应状态码
	S3004	提供细粒度的健康检查
	S3005	定制健康报告响应内容
	S3006	IHealthCheck 对象的过滤
	S3007	定期发布健康报告